岩波書店

量子力学

砂川重信訳

V

ファインマン, レイトン, サンズ

ファインマン物理学

The Feynman LECTURES ON PHYSICS

THE FEYNMAN LECTURES ON PHYSICS

Vols. I, II, III

by

Richard P. Feynman
Robert B. Leighton
Matthew L. Sands

1965

訳者の序

最近のアメリカでは，理工系の大学における物理学の基礎教育に関して，いろいろと目覚ましい試みがなされているようである．たとえばマサチューセッツ理工科大学(MIT)やバークレーのカリフォルニア大学などでは，新しい教科書を編纂する計画があり，いずれも著名な物理学者が直接それに参画している．このような試みのうちでも，本書すなわちカリフォルニア理工科大学(カルテク)のファインマンの教科書は，その創意にみちた内容によって，とくに有名である．

著者ファインマンの名を知る人は少なくあるまい．彼は1965年度に，わが国の朝永振一郎博士，ハーバード大学のシュウィンガー博士とともに，量子電磁力学に関する画期的な研究によってノーベル賞をうけている．受賞の対象となった問題は3人に共通であるが，ファインマンの研究方法はほかの人たちのものとは，かなりちがっている．電磁場のはたらきを，粒子間の要素的な相互作用に分解し，それらの要素の組合せとして，場の理論を構成するという独特の方法である．しかも粒子間の相互作用が時間をかけて空間を伝わることを考えると，相互作用の因果性についても考え直すことが必要になる．この意味で，彼は物理学全体を彼独自の方法で組み直した新しい理論をつくり上げたのである．もちろん，本書の内容は彼の研究領域と離れているので，本書の中で彼の方法が十分展開されることは期待できないが，ところどころにその片鱗がうかがわれるのは興味あることである．

彼の方法が特異であるように，彼の人柄もまた変わっている．およそ学者とか研究者とかいう言葉から連想されるものとはかけちがった，なにものにもとらわれない，自由な，型やぶりの人物らしいのである．かつて彼がわが国に来たときにも，いまだに語り草となっている数々の話題を残していった．ボンゴというアフリカの太鼓をたたいている彼の写真が，“ファインマン序”についている．これは物理の本に似合わしくないと思われるかも知れないが，彼の場合，むしろその人柄にふさわしいといえそうである．

さて本書の内容であるが，彼の人柄におとらずまことに個性的である．昔から今に至るまで，名著といわれる教科書は，整然とした物理学の体系を静かに展開するといった型のものが多い．しかし本書を手にする人は，それと大分様子がちがうことに気付かれるであろう．そこには絶えず読者に対する話しかけがある．講義を録音し後で編集したという事情も，ある程度反映しているのはたしかであろうが，ここにはこの種の本に見られないリズムと流れとがある．ときには意外とも思われる題材を含めて，ボンゴのリズムのような躍動する大きな流れをつくっていく．彼の話は力学とか電気とかの既成の枠にとらわれない．それによって読者も絶えず新しい考え方への刺激をうけ，歩一歩とこの内容をたどる間に，いつのまにか非常な高みに持ちあげられてしまう．

ここで本書の文章にも一言ふれておく必要があるかも知れない．ファインマンの文章の表現もまことに自由奔放で，この点では訳者たちを楽しませると同時に，悩ませたことも少なくなかった．彼の口調はイングリッシュではなく，ファイマニーズだという人さえある．われわれは，その味が失われることがないようにできるだけ努力はしたつもりであるが，日本語という制約の中で，忠実さを多少犠牲にせざるをえなかった面もあったことをお断りしておく．

本書にでてくる数式は，わが国の教科書にくらべて多いわけではないが，だからといって決して易しい本ということはできない．著者の序文にもあるように，この講義は初めカルテクの最も優秀な学生を目標としてなされたものだそうである．それだけにこれを読み通すにはそうとうの努力が必要である．しかし幸いにして読者は，これを理解するために，必要なだけの十分な時間をかけることができる．このような取り組み方をすれば物理学の本格的な面白さを知ることができるであろう．ファインマンが実際にこの講義をしたのは一度だけであったが，カルテクでは現在でも，本書をテキストとして講義がつづけられているとのことである．これは物理学教育における本書の意義が高く評価されていることを示すものであろう．

わが国でも，最近理工系大学における基礎学科の教育のあり方について，いろいろと問題がでている．一般教育と専門教育との制度上の分離が，物理学などの教育を不徹底なものとし，不当にゆがめていることは，多くの人の斉しく認めているところである．われわれが本書を訳そうとしたのは，この問題に答えるための貴重な資料を提供しようと考えたためでもある．もちろんいろいろな行き方はあろうが，この問題の検討に本書の存在を忘れることはできないであろう．

なおこのテキストは原書で3冊になっているが，訳書では都合上5冊にした．その内容とわれわれの分担とはつぎのとおりである：

原書	訳書	内容	訳者
I	第I巻	力学	坪井忠二
	第II巻	光，熱，波動	富山小太郎
II	第III巻	電磁気学	宮島龍興
	第IV巻	電磁波と物性	戸田盛和
III	第V巻	量子力学	砂川重信

私がはじめてファインマンの風ぼうに接したのは，1953年，京都で理論物理学の国際会議が開催されたときであった．壇上に立ったファインマンは，機関銃のようなスピードでまくしたて，そのため会場のほとんどの日本人にはチンプンカンプンであった．だれかの注意でもっとゆっくり話してもらうことになったのだが，こんどは単語の長さは変わらず，その発射間隔だけが遅くなったものであるから，かえって分りにくくなって大笑いになった記憶がある．

その後ファインマンは，京大基礎物理学研究所に滞在していたことがあり，当時は液体ヘリウムの研究をしていたようである．研究室の黒板には，ヘリウム原子のマルがたくさんかかれており，難しそうな数式などはほとんどない．その黒板の前をいったりきたりしながら考えていたファインマンの姿は極めて印象的であった．

その頃のことと思うのだが，私達の研究室を訪れたファインマンは，だれに教えてもらったのか“不敗魔”と漢字を書いて自己紹介をした．そのとき若い人がその研究テーマについてファインマンと討論した．例によって，複雑な数式を書き並べはじめると，ファインマンは，“計算なんかはどうでもよい．**物理**はどうなのか．君がこの現象の本質をどうとらえているかが聞きたいのだ．数式でなく，その本質を言葉でいってくれ”と何度もいっていたことが忘れられないのである．このファインマンの“量子力学”にも，その“物理”という言葉が何度もでてくる．彼にとって大事なことは“物理”であって，“数学”ではないのである．これは当然すぎるほど当然なことなのであるが，その当然なことが一般の理論屋によってどれだけ実行されているかといえば，まことに心もとない話である．しかし，それをやるには，やはりファインマンのような天才を必要とするのであろう．

この書物のユニークさについては，もう何もいうことはない．普通の量子力学の教科書と比較したら，もう始めから終わりまで，まるで全然違っている．それでいて，量子“物理”の核心を完全に説明しつくしている．まさに，“ファインマン物理学”である．ファインマンという人は，現代アメリカの生んだ天才であり，そしてよい意味でもっともアメリカ人らしいアメリカ人である．真偽のほどは定かではないが，巻頭の写真にあるように，ボンゴをたたきすぎて奥さんに逃げられたとか．そのほか色々愉快な逸話の持主である．

まえにも述べたように，物理屋にとっては余り見慣れない英語がところどころに出てきて悩まされたのも，いまとなっては楽しい思い出である．そのたぐいのいくつかの言葉について，原田朝吉教授に御教示を頂いた．ここに厚く感謝の意を表わすものである．なお，原書の数式やその引用番号，その他のいくつかの明らかな誤植（あるいは言い違い（？））については断りなく訂正しておいた．

1978年7月

砂川重信

ファインマン序

本書は，昨年と一昨年，私がカルテク*で1年生と2年生に対して行った物理の講義である．もちろん，講義のときと一言一句同じではない――すっかり書きなおしたところもあるし，またそれほど手を加えなかったところもある．教室の講義は，全課程の一部分をなすに過ぎない．全体で180人の学生が大講義室に集まって，1週間に2回この講義をきく．講義がすむと学生は15人ないし20人の小グループにわかれて，助手の指導の演習がある．このほかに1週間に1回実験がある．

この講義で私が特に意を用いたのは，高校を出てカルテクに入った来た非常に熱心で頭のよい学生達の興味を失わさせないのには，どうすればよいかということである．カルテクに入る前に，彼らはすでに物理学というものがどんなに面白く，またどんなに素晴らしいものであるかということをたっぷり聞かされてきている――相対性理論，量子力学，その他近代的の考え方など．ところがこれまでの講義のやり方だと，これらの素晴らしい新しい近代的の考え方などはほとんど出て来ないので，2年たつうちに，すっかり失望してしまうという学生が多かったのである．斜面，静電気などを勉強させられて，2年たつと，全くばかばかしいことになってしまうという有様であった．そこで，よくできて心をはずませている学生の熱意を失わさせることなく，こういう人達を救済するような講義はできるものか，できないものか，これが問題であった．

これから述べる講義は決してただの概論ではない．それ自身として非常に真剣なものである．私はクラスの中でいちばんよくできる学生を相手にして話すつもりで講義した．そして，講義の本筋以外のいろいろな方面に物理的の考え方や概念を応用するというようなことにふれてみたりして，いちばんできる学生といえども，講義に出てくることをすべて完全に把むことはたしかにできないというような程度にした．こういうつもりだったので，私は大いに努力して話をできるだけ正確なものにし，かつどの場合でも，どこで方程式というものと考え方というものとがうまくいっしょになって物理学の枠にはまるのか，また――学生がもっと先を勉強した後には――話はどのように変わるかというようなことをていねいに説明したつもりである．そして，そのような学生に対しては，前に述べたことからの演繹によって理解すべき――学生がよくできるなら――点は何か，また新たに導入された点は何かということをはっきり指摘することが大切であると思った．新しい考えが出て来ると，私は，それが演繹できるものなら演繹した．あるいはまたこれは新しい考えであって，これまで覚

---

* California Institute of Technology の略

えたことから出発して出て来るものではないこと，証明することはできないこと，――したがってここにはじめて出て来たものであることを説明するようにつとめた．

この講義を始めたとき，私は，高校から来た学生は，幾何光学だとか，化学の簡単な考えだとかというものについては，すでに知識があるものと仮定した．そして，この講義をきちんと整理して，あることをくわしく論ずる準備ができるまでは，それについては何も述べないことにするというようなやり方をする必要はないと考えた．やがて出て来ることはちょっと述べただけにしておいて，くわしくは論じなかったという例がたくさんある．そのようなくわしい話は，後になって準備がもっとよくできたときにゆずった．例えば，インダクタンスの話，エネルギー準位の話などがそれであって，最初は極めて定性的にしておいて，あとでもう少し完全に述べることにした．

また私は中以上の学生も目標においた．それればかりでなく，余分の気焔や他方面への応用などとなるとお手あげで，講義に出てくる話はまずたいていわからないといった連中にも気を配った．この連中に対しては，講義の中に，少なくとも彼らでもわかる**はず**の大切な点，大切なところがちゃんと入っているようにつとめた．講義に出てくる話がみなわからなかったとしても，この連中は悲観することのないようにした．みなわかるなどということは期待しなかった．しかしせめて，大切な，最も本筋的なことがらはわかってもらいたかった．もちろん，何が大切な定理で何が大切な考えであるか，あるいは，何が高級な副産物や応用であって，それはあと何年かたたなければ理解できないことであるのか，こういうことをみきわめるのにも，やはり彼らなりのある程度の頭のはたらきが必要であるのはもちろんのことである．

この講義をしている間に，一つの深刻な困難にぶつかった：それは，こういうふうに講義だけしていると，学生の方から私の方に何もはね返って来るものがないので，講義がどのくらいうまくいっているかを判断することができないということであった．これはまったく深刻な困難であって，講義がじっさいどのくらい満足すべきものであったのか，私にはわからない．全部が要するに実験なのである．もしも私がもう一遍やるということになったら，同じやり方はしないだろう――もう一遍やるのは御免だが．しかし私はこのやり方は――この物理学に関する限り――第1年目はかなりよくいったと思っている．

2年目についてはそれほど満足していない．その前半で電磁気を取り扱ったところでは，これに限るというようなやり方もなく，あるいは別のやり方――ふつうの方法にくらべて特に素晴らしいというやり方などは，何も思い付かなかったのである．だから，電磁気では，私の講義で大したことはできなかったと思っている．2年目の終りには，電磁気がすんだあとで物性論について更に数回講義するつもりであった．そして“物理学における数学的方法”といわれているものの序論を取り扱って主として基本振動，拡散方程式の解，振動系，直交座標等々にふれるつもりであった．いまふりかえって考えるのだが，もう一遍講義をするということになったら，やはりこの考えになるだろうと思う．しかし，私がもう一遍講義するという計画はなかったので，量子力学の序論を講義に含めるのもよいではないかという意見もあった――これは第V巻に出ている.

物理学を専攻する学生は，3年生のときになって量子力学をやるので，それまで待てばいいのはもちろんである．しかし，この物理学の講義に出ている学生の多数は，元来，他の分野に興味をもっているのだが，その基礎として物理学を勉強しているのだという見方もあった．そして，量子力学をふつうのやり方で取り扱うとなると，勉強するのに時間が長くかかりすぎて，大多数の学生は量子力学にふれることができないということになってしまう．しかし，量子力学が実際に応用されている面では——特に電気工学や化学などにおける複雑な応用面では——正面から微分方程式を取り扱うというやり方が行なわれているわけではない．そこで私は，まず偏微分方程式に関する数学的知識を必要としないような方法で，量子力学の原理を述べることにした．物理屋にとっても，こうやってみる——量子力学をこの逆のやり方で取り扱ってみることも面白いと思う．その理由は，そこの講義を読んでもらえばわかると思う．しかし，量子力学に関するこのこころみは，完全な成功だったとは思われない——その原因は主として終りの方で時間が十分になかったことにある(例えばエネルギーバンドや振幅の空間分布などのようなことについて，もう少しちゃんとやるためには，あと3, 4回講義しなければいけなかった.) また私がこういうやり方をしたのははじめてのことだったので，学生の方から何もはね返って来ないということが，特に困った点であった．いまでは，量子力学はもう少しあとにした方がいいと思っている．いつかもう一遍やってやる機会もあるかも知れない．そのときはうまくやるつもりである．

いろいろの問題をどうやって解くかということに関する講義はしなかったが，これは，演習の時間があるからである．1年目に，どうやって問題を解くかという講義を3回したのだけれども，それはこの本に入っていない．また慣性航法についても講義が1回あって，これは回転系の講義のあとにつづくものであるが，しかしこれは残念ながら省いた．

さていうまでもなく，このこころみがどのくらい成功であったかということが問題である．学生の面倒をみた人達の大多数は私に賛成してくれそうにもないが，私自身の意見は悲観的である．私は学生のために大いに役に立ったとは思わない．試験のときに大半の学生が問題を取り扱う様子から察すると，このやり方は失敗だったと思う．もちろん私の友人達によれば，十数人ないし二十数人の学生は，講義の全部にわたって驚くべきほどよい理解を示しているという．そして内容についてよく勉強し，いろいろの点について心をはずませ夢中になって考えているという．そういう学生は，物理学の最上級の基礎を身につけたのだと思う——そしてそういう人達をこそ私は育てたかったのである．しかし，“教育というものは，教育などしないでもいいという幸福な事態でない限り大した効果のないものなのである”(ギボンス).

そうはいうものの，私は学生を1人でも完全におき去りにしようとは思わなかった——ことによると実際はおき去りにしたかも知れないが，学生のためになるのは，一つには，もっと努力して，講義に出てくる考えの真髄がよくわかるような問題をたくさんつくることだと思う．演習問題というものは，講義の内容を補って，話に出た考えをより現実的に，より完全に，よりちゃんと頭に入れるのによい機会を与えるものである.

しかし，この教育上の問題については，私はこう考えている．最善の教育というものは，いい学生といい教師との間に，直接の特別のつながりがある場合——学生が考え方を論じ，ものごとについて考え，ものごとについて語る——そういう場合にのみ可能だということを認識するよりほかはないと考えている．講義に出たり，また出された問題をやったりするだけでは大した勉強はできはしない．しかし，現代は教えるべき学生の数があまりにも多く，この理想に代わるものを求めなければならない．その意味で，この講義も若干の貢献をするところがあるかも知れない．どこか，目立たないところに独特な個性的な教師と学生がいて，この講義から若干の刺激や考え方などを吸収しているのかも知れない．彼らはそれを考え考え——さらにそれを発展させることに夢中になるのではあるまいか.

1963年6月

リチャード P. ファインマン

まえがき

20 世紀物理学の偉大なる勝利である量子力学の理論は，いまやほとんど 40 歳になろうとしている．にもかかわらず，われわれが学生達に物理の入門的課程を(しかも，多くの学生にとっては，その最後の課程として)教えるに当って，物理的世界に関するわれわれの知識のこの中心的部分については，ほとんどなにげなく触れる程度を出なかったのである．われわれは，これらの学生達の面倒をもっとよくみるべきであろう．この講義は，これらの学生達に量子力学の基本的かつ本質的な考え方を，できるだけ分りやすく教えるための一つの試みである．内容を読めば分るように，ここでのやり方は，とくに 2 年次の課程の水準としては，極めて新しく特異なやり方である．しかし，学生達の一部は，これに容易になじんだことをみると，私はこの実験は成功したものと信じている．もちろん，改良の余地はある．したがって，教室での経験をさらに重ねることにより，よりよく改良されることになろう．諸君がここでみるものは，その最初の実験記録なのである．

1961 年の 9 月から，1963 年の 5 月にかけて，カルテクにおける物理学序論の課程として行われた 2 年続きのファインマンによる物理の講義において，量子力学の概念は，記述しようとしている現象の理解に必要とあれば，いつでももち出されてきたものである．さらに，第 2 年目の最後の 12 回の講義は，量子力学の一部の概念に関する一貫した序論に当てられたのである．しかしながら，講義が終わりに近づくにしたがって，量子力学のためには，時間が十分に残されていないことがはっきりしてきた．講義の材料がととのうにしたがって，それまでに展開してきた初等的な道具を利用することにより，そのほかの重要かつ興味深いトピックスを扱うことができるということが，つねに発見されるのであった．また，12 回目の講義に含まれていたシュレーディンガーの波動関数の扱い方は，余りにも簡単すぎて，これでは学生達が，これから読もうとしている多くの書物に書かれているようなもっと普通のやり方との橋渡しを与えることが十分にはできないのではないかというおそれも出てきた．そこでシリーズをさらに延長して，7 回の講義を追加することを決定したわけである．そして，その講義は，1964 年の 5 月に 2 年次のクラスに対して与えられた．その講義は大きくふくらんでしまって，これまでの講義で展開した内容をさらに拡大するものとなった．

この巻では，その順序を適当に調節して，まえの 2 年間の間でやった講義の一部をもまとめておいた．さらに，量子物理学への入門として元々 1 年次のクラスで与えた 2 回の講義を，第 II 巻(の第 12 章および第 13 章)からそっくりそのままもってきて，本巻の最初の 2 章とした——それは，この巻をこれまでの

4巻とは比較的に無関係な独立した単位とするためである．角運動量の量子化に関する(シュテルン-ゲルラッハの実験に関する議論を含めた)2,3の考え方が第IV巻の第13章および第14章で導入されており，これに関しては読者はすでに習熟しているものと仮定している．しかし，その第IV巻をもっていない人の便宜をはかって，この2章を附録として再録した(訳者註：紙数の都合で，本訳書ではこれを割愛した)．

この一連の講義では，量子力学のもっとも基本的かつもっとも一般的な性質を，そのはじまりから明らかにしようとしている．最初のいくつかの講義において，確率振幅，振幅の干渉，状態についての抽象的概念，それから状態の重ね合わせおよびその分解などの考え方に真向から取り組むのである——そして，ディラックの記号も最初から用いられている．こういう考え方を導入するときには，かならずいくつかの特別な例題についての詳しい議論をして——できうる限り，その物理的な考え方を現実のものとしてとらえさせるように試みている．一定のエネルギーをもつ状態をも含めて，状態の時間依存性の問題が次にくることになる．そしてその考え方はただちに2状態系の研究に適用される．アンモニア・メーザーに関する詳しい議論により，放射の吸収と誘導放射の枠組の導入がはかられることになる．それから講義は，より複雑な体系の考察へと進み，結晶内の電子の伝播の議論から，角運動量の量子力学のかなり完全な取り扱いにまでいたるのである．この量子力学への入門は，シュレーディンガーの波動関数，その微分方程式および水素原子に対する解をもって，第20章で終わりとなる．

この巻の最後の章は，これをこの“課程”の一部とするつもりはない．これは超伝導に関する“ゼミナール”であって，これまでの巻にあった余興としての講義の精神にもとづいて，つまり学生達が学んできたものと，一般の物理的文化との関連についての広い見地を開かせるという意図のもとに行われたものである．ファインマンの“結びの言葉”は，その講義の全巻に対する終止符をうつものとして述べられたものである．

第1巻のまえがきでも説明したように，この講義は，物理学教科課程改訂委員会(ロバート・レートン，ビクトル・ネーアおよびマシュー・サンズ)の管理のもとで，カリフォルニア工科大学において遂行された新しい入門課程計画の一環として行われたものである．この計画が可能になったのはフォード財団からの補助金があったからである．また，この巻を準備するに当っては，その技術的な仕事に関して非常に多くの人達の援助をうけた．M.クレイトン，J.カーシオ，J.ハートル，T.ハーベイ，M.イスラエル，P.プロイス，F.ワーレンおよびB.ツィンマーマンらがそれである．G.ノイゲバウアー教授とC.ウィルツ教授とは，また原稿の多くについて注意深く読んで，内容の正確さと明快さを増すのに大きな貢献をされた．

しかし，諸君がここにみる量子力学の物語は，リチャード・ファインマンその人の話以外の何ものでもない．彼の現実生活のなかでの物理の講義において表現されたその考え方をみたときに，われわれが経験した知的興奮の一部でも，ほかの人々に与えることができたなら，われわれの労苦も無駄ではなかったといえよう．

1964年12月

マシュー・サンズ

目　次

第9章　アンモニア・メーザー

第10章　他の2状態系

第11章　さらに2状態系について

第12章　水素原子の超微細構造

第13章　結晶格子内における伝播

第18章　角 運 動 量

第19章　水素原子と周期律表

第20章　演　算　子

第21章　古典的状況のもとでのシュレーディンガーの方程式：超伝導のゼミナール

第1章
量子的な性質

1-1 原子の力学

“量子力学”は物質と光の性質を詳細に記述し，とくに原子的なスケールにおける現象を記述するものである．その大きさが非常に小さいものは，諸君が日常直接に経験するどのようなものにも全く似ていない．それらは波動のようにふるまうこともなく，また粒子のようにふるまうこともない．雲にも，玉突きの球にも，バネにつけたおもりにも，また諸君がこれまで見たことのある何ものにも似ていないのである．

ニュートンは，光は粒子からなると考えた．しかしその後，光は波動性をもつことが発見された．ところが，あとになって(20世紀の初頭に)，光はときには粒子としての性質をもつこともあることが発見された．歴史的には，例えば，電子は粒子であると考えられてきたが，その後多くの点でそれは波動性をもつことが発見された．つまり，電子は本当は粒子と波動のどちらにも似ていないのである．こんな具合なので，もうあきらめて，電子はそれらの**どっちにも似ていない**ものであるというより仕方のないものである．

ところが幸いなことに——電子は光と全く似た性質をもっている．原子的な物体(電子，陽子，中性子，光子など)の量子的な性質は，それらのすべてに共通する性質であって，それらはみな“粒子波”(particle wave)といったもの，あるいは諸君がどう名付けてもかまわないようなものである．したがって，電子(例としてこれを用いる)の性質について学んだら，そのことは光の粒子である光子を含むすべての種類の粒子にも適用されるのである．

原子のような小さなスケールの物質の性質に関する情報は，今世紀の初めの四半世紀の間に徐々に蓄積されてゆき，これらの情報は微小なものがどのような性質をもつかということについて色々な示唆を与えた．しかし，そのことは問題をますます混乱させるだけであった．この混乱に対する最終的な解決は，1926年から1927年にかけて，シュレーディンガー，ハイゼンベルグおよびボルンによって与えられた．この章においては，量子力学における自然の記述法の主な特色について述べることにしよう．

原子的な物体の示す性質は，われわれの日常経験とあまりにもかけはなれているために，それに慣れるのは非常に難しい．それはだれにとっても——初心者にとっても，また経験をつんだ物理屋にとっても

——非常に特異なものであり，また不可思議なものにみえる．熟練した専門家でさえ，彼らがそうであってほしいと思っている考え方によってそれを理解しているのではない．そして，そのような形で理解することができないのは全く当然のことなのである．なぜなら，人間の直接的な経験や直観は，みな，大きな物体に対してのみ適用しうるにすぎないからである．われわれは，大きな物体がどのようなふるまいをするかについては知っているが，小さなスケールのものは，そのようにふるまうことはない．したがって，原子的な物体の性質について学ぶためには，われわれの直接的な経験によらずに，ある程度抽象的，あるいは創造的な形をとる必要がある．

この章では，その不可思議な性質の基本的な要素を，そのもっとも奇妙な点をとらえて，真正面から直接，攻めることにする．古典的な方法で説明することの不可能な，**絶対に**不可能な現象をえらんで，それを調べようというのである．そうすることにより，ズバリ量子力学の核心にふれようというわけである．実際，それはミステリー以外の**何ものでもない**．その考え方がうまくゆく理由を“説明する”ことにより，そのミステリーをなくしてしまうことはできない．ただ，その考え方がどのようにうまくゆくかを**述べる**だけである．それがどのようにうまい具合にゆくかを説明することにより，量子力学全体の基本的な特異性を諸君に示そうというわけである．

1-2　弾丸をつかった実験

電子の示す量子的な性質を理解するために，ある特殊な実験状況のもとでのそのふるまいを，弾丸のような粒子の示すよりなじみ深いふるまいや，水面上の波のような波動の示すふるまいと比較対照してみよう．まず，図1-1に図示した実験状況のもとでの弾丸のふるまいを考える．いま，連続的に弾丸を発射する機関銃があるとする．この機関銃はあまり上等のものではなくて，図に示してあるように，かなり広い範囲にわたって(でたらめに)弾丸をばらまくものとする．銃の前方には(装甲板からつくられた)壁があり，その壁には2個の孔があいている．これらの孔を通って，弾丸は壁を通り抜けることができる．

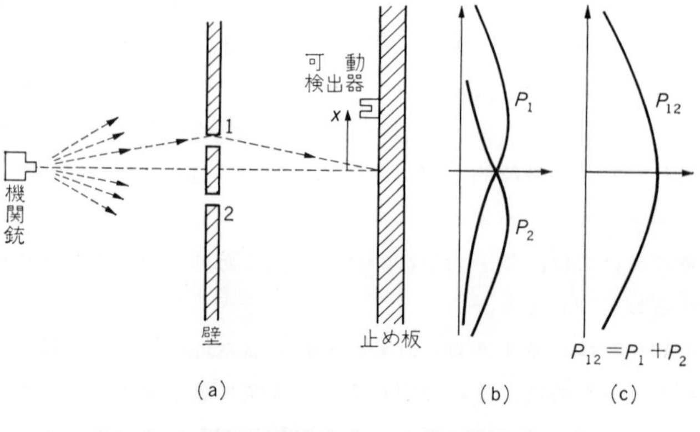

図1-1　弾丸をつかった干渉実験

壁の向う側には止め板(例えば，木でできた厚い壁)があり，それにぶつかる弾丸を“吸収”するものとする．この止め板の表面上には，弾丸の“検出器”とでもいうべきものがある．それは砂を入れた箱でもよい．その検出器の中に飛びこんだ弾丸は，みなその中に止められて蓄積される．必要なときには，その箱をあけて，捕えられた弾丸の数を勘定することができる．この検出器は(われわれが x 方向としてえらんだ方向に)前後に移動させることができる．この装置を利用して，次の問題に対する解答を実験的に求めることができる．その問題とは，“1個の弾丸が壁面上の孔を通り抜けて，止め板の中心から距離 x の場所に到達する確率はいくらか”ということである．ここでまず，われわれは確率を問題にしていることを理解されたい．それは，ある特定の弾丸がどこにゆくかを明確にいうことができないからである．孔の一つに衝突した弾丸が，たまたまその孔の端ではね返されて，どこかにいってしまうかも知れないのである．ここで“確率”とは，弾丸が検出器に到着するチャンスのことであり，これはある時間の間に検出器に到達する弾丸の数をかぞえて，その時間の間に止め板にぶつかった**全体の**弾丸数に対するその数の比率をとることにより測定することができる．あるいはまた，測定中に同じ割合でつねに弾丸が射ち出されているとしたとき，ほしい確率はある一定時間間隔内に検出器に到達する弾丸数に比例する．

ここでの目的のために，いくらか理想化された実験を考えることにする．弾丸は本物の弾丸ではなく，**絶対にこわれない**——半分に割ることのできないような——弾丸であるとする．この実験では，弾丸はいつもひとかたまりになって到達し，検出器内で何かがみつかるときには，それはいつでも1個の完全な弾丸である．機関銃の発射の割合が非常に低いときには，ある与えられた任意の瞬間には，止め板には全く何も到着しないか，それとも1個，たった1個——正確に1個——の弾丸が到達するかのどちらかである．もちろん，かたまりの大きさは，銃の発射の割合とは無関係である．また，“弾丸は**いつも**同じ形のかたまりになって到達する”．検出器で測定するのは，そのかたまりの1個が到達する確率である．そして，その確率を x の関数として測定する．この装置によるこのような実験の結果を示したのが，図1-1(c)のグラフである(これまで，この実験を実際にやった人がいるわけではないので，われわれは本当はその結果を想像してかいているのである)．このグラフでは確率を右側に，また x 軸を縦向きに書いてあり，したがって x の目盛りが装置の図と合うようになっている．弾丸は孔1か孔2のどちらかを通り抜けてくるので，その確率を P_{12} と書くことにする．P_{12} がグラフの真ん中の近くで大きく，x の値が大きくなると小さくなっているからといって驚くことはない．しかし，どういうわけで P_{12} が $x=0$ で最大値をもつのかと不思議に思うかも知れない．それを理解するには，孔2をふさいでもういちど実験し，それから次に孔1をふさいだ上でさらに実験をくりかえしてみればよい．孔2をふさいだときには，弾丸は孔1だけしか通過することができず，図の(b)に P_1 と書いた曲線がえられる．このときには期待したように，P_1 の最大値は，銃と孔1とを結ぶ直線上の x の値のところに現われる．孔1を閉じたときには，図に描いた対称的な関数 P_2 をうる．P_2 は弾丸が孔2を通過したときの確率分布である．図1-1の(b)と(c)とを比較すると，次の重要な結果をうる．すなわち

$$P_{12} = P_1 + P_2. \tag{1.1}$$

全体の確率はそれぞれの確率の和になっている．両方の孔をあけた効果は，それぞれの孔を一つだけあけたときの効果の和である．あとで分る理由により，この結果を“**非干渉**”の観測ということにしよう．弾丸はかたまりとなってやってきて，その到達の確率は干渉を示さない．

1-3　波をつかった実験

ここでは，水の波をつかった実験を考えよう．図1-2に模式的に示されているのが，その装置である．浅い水槽をもってきて，図に“波源”と書いてある小さな物体を，モーターで上下に軽くゆすぶって円形の波をつくる．このときにも，源の右側に2個の孔をもつ壁があり，そのうしろに2番目の壁をおいておく．波の反射を避けてものごとを簡単にするために，それは“吸収体”としての役割をするものとする．したがって，2番目の壁に到達した波は反射をおこさないわけである．このようにするには，ゆるく傾いた“砂浜”をつくってやるとよい．その砂浜の前には検出器をおく．これは前と同様に，x 方向に前後に移動できるものとする．いまの場合には，この検出器は波の運動の“強度”を測る装置である．波の運動の高さを測定する仕掛けを考えることはできるが，その目盛りを実際の高さの**2乗**に比例するようにとっておく．すると，その読みは波の強度に比例することになる．そうすると，この検出器は波の運ぶ**エネルギー**量——あるいは，検出器に運びこまれるエネルギーの割合——に比例する読みを与えるわけである．

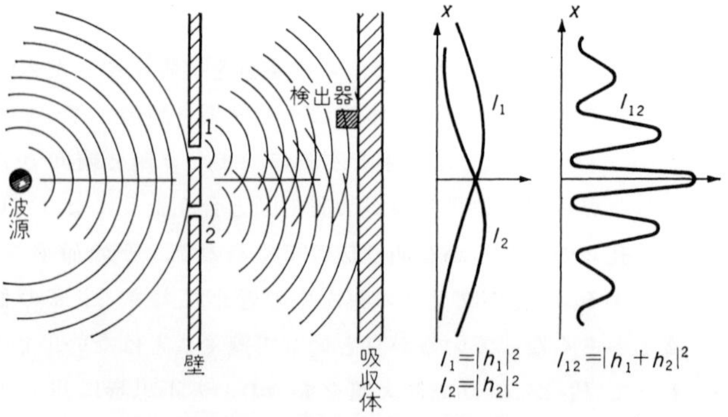

図1-2　水の波をつかった干渉実験

この波の装置の場合に，まず第1に注意すべきことは，その強度は**任意の**大きさをとりうることである．源の運動がきわめて小さいときには，検出器のところでの波の運動もまたきわめて微弱なものである．源の運動がもっと大きいときには，検出器における波の強度もまた大きくなる．波の強度としては，どんな値をもとりうる．波の強度には，粒子の場合におけるような“かたまり”というような性質はまったく**ない**のである．

さて，(波の源の振動をつねに一定に保ちながら) x の色々な値に対する波の強度の測定をおこなう．このとき，図の(c)に I_{12} としるされたおもしろい形の曲線をうる．

このような模様の図形がえられる理由については，第II巻で電波の干渉を調べたときにすでに述べた．いまの場合には，元々の波が二つの孔のところで回折をおこし，それぞれの孔から新しい円形の波が拡がってゆく．いま，一つの孔をふさいで吸収体における強度分布を測定すると，図の(b)に示したような比較的簡単な形をした強度曲線をうる．I_1 は孔1からくる波の強度である(これは孔2をふさいで測定するときにみられるものである)．また I_2 は，(孔1をふさぐときにみられる)孔2からの波の強度である．

両方の孔を開いておいたときに観測される強度 I_{12} は，明らかに I_1 と I_2 の和にはなってい**ない**．このことを二つの波が“干渉”しているという．ある場所では(曲線 I_{12} が極大になっているところでは)，二つの波の“位相が合って”いて，波の山が重なり合って大きな振幅になり，したがって大きな強度をもつ．このような場所では，二つの波は“建設的に干渉している”という．このような建設的な干渉をする場所は，検出器から孔1までの距離が，検出器からもう一つの孔までの距離よりも，波長の整数倍だけ長い(あるいは短い)ときである．

二つの波が位相差 π をもって(このとき二つの波は位相が“完全にずれている”という)検出器に到達するような場所では，検出器のところでの波の運動は，結果的には二つの振幅の差になってしまう．このとき，波は“破壊的に干渉”して，その波の強さは小さい値をとることになる．孔1と検出器の間の距離が，孔2と検出器の間の距離と半波長の奇数倍だけの差をもつときには，いつでもそのような低い値になることが期待されるわけである．図1-2の I_{12} の値が小さいところは，二つの波が破壊的に干渉している場所に対応している．

諸君は，I_1, I_2 および I_{12} の間の定量的関係が次のように表わされることを憶えているだろう．すなわち，孔1だけから波がくる場合には，検出器のところの水の波のある瞬間における高さは $h_1e^{i\omega t}$(の実数部分)と書かれる．ここで“振幅” h_1 は一般には複素数である．その強度は高さの2乗の平均値，または複素数を用いるときには，その絶対値の2乗 $|h_1|^2$ に比例する．同様に，孔2だけから波がくるときには，その高さは $h_2e^{i\omega t}$ で与えられ，その強度は $|h_2|^2$ に比例する．2個の孔の両方とも開いているときには，波の高さは両方の孔からくる波の高

さを加えたものになり，それは$(h_1+h_2)e^{i\omega t}$で与えられる．したがって，その強度は$|h_1+h_2|^2$である．いまの目的のためには比例定数を除いてしまってもかまわないので，**干渉する波**に対する強度の正しい関係式は，次式で与えられることになる．

$$I_1 = |h_1|^2, \qquad I_2 = |h_2|^2, \qquad I_{12} = |h_1+h_2|^2. \tag{1.2}$$

この結果は，弾丸の場合にえられた結果(1.1)とは全く異なるものであることに注意しよう．$|h_1+h_2|^2$を展開すると，

$$|h_1+h_2|^2 = |h_1|^2+|h_2|^2+2|h_1|\cdot|h_2|\cos\delta \tag{1.3}$$

となることが分る．ここでδはh_1とh_2の間の位相差である．強度を用いて表わすと，(1.3)は

$$I_{12} = I_1+I_2+2\sqrt{I_1I_2}\cos\delta \tag{1.4}$$

と書かれる．(1.4)の右辺の最後の項が“干渉項”である．水の波の話はこれで終わり．その強度は任意の値をとることができ，それは干渉性を示す．

1-4　電子をつかった実験

さて，こんどは同様の実験を電子の場合にやることにしよう．その実験は図1-3に図示してある．タングステンでできている電線のまわりを金属の箱でかこみ，その一部に孔をあけて電子銃をつくる．電線を箱に対して負の電圧にしておいて，それを電流で加熱すると，電線から放射された電子は箱の壁の方向に加速される．すると，その一部は孔を通り抜けて箱の外にでてくる．電子銃からでた電子はみな(ほとんど)同一のエネルギーをもっている．このときにも，電子銃の前方には一つの壁(薄い金属板の)がおいてあり，それに二つの孔があいている．その壁の向う側にはもう一枚の板があって，それは“止め板”の役目をする．止め板のすぐ前には，可動検出器を設置しておく．この検出器は，ガイガー計数管か，あるいは多分そのほうがよいと思うのだが，電子増幅器がおいてあり，それを拡声器に接続しておく．

ここで早速注意しておかなければならないのは，諸君はこの実験を実行しようと準備にかかってはいけないということである(これまで

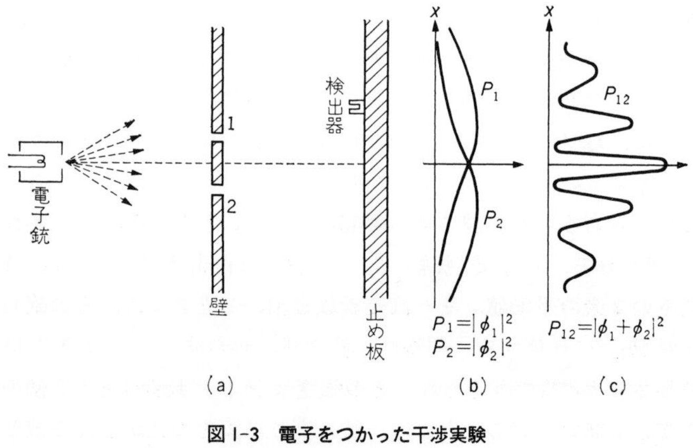

図1-3　電子をつかった干渉実験

述べてきた二つの実験なら，諸君にもできるのだが)，この実験はこのままの形では，これまで実行されたことはない．その理由は，いま興味をもっている効果を検出しようとすると，この装置は製作が不可能なほど小型につくられねばならないからである．われわれは，ものごとを考えやすくするために“思考実験”をしているのである．この思考実験によってえられる**はず**の結果はすでに分っている．なぜならその装置の大きさや，その各部分の大きさの釣り合いが，これから述べる効果をうまくとらえられるように設計され，そして実行に移された実験が，すでに数多く**存在する**からである．

この電子を用いた実験に関して，まず注目すべきことは，検出器(すなわち，拡声器)から鋭い“カチッという音”が聞えることである．しかも，その“カチッという音”の大きさはみんな同じ大きさであって，その“半分の大きさの音”は聞え**ない**．

また，次に注意すべきことは，その“カチッという音”がまったく不規則にやってくることである．それは何か，カチッ……カチッ・カチッ……カチッ……カチッ……カチッ・カチッ……カチッ…，といった感じである．それは，諸君がガイガー計数管が作動しているときに，(きっと)聞いたことのあるものである．十分に長い時間——たとえば数分間もの間——に聞える音の数をかぞえ，別の同じ時間の間にまたかぞえると，これらの二つの数はほとんど正確に同じ値になることが分る．したがって，その音の聞える**平均の割合**(つまり，毎分当りの音の平均数)という考えが意味をもつことになる．

検出器をあちこちに動かすと，その音の聞える**割合**は速くなったり遅くなったりする．しかし，それぞれの音の大きさはいつでも同じである．電子銃内の電線の温度を下げると，音のでる割合は低くなるが，それぞれの音のひびきは同じである．また次の事実にも注目しよう．2個の検出器を止め板の上におくと，それらの**どちらか**が鳴るが，その両者が同時に鳴ることは決してない(二つの音が非常に接近して鳴ったときには，われわれの耳では聞きわけられないことがあるが，そのようなことはないとしての話である)．したがって，止め板に到達するものは，どんなものでもみな“かたまり”となってやってくるのである．その“かたまり”がすべて同じ大きさをもっているのである．すなわち，完全な“かたまり”だけが到達し，またそれらは止め板には同時にただ1個だけが到達する．つまり，“電子はいつでも同種のかたまりとして到達する”といえる．

弾丸をつかったときの実験とまったく同様に，次の問題の解答を実験によって求める話に進むことにしよう．すなわち，それは“1個の電子の‘かたまり’が，止め板の中心からいろいろな距離 x にある場所に到達する相対確率はいくらか”という問題である．前と同様に，電子銃の作動を一定に保ちながら，音の数の割合を観測することによって，この相対確率を測定することができる．ある特定の点 x にそのかたまりが到達する確率は，その場所 x において聞える音の数の平均の割合に比例する．

この実験の結果は，図1-3の(c)にP_{12}としるしてあるおもしろい形をもつ曲線によって与えられる．まさに！　これこそ電子のやり方なのである．

1-5　電子波の干渉

図1-3の曲線を分析することによって，電子のもつ性質を理解できるか否かを調べることにしよう．まず第1にいっておくべきことは，電子はかたまりになってやってくるのであるから，それぞれのかたまりは，孔1と孔2のどちらか一方を通り抜けてきたはずである．つまり，このかたまりそのものこそ電子にほかならない．この事実を“命題”という形で表現しておこう．

命題A：各電子は孔1か，あるいは孔2の**どちらか**一方を通過してくる．

命題Aを仮定すると，止め板に到達する電子はみな，次の2組に分類することができる．すなわち，(1)孔1を通り抜けてくるもの，(2)孔2を通り抜けてくるもの．したがって，われわれの観測した曲線は，孔1を通り抜けてくる電子による効果と，孔2を通り抜けてくる電子による効果との和で表わされるはずである．まずはじめに，孔1を通過する電子に対して測定を行ったとする．このとき，孔2をふさいで，検出器からの音の数をかぞえる．それが鳴る割合からP_1をうる．その結果は，まったく期待していた通りのものである．同様にして，孔2を通り抜けてくる電子の確率分布P_2を測定する．この測定結果もまた図示されている．

ところが，**両方**の孔を開いたときの結果P_{12}は，明らかに，それぞれの孔を1個だけあけたときの確率P_1とP_2の和にはなっていない．水の波の実験から類推すると，電子のときにも“干渉がある”ということになる．すなわち

$$\textbf{電子の場合には,}\quad P_{12} \neq P_1+P_2 \qquad (1.5)$$

である．

どういうわけで，このような干渉がおきるのであろうか？　多分こういうだろう．“ええと，それは多分，かたまりが孔1か孔2のどちらかを通り抜けたというのが**本当ではない**ということなのだろう．なぜかというと，もしそうなら，確率は和になるはずだから．多分，電子はもっとややこしいやり方で孔を通り抜けるのだろう．電子は半分に分裂して，それから……”．ところがちがう．電子は半分になることはない．それらはいつでもかたまりになって到達する．“それなら多分，電子のうちのあるものは，孔1を通り抜けたあと，孔2を迂回して，それからまた何回かぐるぐる回って，……それとも何か別の複雑な経路をたどって……．そのとき孔2をふさぐと，孔1を**通り抜けてしまった**電子が最後に止め板に到着するチャンスは変化する……”．しかし，次の事実に注意されたい．**両方**の孔をあけたときには，きわ

めて少数の電子しかやってこないのに，一方の孔を閉じたときには，沢山の電子のくる場所が存在している．つまり，一つの孔を**閉じる**と，もう一方の孔からくる電子の数が**増加する**というのである．ところが，図の(c)をみると，曲線の中心では，P_{12} は P_1+P_2 の 2 倍よりも大きくなっていることに注意しよう．図の(b)と比較すると分るように，それはあたかも一つの孔を閉じると，もう一方の孔を通過してくる電子の数が**減少する**かのようにみえる．電子が上に述べたような複雑な経路をとったとしても，このように場所によって相反する**二つの**効果を説明することはとてもできそうにない．

まったくもって不思議な話である．考えれば考えるほど不思議である．これまでも，個々の電子が複雑な経路をたどって孔を通り抜けると考えて，P_{12} の曲線を説明しようという試みが幾度もなされてきたが，そのどれも成功したためしがない．それらのどれも P_1 と P_2 を用いて P_{12} の正しい曲線をうることはできないのである．

ところが驚いたことに，P_1 と P_2 の P_{12} との関係を与える**数式**は，これがまたきわめて簡単なのである．というのは，P_{12} の曲線は図 1-2 の I_{12} の曲線とそっくりであり，**その** I_{12} の曲線は簡単なものだったからである．止め板上の現象は，ϕ_1 および ϕ_2(これらはもちろん x の関数である)の 2 個の複素数によって記述することができる．ϕ_1 の絶対値の 2 乗は，孔 1 だけが開かれているときの効果を与える．すなわち，$P_1=|\phi_1|^2$ である．孔 2 だけがあいているときの効果は，同様に ϕ_2 によって与えられ，それは $P_2=|\phi_2|^2$ である．そして，両方の孔が開いているときの全体の効果は $P_{12}=|\phi_1+\phi_2|^2$ で与えられる．この**数式**は水の波のときとまったく同じである(電子が何か変な軌道にそって板の前後をうろうろするような複雑なやり方のもとで，このような簡潔な結果がえられるとは到底考えられない)．

結局，結論は次のとおりである．すなわち，電子は粒子のようにかたまりになって到達する．しかも，これらのかたまりの到達する確率は，波の強度分布と同じように分布する．このような意味で，電子は“ときには粒子のような性質をもち，ときには波のような性質も示す”ということになる．

ついでにいっておくが，古典的な波動をとり扱うとき，その強度を波の振幅の 2 乗の時間平均として定義した．そのとき，計算を簡単にするために，数学的技巧として複素数を利用した．ところが量子力学では，その振幅は複素数で表現され**なければならない**のである．実数部分だけでは話がうまくいかない．しかし，当座は，数式を同じ形にするための技巧であると考えておいてもよい．

二つの孔を通って到達する確率は，P_1+P_2 には等しくないが，それでも非常に簡潔な形で与えられるので，これ以上は別に何もいうことはない．しかし，自然がこういうやり方をするという事実には，非常に多くの不可解なことが内包されている．そこで，この不可解さについて少し説明しておこう．命題 A による結論は，ある特定の場所に到達する電子数は，孔1を通って到着する数と孔2を通って到着する数の和に等しいということであるのに対して，事実はそうなっていな**ない**のであるから，**命題Aは間違っている**と明確に結論せざるをえないことになる．電子が孔1か孔2の**どちらか**を通り抜けるということは正しく**ない**．また，この結論は別の実験でも確かめられるのである．

1-6　電子を監視する

ここで，次のような実験をやってみよう．前節の電子の装置に非常に強い光源をつけ加えて，それを図1-4にあるように壁のうしろの，二つの孔の間におく．電荷が光を散乱することはよく知られている．したがって，電子がどこを通ったにしても，検出器に到達する途中で，それはある程度の量の光を散乱し，その光はわれわれの目にはいる．すると，電子がどこを通過したかを**知る**ことができる．例えば図1-4にスケッチしてあるように，電子が孔2を通る経路をとるときには，図のAとしるした場所のあたりからでる光のフラッシュを見るはずである．電子が孔1を通過するときには，上の方の孔の近くからのフラッシュを見ることが予想される．同時に両方の場所から光が出るようなことがおきたときには，電子が半分に割れたからだ……．それはともかく，実験をやってみよう．

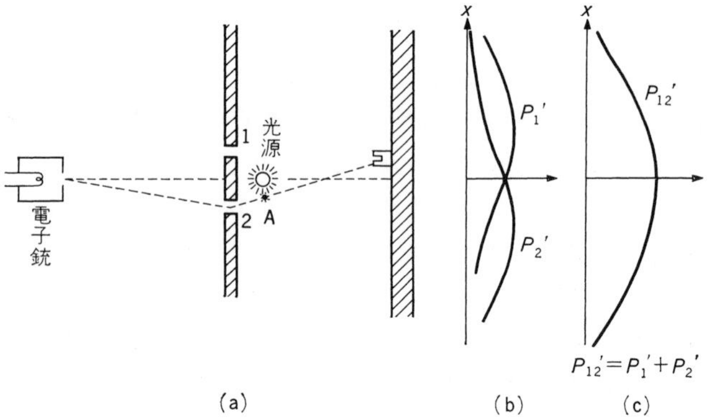

図1-4　電子をつかった別の実験

実験の結果はつぎの通りである．止め板上の電子検出器からの“カチッ”という音を聞く**たびに**，孔1のあたりか孔2のあたりの**どちらかで**光のフラッシュが**見られる**．しかし，両方の場所で同時にフラッシュが光るのを見ることは**決してない**．検出器をどこにおいても同じ結果が観測される．この観測結果から，電子を調べることによって，電子は一つの孔か，あるいはもう一つの孔のどちらかを通り抜けたことが結論される．すなわち，命題Aはこの実験ではたしかに成立しているということになる．

すると，命題Aを**否定**する前の議論のどこが悪いのであろうか．なぜP_{12}はP_1+P_2に等しく**ない**のであろうか．そこでもういちど実験にもどってみよう．電子の足跡をたどって，電子のやることを見とどけよう．検出器をいろいろな場所(x の位置)に移動して，それぞれの場合に検出器に到達する電子の数をかぞえる．**それと同時に**，光のフラッシュを観察することによって，それらの電子がどちらの孔を通り抜けたかの足跡をつけておく．この足跡をつけておくには次のようにしたらよい．すなわち，“カチッ”という音とともに孔1のあたりでフラッシュを認めたときには，第1欄に一つしるしをつけ，またその音に伴って孔2の近くでフラッシュを見たときには，第2欄に一つしるしをつける．すると，到達した電子はみな，孔1を通ってきたものと，孔2を通ってきたものの二つの欄のどちらかに記録されることになる．第1欄に記録された数から，電子が孔1を通って検出器に到着する確率 P_1' をうる．また，第2欄に記録された数から，電子が孔2を通って検出器に到着する確率 P_2' をうる．さて，このような測定を x のいろいろな値に対して繰りかえすと，図1-4の(b)に示されているような P_1' と P_2' の曲線をうる．

そう，この結果には別に驚くほどのことは何もない．P_1' は孔2をふさぐことにより P_1 のときに前にえたものとほとんど全く同じものである．そしてまた P_2' は，孔1を閉じたことによりえられたものとよく似ている．したがって，1個の電子が2個の孔を通り抜けるというようなややこしいことは何もおきてい**ない**わけである．電子を監視しているときには，電子はわれわれの期待通りのやり方で孔を通り抜け，孔を閉じているか，開いているかには関係しない．孔1を通ってきたことが確認されている電子は，孔2を閉じているか開いているかにかかわらず，同じように分布する．

しかし，ちょっと待てよ．**今度の場合には**，**全**確率はどうなっているのだろうか．つまり，1個の電子がどちらの道をとって検出器に到着してもかまわないときの確率はどうなるのか．じつはその答えはすでに分っているのである．いま光のフラッシュを見ないことにしているのであるから，二つの欄に分離してしるした検出器の音をひとまとめにしてしまえばよい．したがって，全確率をうるには，その2組の音の数を**加え合わせ**ればよい．電子が**どちらかの**孔を通り抜けて止め板に到達する確率は，$P_{12}'=P_1'+P_2'$ で与えられるわけである．すなわち，この実験では，電子がどちらの孔を通過したかを鑑別することに成功したかわりに，もはや前のような干渉曲線 P_{12} をうることはなく，干渉を示さない新しい曲線 P_{12}' をうるのである．しかし，光を消すと，干渉効果を示す P_{12} が回復される．

そこで，**電子を監視しているとき**と，監視していないときとでは，スクリーン上の分布は違っていると結論せざるをえないことになる．多分，光源をつけると，ものごとを攪乱してしまうのだろうと考えられる．電子というものはきわめて微妙なものであって，光が電子にぶつかると，光は電子の運動を急激に変えてしまうのにちがいない．光の電場が電荷に作用すると，電荷に力を与えることを知ってるだろう．

したがってこのとき，恐らく電子の運動は変化して**然るべき**である．いずれにせよ，光は電子に大きな影響を与える．電子を"監視"しようとすると，電子の運動は変わってしまうのである．すなわち，光子が電子によって散乱されるとき，電子のうける反作用は電子の運動状態を大きく変えてしまう．したがって，P_{12}が極大になっているところにゆく**はず**だった電子が，P_{12}の極小のところに着陸することもありうることになる．これが波状の干渉の効果がもはやみられなくなる理由である．

ところで，諸君はこう考えているかも知れない．"そんな明るい光源を使わなければよい．明るさを落せ．そうしたら，光の波は弱くなって，電子の運動をそれほど乱さなくなるだろう．光を次第に暗く暗くしていけば，光波は十分に弱くなって，確かに最後にはその効果を無視できるようになるはずだ"と．オー・ケイ．そいつをやってみよう．そのとき，まず観測されることは，孔を通り抜けた電子によって散乱された光のフラッシュは弱くなら**ない**ことである．**それは前と同じ大きさのフラッシュである**．光を暗くしたとき前とちがうのは，検出器からの音は聞えるのに，**フラッシュはまったく見えない**ことがあるという点だけである．このとき，電子は"見られる"ことなく素通りしてしまったのである．つまり，われわれがいま観測したのは，光**もまた**電子と同様のふるまいをするということである．光が"波動的"な性質をもつものであることは**既知**のことであるが，こんどは，それがまた"かたまり的"な性質をも合わせもつことが分ったのである．光はつねに"光子"とよばれるかたまりになって到達し――あるいは散乱される．光源の**強さ**を落しても，光子の**大きさ**は変わらず，ただそれが放射される割合が減少するだけである．**このことが**，光源を暗くしたとき電子が見られることなく到達する理由である．電子が通り過ぎるときに，たまたまそのあたりに光子が存在しなかったのである．

これでは，ちょいとばかりがっかりである．われわれが電子を"見る"ときには，いつでも同じ大きさのフラッシュを見るというのが本当なら，われわれの見る電子はいつでも攪乱された電子であるということになる．しかしともかく暗い光のもとで実験をやってみよう．こんどは，検出器からの音が聞えるとき，その音の数を3個の欄に記録する．すなわち，第1欄には孔1のそばに見られた電子を，第2欄には孔2のそばに見られた電子を，また第3欄には全然見られなかった電子を記録する．こうしてえられたデータを整理すると(つまり確率を計算すると)，次の結果をうる．"孔1のそばに見られた"ものはP_1'に似た分布をもち，"孔2のそばに見られた"ものはP_2'のような分布をする(したがって，"孔1か孔2のどちらかのそばで見られた"電子はP_{12}'のような分布をする)．そして，"全然見られなかった"ものは，図1-3のP_{12}のような"波形"の分布をもっている！　つまり，**電子が見られないときには干渉をする**のである．

これなら話がわかる．電子を見ないときには，光子は電子を乱すことはない．しかし，電子を見たときには，光子は電子の運動を乱してしまう．このとき，電子のうける攪乱の大きさはいつも同じ大きさである．なぜなら，光の中の光子はみな同じ大きさの効果を与えるからである．こうして散乱された光子は，電子の干渉効果をまったくならしてしまうのである．

電子を攪乱せずに，それを見る方法が**何か**ないものだろうか．だいぶまえの章で，光子によって運ばれる運動量は，その波長に逆比例すること($p=h/\lambda$)を学んだ．光子がわれわれの目の方向に散乱されるとき，電子に与えるゆさぶりは，たしかに光子のもつ運動量に依存している．ははあ，電子を乱すのを小さくしようとしたら，光の**強さ**を下げるのではなく，その**振動数**を小さくしたらよいわけだ(波長を大きくするのと同じこと)．それなら，うんと赤い色の光をつかおう．赤外線をつかってもよいし，また(レーダーのような)ラジオ波を用いてもよい．このような波長の長い光を“みる”ことのできる装置を利用すれば，電子がどこにいるかを“見る”ことができるだろう．このような“おだやかな”光を用いれば，多分電子をあまり乱さないですむだろう．

長波長の波を用いて実験してみよう．次第に波長を長くしてゆきながら，それぞれの波長に対して実験を繰り返してみる．はじめのうちは，別に何も変わったことはおきない．結果は前と同じことである．そのうちに大変なことがおきてくる．顕微鏡のことを話したときに指摘しておいたことを憶えているだろう．つまり，光の波動性のために，二つの点を2個の分離した点として識別できる2点間の距離には限界がある．この限界の距離は光の波長の程度の大きさである．したがって，光の波長を二つの孔の間の距離よりも長くすると，光が電子によって散乱されるときに，**大きな**ぼやけたフラッシュをみることになる．このとき，もはや電子がどっちの孔を通り抜けたのか判別することはできなくなってしまう．しかし，電子はどこかを通り抜けたことは間違いない．電子のうけるゆさぶりが十分に小さくなって，P_{12}' が P_{12} に似たものになりはじめる(ある程度の干渉効果を示しはじめる)のは，まさにこの色の光のときなのである．そして，光による攪乱が十分に小さくなって，ふたたび図1-3に示された曲線 P_{12} を観測するようになるのは，二つの孔の間の距離よりも光の波長がずっと長くなったときである(このときには，電子がどの孔を通ったかはもう全然わからなくなってしまっている)．

これまでの実験によって，電子がどちらの孔を通ったかを識別でき，同時にその電子の示す干渉模様を乱さないように，光を調節することは不可能であることが分った．ハイゼンベルグは，人間の実験的能力には，これまで認識されていなかったある基本的な限界が存在することを認めることによってはじめて，新しい自然法則が矛盾なく成立しうることを示唆した．彼は，一般的原理として，**不確定性原理**を提唱した．この不確定性原理を，いまの実験の場合で説明すると次のようなことになる．すなわち，“電子がどちらの孔を通り抜けたかを識別すると同時に，その干渉模様をこわしてしまうほどには電子を攪乱することのない装置を設計することは不可能である”．ある装置がどちらの孔を電子が通過したかを決定できるようなものであるときには，その装置は，干渉の模様を決定的に乱してしまうことのないような繊細なものでは**ありえない**ということである．だれもこれまで不確定性原理を避けて通る道をみつけた(提案したことさえも)ことはない．したがって，それは自然の基本的特性を表現している原理であると考えざるをえないのである．

その後，原子をはじめとするあらゆる物質の記述に利用する量子力学の全理論体系は，この不確定性原理の正当性にその基礎をおいている．また，その量子力学が大変な成功を博したということが，不確定性原理に対するわれわれの信念をより強化しているのである．しかし，仮に不確定性原理を“打ち破る”方法が一つでも発見されたとしたら，量子力学は矛盾した結果を与え，自然を正しく記述する理論であるとはみなされなくなるであろう．

“ところで，命題Aはどうなったのか．電子が孔1か，あるいは孔2のどちらかを通過するということは正しいのか，それとも正しくないのか”．諸君はそう質問することであろう．いま与えうる唯一の解答は，矛盾に陥らないためには，ある特殊な考え方をとる必要があるということが，実験によって発見されたということである．ここで注意しておかなければならないことは(間違った判断をしないようにするために)，次のことである．壁上の孔を観察しているとき，あるいはもっと正確にいうと，電子が孔1と孔2のどちらを通過したかを決めることのできる装置があるとき，そのときには電子は孔1か孔2のどちらのほうを通り抜けたかをいうことが**できる**．**しかし**，電子がどっちの道筋をとったかを測定し**ない**ときには，つまり，その実験で電子を攪乱するものが何もないときには，電子が孔1と孔2のどちらを通ったかをいうことはでき**ない**．そのできないことをあえていって，それにもとづいて何かを導出すると，その解析の途中で誤りを犯すことになる．これは論理の綱渡りであって，自然を正しく記述しようと思うならば，この綱の上を渡り歩かなければならないのである．

あらゆる物質が——電子と同様に——波動によって記述されねばならないのならば，最初に述べた弾丸の場合にはどうなのであろうか．その場合には，なぜ干渉の縞が現われなかったのであろうか．弾丸の場合には，その波長は極端に短くて，そのために干渉模様がきわめて細かいものになるのである．実際，あまりにも細かくて，有限の大きさをもつどんな検出器をもってきても，縞模様の極大と極小とを分離して観測することができない．したがって，われわれの観測するものは一種の平均であって，それが古典的な曲線になっている．図1-5は，大きなスケールの物体の場合にどうなるかを模式的に示したものであ

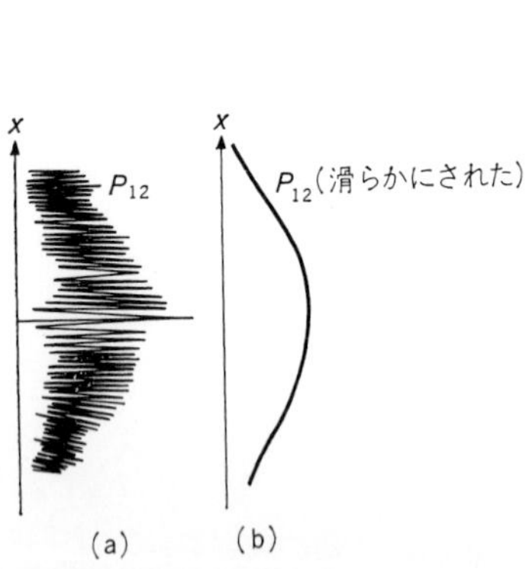

図1-5　弾丸をつかったときの干渉模様　(a) 実際のもの(模式的)　(b) 観測されるもの

る．図の(a)は，弾丸に量子力学を適用したときにえられると考えられる確率分布を示している．図の急速に変化する凸凹は，非常に短い波長の波による干渉縞を表わすものと考えている．しかし，現実の検出器を利用したときには，それがどんなに精度のよいものであっても，その確率曲線上の多数の凸凹上にまたがってしまうので，その測定結果は図の(b)に示されているような滑らかな曲線になってしまうのである．

1-7 量子力学の第1原理

ここで，これまでの実験の主要な結論をまとめておこう．しかしここでは，この種の実験のどれにも適用できるような一般的な形で，その結果を書いておくことにする．まず，“理想的実験”なるものを定義しておくと，まとめをきわめて簡潔な形に表現することができる．ここで理想的実験とは，外部からの不確かな影響，例えば，考えようもないような動揺その他のことのない実験のことである．こういえばもっと正確になる．すなわち，“理想的実験とは，実験の初条件と終条件のすべてが完全に規定されている実験である”．また，“事象”(event)という言葉をつかうが，これは一般に，初条件と終条件の特定の組のことである(例えば，“1個の電子が電子銃から飛びでて，検出器に到達し，そのほかには何もおきない”といったものである．さて，まとめにはいろう．

ま　と　め

(1) 理想的実験において，ある事象のおきる確率は，確率振幅とよばれる複素数 ϕ の絶対値の2乗で与えられる．すなわち，

$$P = \text{確率},\quad \phi = \text{確率振幅},\quad P = |\phi|^2. \tag{1.6}$$

(2) 一つの事象がいくつかの異なる過程を経て生起できるとき，その事象に対する確率振幅は，それぞれの別の過程に対する確率振幅の和である．このとき，干渉がおきる．すなわち

$$\phi = \phi_1+\phi_2,\quad P = |\phi_1+\phi_2|^2. \tag{1.7}$$

(3) ある実験を行ったとき，その実験によって，ある過程と別の過程のどちらを実際にとったかを決定できるときには，その事象のおきる確率は，それぞれの過程のおきる確率の和である．このとき，干渉は失われる．すなわち，

$$P = P_1+P_2. \tag{1.8}$$

いまでもまだ，次のような質問をしようとする人がいるかもしれない．“どうしてそんなことになるのか．法則の背後にかくされているからくりは何か”と．法則の背後のからくりなどを発見した人は，こ

れまでひとりもいない．たったいま“説明”した以上のことを“説明”できる人はいない．だれも，いまの状況をより深遠に表現してくれるひとはない．上に述べた結果を導きうるようなより基本的な機構についてのアイディアを，われわれはもっていないのである．

ここで**古典力学と量子力学とのきわめて重要な相違点について強調しておこう**．これまで，電子がある与えられた状況に到達する確率について話してきた．このことは，われわれの実験のやり方では(または，できうる限りの最高のやり方であっても)，何がおきるかを正確に予測することは不可能であることを意味するものであった．ある事象のおきる見こみしか予測できないのである．もしそれが本当なら，そういう物理学は，ある一定の状況のもとで何がおきるかを正確に予測することをあきらめてしまったということを意味している．まさに，物理学はあきらめて**しまった**のである．**ある与えられた状況のもとで何がおきるかを予測する方法を，われわれは知らないのである**．そして現在では，それは不可能であり，予測できるのは色々の事象のおきる確率だけであると信じられている．このことは，自然理解に関するこれまでの理想の後退であることを承認せざるをえない．それは一歩後退であるかもしれないが，しかし，だれもそれを避ける方法を知らないのである．

さて，これまで述べてきたような記述の仕方を避けようとして，ときに提案されることのある意見について 2, 3 の注意をしておこう．それは，“多分，電子はある種の内的作用――内部構造に関する変数――をもっていて，それについてわれわれはまだ知らないのだ．恐らく，このことが何がおきるかを予測できない原因なのだ．仮に電子にもっと近づいてよく見ることができるものとすれば，それが到着する場所を正確に知ることができるはずだ”という意見である．われわれの知る限り，それは不可能なことである．そんなことを考えても，困難は依然としてそのまま残っている．仮に，電子がどこに到達するかを決定するある種の機構が電子の内部に存在するとしてみよう．その機構は，電子がどっちの孔を通り抜けるかということも**また**，その途中で決定するものでなければならない．しかし，電子の内部にあるものが，**われわれ**のすることに，とくに孔を開くか閉じるかなどに，影響をおよぼすはずがないということを忘れてもらっては困る．したがって，電子が出発以前にすでに，(a) どっちの孔を通ることにするか，または，(b) どこに着陸するかを決心してしまっているとすると，孔 1 をえらぶことにした電子は確率 P_1 を，孔 2 をえらぶことにした電子は確率 P_2 を与え，また二つの孔をそれぞれ通り抜けて到達する電子の確率分布は**必然的に**和 P_1+P_2 によって与えられることになってしまう．この結論を避ける道はありそうにもない．ところでわれわれは，そんなことにはならないことを，実験にもとづいて証明したわけである．この謎を解決する道を発見した人はいない．それで，現時点においては，話を確率の計算に限らざるをえないのである．いま，“現時点において”といったが，しかし，それは永久にわれわれについて回るものであって――この謎を打ち破ることは不可能なことであり――また，これが自然の現実のやり方で**ある**と強く感じさせられるものが存在するのである．

1-8　不確定性原理

ハイゼンベルグのもともとの不確定性原理の表現は，次のようなものであった．すなわち，任意の物体を測定するとき，その運動量の x 成分を $\varDelta p$ の不確定さで決定できるとしたとき，同時にその位置の x 成分を $\varDelta x=h/\varDelta p$ よりも正確に知ることはできない．ここで h は自然において与えられたある決った数値である．この定数を“プランク定数”といい，その値は大よそ 6.63×10^{-34} ジュール・秒である．任意の瞬間における粒子の位置と運動量との不確定さの積はプランク定数よりも大きくなければならない．これは前節に述べた一般の不確定性原理の特殊な場合になっている．そのより一般的な表現は，二つの経路のどちらをとったかを，干渉模様をこわすことなく決定する装置を設計することはできないということであった．

ここで，ハイゼンベルグの関係が成立しているとしないと困ったことになる特別な事例を一つあげておこう．図1-3の実験を少し変更して，図1-6に示されているように，2個の孔のある壁板をローラーの間にはさみ，(x 方向に)上下に自由に移動できるようにする．この壁板の運動を注意深く観察することによって，電子がどちらの孔を通り抜けたかを，次のようにして識別することができる．まず，検出器が $x=0$ の位置におかれているときにどうなるかを考えよう．孔1を通過した電子が検出器に到達するためには，それは壁板によって下向きに曲げられねばならない．このとき，電子の運動量の縦方向の成分が変化するから，壁板はその反作用として，反対向きで大きさの等しい運動量をうけとるわけである．つまり，壁板は上向きにはね返される．電子が下の孔を通り抜けるときには，壁板は下向きにはね返される．検出器をどこに移動しても，壁板のうけとる運動量は，電子が孔1を通り抜けたときと，孔2を通り抜けたときとで明らかに相違している．したがって！　電子を**まったく**攪乱することなしに，ただ**壁板**を監視しているだけで，電子がどっちの道筋をとったかを知ることができるというわけである．

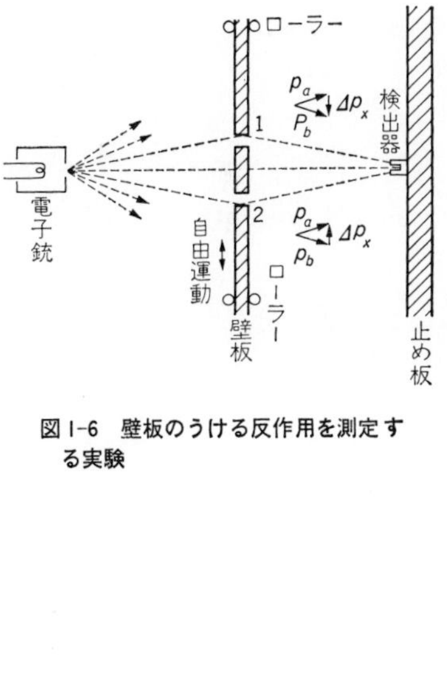

図1-6　壁板のうける反作用を測定する実験

さて，この観測を行うためには，電子が孔を通過する前の壁板の運動量を知っておく必要がある．すると，電子が孔を通り抜けた後の壁板の運動量を測定することにより，壁板の運動量の変化を求めることができる．しかし，ここで忘れてはならないことは，不確定性原理によって，それと同時に壁板の位置をいくらでも正確に知ることはできないことである．壁板が**どこ**にあるかが正確に分らなければ，二つの孔がどこにあるかも正確には分らない．二つの孔は，通過する電子ごとに違った場所にあるわけである．このことは，干渉縞の中心がそれぞれの電子ごとに異なる位置にあるということを意味している．このため，干渉模様の細かい振動はならされてしまうことになる．電子がどちらの孔を通ったかを壁板がはね返される運動量から決めるために，壁板の運動量を十分に正確に決定すると，不確定性原理にもとづく壁板の位置 x の不確定さは，検出器上で観測される干渉縞の一つの極大点をそのすぐ隣りの極小点まで，x 方向に上下にずらしてしまうのである．これを定量的に示すことは，次の章でやることにする．このような乱雑なずれのために，干渉の細かい縞はならされてしまって，干渉模様は観測されなくなってしまうのである．

不確定性原理は，量子力学を“防衛”するものである．ハイゼンベルグは，仮に運動量と位置の正確な同時測定が可能であるとすれば，量子力学はつぶれてしまうことを認めている．そこで彼は，位置と運動量の同時測定は不可能でなければならないと主張した．そこで，腰をすえて，その同時測定をやる方法を何とか考えだそうとした人が沢山いたのだが，だれも――それが壁板であろうと，電子であろうと，玉突きの玉であろうと，その他何であろうと――その位置と運動量とを同時に正確に測定する方法を考えだすことはできなかった．量子力学は危ういきわどい橋を渡りながら，なお現在でも正しい理論として，その存在を保ちつづけているのである．

第 2 章
波動的観点と粒子的観点との関係

2-1　確率波の振幅

この章では，波動的な観点と粒子的な観点との間の関係について議論しよう．前章においてすでに，波動的見地も粒子的見地も，どちらも正しくないことを知った．われわれは，これまで物事を厳密に，少なくとも，これからさらに多くのことを学ぶときに変更を必要としないように正確に表現しようと努めてきた——それは，さらに拡張されることはあっても，変更されることはない．しかし，波動的描像とか粒子的描像について話すときには，それらのどちらも近似的なものであって，その両者とも変更を必要とする．したがって，この章で学ぶことは，ある意味では厳密なものではない．すなわち，ここではなかば直観的な議論をすることになるが，これはまたあとでより正確なものにされるのである．それで，量子力学を用いて正確に説明するときには，多少変更を必要とするものもでてくることになるわけである．このようなことをする理由は，量子力学のくわしい数学的取り扱いの話にはいる前に，ある種の量子的現象を定性的ではあるが，感覚的に把握できるようにするためである．さらにまた，われわれの日常経験はすべて波や粒子に関係しているので，量子力学的な確率振幅の完全な数学的表現を与えるまえに，与えられた状況のもとで何がどうなるかについてのある程度の理解をうるためには，波や粒子の考え方を利用したほうが考えやすいからである．話が進むにつれて，それらの考え方のもっとも弱点とされる点を指摘してゆくつもりであるが，それらの考え方の大部分はほとんど正しいのである——つまりそれは，解釈の問題にすぎない．

まずはじめに，量子力学的世界を表現する新しい方法——新しい体系——は，おこりうるあらゆる事象に対して，その振幅†を与えることであることが知られている．そしてその事象が 1 個の粒子を扱うようなものであるときには，異なる場所と異なる時刻において，その 1 個の粒子を発見する振幅を与えることができる．このとき，その粒子を発見する確率は，その振幅の絶対値の 2 乗に比例する．一般に，異なる場所，異なる時刻に粒子を発見する振幅は位置および時間とともに変化する．

† (訳者註) ここでの振幅(amplitude)とは，通常は確率振幅(probability amplitude)とよばれているものであり，原著では以下ほとんどの場合に，この確率振幅を単に振幅といっている．したがって本書でもこの意味で振幅という用語を用いることにする．

ある特別な場合には，その振幅は時間・空間的に $e^{i(\omega t-\boldsymbol{k}\cdot\boldsymbol{r})}$ のように正弦的に変化する．ここで $\boldsymbol{r}$ は原点からの位置ベクトルである．(量子力学的振幅は複素数であって，実数ではないことを忘れてはならない.) このような振幅は，ある決った振動数 ω と波数 $\boldsymbol{k}$ をもって振動する．したがって，この振幅は，1個の粒子がエネルギー E をもつことが分っていて，それが振動数と

$$E=\hbar\omega \tag{2.1}$$

の関係をもち，またその運動量が $\boldsymbol{p}$ であることが分っていて，それが波数と

$$\boldsymbol{p}=\hbar\boldsymbol{k} \tag{2.2}$$

の関係にあると考えられるような古典的極限の状況に対応するものであることが分っている．(ここで記号 $\hbar$ は，h を 2π で割った数，$\hbar=h/2\pi$ を表わすものである.)

この事実は，粒子という概念に制約があることを意味している．粒子というときには，それはその位置や運動量などによって特定されるものであり，それでこのような物理量がよく用いられるわけであるが，この考え方はいまの場合にはきわめて不満足なものである．例えば，異なる場所に粒子を発見する振幅が $e^{i(\omega t-\boldsymbol{k}\cdot\boldsymbol{r})}$ で与えられているときには，その絶対値の2乗は一定値になってしまう．ということは，粒子を発見する確率があらゆる場所で同じであるということである．このことは，粒子が**どこに**あるのか全然分らない——どこにでも存在しうる——つまりその位置に大きな不確定さがあることを意味している．

一方，粒子の位置がかなりよく分っていて，その位置をかなりの精度で予測できるときには，それを発見する確率の存在する領域は限られたものになる．いま，その領域の長さを Δx と書くことにする．この領域の外では，その確率は0である．その確率は振幅の絶対値の2乗で与えられ，その絶対値の2乗が0のときには，振幅もまた0である．したがって，その長さが Δx であるような波束がえられる(図2-1)．そしてその波束の波長(波束のなかの波の節の間の距離)が粒子のもつ運動量に対応するものになっている．

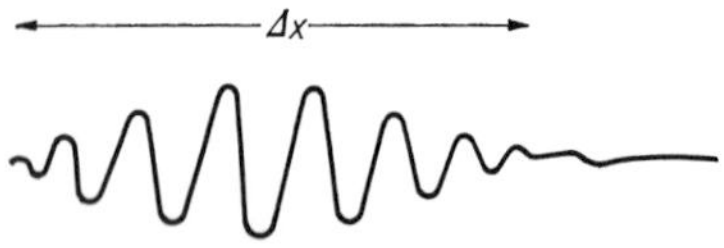

図2-1　長さ Δx の波束

ここで波動に関して奇妙な事情がある．それはきわめて簡単なことであって，厳密なことをいえば量子力学とは何の関係もないことである．量子力学などを知らなくても，波動について調べたことのある人ならだれでも知っていることである．つまりそれは，**波束の拡がりが小さいときには，その波長というものを一義的に定義することはできない**ということである．そのような波束は一定の波長を**もたない**．波束が有限の大きさをもっているということは，その波数に不確定さがあるということであり，したがってその運動量に不確定さがあるということである．

2-2　位置と運動量の測定

量子力学が正しいとすると，位置および運動量，あるいはまた，そ

れらの一方に不確定さがある理由を知るために——二つの例をあげて，その考え方を調べよう．すでにみたように，そういうことがなければ——つまり，どんなものでも，その位置と運動量とを同時に測定できるものとすると——矛盾を生じることになる．幸いにして，そのような矛盾を生じることなく，不確定性を波動的描像から自然に導くことができるならば，すべてがたがいに矛盾を含まないことになるわけである．

ここに，位置と運動量の関係を理解しやすい形で示すことのできる一例をあげることができる．いま，1個のスリットがあり，ある特定のエネルギーをもつ粒子が非常に遠方からやってくるものとする——したがって，それらの粒子はみな水平方向を向いてくるものと考えてよい(図 2-2)．このとき，その運動量の垂直方向の成分に注目しよう．これらの粒子はみな，古典力学的な意味で，例えば p_0 の大きさの水平方向の運動量をもっている．したがって古典力学的に考えれば，粒子が孔を通り抜ける前の垂直方向の運動量 p_y ははっきりと分っている．粒子は遠方の源からやってくるのであるから，それは上下の方向には運動をしていない——したがって，その垂直方向の運動量はもちろん0である．ところがいま，その粒子が幅 B の孔を通り抜けるとすると，その孔を通り抜けた後では，垂直方向の位置—— y 方向の位置——をかなりの精度——つまり，$\pm B$ の精度† ——で知ることになる．すなわち，位置の不確定さ Δy は B の程度の大きさである．さて，運動量は完全に水平方向を向いているのは分っているのであるから，このときの Δp_y は0であるといいたいかも知れないが，それは誤りである．運動量が水平方向を向いていることは，**以前には**たしかに知っていたが，いまはもう，それがどうなっているか分らない．粒子が孔を通り抜ける前には，その垂直方向の位置は全然分らなかった．粒子が孔を通り抜けたことによって，その垂直方向の位置が分った．しかしそれに伴って，いまでは垂直方向の運動量に関するわれわれの知識は失われてしまったのである．なぜか．波動の理論によると，波がスリットを通り抜けると，光の場合と同様に，それは拡がってしまう，あるいは回折をおこす．したがって，スリットから出てくる粒子は直進しない確率をもつことになる．波は回折により拡がり，その回折縞の最初の極小のところの角として定義される拡がりの角度で，粒子が直進方向からはずれることによる終状態における角度の不確定さの大きさの目安が与えられる．

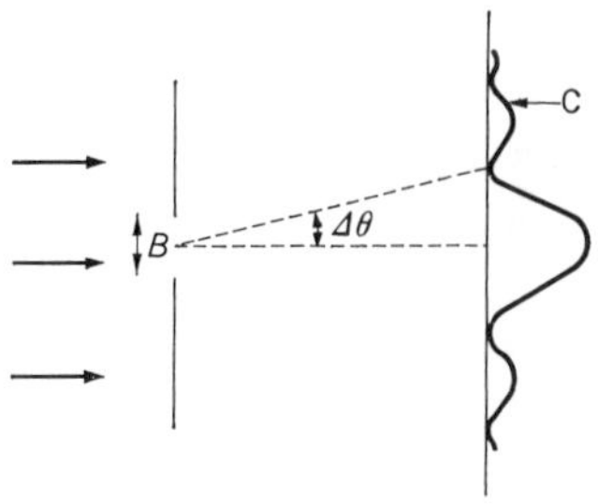

図 2-2 スリットを通り抜ける粒子の回折

それでは，波はどのように拡がるか．波が拡がったということは，その粒子が上下の方向への運動をする，すなわち上下の方向の運動量の成分をもつチャンスがあるということを意味している．ここで**チャンス**とか，**粒子**とかという言葉をつかうのは，この干渉縞の模様を粒

† もっと正確にいえば，y に関するわれわれの知識の誤差は $\pm B/2$ である．しかしいまは，一般的なものの考え方に興味があるのであるから，2の因子などは考えないことにする．

子計数管で検出できるからであり，その計数管が，例えば図2-2の位置Cにおいて，その粒子を受けとるとき，それは**完全な**粒子を受けとるからである．したがって，古典力学的にいえば，スリットからCに到達するためには，粒子は垂直方向の運動量をもつことになる．

運動量の拡がりの大きさの大体の見当をつけると，垂直方向への運動量の拡がり p_y は $p_0\Delta\theta$ に等しい．ここで p_0 は水平方向の運動量の大きさである．それでは，拡がった回折像の $\Delta\theta$ はどれぐらいの大きさであろうか．最初に極小になるところは，スリットの端からくる波の経路が，もう一つの端からくる波の経路よりも，その長さが1波長だけ大きいときの角 $\Delta\theta$ のところである．これは以前(第II巻の第5章)に計算したことがある．それによると，$\Delta\theta$ は λ/B となり，したがって，この実験における Δp_y は $p_0\lambda/B$ である．ここで B を小さくして，粒子の位置をもっと正確に測定しようとすると，回折像はさらに拡がってしまうことに注意しよう．したがって，スリットを狭くすればするほど，回折像の拡がりも大きくなり，かくして粒子が横向きの運動量をもつ可能性もまた大きくなる．つまり，垂直方向の運動量は y の不確定さに逆比例するわけである．実際この二つの量の積は $p_0\lambda$ に等しくなっている．ところで λ は波長であり，p_0 は運動量である．一方，量子力学によると，波長に運動量を掛けたものはプランク定数に等しい．こうして，垂直方向の運動量と垂直方向の位置の不確定さの積は h の程度の大きさであるという法則をうる．すなわち

$$\Delta y\Delta p_y \approx h. \tag{2.3}$$

粒子の垂直方向の位置が分っているとき，(2.3)で与えられるよりもより正確にその垂直方向への運動量の値を予知できるように体系を設定することはできない．すなわち，位置についての知識の不確定さが Δy であるとき，垂直方向における運動量の不確定さは $h/\Delta y$ よりも大きいのである．

量子力学は完全に間違っていると主張する人がときどきいる．粒子が図2-2のように左からやってくるとき，その垂直方向の運動量は0であった．そして，それがスリットを通り抜けたときには，その位置を知ることができる．つまり，位置と運動量の両方を任意の精度で知ることができるようにみえるわけである．われわれは粒子を受けとめることができる．それを受けとめることによって，その位置を決定することができる．そしてまた，その粒子がそこに到達するまでどれだけの運動量をもっていたかをも決定できるということは，たしかに正しい．それは正しいのだが，それは不確定性関係(2.3)がいっていることとは別のことである．(2.3)の関係は，一つの状況における**予測の可能性**のことをいっているのであって，**過去**のことについていっているのではない．“私は粒子がスリットを通り抜ける前には，その運動量を知っていた．そして，いまはその位置を知っている”なんていうことをいっても何の役にも立たない．なぜなら，前はとにかく，いまはすでに運動量に関する知識は失われてしまっているからである．

粒子がスリットを通り抜けてしまったという事実が，もはや垂直方向の運動量の予測を許さないのである．われわれは，予測に役立つ理論について論じているのであって，事後の測定について話しているのではない．したがって，予測できることについてのみ話すべきなのである．

ここで，上の問題を別のやり方で考えてみることにしよう．上と同種の現象に関するもう一つの例をあげて，やや定量的に調べることにする．前の例では，粒子の運動量を古典力学的な方法によって測定した．すなわち，方向とか，速度とか，角度などを考えて，運動量を古典力学的に決めたのである．しかし，運動量は波数と関係をもっているから，自然には粒子の——光子またはその他の粒子の——運動量を測定する別の方法が存在するわけである．その方法は，(2.2)の関係をその基礎とするものであるため，これに対する古典的な対応物は存在しない．つまり，その方法というのは，**波の波長**を測ろうというのである．このようなやり方で運動量を測定してみよう．

非常に多数の線を引いた回折格子をもってきて，それに粒子のビームを当てる．この問題に関しては，これまでも何度か議論したことがある．粒子がある一定の運動量をもっているときには，干渉によってある方向に非常に鋭い干渉縞ができる．また，その運動量をどれほど正確に決定できるか，すなわち，その回折格子の分解能がいくらであるかという問題についても，まえに話したことがある．その結果をここでもう一度導くことはやめて，第II巻の第5章を参照してもらうことにする．それによると，与えられた回折格子を用いて測定できる波長の相対的不確定度は $1/Nm$ で与えられる．ここで，N は格子の線の数であり，m は干渉縞の次数である．すなわち，

$$\Delta\lambda/\lambda = 1/Nm \tag{2.4}$$

が成立する．

さて，(2.4)の公式は次のように書きかえられる

$$\frac{\Delta\lambda}{\lambda^2} = \frac{1}{Nm\lambda} = \frac{1}{L}. \tag{2.5}$$

ここで L は図2-3に示されている距離である．この距離は，粒子であろうが，波であろうが，そのほかの何であろうが，それが格子のいちばん下から反射するときにたどらねばならない全体の距離と，それが格子のてっぺんから反射するときにたどる必要のある距離との差である．すなわち，干渉縞を形成する波は，回折格子の別々の部分からくる波である．最初に到達する波は，波束の先端が格子の底の端で反射してくるものであり，あとの波は波束のうしろの部分がつぎつぎにやってきて，それが反射する場所は格子の下から上へ移動してゆき，最後に到達する波は，波束の先端から距離 L だけうしろになっている部分からくるものである．したがって，ある一定の運動量に対応する回折像が，(2.4)で与えられる不確定さをもつ鋭いスペクトル線をもつためには，少なくとも長さ L の波束を用いなければならない．波

図2-3 回折格子を用いることによる運動量の決定

束の長さが短すぎると，回折格子の全体を利用することができなくなる．波束が短すぎると，回折像をつくる波は格子のごく一部分だけから反射されることになり，格子は正常な機能を発揮しないことになり——分解能が小さくなって，像は広い角度にわたって拡がってしまう．干渉縞の幅を狭くするためには，格子全体を利用して，すくなくともある瞬間には波束全体が格子のすべての部分から同時に散乱されるようにする必要がある．したがって，(2.5)で与えられるものよりも波長の不確定さを小さくするためには，波束はすくなくともLの長さをもっていなければならない．なお，

$$\frac{\varDelta\lambda}{\lambda^2} = \varDelta\left(\frac{1}{\lambda}\right) = \frac{\varDelta k}{2\pi} \tag{2.6}$$

であるから，

$$\varDelta k = \frac{2\pi}{L} \tag{2.7}$$

である．ここでLは波束の長さである．

このことは，長さがLよりも小さい波束を用いると，波数の不確定さが$2\pi/L$よりも大きくなることを意味している．または，波数の不確定さに，波束の長さ——これをここでは$\varDelta x$と書くと——を掛けたものは2πよりも大きいということである．波束の長さを$\varDelta x$と書いたのは，それが粒子の位置の不確定さを表わしているからである．波束が有限の長さをもっているとき，粒子を発見できるのはその範囲だけであり，したがってその位置の不確定さは$\varDelta x$で与えられる．波束の長さと，それに伴う波数の不確定さの積がすくなくても2πの大きさであるというこの波の性質は，波動を研究している人ならだれでも知っている性質である．これは量子力学とはまったく無関係な性質である．それは単に，有限の大きさの波束があるときには，そのなかの波の数を正確には数えられないということにすぎない．

こうなる理由を別の方向から明らかにしておこう．いま，長さLの有限の波束を考える．図2-1にあるように，その波束の両端ではその振幅が小さくなっている．そのために，長さLのなかに含まれている波の総数には± 1の程度の数の不確定さがある．一方，Lのなかの波の総数は$kL/2\pi$で与えられる．したがって，kの値ははっきりしなくなり，ここでもまた(2.7)の結果をうる．つまり，(2.7)は単に波動の性質からくるものにすぎないのである．上述のように，波が空間的なもので，kが1 cm当りのラジアンの数であり，Lが波束の長さであるときでも，波が時間的なものであって，ωが1秒当りの振動数で，Tが波束のやってくる時間的な“長さ”である場合でも，同じことがいえる．すなわち，ある有限の時間Tだけつづく波束があると，その振動数の不確定さは

$$\varDelta\omega = 2\pi/T \tag{2.8}$$

で与えられる．このような話をしたのは，(2.7)や(2.8)の性質は波動ということだけからでてくる性質であることを強調したかったからで

ある．これらのことは，例えば音波の理論などではすでによく知られていることである．

大事な点は，量子力学においては，$p=\hbar k$ の法則のおかげで，波数をもって粒子の運動量の尺度とすることができ，したがって，(2.7) から $\Delta p \approx h/\Delta x$ となるということである．こうして，この関係により，運動量における古典力学的概念に対する限界が与えられることになる．(粒子を波動で表わそうとすれば，何らかの形の限界につきあたるのは当然のことであろう！) 古典力学的な概念がどのような場合に成立しないかということに対する一つの法則が，このような形でえられたということは都合のよいことである．

2-3 結晶による回折

次に結晶による粒子波の反射を考えよう．この結晶は厚いものであって，多数の同種原子がきれいに並んでできているものとする――もっと複雑なものについてはあとで考えることにする．問題は，与えられたビーム――例えば光(X線)，電子，中性子またはほかの何でもよいが――それが入射してくるとき，与えられた方向に反射波の鋭い極大値が現われるようにするには，結晶をどのように設置したらよいかということである．強い反射をうるには，すべての原子からの散乱波の位相が合っていなければならない．位相の合っているものと，位相がずれているものとが同数になっているときには，反射波は打ち消しあってなくなってしまう．すでに説明したことがあるが，結晶をうまく設置するには，位相が一定になっている結晶内の領域を見いだせばよいわけである．その領域というのは，始めの粒子の方向となす角度が，終わりの方向となす角度と等しくなるような平面である(図 2-4)．図 2-4 に示してあるように，結晶内に 2 枚の平行な平面を考えると，波の先端の進む距離の差が波長の整数倍になっているときに，その 2 枚の平面から散乱されてくる波の位相は合うわけである．その距離の差は $2d\sin\theta$ であることはすぐに分る．ここで d は 2 枚の平面間の垂直距離である．したがって，反射波が干渉して強く反射されるための条件は

$$2d\sin\theta = n\lambda \qquad (n=1, 2, \cdots) \tag{2.9}$$

で与えられる．

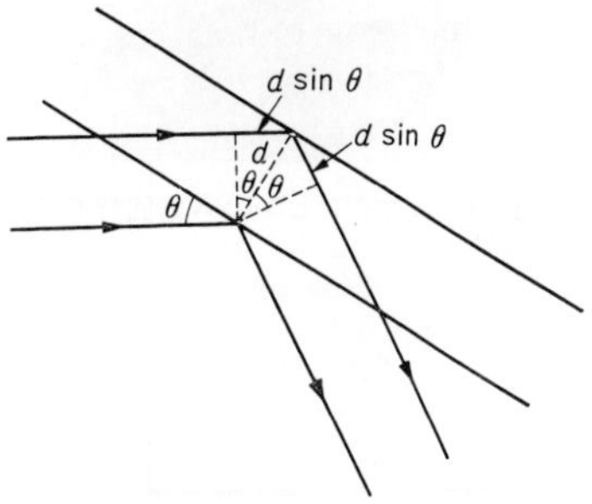

図 2-4 結晶面による波の散乱

例えば，$n=1$ のときの (2.9) の条件を満すような 2 枚の平面上に原子が並んでいる場合には強く反射されるはずである．一方，それらと同種の原子が(同じ密度で)，上の 2 枚の平面の中間に並んでいるときには，その中間にある平面からも同一の強度の散乱が生じ，それがまえのものと干渉して，その効果は失われてしまう．したがって，(2.9) の d は**すぐ隣り**の平面の間の距離でなければならない．つまり，5 層下の平面をとって，上の公式を適用するわけにはいかない．

おもしろいことには，実際の結晶は普通，ただ 1 種類の原子がある方法で繰り返されているような単純なものではない．そうではなくて，

2次元の場合の類推をとると，それは壁紙によく似たもので，ある種の図形が壁紙全体にわたって繰り返されているのに似ている．ここでいう“図形”とは，原子の場合には，かなりの数の原子のつくっている配列のことである——例えば，炭酸カルシウムの場合を考えると，それはカルシウムと炭素と3個の酸素の原子のつくっている配列のことである．しかし，その配列がどんなものであるにもせよ，その図形が繰り返されて一つの模様をつくっている．その基本図形を**単位格子**という．

繰り返される基本的な模様によって，**格子の型**とよばれるものが決定される．格子の型は反射の様子を観察し，その対称性を調べることによって，すぐに決定することができる．換言すれば，どこに反射があるかを知れば，格子の型は**完全に**決ってしまうが，その格子の各要素の中にどんなものがあるかを決めるためには，色々な方向への散乱の**強度**を考慮にいれなければならない．**どの**方向に散乱されるかは格子の型に依存するが，**どれだけの強度で**散乱されるかは各単位格子のなかにどんな原子があるかによって決ってくる．このようにして，結晶の原子構造を知ることができる．

図2-5　塩化ナトリウムの結晶によるX線のビームの回折によってつくられる回折模様

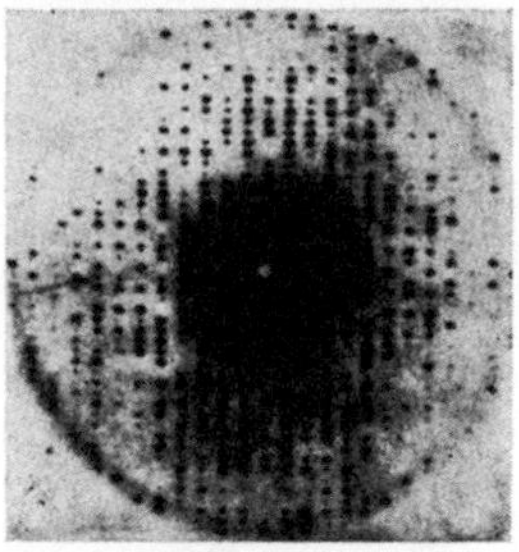

図2-6　ミオグロビンのX線回折の模様

図2-5と図2-6には，二つのX線回折の写真が示されている．これらはそれぞれ岩塩とミオグロビンからの反射による回折像である．

なお，最隣接平面間の距離が$\lambda/2$よりも小さいときには，おもしろいことがおきる．この場合には(2.9)を満すnは存在しない．したがって，λの値が隣接平面間の距離の2倍よりも大きいときには，横のほうに拡がる回折縞は存在せず，そのために光は——あるいは何であっても——はねとばされたり，なくなったりしてしまうことはなく，物質中をまっすぐに通り抜けることになる．したがって，その波長λが格子間隔よりもずっと大きい光の場合には，もちろんそれはそのまま通り抜けてしまって，結晶の格子面からの反射像は生じない．

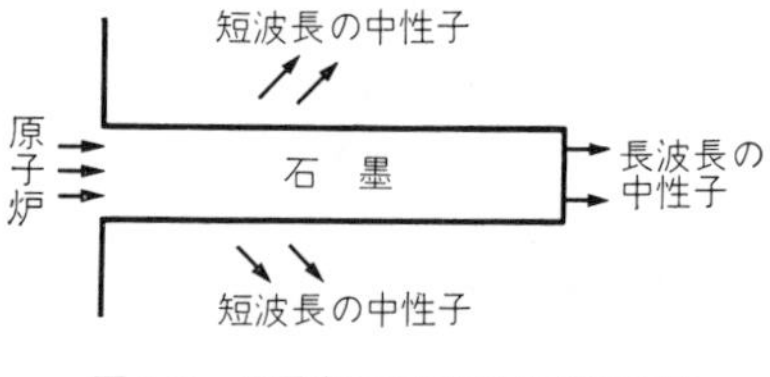

図2-7　石墨中での原子炉中性子の拡散

この事実はまた，中性子(これはだれが考えても明らかに粒子である)をつくる原子炉の場合に，興味ある結果をもたらす．この中性子を石墨の長いかたまりのなかにいれると，それらは拡散し動き回る(図2-7)．中性子は原子によってはね返されることによって，あるいは波動理論にもとづいてもっと厳密にいうと，結晶内の格子面からの回折によって原子にはね返されることによって，石墨内に拡散する．石墨を非常に長くすると，遠方の他の端から出てくる中性子はみな長波長のものになっていることが分る．実際，中性子の強度を波長の関数として表わすと，ある最小値より短い波長をもつ中性子は存在しない(図2-8)．いいかえると，この方法によって非常に速さの遅い中性子をうることができる．つまり，もっとも遅い中性子だけが石墨を通り抜けてくるのである．それらの中性子は，石墨の結晶格子面によって回折されたり，散乱されたりすることなく，ガラスを通り抜ける光のように直進し，わきのほうに散乱されることもない．中性子の波や他の粒子の波が実在するものであるという証拠は，ほかにもいくらで

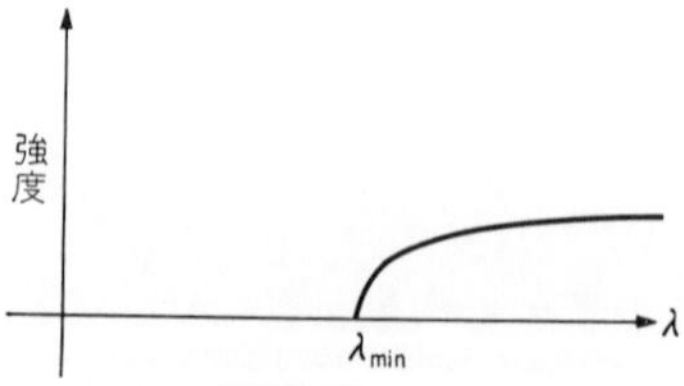

図2-8　石墨柱からでてくる中性子の波長の関数としての強度

もある.

2-4 原子の大きさ

不確定性関係(2.3)のもう一つの適用例を考えよう.これについてはあまり神経質に考えてもらっては困る.考え方は正しいのだが,その解析はあまり厳密なものではないからである.その考えというのは,原子の大きさと,原子を古典的に考えたとき,電子は光を放射して,螺旋軌道をえがきながら核の表面上に落ちこんでしまうという事実とに関連している.しかし,このことは量子力学的には正しくない.なぜなら,このとき,それぞれの電子がどこにあり,またそれらがどれだけの速さで運動しているかを同時に知っているとしているからである.

いま,1個の水素原子があり,その内部の電子の位置を測定するとする.このとき,その電子がその後どこにいるかを正確に予知することはできない.もし位置の測定ができたとすると,その運動量の拡がりは無限大になってしまうからである.電子をさがせば,つねにそれはどこかに存在する.それは色々な場所に存在する振幅をもっている.したがって,色々な場所にそれを発見する確率が存在する.その場所は,いつでも原子核の存在するところであるというわけにはいかない.そこで,その位置は a の程度の大きさの領域に拡がっているとしよう.すなわち,核からの電子の距離が大体 a の程度であるとする.そこで,原子の全エネルギーを極小にすることによって,a の値を決定しよう.

不確定性関係から,運動量の拡がりは大雑把にいって h/a で与えられる.したがって,何らかの方法で,電子によるX線の散乱とか,動いている散乱体からのドップラー効果を調べるといった方法によって,電子の運動量を測定するとそれはいつでも0になるとは考えられない——つまり,電子は静止しているわけではなく——その運動量は $p\approx h/a$ の程度の大きさをもっている.そのとき,電子の運動エネルギーの大きさは,大よそ $mv^2/2=p^2/2m=h^2/2ma^2$ で与えられる.(これはある意味で,運動エネルギーがプランク定数,質量 m および原子の大きさにどのような具合に依存しているかを知るための,一種の次元解析である.したがって,2とか,π とかのような因子まで,その答えを信用する必要はない.a の定義自身がもともとそんなに正確なものではないのである.)さて,位置のエネルギーのほうは,中心からの距離で $-e^2$ を割ったもの,すなわち,$-e^2/a$ である.ここで第II巻で定義したように,e^2 は電子の電荷の2乗を $4\pi\epsilon_0$ で割ったものである.さて,大事な点は,a を小さくすると位置のエネルギーは減少するが,不確定性原理によって,その運動量は大きくなり,したがって運動のエネルギーは増大することである.全エネルギーは

$$E=\frac{h^2}{2ma^2}-\frac{e^2}{a} \tag{2.10}$$

で与えられる.a はどんな値になるかは分っていない.しかし,電子

は一種の妥協をして，そのエネルギーをできるだけ小さくしようとする．E を極小にするためには，それを a で微分して，その微係数を 0 とおいて，a に関して解けばよい．E の微係数は

$$\frac{dE}{da} = -\frac{h^2}{ma^3}+\frac{e^2}{a^2} \tag{2.11}$$

となり，$dE/da=0$ とおくと，a の値は

$$a_0 = \frac{h^2}{me^2} = 0.528 \text{ オングストローム}$$
$$= 0.528\times10^{-10}\,\mathrm{m} \tag{2.12}$$

となる．この特定の距離は**ボーア半径**とよばれているものであり，こうして原子の大きさがオングストロームの程度のものであることが理解される．この値は正しいものである．これはまったく見事なものであり——実際，これまで原子の大きさを理解する手がかりが何もなかったのであるから，それを考えると，これは驚くべきものといえよう．古典的な観点に立ったのでは，原子の存在自体がまったく不可能なのである．なぜなら，電子は螺旋をえがいて原子核に落ちこんでしまうのだから．

さて，(2.12)の a_0 の値を(2.10)に代入すると，エネルギーが分り，それは

$$E_0 = -\frac{e^2}{2a_0} = -\frac{me^4}{2h^2} = -13.6\,\mathrm{eV} \tag{2.13}$$

となる．このエネルギーが負の値であることは何を意味しているのであろうか．それは，電子が原子内にあるときには，自由になっているときよりも低いエネルギーをもつということである．つまり，電子は束縛されているのである．ということは，電子をはじき出すにはエネルギーを必要とし，水素原子をイオン化するには 13.6 eV の程度のエネルギーが必要であるということである．ここでは，われわれはかなりいいかげんな話をしているのだから，その正確な値は，いまえた値の 2 倍，3 倍，または $1/\pi$ 倍であるとかないとかいうのは意味がない．しかし，うまいことごまかして，正しい数値が出てくるように，すべての定数を利用したのである．この数値 13.6 エレクトロン・ボルトのことを，1 リードベルグのエネルギーとよび，これは水素のイオン化のエネルギーである．

こうしていま，われわれは，床をつき抜けて落っこちないわけを理解できるようになった．われわれが歩くと，われわれの靴は，**それを**つくっている原子の質量をもって床を押しつけ，また靴は床から押し返される．靴の原子を押しつぶそうとすると，電子はもっと狭い空間内に押しこめられる．それに伴って，不確定性原理によって，その平均運動量は大きくなり，そのエネルギーは高くなる．原子の圧縮に対する抵抗力は，量子力学的効果によるものであって，古典的な効果ではない．古典的には，電子や陽子をみな接近させればさせるほど，そのエネルギーは減少すると考えられる．正負の電荷の最良の配置は，

それらが全部たがいに重なり合っているときだからである．このことは，古典物理学では周知の事実である．そのために原子の存在は，古典物理学における一つの謎であった．もちろん，むかしの科学者も，その困難から抜け出る方法を考えてはいたのである――しかし，そんなことは気にしない，気にしない．われわれはすでに**正しい**やり方を知っているのだから．

なお，いまのところ，その理由を説明するわけにはいかないが，電子が沢山あるような状況のもとでは，それらはたがいに離れていようとする傾向をもっていることが分っている．1個の電子がある空間領域を占領すると，別の電子が同じ領域にはいることができないのである．もっと正確にいうと，スピンには二つの場合があって，2個の電子はたがいに重なり合って存在することができる．このとき，一方の電子はあるやり方で自転しており，もう一つの電子は別のやり方で自転している．しかし，それ以上の数の電子をそこにおくことはできない．上の2個以外の電子はほかの場所を占めなければならないのである．このことがじつは，物質が強さをもつ本当の理由である．すべての電子を同じ場所につめこめるなら，物質は実際よりもずっと濃縮したものになるはずである．すべての電子をたがいに重ね合わせることはできないという事実こそ，机やその他のあらゆるものを固くしている原因である．物質の性質を理解するためには，明らかに量子力学を必要とするのであり，古典力学で満足するわけにはいかない．

2-5　エネルギー準位

これまで，可能なもっともエネルギーの低い状態にある原子について話してきた．しかし，電子はこれ以外の状態をとることもできる．電子がより多くのエネルギーをもってぴくぴくゆれ動くことによって，原子は多くの異なる運動の状態をとることも可能である．量子力学によると，原子はその定常状態においては，ある一定のエネルギーだけをもちうる．図2-9では，垂直方向にエネルギーの値を目盛り，水平方向の線は許されるエネルギーの値を示している．電子が自由電子であるときには，そのエネルギーとしては任意の正の値をとることができる．それは任意のスピードをもって運動することができる．ところが，それが束縛されているときには，そのエネルギーは任意の値をとることはできない．原子は，図2-9に示されている許されたエネルギーの値のうちのどれか一つの値をとるのである．

図2-9　原子のエネルギー準位と可能な転移

さて，許されるエネルギーの値を，E_0, E_1, E_2, E_3と書くことにする．原子がはじめ“励起状態”E_1, E_2などのうちのどれか一つの状態にあるときには，その原子はその状態に永久にとどまっているというわけにはいかない．遅かれ早かれ，それはより低いエネルギーの状態に落ちて，光の形でそのエネルギーを放出する．放射される光の振動数は，エネルギー保存則と，それから光の振動数がそのエネルギーと(2.1)の関係にあるという量子力学的な考えとによって決定される．したが

って，例えばエネルギー E_3 の状態からエネルギー E_1 の状態に転移するときに解放される光の振動数は

$$\omega_{31} = (E_3 - E_1)/\hbar \tag{2.14}$$

により与えられる．これは，その原子に特有の振動数であり，これがその原子から放出される光のスペクトル線を与える．E_3 から E_0 に移るような転移も可能であって，そのときには別の振動数

$$\omega_{30} = (E_3 - E_0)/\hbar \tag{2.15}$$

の光が放射される．もう一つの別の可能性をあげると，それは励起状態 E_1 にある原子が，その基底状態 E_0 に転移する場合で，そのとき放射される光の振動数は

$$\omega_{10} = (E_1 - E_0)/\hbar \tag{2.16}$$

で与えられる．うえに三つの転移をもちだしたわけは，つぎのような興味深い関係があることを指摘しておくためである．容易に分るように，(2.14)，(2.15)および(2.16)より

$$\omega_{30} = \omega_{31} + \omega_{10} \tag{2.17}$$

の関係をうる．一般に，2個のスペクトル線があるとき，それらの振動数の和(または差)のところにもう1本の別のスペクトル線が存在することが期待されるというわけである．すべてのスペクトル線は，一連のエネルギー準位の存在を考慮することによって理解することができる．つまり，すべてのスペクトル線は，ある1対のエネルギー準位のエネルギーの差に対応しているのである．スペクトル線の振動数におけるこの著しい符合は，量子の発見以前から注目されていたものであって，(2.17)の関係を**リッツの結合則**という．古典力学の立場からみたとき，この関係もまたきわめて不可思議なことなのである．古典力学が原子の領域では成立しないということを，これ以上繰り返すつもりはない．この点に関しては，もうすでに十分くわしく解説したと思う．

量子力学は，ある振動数と波数をもち，波に似たふるまいをする振幅によって表現されるということについてはすでに触れたことがある．原子がある決ったエネルギーだけをもつということが，その振幅の観点からどのようにして導かれるかという問題について考えてみよう．このことは，これまでに説明してきたことだけからは理解できない．ところで，閉じこめられた波動がある決った振動数をもつという事実は，すでによく知られていることである．例えば，音がパイプオルガンのなかに閉じこめられているときや，それによく似た状況になっているときには，波動はいろいろな振動の仕方をするが，それぞれの振動の仕方に対して，ある一定の振動数が対応する．波動を閉じこめている物体は，ある特定の固有振動数をもっている．したがって，一定の振動数のみが存在するということは，閉じた空間内にある波のもつ性質なのである――これは後に数式を用いてくわしく議論される主題の一つとなる．しかも，振幅のもつ振動数とエネルギーの値との間には一般的な関係が存在するのであるから，原子内に束縛されている電

子のもつエネルギーが，ある特定のものだけであるからといって驚くことはないわけである．

2-6 哲学的意味

ここで，量子力学の哲学的意味について簡単に考察しておこう．いつでもそうだが，この問題には二つの側面がある．その一つは物理学の哲学的意味という問題であり，他の一つは哲学的なことを他の分野に拡大する問題である．科学に関する哲学的な考え方を他の分野にもちこむと，多くの場合にその考え方が歪曲されてしまう．したがって，われわれはここでの考察をできるだけ物理学それ自身の問題に限ることにする．

まず第1に，そのもっとも興味のある側面は，観測が現象に影響を与えるという不確定性原理の問題である．観測をすることが現象に影響を及ぼすということは，これまでもすでに知られていたことである．しかし肝腎なことは，装置を適当に調節するといったことによって，その不確定性の効果を無視できるようにしたり，いくらでも小さくしたり，あるいはある程度減少させたりすることができないということである．ある現象を観察すると，どうしてもその対象を攪乱してしまうことは避けられない．しかも，**その攪乱そのものが，量子力学的観点の無矛盾性にとって必要なのである**．量子力学以前の物理学においても，観測者の存在を考慮することが重要になることもあるにはあったが，それはとるに足らない程度の意味におけるものにすぎなかった．その問題というのは，“樹木が森の中で倒れたとき，その音を聞いた人がだれもいなかったら，その音は本当に出たのであろうか”，といった形で提起されるものである．そこにだれもいなくても，**現実に存在する**木が**現実に存在する**森の中で倒れて，もちろんたしかに音を出したのである．たとえその音を聞いた人がいなくても，そこには，ほかにそれがおきた跡が残っている．その音は木の葉をふるわせるであろうし，また十分に注意して見れば，何かのとげが木の葉をこすって小さな傷跡をつくっているのを見つけることができるかもしれない．これは，木の葉がゆれ動いたと仮定しなければ説明のしようがないことである．したがって，たしかに音が出たことを容認せざるをえないわけである．それでは“音の**感覚**は実在したのか”と問うかもしれない．いや，恐らく感覚というものは意識と関係をもつのであろう．そして，蟻が意識をもつか否か，森の中に蟻がいたかどうか，樹木が意識をもっているかどうかなど，そんなことは分りようがない．そんなたぐいの問題は放っておこう．

量子力学の発展以来強調されてきたもう一つのことは，測定不能なことについて話すべきではないという考え方である．(相対論もまたこの点を強調している．) ある事が測定によって決めることのできるものでないのならば，その事は理論のなかにはいる余地はない．ある位置に存在している粒子の運動量の正確な値は，それを測定によって決ることは不可能であるから，そういうものは理論にとりいれられる余地がないのである．だからといって，この点を考慮していないからといって，それが古典論の悩みの種であったと考えるのは**誤り**である．そう考えるのは，状況判断があまいのである．位置と運動量とを正確に**測定**できないからといって，それは，それらの量について話すことが**先験的に不可能**であるということを意味しているわけではない．それはただ，それらについて話す**必要**がないということを意味しているにすぎない．現実の科学における状況は次のようなことである．測定不能な，あるいは直接実験と関連させられない概念や考え方は，それが有用なこともあるし，有用でないこともある．有用でないものは，理論のなかに存在する必要のないものである．この世界に対する古典理論と量子理論とを比較したとする．また実験事実として，位置と運動量とを同時に正確に測定することはできないものとする．このとき問題になるのは，粒子が正確な位置および正確な運動量を同時にもつという**考え**が正しいか否かということである．古典論はこの考えを認めるが，量子論はそれを認めない．だからといって，このことは古典物理学が本質的に誤っているということを意味しているわけではない．新しい量子力学が発見されたとき，古典的な人々は――それにはハイゼンベルグ，シュレーディンガーおよびボルンを除くすべての人が含まれているわけであるが――次のようにいったのである．“みたまえ，君の理論には何もよいところがないではないか．なぜなら，君は粒子の正確な位置は何か，それはどちらの孔を通り抜けたのか，等々の問題に何一つ答えられないではないか”と．これに対するハイゼンベルグの答えは，“私はそんな質問に答える必要はない．なぜなら君達は，その質問を実験にもとづいて発することはできないのだから”というものであった．それはわれわれの答える必要のない質問なのである．いま，(a)と(b)の二つの理論があるとしよう．(a)は，その理論のなかで利用されているが，直接それを検証することのできない概念を含んでいるものとする．一方，(b)はそのような概念を含まないものとする．たとえそれらの理論から予測されることが一致しないときでも，(a)に含まれているその概念を，(b)は説明できないからといって，(b)が誤りであると主張することはできない．なぜなら，その概念は直接検証できるものではないからである．どの概念が直接検証のできないものであるかを知っておくことは，いつの場合にもよいことではある．しかし，だからといって，それらの概念を全部除去してしまう必要はない．直接実験に関係している概念だけを利用して，科学の追究ができると考えるのは正しくない．

量子力学そのもののなかにもすでに，確率振幅とか，ポテンシャルとか，われわれが直接測定することのできない複合概念が存在している．科学の根本はその**予測能力**にある．予測するということは，これまでなされたことのない実験において何がおきるかを，前もって述べるということを意味している．どうしてそんなことができるのか．それは実験とは関係のないことであって，まだ実験をしていないところに何があるかが分ると仮定しているからである．つまり，未実験の領域にまで，既知の実験結果を拡張する．われわれの概念を，それがまだ検証されていないところまで拡大するのである．そういうことをしなければ，予測をおこなうことはできない．したがって，——野球のボールの場合には，その意味するところが明瞭であったところの——位置という概念を，古典物理学者が電子の場合にまで拡張して，それが意味をもつものとしたのは，全くもって当り前のことだったのである．それは馬鹿げたことではなかったのである．それは思慮分別のあることであったのである．現在，われわれは，相対論の法則はあらゆるエネルギーに対して成立するものと考えている．しかし，ある日，だれかがやってきて，われわれは何と間抜けだったのだろうというかも知れない．ところがわれわれは，災いを招くにいたるまでは，どこが“間抜け”なのかまるで気がつかない．そうなったときには，その考え方全体が崩れ去ってしまう．そして，われわれが間違っていることを知るための唯一の方法は，われわれの予測するものが**どんなもの**であるかを見極めることである．直接には測定できないような複合概念を導入することは絶対に必要なことなのである．

これまで，量子力学における非決定性の問題に関して 2, 3 の注意を述べてきた．それは，できうる限り注意深く調えられた物理的状況においても，何がおきるかを予知することが，物理学においては不可能であるということである．いま原子が励起状態にあり，その原子がまさに光を放出しようとしているとき，原子が**いつ**その光子を放出するかをいうことはできない．光子を放出する振幅は，いかなる時刻においても存在する．そして，その放出の確率だけしか予知できない．つまり，未来を正確に予測することはできない．このことから，意志の自由の意義や，世の中が当てにならないなどという考えなどの，ありとあらゆる種類のナンセンスや疑問が発生してきた．

ところで，古典物理学もまた，ある意味で非決定的な側面をもっていることを強調しておかなくてはならない．通常は，未来を予知できないという非決定性こそが量子力学における重要な特性であると考えられている．そしてこのことから，心理作用や自由意志の感情その他が説明されるといわれている．しかし，たとえこの世界が古典的なもので**あった**としても——つまり，力学の法則が古典的なものであったとしても，心が同じような感じ方をしなくなるとは限らない．世界中の，あるいは箱の中の気体のすべての粒子の位置と運動量とを知ることができれば，その後それがどうなるかを正確に予知できるということは，古典力学的にはたしかに正しい．したがって，古典的世界は決定論的である．しかし，その精度には限りがあり，例えば 10 億分の 1 の**精度**でしか，1 個の原子の位置が分らないとする．このとき，その原子の運動とともに，それは別の原子に衝突し，10 億分の 1 の精度でしかくわしくその位置が分らなかったために，その衝突後の位置の誤差はより増大する．その誤差は，次の衝突によって増幅され，したがって，はじめはほんの僅かの誤差から出発しても，それは急速に巨大な不確定さに拡大される．1例をあげると，ダムから水が落ちるとき，しぶきがあがる．そのそばに立っていると，水滴が絶えず鼻にふりかかる．この現象はまったくでたらめのようにみえるが，その様子は純粋に古典的法則にもとづいて予知することができるものである．すべての水滴の正確な位置は，それがダムからあふれる前の水の細かいゆれ具合に依存している．どのように依存しているか．もっとも小さな不規則性でもそれは，落下の途中で拡大され，したがって間もなく完全にでたらめになってしまう．明らかに，水の運動を**絶対的に正確に**知るのでなければ，水滴の位置を実際に予知することはできないのである．

もっと正確にいえば，任意の精度を与えたとき，その精度がどれほどよくても，十分に長い時間がたてば，正しい予測をすることはできなくなってしまう．そして，そうなってしまうまでの時間を知ることができる．さて，大事なことは，その時間の長さが長いものではないということである．精度が10億分の1であったとき，その時間は何百万年といったものではない．実際，その時間は誤差の対数で与えられるので，ごくごく僅かな時間の間にすべての情報が失われてしまうことが分っている．そのはじめの精度を，10億の，10億のそのまた10億分の1にとったとしても——それがどこかでストップするのなら，どんなに多くの10億がつづいたもの分の1であっても——その時間は，その精度を述べるのにかかる時間よりも短い時間であって，その時間の経過したあとでは，もはや何がおころうとしているか予知することはできない．したがって，人間の心のみかけの自由やその非決定性が，古典的な“決定論的な”物理学によって理解される望みはまったくないと考えたり，量子力学を“完全に機械論的な”宇宙からの解放をもたらすものとして歓迎したりするのは公正な態度であるとはいえない．なぜなら，古典力学においてもすでに，実際的な立場からすれば非決定性が存在するからである．

第3章
確 率 振 幅

3-1 振幅の結合則

シュレーディンガーが量子力学の正しい法則をはじめて発見したとき，粒子をいろいろな場所に発見する振幅を記述する方程式を書きくだした．この方程式は，古典物理学者にとってすでによく知られていた方程式——音波での空気の運動や光の伝播その他を記述するのに用いられる方程式——に非常によく似た形をもつ方程式であった．そこで，量子力学が発見されたばかりの頃は，この方程式を解くことにそのほとんどの時間がついやされたのである．しかしそれと平行して，量子力学の背後にかくされている基本的に新しい考え方に対する理解もまた，とくにボルンとディラックの努力によって深められた．しかし，量子力学の発展とともに，シュレーディンガーの方程式に直接には含まれていないもの——電子のスピンや各種の相対論的現象——が，数多く存在することも明らかになってきた．これまでの伝統的な量子力学の教育課程では，どれもみな同じように，量子力学の発展の歴史をたどることから話をはじめるというやり方をしている．そこでまずはじめに，古典力学について非常に多くのことを学ぶことによって，シュレーディンガーの方程式を解く方法を理解できるようにしようというわけである．こうして，いろいろな解を求めるのに長い時間がついやされる．この方程式のくわしい研究の後に，はじめて電子のスピンという“進んだ”問題に到達するということになる．

われわれのこの物理の講義でも，はじめは——閉じた領域における音波の問題，円筒形の空洞内の電磁波のモードの問題その他の問題の解のような——複雑な状況のもとでの古典物理学の方程式の解を求める方法を示すべきだと考えた．それが，この講義の元々の計画であった．しかし，われわれはその計画を捨てて，そのかわりに量子力学の手引きをすることに決めた．通常，量子力学の程度の高い部分であるといわれているところというのは，実をいうと，全くもって簡単なものにすぎないという結論に到達したのである．そこで利用されている数学はとくに簡単なものであって，簡単な代数的演算が用いられるだけで，微分方程式などは出てこない．出てきても，精々，それは極めて簡単なものにすぎない．問題はただ，空間内における粒子の性質を**詳細にわたって**記述することが，もはやできないことからくるギャップを跳びこえなければならないということだけである．これからやろうとしているのは，そういうことなのである．つまり，通常は量子力学の“高級”な部分であるとされていることについて，諸君に話そうというわけである．ところで，諸君に保証しておくが，その程度の高いところというのが，量子力学のもっとも基本的な部分と同様に——本質的な意味で——ずば抜けて簡単な部分なのである．ここでの講義のやり方は，正直なところ，一つの教育学的な実験である．われわれの知る限り，これまでこのような試みがなされた例はない．

この問題を論じていくに当っては，もちろん，物質のもつ量子力学的な性質が極めて特異なものであることからくる困難が存在する．何がおきるかということに対する大雑把な直観的な概念を把握するのに頼りになるような日常的な経験というものを，だれももっていない．そこで，この問題を取りあげる方法として二つの方法が考えられる．それは，かなり荒っぽい物理的手法のもとに何がおこりうるかを述べて，あらゆる場合に成立する正確な法則を与えることなく，ともかく何がおきるかを説明することにするか，それとも，抽象的な形で正確な法則を与えてしまうかのどちらかである．しかし，後者のようなやり方をすると，その抽象性のために，諸君は，物理的には一体何をやっているのかさっぱり分らなくなってしまうかも知れない．したがって，その完全な抽象性のゆえに，この方法は満足すべきものではない．一方はじめのやり方では，何が正しく，何が間違っているかを正確に判断することができないため，不愉快な感じを残すことになる．われわれには，どうしたらこの困難を克服できるのか分らないのである．実際，第1章と第2章ですでにこの問題が現われてきていることに注意されたい．第1章の議論は比較的厳密な話であった．しかし，第2章のそれは，異なるいろいろな現象の特徴のある性質を大雑把に記述するものであった．それで，ここでは，この両極端の中庸をみつけ出すことにしよう．

この章では，量子力学におけるある一般的な考え方を取り扱うことから話をはじめることにする．そこで述べていることのあるものは極めて正確な話であり，またあまり正確とはいえない部分もある．話の途中で，どちらがどちらに属しているかをいちいち説明するわけにはいかないが，しかし諸君がこの書物を全部読み終ったときには，そのどの部分が正確な話であり，どの部分が大雑把な説明にすぎないかを，あとで振り返って判断することができると思う．この章のあとの数章の議論はそれほど正確なものではない．また，それに続く章では注意深い正確な議論をするが，そうする理由の一つは，量子力学におけるもっとも美しいものの一つを——つまり，非常に僅かのことから，どれほど多くのことが導きうるかを——諸君に示したいからである．

こんどもまた，**確率振幅**の重ね合わせの問題の議論からはじめよう．例としては，第1章で述べた実験をとりあげ，もういちどその装置を示したのが図3-1である．粒子，例えば電子の源sがあり，そのうしろに壁があって，それに2個のスリットがあいている．その壁のうしろのある点xに検出器がある．そこで，1個の粒子がxに発見される

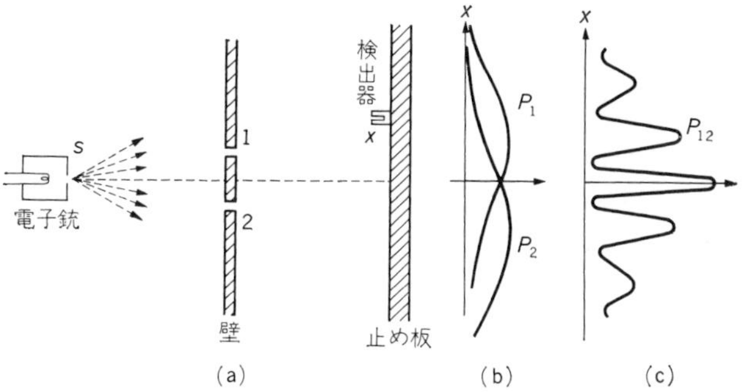

図 3-1　電子をつかった干渉の実験

確率を求めることにする．量子力学における**第 1 番目の一般原理**は，粒子が源 s を出て x に到達する**確率**が，**確率振幅**――いまの場合"s を出た粒子が x に到達する振幅"――とよばれる**複素数**の絶対値の 2 乗によって定量的に表わされるということである．この振幅という量はこれからも非常によく出てくるので，これを表現するための省略記号――これはディラックによって発明されたもので，量子力学では広く用いられている――を，ここで導入しておこう．それは，確率振幅を次のように書くのである．すなわち，

$$\langle \text{粒子が } x \text{ に到達する} | \text{粒子が } s \text{ を出る} \rangle \tag{3.1}$$

換言すれば，この 2 個の括弧〈　〉は"なになにの振幅"と同じことを示す記号である．すなわち，垂直の棒の**右側**の表式はいつでも**始め**の状態を示し，**左側**のものは**終わり**の状態を表わしている．もっと省略したほうが便利なこともあり，そのときは初状態と終状態とをそれぞれ 1 個の文字で表わすこともある．例えば，振幅(3.1)を

$$\langle x | s \rangle \tag{3.2}$$

と書くこともよくある．ここで強調しておきたいことは，このような振幅が単一の数―― 1 個の**複素数**――であるということである．

第 1 章の議論でみたように，粒子が検出器に到達するのに二つの方法があるとき，結果的にえられる確率は二つの確率の和ではなく，二つの振幅の和の絶対値の 2 乗として書き表わされなくてはならない．二つの道筋が開かれているとき，電子が検出器に到達する確率は

$$P_{12} = |\phi_1 + \phi_2|^2 \tag{3.3}$$

である．ここで，この結果をわれわれの新しい記法で表現しよう．しかし，そのまえにまず，量子力学の**第 2 番目の一般原理**について述べておこう．1 個の粒子が二つの可能な経路を通って，ある与えられた状態に到達することができるとき，その過程に対する全振幅は，二つの径路に対して別々に考えた**振幅の和**で与えられる．これを新しい記法では

$$\langle x | s \rangle_{\text{両孔とも開いている}} = \langle x | s \rangle_{\text{孔 1 を通る}} + \langle x | s \rangle_{\text{孔 2 を通る}} \tag{3.4}$$

と書くのである．なおここで，孔 1 と孔 2 とは十分に小さくて，電子が孔を通過するとき，孔のどの部分を通過したかというようなことを

議論する必要はないものと仮定している．もちろん，それぞれの孔をさらに小さく分割して，電子がその孔のてっぺんを通る振幅とか，孔の底を通る振幅などについて考慮することも可能である．しかし，ここでは孔は十分に小さくて，その細部に関して考える必要はないものと仮定する．この点が例の大雑把といわれる部分なのである．この点をもっと正確にすることもできるのではあるが，いまの段階ではそうしようとは思わない．

さて，電子が孔1を通ってxに存在する検出器に到達する過程に対する振幅に関していえることを，さらに詳しく書きだしておこう．それには，次の**第3番目の一般原理**を利用する．すなわち，その原理とは，粒子がある特定の径路をたどっていくとき，その全体の径路に対する振幅は，その径路の一部をゆく**振幅**とその径路の残りの部分をゆく**振幅の積**として表わされるということである．図3-1のような場合には，孔1を通り抜けて，sからxにゆく振幅は，sから1への振幅に，1からxへの振幅を掛けたものに等しい．すなわち

$$\langle x|s\rangle_{\text{孔1を通る}}=\langle x|1\rangle\langle 1|s\rangle \tag{3.5}$$

である．この結果もまた完全に正確なものであるとはいえない．すなわち正確には，電子が1にある孔を通り抜けている間における振幅に対応する因子を，(3.5)に含めるべきである．しかしいまは，孔は単純なものであるとして，この因子を1ととることにする．

(3.5)の形をみると，その書き方の順序が逆のようにみえることに注意しよう．これを読むときには右から左へ読むのである．電子はsから1にゆき，それから1からxへゆく．要するに，いくつかの事象が続いておきるとき——すなわち，粒子のとる径路の一つを，粒子がこうやり，それからこうし，その後そうやるという具合に分解できるとき，その結果としてえられるその径路全体に対する振幅は，つぎつぎにおきるそれぞれの事象に対する振幅を掛け合わせることによって計算されるというわけである．この法則を利用すると，(3.4)を次のように書き直すことができる．

$$\langle x|s\rangle_{\text{両孔とも開いている}}=\langle x|1\rangle\langle 1|s\rangle+\langle x|2\rangle\langle 2|s\rangle.$$

さて，これらの原理を利用すると，図3-2に示されているような，もっとずっと複雑な問題が計算できることを示そう．この場合には，壁が2個あって，一つの壁には2個の孔1と2があり，もう一つの壁

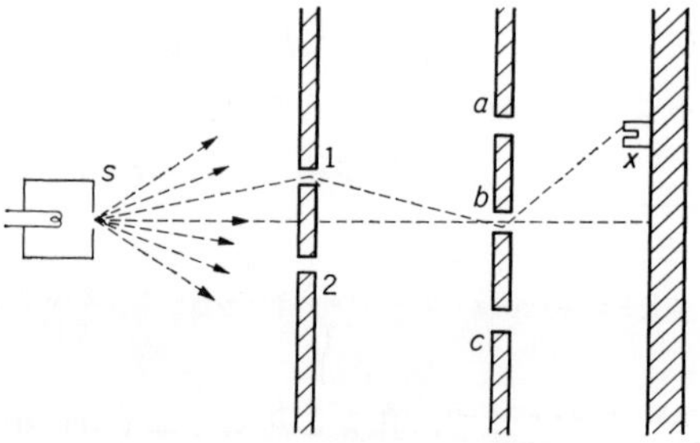

図3-2　もっと複雑な干渉実験

には3個の孔 a, b および c があいている．2番目の壁のうしろの x という位置に検出器がおいてある．いま，粒子がそこに到達する振幅を知りたいわけである．これを求める方法の一つは，これらの孔を通り抜けてくる波動の重ね合わせ，または干渉を計算することである．しかし，6個の可能な径路があると考えて，それぞれの径路に対する振幅を重ね合わせることによって，これを求めることもできる．電子は孔1を通り抜け，それから孔 a を通って x に到達することもできるし，または孔1を通って，それから孔 b を抜けて x に到達することも可能であり，その他のやり方をとることもできる．そこで2番目の原理を用いると，s から x への振幅は，それぞれ別の径路に対応する振幅を加え合わせることにより，6個の別々の振幅の和として書き表わすことができる．一方，3番目の原理を用いると，これらのそれぞれの振幅は3個の振幅の積として表わされる．例えばそのうちの一つをあげると，それは s から1への振幅，1から a への振幅，それに a から x への振幅を掛け合わせたものである．上の省略記号を用いて表わすと，s から x への全体の振幅は

$$\langle x|s\rangle = \langle x|a\rangle\langle a|1\rangle\langle 1|s\rangle + \langle x|b\rangle\langle b|1\rangle\langle 1|s\rangle + \cdots$$
$$+\langle x|c\rangle\langle c|2\rangle\langle 2|s\rangle$$

となる．これを簡潔に表現するために和の記号を用いると，次のようになる．

$$\langle x|s\rangle = \sum_{\substack{i=1,2\\ \alpha=a,b,c}} \langle x|\alpha\rangle\langle\alpha|i\rangle\langle i|s\rangle. \qquad (3.6)$$

上の方法を用いて計算をするときには，それがどんな計算であっても，当然ある場所から他の場所への振幅を知っておく必要がある．ここで，その振幅の典型的なものについて，荒っぽい表式を与えておこう．ここでは，光の偏りとか電子のスピンのようなものは無視することにする．こういうものを別にすれば，その表式はまったく厳密に正しいものである．その振幅を与えておけば，いろいろなスリットの組み合わせを含んでいる問題を解くことができるのである．ある一定のエネルギーをもつ粒子が，場所 $\boldsymbol{r}_1$ から場所 $\boldsymbol{r}_2$ まで何もない空間を移動すると仮定する．つまり，その粒子はそれに何の力も作用していない自由粒子である．前にある数因子を別にすると，$\boldsymbol{r}_1$ から $\boldsymbol{r}_2$ への振幅は

$$\langle \boldsymbol{r}_2|\boldsymbol{r}_1\rangle = \frac{e^{i\boldsymbol{p}\cdot\boldsymbol{r}_{12}/\hbar}}{r_{12}} \qquad (3.7)$$

で与えられる．ここで $\boldsymbol{r}_{12}=\boldsymbol{r}_2-\boldsymbol{r}_1$ であり，また $\boldsymbol{p}$ は，エネルギー E と相対論的な場合には

$$p^2c^2 = E^2-(m_0c^2)^2,$$

また非相対論的な場合には

$$\frac{p^2}{2m} = \text{運動エネルギー}$$

の関係をもつ粒子の運動量である．(3.7)は，粒子が実質的に波動的

な性質をもっていることを表わしており，その振幅は運動量を $\hbar$ で割ったものに等しい波数をもつ波として伝播する．

もっとも一般的な場合においては，振幅と，それに対応する確率は時間をも含むことになる．しかし，ここで考えているような初等的な議論では，源はある与えられたエネルギーをもつ粒子をつねに放出すると仮定しているので，その時間依存性を考慮する必要はない．しかし一般には，次のような問題を考えることもできる．すなわち，粒子がある時刻に，ある場所 P から放出されたとき，その後のある時刻 t_1 に，ある場所，例えば $\boldsymbol{r}$ に，それが到達する振幅を求めようとしたとする．そのときには，その振幅は $\langle \boldsymbol{r},\ t=t_1|P,\ t=0\rangle$ と表わすことができる．これは明らかに $\boldsymbol{r}$ と t の両方の関数になっている．検出器の位置を移動したり，別の時刻に測定したりすれば，その結果は異なったものになるだろう．この $\boldsymbol{r}$ と t の関数は波動方程式とよばれる微分方程式をみたしているのである．例えば，非相対論的な場合には，それがシュレーディンガー方程式である．それは，電磁波や気体中の音波に対する方程式とよく似た形をしている．しかし，ここで強調しておかなければならないことは，そのシュレーディンガー方程式をみたしている波動関数は，空間内に実在する波動のようなものではないことである．この波動に対して，音波のような実在の波動としての描像をえがくことはできないのである．

1個の粒子を取り扱っているときには，"粒子波"という言葉を用いたらよいと考えたくなるが，それはよい考えとはいえない．なぜなら，粒子が2個あるときには，$\boldsymbol{r}_1$ に1個の粒子を発見し，もう1個の粒子を $\boldsymbol{r}_2$ に発見する振幅は，3次元空間における単純な波動ではなくて，**6個**の空間変数 $\boldsymbol{r}_1$ および $\boldsymbol{r}_2$ に依存することになるからである．例えば，2個(あるいはより多く)の粒子を扱っているときには，次のような原理を追加する必要がある．すなわち，2個の粒子の間に相互作用がないとしたとき，1個の粒子が一つのことをし，そしてもう1個の粒子が何か別のことをする振幅は，2個の粒子が二つのことを別々にするときの二つの振幅の積で与えられる．例えば，粒子1が s_1 から a にゆく振幅が $\langle a|s_1\rangle$ であり，粒子2が s_2 から b にゆく振幅が $\langle b|s_2\rangle$ であるとすると，その**両者**が一緒におきる振幅は

$$\langle a\,|\,s_1\rangle\langle b\,|\,s_2\rangle$$

で与えられる．

ここで強調しておきたいことがもう一つある．図3-2において，粒子が最初の壁の孔1および孔2に到達する前に，それがどこから来たものであるかが分らないものとしよう．このときでも，2個の数値，すなわち1に到達する振幅と2に到達する振幅の値さえ与えられれば，その壁のうしろで何がおきるか(例えば，x に到達する振幅)を予知することができるのである．いいかえると，(3.6)に示したように，逐次に連続しておきる事象に対しては，それぞれの事象に対する振幅の積をとればよいということのおかげで，計算をつづけてゆくために知っ

ておく必要のあるのは，2個の数値——いまの場合には，$\langle 1|s\rangle$ と $\langle 2|s\rangle$——だけである．未来のすべてを予測するには，これらの2個の複素数の値さえ分っていれば，それで十分である．このことこそ，量子力学を実質的に分りやすいものにしている．後の章で，これと全く同じことをやり，初条件をこの2個(あるいは数個)の数で指定することがある．もちろん，これらの数は，粒子の出発する源の位置や，恐らく実験装置の細かい構造などに依存している．しかしともかく，この2個の数値さえ与えられれば，そのような詳しいことについては，それ以上のことはもう何も知る必要はないのである．

3-2　2個のスリットによる干渉模様

さて，第1章でかなりくわしく議論したことを，ここでもういちど考えてみることにしよう．今度は，振幅という素晴しい考えを用いて，それを求める方法を示そうというのである．図3-1に示したのと同じ実験をとりあげる．ただ，図3-3にあるように，2個の孔のすぐうしろに光源をつけ加えておく．第1章では，このとき次のような興味のある結果がえられることを知ったのであった．すなわち，スリット1のすぐうしろから1個の光子が散乱されるのをみたときには，この光子と同時に電子が x に発見される分布は，スリット2を閉じたときの分布と同じであった．スリット1かスリット2のどちらかで“観測”された電子の全体の分布は，それぞれの電子の分布の和であって，それは明かりを消したときの分布とは全く異なるものであった．このことは，少なくとも，光の波長が十分に短いときには本当のことであった．しかし，光の波長が長くて，どちらの孔のところで散乱がおきたのかがはっきりしないときには，その波長が長ければ長いほど，電子の分布は明かりを消したときのものに似てくるのであった．

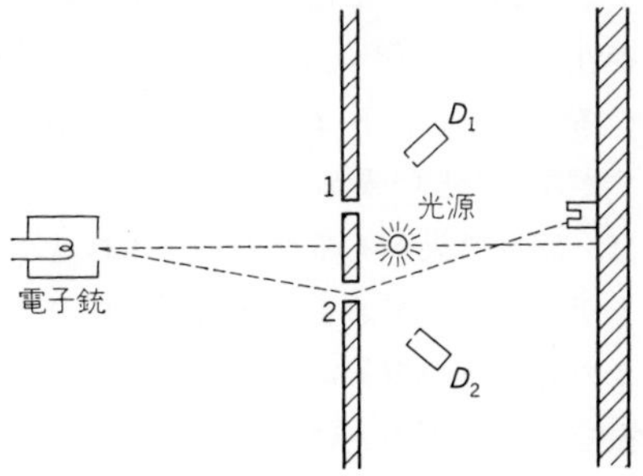

図3-3　電子がどちらの孔を通り抜けたかを決める実験

ここでは，上に導入した新しい記法と振幅の結合則とを利用して，上の実験でおきていることを調べることにしよう．記法を簡単にするために，電子が孔1を通って x に到達する振幅をここでも ϕ_1 と書くことにする．すなわち

$$\phi_1 = \langle x|1\rangle\langle 1|s\rangle$$

である．同様に，電子が孔2を通って検出器に捕えられる振幅を ϕ_2

とすると，それは

$$\phi_2 = \langle x \mid 2 \rangle \langle 2 \mid s \rangle$$

で与えられる．これらは，光源が存在しない場合に，電子が二つのそれぞれの孔を通過して x に到達する振幅である．次に，光源が存在する場合について，次のように自問してみよう．電子が s を出発し，また1個の光子が光源 L から飛び出して，それから後に，電子は x に到達し，また1個の光子がスリット1のうしろに観測されるという過程に対する振幅はいくらであるかと．図3-3に示してあるように，スリット1のうしろの光子は検出器 D_1 によって観測されるものとし，また孔2のうしろで散乱される光子の数をかぞえるのには，似たような検出器 D_2 を利用するものとする．1個の光子が D_1 に到達し，そして1個の電子が x に発見される振幅もあろうし，また1個の光子が D_2 に到達し，1個の電子が x に存在する振幅もあるはずである．そこでこれらの振幅を計算してみよう．この計算の途中で現われてくる因子の正確な数学的な表式がすべて分っているわけではないけれども，これからの議論をみれば，その考え方の精神をくみとることができよう．まずはじめに，電子がその源から孔1にゆく振幅 $\langle 1|s \rangle$ がある．それから，電子が孔1のところにきたとき，それが1個の光子を散乱し，検出器 D_1 の中に入れる振幅が存在すると考えられる．そこで，この振幅を a と書くことにする．それから，その電子がスリット1から x にある電子検出器に到達する振幅 $\langle x|1 \rangle$ がある．こうして，電子がスリット1を通って，s から x までゆき，**それと同時に**1個の光子が D_1 の中に散乱されてはいる振幅は

$$\langle x \mid 1 \rangle a \langle 1 \mid s \rangle$$

と表わされることになるわけである．むかしの記法を用いれば，これは $a\phi_1$ にほかならない．

また，スリット2を通り抜けた電子が，光子を計数管 D_1 の中に散乱させる振幅も存在する．“いや，それは不可能だ．計数管 D_1 は孔1の方向を向いているのだから，孔2のうしろから出た光子が D_1 の中に散乱されるはずがない”というかも知れない．ところが，光の波長が十分に長ければ，回折効果があるために，それはたしかに可能なのである．装置を上手につくっておき，また短波長の光子を利用すれば，そのときには孔2のところの電子によって散乱された光子が D_1 の中にはいってくる振幅は非常に小さいものになる．しかし，話を一般的にしておくためには，そのような振幅がいつでも存在することを考慮しておく必要がある．そこで，この振幅を b と書くことにする．すると，電子が孔2を通り抜け，**しかも**1個の光子が D_1 に散乱される振幅は

$$\langle x \mid 2 \rangle b \langle 2 \mid s \rangle = b\phi_2$$

である．

電子を x に，そして光子を D_1 に発見する振幅は，電子のとりうる二つの道筋に対応する二つの項の和で与えられる．一方その各項は，

それぞれ2個の因子から成っている．その第1の因子は，電子がそれぞれの孔を通り抜ける振幅であり，またその第2の因子は，光子が電子によって散乱されて検出器1にはいってくる振幅である．すなわち，次式をうる．

$$\left\langle \begin{matrix} x\text{における電子}, \\ D_1\text{における光子} \end{matrix} \middle| \begin{matrix} s\text{からの電子}, \\ L\text{からの光子} \end{matrix} \right\rangle = a\phi_1 + b\phi_2. \quad (3.8)$$

光子がもう一つの検出器 D_2 に発見されるときにも，これと似た形の表式をうることができる．簡単のため，体系が対称的になっていると仮定すると，このときは a は電子が孔2を通過し，光子が D_2 に存在する振幅を表わし，また b は電子が孔1を通り抜け，光子は D_2 にある振幅になる．したがって，光子が D_2 にあり，電子が x にある場合に対応する全振幅は

$$\left\langle \begin{matrix} x\text{における電子}, \\ D_2\text{における光子} \end{matrix} \middle| \begin{matrix} s\text{からの電子}, \\ L\text{からの光子} \end{matrix} \right\rangle = a\phi_2 + b\phi_1. \quad (3.9)$$

これで計算は終った．この結果を利用して，いろいろな場合の確率を容易に勘定することができるのである．D_1 に光子がはいり，電子が x にある確率を知りたいと思えば，(3.8)の振幅の絶対値の2乗をとればよい．すなわち，その確率は $|a\phi_1+b\phi_2|^2$ で与えられる．この表式をもっと注意して調べてみよう．まずはじめに，b が0のときには——それは装置をそんな具合に設計したいと考えたものだが——その答えは単に $|\phi_1|^2$ を $|a|^2$ の因子の分だけ減少させたものになる．これは——図3-4(a)のグラフに示されているように——仮に孔が1個しかないとしたときにえられる確率分布である．一方，光の波長がうんと長いときには，孔2のうしろでの D_1 への散乱が，孔1のうしろでの D_1 への散乱とほとんど同じであることもありうることである．このとき，a と b の中に含まれている位相が違っているかも知れないが，その二つの位相が等しくなっているような簡単な場合もありうる．そのときには，a は実質的に b に等しいとみなせるから，その全確率は $|\phi_1+\phi_2|^2$ に $|a|^2$ を掛けたものになる．なぜなら，共通の因子 a を外に引きだせるからである．ところが，これは，光子が全然存在しないときにえられた確率分布にほかならない．したがって，光の波長が非常に長い場合には——つまり，光子の検出がうまくできないときには——図3-4(b)にあるような干渉効果を示す本来の分布曲線にもどってしまうわけである．光子の検出が部分的にでもできるときには，ϕ_1 の大きい部分と ϕ_2 の小さい部分との間に干渉をおこし，図3-4(c)にスケッチしたような中間的な分布がえられる．いうまでもないことだが，D_2 での光子と，x における電子の同時的な数を求めれば，上と同じような結果がえられる．諸君が第1章の議論を憶えているなら，上の結果は第1章で述べたものを定量的に記述していることが分るであろう．

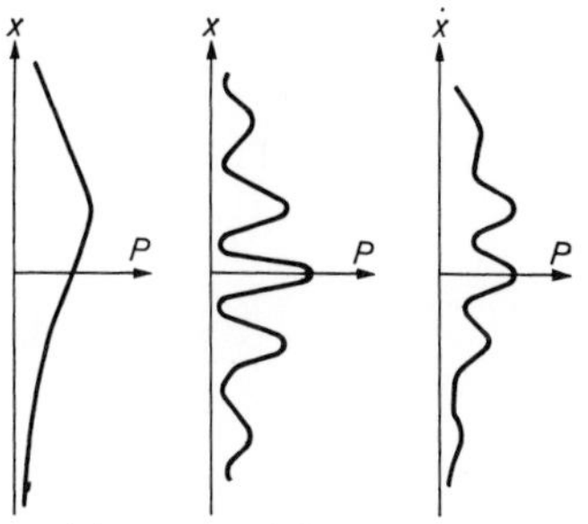

図3-4　図3-3の実験で電子を x に光子を D_1 に同時にカウントする確率：(a) $b=0$ のとき；(b) $b=a$ のとき；(c) $0<b<a$ のとき．

ここで，よくやる間違いをしないようにするために，重要なことを一つ強調しておこう．いま，光子が D_1 または D_2 のどっちにはいるか

に**関係なく**，電子が x に到達する振幅を求めたいと考えたとしよう．その場合，(3.8) と (3.9) の振幅を加え合わせるべきであろうか．否！**異なったそして区別できる終状態に対する振幅を加え合わせるようなことは，決してしてはならない**．ひとたび光子が光子計数管の一つに受けいれられたら，体系にこれ以上なんの攪乱をも与えることなく，望むならいつでも，どっちの事象がおきたかを決定することができる．それぞれの事象のおきる確率は，他の事象のおきる確率とまったく独立なのである．繰り返すが，異なる**終**状態に対する振幅を加え合わせてはならない．このとき，“終りの”とは，その**確率**が欲しいと思った瞬間，すなわち実験が“終了した”時を意味している．実験の途中の，その過程が完全に終ってしまう前における異なった，しかし**区別できない**別々の事象に対しては，それらの和をとってもよろしい．その過程が終了したとき，その光子を観測しようとし**ない**ことはできるが，それは諸君が勝手にやることであって，そのときでもなお振幅の和をとってはならないのである．自然にとっては，諸君が何を検べようとしているかなどは知ったことではない．諸君がデータを記録するのをうるさがろうが，うるさがらなかろうが，そんなことに関係なく，自然は自分流のやり方でやりたいようにやるのである．したがって，振幅の和をとってはならない．まず，あらゆる可能な異なる終状態に対応する事象の振幅を2乗し，それからあとで，それらの和をとるわけである．電子が x にあり，光子が D_1 と D_2 のどちらかにあるときの正しい結果は

$$\left|\left\langle \begin{matrix} x\text{における電子}, \\ D_1\text{における光子} \end{matrix} \middle| \begin{matrix} s\text{からの電子}, \\ L\text{からの光子} \end{matrix} \right\rangle\right|^2 + \left|\left\langle \begin{matrix} x\text{における電子}, \\ D_2\text{における光子} \end{matrix} \middle| \begin{matrix} s\text{からの電子}, \\ L\text{からの光子} \end{matrix} \right\rangle\right|^2 = |a\phi_1+b\phi_2|^2+|a\phi_2+b\phi_1|^2 \quad (3.10)$$

で与えられる．

3-3　結晶による散乱

次の例は，確率振幅の干渉をかなり注意して解析する必要のある現象である．ここでは，一つの結晶による中性子の散乱の過程を調べることにする．原子核をその中心にもつ多数の原子が周期的に並んでいる結晶があり，それに向って遠方から中性子のビームが入射してくるとする．その結晶内の原子核に指標 i をつけ，その i は整数 $1, 2, 3, \cdots, N$ をとるものとする．ここで N は原子の総数である．問題は，図3-5に示されているように設置された計数管に中性子がはいってくる確率を計算することである．任意の特定の原子 i に中性子が衝突して，それが計数管 C に到達する振幅は，その中性子が源 S から原子核 i にいたる振幅に，それがそこで散乱される振幅 a を掛け，さらに i から計数管 C に到達する振幅を掛け合わせたもので与えられる．それを書きおろすと

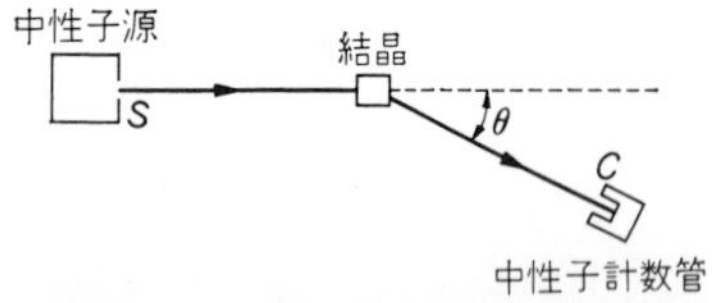

図3-5　中性子の結晶による散乱の測定

$$\langle C\text{における中性子}\,|\,S\text{からの中性子}\rangle_{i\text{による}} = \langle C\,|\,i\rangle\, a\, \langle i\,|\,S\rangle \tag{3.11}$$

となる．この式を書くにあたって，散乱振幅 a はすべての原子に対して同じ値であると仮定している．このとき，明らかに非常に多くの区別のできない径路が存在する．それらの径路が区別できないのは，低エネルギーの中性子は結晶内のその位置から原子をはじき出すことなく散乱される——散乱の“足跡”をあとに残さない——ためである．前述の議論から分るように，C における1個の中性子の全振幅は，(3.11)のすべての原子にわたる和によって与えられる．すなわち

$$\langle C\text{における中性子}\,|\,S\text{からの中性子}\rangle = \sum_{i=1}^{N} \langle C\,|\,i\rangle\, a\, \langle i\,|\,S\rangle \tag{3.12}$$

である．この場合，異なる空間的位置をとっている原子からの散乱の振幅を加え合わせているので，それらの振幅はそれぞれ別々の位相をもっており，それは回折格子による光の散乱の場合に解析したときと同じような特徴的な干渉模様を与えることになる．

このような実験で，散乱角の関数としての中性子の強度が，図 3-6(a)に示されているような途方もなく激しい変動——つまり，ある角度では極めて鋭いピークがあり，それらのピークの間では何もない——を示すことがよくあることが知られている．しかし，ある種の結晶の場合にはこんな風にはならないで，上に述べたような干渉のピークのほかに，あらゆる方向に散乱されるバックグラウンドが存在する．ここで，この不思議な現象のおきる原因を明らかにしておこう．さて，これまで中性子のもつ重要な性質の一つを考慮してこなかった．それは 1/2 のスピンをもっているのである．したがって，中性子は二つの状態をとることができ，それはスピン“上向き”(例えば，図 3-5 で紙面に直交している)か，あるいはスピン“下向き”のどちらかの状態である．しかし，結晶をつくっている原子核がスピンをもっていないときには，中性子のスピンは何の効果ももたらさない．しかし，結晶の原子核もまたスピンを，例えば 1/2 のスピンをもっているときには，上に述べたようななだらかな散乱のバックグラウンドが観測されることになるのである．以下でその理由を説明しよう．

中性子のスピンが一つの決った方向をもち，かつ原子核のスピンの方向も同じ向きをもっているときには，散乱の過程でスピンの変化はおきえない．中性子と原子核が反対向きのスピンをもっているときには，散乱は二つの過程を通しておこりうる．そのうちの一つの過程では，スピンは両方とも変化せず，もう一つの過程では，核と中性子の両者のスピンの方向が入れ換わる．スピンの和に正味の変化がないというこの規則は，古典論における角運動量保存則に対応するものである．そこではじめ，すべての散乱核のスピンが一つの方向にそろえられていると仮定したときにおきる現象を調べることから始めよう．核と同方向のスピンをもつ中性子が散乱されるときには，期待通りの鋭

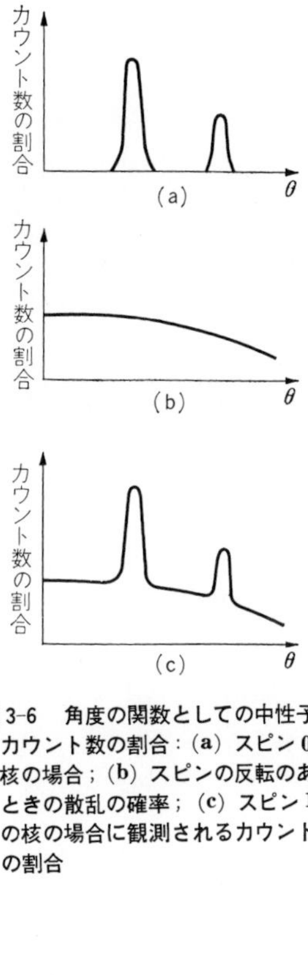

図 3-6 角度の関数としての中性子のカウント数の割合：(a) スピン 0 の核の場合；(b) スピンの反転のあるときの散乱の確率；(c) スピン 1/2 の核の場合に観測されるカウント数の割合

い干渉のピークをもつ分布が現われてくる．それでは，中性子が核と反対向きのスピンをもつときにはどうなるだろうか．もしそれがスピンの方向の入れ換えなしで散乱するときには，上の場合と何等異なることはない．しかし，二つのスピンの方向が散乱によって入れ換わるときには，どの原子核が散乱をおこしたのかを，原理的にはみつけることができる．なぜなら，その核はスピンのひっくり返った唯一の核だからである．それでは，どの原子が散乱をおこしたかが分ったとき，他の原子の存在はそのことと何か関係しているだろうか．もちろん，何の関係もない．その散乱は，ただ1個の原子によっておきた散乱と全く同じである．

上に述べた効果を考慮に入れるためには，(3.12)の数学的形式を変更しなければならない．なぜなら，その計算では上の事情を完全には記述されていないからである．そこで，すべての中性子が上向きのスピンをもって源から出発し，また結晶中のすべての原子は下向きのスピンをもっているものとしよう．まず，計数管における中性子のスピンは上向きで，**そして**結晶内のすべてのスピンもまた，そのまま下向きになっているときの振幅を考える．このときには，前の議論のときと別に違ったところはない．そこで，スピンの入れ換えのないときの散乱振幅を a としよう．このときの i 番目の原子からの散乱に対する振幅は，もちろん

$$\langle C_{\text{上向き}},\ \text{結晶はすべて下向き} \mid S_{\text{上向き}},\ \text{結晶はすべて下向き} \rangle = \langle C \mid i \rangle a \langle i \mid S \rangle$$

で与えられる．すべての原子のスピンは下向きのままであるから，いろいろな原子からの散乱を区別することはできない．明らかに，どの原子が散乱をおこしたかを区別する方法はないのである．すなわち，この過程に対しては，すべての振幅は干渉をおこすわけである．しかしながらもう一つ，S を出発するときは上向きのスピンをもっていた中性子が，検出されたときには下向きのスピンをもっている場合がある．このとき結晶の中では，核のスピンのなかの一つが上向きに変わっていなければならない――例えば，それが k 番目の原子であったとしよう．いま，スピンを反転するときの散乱振幅は，すべての原子に対して同じ値であって，それが b であると仮定する．（実際の結晶では，ひっくりかえったスピンが他の原子に移動するという，いやらしい可能性があるが，このような確率が非常に小さい場合を考えているものとしよう．）このとき，その散乱振幅は

$$\langle C_{\text{下向き}},\ \text{核}\,k\,\text{は上向き} \mid S_{\text{上向き}},\ \text{結晶はすべて下向き} \rangle = \langle C \mid k \rangle b \langle k \mid S \rangle \tag{3・13}$$

で与えられる．中性子のスピンが下向きで，k 番目の原子のスピンが上向きになって発見される確率を求めようとするなら，それはこの振幅の絶対値の2乗で与えられる．それは簡単に，$|b|^2$ に $|\langle C|k\rangle\langle k|S\rangle|^2$ を掛けたものである．この2番目の因子は結晶内における位置にほと

んど無関係であり，その位相はみな，その絶対値の2乗をとることによって消えてしまう．したがって，結晶内の任意の核がスピン反転の散乱をおこす確率は

$$|b|^2\sum_{k=1}^{N}|\langle C|k\rangle\langle k|S\rangle|^2$$

で与えられ，これは図3-6(b)のような滑らかな分布を示すことになる．

諸君は，“私は別にどの原子がスピン上向きになったかなんてことに注意しているわけではない”と主張するかも知れない．恐らく，実際そうだろう．だが自然は知っている．そして事実，その確率は上に与えたものになっており，何の干渉をもおこさない．一方，検出器のところでの中性子のスピンが上向きであり，すべての原子もまた下向きのままであるときの確率を求める場合には

$$\sum_{i=1}^{N}\langle C|i\rangle a\langle i|S\rangle$$

の絶対値の2乗をとらなければならない．この和のなかの各項は位相をもつから，それらは干渉し，鋭い干渉模様を形成する．検出された中性子のスピンを観測しない実験をしたときには，両方の種類の事象がおきうるわけであり，別々の確率の和をとることになる．すると，散乱角の関数としての全確率(またはカウント数の割合)は，図3-6(c)のグラフのようになるのである．

ここでこの実験の物理を復習しておこう．異なる**終状態**を**原理的に**区別することが可能なときには，(たとえ区別しようと考えなくても)全体の最終的な確率は，各状態への**確率**(振幅ではなく)を計算し，そのあとでそれらを加え合わせることによってえられる．もしそれらの終状態が**原理的にも**区別**できない**ときには，正しい確率をうるには，確率振幅をその絶対値の和をとるまえに加えておかなくてはならない．ここでとくに注意すべきことは，仮に中性子が波動のみで表わされるものと考えると，スピンが下向きになる中性子散乱の分布も，それが上向きのときの分布とまったく同じ分布になってしまうということである．その下向きスピンの“波動”はすべての異なる原子から散乱され，それと同じ波長をもつスピン上向きの中性子の場合とまったく同じように干渉をおこす．しかし，われわれはそうはならないことを知っている．したがって，まえにもいったように，中性子が波動性をもつからといって，それにあまりにも現実性をもたせて，それを通常の空間内の波動と考えないように注意しなければならない．そう考えることは，ある種の問題には有用ではあるが，それがいつでも有用であるというわけではないのである．

3-4 同種粒子

これから述べる実験は，量子力学によってきれいな結果がえられるもののうちの一つである．これもまた，一つのものごとが物理的に**区別することのできない**二つのやり方でおきる場合である．したがって

——このような状況のもとでは，**いつでも**いえることだが——振幅の干渉ということがおきる．ここでは，比較的低エネルギーの核の他の核による散乱の問題を議論しようというのである．α粒子(これはよく知られているように，ヘリウムの原子核である)を，例えば酸素にぶつける場合を考えることから始めよう．その反応の解析を容易なものにするには，質量中心系でものを考えるとよい．この系では，酸素の核とα粒子とは衝突前には反対方向の速度をもち，また衝突の後にも正確に反対の方向を向いている．図3-7(a)を見られたい．(それらの粒子の質量は異なっているために，速度の大きさはもちろん違っている．)また，エネルギー保存則が成立しており，衝突のエネルギーは十分に低くて，どちらの粒子も壊れてしまったり，励起状態になったりすることはないものと仮定する．二つの粒子のおたがいの方向がそれる理由は，もちろん，各粒子が正の電荷をもち，そのために古典的にいえば，それらがすれちがうときに電気的斥力が作用することにある．散乱のおきる確率は角度によって変化すると考えられる．そこでこの散乱の角度依存性について，何か議論しようというわけである．(もちろん，この現象を古典的に計算することもできる．しかも，その答えが古典的に扱ったときと量子力学的に扱ったときとで完全に一致しているというのは，これは全くの偶然であるとしかいいようがないのである．これは逆2乗の法則にしたがう力の場合にだけおきる奇妙な点であり，その他の種類の力の場合にはおきないことである——したがって，上の一致は全くの偶然である．)

いろいろな方向への散乱の確率は，図3-7(a)に示されているような実験によって測定することができる．位置1にある計数管はα粒子だけを検出するように設計されており，位置2にある計数管は酸素だけを検出するようにつくられている——ちょうど割符のように．(実験室系では，これらの二つの検出器は反対向きになっていないが，質量中心系ではそうなっている．)われわれの実験は，いろいろな方向での散乱の確率を測定することである．計数管が角度θの方向にあるとき，その中に散乱されてくる振幅を$f(\theta)$と書くことにしよう．このとき，$|f(\theta)|^2$が実験的に決定される確率である．

さて，われわれの計数管がα粒子と酸素核の**どちらにも**反応するよ

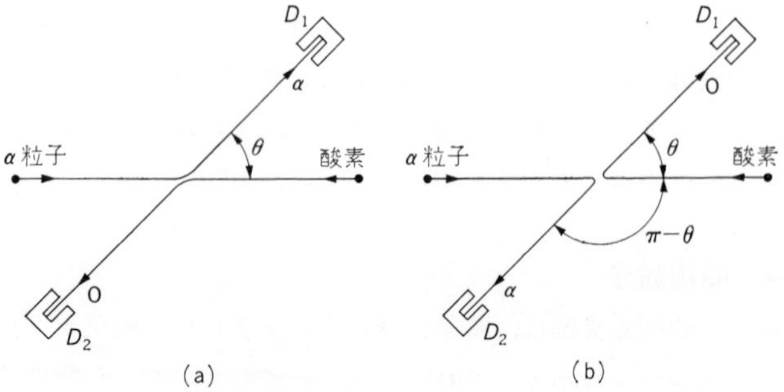

図3-7　質量中心系でみたときのα粒子の酸素核による散乱

うなもう一つの別の実験を考えることもできる．そのとき，つまりどっちの粒子を数えるかを区別しようとしないときにはどうなるかを考えなければならない．酸素が角 θ の方向に出てくることになっているときには，α 粒子は図 3-7(b)に示されているように，もちろん，反対側の角$(\pi-\theta)$の方向にあるはずである．したがって，$f(\theta)$ が α 散乱の角 θ の方向への振幅であるとき，$f(\pi-\theta)$は酸素の角 θ の方向への散乱に対する振幅である[†]．したがって，位置 1 の検出器に**何かの**粒子を発見する確率は

$$D_1 \text{の中に**何かの**粒子がある確率} = |f(\theta)|^2 + |f(\pi-\theta)|^2 \quad (3.14)$$

で与えられる．ここで，この二つの状態は原理的に区別のできる状態であることに注意されたい．たとえこの実験ではそれらを区別していなくても，それらは区別することが**できる**．したがって前の議論によって，振幅ではなく，確率を加えなければならない．

上の結果は，色々な標的核——酸素，炭素，ベリリウムまた水素に，α 粒子をぶつけたとき——の場合にも成立する．しかしながら，α 粒子を α 粒子にぶつけたときには**間違っている**．両方の粒子がまったく同じものである場合には，実験データは(3.14)の予測とは一致しない．例えば，90° における散乱の確率は，(3.14)の予測するものの正確に2倍である．そして，このことは，粒子が“ヘリウム”核であるということとは何の関係もない．標的が He^3 で，入射粒子が α 粒子(He^4)のときには，(3.14)は実験と一致する．標的も He^4 である——つまり，標的粒子が入射してくる α 粒子と同じものである——ときだけ，散乱は角度による特別な変化の仕方をするのである．

諸君には，恐らくすでに，その答えが分っていることだろう．計数管に α 粒子がはいるのに二つのやり方がある．それはすなわち，ぶつけた α 粒子が角 θ で散乱される場合と，それが角$(\pi-\theta)$で散乱される場合とである．ぶつけた粒子と標的粒子のどちらが計数管にはいったのかを，われわれは判別できるであろうか．その答えは，それはできないということである．α 粒子に α 粒子をぶつけたときには，区別のできない二つの場合が存在する．このときには，確率**振幅**の和をとって干渉させなければならない．それで計数管の中に α 粒子を発見する確率は，それらの振幅の和の 2 乗

$$D_1 \text{の中に} \alpha \text{粒子がある確率} = |f(\theta)+f(\pi-\theta)|^2 \quad (3.15)$$

で与えられることになる．

この結果は，(3.14)の結果とはまったく違う結果である．考えやすいように，例えば角 θ を $\pi/2$ ととってみよう．$\theta=\pi/2$ のときは，明らかに $f(\theta)=f(\pi-\theta)$ であり，したがって，(3.15)の確率は $|f(\pi/2)+f(\pi/2)|^2=4|f(\pi/2)|^2$ となる．

---

† もちろん一般には，散乱の方向は二つの角度，つまり，天頂角 θ と方位角 ϕ とによって指定される．そのとき，酸素核が(θ,ϕ)の方向にあるということは，α 粒子が$(\pi-\theta,\phi+\pi)$の方向にあることを意味している．しかし，クーロン散乱の場合(また，その他の多くの場合)には，散乱振幅は ϕ に関係しない．したがって，酸素が θ 方向にあるときの振幅は，α 粒子が$(\pi-\theta)$の方向にあるときの振幅と同じものである．

一方，干渉のないときには，(3.14)の結果から $2|f(\pi/2)|^2$ をうるにすぎない．したがって，期待通りに 90° では散乱は2倍になっている．そのほかの角度のときも，もちろん二つの結果はちがったものになっている．そんなわけで，粒子が同種のものであるときには，粒子が区別できるときにはおきないような何か新しい異常な結果がえられるということになる．数学的にいえば，二つの粒子の役割を単に交換するだけの二つの別の過程に対する振幅を加え合わせなければならないということであり，そのために干渉がおきるということである．

ところが，電子の電子による散乱とか，陽子の陽子による散乱について同じような実験をすると，もっとややこしいことになる．このようなときには，(3.14)の結果も(3.15)の結果も，どちらも正しくない．これらの粒子を扱う場合には，新しい法則，まことに奇妙な法則をもちださなければならないのである．それは次のような法則である．それは，ある点に到達した1個の電子そのものが，そっくり他の電子と入れ換わるようなときには，新しい振幅は古い振幅と**反対の位相**で干渉をするということである．干渉をするのはよいのだが，それは負の符号で干渉するのである．α 粒子の場合には，検出器にはいってくる α 粒子を交換するとき，干渉する振幅は正の符号で干渉するのであった．**電子の場合には，それらを交換したときの振幅は負の符号で干渉する**．すぐ下で議論するもう一つのことは別として，図3-8に示したような実験の場合の電子の散乱に対する正しい表式は

$$D_1\text{ の中に電子がある確率} = |f(\theta)-f(\pi-\theta)|^2 \tag{3.16}$$

で与えられるのである．

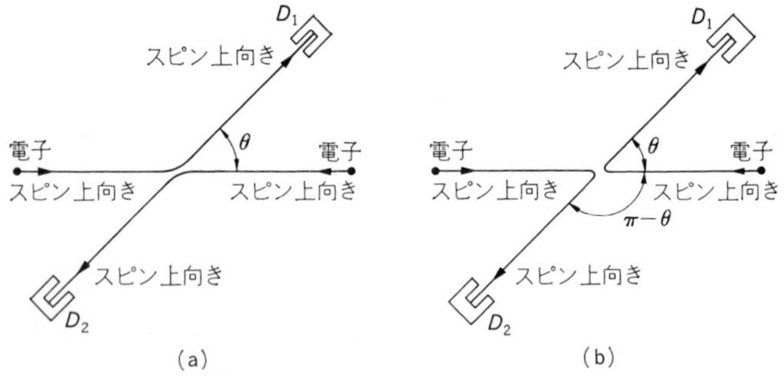

図3-8　電子による電子の散乱　はいってくる電子が平行スピンをもつとき，(a)の過程と(b)の過程とは区別できない

上に述べたことは，多少修正しておく必要がある．なぜかというと，電子のスピン(α 粒子はスピンをもたない)を考慮しなかったからである．電子のスピンは，散乱面に関して，“上向き”か“下向き”のどちらかであると考えられる．実験のエネルギーが十分に低いときには，電子のつくる電流による磁気的な力は小さくて，スピンは影響をうけないだろう．いまの場合にはそうであると仮定する．すると，衝突の間に電子のスピンが変化するチャンスはない．電子のスピンが何であろうと，電子はスピンを運んでゆく．こうなるといろいろな可能性が

あることが分るだろう．投射する粒子と標的粒子のスピンが両方とも上向きのとき，両方とも下向き，それから反対向きのときもある．図3-8にあるように，スピンが両方とも上向き(または，両方とも下向き)のときには，衝突後の2粒子のスピンも上向き(または，下向き)になっている．このような過程に対する**振幅**は，図3-8(a)および(b)に示した二つの可能性に対する振幅の**差**で与えられる．このとき，D_1の中に電子を検出する**確率**は(3.16)で与えられるわけである．

しかし，"投射"粒子のスピンが上向きで，"標的"粒子のスピンが下向きのときにはどうなるか．計数管1にはいってくる電子は，上向きかあるいは下向きのどちらかのスピンをもっている．それで，このスピンを測定すれば，それが入射ビームからきたものか，それとも標的からきたものであるかを判別することができる．図3-9の(a)と(b)にこの二つの可能性が示されている．これらの過程は原理的に区別が可能である．したがって，干渉はないと考えられる——つまり，単に二つの確率の和をとればよい．同様の議論が，元々のスピンを両方ともひっくりかえしたときにも成立する．すなわち，図3-9の左手のほうのスピンが下向きで，右手のほうのスピンが上向きのときにも成立する．

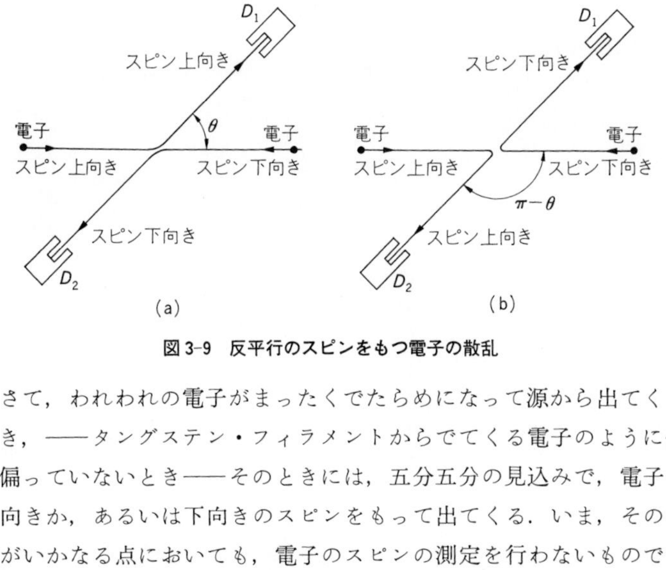

図3-9 反平行のスピンをもつ電子の散乱

さて，われわれの電子がまったくでたらめになって源から出てくるとき，——タングステン・フィラメントからでてくる電子のように全く偏っていないとき——そのときには，五分五分の見込みで，電子は上向きか，あるいは下向きのスピンをもって出てくる．いま，その実験がいかなる点においても，電子のスピンの測定を行わないものであるとき，それは偏りのない実験とよばれるものである．この実験の場合の結果をうるには，表3-1にあるようにいろいろな可能性をみな書きだしておくとよい．表のそれぞれの過程に対する確率は，それぞれの区別できる過程に対して計算されている．したがって，全確率はこれらの別々の確率の和で与えられる．偏りのないビームのときには，$\theta=\pi/2$の角度に対する結果は，異なった2個の粒子の場合の古典論の結果の半分であることに注意しよう．同種粒子のふるまいは，多くのおもしろい結果をもたらす．次の章では，そのことに関してもっと詳しく議論することになる．

表 3-1　偏りのないスピン 1/2 の粒子の散乱

それぞれの場合の割合	粒子1のスピン	粒子2のスピン	D_1におけるスピン	D_2におけるスピン	確率
$\frac{1}{4}$	上向き	上向き	上向き	上向き	$\lvert f(\theta)-f(\pi-\theta)\rvert^2$
$\frac{1}{4}$	下向き	下向き	下向き	下向き	$\lvert f(\theta)-f(\pi-\theta)\rvert^2$
$\frac{1}{4}$	上向き	下向き	上向き	下向き	$\lvert f(\theta)\rvert^2$
			下向き	上向き	$\lvert f(\pi-\theta)\rvert^2$
$\frac{1}{4}$	下向き	上向き	上向き	下向き	$\lvert f(\pi-\theta)\rvert^2$
			下向き	上向き	$\lvert f(\theta)\rvert^2$

全確率 $= \frac{1}{2}\lvert f(\theta)-f(\pi-\theta)\rvert^2+\frac{1}{2}\lvert f(\theta)\rvert^2+\frac{1}{2}\lvert f(\pi-\theta)\rvert^2$

第4章 同種粒子

4-1 ボース粒子とフェルミ粒子

前章で，2個の**同種の**粒子を含む過程でおきる干渉について，特殊な法則があることを知った．ここで**同種粒子**とは，電子のように，どうしてももう一つの粒子と区別のできない粒子のことを意味している．2個の同種粒子が含まれている過程において，一方の計数管に到達する粒子を入れ換えると，前とは区別のつかないもう一つの別の過程がえられ，それが入れ換える前の元の過程と干渉をおこす——この事情は，区別のつかない過程がもっとたくさんあるときも同様である．このとき，一つの事象に対する振幅は，干渉をする二つの振幅の和で与えられる．ところがおもしろいことに，ある場合には**同じ**位相で，また他の場合には**反対の**位相で干渉がおきるのである．

さて，図4-1(a)にスケッチをしてあるように，2個の粒子aとbとが衝突して，粒子aが1の方向に，粒子bが2の方向に散乱するものとしよう．この過程に対する振幅を$f(\theta)$と書くことにする．そうすると，そのような事象を観測する確率P_1は$|f(\theta)|^2$に比例する．もちろん，図4-1(b)にあるように，粒子bが計数管1に散乱され，粒子aが計数管2にはいることもありうる．いま，スピン，あるいはその種のものによって定義されるような特別な方向がないものとすると，後者の過程に対する確率P_2は$|f(\pi-\theta)|^2$で与えられる．なぜなら，それは，前者の過程で計数管1を角度$(\pi-\theta)$のところに移動させたのと全く同じことだからである．ここで，2番目の過程に対する**振幅**は$f(\pi-\theta)$であると考えるかも知れないが，必ずしもそうはならない．というのは，任意の位相因子がありうるからである．すなわち，その振幅は

$$e^{i\delta}f(\pi-\theta)$$

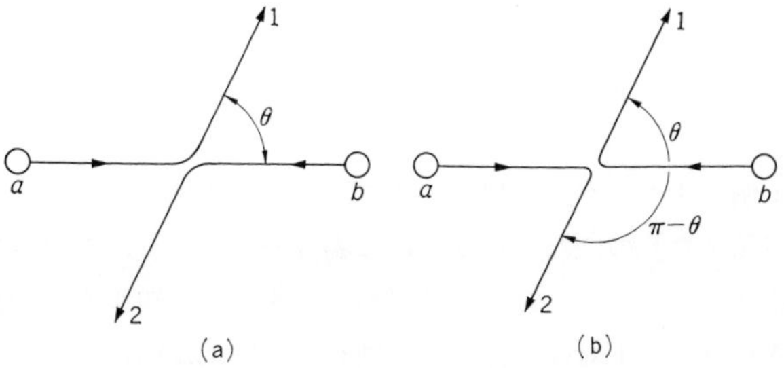

図4-1 2個の同種粒子の散乱において(a)と(b)の過程は区別できない

であってもよいのである．この振幅の与える確率もまた P_2 になっている．

ここで，a と b とが同種粒子であるときにはどうなるかを考えることにしよう．このときには，図 4-1 に示した二つの異なる過程は区別をつけられない．このとき，a または b の**どちらかの**粒子が計数管 1 にはいり，もう一つの粒子が計数管 2 にはいる振幅が存在する．この振幅は，図 4-1 に示されている二つの過程に対する振幅の和で与えられる．第 1 の振幅を $f(\theta)$ とすると，第 2 の振幅は $e^{i\delta}f(\pi-\theta)$ である．いま，これらの二つの振幅を加え合わせようとしているのであるから，この位相因子の存在は極めて重要である．2 個の粒子の役割を交換するときには，ある位相因子を振幅に掛けておかねばならないと仮定する．すると，もういちど交換したときには，また同じ因子がでてくる．ところがそのときには，はじめの過程にもどっているわけである．つまり，2 倍になった位相因子は，出発したときのものにもどらなければならない——すなわち，その 2 乗は 1 に等しくなくてはならない．それには二つの可能性だけが許される．すなわち，$e^{i\delta}$ は $+1$ に等しいか，あるいは -1 に等しいかのどちらかである．つまり，交換した場合は**同じ**符号の寄与をするか，それとも**反対**符号をもって寄与するかのどちらかである．自然界にはどちらの場合も存在しており，それぞれが別の粒子の組をつくっている．**正の**符号で干渉する粒子を**ボース粒子**といい，**負の**符号で干渉する粒子を**フェルミ粒子**とよぶ．光子，中間子および重力子はボース粒子であり，電子，μ 中間子，中性微子および重粒子はフェルミ粒子に属する．すると，同種粒子の散乱振幅は次のように表わされることになる．

ボース粒子：（直接の振幅）＋（交換したときの振幅）　(4.1)

フェルミ粒子：（直接の振幅）－（交換したときの振幅）　(4.2)

電子のように，粒子がスピンをもっているときには，さらに面倒なことが追加される．このときには，粒子の位置だけではなく，そのスピンをも規定しなくてはならない．粒子を交換したときに，振幅が干渉をするのは，**同一のスピン状態をもつ**同種粒子の場合だけである．偏りのないビーム——これは色々なスピン状態が混合したものである——を考えるときには，余分の勘定が必要となる．

さて，2 個あるいはそれ以上の粒子が固く結合しているときにはおもしろいことがおきる．例えば，α 粒子はそのなかに 4 個の粒子——2 個の中性子と 2 個の陽子——を含んでいる．2 個の α 粒子の散乱がおきると，そのときいくつかの可能性がある．散乱の過程の途中で，一つの α 粒子から他の α 粒子に 1 個の中性子が跳び移り，他の α 粒子からも 1 個の中性子が跳び移ってきて，散乱の後にでてくる 2 個のアルファが元々のものでなくなっている場合——つまり，1 対の中性子が交換された場合——に対する振幅が存在するかも知れない．図 4-2 を参照されたい．1 対の中性子の交換を伴う散乱振幅は，そのような交換のない散乱振幅と干渉をすることになる．しかもその干渉は負の

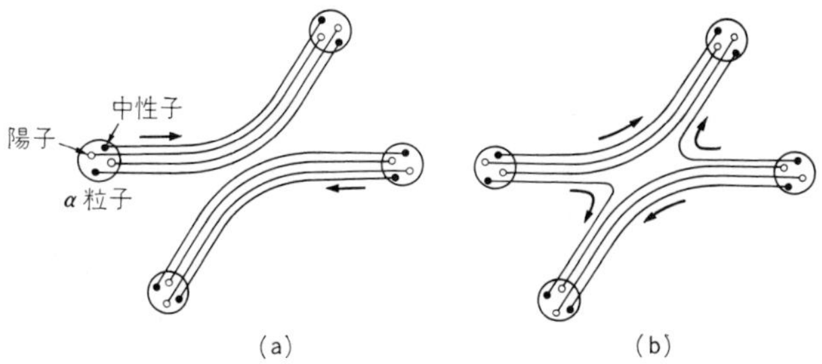

図 4-2　2個のα粒子の散乱　(a)では2個の粒子は変わらない；(b)では1個の中性子が散乱の途中で交換される

符号をもっていなければならない．それは1対のフェルミ粒子が交換されたものだからである．一方，2個のα粒子の間の相対的なエネルギーが非常に低くて，それらが――クーロンの斥力によって――おたがいにかなりの距離を保っていて，その内部にある粒子のどれもが交換される確率がほとんどないときには，α粒子は単純な物体とみなすことができ，その内部構造を考慮する必要はなくなる．このような状況のもとでは，散乱振幅に寄与する過程は二つだけである．粒子の交換がないか，または散乱によって4個の核子の全部が交換されるかのどちらかである．α粒子の中の陽子と中性子とは，すべてフェルミ粒子であるから，それらの任意の1対の同種粒子を交換すると，その散乱振幅の符号は反対になる．α粒子に内部構造の変化のない限り，2個のα粒子を入れ換えることは，4対のフェルミ粒子を交換することと同じことである．各1対に対して符号の変化があるから，結果的には振幅を正の符号で加えることになる．つまり，α粒子はボース粒子のようにふるまうのである．

したがって，次のようなルールが成り立つことになる．内部構造をもつ物体を単一の物体とみなすことのできる場合には，その物体がフェルミ粒子を奇数個含んでいるか，それとも偶数個含んでいるかによって，フェルミ粒子またはボース粒子のようにふるまう．

上に述べた電子，陽子，中性子などのすべてのフェルミ粒子のスピンは$j=1/2$である．そのようなフェルミ粒子がいくつか集まって複合物質を形成するとき，その複合体のスピンは整数か，または半整数である．例えば，ヘリウムのうちで一番ありふれた同位元素He^4は，2個の中性子と2個の陽子とから成り，そのスピンは0である．ところが，Li^7は3個の陽子と4個の中性子とからできていて，そのスピンは3/2である．あとで，角運動量の合成の法則を学ぶのであるが，いまは，**半整数スピン**をもつ複合物質は**フェルミ粒子**に似たものであり，一方**整数スピン**の複合物質はみな**ボース粒子**に類似したものであることを指摘するにとどめておこう．

この事実は，次のような興味深い疑問をもたらすことになる．半整数のスピンをもつ粒子は，負の符号でその振幅を加えるフェルミ粒子であり，一方整数スピンをもつ粒子は，正の符号で振幅を加えるボース粒子であるのは，どういう理由によるのであるかという問題である．

この問題に対して，残念ながら初等的な説明を与えることはできない．この点については，諸君にお詫びをしなくてはならない．これに対する一つの解釈が，場の量子論および相対論のややこしい議論にもとづいて，パウリによって与えられている．彼は，上の二つのことが必ずあい伴うものであることを示したのである．しかし，彼の議論を初等的なレベルで再現する方法は残念ながらまだみつかっていない．それは，非常に簡潔に表現できる法則でありながら，その簡単かつ容易な説明法のみつからない，物理学における数少ない例の一つである．その説明をするには，どうしても相対論的量子力学の話に深入りせざるをえないのである．このことは恐らく，そこに含まれている基本的原理が完全には理解されていないということを意味しているのだと思う．差し当っては，諸君は，これはこの世界における法則の一つであると了解しておくより仕方のないことである．

4-2　2個のボース粒子の状態

ここで，ボース粒子における振幅の加算法則から出てくるおもしろい結果について論じることにしよう．この問題は，粒子が何個かあるときのふるまいと関係をもっている．まず，はじめに，2個のボース粒子が2個の別々の散乱体から散乱されてくる場合を考えよう．しかし，ここでは，その散乱のくわしい機構に関しては考えないことにする．いまは，散乱された粒子がどうなるかということにだけ興味をもっている．そこで，図4-3に示されているような状況にあるとする．粒子 a は状態1に散乱される．ここで**状態**とは，ある与えられた方向およびエネルギー，あるいは他の一定の何かの条件を意味するものである．一方，粒子 b は状態2に散乱されるとする．ここで，二つの状態1と2とは，ほとんど同じ状態であると仮定する．(本当に知りたいのは，結局のところ，2個の粒子が同一の方向，あるいは同一の状態に散乱される振幅である．しかし，まずはじめに二つの状態がほとんど同じのときにはどうなるかを考え，それからあとで，それらの状態が同じ状態になったときにはどうなるかを求めるのが一番よいのである．)

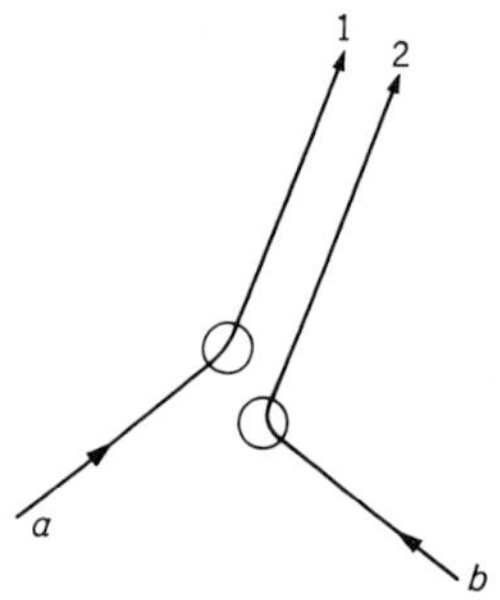

図4-3　近接した終状態への2重散乱

まず，粒子 a だけしかないときを考える．そのとき，1の方向に散乱される振幅が存在し，それを例えば $\langle 1|a\rangle$ と書くことにする．また，粒子 b だけが存在して，それが2の方向に着陸する振幅を $\langle 2|b\rangle$ とする．これらの2個の粒子が同種粒子ではないとすると，この二つの散乱が同時におきる振幅は，その積

$$\langle 1|a\rangle\langle 2|b\rangle$$

によって与えられる．すると，このような事象のおきる確率は

$$|\langle 1|a\rangle\langle 2|b\rangle|^2$$

で与えられ，これはまた

$$|\langle 1|a\rangle|^2|\langle 2|b\rangle|^2$$

に等しい．以下では節約して

$$\langle 1|a\rangle = a_1, \quad \langle 2|b\rangle = b_2$$

と書くことにする．すると，上の2重散乱に対する確率は

$$|a_1|^2 \cdot |b_2|^2$$

と表わされる．

ところで，粒子 b が方向1に散乱され，一方，粒子 a が方向2に散乱されるということもあるわけである．この過程に対する振幅は

$$\langle 2|a\rangle\langle 1|b\rangle$$

であり，したがって，この事象のおきる確率は

$$|\langle 2|a\rangle\langle 1|b\rangle|^2 = |a_2|^2|b_1|^2$$

である．

このとき，散乱された2個の粒子を捕獲する1対の小計数管があるものとする．これらの計数管のそれぞれが1個づつの粒子を同時に捕まえる確率 P_2 は，和

$$P_2 = |a_1|^2|b_2|^2 + |a_2|^2|b_1|^2 \tag{4.3}$$

で与えられる．

さて，方向1と方向2とは極めて接近しているものとする．振幅 a は方向の変化に伴ってなめらかに変わると考えられるから，1と2の方向が接近すると，a_1 と a_2 もまたたがいに接近した値をもつことになる．したがって，二つの方向が十分に近くなると，それらに対する振幅 a_1 と a_2 とは等しい値をもつことになる．このときには，$a_1=a_2$ とおくことができ，これを a で表わすことにする．同様にして $b_1=b_2=b$ とおくことができる．このとき，

$$P_2 = 2|a|^2|b|^2 \tag{4.4}$$

をうるわけである．

ところが，a と b とが同種粒子であるときには，a が1の方向にゆき，b が2の方向にゆく過程と，a が2にゆき，b が1にゆく交換した過程とを区別することはできない．この場合には，二つの異なる過程の**振幅**は干渉可能となる．二つの計数管のそれぞれが1個の粒子を捕える**全体の**振幅は

$$\langle 1|a\rangle\langle 2|b\rangle + \langle 2|a\rangle\langle 1|b\rangle \tag{4.5}$$

である．そして，この1対の粒子を捕獲する確率は，この振幅の絶対値の2乗

$$P_2 = |a_1b_2 + a_2b_1|^2 = 4|a|^2|b|^2 \tag{4.6}$$

で与えられる．こうして，2個の**同種の**ボース粒子が同じ状態に散乱される確率は，**粒子が異なるものとしたときの確率の2倍**になるという結果をえたわけである．

これまでは，2個の粒子はそれぞれ別々の計数管によって観測されるものと考えてきたが，このことは本質的なことではない．方向1と2をもつ2個の粒子が，ある程度の距離をおいて，**1個**の小さな計数管の中に入っていくと考えることにしよう．このとき，その方向1を，粒子が計数管の表面の一部の面積要素 dS_1 に向って進むということで定義することにする．方向2もまた，その計数管の表面上の面積要素

dS_2 に向って進むものとする．(いま，計数管の表面は散乱のおきる場所からひいた直線に直交するものとしている．) ところで，粒子がある完全に正確な方向，あるいは空間内のある**特定の**1点に向ってはいってくる確率を与えることはできない．そんなことをすることは不可能である——完全に正確な方向に対するチャンスは0である．話を明確にしようとするなら，振幅の定義を，それが計数管の**単位面積当りに**到達する確率を与えるようにしておく必要がある．いま，粒子 a だけがあるとする．すると，これが方向1へ散乱される振幅がある．ここで $\langle 1|a\rangle = a_1$ を，方向1における計数管の単位面積に粒子 a が散乱されてくる振幅と定義する．換言すれば，a_1 のスケールを，**面積 dS_1 の要素のなかに**粒子 a が散乱される確率が

$$|\langle 1 | a \rangle|^2 dS_1 = |a_1|^2 dS_1 \tag{4.7}$$

であるように選ぶのである——このとき，振幅は"規格化されている"という．計数管の全表面積を ΔS とすると，粒子 a がその計数管の中に散乱されてくる全確率は，dS_1 を全表面上にわたって動かすことにより，

$$\int_{\Delta S} |a_1|^2 dS_1 \tag{4.8}$$

で与えられる．

前と同じように，計数管は十分に小さくて，振幅 a_1 は計数管の表面上ではあまり変化することはないと仮定する．このときには，a_1 は一定の値をもち，これを a とする．すると，粒子 a が計数管の中のどこかに散乱されてくる確率は

$$p_a = |a|^2 \Delta S \tag{4.9}$$

で与えられることになる．

同様にして，粒子 b ——それが一つだけあるとき——が表面上のある面要素，例えば dS_2 上に散乱されてくる確率は

$$|b_2|^2 dS_2$$

で与えられる．(ここで dS_1 のかわりに dS_2 という面要素を用いたのは，あとで粒子 a と粒子 b とが異なった方向にはいってくる場合を考えたいからである．) この場合にも，b_2 は一定の値をもつ振幅 b に等しいとおくことにする．すると，粒子 b が検出器でカウントされる確率は

$$p_b = |b|^2 \Delta S \tag{4.10}$$

である．

さて，両方の粒子が存在するときには，粒子 a が dS_1 に，粒子 b が dS_2 に散乱されてくる確率は

$$|a_1 b_2|^2 dS_1 dS_2 = |a|^2 |b|^2 dS_1 dS_2 \tag{4.11}$$

で表わされる．粒子 a と粒子 b の両方が計数管の中にはいる確率がほしいときには，dS_1 と dS_2 の両方を ΔS 上で積分すればよいから，このときその確率は

$$P_2 = |a|^2 |b|^2 (\Delta S)^2 \tag{4.12}$$

で与えられる．なお，この結果は $p_a \cdot p_b$ に等しく，粒子 a と b とがたがいに無関係に行動すると仮定したときの結果と一致していることに注意しよう．

ところが，2個の粒子が同種粒子であるときには，面要素 dS_1 と dS_2 のそれぞれの1対に対して，二つの区別のできない可能性が存在する．つまり，粒子 a が dS_2 に，粒子 b が dS_1 にはいる場合と，dS_1 に a が，dS_2 に b がはいる場合とは区別がつかない．したがって，この二つの過程に対する振幅は干渉をすることになる．（この場合，2個の粒子が**異なるもの**であるときには——**実際には**どっちの粒子が計数管のどの部分に入ったかに注意しているわけではなくても——**原理的には**，どっちの粒子がどこに入ったかを判断することが可能である．ところが，同種粒子の場合には，それが原理的にも分らないのである．）このときには，2個の粒子が dS_1 と dS_2 に到達する確率は

$$|a_1b_2+a_2b_1|^2dS_1dS_2 \tag{4.13}$$

であるとしなければならない．ところが，これを計数管の表面全体にわたって積分するときには注意が必要である．つまり，dS_1 と dS_2 とを全表面積 ΔS 上にわたって独立に動きまわらせると，その面積の各部分からの寄与を**2重**に勘定してしまうことになるのである．なぜかというと，(4.13)には面要素 dS_1 と dS_2 の任意の1対において起きうることがみんな含まれているからである†．しかし，この2重の数えすぎを，その結果を2で割って補正しておけば，積分をそのまま前と同様にやってもよいわけである．こうして，同種のボース粒子の場合の P_2 は

$$P_2(\text{ボース}) = \frac{1}{2}\{4|a|^2|b|^2(\Delta S)^2\} = 2|a|^2|b|^2(\Delta S)^2 \tag{4.14}$$

となる．この結果もまた，区別できる粒子の場合の(4.12)のちょうど2倍になっている．

仮にいま，図4-3の径路 b を通って粒子が特定の方向をとって進んでいることが分っているとすると，2番目の粒子がそれと同一の方向にゆく**確率**は，それらを独立な事象であるとして計算したときに期待される値の2倍であるということができる．1個の粒子がある特定の状態にあるとき，2番目の粒子がそれと同じ状態にはいる**確率**は，最初の粒子がすでにその状態からいなくなっている場合の確率の2倍であるというのがボース粒子のもつ性質なのである．この事実は，次のような形で表現されていることが多い．すなわち，1個のボース粒子がある与えられた状態にすでに存在しているとき，それと同種の粒子をその状態のうえに重ねておく振幅は，前の粒子が存在しないときよりも $\sqrt{2}$ 倍だけ大きい．（われわれのとっている物理的観点からみる

† (4.11)では，dS_1 と dS_2 を交換すると異なった事象を与える．したがって，両方の面要素を計数管の全面にわたって動かすべきである．(4.13)においては，dS_1 と dS_2 を1対のものとして扱っており，その1対においておきることはみな(4.13)に含まれている．積分が dS_1 と dS_2 を入れ換えたときにおきることまで含んでいると，すべてを2重に数えてしまうことになる．

と，これは上の結果の表現法としては適当であるとはいえないが，これを一つの規則として一貫して利用するならば，もちろん，これは正しい結果を与える．)

4-3　n 個のボース粒子の状態

上の結果を n 個の粒子が存在する場合に拡張することにしよう．いま，図 4-4 に示されている状況を考える．n 個の粒子 $a, b, c, \cdots$ があって，それらが散乱されて，それぞれ $1, 2, 3, \cdots, n$ の方向に出てゆくとする．この n 個の方向はすべて，ずっと遠く離れたところにある一つの小さな計数管の方向を向いているものとする．前節におけると同様に，すべての振幅を，それぞれの粒子が1個，計数管の面要素 dS にはいる確率が

$$|\langle\quad\rangle|^2 dS$$

であるように，その規格化を選んでおくものとする．

まずはじめ，それらの粒子はみな区別できるものであるとしよう．すると，n 個の粒子が n 個の異なる面要素上で共に数えられる確率は

$$|a_1 b_2 c_3 \cdots|^2 dS_1 dS_2 dS_3 \cdots \tag{4.15}$$

である．この場合もまた，振幅は計数管(小さいものと仮定している)の中のどこに dS が位置しているかによらないとし，それらを単に $a, b, c, \cdots$ と書くことにする．このとき，確率(4.15)は

$$|a|^2 |b|^2 |c|^2 \cdots dS_1 dS_2 dS_3 \cdots \tag{4.16}$$

となる．計数管の表面 $\varDelta S$ 上で各 dS に関して積分すると，同時に n 個の異なる粒子をカウントする確率 P_n(異種)は

$$P_n(\text{異種}) = |a|^2 |b|^2 |c|^2 \cdots (\varDelta S)^n \tag{4.17}$$

である．これは，各粒子が計数管の中に別々にはいってくる確率の積である．これらの確率はすべて独立である．1個の粒子がはいってくる確率は，どれだけ多くの他の粒子がすでにはいっているかには関係しない．

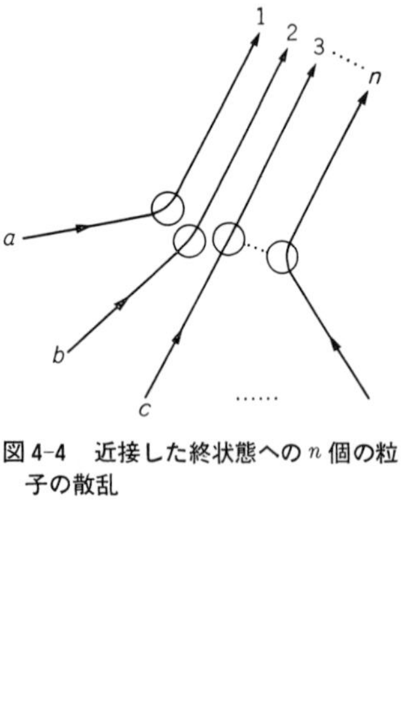

図 4-4　近接した終状態への n 個の粒子の散乱

こんどは，すべての粒子が同種のボース粒子であるとする．このとき，n 個の方向 $1, 2, 3, \cdots, n$ のうちのどの方向にどの粒子が配分されるかによって，多くの区別できない可能性を生じることになる．例えば，粒子数が3であるとすると，次の可能性がある．

$a\to 1$	$a\to 1$	$a\to 2$	$a\to 2$	$a\to 3$	$a\to 3$
$b\to 2$	$b\to 3$	$b\to 1$	$b\to 3$	$b\to 1$	$b\to 2$
$c\to 3$	$c\to 2$	$c\to 3$	$c\to 1$	$c\to 2$	$c\to 1$

つまり，6個の異なる組み合わせがある．n 個の粒子のあるときには，$n!$ 個の異なる，しかし**区別のできない**可能性があり，これらの可能性に対応する振幅を加え合わせなければならない．すると，n 個の粒子が n 個の面要素でカウントされる確率は

$$|a_1 b_2 c_3 \cdots + a_1 b_3 c_2 \cdots + a_2 b_1 c_3 \cdots + a_2 b_3 c_1 \cdots + \cdots + \cdots|^2 dS_1 dS_2 dS_3 \cdots dS_n \tag{4.18}$$

である．ここでもまた，すべての方向は非常に接近していて，そのた

めに $a_1=a_2=\cdots=a_n=a$ とおくことができ，また $b, c, \cdots$ に対しても同様であると仮定すると，(4.18)の確率は

$$|n!\ abc\cdots|^2 dS_1 dS_2\cdots dS_n \qquad (4.19)$$

となる．それぞれの dS を計数管の表面積 $\varDelta S$ 上で積分すると，面要素の可能なそれぞれの積は $n!$ 重に数えられることになる．これに対する補正をして，$n!$ で割ると

$$P_n(\text{ボース}) = \frac{1}{n!}|n!\ abc\cdots|^2(\varDelta S)^n,$$

あるいは

$$P_n(\text{ボース}) = n!\,|abc\cdots|^2(\varDelta S)^n \qquad (4.20)$$

をうる．この結果を(4.17)と比較すると，n 個のボース粒子を同時にカウントする確率は，それらの粒子がすべて区別できるものと仮定して計算した確率よりも $n!$ 倍だけ大きいということになる．この結果は次のようにまとめることができる．すなわち

$$P_n(\text{ボース}) = n!\ P_n(\text{異種}) \qquad (4.21)$$

したがって，ボースの場合の確率は，粒子が無関係に独立に行動するとして計算したものよりも $n!$ 倍も大きいのである．

これが何を意味するかをみるには，次の問題を考えたほうがよい．それは，**すでに n 個の粒子が**ある特定の状態にあるとき，そこにさらにもう1個のボース粒子がはいる確率はいくらかという問題である．新しく追加された粒子を w とよぶことにする．w をも含めて $(n+1)$ 個の粒子があるときには，(4.20)は

$$P_{n+1}(\text{ボース}) = (n+1)!\,|abc\cdots w|^2(\varDelta S)^{n+1} \qquad (4.22)$$

となる．これは次のように書くことができる．

$$P_{n+1}(\text{ボース}) = \{(n+1)\,|w|^2\varDelta S\}n!\,|abc\cdots|^2(\varDelta S)^n,$$

あるいは

$$P_{n+1}(\text{ボース}) = (n+1)\,|w|^2\varDelta S P_n(\text{ボース}). \qquad (4.23)$$

この結果は次のように解釈される．$|w|^2\varDelta S$ という数は，ほかに粒子が存在しないときに，粒子 w が検出器にはいってくる確率である．また，P_n(ボース)は他のボース粒子が検出器内にすでに存在するチャンスである．したがって，(4.23)のいっていることは，他の同種のボース粒子が**すでに** n 個ある**とき**に，その同じ状態に**さらにもう1個**の粒子がはいる確率は $(n+1)$ 倍だけ**増強**されるということである．すでに n 個の粒子がある場合に，もう1個のボース粒子を獲得する確率は，まえに1個もないときよりも $(n+1)$ 倍も強くなるのである．他の粒子の**存在**は，さらに1個を獲る確率を増大させることになる．

4-4　光子の放出と吸収

これまでの議論では，α 粒子の散乱のような過程について述べてきた．しかし，そのことは本質的なことではない．すなわち，上の結果は，例えば光の放出のような粒子の創生がある場合にも成立するのである．光が放射されると，1個の光子が“創ら”れるわけである．こ

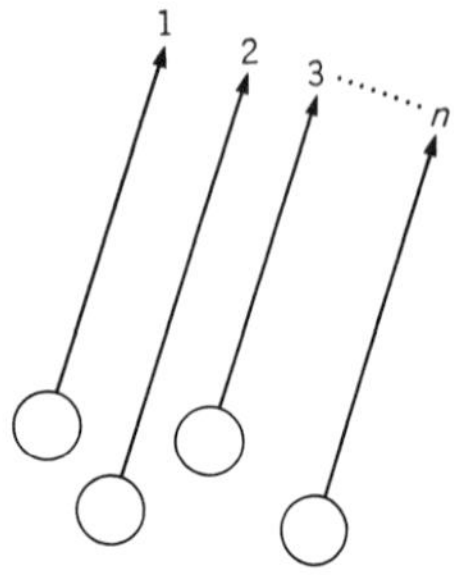

図 4-5　近接した状態へのn個の光子の創生

のような場合には，図 4-4 にあるような入射してくる線を必要としない．図 4-5 のように，単に光を放射しているn個の原子$a, b, c, \cdots$があるものと考えればよい．したがって，前節の結論は次のように表現することもできる．すなわち，**1個の原子がある特定の終状態へ1個の光子を放出する確率は，その状態にすでにn個の光子が存在しているとき，$(n+1)$の因子だけ増大する**．

この結論を，すでにn個の光子の存在しているところに，さらにもう1個の光子が放射される**振幅**は$\sqrt{n+1}$の因子だけ増大するといい直してもよい．もちろん，このことは，確率をうるには，この振幅を2乗しなければならないという意味であることが分ってさえいれば，同じことの言い換えにすぎない．

一般に量子力学においては，任意のある状態ϕから，任意の他の状態χにうつる振幅は，χからϕにうつる振幅の複素共役に等しいということが成立する．すなわち，

$$\langle \chi | \phi \rangle = \langle \phi | \chi \rangle^* \tag{4.24}$$

である．この法則に関しては，もう少し後に学ぶことになるのであるが，ここではただこれが成立しているものと仮定することにする．この関係を利用することによって，ある与えられた状態**から**光子が散乱や吸収によって失われる強さを求めることができる．すでにn個の光子が存在するところに，その状態を例えばiと書くと，その状態に1個の光子を追加する振幅は

$$\langle n+1 | n \rangle = \sqrt{n+1}\, a \tag{4.25}$$

である．ここで$a=\langle i|a\rangle$は，ほかに光子が存在しないときの振幅である．(4.24)の関係を用いると，逆過程――つまり，$(n+1)$個の光子からn個の光子へ――の振幅は

$$\langle n | n+1 \rangle = \sqrt{n+1}\, a^* \tag{4.26}$$

であるということになる．しかし，普通はこういう書きかたはしない．大概の人は，$(n+1)$からnに移るという具合にはやりたがらないのであって，それよりもむしろ，n個の光子のある状態から始めるほうがよいと思っている．それで通常は，すでにn個の光子が存在するときに，それから1個の光子を吸収する振幅は――いいかえると，n個から$(n-1)$個へうつる振幅は――

$$\langle n-1 | n \rangle = \sqrt{n}\, a^* \tag{4.27}$$

であると表現する．これは，もちろん(4.26)と同じものである．ところで，こういう表わし方をすると，どういうときに$\sqrt{n}$にし，どのときに$\sqrt{n+1}$とするかを憶えておくのが面倒になる．しかし，これを憶える方法がある．それは，反応の前後に関係なく，前のその因子は存在する光子の最大数の平方根で与えられるということである．(4.25)と(4.26)は，法則が本質的に対称的なものであることを示している――(4.27)の形で書けば，その見掛けだけは対称的でないようになるが．

この新しい法則からえられる物理的結果は多大なものがある．ここ

で，光の放出に関係していることについてもう一つ述べておこう．光子が一つの箱——壁が鏡でできている箱を想像すればよい——の中に閉じこめられているとする．さて，この箱の中には，n 個の光子があって，それらはすべて同じ状態——つまり，同じ振動数，同じ方向および同じ偏りの状態——にあり，したがって，それらの光子は区別ができないとする．さらに，その箱の中に 1 個の原子があって，その原子がその同じ状態にもう 1 個の光子を放出しうるものとしよう．このとき，その原子が 1 個の光子を放出する確率は

$$(n+1)|a|^2 \qquad (4.28)$$

である．そして，その原子が 1 個の光子を吸収する確率は

$$n|a|^2 \qquad (4.29)$$

で与えられる．ここで，$|a|^2$ は光子が一つもないときに，原子が 1 個の光子を放出する確率である．これらの法則については，すでに第II巻の第 17 章で多少違ったやり方で述べたことがある．(4.29)は，原子が光子を 1 個**吸収**してより高いエネルギーをもつ状態に転移する確率が，その原子にそそがれている光の強度に比例するということをいっている．しかしながら，最初アインシュタインによって指摘されたように，原子が**下の**準位に転移する割合は，二つの部分から構成されているのである．つまり，その確率には，原子の自然転移による確率 $|a|^2$ と，光の強度——すなわち，現在ある光子の数——に比例する誘導転移の確率 $n|a|^2$ とがある．またさらに，アインシュタインがいったように，吸収係数と誘導放出係数とは相等しく，またそれらは自然放出の確率とも関係をもっている．ここで，われわれは，光の強度を(単位面積，単位時間当りのエネルギーとしてでなく)いま存在している光子の数で測るとすると，吸収係数，誘導放出係数および自然放出係数はすべて等しいということを学んだわけである．これこそ，第II巻，第 17 章(17.18)のアインシュタイン係数 A, B の間の関係の内容である．

4-5　黒体によるスペクトル

黒体放射(第II巻，第 17 章を見よ)のスペクトルを，ボース粒子に関する上述の法則を利用することによって，もう一度議論することにしよう．放射された光子と箱の中の原子とが熱平衡状態にあるとき，その箱の中にどれだけの数の光子が存在しているかを調べようというのである．それぞれの光のもつ振動数が ω であるとき，エネルギー間隔が $\Delta E=\hbar\omega$ であるような 2 個のエネルギー状態をもつ N 個の原子が存在するものとする．図 4-6 を参照されたい．低いほうのエネルギー状態を“基底”状態といい，上の状態を“励起”状態とよぶことにする．N_g と N_e とを，それぞれ基底状態と励起状態にある平均原子数であるとすると，温度 T の熱平衡状態では，統計力学から次の関係をうる．

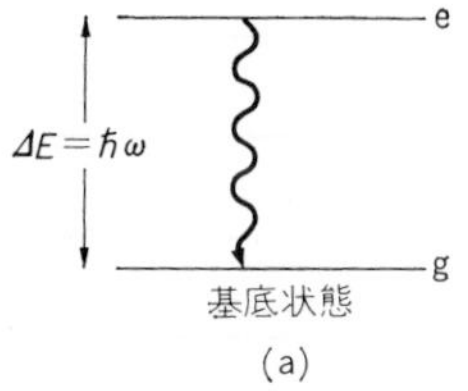

(a)

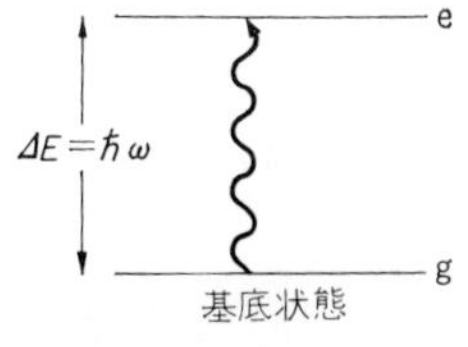

(b)

図 4-6　振動数 ω をもつ 1 個の光子の放射と吸収

$$\frac{N_e}{N_g} = e^{-\Delta E/kT} = e^{-\hbar\omega/kT}. \tag{4.30}$$

基底状態にある各原子は，1 個の光子を吸収して励起状態に移ることができる．また，励起状態にある各原子は 1 個の光子を放出して基底状態に移ることができる．平衡状態においては，これらの二つの過程のおきる割合は等しくなければならないわけである．その割合は，その事象のおきる確率およびそのときに存在する原子数に比例している．振動数 ω をもって，ある与えられた状態にある光子の平均数を $\bar{n}$ としよう．すると，その状態から光が吸収される割合は $N_g\bar{n}|a|^2$ であり，またその状態に光が放出される割合は $N_e(\bar{n}+1)|a|^2$ で与えられる．この二つの割合を等しいとおくと，

$$N_g\bar{n} = N_e(\bar{n}+1) \tag{4.31}$$

をうる．これを(4.30)と結合すると

$$\frac{\bar{n}}{\bar{n}+1} = e^{-\hbar\omega/kT}$$

となり，これを $\bar{n}$ に関して解くと

$$\bar{n} = \frac{1}{e^{\hbar\omega/kT}-1} \tag{4.32}$$

であり，これは，熱平衡になっている空洞内において，振動数 ω の任意の状態にある光子の平均数を与えている．それぞれの光子はエネルギー $\hbar\omega$ をもっているから，与えられた状態にある光子の平均エネルギーは $\bar{n}\hbar\omega$ である．あるいは，これは次のようにも書ける．

$$\frac{\hbar\omega}{e^{\hbar\omega/kT}-1}. \tag{4.33}$$

ところで，まるで別の話でこれとよく似た式を導いたことがある[第II巻，第 16 章(16.15)]．任意の調和振動子の――バネにおもりをのせたような場合の――量子力学的なエネルギー準位は，図 4-7 に書いてあるように等間隔 $\hbar\omega$ をもつことを憶えていると思う．n 番目の準位のエネルギーを $n\hbar\omega$ とすると，このような振動子の平均エネルギーもまた(4.33)で与えられる．ところがここでは，この式は光子の数を数えることによってえられたのであり，しかもその結果が振動子の場合の結果と一致しているのである．この事実はまさに量子力学の驚くべき奇跡の一つである．相互作用をしていないボース粒子(光子は相互作用をもたないと仮定している)のある一つの状態，または条件に注目し，その状態に，0 個，あるいは 1 個，または 2 個と，任意の n 個までの粒子を入れることが可能であるとすると，この体系は量子力学的には 1 個の調和振動子と正確に同じ性質をもつのである．ここで振動子といっているのは，バネの上におもりをつけた力学系とか，空洞共振器内の定常波とかのことである．そしてこの同一性こそ，電磁場を光の粒子によって表わすことができる理由なのである．一つの観点からみると，箱や空洞の中の電磁場はたくさんの調和振動子の集合に分解することができ，それぞれの振動のモードを一つの調和振動

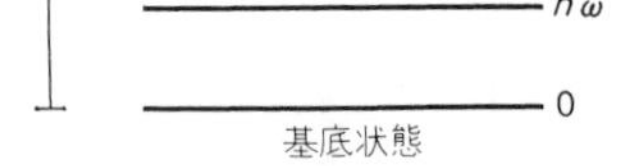

図 4-7　調和振動子のエネルギー準位

子とみなして量子力学的に扱うことができる．もう一つの別の観点に立ったときには，同一の物理を同種のボース粒子系の言葉を用いて解析することもできる．そして，この両方のやり方の与える結果は**つねに厳密に一致する**のである．電磁場が量子化された調和振動子として記述されるべきであるか，それとも，それぞれの状態に何個の光子が存在するかを与えることによって記述されるべきであるかといったことについて，諸君が決断をくだすなんてことをする必要はない．これらの二つの見方は数学的に等価であることが証明されるのである．そこで，この後では，箱の中のある特定の状態にある光子の数について話すこともあろうし，また電磁場の振動の特定のモードに関連しているエネルギー準位の数について話すこともある．これらは，同じことの別の表現にすぎない．同様のことが，自由空間における光子に対しても成立する．それは，空洞の壁が無限遠方に遠ざかったときの振動と同じことである．

上で温度 T の箱の中の任意の特定のモードに対する平均エネルギーを計算した．黒体放射の法則をうるには，もう一つ別のことを知っておく必要がある．すなわち，それぞれのエネルギーに対して，どれだけの数のモードが存在するかを知る必要がある．（このとき，箱——あるいは壁——の中に，あるエネルギー準位をもついくつかの原子があって，その準位間のエネルギー差が光の振動の各モードに対応していて，そのモードの光子を放出，あるいは吸収することができ，それによって各モードとも熱平衡になりうるものと仮定している．）通常，黒体放射の法則は，微小な振動数の間隔，ω から $\omega+\Delta\omega$ の間にある光によって運ばれる単位体積当りのエネルギーとして述べられている．そのために，間隔 $\Delta\omega$ の間の振動数をもつモードが箱の中に何個あるかを知る必要が生じてくる．この問題は，量子力学ではいつでも出てくる問題であるが，これは定常波に関する純粋に古典的な問題なのである．

ここでは，その答えを，立方体の箱の場合についてだけ与えるが，その結果はどんな形の箱の場合でも同じである．しかし，任意の形の場合の計算は非常にややこしいものになる．また，いま興味のあるのは，箱の大きさが光の波長に比較してずっと大きい場合だけである．したがって，そのモードの数は，何十億も何十億もある．つまり，任意の微小振動数間隔 $\Delta\omega$ のなかに非常にたくさんのモードがある．したがって，特定の振動数 ω における任意の間隔 $\Delta\omega$ 内におけるモードの“平均数”というものを考えることができる．まずはじめに，1 次元の場合——引っぱったひもの上の波動のような場合——におけるモードの数を求めておこう．周知のように，各モードがその両端で 0 であるためには，それは正弦波でなければならない．換言すると，図 4-8 に示したように，その線の長さの中に半波長の整数倍が含まれていなくてはならない．それで，この場合には波数 $k=2\pi/\lambda$ を用いたほうがよい．j 番目のモードの波数を k_j とすると

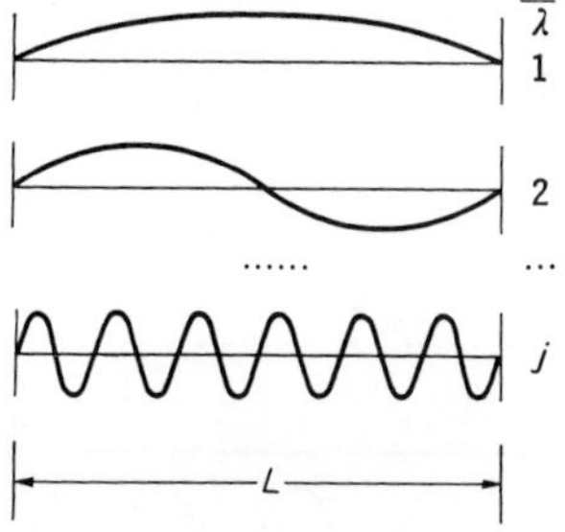

図 4-8 一つの直線上の定常波のモード

$$k_j = \frac{j\pi}{L} \tag{4.34}$$

である．ここで j は任意の整数である．隣り合っているモードの間の間隔は

$$\delta k = k_{j+1} - k_j = \frac{\pi}{L}$$

で与えられる．ここで kL は非常に大きくて，小さな間隔 $\varDelta k$ の中に多くのモードがあると仮定する．$\varDelta k$ の間隔の中のモードの数を $\varDelta\mathcal{N}$ と書くと

$$\varDelta\mathcal{N} = \frac{\varDelta k}{\delta k} = \frac{L}{\pi}\varDelta k \tag{4.35}$$

である．

普通，量子力学を研究している理論物理屋は，モードの数は上の半分であると考えたほうがよいとしている．彼等は

$$\varDelta\mathcal{N} = \frac{L}{2\pi}\varDelta k \tag{4.36}$$

と書くのである．その理由を説明しておこう．彼等は，通常，伝播する波——あるものは(正の k をもって)右へ進行し，あるものは(負の k をもって)左の方向へ進行している波——でものを考えるのが好きなのである．しかし，一つの“モード”というものは，反対向きに進行する二つの波の和の**定常波**のことである．いいかえると，彼等はそれぞれの定常波が二つの別の光子の“状態”を含んでいると考えるのである．したがって，$\varDelta\mathcal{N}$ をもって，与えられた k(ここでは k は正と負の値をとる)の光子の状態の数を意味するものと考えたほうがよいとするなら，そのときは $\varDelta\mathcal{N}$ の大きさを半分にとるべきである．(すべての積分で，k は $-\infty$ から $+\infty$ まで動く．すると任意の与えられた k の絶対値までの全状態数がでてくる．これで話はオーケーだ.) そうすると，もちろん，定常波をうまく記述していないことになるが，モードの数は矛盾なく数えている．

さて，上の結果を3次元の場合に拡張しよう．直方体の中の一つの定常波は，**各軸にそって**半波長の整数倍になっていなければならない．2次元の場合の様子を示したのが図4-9である．それぞれの波の方向と振動数は，波数ベクトル $\boldsymbol{k}$ によって記述される．その x, y, z 成分は，それぞれ(4.34)のような式をみたさねばならない．したがって，

$$k_x = \frac{j_x\pi}{L_x},$$

$$k_y = \frac{j_y\pi}{L_y},$$

$$k_z = \frac{j_z\pi}{L_z}$$

をうる．前と同様に，k_x に関しては，$\varDelta k_x$ の間隔内のモードの数は

$$\frac{L_x}{2\pi}\varDelta k_x$$

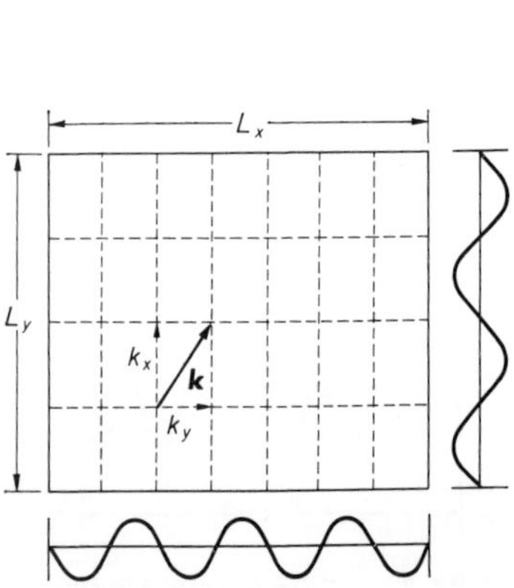

図4-9　2次元における定常波のモード

で与えられ，Δk_y と Δk_z 内の数についても同様である．x 成分が k_x と $k_x+\Delta k_x$ の間にあり，y 成分が k_y と $k_y+\Delta k_y$ の間に，また z 成分が k_z と $k_z+\Delta k_z$ の間にある波数ベクトル $\boldsymbol{k}$ に対するモードの数を $\Delta\mathcal{N}(\boldsymbol{k})$ と書くと，それは

$$\Delta\mathcal{N}(\boldsymbol{k}) = \frac{L_x L_y L_z}{(2\pi)^3}\Delta k_x \Delta k_y \Delta k_z \tag{4.37}$$

で与えられる．積 $L_x L_y L_z$ は箱の体積 V に等しい．すると，高振動数の(箱の大きさに比較して波長が小さい)ときには，空洞内のモードの数は，箱の体積 V と，“k 空間における体積” $\Delta k_x \Delta k_y \Delta k_z$ に比例することになる．この結果は多くの問題に何度も何度も出てくるものであるから，憶えておかないといけない．すなわち

$$d\mathcal{N}(\boldsymbol{k}) = V\frac{d^3\boldsymbol{k}}{(2\pi)^3} \tag{4.38}$$

である．証明はしなかったが，この結果は箱の形に無関係である．

さて，この結果を適用して，領域 $\Delta\omega$ 内の振動数をもつ光子のモードの数を求めよう．いまは，いろいろなモードのエネルギーに興味があるのであって，波の進む方向には興味がない．つまり，与えられた振動数の領域内のモードの数を知りたいのである．真空中では，k の大きさと振動数との間には

$$|\boldsymbol{k}| = \frac{\omega}{c} \tag{4.39}$$

の関係がある．そこで，振動数の間隔 $\Delta\omega$ 内において，方向に関係なく，k と $k+\Delta k$ の間の**大きさ**をもつ $\boldsymbol{k}$ に対応するモードの全数を求める．k と $k+\Delta k$ の間の“k 空間における体積”は，球殻の体積

$$4\pi k^2 \Delta k$$

である．そのとき，モードの数は

$$\Delta\mathcal{N}(k) = \frac{V4\pi k^2 \Delta k}{(2\pi)^3} \tag{4.40}$$

である．しかし，われわれは振動数のほうに興味があるのであるから，$k=\omega/c$ を代入する．すると

$$\Delta\mathcal{N}(\omega) = \frac{V4\pi\omega^2\Delta\omega}{(2\pi)^3 c^3} \tag{4.41}$$

をうる．

ここにもう一つ問題点がある．電磁波のモードについて話しているときには，任意の与えられた波数ベクトル $\boldsymbol{k}$ に対して，(たがいに直交する)二つの偏りのうちのどちらかをとりうる．これらの二つのモードはたがいに独立なので——光に対しては——上のモードの数を2倍しておかなくてはならない．こうして

$$\Delta\mathcal{N}(\omega) = \frac{V\omega^2\Delta\omega}{\pi^2 c^3} \quad (\text{光の場合}) \tag{4.42}$$

をうる．

(4.33)で，各モード(または各“状態”)は平均として

$$\bar{n}\hbar\omega=\frac{\hbar\omega}{e^{\hbar\omega/kT}-1}$$

のエネルギーをもつことを示した．これにモードの数を掛け算すると，間隔 $\Delta\omega$ の範囲内にあるモードのエネルギー ΔE をうる．すなわち

$$\Delta E=\frac{\hbar\omega}{e^{\hbar\omega/kT}-1}\frac{V\omega^2\Delta\omega}{\pi^2c^3} \tag{4.43}$$

である．これが黒体放射の振動数スペクトルの法則であり，第II巻第16章においてすでにみたところのものである．このスペクトルを示したのが図4-10である．これから，この答えが光子がボース粒子であることからくるものであることが分る．すなわち，すべての粒子が同じ状態にはいろうとする傾向をもつ(なぜなら，そうしようとする振幅が大きいから)ことによることが分る．恐らく諸君も憶えていることと思うが，この(古典物理学における一つのミステリーであった)黒体のスペクトルの研究はプランクの仕事であり，彼の(4.43)の公式の発見こそ，全量子力学の出発点となったのである．

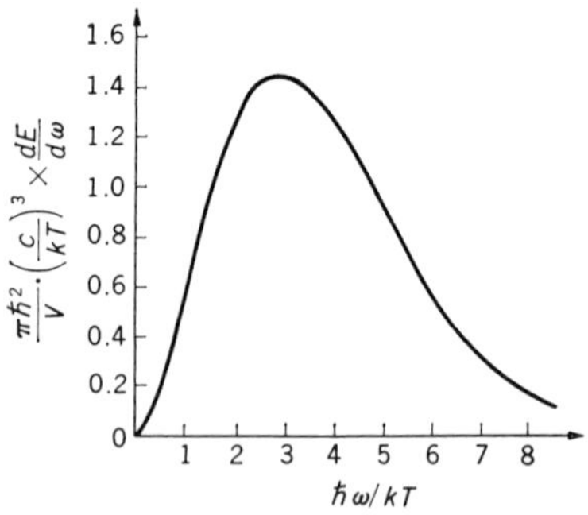

図4-10　熱平衡の空洞における放射の振動数スペクトル，"黒体"のスペクトル

4-6　液体ヘリウム

液体ヘリウムというものは，低温において多くの奇妙な性質を示すものである．残念ながらいまは，それをくわしく説明するために時間をさくわけにはいかない．しかし，その奇妙な性質の多くは，ヘリウム原子がボース粒子であるという事実が原因となっておきる．その奇妙な性質を一つあげると，液体ヘリウムは粘性抵抗をまったく示すことなく流れるということである．その速度が十分に小さくさえあれば――それは，ずっと前の章で話したことのある理想的な"乾いた"水である．その理由は次の通りである．一つの液体が粘性をもつには，内部エネルギーの損失を必要とする．つまり，液体の一部が他の部分とは異なった運動をするには，そういう運動をおこす何らかの方法があるはずである．このことは，液体の原子のうちのあるものが，他の原子の占めている状態とは異なる別の状態に転移しうることを意味している．ところが，十分に低い温度では熱運動が非常に小さいため，すべての原子は同じ状態にはいろうとする．そこで，原子のあるものが動いていると，ほかの原子もみな一緒に動いて同じ状態にはいろうとする．つまり，その運動には一種の剛体的な性質があって，例えば独立な粒子の場合のように運動を不規則な乱流のように分裂させてしまうことが難かしい．ボース粒子の液体においては，すべての原子が同一の状態にはいろうとする強い傾向が存在する．そしてこの傾向は，まえに述べた $\sqrt{n+1}$ の因子からくるものである．(1杯の液体ヘリウムの場合，n はもちろん極めて巨大な数である．) この協同現象的な運動は高温ではおきない．なぜならそのときには熱エネルギーが十分にあって，いろいろな原子をいろいろな異なる励起状態にあげるからである．ところが十分に温度が低くなると，あるとき突然，すべてのヘリウム原子が同一の状態にはいろうとする．このとき，ヘリウムは超

流動体になる．なおこの現象は，原子量が4のヘリウムの同位元素の場合にのみ現われる．原子量3のヘリウムの同位元素の場合には，それぞれの原子はフェルミ粒子である．それで，その液体は普通の正常な液体である．超流動性はHe^4にだけおきるのであるから，それは明らかに——α粒子のボース性による——量子力学的効果である．

4-7 排 他 律

フェルミ粒子は，ボース粒子とは全く違う行動をする．いま，同じ状態に2個のフェルミ粒子をもちこもうとするとどうなるかを考えてみよう．元々の例にもどって，2個の同種のフェルミ粒子がほとんど正確に同一方向に散乱される振幅を求めることにしよう．粒子aが1の方向にゆき，粒子bが2の方向に散乱される振幅は

$$\langle 1|a\rangle\langle 2|b\rangle$$

である．一方，出てゆく方向を交換したときの振幅は

$$\langle 2|a\rangle\langle 1|b\rangle$$

で与えられる．いまの場合はフェルミ粒子なのであるから，この過程に対する全体の振幅は，上の二つの振幅の差で与えられるわけである．すなわち，

$$\langle 1|a\rangle\langle 2|b\rangle-\langle 2|a\rangle\langle 1|b\rangle \tag{4.44}$$

である．ここで“方向1”とは，粒子がある特定の方向をもつだけでなく，そのスピンもまたある与えられた方向をもつことを意味するものとする．また，“方向2”とは，方向1とほとんど正確に同じ方向で，**同じ**スピン方向をもつことを意味するものとする．このとき，$\langle 1|a\rangle$と$\langle 2|a\rangle$とはほとんど同じものである．（出てゆく状態1と2とが同じスピン方向をもたないときには，このことは必ずしも成立しない．なぜなら物理的に考えて，振幅がスピン方向に関係していることもありうるからである．）さて，方向1と2とをたがいに近づけたとすると，(4.44)の全振幅は0になってしまう．フェルミ粒子の場合はボース粒子の場合よりも，その結果はずっと簡単である．2個のフェルミ粒子が——2個の電子のような——正確に同一の状態にはいることは全く不可能である．2個の電子のスピンが同一の方向をもっているとき，それらの電子を同一の場所に発見するようなことは決してありえない．また，2個の電子が同じ運動量と同じスピン方向をもつことも不可能である．これらの電子が同じ位置にあるか，あるいは同じ運動状態にあるとき，この2個の電子に許される唯一の可能性は，それらがたがいに反対向きに自転していなければならないということである．

この事実のもたらす結果はどういうものであろうか．2個のフェルミ粒子が同一の状態をとることができないという事実から，数多くの注目すべき結果がえられるのである．事実，世界中の物質のそれぞれの特性というものは，ほとんどすべてこの驚くべき事実によって決ってくる．周期表に表わされている物質の多様性は，基本的には，このただ一つの法則のもたらす結果なのである．

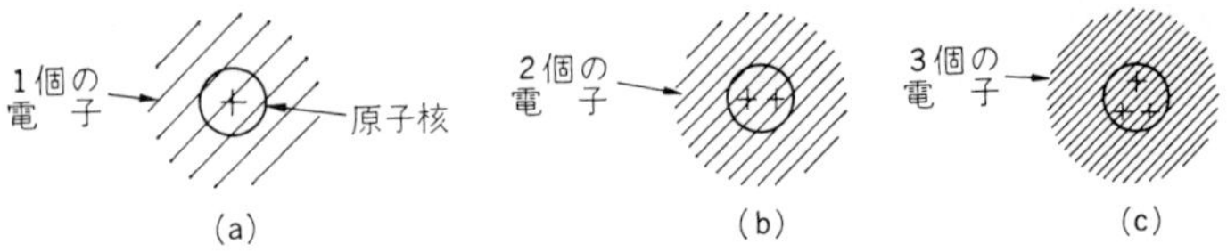

図4-11　電子がボース粒子のようにふるまうとしたとき原子はどのように見えるか

この一つの法則が変化したら，この世界がどんなものになるかはもちろん分らない．なぜなら，この法則は量子力学の全体構造のなかの一部分にすぎないのであり，フェルミ粒子に関する法則がいまと違うものになったとき，ほかの部分のどこがどのように変更されるかをいうことは不可能だからである．それでもともかく，仮にこの法則だけが変化したとすると，どういうことになるかを考えてみよう．まず第1に，あらゆる原子がいずれにせよ似たようなものになってしまうということを示すことができる．水素原子からはじめよう．これは目立つほどには影響されないだろう．図4-11(a)に示されているように，核の陽子は球対称の電子の雲によってかこまれている．第2章で述べたように，電子はその中心に引き寄せられるが，空間的な位置と運動量の平衡が不確定性原理によって要請される．この平衡があるために，電子の分布はあるエネルギーと，ある拡がりをもつことになり，このことによって水素原子の特徴的な大きさが決定されることになるのである．

ここで，ヘリウム核のように，2単位の電荷をもつ核があるとしよう．この核は2個の電子を引きつける．このとき，電子がボース粒子であるとすると——それらの間の電気斥力は別にすれば——それらの電子は両方とも，できるだけ核の近くに集まろうとするだろう．そして，ヘリウム原子は図の(b)に示されているようになるはずである．同様に，3重に帯電した核をもつリチウム原子は，図4-11(c)に示されているような電子分布をもつことになる．こうして，すべての原子が多少とも，同じような外観をもつことになるわけである——すなわち，すべての電子が核の近くにいて，方向性もなく，何の複雑さももたない小さな丸いボールのようなものになるわけである．

しかしながら，電子はフェルミ粒子であるから，実際の状況はまるで違ったものになっているのである．水素の場合には，状況は基本的には変わることはない．ただ一つの違いは，電子は図4-12(a)に示すようなスピンをもっているということだけである．しかし，ヘリウム原子の場合には，2個の電子をたがいに重ね合わせておくわけにはいかない．いや，ちょっと待てよ．電子のスピンが同方向のときには，それは正しい．2個の電子のスピンの方向が反対向きのときには，それらは同じ状態を占めることが**できる**．だから，ヘリウム原子はどちらの場合でもそれほど違ったものにはみえない．それは，図4-12(b)に示されているようにみえるわけである．しかし，リチウムの場合には状況が全く違ってくる．第3の電子はどこにおけるだろうか．両方

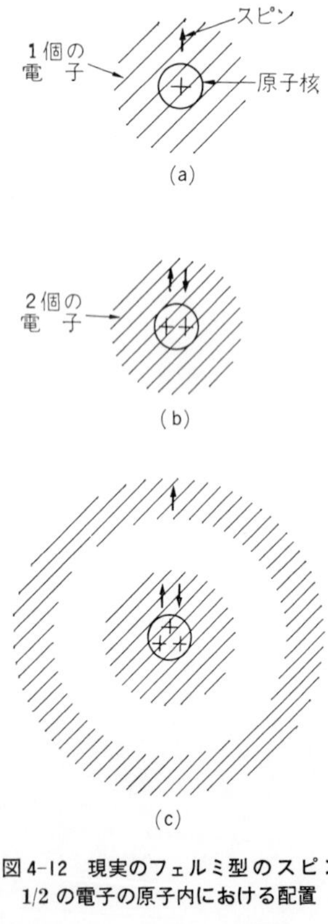

図4-12　現実のフェルミ型のスピン1/2の電子の原子内における配置

のスピン方向はすでに占領されてしまっているから，第3の電子を他の2個の電子の上に重ねて乗せるわけにはいかない.（電子でも，ほかのどんな粒子でも，そのスピンが1/2のときには，それがとりうる方向は二つだけであることを憶えていることと思う.）第3の電子は，他の二つによって占められている場所に近づくことはできないのである．したがって，それは，核からもっと遠く離れた図(c)に示されているような特殊な条件をみたしている別の状態にはいらざるをえないことになる.（実際には3個の電子はみな同種粒子なのであるから，ここでの話はかなり大雑把なものである．本当はどの電子がどれであるかを区別することができないのであるから，ここでの描像は近似的なものにすぎない.）

ここで，異なる原子が異なる化学的性質をもつ理由を考えることにしよう．リチウムのなかの第3の電子は，遠く離れて外側にあるので，それは比較的ゆるく結合している．ヘリウムから1個の電子を除くよりも，リチウムから1個の電子をとり除くほうがずっと容易である.（実験的には，ヘリウムをイオン化するには25ボルトいるのに，リチウムをイオン化するには5ボルトしかいらない.）このことから，リチウム原子の原子価を説明することができる．原子価の方向性は，この外側にある電子の波動の形と関係をもっている．しかしいまはこの問題には立ちいらないことにする．それでもすでにこれまでの話で，いわゆる**排他律**——正確に同じ状態(スピンをも含めて)に，2個の電子を発見することはできないという法則——の重要性を理解することはできよう．

また，排他律は大きなスケールの物体が安定に保たれている原因となっている．すでに説明したように，不確定性原理のおかげで，物質中のそれぞれの原子はつぶれてしまうことはない．しかし，なぜ2個の水素原子をいくらでも密に詰めこむことができないのか——なぜまわりの大きな電子の雲にとりかこまれている陽子をみな接近させることができないのか——ということは，この原理では説明できない．その解答はもちろん——反対方向のスピンをもつ——電子は大雑把にいって，同一の場所に2個しか存在しえないために，水素原子はおたがいに離れたままになっていなくてはならないからであるということである．したがって，大きなスケールの物体の安定性は，まったく電子のフェルミ粒子としての性質のたまものなのである．

2個の原子の外側にある2個の電子が反対向きのスピンをもっているときには，もちろんそれらの電子はたがいに近づくことができる．事実，こうして化学結合がおきるのである．近くにある2個の原子は，一般にそれらの原子の間に1個の電子が存在するときに，最低のエネルギーをもつことが分る．この原子間の力の原因は，まん中にある電子が2個の正電荷をもつ核をひきつける一種の電気的引力にある．2個の核の間に2個の電子をおくことも，それらのスピンが反対向きになっている限り，多かれ少なかれ可能である．もっとも強い化学結合

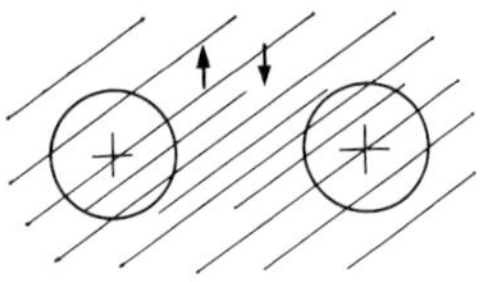

図 4-13　水素分子

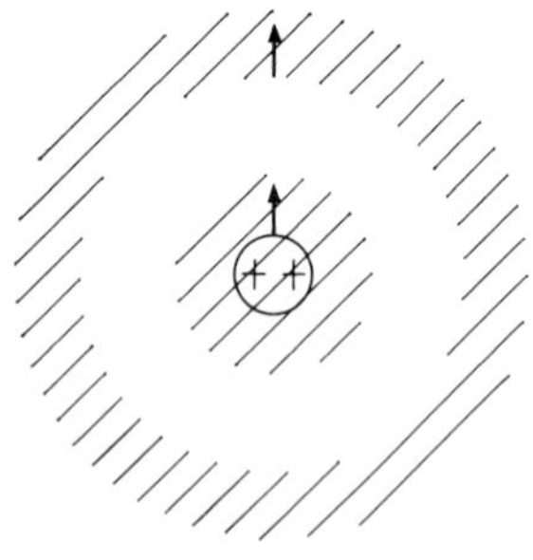

図 4-14　1個の電子が高いエネルギーの状態にあるときのヘリウム

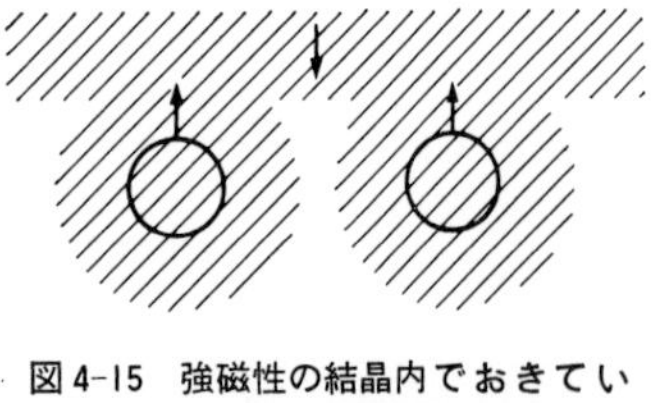

図 4-15　強磁性の結晶内でおきているらしい機構　伝導電子が対になっていない内部電子と反平行になっている

は，こうしておきるのである．そして，これよりも強い結合は存在しない．なぜかというと，排他律によって，原子間の空間に2個以上の電子が存在することは許されないからである．水素分子はいずれにせよ図4-13に示すようなものであることが期待される．

排他律のもたらすもう一つの別の結果を述べておこう．諸君も憶えているように，ヘリウム原子の中の2個の電子が核の近くにあるときには，必然的にそれらのスピンは反対向きになっていなければならない．そこで，その両方の電子が同方向のスピンをもつように，それらを並べ換えたとしよう——スピンを同じ方向に並べようとするには，想像を絶するような強磁場をかけると考えればよい．しかしそうすると，2個の電子は空間的に同じ状態を占めることはできない．このとき図4-14に示してあるように，電子のうちの1個は幾何学的に異なった位置をとる必要がある．ところで，核から離れたところに位置する電子は，より小さい結合エネルギーをもっている．したがってこのとき，全原子のもつエネルギーはほんの少しばかり高くなる．言い換えると，スピン反対向きのときのほうが，全体としてより強い引力のもとにあるわけである．

つまり，電子がたがいに接近しているとき，それらのスピンを反対向きにしようとする明確かつ巨大な力が作用しているのである．2個の電子が同じ場所を占めようとすると，それらのスピンを反対向きに並ばそうとするきわめて強い傾向が現われる．2個のスピンをたがいに反対向きに向けようとするこの明確な力は，電子のもつ磁気モーメント間にはたらく小さな力よりもずっと強力なものである．諸君も記憶していると思うが，強磁性のことを話したとき，不思議なことに，異なる原子内の電子はなぜか平行に並ぼうとするのであった．現在でもまだその定量的な説明はなされていないけれども，その原因は，原子の芯の部分にある電子が，結晶全体にわたって自由に動きまわっている外側の電子と排他律を通じて相互作用することにあるものと信じられている．つまり，この相互作用が原因となって，自由電子のスピンの方向は内部の電子のスピンの方向と反対向きになる．ところが，自由電子と内部の原子内の電子のスピンが反対向きになるためには，図4-15に示されているように，すべての内部の電子のスピンが同じ方向になっていなければならない．強磁性の原因であるスピンを同方向に整列させる強い力をおこすのは，自由電子を通して間接的に作用する排他律の効果であるというのは，大いにありそうなことである．

ここでさらにもう一つ，排他律の影響によっておきる例をあげておこう．ずっと前にもいったことがあるように，中性子と中性子，陽子と陽子，陽子と中性子間にはたらく核力の大きさはみな同じである．それなら，2個の陽子，または2個の中性子だけからできている核が存在しないのに，なぜ重陽子だけはつくることができるのだろうか．実際，重陽子は220万ボルトものエネルギーで結合しているのに，原子量2のヘリウムの同位元素たるべき1対の陽子間にはそのような結合エネルギーはない．そのような核は存在しない．2個の陽子の組み合わせが束縛状態をつくることはない．

その答えは次の二つの効果の結果によるものである．その第1は排他律であり，その第2は，核力がスピンの方向にかなり敏感であるという事実である．中性子と陽子間の力は引力であるが，それらのスピンの方向が平行のときのほうが，それが反対向きのときよりもいくらか強いのである．この力の相違がたまたま十分に大きいために，重陽子は中性子と陽子のスピンの方向が平行になってつくられる．それらのスピンが反対向きのときには，その引力はそれらを結合させるに十分な強さをもたないのである．中性子と陽子のスピンは，それぞれ1/2であり，それらは同方向にあるから，重陽子のスピンは1である．ところが知っての通り，2個の陽子のスピンが平行になっているときには，それらをたがいに重ね合わせておくことはできない．仮に排他律がないとすれば，2個の陽子は結合されるはずである．それらは，同じ場所に同じスピンをもって存在することはできないために，He^2の核は存在しないのである．2個の陽子が反対向きのスピンをもつことは可能であるが，そうするとこんどは，安定な核をつくるに足る力が存在しない．つまり，反対向きのスピンに対する核力は弱すぎて，1対の核子を結合させることができないというわけである．反対向きのスピンをもつ中性子や陽子間にはたらく引力を調べるには，それらの散乱の実験をおこなえばよい．これに似た散乱の実験を，平行のスピンをもつ2個の陽子の場合におこなうと，たしかに引力が作用していることがわかる．したがって，重陽子が存在し，He^2が存在しえない理由を説明してくれるのは排他律なのである．

第5章 スピン1

5-1 シュテルン-ゲルラッハの装置による原子の分離

この章から——量子力学的現象を完全に量子力学的手法によって記述しようとしているという意味で——量子力学そのものを始めることにする．古典力学との関連をつけようとして，何かいいわけをしたり，そのような試みをしたりすることは一切しない．つまり，何か新しいことを新しい言葉を用いて話そうというのである．これから述べようとしている問題は，**スピンが1**の粒子の場合のいわゆる角運動量の量子化の性質に関する問題である．しかし，“角運動量”とかその他の古典力学的な概念を，これから後いつまでも利用しようと思っているわけではない．この特殊な例をここで選んだのは，それがもっとも簡単な例というわけではないにしても，ともかく比較的簡単な例だからである．それは適度に複雑であって，どのような量子力学的現象を記述する場合にも一般化できるような典型的な例としてあげることのできるものである．したがって，特殊な例題を扱っているのではあるが，ここで述べるすべての法則はただちに一般化することができ，その一般化をおこなうことによって，量子力学的記述の一般的性格の理解が可能になるのである．まず，シュテルン-ゲルラッハの実験において，原子のビームが三つの別々のビームに分裂する現象から話を始める．

憶えていると思うが，先のとがった磁石によってつくられた一様ではない磁場のなかを，粒子のビームを通過させると，そのビームは多くのビームに分裂する——そして，その数は原子の種類とその状態に依存している．ここでは，3個のビームに分裂するような原子の場合を考え，そのような粒子をスピン1の粒子とよぶ．5個のビーム，7個のビーム，2個のビーム等に分裂する場合については，諸君は自分でやることができる——それは，すべてをそのままコピーすればよいのであって，ここで三つの項のあるところを，ただ5個，7個等々にしさえすればよいのである．

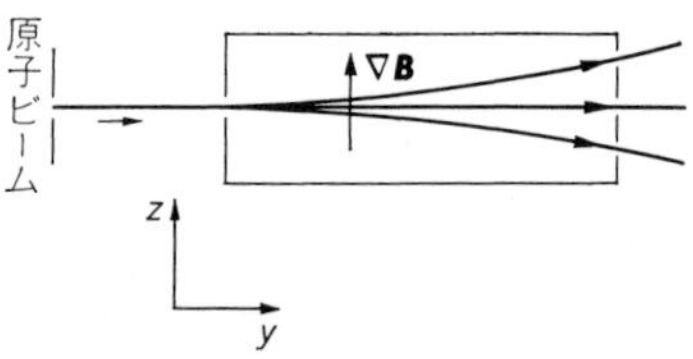

図5-1 シュテルン-ゲルラッハの実験において，スピン1の原子のビームが三つに分裂する

図5-1に模式的に描かれている装置を考えよう．何個かのスリットを通して，原子(または任意の種類の粒子)の方向を調えてから，それを一様でない場の中を通過させる．いま仮に，ビームはy方向に運動し，磁場とその勾配はどちらもz方向を向いているとすると，そのビームは図に示されているように，横からみて垂直方向に3個のビームに分裂する．このとき装置の出口の端に小さな計数管をおいておけば，3個のうちのどれか一つのビームの粒子数の割合をカウントすること

ができる．あるいはまた，3個のビームのうちの二つをさえぎって，3番目のビームだけをそのまま通過させることもできるわけである．

いま図5-2に示すように，下の二つのビームをさえぎり，一番上のビームだけをそのまま通し，それを第2の同種のシュテルン-ゲルラッハの装置に送りこむ．するとどういうことになるだろうか．第2の装置の中には3個のビームは存在して**いない**．一番上の1個のビームがあるだけである†．第2の装置は第1の装置の延長にすぎないと考えれば，これは当然予期されることである．上の方向に押しあげられた粒子は，第2の磁石のなかでも上に押しあげられつづける．

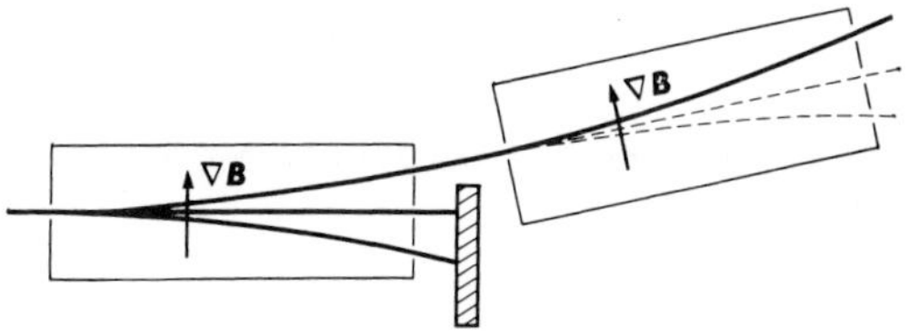

図5-2　3個のビームの中の一つのビームの原子が2番目の装置に送りこまれる

このとき，第1の装置により“純粋化”された物体のビーム——一様でない特殊な場のなかで上方に曲げられた原子からなるビーム——がつくられたことが分る．はじめのシュテルン-ゲルラッハの装置にはいってきたときには，原子は三つの“寄せ集め”であり，その3種の原子はその中で異なった軌道をとる．その寄せ集めの中の一つを除くすべてを除去してしまうことによって，同種の別の装置内での未来の行動が決定され，また予知できるような1個のビームをつくることができたわけである．これを**ろ過された**ビーム，あるいは**偏った**ビーム，またはすべての原子がある一つの**決った状態**にあることが分っているビームとよぶことにする．

これから後の議論のためには，シュテルン-ゲルラッハ型の装置をいくらか変更したものを考えたほうがもっと便利である．その装置はちょっと見ると前よりも複雑になったようにみえるが，この方がすべての議論をより簡単にしてくれるのである．いずれにしても，これは“思考実験”にすぎないのであるから，設備を複雑なものにする必要はない．（なお，これから述べる実験をこれまでに，ここでやるようにやった人はだれもいない．しかし，量子力学の法則のおかげで，どういうことが**おきるか**が分っているのである．もちろん，その量子力学の法則は他の似たような実験にもとづいて形成されたのではあるが．実際に行われたそれらの実験は，初めての人にとっては分りにくいものである．それで，理想化された——しかし，可能な——実験について述べようというわけである．）

図5-3(a)は，これから利用しようとしている“変更されたシュテル

† 偏りの角度は非常に小さいものと仮定している．

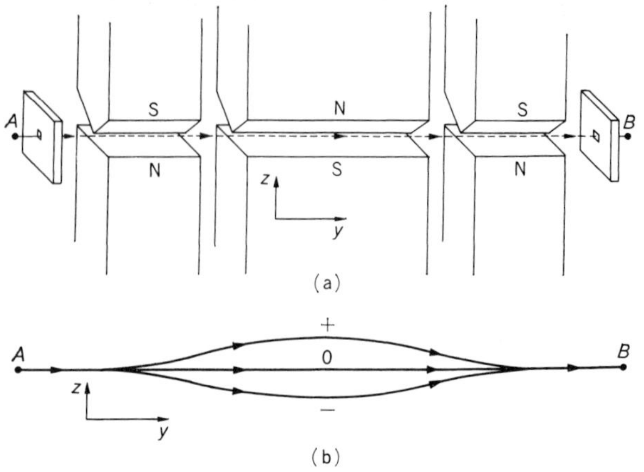

図 5-3 (a) シュテルン-ゲルラッハの装置の仮想的な変更 (b) スピン1の原子の通る道筋

ン-ゲルラッハの装置を示したものである．それは3個の一連の磁場の勾配の大きい磁石から成っているものである．第1のもの(左側のもの)は普通のシュテルン-ゲルラッハの磁石そのものであり，これはスピン1の粒子からなる入射ビームを3個の別々のビームに分裂させる．第2の磁石は第1のものと同じ断面をもつものであるが，その長さが2倍もあり，**そして**磁場の方向が磁石1の磁場と反対向きになっている．第2の磁石は，原子の磁石を反対向きに押しもどして，その道筋を軸の方向に逆に曲げるのである．下の図は，その軌道を示したものである．第3の磁石は，第1の磁石とまったく同じものであって，三つのビームは再びもとのように一緒になって，軸にそって出口の孔から出てゆく．最後に，Aのところにある孔の前には，静止状態から出発した原子をつかまえることのできる機構があり，また出口の孔のうしろのBには，原子をBで静止状態にもどす減速機構があると考えることにする．これは別に本質的なことではないが，これからの解析で，原子が出てくるときの運動の効果を考慮することを必要とせず，スピンに関係していることだけに話を集中できるようにするためである．この“改良された”装置の目的のすべては，あらゆる粒子を同一の場所にゼロ・スピードでもっていこうということである．

さて，図5-2のような実験をしようと思えば，図5-4に示されているように，装置のまんなかに二つのビームをさえぎる板をおいて，ろ過された1本のビームをつくればよいわけである．その偏った原子を

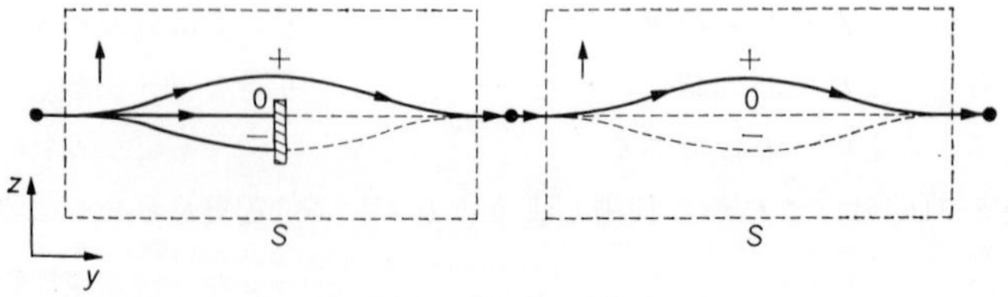

図 5-4　1個のフィルターとして“改良”されたシュテルン-ゲルラッハの装置

2番目の同じ装置に導き入れると，すべての原子は上側の道筋をとることになる．このことは，第2のSフィルターのなかの色々なビームの通る道筋の途中に同じ様な板をおいて，そこを粒子が通るかどうかを調べれば分るわけである．

第1の装置にSという名前をつけておこう．(これからあらゆる種類の組み合わせをとろうとしているので，ものごとを明確にしておくには何か記号をつけておく必要がある．) Sのなかで一番上の道筋をとる原子は，“Sに関してプラス状態”にあるといい，またまんなかの道筋をとるものは“Sに関してゼロ状態”にあり，一番下の道筋をとるものは“Sに関してマイナス状態”にあるということにする．(もっと普通の言葉では，角運動量のz成分が$+1\hbar$, 0 および$-1\hbar$であるというのだが，いまはこの言葉は用いない．) さて，図5-4では，第2の装置は第1の装置とまったく同方向を向いている．したがって，ろ過された原子は全部上の道筋をとることになる．あるいは，第1の装置の中で上と下のビームをさえぎってしまい，ゼロ状態のものだけを通過させると，ろ過された原子はみんな第2の装置のまんなかの道筋を通り抜けることになる．そして，第1の装置のなかで一番下のビーム以外のすべてのビームをさえぎってしまうと，第2の装置のなかでは，下のビームだけがあるということになる．どの場合にしても，第1の装置はS(+, 0, あるいは−)に関して**純粋**状態にあるろ過されたビームをつくったということができる．そして，第2の同じ装置を通過させることによって，原子に対してどの状態が実現されているかをテストすることができるわけである．

第2の装置を——第1の装置に対してやったように，その内部にマスクをおくことによって——特定の状態の原子だけを通すように作ることもできる．そうすると，一番向うの出口からどんなものが出てくるかを調べることにより，入射ビームの状態をテストすることができる．例えば，第2の装置のなかで二つの下の道筋を‘しゃへい’したとすれば，100%の原子がそのまま通り抜けるだろうし，上の道筋を‘しゃへい’すれば，何も出てこないだろう．

この種の議論をより容易にするために，改良されたシュテルン-ゲルラッハの装置の一つを表わすための省略記号を発明しておこう．その記号を

$$\begin{Bmatrix} + \\ 0 \\ - \end{Bmatrix}_{S} \tag{5.1}$$

とし，これは一つの装置全体を表わすものとする．(これは，量子力学でこれまで用いられてきている記号では**ない**．この章のために発明されたものである．これは単に，図5-3の装置を省略してかいた図そのものにすぎないのである．) これからたくさんの装置を同時に，かつ色々な方向を向けて利用しようと思っているので，それぞれの記号

の下に文字を書いてそれらを区別することにする．したがって，(5.1)の記号は装置 S を表わしている．内部のビームの一つ，またはそれ以上のビームをさえぎるときには，どのビームがさえぎられるかを示す縦棒を書いてそれを表わすことにする．例えば

$$\underset{S}{\left\{\begin{array}{cc} + & \\ 0 & \blacksquare \\ - & \blacksquare \end{array}\right\}} \tag{5.2}$$

のように書くのである．これから用いる色々な可能な組み合わせを示したのが図 5-5 である．

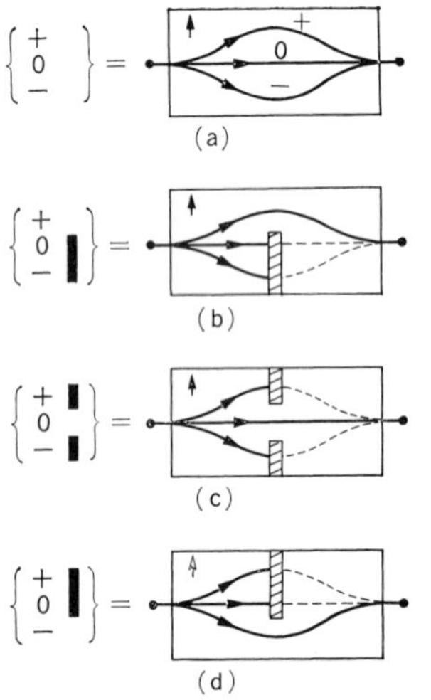

図 5-5　シュテルン-ゲルラッハ型のフィルターに対する特殊な省略記号

2個のフィルターがつづいておかれているときには(図 5-4 のときのように)，次のように2個の記号を並べておくことにする．

$$\underset{S}{\left\{\begin{array}{cc} + & \\ 0 & \blacksquare \\ - & \blacksquare \end{array}\right\}}\quad\underset{S}{\left\{\begin{array}{c} + \\ 0 \\ - \end{array}\right\}}. \tag{5.3}$$

このような構成の場合には，第1のものを通り抜けたものはみな第2のものを通り抜ける．このとき，第2の装置の“ゼロ”と“マイナス”の通路をふさぐと，

$$\underset{S}{\left\{\begin{array}{cc} + & \\ 0 & \blacksquare \\ - & \blacksquare \end{array}\right\}}\quad\underset{S}{\left\{\begin{array}{cc} + & \\ 0 & \blacksquare \\ - & \blacksquare \end{array}\right\}} \tag{5.4}$$

となるが，たとえこうしても 100% の原子が第2の装置を通過する．一方もし

$$\underset{S}{\left\{\begin{array}{cc} + & \\ 0 & \blacksquare \\ - & \blacksquare \end{array}\right\}}\quad\underset{S}{\left\{\begin{array}{cc} + & \blacksquare \\ 0 & \blacksquare \\ - & \end{array}\right\}} \tag{5.5}$$

であれば，終端の出口には何も出てこない．同様に

$$\underset{S}{\left\{\begin{array}{cc} + & \blacksquare \\ 0 & \blacksquare \\ - & \end{array}\right\}}\quad\underset{S}{\left\{\begin{array}{cc} + & \\ 0 & \blacksquare \\ - & \blacksquare \end{array}\right\}} \tag{5.6}$$

のときにも何も出てこない．一方，

$$\underset{S}{\left\{\begin{array}{cc} + & \blacksquare \\ 0 & \blacksquare \\ - & \end{array}\right\}}\quad\underset{S}{\left\{\begin{array}{cc} + & \blacksquare \\ 0 & \blacksquare \\ - & \end{array}\right\}} \tag{5.7}$$

は単独の

$$\underset{S}{\left\{\begin{array}{cc} + & \blacksquare \\ 0 & \blacksquare \\ - & \end{array}\right\}}$$

と同等である．

ここでこれらの実験を量子力学的に記述することを考えよう．1個の原子が図5-5(b)の装置を通り抜けると，その原子は$(+S)$状態にあり，(c)を通り抜けると$(0\,S)$状態，(d)を通り抜けると$(-S)$状態にあるということにする†．このとき，状態aにある原子がある装置を通り抜けてb状態になる**振幅**を$\langle b|a\rangle$と書くことにする．すると，$\langle b|a\rangle$は状態a**にある**原子が状態b**に転移する**振幅であるということができる．実験(5.4)は

$$\langle +S\,|\,+S\,\rangle = 1$$

を与えるが，(5.5)は

$$\langle -S\,|\,+S\,\rangle = 0$$

を与える．同様に(5.6)の結果は

$$\langle +S\,|\,-S\,\rangle = 0$$

であり，(5.7)のは

$$\langle -S\,|\,-S\,\rangle = 1$$

である．

“純粋”状態——すなわち，1個の通路だけがあいている場合——だけを扱っている限りは，そのような振幅は9個存在し，それらを次の表で書き表わすことができる．すなわち，

へ ＼ から	$+S$	$0\,S$	$-S$
$+S$	1	0	0
$0\,S$	0	1	0
$-S$	0	0	1

(5.8)

この9個の数の配列は——**行列**とよばれており——これまで述べてきた現象をまとめたものである．

5-2　ろ過された原子を用いた実験

ここで大きな問題がでてくる．それは，第2の装置を違った角度に傾け，そのためにその場の軸の方向が第1の場の軸の方向ともはや平行でなくなったときには，どうなるか，という問題である．第2の装置は傾けることができるだけではなく，別の方向に向けることもできる——例えば，その方向を元の方向と直角にして，ビームをそらせてしまうこともできるのである．はじめは話をやさしくするために，図5-6に示されているように，第2のシュテルン-ゲルラッハの装置をy軸のまわりに，ある角度αだけ傾けた配列をとったときについて考えることにしよう．この第2の装置をTとよぶことにする．そこでいま，次のような実験を構成したとする．

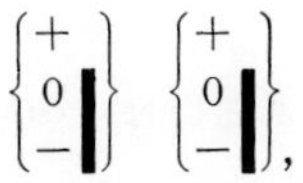

S　　T

† $(+S)$は“プラスS”，$(0\,S)$は“ゼロS”，$(-S)$は“マイナスS”とよむ．

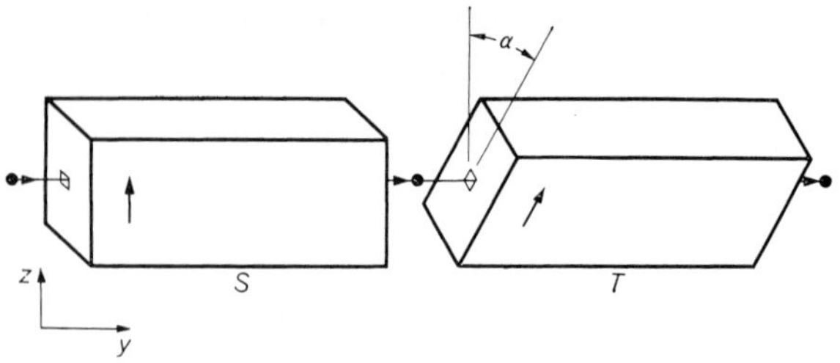

図 5-6　直列においた2個のシュテルン-ゲルラッハ型のフィルター；第2のフィルターは第1のものに関して角 α だけ傾いている

あるいはまた次の実験をする．

$$\underset{S}{\left\{\begin{matrix}+\\ 0\ \blacksquare\\ -\ \blacksquare\end{matrix}\right\}}\quad \underset{T}{\left\{\begin{matrix}+\ \blacksquare\\ 0\\ -\ \blacksquare\end{matrix}\right\}}.$$

これらの場合には，終端に何が出てくるであろうか．

その答えは次の通りである．すなわち，原子が S に関してある決った状態にあるとき，それは T に関する同一の状態には**ない**——つまり，$(+S)$ 状態はまた $(+T)$ 状態には**ない**——ということである．しかしながら，$(+T)$ 状態に——あるいは $(0\,T)$ 状態か，$(-T)$ 状態に——その原子を発見する**振幅**は**存在する**．

換言すれば，その原子がある決った状態にあることを注意深く確かめれば確かめるほど，それが別の違った角度に傾けられた装置を通り抜けるときに，いわゆる自分自身の方向の“向き変え”をしなければならないということである．その原子がどっちの方向に向きを変えるかは，偶然——この偶然であることを忘れてはならない——によって決るのである．1度にたった1個の原子だけを通り抜けさせることもできる．このときには，その原子が通り抜ける確率はいくらかという質問しかできない．S を通り抜けた原子のあるものは $(+T)$ 状態に終るであろうし，あるものは $(0\,T)$ に，あるものは $(-T)$ 状態に終る——すべてが別々の異なる見込みで．これらの見込みは，複素数で表わされる振幅の絶対値の2乗を求めることにより計算することができる．したがって，欲しいのはこれらの振幅を求めるための何らかの数学的方法，あるいは量子力学的記述法であるということになる．知る必要のあるものは

$$\langle -T\,|\,+S\rangle$$

のようなたぐいの量である．ここで，$\langle -T|+S\rangle$ とは，はじめ $(+S)$ 状態にあった原子が $(-T)$ 状態に転移する振幅(これは T と S とがたがいに平行にならんでさえいなければ0では**ない**)を意味している．このほかに

$$\langle +T\,|\,0\,S\rangle,\ \text{あるいは}\ \langle 0\,T\,|\,-S\rangle\ \ \text{等}$$

のような振幅も存在する．事実，そのような振幅は9個あり——それは別のもう一つの行列をつくっている——粒子の理論というのは，その計算法を与えるものでなければならないのである．ちょうど $F=ma$

が古典的粒子に何がおきるかを，いかなる状況のもとにおいても計算する方法を与えるように，量子力学の法則は，1個の粒子がある特定の装置を通り抜ける振幅の決定を許すものでなければならない．このとき，中心問題は——任意の与えられた傾きの角度αに対して，あるいは実際にはいかなる方向の場合にも——9個の振幅

$$\begin{array}{lll}\langle +T\,|\,+S\rangle, & \langle +T\,|\,0\,S\rangle, & \langle +T\,|\,-S\rangle, \\ \langle\, 0\,T\,|\,+S\rangle, & \langle\, 0\,T\,|\,0\,S\rangle, & \langle\, 0\,T\,|\,-S\rangle, \\ \langle -T\,|\,+S\rangle, & \langle -T\,|\,0\,S\rangle, & \langle -T\,|\,-S\rangle \end{array} \qquad (5.9)$$

を計算することであるということになる．

ところがすでに，これらの振幅の間に存在するある関係については，それを計算することができるのである．まず第1に，その定義から，振幅の絶対値の2乗

$$|\langle +T\,|\,+S\rangle|^2$$

は，$(+S)$状態にある原子が$(+T)$状態にはいる**確率**である．このような2乗になっている量は，それと同等な

$$\langle +T\,|\,+S\rangle\langle +T\,|\,+S\rangle^*$$

で表わしておくほうが便利なことがある．同じ記法を用いると，数値

$$\langle 0\,T\,|\,+S\rangle\langle 0\,T\,|\,+S\rangle^*$$

は，$(+S)$状態にある粒子が$(0\,T)$状態にはいる確率であり，また

$$\langle -T\,|\,+S\rangle\langle -T\,|\,+S\rangle^*$$

は，$(+S)$状態が$(-T)$状態にはいる確率を表わしている．ところで，われわれの装置の作り方からいって，T装置にはいってくる原子はどれも，T装置の三つの状態のうちの**どれか**一つにかならず発見されなくてはならないわけである——与えられた原子のゆくところは，ほかにはどこにもない．したがって，いま書いた3個の確率の和は100%に等しくなければならないことになる．そこで次の関係がえられる．

$$\langle +T\,|\,+S\rangle\langle +T\,|\,+S\rangle^*+\langle 0\,T\,|\,+S\rangle\langle 0\,T\,|\,+S\rangle^* \\ +\langle -T\,|\,+S\rangle\langle -T\,|\,+S\rangle^* = 1. \qquad (5.10)$$

もちろん，このほかにもう二つの，$(0\,S)$状態または$(-S)$状態から出発したときにえられる，このような方程式が存在する．しかし，それはみな簡単にえられるものであるから，あるほかの一般的な問題に話を移すことにする．

5-3 一連のシュテルン-ゲルラッハのフィルター

ここに一つ，おもしろい問題がある．原子がろ過されて$(+S)$状態になったとする．それからそれを，2番目のフィルターでろ過して，例えば$(0\,T)$状態にし，そして**さらにもう一つの**Sフィルターにかける．(最初のSフィルターと区別するために，最後のフィルターをS'と書くことにしよう．) このとき，原子は自分がまえに$(+S)$状態にあったことを記憶しているであろうか．いいかえると，次のような実験をするのである．

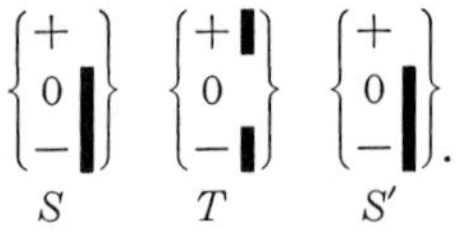

(5. 11)

ここで知りたいことは，T を通り抜けたものはすべて S' をも通り抜けるかどうかということである．結論から先にいえば，**そうはならない**．ひとたび T によってろ過されてしまったら，T にはいるとき $(+S)$ 状態にあったことを，原子はまるで**記憶していない**のである．(5. 11)の2番目の S 装置は，最初のものと正確に同じ方向を向いていることに注意すると，それはやはり S 型のフィルターである．S' によってろ過された状態は，もちろんやはり $(+S)$, $(0\,S)$ および $(-S)$ の状態である．

大事な点は次のことである．***T* フィルターが1本のビームだけを通すとき**，2番目の S フィルターを通り抜ける**割合**は T フィルターの設定の仕方にだけ依存し，それ以前のものには全く無関係であるということである．同一の原子がまえに S フィルターによって選りわけられたことがあるという事実は，それらがさらにもういちど T 装置によって純粋なビームに選りわけられた後に起きることには何の影響も与えないのである．そのあとでつづいてフィルターにかけたときに，色々な状態にはいる確率は，T 装置にはいる前に原子がどうなっていようとも同じなのである．

1例として，(5. 11)の実験を次の実験と比較してみよう．

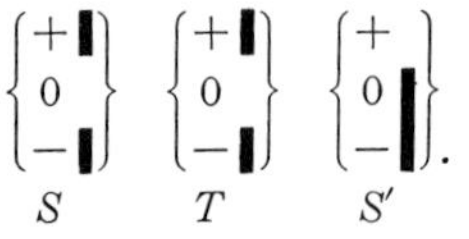

(5. 12)

この場合，最初の S が変わっているだけである．仮に，(S と T の間の)角 α は，T を通り抜けた原子のうちの 1/3 がまた S' をも通り抜けるような角度であるとする．(5. 12)の実験では，一般には T を通ってくる原子の数は(5. 11)の場合とは違っているけれども，T を通り抜けたもののうちの**同じ割合**——つまり 1/3 ——が S' をも通り抜けるのである．

諸君がこれまでに学んできたことから，原子が T から出てきて，任意の特殊な S' を通り抜ける割合が T と S' にのみ依存していて，それ以前におきたことには全く関係しないことを，実際に示してみることができる．そこで，(5. 12)の実験を

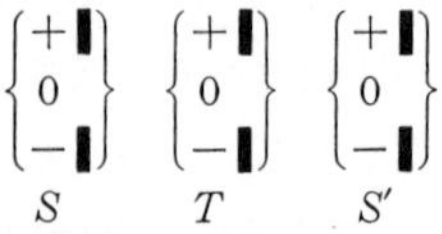

(5. 13)

と比較してみよう．S から出てきた1個の原子が T と S' の両方を通り抜ける振幅は，(5. 12)の実験の場合には

$$\langle +S|0\,T\rangle\langle 0\,T|0\,S\rangle$$

である．これに対応する確率は次式で与えられる．

$$|\langle +S|0\,T\rangle\langle 0\,T|0\,S\rangle|^2 = |\langle +S|0\,T\rangle|^2|\langle 0\,T|0\,S\rangle|^2.$$

(5.13)の実験に対する確率は

$$|\langle 0\,S|0\,T\rangle\langle 0\,T|0\,S\rangle|^2 = |\langle 0\,S|0\,T\rangle|^2|\langle 0\,T|0\,S\rangle|^2$$

である．その比は

$$\frac{|\langle 0\,S|0\,T\rangle|^2}{|\langle +S|0\,T\rangle|^2}$$

であって，これは T と S' のみにより，$(+S)$，$(0\,S)$ または $(-S)$ のうちのどのビームが S によって選別されたかということには全く関係しない．(絶対値そのものは，どれだけの量が T を通り抜けたかによって大きくなったり，小さくなったりする．) 原子が S' に関して，プラス状態またはマイナス状態になる確率を比較したり，あるいはゼロ状態またはマイナス状態になる確率の比をとっても，もちろん上と同じ結果がえられる．

実際，これらの比はどのビームが T を通過することを許されているかにのみ関係していて，最初の S フィルターによってなされた選択には依存しないのであるから，最後の装置が S フィルターでなくても同じ結果になることは明らかである．仮に第3の装置——これを R とよぶことにする——として，T に関してある任意の角度だけ回転したものを用いたとすると，$|\langle 0R|0T\rangle|^2/|\langle +R|0T\rangle|^2$ のような比は，最初のフィルター S がどのビームを通過させたかには無関係である．

5-4 基本状態

以下に述べる結果は，量子力学の基本原理のうちの一つとしてあげられるものである．すなわち，一つのろ過の過程を通すことによって，任意の原子系を**基本状態**と名づけられるある一組の状態に分離することができる．そして，任意の単一の与えられた基本状態にある原子の未来における行動は，その基本状態の性質にのみ依存し——それは，それ以前の歴史には依存しない†．もちろん，基本状態はどういうフィルターを用いたかに関係している．例えば3個の状態 $(+T)$, $(0\,T)$ および $(-T)$ は一組の基本状態であり，また3個の状態 $(+S)$，$(0\,S)$ および $(-S)$ はもう一つの別の基本状態の組である．これらのどれも基本状態の組として合格なのであるから，基本状態の可能性はいくらでもあるわけである．

あるフィルターが“純粋な”ビームをつくり出す**よい**フィルターであると判断するに当っては，注意深くする必要がある．例えば，いま用いているシュテルン-ゲルラッハの装置では3個のビームがうまく分離されず，使用しているマスクではきれいに分離できないときには，基本状態への分離は完全なものではなくなってしまう．その装置によって純粋な基本状態になったかどうかを知るには，それから出たビー

† “基本状態”という言葉は，ここでいっている以上のことを意味するものではない．この言葉は，いかなる意味においても，“基本的”であるということを考えているのではない．基本という言葉を一つの記述の**基礎**という意味，つまり何か“**基本的**な10までの数”というような意味で用いているのである．

ムがもう一つのフィルターの中で分裂をおこすか否かをみればよい．例えば，純粋状態$(+T)$になっているときには，すべての原子が

を通り抜けるだろうし，

や

を通り抜けるものは一つもない．基本状態に関してわれわれの述べたことは，原子をある純粋状態にろ過することが**可能**であり，したがって同一の装置を用いてさらに別の基本状態にろ過することはできないということを意味している．

また，われわれがここでいっていることは，かなり理想化された状況においてのみ正確に正しいものであることを指摘しておかなくてはならない．実際のシュテルン-ゲルラッハの装置では，どんな場合にもスリットによる回折が存在することを考慮する必要がある．それは，回折によって，原子のあるものを別の角度の装置に対応する状態にしてしまう可能性があるからである．あるいはまた，ビームが内的に異なる励起状態をもつ原子を含んでいるかどうかなどについても考慮する必要がある．これまでわれわれは，ものごとの状況を理想化して，磁場のなかで分裂する3個の状態についてのみ話している．すなわち，位置，運動量，内部の励起状態とか，そのようなものを無視している．一般には，そういったものに関して分類された基本状態をも考慮する必要がある．しかし，考え方を簡単にしておくために，3個の基本状態の組だけを考えているわけである．原子が装置を通過している間に引き裂かれてしまったり，そのほかに取り扱い方が悪かったり，また原子が装置から出てくるときに止まってしまったりしないような，理想化された状況における厳密な取り扱いには，それで十分なのである．

これまでの思考実験では，いつもただ一つの通路だけが開かれているフィルターを考えているので，原子はある決った基本状態からスタートすることに気付いたと思う．線源の原子は，炉のなかで偶然おきることのために乱雑になっている．そのため，炉から出てくる原子は色々な状態(それは，いわゆる“偏りのない”ビームとよばれているものである)にあるので，このようにするのである．この乱雑さは，いま考えている量子力学的な意味における確率とは別種の――硬貨を投

げるときのような——“古典的”な種類の確率で表わされるものである．このような偏りのないビームを扱うと，余計な複雑さを追加することになるので，偏りをもつビームの性質を理解してしまうまでは，そのようなビームを扱うことは避けたほうがよい．それでここでは，**第1**の装置が1個以上のビームを通す場合に何がおきるかということについては考えないでおくことにする．(このような場合の扱い方については，この章の終わりのところで話すことにしよう．)

さて，話をもどして，一つのフィルターに対するある基本状態から，それとは別のフィルターに関するある基本状態に移るときに起きることについて考えることにしよう．こんども

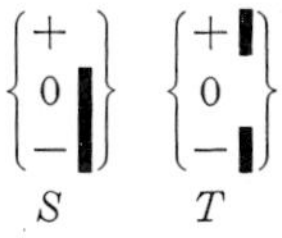

の場合から話をはじめる．この場合，Tから出てくる原子は基本状態$(0\,T)$にあり，それが以前に$(+S)$状態にあったという記憶を失ってしまっている．このことに関して，次のようにいう人があるかも知れない．すなわち，装置Tのなかで3個のビームに分離したときに，原子が“攪乱”されたために，Tを通すことによって，前にあった状態$(+S)$に関する“情報が失われ”てしまったのだと．しかし，この考えは正しくない．過去の情報が失われたのは，三つのビームに**分離**したときではなくて——次の一組の実験から分るように——その中におかれた**遮蔽物**によって失われたのである．

まず，$+S$フィルターからスタートすることにして，それを通過する原子数をNとする．それにつづいて，$0T$フィルターを通すと，このとき出てくる原子は，元の数Nの一部分であり，それを例えばαNとする．そのあとにさらに，もう1個の$+S$フィルターをおくと，終端に到達するのは，そのまた一部の$\beta\alpha N$である．これを次のようにして表わすことができる．すなわち，

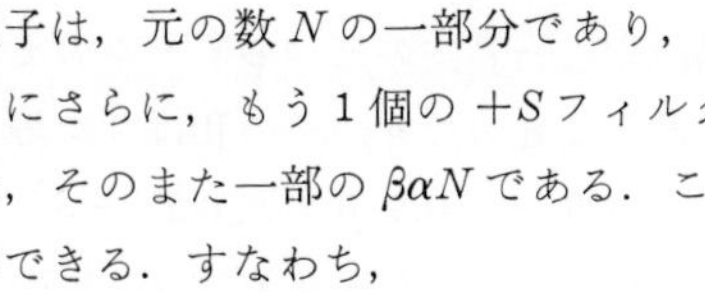
(5.14)

3番目の装置S'が別の状態，例えば$(0\,S)$状態を選別するときには，前とは違う割合，例えばγの割合が通り抜けることになる†．このとき

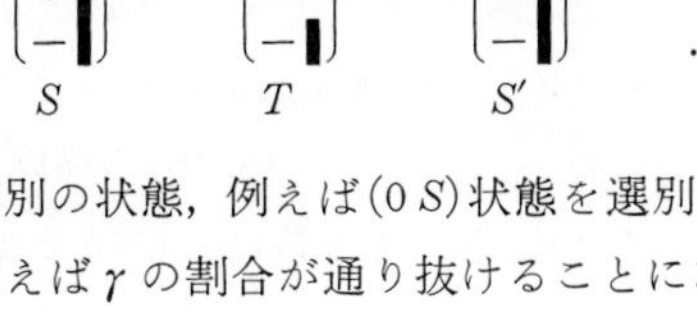
(5.15)

である．ここで，この二つの実験をもういちど繰り返したとする．ただし，Tからマスクをみんなとってしまって．すると次のような注目

† 前の記号で書くと，$\alpha=|\langle 0\,T\,|+S\rangle|^2$，$\beta=|\langle +S\,|\,0\,T\rangle|^2$，$\gamma=|\langle 0\,S\,|\,0\,T\rangle|^2$．

に価する結果がえられる．

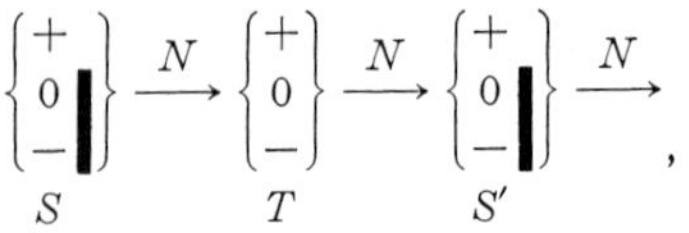

(5.16)

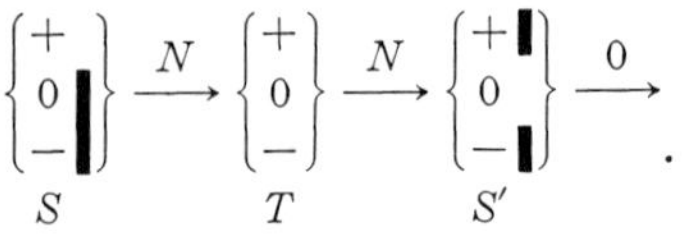

(5.17)

はじめの(5.16)の場合には，**すべての**原子がS'を通り抜けるが，第2の(5.17)のときには，原子は**1個も**通り抜けない．これは量子力学における一大法則である．自然がこういうやり方をするということは，決して自明のことではなく，ここに与えた結果は，無数の実験によって観測された量子力学的性質の，理想化されたいまの状況に対応する性質なのである．

5-5 振幅の干渉

(5.15)を(5.17)に変えたとき——つまり，**より多くの通路を開く**ことによって——**より少ない**原子しか通らないというようなことが，どうしてありうるのだろうか．これは量子力学のむかしからの深遠な神秘——振幅の干渉——を表わすものである．それは，2個のスリットによる電子の干渉の実験においてはじめてみたものと同種の現象である．そのとき，1個のスリットをあけたときよりも，両方のスリットをあけたときのほうが，ある場所ではより少数の電子しかえられないことをみたのであった．そのことが，定量的にはこのように作用しているのである．(5.17)の装置では，原子がTとS'とを通り抜ける振幅は，三つの振幅の和——T内の三つのビームのそれぞれに対する振幅の和——として書くことができ，その和は0に等しい．すなわち

$$\langle 0S|+T\rangle\langle +T|+S\rangle+\langle 0S|0T\rangle\langle 0T|+S\rangle+\langle 0S|-T\rangle\langle -T|+S\rangle=0 \quad (5.18)$$

である．それぞれの振幅はどれも0ではない——例えば，2番目の振幅の絶対値の2乗は，(5.15)にあるように，$\gamma\alpha$である——のに，その**和は0**なのである．S'を$(-S)$状態が選別されるようにしたときにも，同じ答えをうることになる．しかし，(5.16)の構成のときには，答えはそうはならない．TとS'とを通り抜ける振幅をaとすると，この場合には

$$a=\langle +S|+T\rangle\langle +T|+S\rangle+\langle +S|0T\rangle\langle 0T|+S\rangle+\langle +S|-T\rangle\langle -T|+S\rangle=1 \quad (5.19)$$

となる†．

† 本当は，実験によって結論されるのは，$a=1$ということではなくて，$|a|^2=1$ということだけである．したがって一般には，aは$e^{i\delta}$である．しかし，$\delta=0$と選んでも一般性を失わないことが示される．

(5.16)の実験では，ビームはいったんは分裂したけれども再結合をしたのである．覆水が盆に返ったのである．元々$(+S)$状態にあったという情報は——あたかもT装置が全然存在しなかったときと同様に——そのまま残されている．このことは，“広く明けられた”T装置のうしろに何をおいたときでも成り立つことである．TのうしろにRフィルター——何か変な角度をしているフィルター——をおいても，あるいはおきたければ何をおいてもよい．その答えは，最初のSフィルターから直接きた場合といつでも同じである．

したがって，マスクを広く開いたTフィルター——Tでなくても任意のフィルターでよい——は，何の変化をももたらさないという重要な原理が成立する．しかしこのとき，条件を一つ付け加えておく必要がある．広く開かれたフィルターというのは，3個のビームをみんな通すだけではなく，三つのビームに不平等な攪乱を与えては**いけない**．例えば，一つのビームの近くに強い電場をかけ，他のビームにはかけないというようなことをしてはならない．その理由は，この余計な攪乱を与えてもなお，すべての原子がフィルターを通過するとしても，振幅のうちのあるものの**位相**に変化を与えうるからである．そうすると，干渉は変化し，そのため(5.18)や(5.19)の振幅とは違うものになるからである．そこで，そんな余分な攪乱は，いつも存在しないものと仮定する．

(5.18)と(5.19)とをもっと改良された記法で書き換えておこう．3個の状態$(+T)$，$(0\,T)$または$(-T)$のうちの任意の1個をiと書くことにする．すると上の関係式は

$$\sum_{\text{all } i}\langle 0\,S\,|\,i\rangle\langle i\,|+S\rangle=0 \tag{5.20}$$

および

$$\sum_{\text{all } i}\langle +S\,|\,i\rangle\langle i\,|+S\rangle=1 \tag{5.21}$$

と書かれる．同様にして，S'を全く任意のフィルターRでおき換えた実験の場合，

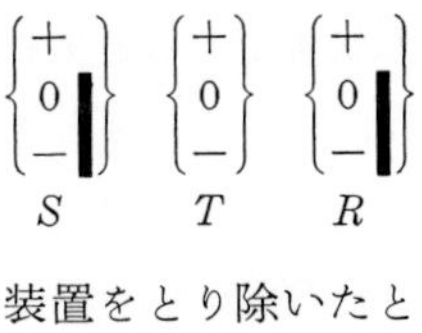

(5.22)

であり，その結果は，T装置をとり除いたとき，つまり

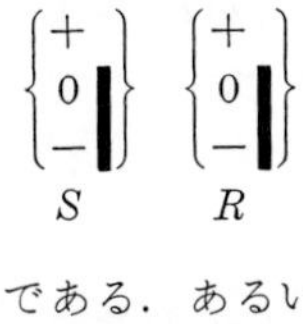

としたときとまったく同じである．あるいはこれを数式で表現すると

$$\sum_{\text{all } i}\langle +R\,|\,i\rangle\langle i\,|+S\rangle=\langle +R\,|+S\rangle \tag{5.23}$$

である．これはわれわれの基本法則であって，iが三つの基本状態を表わしている限り，どんなフィルターに対しても成立する一般的な関係式である．

諸君は，(5.22)の実験において，S と R とは T と何ら特別な関係をもっていないことに気付くと思う．さらに，これまでの議論は，S と R で選び出された状態が何であっても成立するのである．S と R によってどんな状態が選び出されたかによらない一般的な形で式を書くために，第1のフィルターによって用意された状態を ϕ(ファイ)とし，最後のフィルターによって検出された状態(いまの例の場合には $+R$)を χ(カイ)と書くことにする．このとき，(5.23)の基本法則は，次の形で表わされることになる．すなわち

$$\langle\chi|\phi\rangle=\sum_{\text{all }i}\langle\chi|i\rangle\langle i|\phi\rangle. \qquad (5.24)$$

ここで i に関する和は，ある特殊なフィルターの3個の基本状態にわたってとるものとする．

ここでふたたび，基本状態の意味するところを強調しておこう．それらは，シュテルン-ゲルラッハの装置のうちの一つによって選別されるような三つの状態である．ただし，ここに条件がある．その第1は，仮にある1個の基本状態があるとしたとき，その状態の未来は過去に依存しないということである．また，もう一つの条件は，一組の完全な基本状態系があるとき，初めの状態と終りの状態のいかんにかかわらず，(5.24)の関係が成立するということである．しかし，基本状態系として**一義的な**組が存在するというわけではない．われわれが基本状態系を考えるとき，はじめは特定の装置 T **に関する**基本状態を考えたのであるが，装置 S に関する**別の**基本状態の組をとってもよいし，R に関する基本状態系を考えてもよいのである†．そして，これらの基本状態系を“ある表示における”基本状態系とよぶ．

ある任意の特定の表示における基本状態の組に対して，もう一つ条件がある．それは，それらの基本状態がすべて完全に別のものであるということである．ここで別のものとは次の意味である．仮に$(+T)$状態があるとすると，それが$(0\,T)$または$(-T)$の状態になる振幅は存在しないということである．いま，i と j とがそれぞれある特定の組のなかの任意の二つの基本状態であるとすると，(5.18)に関連して議論した一般法則というのは，すべての i と j が等しくないとき，

$$\langle j|i\rangle=0$$

であるということである．もちろん，

$$\langle i|i\rangle=1$$

であることも分っている．この二つの式は，通常まとめて

$$\langle j|i\rangle=\delta_{ji} \qquad (5.25)$$

と書かれる．ここで δ_{ji}(“クロネッカーのデルタ”)は，$i\neq j$ のとき0，$i=j$ のときは1と定義されている記号である．

(5.25)の式は，これまで述べてきた他の法則と独立な法則であると

† 実際，3個あるいはそれ以上の基本状態をもつ原子系の場合には――シュテルン-ゲルラッハの装置とは全く違う――別の種類のフィルターが存在する．そのような装置を利用することによって，基本状態の組としては，もっと多くの選び方をすることができる．(しかし，どの組もみな**同数**の基本状態をもっている．)

いうわけではない．しかしいまは，すべての法則がその結果として導かれるような最小限の独立な公理系をみつけるという数学的な問題にとくに興味をもっているわけではない†．それでここでは，完全にして，かつ明らかに矛盾を含むことのないような法則を知れば，それで満足しておくことにする．しかし，(5.25)と(5.24)とが独立なものではないことは示すことができる．いま，(5.24)のϕが，iと同じ組のなかの基本状態の一つであるとする．例えば，それをj番目の基本状態であるとすると，

$$\langle \chi | j \rangle = \sum_i \langle \chi | i \rangle \langle i | j \rangle$$

をうる．ところが(5.25)によると，$i=j$でなければ，$\langle i|j\rangle$は0である．したがって，右辺の和は$\langle \chi|j\rangle$となり，われわれは恒等式をえたことになる．このことは，二つの法則が独立なものではないことを示している．

(5.10)と(5.19)の両方とも本当だとすると，振幅の間にはもう一つ関係が存在しなければならないことが分る．(5.10)は

$$\langle +T | +S \rangle \langle +T | +S \rangle^* + \langle 0\,T | +S \rangle \langle 0\,T | +S \rangle^* \\ + \langle -T | +S \rangle \langle -T | +S \rangle^* = 1$$

である．(5.24)でϕとχの両方とも状態$(+S)$であるとすると，左辺は$\langle +S|+S\rangle$であり，これは明らかに1に等しい．したがって，ふたたび(5.19)，

$$\langle +S | +T \rangle \langle +T | +S \rangle + \langle +S | 0\,T \rangle \langle 0\,T | +S \rangle \\ + \langle +S | -T \rangle \langle -T | +S \rangle = 1$$

をうる．これらの2個の方程式は(TとSの装置の相対的な方向がどんな角度にあっても)，

$$\langle +S | +T \rangle = \langle +T | +S \rangle^*,$$
$$\langle +S | 0\,T \rangle = \langle 0\,T | +S \rangle^*,$$
$$\langle +S | -T \rangle = \langle -T | +S \rangle^*$$

が成立するときにのみ矛盾しない．それで任意の状態ϕ, χに対して，

$$\langle \phi | \chi \rangle = \langle \chi | \phi \rangle^* \qquad (5.26)$$

であることが導かれる．もしこれが成立しなければ，確率は“保存”せず，そのために粒子の“喪失”ということがおきることになってしまう．

ここで，さきに進むまえに，振幅に関する三つの重要な一般的法則をまとめておこう．その法則というのは，(5.24)，(5.25)および(5.26)である．すなわち，

$$\text{I} \quad \langle j | i \rangle = \delta_{ji},$$
$$\text{II} \quad \langle \chi | \phi \rangle = \sum_{\text{all } i} \langle \chi | i \rangle \langle i | \phi \rangle, \qquad (5.27)$$
$$\text{III} \quad \langle \phi | \chi \rangle = \langle \chi | \phi \rangle^*.$$

† 不要かつ余計な**真理**などにかまうな！

これらの関係式で，i と j とは，ある**一つの**表示における**すべての**基本状態を表わしている．ところが ϕ と χ とは，原子の任意の可能な状態を表わすものである．IIは，体系の**すべての**基本状態(いまの場合は三つの状態，$+T$, $0\,T$, $-T$)上の和をとったときにのみ成立するものであることに注意されたい．このことは大事なことである．上の法則では，基本状態系として何を選ぶべきであるかということに関しては何もいっていない．われわれは話をはじめるに当って，ある任意の方向をもつシュテルン-ゲルラッハの実験として T 装置を用いたけれども，それは他の任意の方向をもつもの，例えば W であってもよいのである．そのときには，i や j として用いる状態は前とは別の組に属するものとなるが，そのときでも上の法則はどれも成立する――つまり，別に一義的な組などというものは存在しないのである．ものごとを唯一の方法でなく，色々な方法で計算できるという事実をうまく利用することは，量子力学のゲームにおける一大戦法なのである．

5-6　量子力学のからくり

ここで，上の法則が役に立つ理由を説明しておこう．いま与えられた状態にある(ということは，原子がある方法で調整されたということである)原子が存在するものとし，それがある実験のもとでどうなるかを知りたいものとする．いいかえると，原子が状態 ϕ からスタートして，状態 χ にある原子だけを受けつけるようなある装置を通り抜ける**見込み**がどれだけかを知りたいものとする．上の法則を用いることによって，次のことがいえる．この装置は3個の複素数 $\langle\chi|i\rangle$，すなわち，各基本状態が状態 χ にある振幅によって完全に記述される．一方，原子の状態も3個の数 $\langle i|\phi\rangle$ を与えることによって記述しておく．すなわち，原子がもとの状態 ϕ にあるとき，それを3個の基本状態に発見する振幅によって表わしておく．すると，原子をその装置にもちこんだとき，それがどうなるかを知ることができるのである．この考え方は重要である．

もう一つの別の説明の仕方をしてみよう．次のような問題を考えてみる．すなわち，まず S という装置があり，その次に何かごちゃごちゃしたガラクタがあり，それを A とよぶことにする．それから R 装置がくる――つまり，こんな具合になっているとする．

$$\underset{S}{\begin{Bmatrix}+\\ 0\ \blacksquare\\ -\ \blacksquare\end{Bmatrix}}\quad\begin{Bmatrix}\\ A\\ \\\end{Bmatrix}\quad\underset{R}{\begin{Bmatrix}+\ \blacksquare\\ 0\\ -\ \blacksquare\end{Bmatrix}}. \tag{5.28}$$

ここで A とは，いくつかのマスク，あるいは半分のマスクをもち，特異な方向を向いていて，へんちくりんな電場や磁場がかかっていて，置けるものはほとんど何でもおいたシュテルン-ゲルラッハの装置の複雑怪奇な配列のことである．(実際に，そんな装置を**組み立てる**苦労をする必要はない――思考実験をしたらよいのである．) このとき，問題は次の通りである．状態$(+S)$でAの地区にはいってくる粒子は，いかなる振幅をもって，Aから出てきて，最後のRフィルターを状態$(0\,R)$になって通り抜けるか．このような振幅に対しては正規の記法があって，それは

$$\langle 0\,R\,|A|\,+S\rangle$$

と表わされる．いつもと同じように，これは(ヘブライ語のように)右から左へ読むことになっている．すなわち，

〈おわり |途中| はじめ〉

となっているのである．たまたまAが何もしない――つまり，開いた通路になっている――ときには，

$$\langle 0\,R\,|1|\,+S\rangle=\langle 0\,R\,|\,+S\rangle \qquad (5.29)$$

と書く．(5.29)の両辺の記号は同等のものである．もっと一般的な問題の場合には，$(+S)$は一般の初状態ϕで，また$(0\,R)$は一般の終状態χでおきかえられ，このときに知りたいのは，振幅

$$\langle \chi\,|A|\,\phi\rangle$$

であるということになる．そこで装置Aの完全な解析をおこなうには，状態ϕとχのあらゆる可能な対――無限個の組み合わせ――に対する振幅$\langle\chi|A|\phi\rangle$を与える必要がある．それでは，この装置$A$の性質を簡潔に記述するにはどうしたらよいであろうか．それは次のようにすればできる．すなわち，(5.28)の装置を

$$\begin{Bmatrix}+\\0\ \blacksquare\\-\ \blacksquare\end{Bmatrix}_S\ \begin{Bmatrix}+\\0\\-\end{Bmatrix}_T\ \begin{Bmatrix}A\end{Bmatrix}\ \begin{Bmatrix}+\\0\\-\end{Bmatrix}_T\ \begin{Bmatrix}+\ \blacksquare\\0\\-\ \blacksquare\end{Bmatrix}_R \qquad (5.30)$$

に変更するのである．このとき，広く開かれたT装置は何もしないから，これは本当は変更したことには全然なっていない．しかし，この装置は問題の解析法を示唆しているのである．まず，Sから出た原子がTのi状態になる一組の振幅$\langle i|+S\rangle$がある．それから(Tに関する)iの状態でAにはいって，(Tに関する)j状態として出てくるもう一組の振幅が存在する．そして最後に，そのj状態にある原子が最後のフィルターを通り抜けて，状態$(0\,R)$として出てくる振幅があるということである．これらの道筋の可能なもののそれぞれに対して，次の形の振幅が対応している．すなわち

$$\langle 0\,R\,|\,j\rangle\langle j\,|A|\,i\rangle\langle i\,|\,+S\rangle$$

である．そして全振幅は，iとjのすべての組み合わせに対する項の和で与えられる．つまり，ほしい振幅は

$$\sum_{i,j}\langle 0\,R\,|\,j\rangle\langle j\,|A|\,i\rangle\langle i\,|\,+S\rangle \qquad (5.31)$$

である．$(0R)$と$(+S)$を一般の状態χとϕでおきかえると同じような表式がえられる．したがって，次の一般的な結果をうることになる．

$$\langle\chi\,|A|\,\phi\rangle=\sum_{i,j}\langle\chi\,|\,j\rangle\langle j\,|A|\,i\rangle\langle i\,|\,\phi\rangle. \qquad (5.32)$$

ここで，(5.32)の右辺は左辺よりもまさしく“より簡単に”なって

いることに注意されたい．装置 A は**9個の**数値 $\langle j|A|i\rangle$ によって完全に記述され，この9個の数は装置 T に関する3個の基本状態におけるレスポンスを与えているのである．これらの9個の数さえ分っていれば，任意の入射状態 ϕ と終状態 χ の場合を扱うことができる．このとき，それらの状態を3個の基本状態に出入りする3個の振幅で定義しておく．この3個の振幅で状態を定義することによって，実験の結果は(5.32)を用いて予測することができることになるのである．

これがスピン1の粒子の場合の量子力学のからくりである．どんな**状態**でも，ある選択された基本状態系のそれぞれに対する振幅である3個の数によって記述できる．どんな装置でも，その内部において，ある基本状態から他の基本状態に転移する振幅を表わす9個の数によって記述できる．この装置を記述する9個の振幅を一つの正方行列で表わすことがよくあり，それを行列 $\langle j|A|i\rangle$ という．すなわち，

$$\begin{array}{c|ccc|l} & + & 0 & - & \text{から} \\ + & \langle +|A|+\rangle & \langle +|A|0\rangle & \langle +|A|-\rangle & \\ 0 & \langle 0|A|+\rangle & \langle 0|A|0\rangle & \langle 0|A|-\rangle & \\ - & \langle -|A|+\rangle & \langle -|A|0\rangle & \langle -|A|-\rangle & . \\ \text{へ} & & & & \end{array} \tag{5.33}$$

量子力学における数学というのは，この考え方を一般化したものである．ここでその簡単な例をあげておこう．いま，装置 C があって，これを解析したいとする——つまり，いろいろな $\langle j|C|i\rangle$ の値を計算したいものとする．例えば，

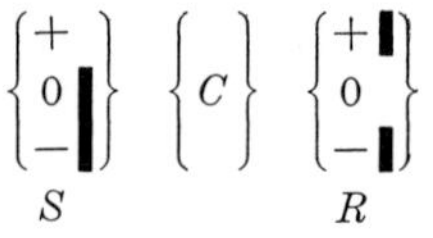

(5.34)

のような実験で何がおきるかが知りたいというのである．ところがこの C は，A と B の2個の装置を並べてつくったものであることに気が付いたとする——粒子は A を通り抜けて，それから B を通過する——そうすると，これを記号的に

$$\left\{\ C\ \right\} = \left\{\ A\ \right\}\cdot\left\{\ B\ \right\} \tag{5.35}$$

と書くことができる．このとき，C の装置は A と B の“積”であるとよぶことができる．また，われわれは，これらの二つの部分については，それを解析する方法をすでに知っているものと仮定する．するとそのとき，A と B の(T に関する)行列をうることができるわけである．こうなるともう，われわれの問題は解けたのである．つまり，任意の入射状態と終状態に対する

$$\langle \chi|C|\phi\rangle$$

を容易にみつけることができる．それにはまず，次のように書く．

$$\langle \chi|C|\phi\rangle = \sum_k \langle \chi|B|k\rangle\langle k|A|\phi\rangle.$$

なぜこうなるか分るかな．(**ヒント**：A と B の間に1個の T 装置をお

いたと考えよ.) ϕ と χ もまた(T の)基本状態, 例えば i と j であるような特別の場合を考えると,

$$\langle j\,|C|\,i\,\rangle = \sum_{k}\langle\, j\,|B|\,k\,\rangle\langle\, k\,|A|\,i\,\rangle \tag{5.36}$$

をうる. この式は"積"装置 C の行列を A と B の装置に対する2個の行列の項で与えるものである. 数学者は——(5.36)により規定された和によって, 二つの行列 $\langle j|B|i\rangle$ と $\langle j|A|i\rangle$ から形成された——新しい行列 $\langle j|C|i\rangle$ を, 2個の行列 B と A の"積"行列 BA とよんでいる. したがって, 隣り合った二つの装置に対する行列は, それぞれの2個の装置に対する行列の行列積である. (このとき, **最初の**装置を積の**右側に**おく.) 行列代数を知っている人ならだれでも, (5.36)の意味を理解できるであろう.

5-7 別の基本状態への変換

ここで基本状態に関して, 後に利用される最後の性質について述べておこう. いま, われわれがある特定の基本状態——例えば S の基本状態——をえらび, 一方もうひとりの別の人が同じ計算を別の基本状態——例えば T における基本状態——を用いておこなうことにしたとする. 話をはっきりさせるために, われわれの基本状態を(iS)状態と名づける. ここで $i=+,0,-$ である. 同様に彼の基本状態を(jT)状態とよぶことにする. われわれのやる仕事と彼の仕事とをどうしたら比較できるであろうか. どんな測定であろうと, その測定の結果の最終的な答えは同じものになるはずである. しかし, 計算の途中で利用されるいろいろな振幅や行列は違ったものになるだろう. それらの間には, どのような関係があるだろうか. 例えば, われわれも彼も同じ ϕ から出発したとすると, われわれはその状態を, ϕ が S 表示における基本状態にはいる3個の振幅 $\langle iS|\phi\rangle$ で記述するが, 彼はそうせずに, 状態 ϕ が彼の T 表示における基本状態にはいる振幅 $\langle jT|\phi\rangle$ を用いて, その状態を記述するのである. 両者とも, 同一の状態 ϕ を記述しているということは, どうやって確かめられるであろうか. (5.27)の一般法則IIを利用すれば, それができる. χ を彼の状態 jT の任意の一つでおきかえると,

$$\langle jT\,|\,\phi\rangle = \sum_{i}\langle\, jT\,|\,iS\rangle\langle\, iS\,|\,\phi\,\rangle \tag{5.37}$$

をうる. すなわち, 二つの表示の間の関係を与えるには, 行列 $\langle jT|iS\rangle$ の9個の複素数を知りさえすればよいのである. すると, この行列を利用して, 彼の式をみなわれわれの形に変換することができる. これは, 一つの基本状態系を他の基本状態系に**変換**する方法を与えるものである. (このために, $\langle jT|iS\rangle$ は"表示 S から表示 T への変換行列"とよばれることがある. 何ともったいぶった言葉なこと.)

基本状態の数が3個だけのスピン1の粒子(もっと高いスピンのときには, もっと多くの成分がある)の場合の数学的な状況は, ベクトル代数でみたものとよく似ている. すべてのベクトルは, 3個の数

(x, y および z 軸の方向の成分)を与えることにより表わされる．すなわち，ベクトルはみな，3個の軸の方向の3個の基本ベクトルに分解される．しかし，だれかほかの人が，別の軸の組——x', y' および z'——をえらんだとする．このとき，任意の特定のベクトルを表わすのに，彼は前とは異なった数を用いることになるわけである．彼の計算は違ってみえるが，最終的な結果は前のときと同じものになる．われわれはまえに，このことについて考えたことがあり，1個のベクトルをある一組の軸から他の軸に変換する規則をすでに知っているわけである．

恐らく諸君はこう思っていることだろう．ともかく何かを実際にやってみて，量子力学的な変換をおこなう方法を教えてほしいものだと．そこで，ここでは証明なしで，一つの表示 S におけるスピン1の振幅を他の表示 T における振幅に変換する変換行列を，S と T のフィルターの間の相対的な傾きが色々に変化した場合に対して与えておくことにする．(この結果を導く方法については，後の章で述べることにする．)

第1の場合　T 装置と S 装置の y 軸(粒子の運動の方向に沿った方向)は共通であって，その y 軸のまわりに角 α の回転をしたものであるとする(図5-6の場合のように)．(話を明確にしておくために，一組の座標 x', y', z' は T 装置に固定してあり，それは S 装置に固定した x, y, z 座標と $z'=z\cos\alpha+x\sin\alpha$，$x'=x\cos\alpha-z\sin\alpha$，$y'=y$ の関係をもつものとする．) このとき変換の振幅は次のように与えられる．すなわち，

$$
\begin{aligned}
\langle +T|+S\rangle &= \frac{1}{2}(1+\cos\alpha),\\
\langle\, 0\,T|+S\rangle &= -\frac{1}{\sqrt{2}}\sin\alpha,\\
\langle -T|+S\rangle &= \frac{1}{2}(1-\cos\alpha),\\
\langle +T|\,0\,S\rangle &= +\frac{1}{\sqrt{2}}\sin\alpha,\\
\langle\, 0\,T|\,0\,S\rangle &= \cos\alpha,\\
\langle -T|\,0\,S\rangle &= -\frac{1}{\sqrt{2}}\sin\alpha,\\
\langle +T|-S\rangle &= \frac{1}{2}(1-\cos\alpha),\\
\langle\, 0\,T|-S\rangle &= +\frac{1}{\sqrt{2}}\sin\alpha,\\
\langle -T|-S\rangle &= \frac{1}{2}(1+\cos\alpha).
\end{aligned}
\tag{5.38}
$$

第2の場合　T 装置は S 装置と共通の z 軸をもつが，z 軸のまわりに角 β だけ回転している．(その座標変換は $z'=z$，$x'=x\cos\beta+y\sin\beta$，

$y'=y\cos\beta-x\sin\beta$ である.）このとき，変換の振幅は次の通りである.

$$\begin{aligned}&\langle +T\,|\,+S\rangle = e^{+i\beta},\\ &\langle\ 0\,T\,|\ 0\,S\rangle = 1,\\ &\langle -T\,|\,-S\rangle = e^{-i\beta},\\ &\text{その他はみな }0.\end{aligned}\tag{5.39}$$

T の任意の回転は，上述の二つの回転からつくりあげられることに注意されたい.

いま，ある状態 ϕ が 3 個の数

$$\begin{aligned}&C_+ = \langle +S\,|\,\phi\rangle,\quad C_0 = \langle 0\,S\,|\,\phi\rangle,\\ &C_- = \langle -S\,|\,\phi\rangle\end{aligned}\tag{5.40}$$

で定義されるとき，これと同じ状態が T の立場からは，3 個の数

$$\begin{aligned}&C_+' = \langle +T\,|\,\phi\rangle,\quad C_0' = \langle 0\,T\,|\,\phi\rangle,\\ &C_-' = \langle -T\,|\,\phi\rangle\end{aligned}\tag{5.41}$$

によって記述される．このとき，(5. 38) または (5. 39) の係数 $\langle jT|iS\rangle$ は，C_i と C_i' とを結ぶ変換を与える．換言すれば，C_i は S と T のそれぞれの立場からみると違ったものにみえるベクトルの成分に非常によく似たものである.

スピン 1 の粒子のときに**に限って**――その場合，**3 個の**振幅を必要とするので――ベクトルとの対応関係が極めて密接である．どちらの場合も 3 個の数があり，それらの数は座標系の変化に伴って，ある決ったやり方で変換される．実際，**1 個のベクトルの 3 個の成分とまったく同じように変換する**基本状態の組が存在する．次の 3 個の組み合わせ

$$C_x = -\frac{1}{\sqrt{2}}(C_+-C_-),\quad C_y = -\frac{i}{\sqrt{2}}(C_++C_-),\quad C_z=C_0 \tag{5.42}$$

は，x, y, z が x', y', z' に変換されるときと全く同じ形で，C_x', C_y' および C_z' に変換される．[事実そうなっていることは，変換の法則 (5. 38) および (5. 39) を用いることによって確かめることができる.] こうしていまや，諸君はスピン 1 の粒子が“ベクトル粒子”とよばれることがある理由を知ったのである.

5-8　その他の場合

スピン 1 の粒子に関する話をはじめるまえに，その議論が一般の量子力学的な問題における一つの典型であることを指摘しておいた．それを一般化するには，ただ状態の数をふやしさえすればよい．3 個の基本状態を用いるかわりに，一般には n 個の基本状態を利用したらよい†．(5. 27) にあげた基本法則は――i と j として n 個の基本状態のすべてをとるとするだけで――同じ形のまま正確に成り立つ．いかなる現象でも，基本状態系のなかのどれか一つの状態からはじめ，その

† 基本状態の数 n は，一般には無限個存在することがある.

基本状態系のなかの他の任意の状態におわる振幅を与え，さらにその基本状態の完全系上にわたる和をとることによって解析することができる．基本状態の組としては，任意の適当なものを利用したらよいのであって，それとは別の組を利用したければそれをつかってもよい．これらの二つの組は，n行n列の行列によって結びつけられる．この変換に関しては，言いたいことがもっとあるけれども，それは後の章にゆずることにする．

最後に，まえの約束を果しておこう．それは，原子がその線源の炉から直接やってきて，ある装置，例えばAを通り抜け，そのあとで状態χを選別するフィルターによってそれらの原子を分析するときにやることに関する注意のことである．この場合，原子のスタートした状態ϕはどんな状態なのかが分らない．恐らく，いまはこんな問題は考えないほうがよいのだと思う．いまは，純粋状態からスタートする問題に話を集中したほうが一番よいと思うのである．しかし，諸君がそれでもというのなら，ここにその問題を扱う方法がある．

まず第1に，炉から出てくる原子の状態の分布に関して，ある合理的な推察をする必要がある．例えば，炉に関して何の“特別なもの”もないとすると，原子は乱雑な“方向”をもって炉から出てくると推量するのは合理的であると考えられよう．それは量子力学的には，1/3は$(+S)$状態にあり，1/3は$(0\,S)$状態にあり，1/3は$(-S)$状態にあるということだけしか分らないということに対応している．$(+S)$状態にある原子の場合には，それが通り抜ける振幅は$\langle\chi|A|+S\rangle$で，その確率は$|\langle\chi|A|+S\rangle|^2$であり，他の場合についても同様である．そうすると，全体の確率は

$$\frac{1}{3}|\langle\chi|A|+S\rangle|^2+\frac{1}{3}|\langle\chi|A|0\,S\rangle|^2+\frac{1}{3}|\langle\chi|A|-S\rangle|^2$$

で与えられる．どういうわけで，例えばTでなく，Sを用いたのか．驚いたことには——完全に乱雑な方向をもつ場合を扱っている限りは——始めの分解の仕方をどうえらんでも，その答えは同じである．任意のχに対して，

$$\sum_i|\langle\chi|iS\rangle|^2=\sum_j|\langle\chi|jT\rangle|^2$$

が成立する．(この証明は諸君に残しておく.)

初状態が，振幅$\sqrt{1/3}$で$(+S)$にあり，$\sqrt{1/3}$で$(0\,S)$にあり，$\sqrt{1/3}$で$(-S)$にあるというのは正しく**ない**．こうすると，干渉が可能であるということを意味する．それは単に初状態が何であるかを知らないというだけのことである．このとき，体系が色々の可能な初状態でスタートする確率を用いてものを考える必要があるということである．そしてそれから，それらの確率に重みをつけて平均をとるということをしなければならないのである．

第6章
スピン 1/2 †

6-1 振幅の変換

前章では，スピン1の体系を例にとって，量子力学の一般原理の概要を説明した．すなわち，その原理は次のようにまとめられる．

任意の状態ϕは，それの基本状態系のそれぞれへの振幅を与えることにより，基本状態の一組を用いて記述することができる．

任意の状態ϕから他の状態χに転移する振幅は，一般に次のような積の和として書かれる．ここでそれぞれの積は，状態ϕが基本状態の一つにはいる振幅と，その基本状態から終状態χに転移する振幅とを掛けたものであり，また上の和は，その基本状態のすべてにわたってとられるものである．すなわち，

$$\langle \chi | \phi \rangle = \sum_i \langle \chi | i \rangle \langle i | \phi \rangle. \tag{6.1}$$

基本状態はたがいに直交する，――体系がある基本状態にあるとき，それが他の基本状態に移る振幅は0である．すなわち，

$$\langle i | j \rangle = \delta_{ij} \tag{6.2}$$

ある一つの状態から他の状態に直接に移る振幅は，その逆過程の振幅の複素共役に等しい．すなわち，

$$\langle \chi | \phi \rangle^* = \langle \phi | \chi \rangle. \tag{6.3}$$

また，基本状態の組はいくつもありうること，そして，(6.1)を利用することによって，一つの基本状態系から他の基本状態系に変換することができることについても，少しばかり議論したのであった．例えば，状態ϕを基本系Sに属する基本状態iのうちのどれかに発見する振幅$\langle iS|\phi\rangle$は分っているが，その状態を記述するには，他の基本状態の組――例えば，基本系Tに属する状態j――を用いたほうがよいと考えたとする．このとき，一般公式(6.1)において，χのかわりにjTとおくと

$$\langle jT | \phi \rangle = \sum_i \langle jT | iS \rangle \langle iS | \phi \rangle \tag{6.4}$$

をうる．つまり，状態ϕが基本状態(jT)に存在する振幅は，その状態が基本状態(iS)に存在する振幅と係数$\langle jT|iS\rangle$によって関係づけら

† 本章はある意味では脱線である．しかもそれは，かなり長くかつ抽象的である．ここでやることは，後の章で別の道をたどって導くことのできるものばかりである．したがって，この章をとばして，興味があればまたあとでもどってもよい．

れているのである．このような係数の組は，***S* 表示から *T* 表示への変換行列**とよばれることがある．基本状態が N 個あるときには，この係数の数は N^2 個である．これでは数学的に手に負えそうもないようにみえるが，ちょっとばかり名前のつけかえをしさえすれば，事態は本当はそれほど悪いわけではないことが分る．状態 ϕ が基本状態 iS にある振幅を C_i とし——すなわち，$C_i=\langle iS|\phi\rangle$ と書き——また C_j' を C_i に対応する基本系 T への振幅——すなわち，$C_j'=\langle jT|\phi\rangle$ であるとすると，(6.4)は次のように書かれる．

$$C_j' = \sum_i R_{ji}C_i \tag{6.5}$$

ここで R_{ji} は $\langle jT|iS\rangle$ のことである．つまり，振幅 C_j' は，係数 R_{ji} の一つに振幅 C_i を掛け，すべての i に関する和をとったものに等しいのである．そしてこの形をみると，これは一つの座標系から他の座標系へのベクトルの成分の変換式と同じ形である．

あんまり長いことひどく抽象的なことばかり言うのを避けるために，まえに，スピン 1 の場合のこの係数の例をいくつかあげた．それで，これの実際問題への利用法を知ることができたわけである．一方，量子力学には素晴しく美しいものがあって—— 3 個の状態が存在するという事実，および回転による空間の対称性とだけから，まったく抽象的な推論によってこの係数を知ることができるのである．このような初期の段階でこういう議論をすると，別のことの抽象化にも夢中になってしまって，“地上に降り”られなくなるという不都合がおきかねない．しかし，それにもかかわらず，この話があまりにもきれいな話なので，それをここであえてやろうというわけである．

この章では，スピン 1/2 の粒子の場合の変換係数の導き方を示すことにする．スピン 1 の場合よりもむしろ，スピン 1/2 の場合をとりあげるわけは，この場合のほうがいく分やさしいからである．われわれの問題というのは，シュテルン-ゲルラッハの装置のなかで 2 本のビームに分裂する粒子—— 1 個の原子系——に対する変換係数 R_{ji} を決定することである．ここでは，一つの表示から他の表示への変換に対するすべての係数を，純粋な推論——と少数の仮定——にもとづいて導き出そうというのである．“純粋な”推論を利用するには，いつでも**何らかの**仮定を必要とする．その議論は抽象的であり，またいくらか複雑なところがあるけれども，得られる結論は比較的簡潔な形で表現することができ，かつまた容易に理解しうるものである——しかも，その結果はもっとも重要なものなのである．それは一種の教養としての旅であると考えてもよい．事実，ここで導かれる結果の本質的なものは，あとでそれが必要になったときにはまた別の方法で導くことにしてある．したがって，諸君がたとえこの章を完全にはぶいてしまっても，あるいはいつか後で勉強することにしても，この量子力学の話の流れの筋道の糸を見失ってしまうのではないかと心配をする必要はない．量子力学の原理というものは単に興味深いものであるだけではなく，また非常に深遠なものなので，空間の構造についてほんの少しの仮定を追加するだけで，物理的体系のもつ非常に多くの性質を導出することができる．そういうことを示そうとしているという意味で，この遠足は“教養的”なものであるといっているのである．また量子力学における多くの結果がどこからくるものであるかを知っておくことは，きわめて大切なことである．なぜなら，われわれの物理法則が不完全なものである限り——事実そうだということを，われわれは知っているので——われわれの理論が実験と一致しない場所が，その論理のもっとも優れているところなのか，それともその論理の一番具合の悪いところなのかを見分けることは非常に興味深いことだからである．これまでに分っていることは，われわれの論理のもっとも抽象的なところでは，いつでも正しい結果——実験に一致する結果——がえられるということである．基本的な素粒子や，それらの間の相互作用の内部機構に関する特定なモデルを構成しようとするときにだけ，実験との一致を与える理論を発見できないでいるのである．したがって，これから述べようとしている理論は，それをどんな場合に——電子や陽子その他の場合だけではなく，“奇妙な”粒子(strange particle)に対して——テストしても，いつでも実験と一致するのである．

さきに進むまえに，面倒ではあるがおもしろいことを一つ注意しておこう．それは，係数 R_{ji} を一義的に決めることはできないということである．なぜなら，確率振幅はつねにある任意性をもっているからである．いま仮に任意の一組の振幅——例えば，多くの別の道を経て，ある場所に到達する振幅——があるとしたとき，それらのすべての振幅に同一の位相因子——例えば $e^{i\delta}$ ——を掛けると，前と同様に利用しうるもう一組の別の振幅がえられる．したがって，希望によっていつでも，任意の与えられた問題におけるすべての振幅の位相を勝手に変えることができるわけである．

いくつかの振幅の和，例えば $(A+B+C+\cdots)$ を書いて，その絶対値の2乗をとってある確率を計算するとしよう．そのとき，だれか他の人が，振幅の和 $(A'+B'+C'+\cdots)$ を用い，その絶対値の2乗をとって同じ確率を計算したとする．いま，A', B', C' などがみな $e^{i\delta}$ の因子を除けば A, B, C などに等しいものとすると，その絶対値の2乗をとってえられる確率は前のものとまったく同じになる．なぜならそのときには，$(A'+B'+C'+\cdots)$ は $e^{i\delta}(A+B+C+\cdots)$ に等しくなるからである．あるいは例えば(6.1)を用いて何かを計算していたとする．ところがそのとき突然，ある基本状態系の位相を全部変えたとする．このとき，振幅 $\langle i|\phi\rangle$ のどれにも同じ因子 $e^{i\delta}$ が掛かることになる．同様に $\langle i|\chi\rangle$ も $e^{i\delta}$ だけ変化することになるが，振幅 $\langle\chi|i\rangle$ は $\langle i|\chi\rangle$ の複素共役であるから，$\langle\chi|i\rangle$ は $e^{-i\delta}$ の因子だけ変化する．すると，指数の正負の $i\delta$ は相殺してしまい，前と同じ表式がえられる．したがって，一般法則として，ある与えられた基本系に関するすべての振幅の位相を同じだけ変えても——あるいは，どんな場合であっても，そのすべての振幅の

位相を同じだけ変えたとき——その結果に何の差異をももたらさないということがいえる．したがって，変換行列の位相の選び方にはある自由度が存在することになる．いまも，そしてこれからも，——一般に用いられている便法にしたがって——それを適当に選ぶことにする．

6-2　回転した座標系への変換

ここでもう一度，前章で述べた“改良された”シュテルン-ゲルラッハの装置を考えよう．図 6-1 に模式的に示してあるように，スピン 1/2 の粒子のビームが左からはいってくると，それは一般に**2個の**ビームに分裂するであろう．（スピン **1** のときには 3 本のビームに分れた.）途中の点でそのビームを捕えてしまう“ストップ”によって，それらのどちらかがさえぎられるようなことがなければ，前と同様に，それらのビームはふたたびもとのように一緒になるわけである．また図には，磁場の**大きさ**の増加方向を示す矢印が書いてある——例えばそれはとがった端をもつ磁極の方向を向いている．この矢印で，ある特定の装置における“**上向き**”**の軸**を表わすものとする．これは装置に対して固定されているものであって，いくつかの装置をいっぺんに利用するとき，それらの間の相対的な方向を指示するのに役立つのである．また，それぞれの磁石のつくる磁場の方向は矢印の示す方向と同じ方向であると仮定する．

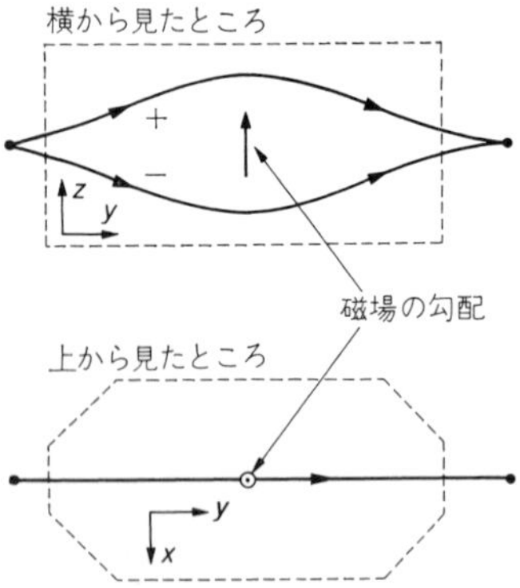

図 6-1　スピン 1/2 の粒子を用いる“改良された”シュテルン-ゲルラッハの装置を横と上から見たところ

“上”のビームに入ってくる原子は，**その装置に関して**(＋)状態にあり，“下”のビームに入ってくるものは，(−)状態にあるということにする．（スピン 1/2 の粒子の場合には“0”状態というものはない.）

図 6-2(a)に示すように，変更されたシュテルン-ゲルラッハの装置を 2 個並べておく．S とよばれる最初の装置は，一つのビームか，あるいはもう一つのビームをさえぎることによって，純粋な$(+S)$または$(-S)$の状態をつくるのに利用することができる．［図 6-2 (a)の場合は，純粋な$(+S)$状態をつくるものである.］それぞれの状態の場合に，S から出てくる粒子が第 2 の装置の$(+T)$または$(-T)$のビームのどちらかになる振幅が存在する．実際，この場合には，4 個の振幅が存在し，それは$(+S)$から$(+T)$へ，$(+S)$から$(-T)$へ，$(-S)$から$(+T)$へ，それから$(-S)$から$(-T)$への振幅である．これらの 4 個の振幅は，ちょうど S 表示から T 表示への変換行列 R_{ji} の 4 個の係数になっている．第 1 の装置は一つの表示における特定の状態を“用意”するものであり，第 2 の装置はその用意された状態を第 2 の表示によって“解析”するものであると考えることができる．このとき，次の問題の解答がほしいのである．それは，仮に S 装置のなかの 1 本のビームをさえぎることによって，1 個の原子がある与えられた状態——例えば$(+S)$状態——に調整されているとしたとき，例えば$(-T)$状態だけを通すように設定されている第 2 の装置 T を通り抜けるチャンスはいくらか，ということである．もちろん，その結果は 2 個の体系 S と T の間の角度に依存している．

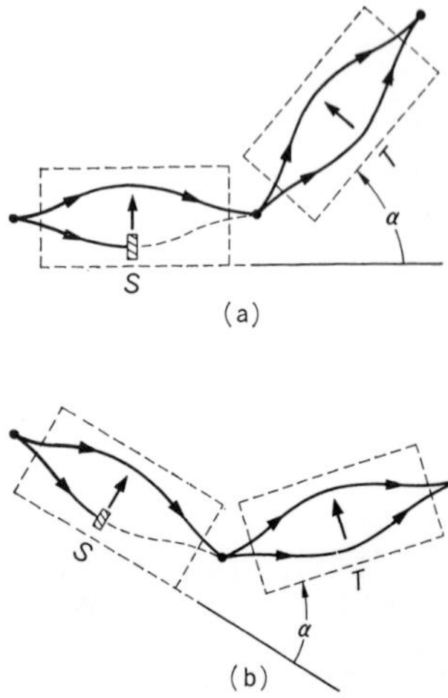

図 6-2　2 個の同等な実験

ここで，なぜ推論によって係数 R_{ji} を知る可能性があるのかという理由を説明しておかなくてはならない．ところで，ある粒子のスピンが $+z$ 方向を向いているとき，その同じ粒子のスピンが $+x$ 方向に向きを変える——あるいは，その他のまったく任意の方向を向く——チャンスがあるとはとても信じられないことである．事実，そんなことはほとんど不可能である．しかし，全く不可能であるというわけではない．それはほとんど不可能ではあるが，**たった一つだけ**方法がある．それが唯一の方法であるということこそ，その方法がどんな方法であるかを知りうる理由なのである．

まず，次のような議論から話を始めよう．図 6-2 (a)の配置をしたとする．このとき，2 個の装置 S と T とがあり，T は S に関して角度 α だけ上にそらせてある．そして，S を通り抜けるのは(＋)のビームだけで，また T を通過できるのは(－)のビームだけであるとする．そこで，S を出てきた粒子が T を通り抜ける確率に対する数値を測定する．さて次に，図 6-2 (b)の装置を用いてもう一つの測定をおこなうと仮定する．このとき，S と T の**相対的な**方向は変わらないが，体系全体は空間内で違う角度でおかれている．これらの両方の実験が，S に関する純粋状態にある粒子が T に関するある特定の状態に移る確率に対して同一の数値を与えると**仮定**する．いいかえると，実験装置**全体**が空間内でどんな方向を向いていても，それらの実験の結果は同じである——つまり，**物理**が同じである——と仮定するのである．（諸君は，“それは自明のことだ”というかも知れない．しかし，それは一つの仮定なの**である**．それは，事実がそうなっているときにのみ“正しい”のである．）このことは，係数 R_{ji} が S と T の空間内における相対的関係にのみ依存し，S と T のおかれている絶対的な位置には関係しないことを意味している．別のいい方をすると，R_{ji} は S を T に移す**回転**にのみ依存している．なぜなら，図 6-2 (a)と図 6-2 (b)の共通点は，明らかに装置 S を装置 T の方向へ移す 3 次元的な回転だからである．ここでやるように，変換行列 R_{ji} が回転にだけよるものであるとき，それを**回転行列**という．

次の段階に進むには情報がもう一つ必要である．いま図 6-3 (a)にあるように，U とよばれる第 3 の装置を追加して，ある任意の角度で T の次におく．（ひどいことになってきたようにみえるが，これが抽

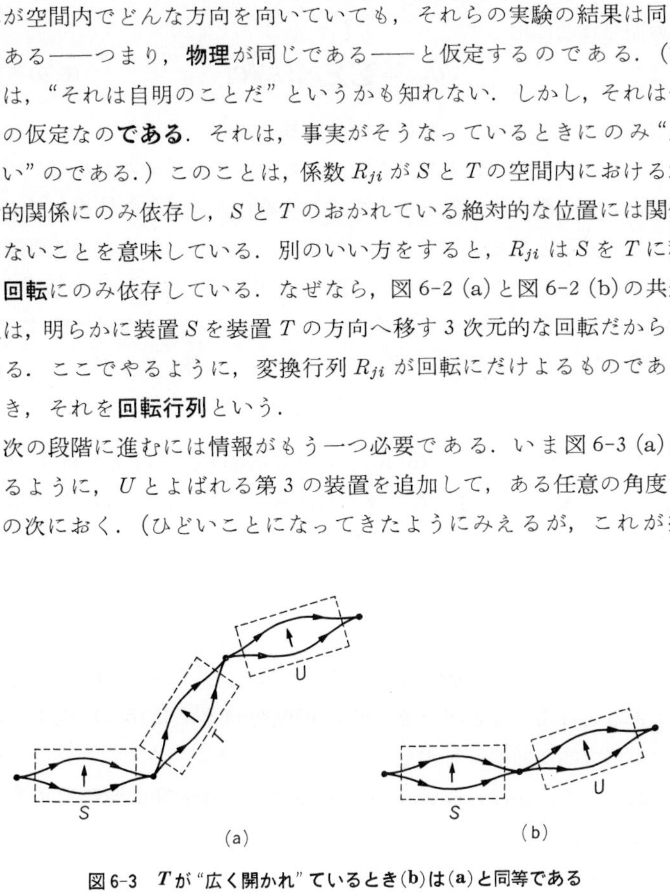

図 6-3　T が“広く開かれ”ているとき(b)は(a)と同等である

象的考察のおもしろいところである——何本かの線を引きさえすれば，こんな変てこな実験でもやることができる.）さて，$S \to T \to U$ の変換とは何だろうか．実際に知りたいのは，S から T への変換と T から U への変換とが分っているときに，S に関するある状態から，U に関する他のある状態に移る振幅である．そこでいま，T のなかの両方の通路が開いている実験をするものとしよう．この答えをうるには，(6.5) を2度つづけて適用すればよい．S 表示から T 表示にゆく場合には

$$C_j' = \sum_i R_{ji}^{TS} C_i \tag{6.6}$$

である．ここで R の上に添字 TS をつけたが，こうすると T から U へゆくときに出てくる係数 R^{UT} と区別することができる.

U 表示での基本状態にある振幅を C_k'' とすると，(6.5) をもういちど用いることによって，これらを T 表示における振幅に関係させることができ，

$$C_k'' = \sum_j R_{kj}^{UT} C_j' \tag{6.7}$$

をうる．(6.6) と (6.7) とを結合すると，直接 S から U にゆく変換式をうることができる．すなわち，(6.6) の C_j' を (6.7) に代入すると

$$C_k'' = \sum_j R_{kj}^{UT} \sum_i R_{ji}^{TS} C_i \tag{6.8}$$

となる．あるいは，i は R_{kj}^{UT} のなかには現われないから，i に関する和の記号は前に出して

$$C_k'' = \sum_i \sum_j R_{kj}^{UT} R_{ji}^{TS} C_i \tag{6.9}$$

と書くことができる．これは2重の変換の場合の公式である.

ここで注意すべきことは，T のなかのすべてのビームがさまたげられないときに限って，T から出てくる状態は入ってきた状態と同じであるということである．まったく同様に，S 表示から U 表示に直接に変換することもできる．それは，図 6-3(b) にあるように，U 装置を S 装置のすぐ右側におくのと同じであるはずである．この場合には，この変換に属する係数 R^{US} を用いて，次のように書くことができる.

$$C_k'' = \sum_i R_{ki}^{US} C_i. \tag{6.10}$$

明らかにここで，(6.9) と (6.10) とは同じ振幅 C_k'' を与えるはずであり，これは振幅 C_i を与えた元々の状態 ϕ のいかんにかかわらず成立しなければならない．したがって

$$R_{ki}^{US} = \sum_j R_{kj}^{UT} R_{ji}^{TS} \tag{6.11}$$

でなければならない．いいかえると，任意の基準になる基本状態系の回転 $S \to U$ は，二つの連続的な回転 $S \to T$ および $T \to U$ を結合したものであるとみなすことができ，その回転行列 R^{US} は (6.11) により，二つの部分的な回転に対する行列からうることができる．しかし，そうしたいなら，(6.11) は (6.1) から直接導くこともできるのである．なぜなら，(6.11) は $\langle kU|iS\rangle = \sum_j \langle kU|jT\rangle\langle jT|iS\rangle$ の別の表わし方であるにすぎないからである.

話をさらに完璧なものにするには，次の注意を追加しておく必要がある．しかし，これはとくに重要というわけでもないので，いやなら飛ばしても差支えない．上に述べたことは完全に正しいとはいえないのである．つまり，(6.9)と(6.10)とから**正確に**同一の振幅が与えられるとは，本当はいえない．同じでなければならないのは**物理**だけであって，現実の世界に関する計算の結果を変えることのない，$e^{i\delta}$ のような共通の位相因子については，すべての振幅が異なっていてもよい．したがって，本当にいえることは，(6.11)ではなくて

$$e^{i\delta}R_{ki}^{US}=\sum_{j}R_{kj}^{UT}R_{ji}^{TS} \tag{6.12}$$

である．ここで δ は**ある**実数定数である．この余分の因子 $e^{i\delta}$ が出てくるわけは，もちろん，行列 R^{US} を用いたときの振幅が，二つの回転 R^{UT} および R^{TS} を用いたときの振幅と位相が同じだけ($e^{-i\delta}$)全部ずれているからである．すべての振幅が同一位相だけ違っていてもよいということが分っているのであるから，上の位相因子を無視しても差支えはない．しかし，すべての回転行列をある特別な方法で定義しておけば，この余分の位相因子は現われてこない――このとき，(6.12)の δ はつねに0になる．このことはこの後の議論にとって重要なものではないが，行列式に関する数学の定理を利用すれば簡単に証明することができる．(行列式のことをまだあまり知らない人は，その証明にこだわらずに，いきなり(6.15)の定義までとばしてもよい．)

まずはじめに，(6.11)は二つの行列の積の数学的な意味での定義であるとしよう．(これは“R^{US} は R^{UT} と R^{TS} の積である”といえると便利だということである．)第2に，2個の行列の積の行列式は，それぞれの行列式の積に等しいという数学の定理がある――この定理は，いま考えている2行2列の行列の場合には容易に証明することができる．この定理を(6.12)に適用すると

$$e^{2i\delta}(\mathrm{Det}\,R^{US})=(\mathrm{Det}\,R^{UT})(\mathrm{Det}\,R^{TS}) \tag{6.13}$$

をうる．(いまは要らないので，添字は除いてある．)そうなんだ．2δ で正しい．いまは，2行2列の行列を扱っていることを思いおこされたい．行列 R_{ki}^{US} の各要素に $e^{i\delta}$ が掛かっているから，行列式のなかのそれぞれの積――これは**2個**の因子からなる――には $e^{2i\delta}$ が掛かることになる．ここで(6.13)の平方根をとって，それで(6.12)を割ると，

$$\frac{R_{ki}^{US}}{\sqrt{\mathrm{Det}\,R^{US}}}=\sum_{j}\frac{R_{kj}^{UT}}{\sqrt{\mathrm{Det}\,R^{UT}}}\frac{R_{ji}^{TS}}{\sqrt{\mathrm{Det}\,R^{TS}}} \tag{6.14}$$

をうる．余分な位相因子は消えてしまった．

さて，任意の与えられた表示におけるすべての振幅が規格化(憶えていると思うが，これは $\sum_{i}\langle\phi|i\rangle\langle i|\phi\rangle=1$ ということを意味する)されているようにすると，回転行列にはみな行列式がついていて，その行列式の値は $e^{i\alpha}$ のような純虚数の指数をもつ複素数で与えられることが分る．(ここではその証明はやらないが，いつもそうなることが分ると思う．)したがって，そうしたければ，$\mathrm{Det}\,R=1$ ととることによって，すべての回転行列が一義的な位相をもつようにすることができる．それにはこうしたらよい．まず，任意のやり方で回転行列 R をみつけたとする．これから

$$R_{\mathrm{standard}}=\frac{R}{\sqrt{\mathrm{Det}\,R}} \tag{6.15}$$

という規則で定義される回転行列を求めて，こうして“標準形”に“変換”する．これは，R の行列の各要素に共通の位相を掛けてのぞむ位相をえようというのであるから，いつでも実行可能なことである．これからは，すべての行列はいつもこの“標準型”になっているものと仮定する．そうすれば，余分の位相因子がついていない(6.11)を利用することができることになる．

6-3　z 軸のまわりの回転

いまや，二つの異なる表示の間の変換行列をみつける準備ができた．任意の回転に対する行列をみつけるために必要な鍵となるものは，回転の結合法則と，空間が特別の方向をもたないという仮定である．このとき，解はただ**一つ**だけ存在するのである．そこでまず，z 軸のまわりの回転に対応する変換からはじめることにしよう．図 6-4(a)に示されているように，2個の装置 S と T とは一直線上に並べておかれていて，それらの軸は平行になっており，紙面から上方に垂直方向を向いているものとする．そして，この方向を z 軸にとることにする．したがって，S 装置のなかで“上方”に($+z$ の方向に向かう)ゆくビームは，T 装置のなかでも上方にゆくことになる．同様に，ビームが S 内で下方にゆくときには，T のなかでも下方にゆくことになる．次に，図 6-4(b)のように，T 装置を別の角度でおいたとする．ただし，その軸の方向はやはり前のように S の軸の方向と平行になっているものとする．このときにも，直観的に，S のなかの(+)のビームは，そのまま T のなかでも(+)のビームになっていることが分るだろう．なぜなら，磁場と磁場の勾配は物理的に前と同じ方向を向いているからである．このことは確かに正しい．また，この場合も S のなかの(−)のビームは，T のなかでも(−)のビームになっている．T を S の x-y 平面内でどのように回転しても，上と同様な結果がえられるものと考えられるわけである．この事実は，$C_+'=\langle +T|\psi\rangle$，$C_-'=\langle -T|\psi\rangle$ と $C_+=\langle +S|\psi\rangle$，$C_-=\langle -S|\psi\rangle$ との間の関係について，何を示しているであろうか．基本状態系に対する“基準座標系”を z 軸のまわりにどのように回転しても，振幅 C_+' と C_-' とはそれぞれ前と同じく“上方”と“下方”とに保たれていると結論されるわけである．だとすれば，$C_+'=C_+$，$C_-'=C_-$ と書けると思うかも知れないが——それは**間違っている**．われわれが結論**できる**のは，そのような回転をおこなっても，ビームが“上方”にある確率が二つの S-T 装置で同じ値をもつという

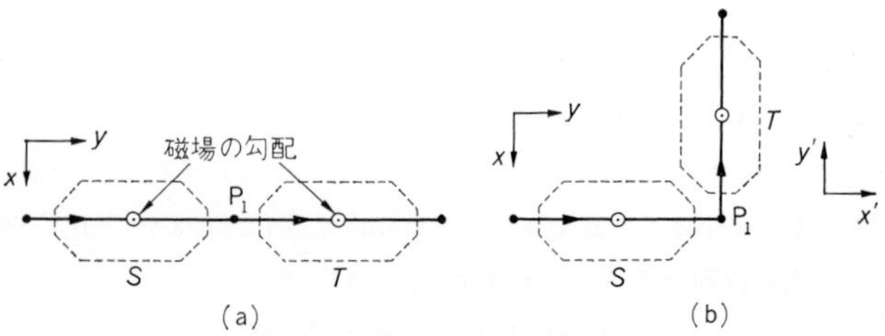

図 6-4　z 軸のまわりの 90° の回転

ことだけである．すなわち，

$$|C_+'| = |C_+|, \quad |C_-'| = |C_-|$$

である．図 6-4 の(a)と(b)とで T 装置のとる方向が異なっているため，この回転の前と後での T 装置に関する二つの振幅のもつ**位相**が違っていないとはいえない．

事実，図 6-4 の(a)と(b)の二つの装置は異なるものである．それをみるには次のようにすればよい．いま，S のすぐ前に純粋な$(+x)$状態をつくり出す装置をおく．(その x 軸は図 6-5 の底の方向を向いている．) この装置を通り抜けた粒子は，S のなかでは$(+z)$と$(-z)$のビームに分裂する．しかしそれらは P_1 点——S の出口——でまた再結合して，$(+x)$状態にもどるであろう．同じことが，T のなかでもういちどおきる．そこでいま，T につづけて第3の装置 U をおき，その軸の方向を$(+x)$の方向にとる．このとき，図 6-5 (a)に示されているように，U のなかでは粒子はみな(+)のビームになるだろう．さて，この T と U とをまとめて，図 6-5(b)に示されているような位置に，90° だけ振り回したとしよう．このときにも，T 装置は入ってきたものをそのまま押し出してくる．したがって，U に入ってくる粒子は S に関する$(+x)$状態になっている．しかしこんどは，装置 U は粒子を S に関する$(\pm y)$の状態に分割する．つまり，この結果は(a)の場合の結果とは異なっている．(対称性によって，このとき$(+y)$と$(-y)$の状態に半分ずつになって通り抜けると期待される．)

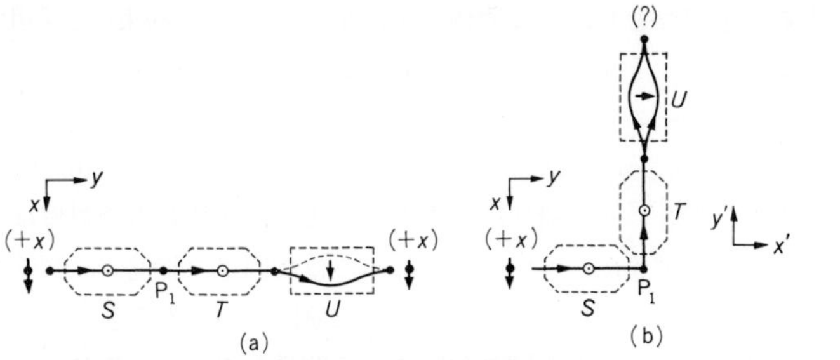

図 6-5　$(+x)$状態の粒子は(a)と(b)とで異なるふるまいをする

このような相違のおきた原因はどこにあるのだろうか．(a)の場合と(b)の場合で，T と U の相互の**物理的**関係には何の変わったところもない．それでは，T と U の全体の方向が(a)と(b)とで違っているからといって，**物理**が変わりうるだろうか．われわれの元々の仮定では，そういうことはありえないということであった．そうすると，T に関する**振幅**が，図 6-5 に示されている二つの場合で——したがってまた，図 6-4 の二つの場合で——異なっているということでなければならない．つまり，粒子はそれが P_1 の角で曲ったということを何らかの方法で知っていなければならないということである．それではそのことは，どうやって表わされるのだろうか．ところで，われわれが決めたのは，C_+' と C_+ の**大きさ**が二つの場合で同じであるということだけであって，したがってそれらの位相は異なっていてもよい——

実際，それらは異なる**位相**をもってい**なければならない**のである．すなわち，C_+' と C_+ とは

$$C_+' = e^{i\lambda} C_+$$

で関係しており，C_-' と C_- とは

$$C_-' = e^{i\mu} C_-$$

の関係をもたねばならないと結論されるのである．ここで λ と μ とは，S と T の間の角度に何らかの形で関係している実数である．

いまのところ λ と μ に関していえることは，それらは等しいものであってはならないということだけである．［ただし，T が S と同じ方向を向いている図 6-5 (a) のような特別な場合は除くものとする.］すでに知っているように，すべての振幅に同じ位相の変化を与えても，それは何の物理的効果ももたらさない．これと同じ理由から，何も変えることなく，λ と μ の両方に任意の同じ大きさの位相を加えておくことができるわけである．したがって，λ と μ とを，同じ数に正と負の符号をつけたものに**えらぶ**ことができる．すなわち，いつでも

$$\lambda' = \lambda - \frac{(\lambda+\mu)}{2},$$

$$\mu' = \mu - \frac{(\lambda+\mu)}{2}$$

ととることができ，したがって

$$\lambda' = \frac{\lambda}{2} - \frac{\mu}{2} = -\mu'$$

とすることができる．そこで便宜上，$\mu = -\lambda$ という約束† を採用することにする．こうすると，基準装置を z 軸のまわりにある角度の回転をしたとき，その変換は

$$C_+' = e^{+i\lambda} C_+, \quad C_-' = e^{-i\lambda} C_- \qquad (6.16)$$

で与えられるという一般法則をうる．つまり，それらの絶対値は等しく，位相だけが異なっている．これらの位相因子の相違が，図 6-5 の二つの実験でちがった結果をもたらした原因なのである．

ここで，λ が S と T の間の角度にどう関係しているかを与える法則を知っておく必要がある．一つの特別な場合には，すでにその答えを知っている．すなわち，その間の角度が 0 のときには，λ もまた 0 である．そこでいま，位相のずれ λ は，S と T の間の角度 ϕ(図 6-4 をみよ)が 0 に近づいたときには，ϕ の連続関数であると**仮定**する——これは唯一の合理的仮定であると思われる．換言すれば，S を貫通する直線から，T を小さな角度 ϵ だけ回転すると，λ もまた小さな量であり，それは例えば $m\epsilon$ と書ける．ここで m はある数値である．λ は ϵ に比例していなければならないことが証明できるので，このように書くのである．それを示すため，T のうしろにもう 1 個の装置 T' をおき，それを T と角 ϵ をなすようにしたとする．すると，この T' は

† これを別の見方からみると，(6.15) を用いて **6-2** で述べた“標準形”に変換したことに相当する．

S と 2ϵ の角をなすことになる．したがって，T については

$$C_+' = e^{i\lambda}C_+$$

であり，T' に関しては

$$C_+'' = e^{i\lambda}C_+' = e^{i2\lambda}C_+$$

となる．ところが，T' を S のすぐ右側においても上と同じ結果をうるということを知っている．したがって，角度を 2 倍にすると，位相もまた 2 倍になる．明らかに，この議論を拡張して，無限小回転をつづけることによって，任意の回転をつくりあげることが可能である．こうして，**任意**の角に対して，λ はその角度に比例するということが結論されることになる．したがって，$\lambda=m\phi$ と書くことができる．

こうしてえられた一般的な結果は，S に関して角度 ϕ だけ z 軸のまわりに回転した T に対して

$$C_+' = e^{im\phi}C_+, \quad C_-' = e^{-im\phi}C_- \qquad (6.17)$$

と表わされるということである．ここで，回転角 ϕ に対しても，また後に述べるどんな回転の場合にも，基準となる軸の正の方向のまわりの**右ネジの**回転の方向をもって**正の**方向とするという標準的な約束を採用することにする．つまり，正の ϕ とは，z 軸の正の方向に進む右ネジの回転の方向をもつものとする．

さて，ここで m のとる値を決定する必要がある．そのために，まず次のような議論をやってみよう．いま，T を 360° 回転したとする．すると明らかに，T は元に，つまり 0° のところにもどってしまう．それで，$C_+'=C_+$ および $C_-'=C_-$ が，あるいは同じことであるが，$e^{im2\pi}=1$ が成立していなければならない．すると $m=1$ という結果をうるわけである．ところが，**この議論は誤りである**．これが間違いであることをみるために，T を 180° 回転したときのことを考えてみよう．仮に m が 1 であるとすると，このとき $C_+'=e^{i\pi}C_+=-C_+$ および $C_-'=e^{-i\pi}C_-=-C_-$ をうる．ところが，これでは，体系の状態は**元の**状態にもどってしまうことになる．つまり，両方の振幅に共通に -1 が掛かっているということは，元々の物理系にもどっているということを意味している．(この場合も，共通の位相の変化のあるときの 1 例である．) このことは，図 6-5 (b) の T と S の間の角度を 180° に増したとき，(T に関する)系が 0° のときの状況とまったく区別できないことを意味している．そしてこのときもまた，粒子は U 装置をその $(+)$ 状態で通り抜けることになるわけである．ところが，180° の回転をしたときには，U 装置における $(+)$ 状態は，元々の S 装置における $(-x)$ の状態になっている．したがって，$(+x)$ の状態が $(-x)$ の状態に移るわけである．しかし，$m=1$ としたのでは，180° の回転をしたとき，元々の状態を**変化**させることにはならない．答えは間違っている．したがって，$m=1$ とすることはできない．

つまり，360° の回転で同じ物理的状態が再現され，**それより小さい角度の回転では**決して再現されることのないような状況になっていなければならないということである．それは $m=1/2$ の場合におきる．

そのときに，そしてそのときだけ，同じ**物理的**状態を再現するはじめての角度が $\phi=360°$ であるということになる[†]．このとき

$$\left.\begin{aligned} C_+' &= -C_+ \\ C_-' &= -C_- \end{aligned}\right\}\ z\text{ 軸のまわりの }360°\text{ の回転} \qquad (6.18)$$

である．装置を 360° 回すと，新しい振幅がえられるというのは，考えてみれば奇妙な話である．でも，それらは本当に新しい振幅であるというわけではないのである．なぜかといえば，符号の共通の変化は何ら異なる物理を与えるものではないからである．だれかほかの人が，自分は 360° 回したのだと思って，すべての振幅の符号を変えたとしても，ちっとも悪いことはない．彼は同じ物理[††]を与えたのである．したがって，われわれの最終的な答えは，スピン 1/2 の粒子の基準系 S に関する振幅 C_+ と C_- とが分っているとき，z 軸のまわりの角度 ϕ の回転によって，S からえられる T に即した基本状態系を用いると，その新しい振幅は古い振幅から

$$\left.\begin{aligned} C_+' &= e^{i\phi/2}C_+ \\ C_-' &= e^{-i\phi/2}C_- \end{aligned}\right\}\ z\text{ 軸のまわりの角 }\phi\text{ の回転} \qquad (6.19)$$

により与えられるということになる．

6-4　y 軸のまわりの 180° および 90° の回転

次に，S に関する T の回転として，z 軸に**垂直な**一つの軸——例えば，y 軸——のまわりの 180° の回転をしたときの変換性を推定することにしよう．(このとき，座標軸の方向はすでに図 6-1 に定義してある．) いいかえると，まずはじめに，2 個の同一のシュテルン-ゲルラッハの装置を考えて，図 6-6 にあるように，そのうちの第 2 の装置 T を第 1 の装置 S に関して“逆さまにひっくりかえす”のである．さて，粒子が小さな磁気双極子のようなものであると考えると，$(+S)$ 状態にある粒子は——したがって，それは第 1 の装置のなかの“上側”の道筋を進む——第 2 の装置のなかでも，“上側”の道筋を通る．したがってそれは，T に関しては**負の**状態にある．(ひっくりかえした T 装置のなかでは，磁場の勾配**と**場自身の方向の両方とも反対向きになっている．それで，その磁気双極子の方向が与えられた方向をもっている粒子の場合には，それに作用する力の方向は変化しない．) いずれにせよ，S に関して“上”であるものは，ひっくりかえした T に関しては“下”になるわけである．S と T の相対的な位置関係がこのようになっているときには，その変換は

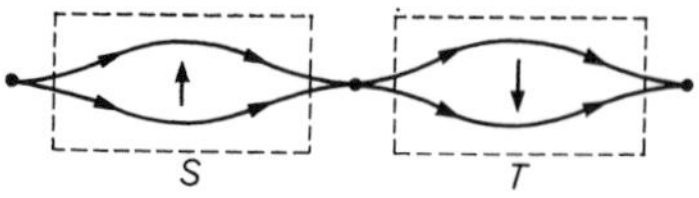

図 6-6　y 軸のまわりの 180° の回転

$$|C_+'| = |C_-|, \quad |C_-'| = |C_+|$$

[†] このとき，$m=-1/2$ ととってもよいことが分る．しかし，(6.17) をみれば分るように，この符号の変化は，単にスピン上向きの粒子を示す記号を定義し直すことを意味しているだけである．

[††] また，微小回転を繰り返して，何かを回転したけれども，その正味の結果としては元々の方向にもどってしまっているとき，その回転の全歴史の跡を保っておくことにより，それは 360° の回転をしたものであるとする——つまり，本当に全然回転しなかったときと区別する——考えを定義することは可能である．(しかしおもしろいことに，正味 720° の回転をした場合には，この話は成立し**ない**．)

を与えるようなものでなければならない．しかし，前の場合と同様に振幅の間の関係に，ある位相因子を追加することを除外することはできない．それで(y 軸のまわりの 180° の回転に対して)

$$C_+' = e^{i\beta}C_-, \quad C_-' = e^{i\gamma}C_+ \tag{6.20}$$

とおくことができる．ここで β と γ とは未定の位相である．

y 軸のまわりに 360° の回転をしたときにはどうなるだろうか．ところで，われわれはすでに，z 軸のまわりの 360° の回転のときの答えを知っている——どの状態の振幅もその符号を変えるのであった．どの軸のまわりでも，360° の回転をしたら元の位置にもどってしまう．すべての状態の符号が反対になるということは，どんな軸のまわりの 360° の回転の場合でも同じ様に成立していなくてはならない．その結果は，z 軸のまわりの 360° の回転のときと同じである——つまり，すべての振幅が単にその符号を変えるだけである．さて，y 軸のまわりの 180° の回転をつづけて 2 度やったとすると——(6.20)を用いて，——(6.18)の結果をうるはずである．いいかえると

$$C_+'' = e^{i\beta}C_-' = e^{i\beta}e^{i\gamma}C_+ = -C_+$$

および (6.21)

$$C_-'' = e^{i\gamma}C_+' = e^{i\gamma}e^{i\beta}C_- = -C_-$$

でなければならない．これは

$$e^{i\beta}e^{i\gamma} = -1 \quad \text{あるいは} \quad e^{i\gamma} = -e^{-i\beta}$$

であることを意味している．したがって，y 軸のまわりの 180° の回転に対する変換は

$$C_+' = e^{i\beta}C_-, \quad C_-' = -e^{-i\beta}C_+ \tag{6.22}$$

と書くことができる．

いま上でやった議論は，x-y 平面内にある任意の軸のまわりの 180° の回転に対しても同様に適用することができる．このときもちろん，軸が違えばそれに対する β の値も違ってくるわけである．しかし，それだけが唯一の相違点である．このときえられる β の数値には，ある程度の任意性がある．しかし，x-y 平面内にある 1 つの軸のまわりの回転に対する β の値が決められたら，その他の軸の場合の β の値も決ってしまう．**普通**，y 軸のまわりの 180° の回転の場合に，$\beta=0$ とえらぶ．

このような選び方をすることができることを示すために，y 軸のまわりの 180° の回転の場合に，β が 0 ではないと仮定しよう．すると，その位相が 0 **になる**ような軸が**ほかに**存在するということを示すことができる．図 6-7 (a)にあるように，y 軸と角 α をなす x-y 平面内の軸 A をとり，これに対する位相 β_A を求めてみよう．(話を明確にするために，図では α の値が負になるように書いてあるが，それはどうでもよい.) はじめ T 装置は，y 軸にそって S 装置と直線上に並んでいるとし，それからその T を A 軸のまわりに 180° の回転をする．この回転後の T の軸を——図 6-7 (a)に示してあるように——x'', y'' および z'' とする．このとき(6.22)と同様に，T に関する振幅の間には

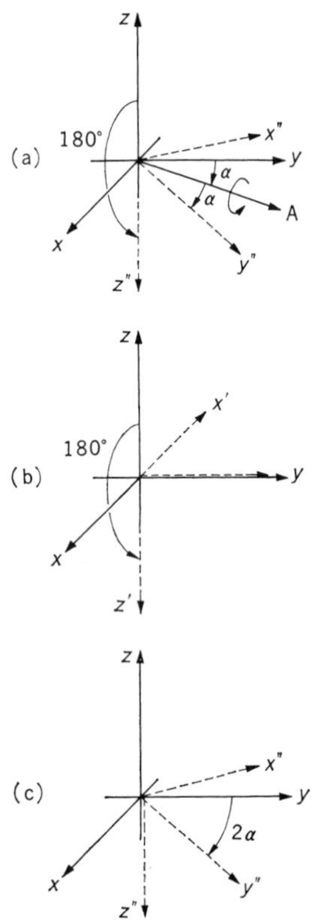

図 6-7　軸 A のまわりの 180° の回転は，y 軸のまわりの 180° の回転をした後，z' 軸のまわりに回転をしたものと同等である

$$C_+'' = e^{i\beta_A}C_-, \quad C_-'' = -e^{-i\beta_A}C_+ \qquad (6.23)$$

の関係がある．

ところで，これと同じ方向にするには，図の(b)と(c)に示した二つの回転をつづけておこなってもよいわけである．すなわち，まずはじめに，y 軸のまわりに S に関して 180° の回転をした装置 U を考える．このときの U の軸 x', y' および z' は，図 6-7 (b)に示してある．このときの U **に関する**振幅は，これも(6.22)で与えられる．

さて図 6-7 (c)にあるように，この U から T へ移るには，U の"z 軸"，つまり z' のまわりの回転をやればよいわけである．このとき図から分るように，z' 軸のまわりに回転する必要のある角の大きさは α の 2 倍の大きさである．しかし，いまの図の場合，α の値は負であり，一方，図(c)の z'' 軸のまわりの回転は正方向である．したがって，その回転角は -2α としなければならない．そこで，$\phi=-2\alpha$ とおいて，(6.19)の変換式を利用すると

$$C_+'' = e^{-i\alpha}C_+', \quad C_-'' = e^{+i\alpha}C_-' \qquad (6.24)$$

である．(6.24)と(6.22)とを結合すると

$$C_+'' = e^{i(\beta-\alpha)}C_-, \quad C_-'' = -e^{-i(\beta-\alpha)}C_+ \qquad (6.25)$$

をうる．これらの振幅はもちろん，(6.23)でえたものと一致していなければならない．したがって，β_A は α および β と，

$$\beta_A = \beta - \alpha \qquad (6.26)$$

の関係をもっている必要がある．この事実は，A 軸と y 軸(S の)との間の角 α を β に等しくとったとき，A 軸のまわりの 180° の回転に対する変換は $\beta_A=0$ を与えるということを意味している．

こうして，z 軸に垂直な**ある**軸が β を 0 にするようなものであったら，それを y 軸に選んだらよい．これは全く便宜上の問題であって，このような選び方はいつでもできるのであるから，この y 軸を一般に利用することができる．われわれのえた結果は，y 軸のまわりの 180° の回転に対して

$$\left.\begin{aligned} C_+' &= C_- \\ C_-' &= -C_+ \end{aligned}\right\} \text{ y 軸のまわりの 180° の回転} \qquad (6.27)$$

であるということである．

これまで，y 軸のまわりの回転を考えてきたわけであるが，次に同じ y 軸のまわりの 90° の回転に対する変換行列を考えてみることにしよう．同じ軸のまわりの 90° の回転を 2 度つづけてやることは，180° の回転を 1 度やることと同じことである．このことを利用すれば，この問題を解くことができる．まず，90° の場合の変換をもっとも一般的な形で

$$C_+' = aC_+ + bC_-, \quad C_-' = cC_+ + dC_- \qquad (6.28)$$

と書いておく．同じ軸のまわりの 2 番目の 90° の回転も，上と同じ係数を用いて

$$C_+'' = aC_+' + bC_-', \quad C_-'' = cC_+' + dC_-' \qquad (6.29)$$

と書くことができる．(6.29)に(6.28)を代入すると

$$C_+'' = a(aC_+ + bC_-) + b(cC_+ + dC_-),$$
$$C_-'' = c(aC_+ + bC_-) + d(cC_+ + dC_-) \quad (6.30)$$

である．ところが，(6.27)から

$$C_+'' = C_-, \quad C_-'' = -C_+$$

である．したがって，

$$\begin{aligned} ab+bd &= 1, \\ a^2+bc &= 0, \\ ac+cd &= -1, \\ bc+d^2 &= 0 \end{aligned} \quad (6.31)$$

が成立していなければならない．すべての未知量a, b, cおよびdを決定するのには，この4個の方程式があればそれで十分である．この解を求めるのは難しいことではない．第2と第4の方程式をみると，これから$a^2=d^2$がでてくる．これは$a=d$か，または$a=-d$であることを意味している．しかし，$a=-d$は駄目である．なぜなら，そのときは第1の方程式がみたされないからである．だから，$d=a$である．これを用いれば，すぐに$b=1/(2a)$であり，また$c=-1/(2a)$であることが分る．こうして，すべてがaで表わされた．これらを例えば第2の方程式に代入すると，すべての項がaだけで表わされ，

$$a^2 - \frac{1}{4a^2} = 0 \quad \text{あるいは} \quad a^4 = \frac{1}{4}$$

をうる．この方程式は4個の異なる解をもっている．しかし，それらのうちの2個だけが，変換の行列式に対して標準値を与える．そこで$a=1/\sqrt{2}$を採用してもよい．すると†

$$a = 1/\sqrt{2}, \quad b = 1/\sqrt{2},$$
$$c = -1/\sqrt{2}, \quad d = 1/\sqrt{2}$$

である．

換言すれば，2個の装置SとTがあり，TとSに関して，そのy軸のまわりに90°の回転をしたとき，その変換は次式で与えられる．

$$\left.\begin{aligned} C_+' &= \frac{1}{\sqrt{2}}(C_+ + C_-) \\ C_-' &= \frac{1}{\sqrt{2}}(-C_+ + C_-) \end{aligned}\right\} \text{y軸のまわりの90°の回転} \quad (6.32)$$

もちろん，この方程式をC_+およびC_-に関して解くこともできる．それはy軸のまわりの**マイナス**90°の回転に対する変換を与える．全部のダッシをいれかえると，

$$\left.\begin{aligned} C_+' &= \frac{1}{\sqrt{2}}(C_+ - C_-) \\ C_-' &= \frac{1}{\sqrt{2}}(C_+ + C_-) \end{aligned}\right\} \text{y軸のまわりの$-90°$の回転} \quad (6.33)$$

が結論されるわけである．

† もう一つの解は，a, b, cとdのすべての符号を変えたもので，これは$-270°$の回転に対応している．

6-5　x 軸のまわりの回転

諸君はこう思っているかも知れない．“話がだんだんアホらしくなってくる．この次には y 軸のまわりの 47° の回転をやり，そのあとで x 軸のまわりの 33° の回転をやり，といった具合に，永久につづける気かいな”と．いや，もう話はほとんどすんでいるのである．二つの変換——y 軸のまわりの 90° の回転と，z 軸のまわりの任意の角の回転(多分憶えていると思うが，これはまずはじめにやったものである)——をやったから，これから全く任意の回転をつくり出すことができるのである．

1例として，x 軸のまわりの角 α の回転がほしいものとしよう．z 軸のまわりの角 α の回転の扱い方は分っているが，いまほしいのは x 軸のまわりの回転である．それをうるには，どうやったらよいか．それにははじめ，z 軸を下に向けて x 軸上に回す——図 6-8 に示されているように，これは y 軸のまわりの 90° の回転である．それから，z' 軸のまわりに角 α だけ回転する．その次に，y'' 軸のまわりに −90° の回転をする．これらの三つの回転の後に最終的にえられる結果は，x 軸のまわりに角 α だけ回したものと同じである．こうなるのは，空間そのもののもっている性質なのである．

(回転の組み合わせについての上のような事実や，その結果何がでてくるかを直観的に把握することはかなり困難なことである．われわれは 3 次元のなかで生活しているわけであるけれども，こういうことにはあまり慣れておらず，この道をまわり，それからあの道をまわるとどうなるかを感じとることが難しいからである．仮にわれわれが魚か鳥であって，空中で宙返りをしたらどうなるかを身をもって経験したら，恐らく，そのようなことをもっと容易に感じとることができるであろう．)

とにかく，これまでの知識を利用して，x 軸のまわりの角 α の回転に対する変換を求めることにしよう．はじめの y 軸のまわりの +90° の回転で，振幅は(6.32)にしたがって変化する．この回転の後の軸を，x', y' および z' とよぶことにし，また次の z' 軸のまわりの角 α の回転によって座標系 x'', y'', z'' に移る．このとき

$$C_+'' = e^{i\alpha/2}C_+', \quad C_-'' = e^{-i\alpha/2}C_-'$$

である．最後の y'' 軸のまわりの −90° の回転によって，x''', y''', z''' に移ると，(6.33)によって

$$C_+''' = \frac{1}{\sqrt{2}}(C_+'' - C_-''), \quad C_-''' = \frac{1}{\sqrt{2}}(C_+'' + C_-'')$$

となる．これらの最後の二つの変換を組み合わせると，

$$C_+''' = \frac{1}{\sqrt{2}}(e^{+i\alpha/2}C_+' - e^{-i\alpha/2}C_-'),$$

$$C_-''' = \frac{1}{\sqrt{2}}(e^{+i\alpha/2}C_+' + e^{-i\alpha/2}C_-')$$

をうる．右辺の C_+' と C_-' に対して(6.32)を用いると，完全な変換と

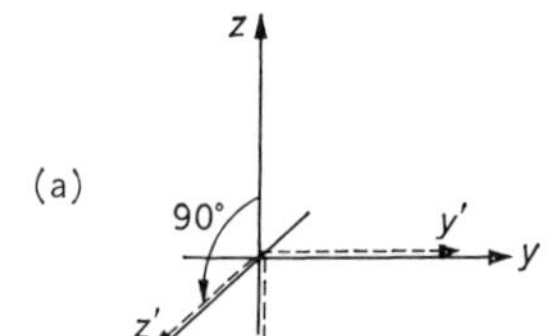

図 6-8　x 軸のまわりの角 α の回転は (a) y 軸のまわりの +90° の回転につづいて (b) z' 軸のまわりの角 α の回転につづいて (c) y'' 軸のまわりの −90° の回転をやったものと同等である

して次式をうる.

$$C_+''' = \frac{1}{2}\{e^{+i\alpha/2}(C_+ + C_-) - e^{-i\alpha/2}(-C_+ + C_-)\},$$

$$C_-''' = \frac{1}{2}\{e^{+i\alpha/2}(C_+ + C_-) + e^{-i\alpha/2}(-C_+ + C_-)\}.$$

ここで

$$e^{i\theta} + e^{-i\theta} = 2\cos\theta, \quad e^{i\theta} - e^{-i\theta} = 2i\sin\theta$$

の公式を思いおこすと，上の式はより簡単な形に表わされ

$$\left.\begin{aligned} C_+''' &= \left(\cos\frac{\alpha}{2}\right)C_+ + i\left(\sin\frac{\alpha}{2}\right)C_- \\ C_-''' &= i\left(\sin\frac{\alpha}{2}\right)C_+ + \left(\cos\frac{\alpha}{2}\right)C_- \end{aligned}\right\} \text{x 軸のまわりの角 α の回転} \tag{6.34}$$

をうる．これが，x 軸のまわりに任意の角 α の回転をしたときの変換を与える式である．この公式は他の場合より，少しばかり複雑な形をしている.

6-6 任意の回転

ここまでくると，まったく**任意の**角の回転の場合にどうするのかが分る．まず，二つの座標系の間の任意の相対的な方向は，図 6-9 に示されているような 3 個の角で記述できることに注意しよう．いま，3 個の軸 x, y, z に関して，まったく任意の方向をもつ軸の組 x', y', z' があるとすると，この二つの座標系の間の関係は，3 個のオイラーの角 α, β および γ を用いて記述することができる．このオイラーの角とは，x, y, z 系を x', y', z' 系に移す 3 回つづきの回転によって定義されるものである．まず x, y, z からスタートして，系を z 軸のまわりに角 β だけ回転する．すると x 軸は直線 x_1 上にもっていかれる．次に，この臨時的な x 軸(すなわち，x_1)のまわりに角 α だけ回転して，z を z' に下げる．最後にこの新しい z 軸(つまり，z')のまわりに角 γ だけ回転して，x 軸を x' にもってゆき，また同時に y 軸を y' にもってゆくというわけである†．ところでわれわれは，これらの三つの回転のそれぞれに対する変換式をすでに知っている．そこでそれらの変換式を正しい順序で組み合わせると，次の結果をうることができる.

$$\begin{aligned} C_+' &= \cos\frac{\alpha}{2}e^{i(\beta+\gamma)/2}C_+ + i\sin\frac{\alpha}{2}e^{-i(\beta-\gamma)/2}C_-, \\ C_-' &= i\sin\frac{\alpha}{2}e^{i(\beta-\gamma)/2}C_+ + \cos\frac{\alpha}{2}e^{-i(\beta+\gamma)/2}C_-. \end{aligned} \tag{6.35}$$

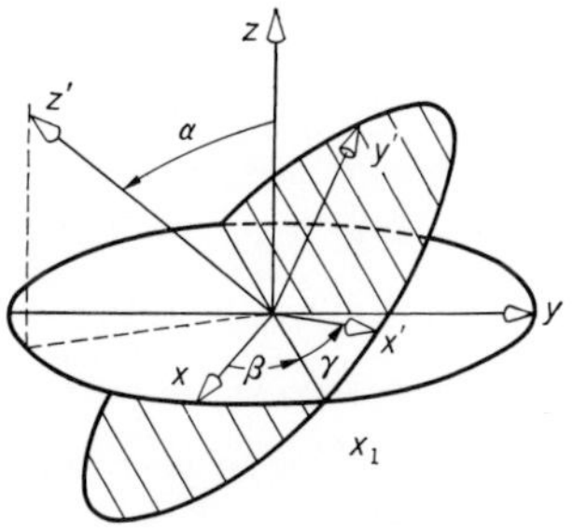

図 6-9　任意の座標系 x', y', z' のもう一つの座標系 x, y, z に相対的な方向は，オイラーの角 α, β, γ を用いて定義することができる

こうして，空間の性質に関するある仮定から出発して，まったく任意の回転に対する振幅の変換性を導いたわけである．このことは，スピン 1/2 の粒子の任意の状態が，座標系 x, y, z で記述されているシュテルン-ゲルラッハの装置 S のなかの 2 個のビームに移る振幅を知っ

† 少し調べてみると，座標系 x, y, z は，**元の**軸のまわりの次の 3 回の回転によって，座標系 x', y', z' に移されることが分る．すなわち，(1)元の z 軸のまわりの角 γ の回転．(2)元の x 軸のまわりの角 α の回転．(3)元の z 軸のまわりの角 β の回転.

ていれば，座標系 x', y', z' をもつ装置 T のなかの2個のビームのうちのどちらにどれだけの部分がはいるかを計算することができるということを意味している．いいかえると，x, y, z 座標系の z 軸に関して"上向き"および"下向き"になっている振幅が $C_+=\langle +|\psi\rangle$ および $C_-=\langle -|\psi\rangle$ で与えられるような状態 ψ があるとすると，任意の他の座標系 x', y', z' の z' 軸に関して"上向き"および"下向き"になっている振幅 C_+' および C_-' をも知ることができるということである．(6.35)の右辺の4個の係数は，"変換行列"の各要素であり，これを用いることによって，スピン 1/2 の粒子の振幅を，任意の他の座標系における振幅に変換することができる．

上の結果を利用してどんな具合に計算するかを示すために，二つ三つの例題をやってみよう．まずはじめに，次のような簡単な問題をやろう．$(+z)$状態にある原子のみを透過するシュテルン-ゲルラッハの装置を通した1個のスピン 1/2 の原子を考える．問題は，その原子が$(+x)$状態にある振幅はいくらかということである．$+x$ 軸は y 軸のまわりに $90°$ の回転をした系の $+z'$ 軸と同じものである．このときもちろん，(6.35)の完全な表式を利用できるわけであるが，この問題の場合には(6.32)を用いるのが一番簡単である．$C_+=1$ で $C_-=0$ であるから，$C_+'=1/\sqrt{2}$ をうる．その確率は振幅の絶対値の2乗で与えられる．つまり，粒子が$(+x)$状態を選別する装置を通り抜けるチャンスは50%である．もし$(-x)$状態に発見される振幅について問うなら，その振幅は $-1/\sqrt{2}$ であり，その確率もまた 1/2 である——これは空間の対称性から考えて，当然期待されるものである．つまり，粒子が$(+z)$状態にあるとき，$(+x)$あるいは$(-x)$にある振幅は相等しい．ただし位相は反対になっている．

y 軸の場合についても，別に何も障害はない．$(+z)$の状態にある粒子が，$(+y)$または$(-y)$の状態に発見されるチャンスは半々である．しかしこの場合には，(x 軸のまわりの $-90°$ の回転に対する公式を利用することにより)，それらの振幅は $1/\sqrt{2}$ および $-i/\sqrt{2}$ で与えられる．この場合の二つの振幅の位相差は，$(+x)$と$(-x)$の場合のように $180°$ ではなくて，$90°$ である．この事実こそ，x と y との相違点を表わしている．

最後の例として，スピン 1/2 の粒子が図6-10の角 θ と ϕ によって定義される軸Aに沿って"上向き"に偏っている状態 ψ にある場合を考えよう．知りたいのは，その粒子が z 軸に沿って"上向き"になる振幅 $\langle C_+|\psi\rangle$ と，z 軸に沿って"下向き"になる振幅 $\langle C_-|\psi\rangle$ とである．これらの振幅を求めるには，Aがその z 軸になっていて，その x 軸は任意の方向を向いている——例えばAと z によってつくられる平面内にある——ような系を想像すればよい．このとき，このAの座標系を3個の回転によって x, y, z 系に移すことができる．それにはまずはじめに，A軸のまわりに $-\pi/2$ の回転をする．これは図で，x 軸をBの線にもっていくことになる．その次に，線B(座標系Aの新しい

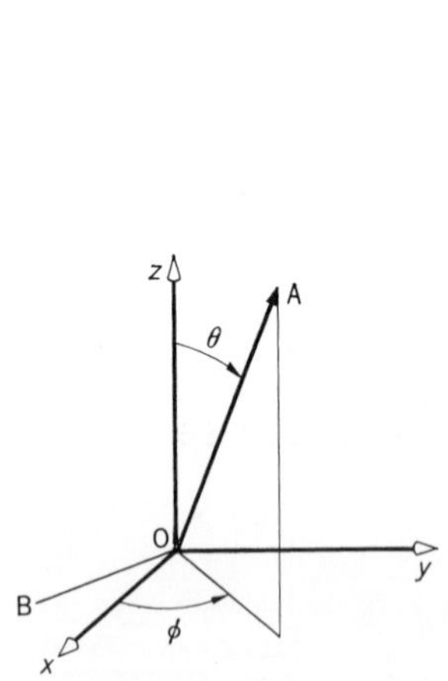

図6-10　極座標の角 θ と ϕ で定義される軸A

x 軸)のまわりに θ だけ回転して，A を z 軸にもっていく．そして最後に z 軸のまわりに角 $(\pi/2-\phi)$ だけ回転するのである．ここでAに関しては(＋)の状態だけがあったことを思いおこすと，次の結果をうる．

$$C_+ = \cos\frac{\theta}{2}e^{-i\phi/2}, \quad C_- = \sin\frac{\theta}{2}e^{+i\phi/2}. \qquad (6.36)$$

最後に，この章でえられた結果を，あとで役立つような形でまとめておこう．まず，(6.35)の結果は別の記法で書けることに気付くだろう．(6.35)は(6.4)とまったく同じことを意味していることに注意されたい．すなわち，(6.35)の $C_+=\langle +S|\phi\rangle$ と $C_-=\langle -S|\phi\rangle$ の係数は，(6.4)の振幅 $\langle jT|iS\rangle$ に対応している——これは S に関して状態 i にある粒子が，T に関する状態 j に発見される振幅である．(ただしこのとき，S に対する T の方向は角 α, β および γ で与えられている．また(6.6)では，それらを R^{TS} と書いていた．(記法過多症！) 例えば，$R^{TS}_{-+}=\langle -T|+S\rangle$ は，C_-' に対する公式のなかの C_+ の係数，つまり $i\sin(\alpha/2)\cdot e^{i(\beta-\gamma)/2}$ である．したがって，表6-1にあるように，一つの表の形で上の結果をまとめることができる．

これまでに計算したいくつかの簡単な特殊例の場合の振幅を書いておくと，ときに便利なことがある．いま，z 軸のまわりの角 ϕ の回転を $R_z(\phi)$ と書くことにし，それをもって，その回転に対応する回転行列をも表わすものとする．(このとき，添字 i と j とを明示していないが，それによって誤解がおきることはないはずである．) 同様の精神で，$R_x(\phi)$ と $R_y(\phi)$ とはそれぞれ x 軸と y 軸のまわりの角 ϕ の回転を表わすものとする．表6-2には，その行列の表——振幅 $\langle jT|iS\rangle$ の表——が与えられている．これは，振幅を S 系から T 系に変換する行列である．ここで，T の振幅は S の振幅から，表に示されている回転によってえられる．

表6-1　図6-9のオイラーの角 α, β, γ により定義される回転に対する振幅 $\langle jT|iS\rangle$

$R_{ji}(\alpha, \beta, \gamma)$

$\langle jT\|iS\rangle$	$+S$	$-S$
$+T$	$\cos\frac{\alpha}{2}e^{i(\beta+\gamma)/2}$	$i\sin\frac{\alpha}{2}e^{-i(\beta-\gamma)/2}$
$-T$	$i\sin\frac{\alpha}{2}e^{i(\beta-\gamma)/2}$	$\cos\frac{\alpha}{2}e^{-i(\beta+\gamma)/2}$

表6-2　z 軸，x 軸あるいは y 軸のまわりの角 ϕ の回転 $R(\phi)$ に対する振幅 $\langle jT|iS\rangle$

$R_z(\phi)$

$\langle jT\|iS\rangle$	$+S$	$-S$
$+T$	$e^{i\phi/2}$	0
$-T$	0	$e^{-i\phi/2}$

$R_x(\phi)$

$\langle jT\|iS\rangle$	$+S$	$-S$
$+T$	$\cos\phi/2$	$i\sin\phi/2$
$-T$	$i\sin\phi/2$	$\cos\phi/2$

$R_y(\phi)$

$\langle jT\|iS\rangle$	$+S$	$-S$
$+T$	$\cos\phi/2$	$\sin\phi/2$
$-T$	$-\sin\phi/2$	$\cos\phi/2$

第 7 章
振幅の時間依存性

7-1 静止している原子；定常状態

この章では，確率振幅の時間的変動の様子について，ほんの少しばかり話しておくことにする．いま，“ほんの少しばかり”といったが，そういう理由は，現実の時間的変化の性質には，かならず同時に空間的変化の様子がからまってくるからである．したがって，その時間依存性を正確に，かつ詳しくやろうとすると，どうしても一番複雑な問題に直ちにはいりこまざるをえなくなってしまうのである．われわれは，論理的に厳密に，しかし全く抽象的な方法で問題を扱うことにするか，それとも，完全に厳密というわけではないが，現実の状況に対するある考え方を与えるだけにするか——もっと注意深い扱いは後に延ばして——のどちらのやり方を選ぶのかという困った問題に，いつでもゆき当るのである．時間依存性の問題に関しては，われわれは後者のコースをとろうとしているのである．われわれは多くのことを主張する．厳密にやるということはせずに——ただ，これまでに発見されたことを述べて，時間の関数として振幅がどのようにふるまうかという問題に関するある種の感覚を与えようというのである．しかし，話が進むにつれて，記述の正確度は増大していくようにしてある．だから，空中から何かを取り出してくる手品のように思えることに対して，あまり神経質にならないようにして欲しい．当然のことだが，それらはみな，何もない空中——何もないところから何かを結論する実験と，何もないところから何かを導出する想像力——から出てきたものである．しかし，その歴史的発展の経過をたどると時間がかかりすぎるので，どこかで飛躍をしなくてはならない．諸君にとって分りにくい——抽象的世界に飛び込んで，何もかもを演繹することも可能である．あるいはまた，それぞれの主張を正当化する多くの実験のことをみんな話すこともできる．しかし，ここではその中間のことを何かやることにする．

何も存在しない空間のなかにたった一つおかれた電子は，ある状況のもとで，ある一定のエネルギーをもつことができる．例えば，その電子が静止していると(したがって，それは並進運動もしていなければ，運動量または運動エネルギーももっていない)，それは静止エネルギーをもっている．原子のようなもっと複雑なものも，それが静止しているときには，ある決ったエネルギーをもっている．しかし原子の場合には，内部的に励起されて他のエネルギー準位をもつこともできる．（この機構については後に述べることにする.） 励起状態にある原子は，ある決ったエネルギーをもっていると考えることができるが，しかしそれは本当は近似的にのみ正しいのである．原子は永久に励起されたままでいることはできない．なぜかというと，励起状態にある原子は電磁場と相互作用をすることによって，そのエネルギーを失おうとするからである．したがって――原子がよりエネルギーの低い状態に落ち，電磁場のほうがより高い励起状態になって――新しい状態が生み出される振幅が存在する．体系のもつ全エネルギーは，その前と後とで同じであるが，**原子**のもつエネルギーは減少する．したがって，1個の励起状態にある原子がある**決った**エネルギーをもっているということは厳密なことではない．ただ，そうだというのは，ときに便利なこともあるし，またそれほど悪いわけではないということにすぎないのである．

［ここでついでに，なぜ原子は他のやり方をせず，こういうやり方をするのか，なぜ原子は光を放出するのか，その理由を説明しておこう．その答えは，エントロピーに関係している．エネルギーが電磁場に与えられると，そのエネルギーを分配する方法が余りにも多く存在するために――そのエネルギーのさまよい歩ける場所が多すぎるために――平衡状態をさがそうとすると，その一番可能性の大きい状況というのが，場に光子が励起され，原子は励起状態から落ちてしまっている状態であるということになるからである．原子から放出された光子がもどってきて原子に衝突し，それをふたたび励起するには，ものすごく長い時間がかかるのである．この問題は，次のような古典的な問題とまったくよく似た問題である．すなわち，加速された電荷は，なぜ電磁波を放射するのか，という問題と同じ問題である．電荷はエネルギーを失い“たい”から，エネルギーを失うわけではない．なぜなら，事実，電荷が電磁波を放射しても，全世界のエネルギーは前と同じに保たれているからである．放射をするか，それとも吸収をするか，それは**エントロピー**の増大する方向に進行するのである.］

原子核もまた色々なエネルギー準位に存在しうる．そして，電磁的効果を無視する近似では，励起状態にある核はそのままそこに止まっているということができる．それが，その状態に永久に止まっているということはないことは分っているが，ある程度理想化した，そして考えやすい近似から出発したほうが有効なことがしばしばあるのである．また，ある状況のもとでは，それは合理的な近似になっていることさえある．（われわれが，はじめて落体の古典的法則を導入したとき，摩擦を含めなかった．しかし，**何ほどかの**摩擦のない場合というのは，ほとんど決してありえない.）

それから，原子核以下の色々な質量をもつ多くの“奇妙な粒子”が存在する．しかし，そのうちのより重いものは他のより軽い粒子に崩壊する．したがって，ここでも，それらの粒子が正確に決ったエネルギーをもつという言い方をするのは正しくない．そのことは，その粒子が永久に持続するときにのみ本当なのである．つまり，それらの重い粒子がある特定のエネルギーをもっているという近似をおこなうときには，それらの粒子が壊れてふっ飛んでしまうという事実を忘れているのである．そこで，差し当っては，そのような過程のことは忘れることにして，それを考慮に入れる方法については後で学ぶことにする．

いま，静止している1個の原子——または1個の電子，あるいは任意の粒子——が，ある決ったエネルギー E_0 をもっているものとしよう．ここでエネルギー E_0 とは，全体の質量の c^2 倍のことである．この質量は内部のエネルギーをすべて含んでいるものであり，したがって，励起状態にある原子は，基底状態にある同じ原子の質量とは異なる質量をもっている．(ここで**基底**状態とは，もっともエネルギーの低い状態を意味するものである．) この E_0 を"静止エネルギー"という．

静止している原子の場合には，それをある場所に発見する量子力学的**振幅**は**どこでも同じ**値をもつ．それはその位置にはよら**ない**．このことはもちろん，任意の場所に原子を**発見する確率**が同じであることを意味している．しかしこのことは，それ以上のことを意味しているのである．その**確率**は位置にはよらなくても，その**振幅**の**位相**は点から点に移るにしたがって変化しうる．ところが，静止している粒子の場合には，振幅そのものがどこでも全く同じなのである．しかしながら，その振幅は**時間**には依存している．ある決ったエネルギー E_0 の状態にある粒子の場合，その粒子を時刻 t に，位置 (x, y, z) の場所に発見する振幅は

$$ae^{-i(E_0/\hbar)t} \tag{7.1}$$

で与えられる．ここで a はある定数である．空間内の任意の点における振幅は，あらゆる点に対して同一の値をもつが，それの時間依存性は(7.1)によって与えられる．ここでは，単にこの法則が成立するものと仮定することにしよう．

もちろん，ここで

$$\hbar\omega = E_0 = Mc^2$$

の関係を用いて，(7.1)を

$$ae^{-i\omega t} \tag{7.2}$$

と書くこともできる．ここで M は，ある状態の原子または粒子の静止質量である．エネルギーの値を指定するには三つの異なる方法が存在する．すなわちそれは，振幅の振動数によって指定することもできるし，また古典的な意味でのエネルギーによっても，あるいはその慣性によって指定することもできる．これらはみな同等である．つまり，これらは同じことを別の言い方で表わしているにすぎない．

全空間にわたって，それが発見される振幅が等しいような"粒子"を考えるのはおかしいと諸君は考えているかも知れない．普通われわれはやはり，"粒子"とは"どこかに"場所を占めている小さなものと

考えている．しかし，不確定性原理があることを忘れてはならない．1個の粒子がある決ったエネルギーをもっているときには，それはまたある決った運動量をもっている．運動量の不確定さが0であるときには，不確定性関係 $\Delta p\Delta x=\hbar$ から，位置の不確定さは無限大でなければならない．そしてこのことこそ，空間内のあらゆる点で粒子を発見する確率が同じであるといっていることの内容である．

原子の内部が異なる全エネルギーをもつ別の状態にあるときには，振幅の時間的変化の様子も違ってくる．原子がそのどの状態にあるのかが分らないときには，そのうちの一つの状態に存在する振幅もあれば，別の状態に存在する振幅もある——そして，これらの振幅のそれぞれが別の異なった振動数をもっている．これらの異なった成分の間には——うなりの音のように——干渉が存在する．そして，これが時間的に変動する確率として現われてくることになる．このとき，たとえその質量中心が移動しないという意味で“静止”しているにしても——原子の内部では何ごとかが“進行している”のであろう．しかしながら，原子が一つの決ったエネルギーをもっているときには，その振幅は(7.1)で与えられ，その振幅の絶対値の2乗は時間にはよらない．すると，あるものが一定のエネルギーをもっているときには，その**確率**については何を問うても，その答えはいつも時間によらないということになる．その**振幅**は時間とともに変化するけれども，そのエネルギーが**決っている**ときには，振幅は虚数の指数をもつ指数関数的に変化して，その絶対値は変化しない．

これが，ある決ったエネルギー準位にある原子は**定常状態**にあるという理由である．この状態にある原子の内部の何を測定しても，(その確率は)時間とともに全く変化しない．確率が時間とともに変化するには，二つの違う振動数をもつ二つの振幅が干渉をしなければならない．そして，このことは，そのエネルギーの値を知りえないということを意味している．その物体は，一つのエネルギーの状態にある振幅と，別のエネルギー状態にあるもう一つの振幅とをもっている．そのことが，その“ふるまい”が時間に依存しているときの，そのあるものの量子力学的な記述になっているのである．

いま，異なるエネルギーをもつ二つの違った状態を混ぜ合わせた“状態”があるとすると，二つの状態のそれぞれの振幅は，(7.2)にしたがって，例えば

$$e^{-i(E_1/\hbar)t} \quad \text{および} \quad e^{-i(E_2/\hbar)t} \tag{7.3}$$

のように時間的に変化する．そして，この二つのある組み合わせになっていると，干渉がおきる．しかし，これらのエネルギーの両方にある一定値を加えても，何の相違をももたらさないということに注意されたい．だれかほかの人が別のエネルギーのスケールを用いて，すべてのエネルギーの値を一定量——例えば A だけ——増加(または減少)させたとすると，そのとき彼の立場からみると，二つの状態の振幅は

$$e^{-i(E_1+A)t/\hbar} \quad \text{および} \quad e^{-i(E_2+A)t/\hbar} \tag{7.4}$$

で表わされる．彼の振幅にはみんな同じ因子 $e^{-iAt/\hbar}$ が共通に掛かっており，その振幅のどんな線形結合，あるいは干渉にも共通に同じ因子が掛かっている．そこで，その絶対値の2乗をとって確率を求めると，その答えはみんな前のと同じ値になる．すなわち，エネルギーのスケールの原点をどう選んでも，えられる結果は同じであり，勝手な原点からエネルギーを測ってよいのである．相対論を考慮するには，その静止質量をも含むようにエネルギーの原点を決めると都合がよい．しかし，多くの非相対論的な場合には，現われてくるすべてのエネルギーから，ある標準的な量を引き算しておいたほうがよいことがよくある．例えば1個の原子があるとき，通常は，エネルギー M_sc^2 を引いておくと便利である．ここで M_s は原子を構成しているすべての**別々の**要素——原子核と電子——の質量の和であって，もちろんこれは原子そのものの質量とは異なるものである．また別の問題では，すべてのエネルギーから M_gc^2 を引いておくと役に立つことがある．ここで M_g は**基底状態にある**原子の全質量であって，このときに現われてくるエネルギーは原子の励起エネルギーそのものになっている．こういうわけで，時々，ある非常に大きな定数だけ，エネルギーの原点をずらすことがある．しかしこうしても，特定の計算のなかですべてのエネルギーを同じ定数だけずらしておけば，何の相違をももたらさないのである．静止している粒子については，これで終わり．

7-2　一様な運動

相対論が正しいものであるとすると，ある慣性系に対して静止している粒子は，他の慣性系からみたときには一様な運動をしている．粒子の静止系では，その確率振幅はすべての x, y, z に対して同じ値をもつが，しかしそれは時間 t とともに変化している．このとき，振幅の**大きさ**はすべての時刻 t で同じ値をもつが，その**位相**は t に依存している．ここで，位相が等しい線——例えば，位相の値が0の線——を x と t の関数として描くと，振幅の様子に対する一つの描像をもつことができる．静止している粒子の場合には，図7-1に破線で示されているように，同位相の線は x 軸に平行であり，t 座標については等間隔になっている．

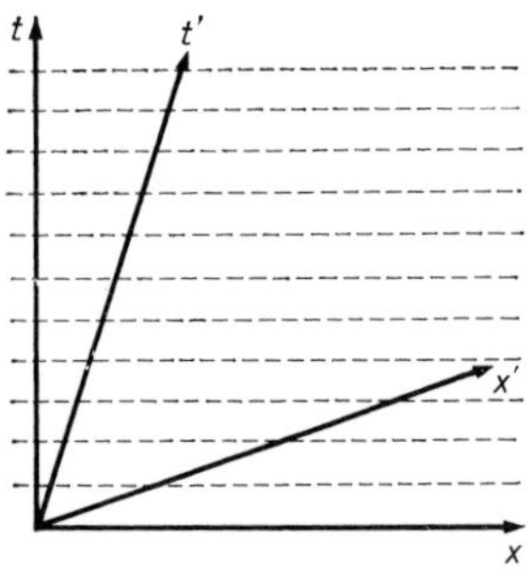

図7-1　x-t 系において静止している粒子の振幅の相対論的変換

粒子に対して，例えば x 方向に動いている別の座標系——x', y', z', t'——では，空間内の任意の特定の点の座標 x' および t' は，x と t とにローレンツ変換によって関係づけられている．この変換は，図式的には図7-1にあるように，x' と t' の軸を書くことによって表わされる．（第I巻，第17章の図17-2を見よ．）その x'-t' 系では，同位相の点†は t' 軸に沿って前とは違う間隔になっており，したがって，時間的変

† ここでわれわれは，位相は二つの系における対応する点で同じ値をもつべきであると仮定している．しかし，この点にはかなり微妙なものが含まれている．なぜなら，量子力学的な振幅の位相は，かなり広い範囲にわたる任意性をもっているからである．この仮定を完全に正当化するには，2個あるいはそれ以上の振幅の干渉を取り入れたもっと詳しい議論を必要とする．

化を表わす振動数もまた異なったものになる．また，x' による位相の変化もあり，したがって，確率振幅は x' の関数になっていなければならないということになる．

速度 v のときの，例えば x の負の方向に沿うローレンツ変換のもとでは，時間 t は時間 t' と

$$t = \frac{t'-x'v/c^2}{\sqrt{1-v^2/c^2}}$$

の関係で結びついている．したがって，振幅は次のように変化する．

$$e^{-(i/\hbar)E_0t} = e^{-(i/\hbar)(E_0t'/\sqrt{1-v^2/c^2}-E_0vx'/c^2\sqrt{1-v^2/c^2})}.$$

ダッシのついた系では，振幅は時間的にだけでなく，空間的にも変化する．その振幅を

$$e^{-(i/\hbar)(E_p't'-p'x')}$$

と書くと，$E_p'=E_0/\sqrt{1-v^2/c^2}$ は，静止エネルギーが E_0 の粒子が速度 v で運動しているときの古典的に求められたエネルギーであり，また $p'=E_p'v/c^2$ はそれに対応する粒子の運動量であることが分る．

諸君は，$x_\mu=(t, x, y, z)$ および $p_\mu=(E, p_x, p_y, p_z)$ が4元ベクトルであり，$p_\mu x_\mu=Et-\boldsymbol{p}\cdot\boldsymbol{x}$ はスカラー不変量であることをすでに知っているはずである．粒子の静止系では，$p_\mu x_\mu$ はちょうど Et であり，これを別の系に変換すると，Et は

$$E't'-\boldsymbol{p}'\cdot\boldsymbol{x}'$$

におきかえられる．したがって，運動量 $\boldsymbol{p}$ をもつ粒子の確率振幅は

$$e^{-(i/\hbar)(E_pt-\boldsymbol{p}\cdot\boldsymbol{x})} \tag{7.5}$$

に比例するであろう．ここで E_p は，運動量が $\boldsymbol{p}$ の粒子のもつエネルギーである．すなわち

$$E_p = \sqrt{(pc)^2+E_0{}^2} \tag{7.6}$$

である．ここで E_0 は前と同様に，粒子のもつ静止エネルギーである．非相対論的な問題の場合には

$$E_p = M_sc^2+W_p \tag{7.7}$$

と書くことができる．ここで，W_p は，原子の構成要素の静止エネルギー M_sc^2 以上の，それを超える分のエネルギーである．一般に W_p は，原子の運動エネルギーのほかに，その結合エネルギーあるいは励起エネルギーをも含んでいる．そこで後者のエネルギーを"内部"エネルギーとよぶことができる．いま，

$$W_p = W_{\text{int}}+\frac{p^2}{2M} \tag{7.8}$$

と書くと，振幅は

$$e^{-(i/\hbar)(W_pt-\boldsymbol{p}\cdot\boldsymbol{x})} \tag{7.9}$$

となる．これからは一般に非相対論的な計算をしようとしているので，この形の確率振幅を用いることにする．

上に述べた相対論的な変換によって，何の仮定も追加することなくして，空間内を運動している原子の振幅の空間的変化が与えられたことに注意しよう．空間的変化を示す波数は，(7.9)から

$$k = \frac{p}{\hbar} \tag{7.10}$$

であり，したがって，その波長は

$$\lambda = \frac{2\pi}{k} = \frac{h}{p} \tag{7.11}$$

で与えられる．これは前に，運動量 p をもつ粒子に対して用いた波長と同じものである．この公式は，ド・ブロイが最初に，ここでやったと同じ方法で到達したものである．動いている粒子の場合にも，振幅の変動を表わす**振動数**は，そのまま

$$\hbar\omega = W_p \tag{7.12}$$

で与えられる．

(7.9)の絶対値の2乗はちょうど1である．したがって，ある**決ったエネルギー**で運動している粒子の場合，それを発見する確率は，いかなる場所でも同じ値であり，またそれは時間的にも変化しない．(振幅が**複素数**の波であることに注意することは大切なことである．仮に実数の正弦波を用いたとすると，その2乗は場所場所によって変化することになる．これでは正しくない．)

もちろん，粒子が場所から場所へ移動してゆき，その確率が位置に依存し，また時間とともに変動するような場合もあることを知っている．それでは，そのような場合はどのようにして記述したらよいであろうか．それには，決ったエネルギーをもつ状態に対する2個またはそれ以上の数の振幅を重ね合わせて作った振幅を考えればよいのである．実は，このような場合については，すでに第II巻，第23章で議論したことがある——それも確率振幅の場合に．そのとき知ったことは，異なる波数(すなわち，運動量)と，異なる振動数(すなわち，エネルギー)をもつ2個の振幅の和は干渉による‘こぶ’，あるいは‘うなり’を与え，したがって，その振幅の2乗は場所および時間とともに変化するということであった．また，これらの‘うなり’は

$$v_g = \frac{\Delta\omega}{\Delta k}$$

で与えられる，いわゆる“群速度”で運動することもすでに知っている．ここで Δk と $\Delta\omega$ とは，二つの波の波数と振動数の差である．もっと複雑な波——ほとんど同じ振動数をもつ多くの振幅をすべて加えることによってつくられる波——の場合には，その群速度は

$$v_g = \frac{d\omega}{dk} \tag{7.13}$$

で与えられる．

ここで $\omega = E_p/\hbar$，$k = p/\hbar$ とおくと

$$v_g = \frac{dE_p}{dp} \tag{7.14}$$

であることが分る．(7.6)を用いると

$$\frac{dE_p}{dp} = c^2\frac{p}{E_p} \tag{7.15}$$

となる．しかし，$E_p=Mc^2$ と書けるから

$$\frac{dE_p}{dp}=\frac{p}{M} \tag{7.16}$$

となり，これは古典力学的な速度とその形が一致している．あるいは，非相対論的な表式を用いると，

$$\omega=\frac{W_p}{\hbar} \quad \text{および} \quad k=\frac{p}{\hbar}$$

であり，したがって

$$\frac{d\omega}{dk}=\frac{dW_p}{dp}=\frac{d}{dp}\left(\frac{p^2}{2M}\right)=\frac{p}{M} \tag{7.17}$$

で，これもまた古典的な速度になっている．

こうしてえられた結論は，ほとんど同じエネルギーをもっている純粋なエネルギー状態に対する振幅をたくさん重ね合わせてつくられた振幅は，その各成分の振幅の干渉によって，確率の“かたまり”をつくり，そのかたまりは，そのエネルギーをもつ古典的粒子の速度と同じ速度で空間内を動くということである．しかし，ここで注意すべきことは，異なる波数の二つの振幅を加え合わせることによって，1個の運動している粒子に対応する‘うなり’をうるという話をしているときには，何か新しいもの——相対論からは導きえない何か——を導入しているということである．われわれは，まずはじめに静止している粒子の振幅がどうなるかをいい，それから粒子が動いているときの振幅がどうなるかを導いた．しかし，この議論からは，異なるスピードで運動している**二つの**波が存在するときにどうなるかということを導くことは**できない**．一方を止めたときには，他方を止めるわけにはいかないからである．したがって，(7.9)が一つの**可能な**解であるという仮定だけではなく，その同じ体系において，あらゆる p に対する解が存在し，しかもそれらの異なる p に対する項が干渉をおこすという別の**余分の**仮定を暗黙のうちに追加しているのである．

7-3 位置のエネルギー；エネルギーの保存

ここでは，粒子のエネルギーが変化しうるときにはどうなるかということについて議論しよう．1個のポテンシャルから導かれる力の場のなかで運動する粒子を考えることから話をはじめることにする．そこでまず，一定の値をもつポテンシャルの効果を議論する．図7-2にあるように，大きな金属製の容器があって，その静電圧を ϕ にあげたとする．この容器の内部に1個の荷電体があるとすると，その位置のエネルギー V は $q\phi$ で与えられ，これは荷電体の存在する位置には全く依存しない．このときには，内部の物理には何の変化もおきえない．なぜなら，一定の値をもつポテンシャルは，その容器の内部でおきていることに関する限り，何の差異をももたらさないからである．これでは，その解答がどうあるべきかということを導き出す方法は何もないということになってしまう．そこで，一つの推測をおこなう必要が

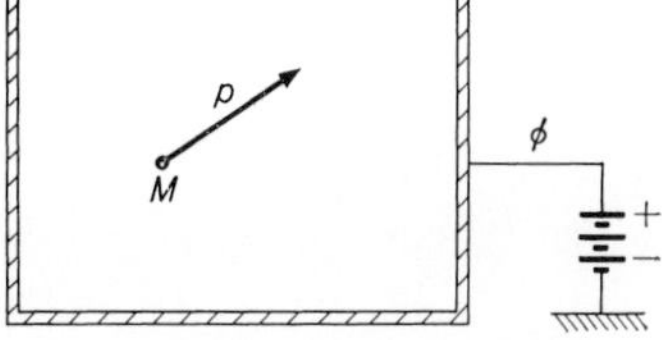

図7-2 一定のポテンシャルの領域内で，質量 M，運動量 p をもつ粒子

でてくる．しかし，これからやる推測というのは，多かれ少なかれ，諸君も予期していることである．それはすなわち，その粒子のエネルギーとしては，位置のエネルギー V とエネルギー E_p――これ自身が内部エネルギーと運動エネルギーの和になっている――の和を用いるべきであろうということである．このとき，その振幅は

$$e^{-(i/\hbar)[(E_p+V)t-\boldsymbol{p}\cdot\boldsymbol{x}]} \tag{7.18}$$

に比例することになる．その**一般原理**は，t の係数は体系の**全エネルギー**により与えられるということである．また，この係数を ω とよべると考えられる．なおここで全エネルギーというのは，内部(または，"質量")エネルギーに運動エネルギーを加え，さらに位置のエネルギーを加えたもので，

$$\hbar\omega = E_p + V \tag{7.19}$$

と表わされるものである．あるいは，非相対論的な場合には

$$\hbar\omega = W_{\text{int}} + \frac{p^2}{2M} + V \tag{7.20}$$

である．

さて，上の箱のなかではどんな物理現象がおきるであろうか．仮に異なるいろいろな状態があるとしたら，何がえられるのだろうか．それぞれの状態に対応する振幅には，$V=0$ のときの振幅に

$$e^{-(i/\hbar)Vt}$$

という共通の余計な因子がつけ加わるわけである．これはちょうど，エネルギー・スケールの原点を変えたものとよく似ている．この因子は，すべての振幅における共通の位相の変化を与える．しかしこれは，前にみたように，確率には何の変化をも与えない．このような位相の変化があっても，すべての物理的現象は変わらないのである．(この場合，同じ荷電体の異なる状態について話していると仮定している．したがって，$q\phi$ はすべての状態に対して同一のものである．その物体が一つの状態から他の状態に移る間に，その電荷の量が変化しうる場合には全く違った結果がえられるだろう．しかし実際には，電荷の保存則があって，そんなことがおきないようになっている．)

これまでのわれわれの仮定は，エネルギーの基準を変えた場合に期待されるものと一致していた．しかし，仮にこの仮定が本当に正しいものならば，それは一定の値ではない位置のエネルギーの場合にも成立するはずのものである．一般には，V は時間や位置の変化に伴って，どのようにも変化しうるわけである．それで振幅に対する完全な結果は，一つの微分方程式によって与えられねばならないことになる．しかしいま，そのような一般の場合についてやろうとは思っていない．何がどのようになるかといったことについて，ある程度の考え方を把握したいだけのことである．それでいまは，時間的には一定であり，空間的には極めてゆっくり変化するようなポテンシャルの場合だけを考えることにする．そうすると，古典的なものの考え方と，量子論的なものの考え方とを比較することができるからである．

そこで，図7-3にあるような状況を考えよう．このとき，二つの箱のなかでは，それぞれの電位 ϕ_1 と ϕ_2 とは一定に保たれていて，それらの中間の領域では，電位は一方から他方へなめらかに変化しているものとする．そして，ある粒子がそれらの領域のなかのどこかに発見される振幅が存在するものとする．また，その粒子のもつ運動量は十分に大きくて，小さな領域内にも多くの波長が含まれており，その領域内では電位がほとんど一定であるとみなしうるものと仮定する．そうすると空間のどの部分においても，振幅はその部分での適当な V を用いて，(7.18)のような形になっているはずであると考えられるわけである．

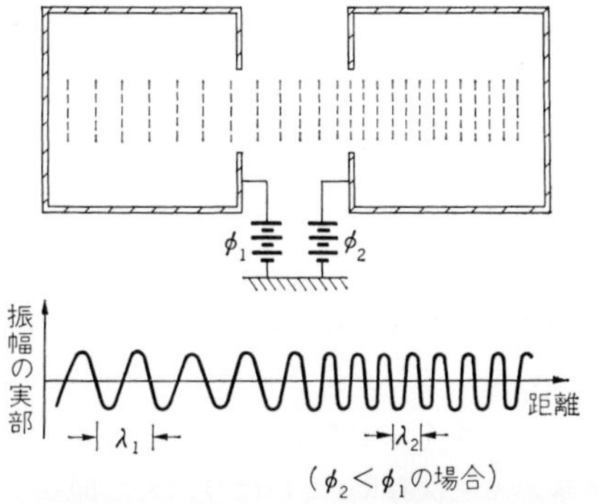

図7-3 一つのポテンシャルから他のポテンシャルに移動してゆく粒子の振幅

$\phi_1=0$ であるような特別な場合を考えてみよう．したがってこのとき，そこでの位置のエネルギーは0であり，$q\phi_2$ が負の値をもつときには，第2の箱のなかの粒子は古典的にいってより多くの運動エネルギーをもっていることになる．つまり，古典的には，第2の箱のなかでより速く運動する——粒子はより多くの運動エネルギーをもち，したがってより大きな運動量をもっていることになる．こういうことがどうやったら量子力学から出てくるかを調べてみよう．

われわれの仮定を用いると，第1の箱のなかでの振幅は

$$e^{-(i/\hbar)[(W_{\rm int}+p_1{}^2/2M+V_1)t-\boldsymbol{p}_1\cdot\boldsymbol{x}]} \tag{7.21}$$

に比例し，第2の箱のなかでの振幅は

$$e^{-(i/\hbar)[(W_{\rm int}+p_2{}^2/2M+V_2)t-\boldsymbol{p}_2\cdot\boldsymbol{x}]} \tag{7.22}$$

に比例する．(いま内部エネルギーは変化せず，両方の領域で同じ値をもっていると仮定している.) そこで問題は，これらの二つの振幅が，2個の箱の中間の領域でどのようにしてうまくつなげられるかということである．

ポテンシャルは時間的には全く一定に保たれていると仮定している——したがって，各種の条件は時間的に変化することはない．そこで，振幅の(すなわち，位相の)時間的な変化は，どの場所でも同一の**振動数**でおきると仮定することにする——なぜなら，いわゆる“媒質”には，それが時間とともに変化する理由は何もないからである．空間内

で時間とともに変化するものが何もなければ，一つの領域における波動は全空間にわたる2次波を生成し，その2次波はみな同じ振動数で振動する——それはちょうど，静止している物質中を通り抜ける光の振動数が変化しないことに対応している．(7.21)と(7.22)の振動数が等しいとすると

$$W_{\mathrm{int}}+\frac{{p_1}^2}{2M}+V_1=W_{\mathrm{int}}+\frac{{p_2}^2}{2M}+V_2 \qquad (7.23)$$

でなければならない．この両辺とも古典的な全エネルギーであって，したがって(7.23)の関係はエネルギー保存則を表わしている．いいかえれば，古典的な意味でのエネルギー保存則は，各種の条件が時間的に変化しないとき，粒子の振動数が場所によらずに同一の値をもつという量子力学的な表現と同等なのである．そしてこれは，$\hbar\omega=E$という考えともうまく適合している．

$V_1=0$で，かつV_2が負の値をもつという特別な例の場合には，(7.23)からp_2がp_1よりも大きいということになる．したがって，領域2のなかの波の波長のほうがより短くなっているわけである．図7-3の破線は波の等位相面を表わしている．また図には，振幅の実数部分のグラフも描かれていて，これもまた領域1から領域2に移るにしたがって，波長が減少してゆく様子を示している．波の群速度p/Mもまた，古典的なエネルギー保存則(これは(7.23)と同じものである)から期待されるように，右側にゆくにつれて増大する．

ここで次のような非常におもしろい特殊な場合を考えてみよう．それはV_2がうんと大きくなって，V_2-V_1が${p_1}^2/2M$よりも大きくなった場合である．このとき

$${p_2}^2=2M\left[\frac{{p_1}^2}{2M}-V_2+V_1\right] \qquad (7.24)$$

で与えられる${p_2}^2$は**負**の値をもつ．このことは，p_2が虚数，例えばip'であることを意味している．古典的には，粒子が領域2のなかにはいっていくことは決してない——エネルギー不足のために，粒子はポテンシャルの山を登ることができない——ということである．しかしながら，量子力学的には，振幅はこのときにも(7.22)で与えられ，その空間的変化の様子はそのまま

$$e^{(i/\hbar)\boldsymbol{p}_2\cdot\boldsymbol{x}}$$

で表わされる．しかし，p_2が虚数のときには，その空間依存性は実の指数関数で与えられることになる．つまり，はじめ粒子が$+x$方向からはいってくるとすると，振幅は

$$e^{-p'x/\hbar} \qquad (7.25)$$

の形で変化し，この振幅はxの増大とともに急激に減少する．

異なるポテンシャルの存在する二つの領域が非常に接近して，図7-4(a)に示されているように，その境界で位置エネルギーがV_1からV_2に突然変化すると考えてみよう．この場合の確率振幅の実数部分を図示すると，その空間依存性は図7-4(b)に示したようになる．第

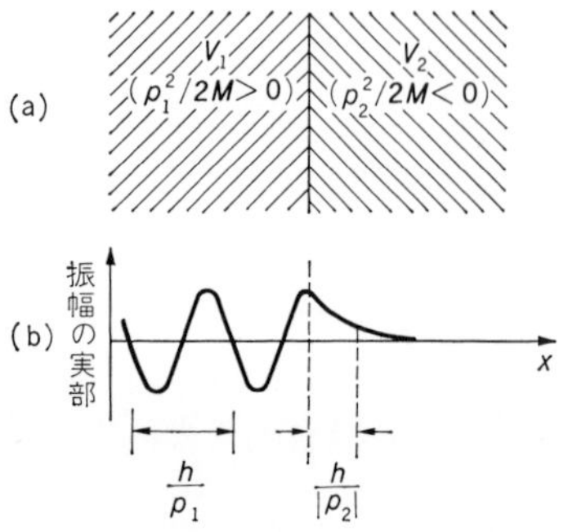

図7-4　強い斥力ポテンシャルに接近する粒子の振幅

1の領域の波は，第2の領域にはいっていこうとしている粒子に対応している．しかし，その振幅はそこで急速に落ちこんでしまう．第2の領域に粒子を観測するチャンスもいくらかではあるが存在する——こんな結果は，古典的には**決してえられない**——しかし，その振幅は境界のすぐ近くを除いては非常に小さいものである．この状況は，光の全反射のときにみたものと非常によく似ている．このとき，光はその表面からまともに出てゆくことはないが，その表面上の1波長か2波長の厚さの範囲内に何かをおけば，それを観測することができるのである．

諸君は，光が全反射された境界面に近接して第2の面をおくと，その第2の物質のなかに，光がいくらか透過してくることを憶えていると思う．これに相当することが量子力学における粒子の場合にもおきるのである．非常に大きくて，古典的な意味での運動エネルギーが負の値になってしまうようなポテンシャルVをもつ狭い領域があると，粒子は古典的には，決してその領域を通り抜けることはできない．しかし量子力学的には，指数関数的に減衰する振幅は，その領域を横断することができて，その運動エネルギーがふたたび正であるような別の側の領域に，粒子が発見される確率を小さいながらも与えるのである．この状況を説明したのが図7-5である．この効果は量子力学的な“トンネル効果”とよばれている．

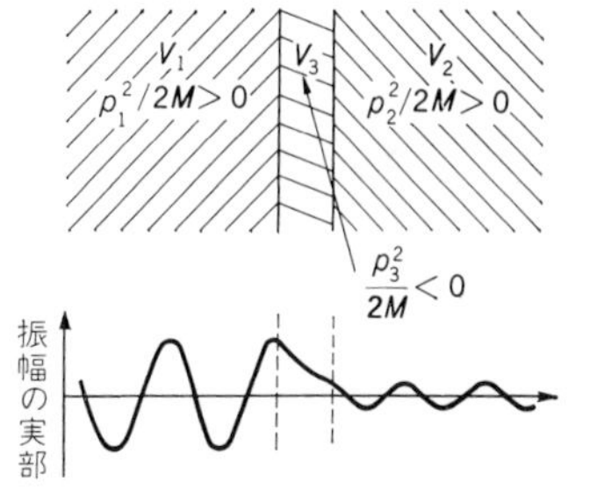

図7-5　ポテンシャルの壁を貫通する振幅

ウランの原子核のα崩壊の現象は，この量子力学的振幅のトンネル効果によって説明——あるいは記述——される．図7-6(a)は，中心からの距離の関数としてのα粒子の位置のエネルギーを示したものである．核の**内部に**エネルギーEをもつα粒子を打ちこもうとすると，粒子は核の電荷zによる静電的な斥力を感じ，古典力学的には，その全エネルギーが位置のエネルギーVに等しくなる距離r_1よりも近づくことは許されないわけである．しかし，それよりずっと近づくと，短距離力である核力の強い引力のために，その位置のエネルギーはずっと低くなっている．このとき，放射性崩壊において，核の内部を出発したα粒子がエネルギーEをもって出てくるというのはどういうことなのだろうか．その原因は，α粒子が核の内部でエネルギーEを受けとってスタートして，しかもポテンシャルの壁を貫通して“もれ”て出てくることにある．その確率振幅を大雑把にスケッチしたのが図7-6(b)である．実際の指数関数的減衰は，ここに示したものよりうんと大きい．事実，ウラン核のα粒子の崩壊の平均寿命は45億年ぐらいであり，このことは極めて注目に価する．このとき核内におけるα粒子の自然振動はものすごく速くて，毎秒約10^{22}回といったものである．10^{-22}秒という数字から，10^9年というような巨大な数字がどうしてえられるのだろうか．その答えは，指数関数が大体e^{-45}という途方もなく小さな因子を与えるからである——つまり，これがある決った非常に小さなもれの確率を与えるということである．いちどα粒子が核内にはいりこんでしまうと，それを核外に発見する振幅はほとんど

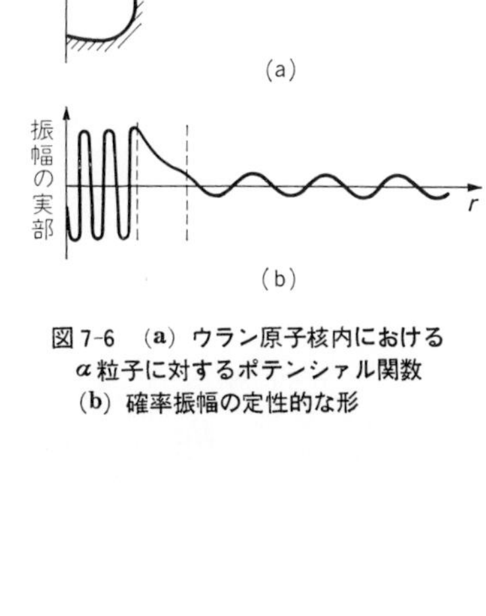

図7-6　(a) ウラン原子核内におけるα粒子に対するポテンシャル関数　(b) 確率振幅の定性的な形

全く存在しない．しかしながら，多くの核を用意して十分に長い時間待てば，外に出てくるα粒子を発見する幸運に恵まれるかも知れないのである．

7-4　力；古典的極限

1個の粒子がある方向に沿って運動していて，その運動の方向に直角の方向に変化しているポテンシャルの存在する領域を通過するものとする．古典的には，図7-7にスケッチしてあるような場合を考えている．x方向に沿って運動している粒子が，y方向に変化しているポテンシャルの存在する領域にはいると，その粒子は力$F=-\partial V/\partial y$によって横向きに加速されることになる．いま，その力が幅wの限られた領域のなかでだけ作用するものとすると，その力の作用時間はw/vで与えられる．このとき，粒子のうる横向きの運動量は

$$p_y = F\frac{w}{v}$$

である．すると，ふれの角$\delta\theta$は

$$\delta\theta = \frac{p_y}{p} = \frac{Fw}{pv}$$

で与えられる．ここでpは初めの運動量である．Fに対して$-\partial V/\partial y$を用いると

$$\delta\theta = -\frac{w}{pv}\frac{\partial V}{\partial y} \tag{7.26}$$

の関係をうる．

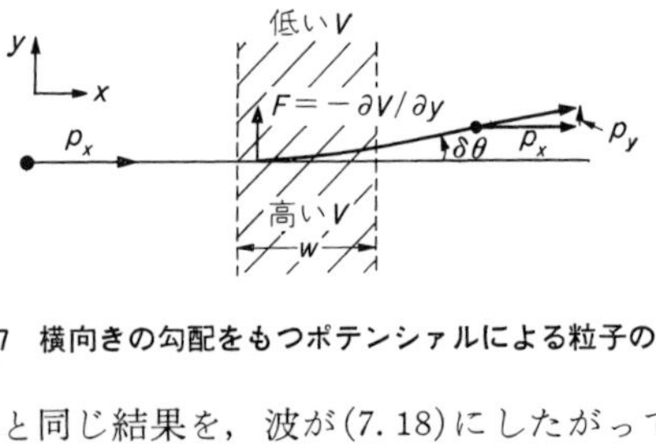

図7-7　横向きの勾配をもつポテンシャルによる粒子のふれ

ここで，これと同じ結果を，波が(7.18)にしたがって伝わるという考え方から導きうるかどうかを調べてみよう．上と同じことを量子力学的な立場からみようというのである．ただしこのとき，すべてのものごとが確率振幅の波長に比較して非常に大きなスケールでおきていると仮定する．任意の小さな領域で，振幅は

$$e^{-(i/\hbar)[(W+p^2/2M+V)t-\boldsymbol{p}\cdot\boldsymbol{x}]} \tag{7.27}$$

の形で変化しているといえる．Vが横向きの勾配をもっているとき，粒子がふれをおこすことを，この振幅から導くことができるであろうか．図7-8は，この確率振幅の波がどんな具合になっているかをスケッチしたものである．図には“波の節”(node)が描かれているが，これは振幅の位相が0であるような面であると考えてよい．どの小さい領域でも，波長――隣り合った節の間の距離――は

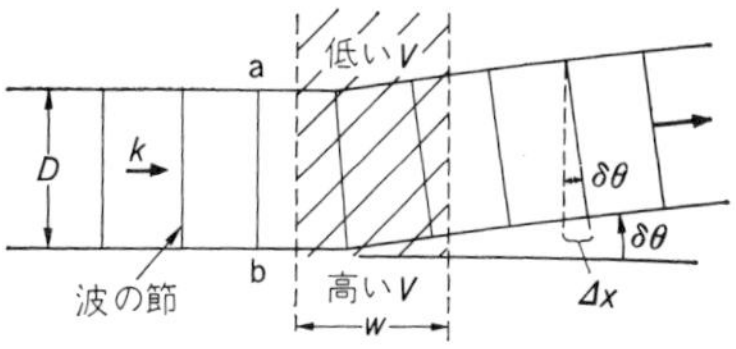

図 7-8 横向きの勾配をもつポテンシァルのある領域内の確率振幅

$$\lambda = \frac{h}{p}$$

で与えられる．ここで p は V と

$$W + \frac{p^2}{2M} + V = (\text{一定値}) \qquad (7.28)$$

によって関係している．V の大きい領域では p は小さく，したがって波長は長くなっている．したがって，波の節の角度は図に示されているように変化する．

その波の節の角度の変化を知るために，図 7-8 の二つの道筋 a と b とで $\Delta V = (\partial V/\partial y) D$ のポテンシァルの差があることに注意しよう．したがって，二つの進路にそう運動量には Δp の差がある．この差は，(7.28) より

$$\Delta\left(\frac{p^2}{2M}\right) = \frac{p}{M}\Delta p = -\Delta V \qquad (7.29)$$

で与えられる．したがって，二つの道筋に沿う波数 $p/\hbar$ は異なっている．このことは，位相がそれぞれ異なる割合で進んでいることを意味している．その位相の増加の割合の差は $\Delta k = \Delta p/\hbar$ である．それゆえ，全体の距離 w の間に蓄積される位相差は

$$\Delta(\text{位相}) = \Delta k \cdot w = \frac{\Delta p}{\hbar} w = -\frac{M}{p\hbar}\Delta V \cdot w \qquad (7.30)$$

で与えられることになる．これは，波が細長い帯状の部分を通り抜ける間に，道筋 b 上の位相が道筋 a 上の位相よりもどれだけ“進んで”いるかを与えるものである．しかし，帯状の部分の外では，これだけの位相の進みは

$$\Delta x = \frac{\lambda}{2\pi}\Delta(\text{位相}) = \frac{\hbar}{p}\Delta(\text{位相}),$$

あるいは

$$\Delta x = -\frac{M}{p^2}\Delta V \cdot w \qquad (7.31)$$

だけの波の節の進みに対応している．図 7-8 を参照すると，新しい波の先端は

$$\Delta x = D\delta\theta \qquad (7.32)$$

で与えられる角 $\delta\theta$ だけふれることが分る．したがって

$$D\delta\theta = -\frac{M}{p^2}\Delta V \cdot w \qquad (7.33)$$

をうる．ここで p/M を v に，$\Delta V/D$ を $\partial V/\partial y$ におきかえれば，この結果は (7.26) と一致する．

いまえた結果は，ポテンシァルの変化がゆっくりしていて，かつ滑らかになっているときにのみ正しい——それは**古典的極限**とよばれているものである．ポテンシァルの存在が確率振幅の位相を $Vt/\hbar$ だけ変えるという仮定から，上のような条件のもとで，$F = Ma$ からえられるものと同じ粒子の運動がえられるということが示されたわけである．**古典的極限では，量子力学はニュートン力学と一致するのである．**

7-5　スピン1/2の粒子の歳差運動

さて，これまで位置のエネルギーに関して何ら特別なことを仮定していなかったことに注意されたい――それは，その微分が力を与えるようなエネルギーにほかならない．例えばシュテルン-ゲルラッハの実験においては，エネルギーとして $U=-\boldsymbol{\mu}\cdot\boldsymbol{B}$ というものがあったが，これは $\boldsymbol{B}$ が空間的に変化しているときには一つの力を与えるものである．これを量子力学的に記述しようとすると，一つのビームのなかの粒子のもつエネルギーはある変化の仕方をし，もう一つのビームのなかの粒子は反対のエネルギー変化をするということであった．(この場合，磁気的エネルギー U は位置のエネルギー，あるいは内部エネルギーのどちらにも含められる．しかし，そんなことはどっちでもよい．）このエネルギー変化のために，波は屈折し，それに伴ってビームは上に曲ったり，下に曲ったりするのである．(このとき，上に述べたように，量子力学は古典力学から計算されたものと同じ曲り方を与える.）

振幅の位置のエネルギーへの依存性から，粒子が z 方向に沿う一様な磁場内におかれているとき，その確率振幅は時間とともに

$$e^{-(i/\hbar)(-\mu_z B)t}$$

にしたがって変化しなければならない．(これは事実上，μ_z の定義であると考えることができる.）いいかえると，粒子を時間 τ の間，一様な磁場 B のなかにおいたとき，その確率振幅は，磁場を掛けないときのものに

$$e^{-(i/\hbar)(-\mu_z B)\tau}$$

の因子を追加したものになるのである．スピン 1/2 の粒子の場合には，μ_z は正または負のある数値(例えば，その大きさを μ とする)のどちらかをとりうるから，一様な磁場のなかでの二つの可能な状態は，それぞれ同じ割合で，しかし反対の方向に変化する位相をもつことになる．すなわち，二つの振幅には

$$e^{\pm(i/\hbar)\mu B\tau} \tag{7.34}$$

の因子が掛かっているわけである．

この結果はあるおもしろい結果をもたらすのである．いま，スピン 1/2 の粒子が，純粋にスピン上向きにも，またスピン下向きの状態にもなっていないある状態にあるものとする．この状態は，純粋に上向きの状態と，純粋に下向きの状態の振幅の重ね合わせで記述されるわけである．ところが，これらの二つの状態は，磁場のなかでは別々の違う割合で変化する位相をもつことになる．したがって，それらの振幅に関して何か質問すると，その答えは，それが場のなかにどれだけの時間おかれていたかに依存することになる．

例えば，磁場のなかにおかれた μ 中間子の崩壊を考えてみよう．μ 中間子が π 中間子の崩壊による生成物としてつくられるとき，μ 中間子は偏っている．(いいかえると，μ 中間子はある特定の方向をもっている.）一方，その μ 中間子は――平均約 2.2 マイクロ秒の寿命で

——1個の電子と2個のニュートリノを放出して崩壊する．すなわち

$$\mu \longrightarrow e+\nu+\bar{\nu}$$

となる．この崩壊にあたって，(少なくとも，高エネルギーの場合には)電子は μ 中間子のスピン方向と反対の方向に優先的に放出されるのである．

ここで，図7-9に示されているような実験装置を考える．偏った μ 中間子が左からはいってきて，A にある物質のかたまりのなかで止まり，少したってから崩壊する．一般には，放出された電子はどちらの方向にでもゆくことができる．ところで μ 中間子は，A のなかでみんなそのスピンを x 方向に向けて止まるものと仮定する．磁場がないとき，その崩壊はある角分布をもっておきるだろう．知りたいことは，この角分布が磁場の存在によってどのように変化するかということである．このとき，その角分布が時間の経過に伴って，あるやり方で変化することが期待されるというわけである．μ 中間子が $(+x)$ 状態に発見される振幅が任意の瞬間にどうなっているかを知ることができるのである．

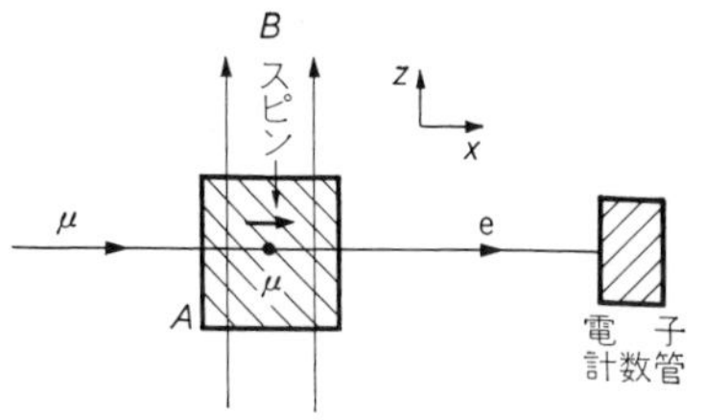

図7-9　μ 中間子の崩壊の実験

この問題は次のように表現される．すなわち，μ 中間子が，時刻 $t=0$ において x 方向のスピンをもっていることが分っているとき，それが時刻 τ においてもなお同じ状態にある振幅はどれだけであるか，ということである．

スピンに直角の方向に磁場がかかっているときのスピン 1/2 の粒子がどう行動するかという法則については，いまのところ，われわれは何も知らない．しかし，磁場の方向に沿ってスピン上向きの状態と下向きの状態とがどうなるかについては知っている——つまり，それらの振幅には(7.34)の因子がかかるということである．そうすると，まずわれわれのとるべき手続きは，z 方向(磁場の方向)に関して，スピン上向きの状態とスピン下向きの状態とを基本状態とする表示をえらぶことであるということになる．そうすると，どんな問題でも，これらの状態に対する振幅で表現することができることになる．

例えば，$\phi(t)$ は μ 中間子の状態を表わすものとする．それがブロック A にはいったときには，その状態は $\phi(0)$ である．そしてその後の時刻 τ における $\phi(\tau)$ を知りたいというわけである．いま，二つの基本状態を $(+z)$ と $(-z)$ で表わすと，二つの振幅 $\langle +z|\phi(0)\rangle$ と $\langle -z|\phi(0)\rangle$ とを知ることができる——$\phi(0)$ は $(+x)$ 状態のスピンをもつ状態を表わしているのであるから，これらの振幅が知れるのである．前章の結果から，これらの振幅は

$$\langle +z\,|\,+x\rangle = C_+ = \frac{1}{\sqrt{2}}$$

および　(7.35)

$$\langle -z\,|\,+x\rangle = C_- = \frac{1}{\sqrt{2}}$$

で与えられる†．これらの値はたまたま等しくなっている．これらの振幅は $t=0$ におけるものであるから，それらを $C_+(0)$ および $C_-(0)$ と書くことにする．

さて，これらの二つの振幅が時間とともにどう変化するかは分っている．すなわち，(7.34)を用いると

$$C_+(t) = C_+(0)e^{-(i/\hbar)\mu Bt}$$

および　(7.36)

$$C_-(t) = C_-(0)e^{+(i/\hbar)\mu Bt}$$

である．$C_+(t)$ と $C_-(t)$ とさえ分れば，時刻 t における状態について知りたいことはみんな分るのである．ただ一つだけ障害があるが，それは**知りたい**のは，時刻 t にスピンが x 方向を向いている確率であるという点である．しかし，われわれの一般法則を用いれば，この問題を処理することができる．時刻 t において$(+x)$状態にある振幅，これを $A_+(t)$ とすると，それは次のように書ける．すなわち

$$A_+(t) = \langle +x \,|\, \psi(t) \rangle$$
$$= \langle +x \,|\, +z \rangle \langle +z \,|\, \psi(t) \rangle + \langle +x \,|\, -z \rangle \langle -z \,|\, \psi(t) \rangle,$$

あるいは

$$A_+(t) = \langle +x \,|\, +z \rangle C_+(t) + \langle +x \,|\, -z \rangle C_-(t) \qquad (7.37)$$

である．ここでも前章の結果を用いると——あるいは，第5章の $\langle\phi|\chi\rangle = \langle\chi|\phi\rangle^*$ の等式を用いたほうがよいかも知れないが——，

$$\langle +x \,|\, +z \rangle = \frac{1}{\sqrt{2}}, \quad \langle +x \,|\, -z \rangle = \frac{1}{\sqrt{2}}$$

である．これで(7.37)の式のなかの量がみんな分った．つまり，

$$A_+(t) = \frac{1}{2}e^{(i/\hbar)\mu Bt} + \frac{1}{2}e^{-(i/\hbar)\mu Bt},$$

あるいは

$$A_+(t) = \cos\frac{\mu B}{\hbar}t$$

となる．何という簡単な結果なことよ．ここで，この答えは $t=0$ で期待されるものと一致していることに注意しよう．これは $A_+(0)=1$ を与えるが，これは確かに正しい．なぜなら，μ 中間子は $t=0$ において$(+x)$ 状態にあったと仮定したのであるから．

μ 中間子が時刻 t において$(+x)$状態に発見される確率 P_+ は $(A_+)^2$ であり，あるいはまた

$$P_+ = \cos^2\frac{\mu B}{\hbar}t$$

で与えられる．この確率は，図7-10に示されているように，0と1の間を振動する．ここで確率は，$\mu Bt/\hbar = \pi$ (2π では**なく**)のとき1にもどることに注意しよう．余弦関数を2乗したために，確率は振動数

† 第6章をとばした人は，いまは(7.35)を天下りに与えられた法則であると考えたらよい．あとで(第10章で)，これらの振幅の導出法をも含めて，スピンの歳差運動に関するより完全な議論をする．

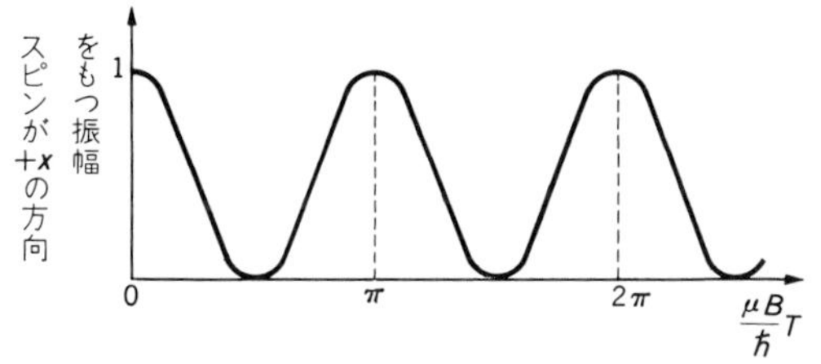

図 7-10　スピン 1/2 の粒子が x 軸に関して (+) 状態にある確率の時間依存性

$2\mu B/\hbar$ で繰り返されるのである.

したがって，図 7-9 の電子計数管に崩壊によって生じた電子を捕獲するチャンスは，μ 中間子が磁場のなかにおかれた時間の長さによって周期的に変化することになる．そして，その振動数は μ 中間子の磁気モーメントの大きさ μ に依存している．実際，μ 中間子の磁気モーメントはこのようにして測定されるのである.

μ 中間子の崩壊に関するそのほかのどの問題に答えるときにも，同様の方法を利用することができる．例えば，x 方向に対して 90° の角をなし，かつ磁場に直角の方向を保っている y 方向に崩壊してくる電子を検出するチャンスの時間依存性はどうかという問題を考えてみる．それを計算すると，$(+y)$ 状態にある振幅は $\cos^2\{(\mu Bt/\hbar)-\pi/4\}$ の形で変化し，その振動の周期はまえの場合と同じである．しかしそれは，1/4 サイクル遅れて，$\mu Bt/\hbar=\pi/4$ のときにその極大値に到達する．このとき実際にはどうなっているかというと，μ 中間子はある完全に偏った状態にあり，その方向は z 軸のまわりにぐるぐる回転しつづけているのである．この状態は，**スピンが**振動数

$$\omega_p=\frac{2\mu B}{\hbar} \tag{7.38}$$

で**歳差運動をしている**と表現することができる.

ものごとが時間的にどうふるまうかを記述するときに，量子力学的な記述のとる形がどんなものか，諸君も分りはじめたことと思う.

第8章
ハミルトニアン行列

8-1　振幅とベクトル

この章の主題にはいるまえに，量子力学の文献で非常によくつかわれている数学的な考え方について述べておこう．それを知っていると，この問題に関する他の書物や論文を読むのがより容易になるからである．まず第1番目の考え方というのは，量子力学の式と2個のベクトルのスカラー積の表式の間の密接な数学的類似性に注目することである．憶えていると思うが，χ と ϕ の二つの状態があって，ϕ から始まって χ に終わる振幅は，ϕ から基本状態の一つに移る振幅と，それからその基本状態から χ に移る振幅の積の，その基本状態の完全系上の和として書かれる．すなわち

$$\langle\chi|\phi\rangle=\sum_{\text{all } i}\langle\chi|i\rangle\langle i|\phi\rangle. \tag{8.1}$$

まえにはこのことを，シュテルン-ゲルラッハの装置を用いて説明したのであったが，実はそんな装置は要らなかったことを思いおこしてもらいたい．(8.1)の関係は，フィルター装置をおくか否かにかかわらず成立する数学的な法則なのである——必ずしもそんな装置があると考える必要はないのである．(8.1)は単に振幅 $\langle\chi|\phi\rangle$ に対する一つの公式にすぎないと考えてもよい．

(8.1)を2個のベクトル $\boldsymbol{A}$ と $\boldsymbol{B}$ のスカラー積の公式と比較してみよう．仮に $\boldsymbol{B}$ と $\boldsymbol{A}$ とが3次元空間における通常のベクトルであるとすると，そのスカラー積は次のように書かれる．すなわち

$$\sum_{\text{all } i}(\boldsymbol{B}\cdot\boldsymbol{e}_i)(\boldsymbol{e}_i\cdot\boldsymbol{A}). \tag{8.2}$$

ここで，$\boldsymbol{e}_i$ の記号は x, y および z 方向の3個の単位ベクトルを表わすものである．このとき，$\boldsymbol{B}\cdot\boldsymbol{e}_1$ は普通 B_x と書かれているものであり，$\boldsymbol{B}\cdot\boldsymbol{e}_2$ は通常 B_y といっているもので，その他も同様である．したがって，(8.2)は

$$B_xA_x+B_yA_y+B_zA_z$$

と同じもので，これはスカラー積 $\boldsymbol{B}\cdot\boldsymbol{A}$ にほかならない．

(8.1)と(8.2)とを比較すると，それらの間には次のような対応関係があることが認められる．すなわち，状態 χ と ϕ とはそれぞれ2個のベクトル $\boldsymbol{B}$ と $\boldsymbol{A}$ とに対応し，基本状態 i は特殊なベクトル $\boldsymbol{e}_i$ に対応する．$\boldsymbol{e}_i$ が特殊なベクトルであるというのは，ほかのすべてのベクトルがこのベクトル $\boldsymbol{e}_i$ を用いて表わすことができるからである．すなわち，任意のベクトルは3個の“基本ベクトル”$\boldsymbol{e}_i$ の線形結合によっ

て表わすことができる．さらに，この線形結合における各基本ベクトルの係数——すなわち，その三つの成分——が分っていると，そのベクトルに関するすべてのことが分るのである．同じように，任意の量子力学的状態は，それが基本状態に移る振幅 $\langle i|\phi\rangle$ によって完全に記述される．そして，これらの係数さえ分っていれば，その状態に関して知りたいことはみんな分る．この密接な対応関係にもとづいて，これまで“状態”とよばれてきたものは，“状態ベクトル”とよばれることもある．

基本ベクトル $\boldsymbol{e}_i$ は，みなたがいに直交しているので，

$$\boldsymbol{e}_i\cdot\boldsymbol{e}_j = \delta_{ij} \tag{8.3}$$

の関係がある．この関係は基本状態 i の間の関係の(5.25)，すなわち

$$\langle i|j\rangle = \delta_{ij} \tag{8.4}$$

に対応するものである．こうしていま，諸君は，なぜすべての基本状態 i が“直交”するという言葉をつかうのか，その理由を知ったわけである．

(8.1)とスカラー積の間には，一つだけ多少違っている点がある．それは，状態の場合には

$$\langle\phi|\chi\rangle = \langle\chi|\phi\rangle^* \tag{8.5}$$

であるが，ベクトル代数では

$$\boldsymbol{A}\cdot\boldsymbol{B} = \boldsymbol{B}\cdot\boldsymbol{A}$$

であるという点である．量子力学では複素数を用いるので，各項の順序をそのままに保っておく必要があるが，スカラー積の場合には，その順序はどうでもよい．

いま，次のベクトル式を考えよう．

$$\boldsymbol{A} = \sum_i \boldsymbol{e}_i(\boldsymbol{e}_i\cdot\boldsymbol{A}). \tag{8.6}$$

これはちょっと見慣れない形をしているけれど正しいものである．これは

$$\boldsymbol{A} = \sum_i A_i\boldsymbol{e}_i = A_x\boldsymbol{e}_x + A_y\boldsymbol{e}_y + A_z\boldsymbol{e}_z \tag{8.7}$$

と同じ意味である．しかし，(8.6)はスカラー積とは**違う**別の量であることに注意されたい．スカラー積は1個の**数値**そのものであるが，(8.6)は一つの**ベクトル**式である．ベクトル解析の偉大なトリックの一つは，(8.2)のような式から**ベクトル**そのものの概念を抜き出すということであった．すると同じようにして，量子力学的な公式(8.1)から“ベクトル”に類似したものを抜き出したくなる——しかも，それは可能なのである．(8.1)の両辺から $\langle\chi|$ を除いて，次のような式を書く．

$$|\phi\rangle = \sum_i |i\rangle\langle i|\phi\rangle. \tag{8.8}$$

(びっくりせんでもよい——これは単なる記号にすぎない．すぐあとで，この記号が何を意味するものであるかが分る．) いま，ブラケット $\langle\chi|\phi\rangle$ が二つの部分に分割できるものと考えているのである．2番

目の断片 $|\phi\rangle$ は**ケット**とよばれ，またはじめの断片は**ブラ**といわれる．(まとめると“ブラケット”になる——これはディラックによって提案された記法である.) 半分になった記号，$\langle\chi|$ と $|\phi\rangle$ もまた**状態ベクトル**とよばれている．いずれにせよ，これらは数値では**ない**．そして一般に，あらゆる計算の最終的な結果は数として出てくるようにしたいので，このような“未完成”の量は計算の途中の段階にだけ現われてくる量にすぎない．

たまたまこれまでは，すべての結果を数で書いてきた．どうしてベクトルを用いることが避けられたのであろうか．普通のベクトル代数の場合でも，すべての式が数値だけを含んでいるようにすることは**可能である**ということに注意してみるとおもしろい．例えば

$$\boldsymbol{F} = m\boldsymbol{a}$$

のようなベクトル方程式のかわりに，いつでも

$$\boldsymbol{C}\cdot\boldsymbol{F} = \boldsymbol{C}\cdot(m\boldsymbol{a})$$

と書くことができる．こうすると，**任意の**ベクトル $\boldsymbol{C}$ に対して成立するスカラー積の間の方程式をうる．しかし，任意の $\boldsymbol{C}$ に対して成立するのなら，$\boldsymbol{C}$ を書いておくのはほとんど全く意味がないわけである．

さて，(8.1)をみよう．これは**任意の** χ に対して成立する式である．したがって，書くのを節約するには，χ を**とってしまって**，そのかわりに(8.8)のように書いておくべきであろう．(8.8)は，それがつねに両辺に，ある $\langle\chi|$ を“左から掛ける”ことによって“完成”されるべきものであると了解して**おきさえすれば**，(8.1)と全く同じ内容をもっているわけである．したがって，(8.8)は厳密に(8.1)と同じものを意味しており——それ以上のものでも，それ以下のものでもない．数値がほしければ，ほしい状態 $\langle\chi|$ に移せばよいのである．

多分すでに諸君は，(8.8)の ϕ はどうするのだろうと考えていることだろう．(8.8)の式は**任意の** ϕ に対して成立するのに，なぜ**それ**をそのまま残しておくのか．実際，ディラックは，ϕ もまた同じように引っこ抜いてしまって，

$$| = \sum_i |\,i\rangle\langle\,i\,| \tag{8.9}$$

とすることができることを示唆している．しかも，これが量子力学における大法則なのである．(ベクトル解析には，これに対応するものは存在しない.) 両辺の左側と右側とから，それぞれ任意の状態 χ と ϕ とを掛けて，それらの状態に移すと，(8.1)に**もどる**．本当はこんなことをやってもあまり役に立たないが，しかしこれは方程式が任意の二つの状態に対して成立しているかどうかを調べるためにはよい方法である．

8-2 状態ベクトルの分解

もう一度(8.8)をみてみよう．この式は次のように考えることができる．任意の状態ベクトル $|\phi\rangle$ は，適当な係数を用いて，基本“ベク

トル”の組の線形結合——あるいは，そのほうがよければ，適当な割合で“単位ベクトル”を重ね合わせたもの——として表わすことができる．ここで係数$\langle i|\phi\rangle$は普通の(複素数の)数値そのものであることを強調するために，

$$\langle i|\phi\rangle = C_i$$

と書いておくことにしよう．すると，(8.8)は

$$|\phi\rangle = \sum_i |i\rangle C_i \tag{8.10}$$

と同じものである．他の任意の状態ベクトルに対しても似たような式を書くことができる．例えば，状態ベクトル$|\chi\rangle$は，当然のことだが，別の係数——例えばD_i——を用いて

$$|\chi\rangle = \sum_i |i\rangle D_i \tag{8.11}$$

と表わすことができる．ここでD_iは$\langle i|\chi\rangle$にほかならない．

はじめ(8.1)からϕを抜きとってしまうとすると，このときは

$$\langle\chi| = \sum_i \langle\chi|i\rangle\langle i| \tag{8.12}$$

である．ここで$\langle\chi|i\rangle=\langle i|\chi\rangle^*$であることを思いおこすと，これは

$$\langle\chi| = \sum_i D_i^*\langle i| \tag{8.13}$$

と書ける．ここでおもしろいことには，(8.13)と(8.10)の**掛け算をする**と$\langle\chi|\phi\rangle$にもどってしまうのである．そのことを示すとき，和の添字に注意しないといけない．なぜなら，和は二つの式でそれぞれ全く別ものだからである．そこでまず，(8.13)を

$$\langle\chi| = \sum_j D_j^*\langle j|$$

と書きかえておく．これは別に何も変えたわけではない．それから，これを(8.10)と結合すると

$$\langle\chi|\phi\rangle = \sum_{i,j} D_j^*\langle j|i\rangle C_i \tag{8.14}$$

となる．ここで$\langle j|i\rangle=\delta_{ij}$に注意すると，上の2重和のうち$i=j$の項だけが残り，結局

$$\langle\chi|\phi\rangle = \sum_i D_i^* C_i \tag{8.15}$$

をうる．ここで，もちろん，$D_i^*=\langle i|\chi\rangle^*=\langle\chi|i\rangle$で$C_i=\langle i|\phi\rangle$である．ここでもまたスカラー積

$$\boldsymbol{A}\cdot\boldsymbol{B} = \sum_i A_i B_i$$

との対応関係をみることができる．ただ一つの相違は，D_iのかわりにその複素共役量が現われていることである．つまり，(8.15)のいっていることは，状態ベクトル$\langle\chi|$および$|\phi\rangle$をそれぞれ基本ベクトル$\langle i|$と$|i\rangle$とで展開すると，ϕからχに移る振幅は(8.15)にあるような一種のスカラー積で与えられるということである．そしてこれは(8.1)を単に別の記号を用いて書き表わしたものにすぎない．つまり，われわれは新しい記号を用いて，ぐるりとひと回りしたというわけである．

恐らくここで，次のことを強調しておいたほうがよいだろう．それ

は3次元の空間におけるベクトルは，**3個の**直交する単位ベクトルで記述されるが，量子力学的な状態における基本ベクトル $|i\rangle$ は，任意の特定の問題に対して決ってくる完全系にわたるものでなければならないということである．場合によって，二つのこともあり，三つまたは五つのこともあり，あるいは無限個の基本状態が要ることもある．

以前，粒子が一つの装置を通り抜けるときどうなるかということを話したことがある．その粒子をある状態 ϕ でスタートさせ，それからそれを装置のなかに送りこみ，そのあとで粒子が状態 χ にあるかどうかを測定すると，その結果は振幅

$$\langle \chi | A | \phi \rangle \tag{8.16}$$

によって記述されるということであった．ベクトル代数には，これに対応する記号は存在しない．（これはむしろテンソル代数により近いものである．しかしそんな類推をしてもあまり役に立つことはない．）第5章の(5.32)でみたように，(8.16)は次のように書くことができる．

$$\langle \chi | A | \phi \rangle = \sum_{ij} \langle \chi | i \rangle \langle i | A | j \rangle \langle j | \phi \rangle. \tag{8.17}$$

これはまさに，基本法則(8.9)を2回用いた例である．

もう1個の装置 B を A と直列に並べておくと，次のように書けることも分る．すなわち，

$$\langle \chi | BA | \phi \rangle = \sum_{ijk} \langle \chi | i \rangle \langle i | B | j \rangle \langle j | A | k \rangle \langle k | \phi \rangle. \tag{8.18}$$

これもまた，(8.9)のディラックの方法からすぐに出てくる——このときいつでも，B と A の間に棒(|)をおくことができることを憶えておくとよい．この棒は因子1のようなものである．

なお，(8.17)に別の解釈を与えることもできる．いま，状態 ϕ で装置 A にはいり，状態 ψ（"プサイ"）になって A を出てゆく粒子があるとする．つまり，次の問題を考えてみようというのである．状態 ψ から状態 χ に移る振幅が，振幅 $\langle\chi|A|\phi\rangle$ といつでも，またどこでも全く同じものであるような ψ が存在しうるか．その答えはイエスである．つまり，(8.17)を

$$\langle \chi | \psi \rangle = \sum_{i} \langle \chi | i \rangle \langle i | \psi \rangle \tag{8.19}$$

の形におきかえたいのである．それには明らかに

$$\langle i | \psi \rangle = \sum_{j} \langle i | A | j \rangle \langle j | \phi \rangle = \langle i | A | \phi \rangle \tag{8.20}$$

とすればよいわけである．これが求める ψ を決定する式である．諸君は，"しかし，その式は ψ を決定する式ではなくて，$\langle i|\psi\rangle$ だけを決めるものだ"と言うだろう．ところが，その $\langle i|\psi\rangle$ が ψ を決めて**いる**のである．なぜかといえば，ψ を基本状態 i に関係させているすべての係数 $\langle i|\psi\rangle$ が分っていれば，そのときには ψ は一義的に定義されるからである．事実，われわれの記法を用いれば，(8.20)の最後の項は

$$\langle i | \psi \rangle = \sum_{j} \langle i | j \rangle \langle j | A | \phi \rangle \tag{8.21}$$

と書ける．この式はすべての i に対して成立するから，簡単に

$$|\psi\rangle=\sum_j|j\rangle\langle j|A|\phi\rangle \tag{8.22}$$

と書くこともできる．そうすると，“状態ψは，状態ϕから出発して装置Aを通り抜けたときにえられる状態である”ということができる．

こういったことのやり方の要領の最後の例をあげておこう．こんども(8.17)からはじめる．(8.17)は任意のχとϕに対して成立するから，これらは両方とも落してしまえる．すると

$$A=\sum_{ij}|i\rangle\langle i|A|j\rangle\langle j| \tag{8.23}$$

をうる[†]．この式は何を意味しているのだろうか．それは，ϕとχとを元にもどしたときにえられるものそのものであって，それ以上でも，それ以下でもない．このままでは，これは“未完”の式であって不完全な式である．これに“右から”$|\phi\rangle$を掛けると

$$A|\phi\rangle=\sum_{ij}|i\rangle\langle i|A|j\rangle\langle j|\phi\rangle \tag{8.24}$$

となり，これは(8.22)にほかならない．実際，和をとってiとjを落してしまうと

$$|\psi\rangle=A|\phi\rangle \tag{8.25}$$

と書かれる．

この記号Aは，振幅でもなければ，ベクトルでもない．それは**演算子**とよばれる新しい種類のものである．それは，ある状態“に作用して”新しい状態をつくり出す何ものかである——(8.25)は，$|\psi\rangle$が$|\phi\rangle$にAを作用したときに出てくるものであるということを述べているのである．またこの式は，$\langle\chi|$のようなあるブラを掛けてはじめて完成される，すなわち

$$\langle\chi|\psi\rangle=\langle\chi|A|\phi\rangle \tag{8.26}$$

とすることによって完成される“未完”の式である．もちろん，演算子Aは，任意の基本ベクトルの組で表わされた振幅の行列$\langle i|A|j\rangle$——A_{ij}とも書かれる——を与えることによって完全に記述されるものである．

こんな新しい数学的記号を使ったからといって，別に何の新しいことも付け加えたわけではない．こんなことをもち出した理由の一つは，色々な式の書き方があることを諸君に示すためである．なぜなら，未完成な形式で式を書いている書物がたくさんあるからである．そして諸君がそんな式にでっくわしたとき，腰を抜かす理由は何もないのだということを示したかったからである．もしそのほうがよければ，いつでもその式の欠けてる部分をおぎなって，もっと身近な数値の間の式にしたらよいのである．

また，あとで分るように，“ブラ”と“ケット”の記法というものはきわめて便利なものである．その理由の一つは，これからは，ある状態をその状態ベクトルを与えることによって表わすことができる点に

† このとき，左辺はAだけにするのでなく，$|A|$とすべきだと思うかも知れない．しかしそうすると，“Aの絶対値”のようにみえてしまうので，普通はこの2本の棒は落すのである．一般に，棒($|$)は因子1のようなはたらきをする．

ある．ある決った運動量 $\boldsymbol{p}$ の状態のことをいいたいときには，“状態 $|\boldsymbol{p}\rangle$”という具合にいうことができる．あるいはまた，ある任意の状態 $|\psi\rangle$ という風にいうこともできる．これからは一貫して，いつでもケットを $|\psi\rangle$ とかいて，これで一つの状態を指定することにする．（もちろん，これは勝手な選び方であって，状態を指定するのにブラ $\langle\psi|$ を用いてもよい．）

8-3　現実の世界の基本状態とはどんなものか

この世の中の任意の状態は，基本状態の重ね合わせ——適当な係数を用いたそれらの線形結合——によって表わされるということを発見した．ところで諸君は，まず第1に，**どんな**基本状態でと聞くことだろう．そう，いろいろな可能性がある．例えば，スピンを z 方向または別のある方向に射影することができる．普通のベクトルを表わすのに色々な**座標系**を利用できるように，いくらでも多くの別の違った**表示**が存在する．次に**どんな**係数でと聞くことだろう．そう，それは物理的状況による．異なる係数の組は，異なる物理的状態に対応している．そのとき知っていなければならない大事なことは，いま使っている“空間”がどういうものかということ——つまり，その基本状態系が物理的に何を意味しているかということ——である．したがって，知っておく必要のある第1のことは，一般的にいって，どの基本状態を利用したらよいかということである．それができれば，ある物理的状況をそれらの基本状態を用いてどのように記述するかという方法を理解することができるのである．

ここでちょっと先走って，自然に対する量子力学的記述というものがどうなっているのかについて，ともかく物理学の現在の考え方にもとづいて——少しばかり話しておこうと思う．まずはじめに，基本状態に対して，ある特定の表示を決定する——そのときいつでも，いろいろな違った表示をとることが可能である．例えば，スピン1/2の粒子の場合には，z 軸に関してプラスとマイナスの状態を用いることができる．しかしこのとき，z 軸が何か特別のものであるわけではない．好きな他の任意の軸をとったらよい．しかしいつでも，一貫して z 軸を選ぶことにする．電子が1個ある場合から始めよう．そのスピンに対する二つの可能性（z 軸に沿って“上向き”と“下向き”）に加えて，電子のもつ運動量もある．そのとき，基本状態の一組をとって，そのうちの一つの基本状態をその運動量の一つの値に対応させるようにする．電子が特定の運動量をもたないときにはどうするか．それでもかまわない．いまいっているのは，**基本**状態が何であるかということをいっているのである．電子が一定の運動量をもっていないときには，その電子は，一つの運動量をもつ振幅と，他の運動量をもつ別の振幅等々をもっているのである．そして，その電子がかならずしも上向きに自転しているわけではないときには，その電子は，この運動量で上向きに自転している振幅と，あの運動量で下向きに自転している振幅

とをもっているのである．**われわれの知っている限りにおいて**，1個の電子を完全に記述するには，**運動量**と**スピン**で記述される基本状態だけが要求されるのである．したがって，1個の単独の電子に用いうる基本状態 $|i\rangle$ の組の一つは，運動量の色々な値と，スピンが上向きか下向きかを指定するものであるということになる．振幅の色々な混ぜ合わせ——つまり，色々な係数 C の組み合わせ——は，色々の違った状況を記述する．ある特定の電子が何をしているかは，どれだけの振幅で電子がスピン上向きあるいはスピン下向きになっているか，そしてどれだけの振幅で——すべての可能な運動量のうちの——ある一つあるいはある別の運動量をもつかを指定することによって記述される．したがって，1個の電子を量子力学的に完全に記述するには，何が必要であるかということを諸君は知ったというわけである．

1個以上の電子からなる体系の場合についてはどうか．そのときには，基本状態はもっと複雑なものになる．いま仮に，電子が2個あるとしよう．このときまず第1に，スピンに関しては可能な状態が4個ある．つまり，両方とも上向きの場合，はじめのが下向きで他が上向きの場合，はじめのが上向きでもう一つのが下向きの場合，あるいは両方とも下向きの場合の4個である．また，第1の電子のもつ運動量が p_1 で，第2の電子の運動量が p_2 であることを指定する必要がある．2個の電子に対する基本状態の場合には，2個の運動量と2個のスピンの性質とを指定することが要求される．電子が7個あるときには，それぞれ7個ずつを指定する必要がある．

陽子が1個と，電子が1個あるときには，陽子のスピンの方向とその運動量，それから電子のスピンの方向とその運動量を指定する必要がある．このことは，少なくとも近似的には正しい．われわれは，この世界に対して何が正しい表示なのかを**本当は知らない**のである．電子のスピンとその運動量とを指定し，同様に陽子に対してもそうすれば，基本状態をえたと仮定してスタートしてよいのである．しかし，陽子の“中味”はどうなっているのか．陽子をそういう目でみてみよう．その前に，1個の陽子と1個の電子をもつ水素原子を考えてみる．その水素原子を記述する基本状態には色々なものがある——陽子と電子のスピンの上下やそれらの粒子のもつ色々な運動量で指定される多くの基本状態が．そうすると，それぞれの状態にある水素原子のもつ特性を記述している振幅 C_i の色々な組み合わせが存在する．ところで，この全体の水素原子を1個の粒子とみなしてみよう．仮に水素原子が陽子と電子とからつくられていることを，われわれが知らなかったとすれば，われわれは次のように言って話を始めることだろう．“おお，私は何が基本状態であるか知っている．それらは水素原子のもつ特定の運動量に対応するものである”と．ところが違う．水素原子は内部構造をもっているのであるから．したがって水素原子は色々な内部エネルギーに対応して異なった状態をもっていて，現実の自然を正しく記述するにはもっと詳しいことが要求されるわけである．

問題は，陽子が内部構造をもつかということである．1個の陽子を記述するには，陽子，中間子そして“奇妙な”粒子(strange particles)のとりうるあらゆる状態を与える必要があるのであろうか．われわれには分らない．そしてたとえ今日は，電子は簡単なもので，電子に関していう必要のあるのは，その運動量とそのスピンだけであると仮定したとしても，明日には電子もまた，その内部に歯車や車輪をもっていることになるかも知れないのである．それは，われわれの電子に対する表示が，不完全か，間違っているか，それとも近似的なものにすぎないのか，それらのうちのどれかであることを意味している——それは，水素原子をその運動量だけで記述する表示が不完全であると同様の意味でそうなのである．なぜなら，それは水素原子が内部的に励起しうるという事実を無視しているのであるから．もし電子が内部的に励起することができて，例えばμ中間子のような何かほかのものに転化しうるものとすると，それは新しい粒子を導入することによって記述されるのではなく，恐らくあるもっと複雑な内部構造を表わす変数によって記述されるものと考えられるのである．**こんにちの素粒子の研究における最大の課題**は，自然を正しく記述する表示は何であるかを見付けることである．現時点においては，多分，電子の場合には，その運動量とスピンとを指定すれば十分であると**信じ**られている．また，その内部にπ中間子やK中間子などを含んでいる理想化された陽子が存在し，それらのすべてが指定される必要があると信じられている．何ダースもの素粒子が存在するなどというのは——気狂いじみている．何が基本的な粒子であり，何が基本的な粒子ではないという問題は——近頃よく聞かれる問題であるが——この世の中の究極的な量子力学的記述におけるそれらしい最終的な**表示**を発見するという問題なのである．電子の運動量というものは，自然を記述するものとして正しいものであり続けるであろうか．あるいはそれとも，問題全体をこのように設定してよいものなのであろうか．この種の疑問は，いかなる科学的研究においても，いつでも出てくるものである．とにかく，問題は——どうしたら表示をみつけられるかである．われわれはその解答を知らない．われわれには，問題そのものが“正しい”かどうかさえ分らないのである．しかし，何かをするには，まず最初の試みとして，ある粒子が“基本的”なものであるか否かを発見しなければならない．

非相対論的な量子力学においては——エネルギーが余り高くなくて，したがって奇妙な粒子などの内部構造的な作用にわずらわされることがなければ——これらの詳細を考慮することなく，すばらしくよい仕事をすることができる．このときには，電子や原子核の状態をその運動量とスピンを指定することによって表現してもよい．そうしたら何もかもうまくゆくのである．ほとんどの化学反応やその他の低エネルギーにおける現象では，原子核には何の変化もおきない．それらが励起されることはない．さらに，水素原子がゆっくり動いて，他の水素原子に静かに衝突するときには——その内部が励起されることもなく，電磁波を放射することもなく，そんなややこしいことは何もおきずに，その内部的な運動に関してはつねにエネルギーの基底状態にとどまっているときには——水素原子を一つの物体，あるいは一つの粒子とみなす近似を用いることができる．そして，その内部で何かがおきうるという事実について心配する必要はない．これは衝突の際の運動エネルギーが10電子ボルト以下——水素原子を励起状態にするのに必要なエネルギー——である限りよい近似になっている．これからは時々，内部運動の可能性を考慮しない近似をすることがある．こうすることによって，基本状態にとり入れる必要のある変数の数を減らすことができるわけである．もちろんそうすると，ある値よりも高いエネルギーで出てくるような現象を無視してしまうことになるが，しかしそのような近似をすることによって，問題の物理的解析を非常に簡単化することができる．例えば，低エネルギーにおける2個の水素原子の衝突という現象を——あるいは任意の化学的過程を——原子核が励起されるというような事実にわずらわされることなく議論することができるのである．ここでこれまでの話をまとめると次のようになる．すなわち，粒子の内的な励起状態による効果を無視することができる場合には，ある決った運動量と特定の角運動量の z 成分をもつ状態をもって基本状態系として選ぶことができる．

そうすると，自然を記述するに当って生じる問題の一つは，その基本状態に対する適切な表示をみつけだすことであるということになる．しかし，それはものごとの始まりにすぎない．われわれはさらに，何が“おきる”かをいえるようにしたい．仮にある瞬間における世界の“状態”が分っているとしたときに，そのあとの瞬間における状態を知りたいのである．したがって，そのためには，ものごとが時間とともにどのように変化するかを決定する法則をみつけ出す必要がある．ここでわれわれは，量子力学の枠組の第2の部分——状態が時間とともにどのように変わるか——に向って進むことにする．

8-4　状態は時間とともにどのように変わるか

これまで，何かが一つの装置を通り抜けるような状況を表わす方法については色々話してきたわけである．ここで考える便利なそして愉快な装置というのは，単に数分間待つだけの装置である．すなわち，諸君がある状態 ϕ を用意したら，それを解析するまえに，それをただそのままにしておけばそれでよい．多分，諸君はそれを電場か磁場のなかにおくことだろう——それはいま考えている世界の物理的状況による．とにかく，それらの条件が何であれ，その物体を時刻 t_1 から時刻 t_2 まで，そのままにしておくのである．まず，時刻 t_1 にその物体を状態 ϕ にして第1の装置からとり出したとする．それから，その物体はもう一つの“装置”を通り抜けるのだが，その“装置”というのが，時刻 t_2 までの時間の遅れを与えるだけのものである．その遅れの間に色々なことがおこりうる——外力を作用させたり，ほかに何かわるさをしたりして——それで何かがおきているのである．その遅れの終わりの時刻では，ものごとをある状態 χ に発見する振幅は，もはや厳密にはその遅れのないときの振幅と同じものではない．“待つこと”は“装置”というものの一つの特殊な場合であるから，(8.17)と同じ形で振幅を与えることによって，何がおきたかを記述することができる．“待つ”という操作はとくに重要な操作であるから，それを A のかわりに U とよぶことにする．そして，その出発の時刻 t_1 と終わりの時刻 t_2 とを指定するために，それを $U(t_2, t_1)$ と書くことにする．このときほしい振幅は

$$\langle \chi | U(t_2, t_1) | \phi \rangle \tag{8.27}$$

である．ほかのこのような振幅と同様に，これはある基本状態系，または他の基本状態系を用いて

$$\sum_{i,j} \langle \chi | i \rangle \langle i | U(t_2, t_1) | j \rangle \langle j | \phi \rangle \tag{8.28}$$

と表わすことができる．すると，U はその振幅の全体の組——つまり行列

$$\langle i | U(t_2, t_1) | j \rangle \tag{8.29}$$

を与えることによって完全に記述することができる．

なお，この行列 $\langle i | U(t_2, t_1) | j \rangle$ は必要以上に詳しいことを与えていることを指摘しておこう．高エネルギー物理学の研究をしているハイレベルの理論物理屋たちは，次のような一般的性格の問題を考えている．(なぜかといえば，通常の実験のやり方がそうなっているからである．) 彼は，陽子と陽子のような1対の粒子が，無限遠方からやってきて衝突するような場合を考える．(実験室では普通，一つの粒子は静止したままであって，もう一つの粒子は，原子的なレベルからみたとき，実質的には無限の遠方にある加速器からやってくるのである．) これらの2個の粒子の衝突によって，例えば，ある方向に，ある運動量をもって，2個のK中間子，6個の π 中間子，そして2個の中性子が出てくる．こういった現象がおきる振幅はいくらかというのが，彼等の問題なのである．このときの数学は次のような具合になる．状態 ϕ は入射してくる粒子のスピンや運動量を指定している．χ は何が出てくるかという問題を与えている．例えばそれは，6個の中間子がこれこれの方向に出てき，2個の中性子がこれこれのスピンをもってこれこれの方向にそれてゆくという状態を指定するものである．換言すれば，χ は終わりの生成物のすべての運動量，スピンその他を与えることによって規定されるのである．このとき理論屋の仕事は，振幅(8.27)を計算することである．しかし彼にとって興味のあるのは，$t_1=-\infty$ および $t_2=+\infty$ という特別な場合だけである．(その反応の途中の過程における詳細については何の実験的証拠になるデータもない．あるのは，はいってゆくものと出ていくものについてだけである．) $t_1 \to -\infty$ と $t_2 \to +\infty$ における $U(t_2, t_1)$ の極限を S とよび，彼の欲しいものは

$$\langle \chi | S | \phi \rangle$$

だけなのである．あるいは，(8.28)を利用して，行列

$$\langle i | S | j \rangle$$

を計算する．そしてこれは**S-行列**とよばれている．したがって，フロアーを歩いている理論物理学者が“私がやらなきゃならないことは，S-行列を勘定することだけだ”といっているのを聞いたら，諸君は彼が何を考えているかが分るわけである．

そのS-行列をどうやって解析するか――それに対する法則をどう規定するか――ということは興味深い問題である．高エネルギーのときの相対論的量子力学においては，ある方法を用いてそれをやる．しかし，非相対論的量子力学では，非常に便利な別の方法を用いてそれをやることができる．(この別の方法というのは，相対論的な場合にもできるが，そのときには余り便利ではないのである．) それは，U-行列を時間間隔が小さい場合に対して計算する方法である――いいかえれば，t_1 と t_2 が接近している場合を計算する方法である．継続的な時間間隔に対する U の連鎖が分れば，ものごとが時間の関数としてどのようになっていくかを，各瞬間において注視することができる．この方法が相対論の場合には余りよくないことはすぐに理解できるであろう．なぜなら，あらゆることをどこからでも“同時に”みえるような方法で指定しなければならないということは望ましいことではないからである．しかし，それについては考えないことにする――われわれはいま，非相対論的な力学について考えているのだから．

時刻 t_1 から，t_2 よりも大きい時刻 t_3 までの遅れに対する行列 U を考えるとしよう．換言すれば，三つの継続的な時刻，すなわち，t_2 よりも小さい t_1，t_3 よりも小さい t_2 の3個の時刻をとる．このとき，われわれは，t_1 と t_3 の間における行列は，t_1 から t_2 の間におきることと，t_2 から t_3 までの間におきることの**積**で与えられると主張するのである．これはちょうど，二つの装置 B と A とを直列に並べておいたときの状況に似ている．このとき，**5-6** の記法にしたがって，次のように書くことができる．

$$U(t_3, t_1) = U(t_3, t_2) \cdot U(t_2, t_1). \qquad (8.30)$$

いいかえると，一連の短い時間間隔をその中間のところで分割できるものとすると，それは任意の時間間隔に分割することができる．それらの断片のすべてを全部まとめて掛け合わせてやる．これが量子力学を非相対論的に解析する方法である．

そうすると，われわれの問題は，時間間隔が無限小の場合―― $t_2 = t_1 + \Delta t$ の場合――の $U(t_2, t_1)$ の内容を理解することであるということになる．それには，現在の状態が ϕ であるとき，それから無限小の時間 Δt が経った後には，その状態がどうなるかを考える必要がある．そこでまず，この問題がどういう形で書きくだせるかということを調べることにしよう．時刻 t における状態を $|\phi(t)\rangle$ であるとする．(時刻 t の状態を調えておくと，ϕ の時間依存性が完全に分ることが示さ

れる.）さてここで，微小時間Δtの後の状態はどうなるであろうか．その答えは

$$| \psi(t+\Delta t) \rangle = U(t+\Delta t, t) | \psi(t) \rangle \tag{8.31}$$

で与えられる．これは(8.25)のいっていることと同じことである．すなわちこれは，時刻$t+\Delta t$に状態χを発見する振幅が

$$\langle \chi | \psi(t+\Delta t) \rangle = \langle \chi | U(t+\Delta t, t) | \psi(t) \rangle \tag{8.32}$$

であるということを意味している．

われわれはまだ，こういう抽象的なものに慣れていないので，(8.31)の振幅をある特定の表示に射影することにしよう．そこで，(8.31)の両辺に$\langle i|$を掛けると

$$\langle i | \psi(t+\Delta t) \rangle = \langle i | U(t+\Delta t, t) | \psi(t) \rangle \tag{8.33}$$

をうる．またここで，$|\psi(t)\rangle$を基本状態に分解すると，次のように書くこともできる．

$$\langle i | \psi(t+\Delta t) \rangle = \sum_j \langle i | U(t+\Delta t, t) | j \rangle \langle j | \psi(t) \rangle. \tag{8.34}$$

この(8.34)は次のように解釈することができる．いま，$|\psi(t)\rangle$が時刻tに基本状態iに発見される振幅$\langle i|\psi(t)\rangle$を$C_i(t)$と表わすものとすると，この振幅(これは**数値**である．憶えておくこと)は時間とともに変化するものと考えられる．それぞれのC_iがtの関数になっているのである．しかも，その振幅C_iが時間とともに**どう**変化するかということの情報をもうることができる．時刻$(t+\Delta t)$におけるそれぞれの振幅は，時刻tにおける**他のすべての**振幅に一組の係数を掛けたものに比例する．U-行列をU_{ij}と書くことにすると，つまり

$$U_{ij} = \langle i | U | j \rangle$$

とすると，(8.34)は

$$C_i(t+\Delta t) = \sum_j U_{ij}(t+\Delta t, t) C_j(t) \tag{8.35}$$

と書ける．これは量子力学における運動法則がどんなものになるかを示している．

ところでわれわれは，まだU_{ij}については，ただ一つのことを除いては，ほとんど何も知らないわけである．Δtが0になったときには，何もおきないということだけしか知らない——このときには，元々の状態になっていなければならないわけである．したがって，$\Delta t \to 0$のとき，$U_{ii} \to 1$で，$i \neq j$の場合は$U_{ij} \to 0$である．換言すれば，$\Delta t \to 0$のとき，$U_{ij} \to \delta_{ij}$である．また，Δtが小さいときには，係数U_{ij}はΔtに比例する量だけ，δ_{ij}と違っていると考えられる．したがって

$$U_{ij} = \delta_{ij} + K_{ij}\Delta t \tag{8.36}$$

と書くことができる．しかし，歴史的な理由およびその他の理由で，この係数K_{ij}から$(-i/\hbar)$†の因子を引き出しておくのが普通である．

† ここで記号について，ちょっとばかり困ったことになる．$(-i/\hbar)$の因子のなかのiは虚数の単位$\sqrt{-1}$を意味するものであって，i番目の基本状態を示す**添字**iでは**ない**．混同しなければ幸いである．

つまり，次のように書いたほうがよいのである．

$$U_{ij}(t+\Delta t, t)=\delta_{ij}-\frac{i}{\hbar}H_{ij}(t)\Delta t. \qquad (8.37)$$

これはもちろん，(8.36)と同じものである．そして，そう考えたければ，これは係数 $H_{ij}(t)$ を定義するものであると考えてもよい．H_{ij} は係数 $U_{ij}(t_2, t_1)$ の t_2 に関する微分係数の $t_2=t_1=t$ における値である．

U に対するこの形を(8.35)で用いると，

$$C_i(t+\Delta t)=\sum_j\left[\delta_{ij}-\frac{i}{\hbar}H_{ij}(t)\Delta t\right]C_j(t) \qquad (8.38)$$

をうる．ここで δ_{ij} の項の和をとると，$C_i(t)$ そのものをうる．これは方程式の左辺に移すことができる．それから Δt で割ると，まさに微分係数であると認められる

$$\frac{C_i(t+\Delta t)-C_i(t)}{\Delta t}=-\frac{i}{\hbar}\sum_j H_{ij}(t)C_j(t)$$

の形がえられる．あるいはこれは

$$i\hbar\frac{dC_i(t)}{dt}=\sum_j H_{ij}(t)C_j(t) \qquad (8.39)$$

と表わされる．

憶えていると思うが，$C_i(t)$ は(時刻 t に)状態 ψ を基本状態 i のなかの一つに発見する振幅 $\langle i|\psi\rangle$ である．したがって(8.39)は，係数 $\langle i|\psi\rangle$ のそれぞれが時間とともにどのように変化するかということを述べているのである．しかしそれは，状態 ψ が時間 t とともにどう変化するかを表わしているといっても同じことである．なぜなら，われわれはいま，ψ を振幅 $\langle i|\psi\rangle$ によって記述しているからである．ψ の時間的変化は行列 H_{ij} で記述される．したがって，この H_{ij} はもちろん体系に変化をおこさせようとしているものを，そのなかに含んでいなければならない．いま仮に H_{ij}——このなかに，いま考えている状況の物理が含まれており，また一般には，それは時間にも依存している——が分っているとすると，体系の時間的性質を完全に記述する方法がえられたことになるわけである．そうすると，方程式(8.39)は，この世界の運動の量子力学的法則を与えるものであるということになる．

(ここで言っておかねばならないことは，基本状態としては，いつでも固定した，つまり時間的に変化しないものをとるということである．時間的に変化する基本状態を用いる人もいる．しかしそれは，力学で回転座標系を用いるようなものであって，われわれはそんな複雑なことにまきこまれたくないのである．)

8-5 ハミルトニアン行列

そうすると，次のような考え方をとるということになる．すなわち，量子力学的世界を記述するには，まず基本状態 i の一組を選び出し，次に係数 H_{ij} の行列を与えることによって物理法則を書き表わすことが必要であるというわけである．そうすれば，もうすべてがそろっているのである——われわれは，何がおきるかということに関するあ

らゆる質問に答えられるのである．したがって，任意の物理的状況——外からかける磁場とか電場，その他に対応するもの——に伴う H をみつけ出すための法則がどんなものかについて学ぶ必要があるわけである．そして，それこそが一番難しい点なのである．例えば，新しく発見された“奇妙な”粒子に対して，どんな H_{ij} を用いたらよいのかという点について，われわれはアイディアをもちあわせていない．換言すれば，この全世界に対する**完全な** H_{ij} をだれも知らないのである．(困難の一部は，基本状態が何であるかが分らなければ，H_{ij} を発見する望みはほとんどないという点に存在する．) 非相対論的な現象や，ある他の特別な場合には，極めてよい近似でそれはすでに知られている．とくに，原子内の電子の運動を記述するために——化学を記述するために——必要な H_{ij} の形はよく分っている．しかしながら，全宇宙に対する完全に正しい H は知られていない．

係数 H_{ij} は**ハミルトニアン行列**とよばれている．あるいは省略して**ハミルトニアン**ともいわれる．(1830年代に仕事をしたハミルトンの名前が，どうして量子力学的な行列に出てくるかは，歴史物語の領域に属する．) それは，**エネルギー行列**とよんだほうがよいだろう．その理由は，それを使って計算をしているうちに明らかになってくる．したがって，**問題は**，諸君のハミルトニアンをみつけようということになるわけである．

ハミルトニアンは，直ちに導くことのできる一つの性質，すなわち

$$H_{ij}{}^{*} = H_{ji} \tag{8.40}$$

という性質をもっている．この性質は，体系が**どれかの**状態にある全体の確率が変化することはないという条件から出てくるものである．諸君が1個の粒子——ある物体，あるいはこの世界——を考えたとき，それはいつまで経ってもなくならないだろう．それをどこかに発見する全確率

$$\sum_i |C_i(t)|^2$$

は，時間とともに変化するようなことがあってはならない．このことが任意の初状態 ϕ に対して成立していれば，(8.40) もまた成立していなくてはならない．

最初の例題として，物理的状況が時間的に変化しない場合を考えることにしよう．という意味は，**外的な**物理的条件が変化しないということであって，そのときには，H は時間に依存しない．だれも，電磁石のスイッチをつけたり，消したりするようなことはしないというわけである．また，その体系を記述するのに，1個の基本状態だけしかいらない体系をとりあげる．それは，静止している水素原子，あるいはそれに似たようなものの場合にやることができる一つの近似である．このとき，方程式(8.39)は

$$i\hbar \frac{dC_1}{dt} = H_{11}C_1 \tag{8.41}$$

となる．たった1個の方程式で——これで全部なのである．しかも，H_{11}が一定の定数であるときには，この微分方程式は簡単に解けて，その解は

$$C_1 = (\text{定数})e^{-(i/\hbar)H_{11}t} \tag{8.42}$$

で与えられる．これは，ある決ったエネルギー $E=H_{11}$ をもつ状態の時間依存性を与えるものである．これから，なぜ H_{ij} がエネルギー行列とよばれるべきであるか，その理由が理解できるであろう．エネルギー行列というのは，もっとややこしい場合に対してエネルギーの概念を一般化したものである．

次に，方程式の意味する内容に関してもう少し理解を深めるために，2個の基本状態をもつ体系を考えてみよう．このときには，(8.39)は

$$\begin{aligned} i\hbar\frac{dC_1}{dt} &= H_{11}C_1+H_{12}C_2, \\ i\hbar\frac{dC_2}{dt} &= H_{21}C_1+H_{22}C_2 \end{aligned} \tag{8.43}$$

と書かれる．このときもまた，Hが時間によらないものとすると，この方程式系を解くのは簡単である．それを試みることは，いまは諸君の楽しみとして残しておこう．あとでまたこの問題に帰って説明することにする．そう，Hが時間に依存しない限り，Hの形を具体的に知らなくても，量子力学の問題を解くことができるのである．

8-6 アンモニア分子

さて，ある特定の物理的状況を記述するに当って，量子力学の運動方程式をどのように利用するかということを示しておきたいと思う．それでここで，興味深く，かつ簡単な例題をとりあげることにする．この例題では，ハミルトニアンについて，ある合理的な推測をおこなうことによって，ある重要な——また実際的でさえある——結果を導くことができる．つまり，ここでは2個の状態によって記述できる場合をとりあげようというのである．それはアンモニア分子の話である．

アンモニア分子は，1個の窒素原子と3個の水素原子からなり，その3個の水素原子は，窒素の下の平面内に位置していて，それは図8-1(a)にえがかれているようにピラミッド形をしている．さて，この分子，あるいはこれに似たものなら何でもよいが，それは実は無限個の状態をもっている．この分子は，任意の軸のまわりに回転することもできるし，任意の方向に動くこともでき，またその内部で振動をすることもでき，そのほか色々な運動をすることができる．したがってそれは，決して2状態系といえるようなものではない．しかし，ここでは，他のすべての状態が固定されたままになっているという近似をしようというのである．なぜなら，それらは，いまわれわれが考えようとしていることには，はいってこないからである．つまり，分子が(図に示されているように)その対称軸のまわりに回転していることだけを考慮して，並進的な運動をもたず，またできる限り振動もしない

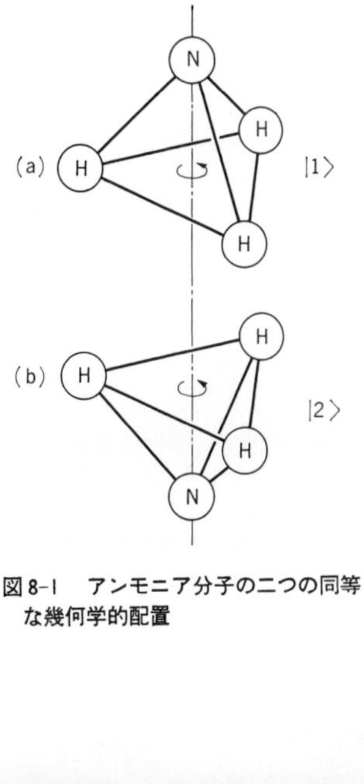

図 8-1　アンモニア分子の二つの同等な幾何学的配置

と考えるのである．こうすると，次に述べるただ一つを除いて，すべての状態をきめてしまっていることになる．その残っている自由度というのは，**窒素原子の位置に関してただ二つの可能性だけが許される**ということである——つまり，窒素原子は，図8-1(a)，(b)に示されているように，水素原子のつくる平面の一方の側か，もう一つの側のどちらかに存在するということである．そこで，アンモニア分子をそれがあたかも2状態系であるかのように考えて議論しようというわけである．ということは，これから実際に考慮しようとしている二つの状態を除いて，他のすべてはそのまま固定されていると仮定することを意味している．たとえ分子が，ある角運動量でその軸のまわりを回転し，またある運動量をもって運動し，ある決った方法で振動をしているとしても，なおこの二つの状態の存在は可能である．そこで図8-1(a)のように，窒素が“上”にあるときは状態 $|1\rangle$ にあり，(b)のように，窒素が“下”にあるときは状態 $|2\rangle$ にあるということにする．アンモニア分子の性質を解析するに当って，これらの状態 $|1\rangle$ と $|2\rangle$ とを基本状態の組として採用することにする．すると，任意の瞬間における分子の実際の状態 $|\psi\rangle$ は，状態 $|1\rangle$ にある振幅 $C_1=\langle 1|\psi\rangle$ と，状態 $|2\rangle$ にある振幅 $C_2=\langle 2|\psi\rangle$ を与えることによって表わすことができるわけである．そのとき，(8.8)を用いることにより，状態ベクトル $|\psi\rangle$ を

$$|\psi\rangle=|1\rangle\langle 1|\psi\rangle+|2\rangle\langle 2|\psi\rangle,$$

あるいは

$$|\psi\rangle=|1\rangle C_1+|2\rangle C_2 \tag{8.44}$$

と書くことができる．

ここでおもしろいのは，分子がある瞬間にある状態にあることが分っているとき，そのちょっと後にはその状態には**ない**ということである．2個の係数 C_i は(8.43)の方程式にしたがって時間とともに変化する——このことはどんな2状態系の場合にも成立することである．例えば，分子を観測することにより——あるいは分子に対してある選別を行うことにより——その分子が**はじめ**状態 $|1\rangle$ にあることが**分った**ものとする．さて，少し時間が経つと，それを状態 $|2\rangle$ に発見するあるチャンスが存在するのである．このチャンスがどれだけであるかをみつけるには，振幅が時間とともにどう変化するかを教えてくれるあの微分方程式を解かなければならないことになる．

このときに存在するただ一つの障害は，(8.43)のなかの係数 H_{ij} として何を用いたらよいのかが分らないことである．でも，**言えること**が全然ないわけではない．仮に，分子が状態 $|1\rangle$ にあれば，それが $|2\rangle$ に変わるチャンスが永久にないものと仮定(その逆もいえるものとする)すると，H_{12} と H_{21} とは両方とも0でなければならない．このときには，(8.43)は

$$i\hbar\frac{dC_1}{dt}=H_{11}C_1,\quad i\hbar\frac{dC_2}{dt}=H_{22}C_2$$

となる．これらの二つの方程式はすぐに解けて

$$C_1 = (\text{一定値})e^{-(i/\hbar)H_{11}t}, \quad C_2 = (\text{一定値})e^{-(i/\hbar)H_{22}t} \tag{8.45}$$

をうる．これらは，それぞれエネルギー $E_1=H_{11}$ および $E_2=H_{22}$ をもつ**定常状態**に対する振幅である．ところで，アンモニア分子の場合には，二つの状態 $|1\rangle$ と $|2\rangle$ の間には，ある決った対称性が存在することに注意されたい．仮に自然が完全に合理的にできているものであるとすれば，行列要素 H_{11} と H_{22} とは等しいはずである．そこで，それらを両方とも E_0 と書くことにする．なぜなら，H_{11} と H_{22} とは H_{12} と H_{21} とが 0 であるとしたとき，それぞれの状態がもつはずのエネルギーに対応しているからである．しかしながら，(8.45)はアンモニアが実際にやることとは違っている．窒素は 3 個の水素原子を押しのけて，他の側にぽんと移ることができるのである．そんなことはとてもできそうもないようにみえる．途中まで通り抜けるにも莫大なエネルギーを必要とするからである．エネルギーを十分にもっていない窒素が，どうして通り抜けられるのだろうか．そのエネルギーの障壁を**通り抜ける**振幅が**ある程度**存在しているのである．量子力学では，エネルギー的には許されないような領域を，すっと横切って，そっとはいだすことが可能なのである．したがって，状態 $|1\rangle$ からスタートした分子が，状態 $|2\rangle$ に移る振幅が小さいながらも存在する．つまり，本当は係数 H_{12} と H_{21} とは 0 ではない．このときもまた，対称性によって，これらの係数は両方とも——少くともその大きさは——等しくなっていなくてはならない．実際，すでに知っているように，一般に H_{ij} は H_{ji} の複素共役に等しい．したがって，それらの違いは位相だけである．お察しの通り，それらをたがいに等しいとしても，一般性を失うことはないことが分る．あとでの便宜上，それらを負の数に等しいとおくことにする．すなわち，$H_{12}=H_{21}=-A$ とおく．すると，次の 1 対の方程式をうる．

$$i\hbar\frac{dC_1}{dt} = E_0C_1 - AC_2, \tag{8.46}$$

$$i\hbar\frac{dC_2}{dt} = E_0C_2 - AC_1. \tag{8.47}$$

これらの方程式は十分に簡単であって，色々な方法で解くことができる．一つの便利な方法は次のようにすることである．二つの方程式の和をとると

$$i\hbar\frac{d}{dt}(C_1+C_2) = (E_0-A)(C_1+C_2)$$

となり，この解は

$$C_1+C_2 = ae^{-(i/\hbar)(E_0-A)t} \tag{8.48}$$

で与えられる．次に，(8.46)と(8.47)の差をとると

$$i\hbar\frac{d}{dt}(C_1-C_2) = (E_0+A)(C_1-C_2)$$

となり，これから

$$C_1 - C_2 = be^{-(i/\hbar)(E_0+A)t} \tag{8.49}$$

をうる．ここで a と b とは積分定数である．もちろん，これらの値は，特定の物理的問題における初期条件をみたすように適当に選ばれなければならない．さて，(8.48) と (8.49) を加えたり，差をとったりすることによって，C_1 および C_2 として

$$C_1(t) = \frac{a}{2}e^{-(i/\hbar)(E_0-A)t} + \frac{b}{2}e^{-(i/\hbar)(E_0+A)t}, \tag{8.50}$$

$$C_2(t) = \frac{a}{2}e^{-(i/\hbar)(E_0-A)t} - \frac{b}{2}e^{-(i/\hbar)(E_0+A)t} \tag{8.51}$$

をうる．これらは，第2項の符号を除けば同じものである．

こうして解がえられた．さて，これは何を意味しているのであろうか．（量子力学の面倒な点は，方程式を解くだけではなく，その解が何を意味しているかを理解する必要があるということである．）まず，$b=0$ のときには，C_1 と C_2 のどちらも同じ振動数 $\omega=(E_0-A)/\hbar$ をもつことになる．すべてが同一の振動数で変動しているときには，体系は決ったエネルギー——ここでは，エネルギー (E_0-A)——の状態にあることを意味している．したがって，このエネルギーをもつ定常状態が存在し，この場合には，二つの振幅 C_1 と C_2 とは等しくなっている．すなわち，窒素原子が“上”になっている振幅と，それが“下”になっている振幅とが等しい場合には，**アンモニア分子は一定のエネルギー(E_0-A)をもつ**のである．

$a=0$ のときには，もう一つの別の定常状態の存在が可能であることを示している．このときには，どっちの振幅も振動数 $(E_0+A)/\hbar$ をもっている．したがって，二つの振幅の大きさが等しく，その符号が反対，つまり $C_2=-C_1$ のときには，一定のエネルギー (E_0+A) をもつ別の定常状態が存在するということになる．このように一定のエネルギーをもっている状態は，ただ二つしかない．次章では，このアンモニア分子の状態に関して，もっと詳しく議論する．そこでここでは，次の二つのことだけを述べるにとどめておくことにする．

窒素原子には，一つの位置から他の位置に跳べるチャンスがある**ために**，分子のもつエネルギーは，期待通りに E_0 にはなっておらず，(E_0+A) と (E_0-A) の**二つの**エネルギー準位に分裂している．そのエネルギーのいかんを問わず，分子のとりうるどの状態もみな二つの準位に“分裂”するのである．ここで**どの**状態もといったわけは，憶えていると思うが，回転や内部エネルギーなどに関する特定の状態のことを考えたからである．分子がいったりきたりするために，その種の状態のそれぞれに対応して，エネルギー準位の2重項が存在する．

ここで，アンモニア分子に関して，次のような問題を考えることにしよう．いま，$t=0$ において，分子が状態 $|1\rangle$ にあることが**分っている**ものとする——あるいは，いいかえると，$C_1(0)=1$，$C_2(0)=0$ であると仮定する．問題は，時刻 t において分子を状態 $|2\rangle$ に発見する確率はいくらか，あるいは，時刻 t においてもなお状態 $|1\rangle$ にそのまま

残っている確率はいくらか，ということである．このような初期条件を与えると，(8. 50)と(8. 51)の a と b の値が決まる．$t=0$ とすると

$$C_1(0)=\frac{a+b}{2}=1,\quad C_2(0)=\frac{a-b}{2}=0$$

である．これから明らかに，$a=b=1$ となる．これらの値を $C_1(t)$ と $C_2(t)$ の式に代入して，各項をまとめると

$$C_1(t)=e^{-(i/\hbar)E_0t}\left(\frac{e^{(i/\hbar)At}+e^{-(i/\hbar)At}}{2}\right),$$

$$C_2(t)=e^{-(i/\hbar)E_0t}\left(\frac{e^{(i/\hbar)At}-e^{-(i/\hbar)At}}{2}\right)$$

をうる．これらの二つの振幅は次のように書き換えられる．すなわち，

$$C_1(t)=e^{-(i/\hbar)E_0t}\cos\frac{At}{\hbar}, \tag{8. 52}$$

$$C_2(t)=ie^{-(i/\hbar)E_0t}\sin\frac{At}{\hbar}. \tag{8. 53}$$

これらの振幅の大きさは両方とも，時間とともに調和振動をする．

時刻 t において，分子を状態 $|2\rangle$ に発見する確率は，$C_2(t)$ の絶対値の 2 乗で与えられる．それはすなわち

$$|C_2(t)|^2=\sin^2\frac{At}{\hbar} \tag{8. 54}$$

である．この確率は，(当然そうあるべきであるが) 0 からスタートして 1 にまで生長し，そしてそれから，図 8-2 の曲線 P_2 で表わされているように，0 と 1 の間をいったりきたりして振動する．もちろん，$|1\rangle$ 状態にある確率も 1 のところにとどまってはいない．それは，図 8-2 の曲線 P_1 に示されているように，分子を第 1 の状態に発見する確率が 0 になってしまうまで，第 2 の状態に“落ちこんで”ゆく．そしてその確率もまた，0 と 1 の間をいったりきたりしてうろつきまわるのである．

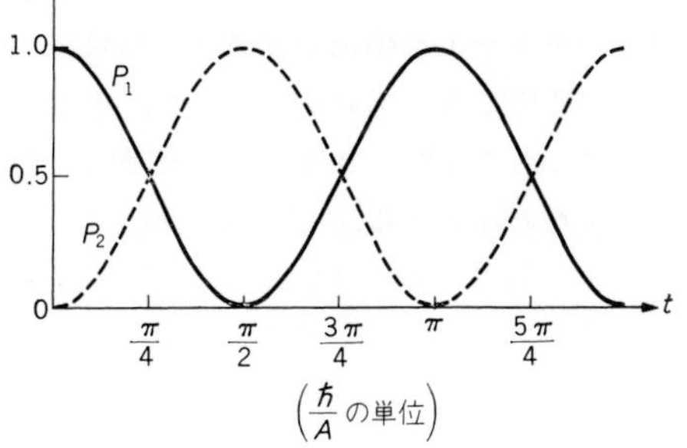

図 8-2　時刻 $t=0$ において状態 $|1\rangle$ にあったアンモニア分子が時刻 t に状態 $|1\rangle$ に発見される確率 P_1 およびそれが状態 $|2\rangle$ に発見される確率 P_2

だいぶ以前に(第Ⅱ巻，第 24 章)，二つの同じ振り子を軽く結びつけたときどういうことがおきるかということを調べたことがある．その一つをうしろに持ちあげて離すと，その振り子は揺れる．ところが次第に，もう一方のものが揺れはじめる．しばらくすると，第 2 の振

り子がその全エネルギーを吸いとってしまう．それから後には，運動の過程は反対向きになって，第1の振り子がエネルギーをとりはじめる．この現象は，いまの場合とまったく同種の現象である．エネルギーがいったりきたりして交換される速さは——つまり，その“振動”が移動する時間の割合は——二つの振り子の結合力に依存する．また諸君も憶えていると思うが，2個の振り子の運動の仕方に関して特殊な二つの運動がある——それぞれの運動がある一定の振動数をもっていた——そして，これらの特別な運動を基本モードとよんだのであった．つまり，両方の振り子をいっぺんに引っぱると，それらは一つの振動数で一緒に揺れる．他方，一つの振り子を一方に引っぱり，もう一つの振り子を反対方向に引っぱって離すと，このときにもまた一定の振動数をもって揺れる別の定常的なモードが現われたのであった．

さて，これと非常によく似た状況にあることが分った——アンモニア分子は，数学的には1対の振り子とよく似ているのである．1対の振り子も二つの振動数——$(E_0+A)/\hbar$ と $(E_0-A)/\hbar$ をもち——一緒に振動したり，反対向きになって振動したりするのである．

振り子の類推は，同一の方程式は同一の解を与えるという原理ほどの深い意味をもっているわけではない．振幅のみたす方程式系(8.39)は，その形が調和振動子に対する線形微分方程式系と非常によく似ている．（実際この類似が，屈折率についての古典論が成功した背後の理由なのである．調和振動子というものは，古典的にみても，核のまわりを回転する電子に対する合理的な模型になっていないにもかかわらず，屈折率の古典論では，量子力学的な原子を調和振動子におきかえたのであった.）窒素原子を一方の側に引っぱると，そのとき二つの振動数の**重ね合わせ**がえられる．そして一種の**うなり**を生ずる．なぜならこのとき体系は，一定の振動数をもっているどちらの状態にも**ない**からである．しかし，アンモニア分子のエネルギー準位の分裂は，純粋に量子力学的効果である．

アンモニア分子のエネルギー準位が分裂する現象は，次章で述べるような重要な実用的応用をもっている．つまり，やっとのことで，量子力学をつかってはじめて理解できるような実際的な物理的問題の例をやれるようになったわけである．

第9章
アンモニア・メーザー†

9-1 アンモニア分子の状態

この章では，量子力学の実用的装置への応用として，アンモニア・メーザーについて議論する．諸君は，どういうわけで量子力学の定式化を展開するのを途中でやめて，このような特殊な問題にはいるのだろうと怪しむかも知れない．ところがこの特殊な問題のもつ多くの特性には，量子力学の一般理論に共通するものがあって，したがって，この一つの問題を詳しく考察することによって非常に多くのことを学ぶことができるのである．アンモニア・メーザーというのは電磁波をつくり出す装置である．そして，その作用は前章で簡単に議論したアンモニア分子の性質にもとづくものなのである．そこでまず，前章で知ったことをまとめておくことから話をはじめることにしよう．

アンモニア分子には多くの状態が存在する．しかしここでは，これを2状態系と考え，回転あるいは並進に関してはある特定の状態に固定されているとしたとき，どういうことがおきるかという問題についてだけ考える．2状態系としての物理的模型としては，次のような描像をもつことができる．図9-1に示されているように，アンモニア分子は，窒素原子を通り，かつ水素原子のつくる平面に垂直な軸のまわりに回転していると考えられる．このときでもなお，分子は二つの状態——すなわち，窒素が水素原子の平面の一方の側にある場合と，もう一つの側に存在する場合の二つの状態——をとることが可能である．これらの二つの状態を $|1\rangle$ および $|2\rangle$ とする．そして，これらの2個

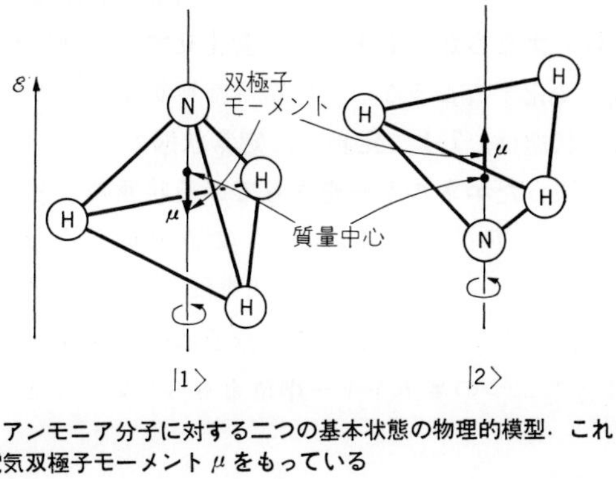

図9-1 アンモニア分子に対する二つの基本状態の物理的模型．これらの状態は電気双極子モーメント μ をもっている

† メーザー(MASER)＝Microwave Amplification by Stimulated Emission of Radiation.

の状態をアンモニア分子の性質を解析するときの基本状態の組として採用する．

基本状態を二つもっている体系においては，その系の任意の状態 $|\psi\rangle$ は，いつでもこれらの2個の基本状態の線形結合として表わすことができる．すなわち，一つの基本状態に存在する振幅 C_1 と，もう一つの状態にある振幅 C_2 とがあって，上の状態ベクトルは

$$|\,\psi\,\rangle = |\,1\,\rangle C_1 + |\,2\,\rangle C_2 \qquad (9.\,1)$$

と書くことができる．ただしここで

$$C_1 = \langle\,1\,|\,\psi\,\rangle, \quad C_2 = \langle\,2\,|\,\psi\,\rangle$$

である．

これらの二つの振幅は，時間とともにハミルトニアンの方程式(8.43)にしたがって変化する．アンモニア分子における二つの状態の対称性を利用すると，$H_{11}=H_{22}=E_0$ また $H_{12}=H_{21}=-A$ とおくことができる．このとき，その解は

$$C_1 = \frac{a}{2}e^{-(i/\hbar)(E_0-A)t} + \frac{b}{2}e^{-(i/\hbar)(E_0+A)t}, \qquad (9.\,2)$$

$$C_2 = \frac{a}{2}e^{-(i/\hbar)(E_0-A)t} - \frac{b}{2}e^{-(i/\hbar)(E_0+A)t} \qquad (9.\,3)$$

と表わされる．［(8.50)と(8.51)を見よ．］

ここで，これらの一般解をもう少しくわしく調べてみることにしよう．はじめ分子は，係数 b を0に等しいとおいたときの状態 $|\psi_{\mathrm{II}}\rangle$ にあったとする．このとき，時刻 $t=0$ において，状態 $|1\rangle$ および $|2\rangle$ に存在する振幅は同じ値である．**そしてこの振幅の間の関係はあらゆる時刻でそのままに保たれている**．それらの振幅の位相は，両方とも同じように――振動数 $(E_0-A)/\hbar$ で――時間とともに変化する．同様に，$a=0$ とおいた状態 $|\psi_{\mathrm{I}}\rangle$ に分子がおかれているとすると，振幅 C_2 は C_1 の符号を反対にしたものである．そしてこの関係は永久にそのままに保たれる．このときには，どちらの振幅も振動数 $(E_0+A)/\hbar$ で時間とともに変化する．これらの状態 $|\psi_{\mathrm{I}}\rangle$ と $|\psi_{\mathrm{II}}\rangle$ だけが，C_1 と C_2 の間の関係を時間的に一定に保つただ二つの可能な状態なのである．

二つの振幅の**大きさが**時間とともに**変化せず**，またそれらの位相が同じ振動数で変化するような二つの特殊な解が見いだされたわけである．これらの状態は，**7-1** で定義した**定常状態**である．この定常状態というのは，**決ったエネルギーをもっている状態**のことである．状態 $|\psi_{\mathrm{II}}\rangle$ はエネルギー $E_{\mathrm{II}}=E_0-A$ をもち，また状態 $|\psi_{\mathrm{I}}\rangle$ はエネルギー $E_{\mathrm{I}}=E_0+A$ をもっている†．これらの状態はその存在が許されるただ二つの定常状態である．したがって，分子はそのエネルギーの差が $2A$ であるような二つのエネルギー準位をもっていることが分る．（最

† これからは――自分で読むときや，だれかほかの人に話すときには――アラビヤ文字1, 2とローマ文字I, IIを区別する方法があると便利である．“one”, “two” はアラビヤ数字にとっておいて，I, IIは “eins”, “zwei”（本当は “unus”, “duo” と読むほうが筋が通っているけれども）と読むと便利である．

初に仮定したように，これらは分子の回転や振動の状態を仮定しておいたときにおける二つのエネルギー準位である.）

窒素原子がいったりきたりする可能性を許さないとすると，それは A を 0 に等しいととることになり，二つのエネルギー準位はどちらもエネルギー E_0 と重なってしまうことになる．実際の準位はそんな具合にはなっていない．それらの**平均**エネルギーは E_0 であるが，二つの準位は $\pm A$ だけ離れて分裂している．そしてこれが，二つの状態のもつエネルギーの間の $2A$ の間隔を与えている．実際には A は非常に小さいので，それらのエネルギーの差もまた非常に小さなものである．

原子内の 1 個の**電子**を励起するのに必要なエネルギーは比較的高いものであって——可視領域あるいは紫外領域における光子を必要とする．分子の**振動**を励起するには，赤外領域における光子が必要である．**回転**を励起しようとすると，その状態間のエネルギーの差は遠赤外領域における光子に対応する．ところが，上のエネルギー差 $2A$ はこれらのどれよりも低くて，事実，遠赤外よりも低くて，ちょうどマイクロ波領域に属するのである．実験的にも，10^{-4} 電子ボルト——これは 24,000 メガサイクルの振動数に対応している——の間隔をもつ 1 対のエネルギー準位の存在することが知られている．このことは明らかに，$f=24{,}000$ メガサイクル（これは $1\frac{1}{4}$ cm の波長に対応する）として，$2A=hf$ であることを意味している．したがって，通常の意味での光ではなくて，マイクロ波を放出する転移をもつ分子が存在するわけである．

このあとの計算を進めるために，一定のエネルギーをもつ上の二つの状態をもう少し上手に表現しておく必要がある．2 個の数値 C_1 と C_2 の和をとって，振幅 $C_{\rm II}$ を次のようにして作ったとする．

$$C_{\rm II} = C_1+C_2 = \langle 1\,|\,\Phi\,\rangle+\langle 2\,|\,\Phi\,\rangle. \tag{9.4}$$

これは何を意味しているであろうか．ええと，これは，元々の基本状態に対する 2 個の振幅が等しくなっている新しい状態 $|{\rm II}\rangle$ に，状態 $|\Phi\rangle$ を発見する振幅にほかならない．すなわち，$C_{\rm II}=\langle {\rm II}|\Phi\rangle$ と書くと，(9.4) から状態 $|\Phi\rangle$ を抜きとってしまうことができる——なぜなら，(9.4) は任意の Φ に対して成立するのであるから——そして

$$\langle {\rm II}\,| = \langle 1\,|+\langle 2\,|$$

をうる．これは

$$|\,{\rm II}\,\rangle = |\,1\,\rangle+|\,2\,\rangle \tag{9.5}$$

と同じことを意味する．これから，状態 $|{\rm II}\rangle$ が状態 $|1\rangle$ に存在する振幅は

$$\langle 1\,|\,{\rm II}\,\rangle = \langle 1\,|\,1\,\rangle+\langle 1\,|\,2\,\rangle$$

であるということになり，これはもちろん 1 に等しい．なぜなら，$|1\rangle$ と $|2\rangle$ とは基本状態だからである．状態 $|{\rm II}\rangle$ が状態 $|2\rangle$ にある振幅もまた 1 である．つまり，状態 $|{\rm II}\rangle$ というのは，二つの基本状態 $|1\rangle$ と $|2\rangle$ に存在する振幅が等しいような状態なのである．

ところで，ここで少しばかり面倒なことがある．それは，状態 $|{\rm II}\rangle$

は，**ある**基本状態**または他の**基本状態に存在する全確率が1よりも大きくなっている状態であるということである．しかしこのことは，単に状態ベクトルが適切に“規格化”されていないということを意味しているにすぎない．$\langle \mathrm{II}|\mathrm{II}\rangle=1$ でなければならないことを思いおこして，そのことを考慮しさえすればよい．この規格化の条件は，いかなる状態に対してもみたされていなければならないのである．そこで

$$\langle \chi|\Phi\rangle=\sum_i\langle \chi|i\rangle\langle i|\Phi\rangle$$

という一般的な関係を利用し，Φ と χ の両方を状態IIとおき，さらに基本状態 $|1\rangle$ および $|2\rangle$ 上にわたって和をとると

$$\langle \mathrm{II}|\mathrm{II}\rangle=\langle \mathrm{II}|1\rangle\langle 1|\mathrm{II}\rangle+\langle \mathrm{II}|2\rangle\langle 2|\mathrm{II}\rangle$$

をうる．(9.4)の C_{II} の定義を

$$C_{\mathrm{II}}=\frac{1}{\sqrt{2}}[C_1+C_2]$$

と変えておくと，この $\langle \mathrm{II}|\mathrm{II}\rangle$ は1に等しくなる．これは当然そうなるはずのものである．

同様にして，振幅

$$C_{\mathrm{I}}=\frac{1}{\sqrt{2}}[C_1-C_2]$$

あるいは

$$C_{\mathrm{I}}=\frac{1}{\sqrt{2}}[\langle 1|\Phi\rangle-\langle 2|\Phi\rangle] \qquad (9.6)$$

をつくることができる．この振幅は，状態 $|1\rangle$ と $|2\rangle$ とに存在する振幅が反対符号になっている新しい状態 $|\mathrm{I}\rangle$ への状態 $|\Phi\rangle$ の射影である．すなわち，(9.6)は

$$\langle \mathrm{I}|=\frac{1}{\sqrt{2}}[\langle 1|-\langle 2|],$$

または

$$|\mathrm{I}\rangle=\frac{1}{\sqrt{2}}[|1\rangle-|2\rangle] \qquad (9.7)$$

と同じものを表わしている．これから，

$$\langle 1|\mathrm{I}\rangle=\frac{1}{\sqrt{2}}=-\langle 2|\mathrm{I}\rangle$$

ということが出てくる．

さて，どういうわけで上のようなことをやってきたかというと，その理由は，状態 $|\mathrm{I}\rangle$ と $|\mathrm{II}\rangle$ を**新しい基本ベクトルの組として採用すると**，アンモニア分子の定常状態を記述するのにとくに好都合だからである．諸君も憶えていると思うが，基本状態の組に対して要請される条件は

$$\langle i|j\rangle=\delta_{ij}$$

ということであった．ところがすでに

$$\langle \mathrm{I}|\mathrm{I}\rangle=\langle \mathrm{II}|\mathrm{II}\rangle=1$$

がみたされている．また，(9.5)と(9.7)とから容易に

$$\langle \mathrm{I}|\mathrm{II}\rangle=\langle \mathrm{II}|\mathrm{I}\rangle=0$$

であることを示すことができる.

さて，任意の状態 Φ が新しい基本状態 $|\mathrm{I}\rangle$ と $|\mathrm{II}\rangle$ に存在する振幅 $C_{\mathrm{I}}=\langle \mathrm{I}|\Phi\rangle$ および $C_{\mathrm{II}}=\langle \mathrm{II}|\Phi\rangle$ もまた，(8. 39) と同じ形のハミルトニアン方程式をみたしていなくてはならない．実際，(9. 2) と (9. 3) の二つの式の差をとって，それから t に関して微分すると，

$$i\hbar\frac{dC_{\mathrm{I}}}{dt}=(E_0+A)C_{\mathrm{I}}=E_{\mathrm{I}}C_{\mathrm{I}}, \tag{9.8}$$

となり，また (9. 2) と (9. 3) の和をとると

$$i\hbar\frac{dC_{\mathrm{II}}}{dt}=(E_0-A)C_{\mathrm{II}}=E_{\mathrm{II}}C_{\mathrm{II}} \tag{9.9}$$

であることが分る．つまり，基本状態として $|\mathrm{I}\rangle$ と $|\mathrm{II}\rangle$ とを用いると，ハミルトニアン行列は次のような簡単な形をとることになるのである．

$$H_{\mathrm{I,I}}=E_{\mathrm{I}},\quad H_{\mathrm{I,II}}=0,$$
$$H_{\mathrm{II,I}}=0,\quad H_{\mathrm{II,II}}=E_{\mathrm{II}}.$$

(9. 8) と (9. 9) のどちらの方程式も，**8-5** で示した 1 状態系に対する方程式と全く同じ形になっていることに注意されたい．これらの方程式をみたす振幅はいずれも，単一のエネルギーに対応する簡単な指数関数的な時間依存性をもっている．それぞれの状態にある振幅は，時間の経過とともに独立に行動するのである．

上でみつけた二つの定常状態 $|\phi_{\mathrm{I}}\rangle$ および $|\phi_{\mathrm{II}}\rangle$ は，もちろん (9. 8) と (9. 9) の解である．状態 $|\phi_{\mathrm{I}}\rangle$（このときは，$C_1=-C_2$）の場合には

$$C_{\mathrm{I}}=e^{-(i/\hbar)(E_0+A)t},\quad C_{\mathrm{II}}=0 \tag{9.10}$$

であり，状態 $|\phi_{\mathrm{II}}\rangle$（このときは，$C_1=C_2$）の場合には

$$C_{\mathrm{I}}=0,\quad C_{\mathrm{II}}=e^{-(i/\hbar)(E_0-A)t} \tag{9.11}$$

である．(9. 10) のときの振幅は

$$C_{\mathrm{I}}=\langle \mathrm{I}\,|\,\phi_{\mathrm{I}}\rangle\quad \text{および}\quad C_{\mathrm{II}}=\langle \mathrm{II}\,|\,\phi_{\mathrm{I}}\rangle$$

であるから，(9. 10) は

$$|\,\phi_{\mathrm{I}}\rangle=|\,\mathrm{I}\,\rangle e^{-(i/\hbar)(E_0+A)t}$$

と同じ内容のものである．すなわち，定常状態の状態ベクトル $|\phi_{\mathrm{I}}\rangle$ は，基本状態の状態ベクトル $|\mathrm{I}\rangle$ と，その状態にみあった指数関数の因子を別にすれば同じものである．事実 $t=0$ では

$$|\,\phi_{\mathrm{I}}\,\rangle=|\,\mathrm{I}\,\rangle$$

であって，状態 $|\mathrm{I}\rangle$ はエネルギー E_0+A の定常状態と同一の物理的内容をもっている．同様にして第 2 の定常状態に対しては

$$|\,\phi_{\mathrm{II}}\,\rangle=|\,\mathrm{II}\,\rangle e^{-(i/\hbar)(E_0-A)t}$$

である．すなわち，状態 $|\mathrm{II}\rangle$ は $t=0$ において，エネルギー E_0-A の定常状態に一致している．したがって，新しい 2 個の基本状態 $|\mathrm{I}\rangle$ と $|\mathrm{II}\rangle$ とは，物理的には一定のエネルギーをもつ状態になっている．ただ基本状態が時間依存性をもつことのないように，時間に関する指数関数の因子が除かれているだけである．（これからはいつも，定常状態 $|\phi_{\mathrm{I}}\rangle, |\phi_{\mathrm{II}}\rangle$ と基本状態 $|\mathrm{I}\rangle, |\mathrm{II}\rangle$ との間の区別をしないほうが便利である．なぜなら，それらの間の相違はその性質の分っている時間的因

子の存否だけだからである.)

以上の結果をまとめると，状態ベクトル $|\mathrm{I}\rangle$ と $|\mathrm{II}\rangle$ とは，アンモニア分子における一定のエネルギー状態を記述するのに適当な1対の基本ベクトルであるということである．それらの状態ベクトルは，元来の基本ベクトルと

$$|\mathrm{I}\rangle=\frac{1}{\sqrt{2}}[|1\rangle-|2\rangle],\quad |\mathrm{II}\rangle=\frac{1}{\sqrt{2}}[|1\rangle+|2\rangle]\qquad(9.12)$$

の関係でつながっている．ある任意の状態が $|\mathrm{I}\rangle$ および $|\mathrm{II}\rangle$ の状態に存在する振幅は，その状態が $|1\rangle$ および $|2\rangle$ に存在する振幅 C_1, C_2 と

$$C_{\mathrm{I}}=\frac{1}{\sqrt{2}}[C_1-C_2],\quad C_{\mathrm{II}}=\frac{1}{\sqrt{2}}[C_1+C_2]\qquad(9.13)$$

によって関連している．つまり，いかなる状態でもみな——係数 C_1 および C_2 を用いて——$|1\rangle$ および $|2\rangle$ の線形結合によって表わせるし，またその状態は——係数 C_{I} および C_{II} を用いて——一定のエネルギーをもつ基本状態 $|\mathrm{I}\rangle$ および $|\mathrm{II}\rangle$ の線形結合として表現することもできるのである．したがって

$$|\Phi\rangle=|1\rangle C_1+|2\rangle C_2,$$

または

$$|\Phi\rangle=|\mathrm{I}\rangle C_{\mathrm{I}}+|\mathrm{II}\rangle C_{\mathrm{II}}$$

である．この2番目の形は，状態 $|\Phi\rangle$ をエネルギー $E_{\mathrm{I}}=E_0+A$ をもつ状態，あるいはエネルギー $E_{\mathrm{II}}=E_0-A$ をもつ状態に発見する振幅を与えるものである．

9-2　静電場内のアンモニア分子

アンモニア分子が，エネルギーが一定の二つの状態のどちらかにあって，$\hbar\omega=E_{\mathrm{I}}-E_{\mathrm{II}}=2A$ の関係をみたす振動数 ω で分子を攪乱すると，体系は一つの状態から他の状態に転移する．あるいは，分子が上のエネルギー状態にあるときには，攪乱によってそれは低いエネルギーの状態に移って，1個の光子を放出する．しかし，このような転移をおこさせるには，それらの状態間に何らかの物理的相互作用——つまりその体系を攪乱する何らかの方法——が与えられなければならない．つまり，それらの状態に影響を及ぼすような，例えば磁場とか電場のような，何かの外的な機構が存在する必要がある．そこで次に外部電場のなかにおかれたアンモニア分子の示す性質を調べることにしよう．

電場内における分子の性質を議論するには，$|\mathrm{I}\rangle$ と $|\mathrm{II}\rangle$ の状態よりも，むしろ元々の基本系 $|1\rangle$ と $|2\rangle$ にもどったほうがよい．いま，水素原子のつくっている平面に直角の方向に電場がかかっているものとする．しばらく，窒素原子が水素原子のつくる平面の上下にいったりきたりする可能性を無視することにする．このとき，この分子のエネルギーが，窒素原子のとる二つの位置によって，同じ値をとるか否かを考えることにしよう．その答えは，一般的にいってノーである．電子群は，水素の原子核よりも窒素の原子核のほうに近よっている傾向

があって，そのために，水素原子はやや正に帯電しているのである．その実際の量がどれだけかは，電子分布の詳細に依存している．この電子分布がどうなっているかを正確に計算するのは極めて複雑な問題である．しかし，いずれにせよ，それによる正味の結果は，図 9-1 に示したように，アンモニア分子が電気双極子モーメントをもっているということである．その電荷のずれの方向と量とを詳しく知らなくても，解析をつづけることは可能である．しかし，ほかのところでの記法と合わせるために，その電気双極子モーメントは $\boldsymbol{\mu}$ であり，このベクトルの方向は，窒素原子**から**水素原子のつくる平面に向かって垂直の方向にあるものとする．

さて，窒素原子が平面の一方の側から他の側に跳ぶとき，全分子の質量中心は移動しないが，電気双極子モーメントの方向はひっくり返るわけである．その結果，電場 $\mathcal{E}$ のなかでの分子のもつエネルギーは，分子の方向に依存することになる†．上の仮定から，分子の位置のエネルギーは，窒素原子が水素原子の平面に関して，電場の方向の側にあるときに高く，その反対側にあるときに低くなっている．そして，このエネルギーの間隔は $2\mu\mathcal{E}$ で与えられる．

これまでの議論では，E_0 と A を計算する方法は分らないものとして，それらの数値を仮定してきた．正しい理論を用いれば，分子を構成するすべての核と電子の位置およびそれらの運動から，これらの定数の値は計算によって求められるはずのものである．ところが，これまでそれをやった人はだれもいない．このような体系は，10 個の電子と 4 個の核を含むものであり，それはあまりにも複雑な問題である．実際，この分子に関して，ここでわれわれがやる以上のことを知っている人はだれもいない．だれにもいえることは，電場があるときには，二つの状態のエネルギーは異なっていて，その差は電場に比例しているということだけである．その比例定数を 2μ としたが，その値は実験的に決定するより仕方がないのである．また，分子は状態 $|1\rangle$ から状態 $|2\rangle$ へ跳ぶ振幅 A をもっているといえるが，この値もまた実験で決める必要がある．μ と A の正確な理論的な数値を与えた人はだれもいない．なぜなら計算が複雑になりすぎて，詳しくやることができないからである．

電場内のアンモニア分子の場合には，われわれの記述のしかたを変更する必要がある．分子が一つの配置からもう一つの配置に跳ぶ振幅が無視できるときには，二つの状態 $|1\rangle$ と $|2\rangle$ のもつエネルギーは $(E_0\pm\mu\mathcal{E})$ であると考えられるわけである．そこで，前章の手つづきにしたがって，

$$H_{11}=E_0+\mu\mathcal{E},\quad H_{22}=E_0-\mu\mathcal{E} \qquad (9.14)$$

† 残念ながら，ここで新しい記号を導入しなければならない．これまで $\boldsymbol{p}$ と E とを運動量とエネルギーに対して用いてきたので，それらを双極子モーメントや電場としてもう 1 度利用するようなことをしたくないのである．この節では，μ は電気双極子モーメントであることを憶えておいてほしい．

とおくことにする．また，いま問題にしている電場は，分子内の幾何学的配置にあまり影響を与えず，したがって，窒素が一つの位置からもう一つの位置に跳ぶ振幅に影響しないものと仮定する．すると，H_{12} と H_{21} とはそのままで

$$H_{12}=H_{21}=-A \tag{9.15}$$

とすることができる．ここで，H_{ij} としてこれらの新しい値をとったときの(8.43)のハミルトニアン方程式を解く必要がある．これは前にやったのと同じようにして解くことができるが，2状態系の解がほしい場合がこれからも何度かあるので，ここでは任意の H_{ij} の一般の場合に——ただ，これらは時間的に変化しないものと仮定して——ここで1度解いておくことにしよう．

欲しいのは，次の1対のハミルトニアン方程式の一般解である．

$$i\hbar\frac{dC_1}{dt}=H_{11}C_1+H_{12}C_2, \tag{9.16}$$

$$i\hbar\frac{dC_2}{dt}=H_{21}C_1+H_{22}C_2. \tag{9.17}$$

これらの方程式は，定数係数をもつ線形の微分方程式であるから，いつでも変数 t に関する指数関数型の解をみつけることができる．まずはじめに，C_1 と C_2 の両方とも同じ時間依存性をもつような解をさがすことにしよう．そのために試行関数として，

$$C_1=a_1e^{-i\omega t},\quad C_2=a_2e^{-i\omega t}$$

を利用することができる．このような解は，エネルギー $E=\hbar\omega$ をもつ状態に対応しているから，

$$C_1=a_1e^{-(i/\hbar)Et}, \tag{9.18}$$

$$C_2=a_2e^{-(i/\hbar)Et} \tag{9.19}$$

と書くこともできる．ここで E はまだ分っていないものであって，微分方程式(9.16)と(9.17)がみたされるように決められるのである．

(9.18)と(9.19)の C_1 および C_2 を，微分方程式(9.16)および(9.17)に代入すると，微分は $-iE/\hbar$ 掛ける C_1 または C_2 を与えて，左辺はちょうど EC_1 および EC_2 になる．共通の指数関数の因子は相殺して

$$Ea_1=H_{11}a_1+H_{12}a_2,\quad Ea_2=H_{21}a_1+H_{22}a_2$$

をうる．あるいは各項をまとめなおすと

$$(E-H_{11})a_1-H_{12}a_2=0, \tag{9.20}$$

$$-H_{21}a_1+(E-H_{22})a_2=0 \tag{9.21}$$

をうる．このような斉次代数方程式の一組があるとき，a_1 と a_2 とが0ではない解が存在するのは，a_1 と a_2 の係数の行列式が0である場合だけである．すなわち，

$$\mathrm{Det}\begin{pmatrix}E-H_{11} & -H_{12}\\ -H_{21} & E-H_{22}\end{pmatrix}=0 \tag{9.22}$$

のときにだけ解が存在する．

しかし，2個の方程式と2個の未知数しかないときには，そんな高級なことを考える必要はない．(9.20)と(9.21)の二つの方程式から，

2個の係数 a_1 と a_2 の比が求まり，それらの二つの比を等しくおきさえすればよい．つまり，(9.20)から

$$\frac{a_1}{a_2} = \frac{H_{12}}{E-H_{11}} \tag{9.23}$$

がえられ，また(9.21)から

$$\frac{a_1}{a_2} = \frac{E-H_{22}}{H_{21}} \tag{9.24}$$

となる．これらの2個の比を等しくおくと，E は次の方程式をみたさねばならないことになる．すなわち

$$(E-H_{11})(E-H_{22})-H_{12}H_{21} = 0$$

である．この結果は，(9.22)の行列式を解いてえられるものと同じものである．どっちでやっても，E に関する2次方程式がえられ，この方程式は，次の二つの解をもつ．すなわち

$$E = \frac{H_{11}+H_{22}}{2} \pm \sqrt{\frac{(H_{11}-H_{22})^2}{4}+H_{12}H_{21}}. \tag{9.25}$$

つまり，エネルギー E のとりうる値には，(9.25)の2個の可能性があるということである．ここで注意すべきことは，このどちらの解も，エネルギー E に対して**実数値**を与えるということである．なぜなら，H_{11} と H_{22} とは実数であり，また $H_{12}H_{21}$ は $H_{12}H_{12}{}^* = |H_{12}|^2$ に等しく，これらはどちらも実数かつ正の値だからである．

前の場合と同じ約束を用いて，高いほうのエネルギーを $E_{\rm I}$ とし，低いほうを $E_{\rm II}$ とすると，

$$E_{\rm I} = \frac{H_{11}+H_{22}}{2} + \sqrt{\frac{(H_{11}-H_{22})^2}{4}+H_{12}H_{21}}, \tag{9.26}$$

$$E_{\rm II} = \frac{H_{11}+H_{22}}{2} - \sqrt{\frac{(H_{11}-H_{22})^2}{4}+H_{12}H_{21}} \tag{9.27}$$

をうる．これらの二つのエネルギーを別々に(9.18)と(9.19)で用いると，2種類の定常状態(一定のエネルギーをもつ状態)に対する振幅をうる．外からの擾乱がないときには，はじめこれらの状態の一つにあった状態は——その位相が変化するだけで——永久にそのままの状態に保たれる．

二つの特別な場合に対して，われわれのえた結果をチェックしてみることにしよう．$H_{12}=H_{21}=0$ の場合には，$E_{\rm I}=H_{11}$ および $E_{\rm II}=H_{22}$ をうる．この結果は確かに正しい．なぜなら，そのときには(9.16)と(9.17)とは結合しておらず，それぞれがエネルギー H_{11} の状態と H_{22} の状態とを表わしているから．次に，$H_{11}=H_{22}=E_0$ および $H_{21}=H_{12}=-A$ とおくと，前に導いた解

$$E_{\rm I} = E_0+A, \quad E_{\rm II} = E_0-A$$

がえられる．

一般の場合には，二つの解 $E_{\rm I}$ と $E_{\rm II}$ とは，次の二つの状態

$$|\,\phi_{\rm I}\,\rangle = |\,{\rm I}\,\rangle e^{-(i/\hbar)E_{\rm I}t} \quad \text{および} \quad |\,\phi_{\rm II}\,\rangle = |\,{\rm II}\,\rangle e^{-(i/\hbar)E_{\rm II}t}$$

と関連をもっている．これらの状態から，(9.18)および(9.19)が与え

られる．しかしこのとき，a_1 と a_2 とは未定である．これらの間の比率は(9.23)か(9.24)のどちらかで与えられる．それからさらに，a_1 と a_2 とはもう一つの条件をみたしていなければならない．すなわち，仮に体系がその定常状態の一つにあることが分っているものとしたとき，その状態が $|1\rangle$ または $|2\rangle$ に発見される確率の和は1に等しくなければならない．つまり，

$$|C_1|^2+|C_2|^2 = 1 \tag{9.28}$$

あるいは，同じことだが

$$|a_1|^2+|a_2|^2 = 1 \tag{9.29}$$

でなければならない．しかし，これらの条件だけでは，a_1 と a_2 とは一義的にその値が決らない．これらはなお，任意の位相だけ――つまり，$e^{i\delta}$ のような因子だけ――不定なのである．a_1 と a_2 の一般解を書きくだすことは可能であるけれども†，普通は，それぞれの特別な場合についてだけ計算するほうが都合がよい．

さて，電場のなかにおかれているアンモニア分子という特定の例に話をもどそう．(9.14)と(9.15)に与えられている H_{11}, H_{22} および H_{12} の値を用いると，二つの定常状態のエネルギーは

$$E_{\mathrm{I}} = E_0+\sqrt{A^2+\mu^2\mathcal{E}^2},\quad E_{\mathrm{II}} = E_0-\sqrt{A^2+\mu^2\mathcal{E}^2} \tag{9.30}$$

で与えられる．これらの二つのエネルギーを，電場の強さ $\mathcal{E}$ の関数として図示したものが図9-2である．電場が0のときには，二つのエネルギーは当然 $E_0\pm A$ になっている．電場が作用すると，二つの準位の分離の距離は増大する．その分裂は，はじめのうちは $\mathcal{E}$ とともにゆっくり増大するが，最後には $\mathcal{E}$ に比例するようになる．(それまでの曲線は双曲線である．) 電場が非常に強い場合には，エネルギーはちょうど

$$E_{\mathrm{I}} = E_0+\mu\mathcal{E} = H_{11},\quad E_{\mathrm{II}} = E_0-\mu\mathcal{E} = H_{22} \tag{9.31}$$

となる．つまり，**窒素のとる二つの位置が非常に違ったエネルギーを**

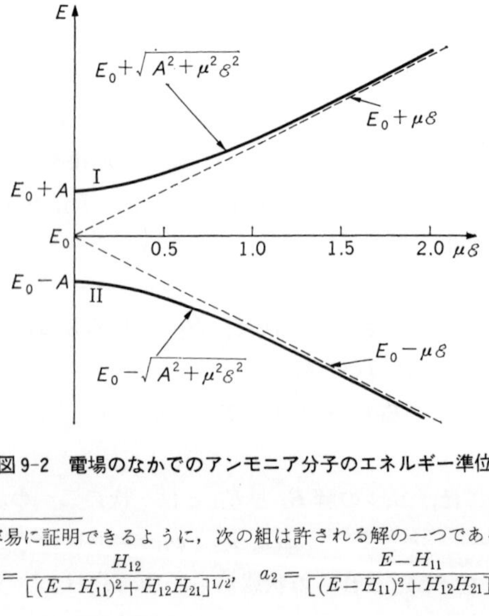

図9-2　電場のなかでのアンモニア分子のエネルギー準位

† 例えば，容易に証明できるように，次の組は許される解の一つである．

$$a_1 = \frac{H_{12}}{[(E-H_{11})^2+H_{12}H_{21}]^{1/2}},\quad a_2 = \frac{E-H_{11}}{[(E-H_{11})^2+H_{12}H_{21}]^{1/2}}.$$

もっているときには，窒素原子がいったりきたりする振幅が存在するという事実がほとんど効果を示さないのである．これはまことにおもしろい点であって，これについてはまた後で考えることにする．

ようやくここで，アンモニア・メーザーの作用を理解するための用意がととのったのである．その考え方は次の通りである．まず，状態 $|\mathrm{I}\rangle$ にある分子と状態 $|\mathrm{II}\rangle$ にある分子とを分離する方法を考える†．そうして分離された高いエネルギー状態 $|\mathrm{I}\rangle$ にある分子を，24,000 メガサイクルの共鳴振動数をもつ空洞内に導入する．すると，その分子はそのエネルギーを——後で述べる方法で——空洞に伝達する．そして，空洞内の分子は $|\mathrm{II}\rangle$ の状態に変わる．このような転移をした各分子は，$E=E_{\mathrm{I}}-E_{\mathrm{II}}$ のエネルギーを空洞に与えるわけである．こうして分子から与えられたエネルギーは，空洞内における電気的エネルギーとして現われてくることになる．

それでは，どうしたら二つの分子状態を分離できるだろうか．一つの方法は次のような方法である．図 9-3 にあるように，アンモニア・ガスを小さな噴出口から噴射させて，1 対のスリットを通過させる．すると，アンモニア・ガスの細いビームがえられる．それから，そのビームを，大きな横向きの電場のある領域の中に導いて，そこを通過させるのである．電場をつくっている電極は，その電場がビームを横切るとき大きく変化するような形にしてある．このとき，電場の 2 乗 $\mathcal{E}\cdot\mathcal{E}$ はビームに直交する方向に大きな勾配をもつことになる．さて，状態 $|\mathrm{I}\rangle$ にある分子は，$\mathcal{E}^2$ とともに増大するエネルギーをもち，したがって，ビームのうちのこの部分は $\mathcal{E}^2$ の小さい領域に向かってそれてゆくことになる．一方，状態 $|\mathrm{II}\rangle$ にある分子は，$\mathcal{E}^2$ の大きい方向にそれることになる．なぜなら，この状態の分子のエネルギーは $\mathcal{E}^2$ が大きくなると減少するからである．

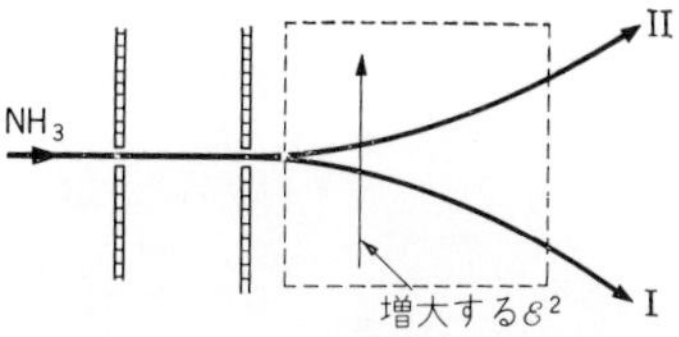

図 9-3 $\mathcal{E}^2$ がビームに直交する勾配をもっている電場によって，アンモニアのビームが分離される

なお，実験室でつくれるような電場を用いたときには，エネルギー $\mu\mathcal{E}$ はいつでも A よりもずっと小さいのである．このような場合には，(9.30) の平方根は

$$A\left(1+\frac{1}{2}\frac{\mu^2\mathcal{E}^2}{A^2}\right) \tag{9.32}$$

と近似することができる．したがって，ここでの目的のためには，エネルギー準位は

$$E_{\mathrm{I}} = E_0+A+\frac{\mu^2\mathcal{E}^2}{2A} \tag{9.33}$$

および

$$E_{\mathrm{II}} = E_0-A-\frac{\mu^2\mathcal{E}^2}{2A} \tag{9.34}$$

と表わすことができる．それで，エネルギーは近似的に $\mathcal{E}^2$ に関して

---

† これからは，$|\phi_{\mathrm{I}}\rangle$ および $|\phi_{\mathrm{II}}\rangle$ のかわりに，$|\mathrm{I}\rangle$ および $|\mathrm{II}\rangle$ と書くことにする．しかし，本当の状態 $|\phi_{\mathrm{I}}\rangle$ と $|\phi_{\mathrm{II}}\rangle$ とは，エネルギーの基本状態に適当な指数因子を掛けたものであることに注意しておかねばならない．

線形に変化することになる．このとき分子に作用する力は

$$\boldsymbol{F} = \frac{\mu^2}{2A}\nabla\mathcal{E}^2 \tag{9.35}$$

で与えられる．電場内には $\mathcal{E}^2$ に比例するようなエネルギーをもっている分子が多数存在する．エネルギーの値の $\mathcal{E}^2$ の前の係数が分子の分極率である．アンモニア分子の場合，分母の A の値が小さいため，その分極率は異常に大きい値になっている．したがって，アンモニア分子は電場に対して異常に敏感なのである．(アンモニア・ガスの誘電率については，どうなると思うか.)

9-3　時間に依存する場のなかでの転移

アンモニア・メーザーでは，図9-4に示されているように，状態 $|\mathrm{I}\rangle$ にあってエネルギー E_I をもつ分子からなるビームを，空洞共振器に送りこむ．このときすでに，そのほかのビームは除かれてしまっている．空洞の内部には，時間とともに変化する電場が存在する．そこで次に議論する必要のある問題は，時間とともに変化する電場内で示される分子のふるまいである．しかし，これはこれまでとは全く違う種類の問題——ハミルトニアンが時間的に変化する問題——である．H_{ij} は電場 $\mathcal{E}$ に依存しているから，H_{ij} は時間とともに変化する．そのためにこのような状況での系のふるまいを決定しなければならないわけである．

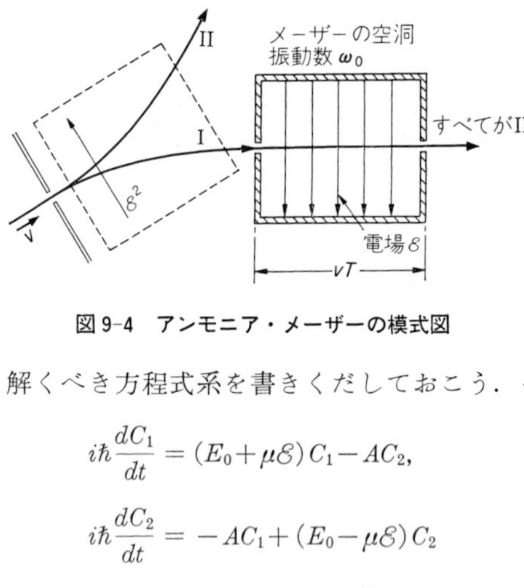

図9-4　アンモニア・メーザーの模式図

はじめに，解くべき方程式系を書きくだしておこう．それらは

$$\begin{aligned} i\hbar\frac{dC_1}{dt} &= (E_0+\mu\mathcal{E})C_1-AC_2, \\ i\hbar\frac{dC_2}{dt} &= -AC_1+(E_0-\mu\mathcal{E})C_2 \end{aligned} \tag{9.36}$$

である．話をはっきりさせるために，電場は正弦的に変化するものと仮定する．すると，

$$\mathcal{E} = 2\mathcal{E}_0\cos\omega t = \mathcal{E}_0(e^{i\omega t}+e^{-i\omega t}) \tag{9.37}$$

と書くことができる．実際にメーザーを操作するときには，振動数 ω としては分子の転移の共鳴振動数 $\omega_0=2A/\hbar$ にほとんど等しくとるわけであるが，ここしばらくは，話を一般的にしておきたいので，ω は全く任意の値をもつものとする．上の方程式を解くのに一番よい方法は，前にやったように，C_1 と C_2 の線形結合をつくることである．そ

こで，これらの二つの方程式を加え合わせ，2の平方根で割り，そして(9. 13)の $C_{\rm I}$ と $C_{\rm II}$ の定義を用いると，

$$i\hbar\frac{dC_{\rm II}}{dt}=(E_0-A)C_{\rm II}+\mu\mathcal{E}C_{\rm I} \qquad (9.\ 38)$$

をうる．これは，電場の存在による余分の項を除けば，(9. 9)と同じものである．同様にして，(9. 36)の二つの方程式の引き算をすると，

$$i\hbar\frac{dC_{\rm I}}{dt}=(E_0+A)C_{\rm I}+\mu\mathcal{E}C_{\rm II} \qquad (9.\ 39)$$

をうる．

さて問題は，どうしたらこれらの方程式が解けるかである．この場合には $\mathcal{E}$ が時間 t に依存しているため，前にやった方程式系の場合よりも難しい．そして事実，一般の $\mathcal{E}(t)$ の場合には，その解は初等関数では表わすことができない．しかし，電場が小さいときに限って，よい近似解をうることができるのである．それにはまず，次のように書いておく．

$$\begin{aligned} C_{\rm I}&=\gamma_{\rm I}e^{-i(E_0+A)t/\hbar}=\gamma_{\rm I}e^{-iE_{\rm I}t/\hbar},\\ C_{\rm II}&=\gamma_{\rm II}e^{-i(E_0-A)t/\hbar}=\gamma_{\rm II}e^{-iE_{\rm II}t/\hbar}. \end{aligned} \qquad (9.\ 40)$$

電場がない場合には，$\gamma_{\rm I}$ と $\gamma_{\rm II}$ の二つを複素数の定数にとれば正しい解になっている．このとき，状態 $|{\rm I}\rangle$ に存在する確率は $C_{\rm I}$ の絶対値の2乗で与えられ，また状態 $|{\rm II}\rangle$ にある確率は $C_{\rm II}$ の絶対値の2乗で与えられるから，状態 $|{\rm I}\rangle$ または状態 $|{\rm II}\rangle$ にある確率は，それぞれ $|\gamma_{\rm I}|^2$ または $|\gamma_{\rm II}|^2$ で与えられる．例えば，系がはじめ状態 $|{\rm II}\rangle$ にあり，したがって $\gamma_{\rm I}$ は0で $|\gamma_{\rm II}|^2=1$ であるとしてスタートしたとき，この状態は永久に続くことになるわけである．つまり，分子がはじめ $|{\rm II}\rangle$ の状態にあれば，それが状態 $|{\rm I}\rangle$ に移るチャンスは永久に存在しないのである．

さて，われわれの解を(9. 40)の形に書いておく意図は，次のような事情によるものである．$\mu\mathcal{E}$ が A に比較して小さいときには，解はそのまま(9. 40)の形で表わすことができて，ただこのとき，$\gamma_{\rm I}$ と $\gamma_{\rm II}$ が時間に関してゆっくり変化するような関数になっているであろうということである．ここで“ゆっくり変化する”というのは，(9. 40)の指数関数に**比較して**ゆっくりという意味である．これがコツである．近似解を求めるためには，$\gamma_{\rm I}$ と $\gamma_{\rm II}$ とがゆっくり変化するということを利用する．

ここで(9. 40)を，(9. 39)の微分方程式に代入するわけであるが，このとき $\gamma_{\rm I}$ もまた t の関数であることに注意しなくてはならない．そうすると，左辺は

$$i\hbar\frac{dC_{\rm I}}{dt}=E_{\rm I}\gamma_{\rm I}e^{-iE_{\rm I}t/\hbar}+i\hbar\frac{d\gamma_{\rm I}}{dt}e^{-iE_{\rm I}t/\hbar}$$

となる．したがって，微分方程式は

$$\left(E_{\rm I}\gamma_{\rm I}+i\hbar\frac{d\gamma_{\rm I}}{dt}\right)e^{-(i/\hbar)E_{\rm I}t}=E_{\rm I}\gamma_{\rm I}e^{-(i/\hbar)E_{\rm I}t}+\mu\mathcal{E}\gamma_{\rm II}e^{-(i/\hbar)E_{\rm II}t} \qquad (9.\ 41)$$

となる．同様にして dC_{II}/dt のほうの方程式も

$$\left(E_{\text{II}}\gamma_{\text{II}}+i\hbar\frac{d\gamma_{\text{II}}}{dt}\right)e^{-(i/\hbar)E_{\text{II}}t}=E_{\text{II}}\gamma_{\text{II}}e^{-(i/\hbar)E_{\text{II}}t}+\mu\mathcal{E}\gamma_{\text{I}}e^{-(i/\hbar)E_{\text{I}}t} \tag{9.42}$$

である．ここで諸君は，各方程式の両辺に同一の項があることに気付くことであろう．これらの項を消し，はじめの方程式に $e^{+iE_{\text{I}}t/\hbar}$ を掛け，2番目の方程式には $e^{+iE_{\text{II}}t/\hbar}$ を掛けてやる．そして，$(E_{\text{I}}-E_{\text{II}})=2A=\hbar\omega_0$ であることを思いおこすと，次式をうることができる．

$$\begin{aligned} i\hbar\frac{d\gamma_{\text{I}}}{dt}&=\mu\mathcal{E}(t)e^{i\omega_0t}\gamma_{\text{II}},\\ i\hbar\frac{d\gamma_{\text{II}}}{dt}&=\mu\mathcal{E}(t)e^{-i\omega_0t}\gamma_{\text{I}}. \end{aligned} \tag{9.43}$$

こうして，みかけは簡単な1対の方程式をえたわけである――しかも，これらの方程式はまだ厳密なものである．つまり，一つの未知量 γ_{I} の微分は，第2の未知量 γ_{II} に時間の関数 $\mu\mathcal{E}(t)e^{i\omega_0t}$ を掛けたものに等しく，第2のそれ γ_{II} の微分は第1の未知量 γ_{I} に上と似たような時間の関数を掛けたものに等しいというのである．このように簡単にみえる方程式系でも一般には解けないのであるが，ある特別な場合について，これらの方程式を解いてみることにしよう．

少なくとも差し当り興味のあるのは，電場が振動している場合だけである．そこで，$\mathcal{E}(t)$ として(9.37)に与えられているものを採用すると，γ_{I} と γ_{II} に対する方程式は，それぞれ

$$\begin{aligned} i\hbar\frac{d\gamma_{\text{I}}}{dt}&=\mu\mathcal{E}_0[e^{i(\omega+\omega_0)t}+e^{-i(\omega-\omega_0)t}]\gamma_{\text{II}},\\ i\hbar\frac{d\gamma_{\text{II}}}{dt}&=\mu\mathcal{E}_0[e^{i(\omega-\omega_0)t}+e^{-i(\omega+\omega_0)t}]\gamma_{\text{I}} \end{aligned} \tag{9.44}$$

となる．いま，$\mathcal{E}_0$ は十分に小さいものとすると，γ_{I} と γ_{II} の変化の割合もまた小さい．とくに指数関数の項による急速な変化と比較すれば，二つの γ は t とともにそれほど変化することはないものと考えられる．これらの指数関数の項には，$\omega+\omega_0$ または $\omega-\omega_0$ の振動数で振動する実数部分と虚数部分とが含まれている．$\omega_0+\omega$ の振動数をもつ項は，その平均値0のまわりで非常な速さで振動し，したがって平均としては，γ の変化の割合にあまり多くの寄与を与えないと考えられる．そこでこれらの項を，その平均値，つまり0でおきかえてしまうことによって，合理的なよい近似をすることができることになる．そこでそのような項を除いてしまって，われわれの近似的方程式として

$$\begin{aligned} i\hbar\frac{d\gamma_{\text{I}}}{dt}&=\mu\mathcal{E}_0e^{-i(\omega-\omega_0)t}\gamma_{\text{II}},\\ i\hbar\frac{d\gamma_{\text{II}}}{dt}&=\mu\mathcal{E}_0e^{i(\omega-\omega_0)t}\gamma_{\text{I}} \end{aligned} \tag{9.45}$$

を用いることにする．残っている項においても，その指数は $(\omega-\omega_0)$ に比例しているから，ω が ω_0 に近い値をもっていなければ，それは急速に変化するわけである．そうすると，これらの方程式を t に関し

て積分したとき，その積分値がかなりの大きさの値になるのは，右辺が十分にゆっくり変化するときだけであるということになる．いいかえると，**弱い**電場のうちできいてくるのは，ω_0 に近い振動数をもつものだけであるというわけである．

(9.45)の方程式をうるに当ってなされた近似によって，これらの方程式は厳密に解くことができる形になった．しかしそれをするのは少しばかり面倒なので，あとで同じタイプの別の問題を取りあげるまでやらないでおくことにする．ここでは，それらを近似的に解く——あるいはむしろ，完全に共鳴をおこしている場合，すなわち $\omega=\omega_0$ の場合に対する厳密解と，共鳴の近くの振動数に対する近似解とを求める——ことにする．

9-4 共鳴点における転移

まずはじめに，完全な共鳴の場合をとりあげよう．$\omega=\omega_0$ とすると，(9.45)の両方の方程式の指数関数は1に等しくなり，

$$\frac{d\gamma_{\mathrm{I}}}{dt}=-\frac{i\mu\mathcal{E}_0}{\hbar}\gamma_{\mathrm{II}},\quad \frac{d\gamma_{\mathrm{II}}}{dt}=-\frac{i\mu\mathcal{E}_0}{\hbar}\gamma_{\mathrm{I}} \tag{9.46}$$

をうる．これらの方程式から，まず γ_{I} を消去し，それから次に γ_{II} を消去する．すると，それぞれの方程式が簡単な調和振動を表わす微分方程式

$$\frac{d^2\gamma}{dt^2}=-\left(\frac{\mu\mathcal{E}_0}{\hbar}\right)^2\gamma \tag{9.47}$$

となる．この方程式の一般解は正弦関数と余弦関数とからつくることができ，次のように書くことができる．

$$\begin{aligned}\gamma_{\mathrm{I}}&=a\cos\left(\frac{\mu\mathcal{E}_0}{\hbar}\right)t+b\sin\left(\frac{\mu\mathcal{E}_0}{\hbar}\right)t,\\ \gamma_{\mathrm{II}}&=ib\cos\left(\frac{\mu\mathcal{E}_0}{\hbar}\right)t-ia\sin\left(\frac{\mu\mathcal{E}_0}{\hbar}\right)t.\end{aligned} \tag{9.48}$$

ここで a と b とは，任意の特定の物理的状況に即して決られる定数である．

例えば，時刻 $t=0$ に分子系がエネルギーの高い状態 $|\mathrm{I}\rangle$ にあったとする．このことは——(9.40)から——$t=0$ において $\gamma_{\mathrm{I}}=1$ で $\gamma_{\mathrm{II}}=0$ であることを要求することになる．つまり，この状況の場合には $a=1$, $b=0$ とする必要がある．すると，それから後のある時刻 t において，分子を状態 $|\mathrm{I}\rangle$ に発見する確率は，γ_{I} の絶対値の2乗，すなわち

$$P_{\mathrm{I}}=|\gamma_{\mathrm{I}}|^2=\cos^2\left(\frac{\mu\mathcal{E}_0}{\hbar}\right)t \tag{9.49}$$

で与えられることになる．同様にして，その分子が状態 $|\mathrm{II}\rangle$ にある確率は，γ_{II} の絶対値の2乗

$$P_{\mathrm{II}}=|\gamma_{\mathrm{II}}|^2=\sin^2\left(\frac{\mu\mathcal{E}_0}{\hbar}\right)t \tag{9.50}$$

で与えられるわけである．すなわち，$\mathcal{E}$ が小さくて，また共鳴点上にある限りにおいて，確率は簡単な振動関数で表わされるのである．状

態 $|\mathrm{I}\rangle$ にある確率は，1 からはじまって 0 まで減少してゆき，それからまた 1 までもどってくる．一方，状態 $|\mathrm{II}\rangle$ にある確率は，0 から 1 まで増大してゆき，それからまたもとにもどってゆく．この二つの確率の時間的変化の様子を図示したのが図 9-5 である．いうまでもなく，これらの二つの確率の和はつねに 1 に等しくなっている．つまり，分子はいつでも**どっちかの**状態に存在しているのである．

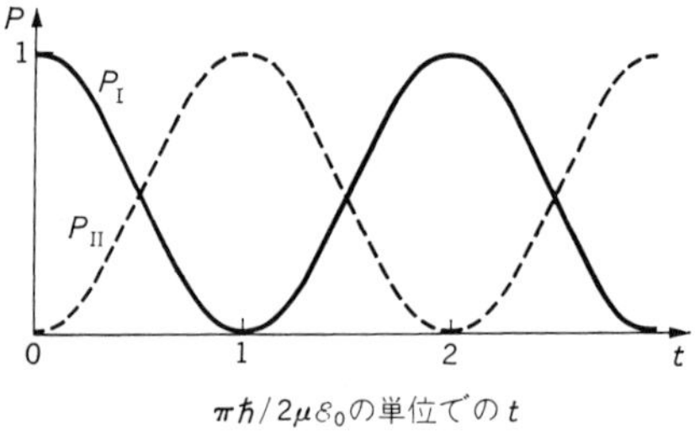

図 9-5　正弦的な電場内でのアンモニア分子の二つの状態に対する確率

分子が空洞を通り抜けるには，時間 T がかかるものとしよう．空洞の大きさを，ちょうど $\mu\mathcal{E}_0 T/\hbar=\pi/2$ になるような長さに作っておくと，状態 $|\mathrm{I}\rangle$ ではいってきた分子は，空洞を出るときには確かに状態 $|\mathrm{II}\rangle$ になっている．つまり，上のエネルギーの状態で空洞にはいってくると，それは下のエネルギーの状態になって出てゆくのである．いいかえると，分子のエネルギーは減少するが，そうして失われたエネルギーは，場を生成する装置の内部以外のどこにもゆくところがない．どのようにして分子のエネルギーが空洞内の場の振動に伝えられるかということの詳しい機構は簡単なものではない．しかし，この詳細について調べる必要はない．なぜなら，エネルギー保存則を利用することができるからである．(もし必要ならば，その詳細について学ぶことも可能である．しかしそれをやるには，原子の量子力学に加えて，さらに空洞内における場の量子力学を扱う必要がある．)

上の話をまとめると，分子が空洞内にはいってくる．すると——適当な振動数で正確に振動している——空洞内の場は，上のエネルギーの状態から下のエネルギーの状態への転移を誘起する．こうして解放されたエネルギーは振動している場に供給されるというわけである．作動中のメーザー内には，空洞内の場の振動を維持するに足る十分なエネルギーが分子によって運びこまれる——それは空洞内でのエネルギー損失をうめ合わせるに足る出力を与えるだけでなく，空洞から引き出すことのできる超過出力さえも与えるのである．したがって分子のもつエネルギーは外部電磁場のエネルギーに転換されることになる．

分子のビームを空洞内に導入するまえに，上のエネルギー状態にある分子だけがはいってくるように，ビームを分離するフィルターを使用する必要があったことを思いだそう．仮に，下のエネルギー状態にある分子からスタートしたとすると，その物理的過程は別の形で進行することになり，こんどは空洞からエネルギーを取り出すことになる

わけである．フィルターにかけてないビームを空洞内に入れたとすると，エネルギーを取り出す分子と，エネルギーを与える分子の数が同数になって，結局のところ，ほとんど何もおきないということになってしまう．実際にメーザーを作動させるときには，もちろん$(\mu\mathcal{E}_0 T/\hbar)$を厳密に$\pi/2$に等しくする必要はない．ほかの任意の値(正確に$\pi$の整数倍のときは別として)をとった場合でも，状態$|\mathrm{I}\rangle$から状態$|\mathrm{II}\rangle$へ転移する確率がある程度は存在する．しかし，そのような値をとったときには，この器械は100%の効率をもたないことになり，空洞を出てゆく分子には空洞にエネルギーを与えたものもたくさんあるが，それ以外の分子はエネルギーを与えないことになる．

実際の使用に当っては，分子の速度はみんな同じというわけではない．それはある種のマクスウェルの分布をとっているのである．このことは，それぞれの分子に対する理想的な時間周期が違っていて，あらゆる分子に対して同時に100%の効率を与えることが不可能であることを意味している．さらに加えて，すぐに思いつくもう一つの別の困難が存在するが，いまの段階では，それについて考えることはやめにしておく．しかし少し説明しておくと，それはこういうことである．空洞内の電場は，通常は空洞内にわたって場所から場所へと変化していることを憶えていると思う．そのため，分子が空洞内を横切って運動してゆくとき，その分子のいる場所における電場は，われわれの仮定したような簡単な時間的な正弦振動ではなくて，もっと複雑な形で変化している．したがって，問題をより正確にやるには，明らかにもっと複雑な積分を用いる必要があるわけである．しかし，その一般的な考え方はこれまでと同じで変わらない．

メーザーを作るには，ほかにも色々な方法がある．シュテルン-ゲルラッハの装置を用いて，状態$|\mathrm{II}\rangle$にある原子を含んでいるビームから，状態$|\mathrm{I}\rangle$の原子を分離するかわりに，空洞内に(ガスあるいは固体として)存在している原子を，ある方法で状態$|\mathrm{II}\rangle$から状態$|\mathrm{I}\rangle$に転換することもできる．その方法の一つが，いわゆる3状態メーザーで利用されている方法である．この場合には，図9-6にあるように，次のような特別な性質をもつ3個のエネルギー準位をもつ原子系が用いられる．このとき，体系は振動数ω_1の放射線(例えば光)を吸収して，最低のエネルギー準位E_{II}から，ある高いエネルギー準位E'に移る．それから直ちに，振動数$\hbar\omega_2$の光子を放出してエネルギーE_{I}の状態$|\mathrm{I}\rangle$に転移する．ところが，この状態$|\mathrm{I}\rangle$は寿命が長くて，そのためにこの状態にある原子の数が増大するのである．こうなると，その状況は状態$|\mathrm{I}\rangle$と状態$|\mathrm{II}\rangle$の間でメーザーとしての作用をさせるのに適当なものになるわけである．このような器械は"3状態"メーザーとよばれているが，そのメーザーとしての作用は，これまで述べてきた2状態系の場合のそれと全く同じものである．

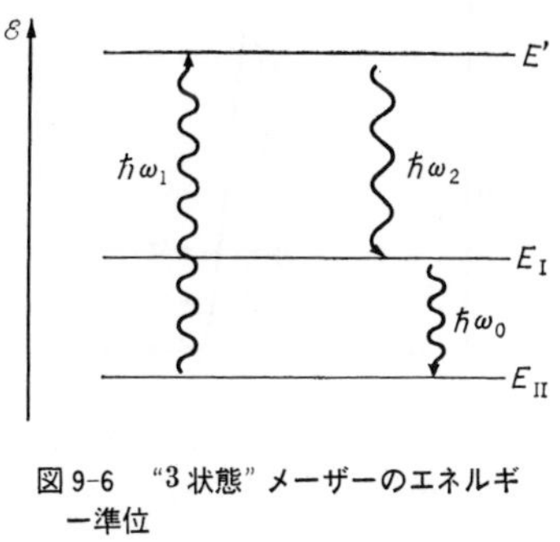

図9-6 "3状態"メーザーのエネルギー準位

レーザー(*L*ight *A*mplification by *S*timulated *E*mission of *R*adiation)というのは，光学的な振動数で機能するメーザーである．レー

ザーの場合の"空洞"は，普通2個の平面鏡からできていて，それらの間に定常波が生成されるのである．

9-5　共鳴点からはずれているときの転移

最後に，空洞内の電場の振動数が ω_0 にほとんど等しくなっているが，正確には一致していない場合に，状態がどう変化するかを調べることにしよう．この問題は厳密に解くことができるのであるが，ここではそれをやらずに，電場が小さく，またその変化の時間間隔 T も小さくて，したがって，$\mu\mathcal{E}_0T/\hbar$ が1よりもずっと小さい場合を考えることにしよう．この場合が重要なのである．このときには，いま計算した完全な共鳴状態にある場合でも，転移をおこす確率は小さいのである．この場合も，$\gamma_{\mathrm{I}}=1$，$\gamma_{\mathrm{II}}=0$ という初期条件からスタートすることにする．ところで，時間 T の間では，γ_{I} はほとんど1に保たれ，また γ_{II} は1に比べて非常に小さい値にとどまっていることが期待される．そこで，(9.45)の第2の方程式で，右辺の γ_{I} を1に等しくおき，$t=0$ から $t=T$ まで積分すると γ_{II} がえられる．すなわち

$$\gamma_{\mathrm{II}}=\frac{\mu\mathcal{E}_0}{\hbar}\left[\frac{1-e^{i(\omega-\omega_0)T}}{\omega-\omega_0}\right] \tag{9.51}$$

である．この γ_{II} と(9.40)とから，時間間隔 T の間に状態 $|\mathrm{I}\rangle$ から状態 $|\mathrm{II}\rangle$ へ転移する振幅がえられる．その転移をおこす確率 $P(\mathrm{I}\to\mathrm{II})$ は $|\gamma_{\mathrm{II}}|^2$ で与えられ，

$$P(\mathrm{I}\to\mathrm{II})=|\gamma_{\mathrm{II}}|^2=\left[\frac{\mu\mathcal{E}_0T}{\hbar}\right]^2\frac{\sin^2[(\omega-\omega_0)T/2]}{[(\omega-\omega_0)T/2]^2} \tag{9.52}$$

と表わされる．

この確率が，共鳴エネルギー ω_0 の近傍の振動数に対していかに敏感であるかをみるために，この確率を空洞内の電場の振動数の関数として，ある固定した時間 T に対して図示してみるとおもしろいことになる．図9-7には，$P(\mathrm{I}\to\mathrm{II})$ の図が書かれている．($\omega=\omega_0$ のときの確率で割り算をして，縦軸のスケールは，そのピークの高さが1になるように調節してある．) すでに回折理論で，これによく似た曲線をみたことがあるから，諸君はこの種の曲線に慣れているはずである．この曲線は，$(\omega-\omega_0)=2\pi/T$ のあたりで，かなり急速に0に落ちこみ，それより大きな振動数に対しては，その大きさがもう1度みるべきほどの大きさにもどることはない．実際，曲線の下の面積の最大の部分は，ほとんど $\pm\pi/T$ の範囲内にある．曲線の下にある全面積はちょうど $2\pi/T$ であって，図の影をつけた長方形の面積に等しくなっていることを示すことができる†．

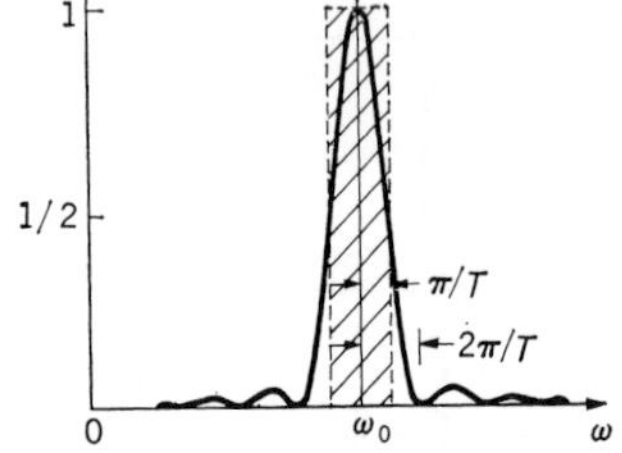

図9-7　振動数の関数としてのアンモニア分子に対する転移確率

現実のメーザーの場合に，上の結果がどういう意味をもっているかを調べてみよう．アンモニア分子は空洞内にある適当な時間，例えば千分の1秒ほどの間だけ存在しているものとする．すると，$f_0=24{,}000$

† 公式 $\int_{-\infty}^{\infty}(\sin^2x/x^2)\,dx=\pi$ を利用する．

メガサイクルの場合に計算してみると，振動数のずれが $(f-f_0)/f_0=1/f_0T$ になったとき，その転移確率が 0 になり，このとき $(f-f_0)/f_0$ の値は 10^8 分の 5 である．これから明らかなように，転移確率がかなりの大きさをもつためには，その振動数は ω_0 に非常に近い値をもっていなければならない．このような効果が基礎になって，メーザー原理で作動する“原子”時計の精度が極めて大きくなるのである．

9-6　光の吸収

上に述べた方法は，アンモニア・メーザーの場合だけでなく，より一般的な場合にも適用しうるのである．つまり，電場が空洞内に閉じこめられているか否かにかかわらず，ともかく電場の影響下にある分子の示す性質を調べてきたものと考えることができるわけである．したがって単に，分子に——マイクロ波の程度の振動数をもつ——“光”のビームを照射したときに，光が放出あるいは吸収される確率を問題にすることもできる．われわれの方程式は，このような場合にも適用できるのである．しかしこのときには，転移確率を電場を用いて表わしておくよりも，むしろ放射線の**強度**を用いて書きかえておいたほうがよい．その強度 $\mathscr{I}$ を，単位時間に単位面積を直角に横切って流れる電磁波の平均エネルギーとして定義すると，それは第IV巻，第6章から次のように書くことができる．すなわち

$$\mathscr{I}=\epsilon_0c^2|\mathscr{E}\times\boldsymbol{B}|_{\text{平均}}=\frac{1}{2}\epsilon_0c^2(\mathscr{E}\times\boldsymbol{B})_{\text{最大値}}=2\epsilon_0c\mathscr{E}_0{}^2.$$

（このとき，$\mathscr{E}$ の最大値は $2\mathscr{E}_0$ である．）こうすると，転移確率は

$$P(\mathrm{I}\to\mathrm{II})=2\pi\left[\frac{\mu^2}{4\pi\epsilon_0\hbar^2c}\right]\mathscr{I}T^2\frac{\sin^2[(\omega-\omega_0)T/2]}{[(\omega-\omega_0)T/2]^2} \tag{9.53}$$

となる．

元来，そのような体系を照射している光は，厳密には単色にはなっていない．したがって，もう一つおもしろい問題——つまり，光が単位振動数幅当りの強度 $\mathscr{I}(\omega)$ をもつときの，ω_0 を含む範囲にわたる全転移確率を求めるという問題——を解決しておく必要がある．このとき，状態 $|\mathrm{I}\rangle$ から状態 $|\mathrm{II}\rangle$ に転移する転移確率は，積分

$$P(\mathrm{I}\to\mathrm{II})=2\pi\left[\frac{\mu^2}{4\pi\epsilon_0\hbar^2c}\right]T^2\int_0^\infty\mathscr{I}(\omega)\frac{\sin^2[(\omega-\omega_0)T/2]}{[(\omega-\omega_0)T/2]^2}d\omega \tag{9.54}$$

で与えられることになる．ここで $\mathscr{I}(\omega)$ は，一般に，ω とともに鋭く変動する共鳴項よりもずっとゆっくり変化する．つまり，これらの二つの関数は，図 9-8 に示されているような具合になっている．このようなときには，$\mathscr{I}(\omega)$ を鋭い共鳴曲線の中心の値 $\mathscr{I}(\omega_0)$ でおきかえてしまうことができる．すると残る計算は，図 9-7 の曲線の下の面積を求める積分だけになってしまい，その値は前にやったように $2\pi/T$ に等しい．したがって，積分の結果は次のようになる．

$$P(\mathrm{I}\to\mathrm{II})=4\pi^2\left[\frac{\mu^2}{4\pi\epsilon_0\hbar^2c}\right]\mathscr{I}(\omega_0)T. \tag{9.55}$$

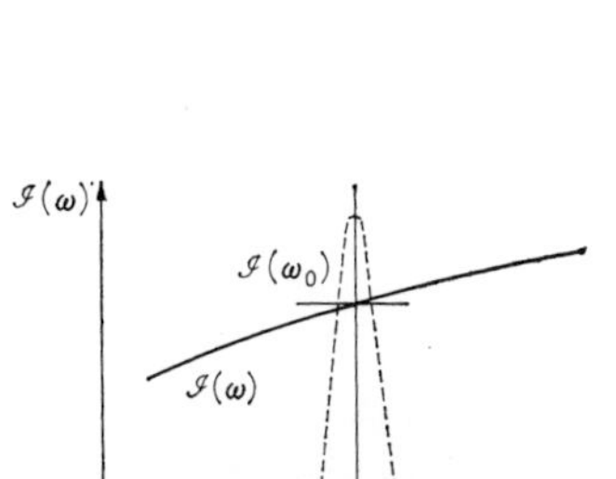

図 9-8　スペクトル強度 $\mathscr{I}(\omega)$ は ω_0 における値で近似することができる

この結果は重要である．なぜならこの式は，**どんな分子系または原子系による光の吸収の場合にも適用できる一般的な理論式**だからである．われわれは，状態 $|\mathrm{I}\rangle$ が状態 $|\mathrm{II}\rangle$ よりも高いエネルギーをもっているものと考えて話をはじめたのであるが，ここでの議論ではこの事実をどこにも利用していない．(9.55)における状態 $|\mathrm{I}\rangle$ が状態 $|\mathrm{II}\rangle$ よりも**低い**エネルギーをもつ状態であっても，それはそのまま成立するのである．つまり，$P(\mathrm{I}\to\mathrm{II})$ は入射電磁波からエネルギーを**吸収**する転移確率をも表わしている．原子系による光の吸収は，振動電場内での，エネルギー間隔 $E=\hbar\omega_0$ の二つの状態間の転移の振幅と関係している．どのような場合でも，ここでやったと同じやり方ができて，その結果は(9.55)のような表式で表わされるのである．この式の特徴をあげておくと，まずその確率は時間 T に比例している．換言すれば，その転移が単位時間当りにおきる確率は一定である．第2にこの確率は，体系に入射してくる光の**強度**に比例する．最後に，転移確率は μ^2 に比例している．ここで $\mu\mathcal{E}$ は，電場 $\mathcal{E}$ によるエネルギーのずれとして定義されたものであることを思いおこしてもらいたい．そのために，$\mu\mathcal{E}$ は，異なる定常状態 $|\mathrm{I}\rangle$ と $|\mathrm{II}\rangle$ の間の転移を引きおこす原因としての相互作用項として，(9.38)や(9.39)の方程式にも現われているのである．いいかえると，いま考えているように $\mathcal{E}$ が小さいときには，$\mu\mathcal{E}$ は状態 $|\mathrm{I}\rangle$ と $|\mathrm{II}\rangle$ とを結合するハミルトニアン行列要素におけるいわゆる“摂動項”となっているのである．したがって，一般の場合には，$\mu\mathcal{E}$ は行列要素 $\langle\mathrm{II}|H|\mathrm{I}\rangle$ によっておきかえられることになる(**5-6** を参照)．

第II巻 **17-5** で，光の吸収，その誘導放射，自然放射の間に成り立つ関係について，アインシュタイン係数 A と B とを用いて話したのであった．ここでついに，これらの係数を計算するための量子力学的な手続きを知ることができたというわけである．2状態系としてのアンモニア分子の場合に $P(\mathrm{I}\to\mathrm{II})$ とよばれているものは，正確にアインシュタインの輻射理論における吸収係数 B_{mn} に対応している．もっと複雑なアンモニア分子の場合には——これは難しすぎて，だれにも計算できないけれども——μ を実験によってえられたものであるとして，行列要素 $\langle\mathrm{II}|H|\mathrm{I}\rangle$ を $\mu\mathcal{E}$ ととっているのである．もっと簡単な原子系の場合には，任意の特定の転移に属する μ_{mn} を，次の**定義**，すなわち

$$\mu_{mn}\mathcal{E}=\langle\, m\,|H|\, n\,\rangle=H_{mn} \tag{9.56}$$

にもとづいて計算することができる．ここで H_{mn} とは，弱い電場の効果を含むハミルトニアンの行列要素である．こうして計算された μ_{mn} は，**電気双極子行列要素**とよばれている．したがって，光の吸収と放出の量子力学的理論というものは，ある特定の原子系に対するこれらの行列要素の計算に帰着するわけである．

したがって，これまでの簡単な2状態系の研究は，光の吸収および放出という一般的な問題の理解にまで，われわれを導いたのである．

第10章
他の2状態系

10-1 水素分子イオン

前章では，アンモニア分子は2状態系と考える事ができるという近似のもとに，その分子のもつある側面について議論してきた．もちろんアンモニア分子は本当に2状態系であるというわけではないが——すなわち，この分子には，回転，振動，並進などの多くの状態が存在するが——しかし，これらの運動の状態のそれぞれが，窒素原子がいったりきたりすることによる2個の内部状態に分類されるのである．ここでは，ある近似または他の近似のもとに，2状態系と考えられるような他の例について考察することにする．その場合，近似的にしか成立しないことがたくさん出てくることになる．なぜなら，ほかにも多くの状態があって，もっと正確な解析をするときには，それらの状態からの寄与を考慮にいれる必要があるからである．しかし，どの例の場合にも，二つの状態についてだけ考えることによって，多くのことを理解することができるのである．

いま，2状態系だけを扱っているので，必要なハミルトニアンは，前章で用いたものと全く同じようなものである．ハミルトニアンが時間に依存していないときには，ある決った——そして通常は異なった——エネルギーをもつ二つの定常状態が存在することをすでに知っている．しかしながら，一般には，これらの定常状態からでは**なく**，恐らくある簡単な物理的意味をもっていると考えられる基本状態の組を用いて解析をはじめるのである．そのときには，体系の定常状態はこれらの基本状態の線形結合によって表わされることになる．

便宜上，第9章から重要な方程式を要約しておこう．元々の基本状態系として，$|1\rangle$ および $|2\rangle$ を選んでおくことにする．すると，任意の状態 $|\psi\rangle$ は，それらの線形結合

$$|\psi\rangle = |1\rangle\langle 1|\psi\rangle + |2\rangle\langle 2|\psi\rangle = |1\rangle C_1 + |2\rangle C_2 \quad (10.1)$$

によって表わされる．このとき，振幅 C_i (これは，C_1 と C_2 のどちらかを表わすものである)は，二つの線形微分方程式

$$i\hbar\frac{dC_i}{dt} = \sum_j H_{ij}C_j \quad (10.2)$$

をみたしている．ここで，i と j とはどちらも1と2の値をとる．

ハミルトニアン H_{ij} のどの項も t に依存していないときには，ある決ったエネルギーをもつ二つの状態(定常状態)が存在し，それらを

$$|\psi_{\mathrm{I}}\rangle = |\mathrm{I}\rangle e^{-(i/\hbar)E_{\mathrm{I}}t} \quad \text{および} \quad |\psi_{\mathrm{II}}\rangle = |\mathrm{II}\rangle e^{-(i/\hbar)E_{\mathrm{II}}t}$$

と書く．そして，それらの状態は

$$E_{\mathrm{I}} = \frac{H_{11}+H_{22}}{2} + \sqrt{\left(\frac{H_{11}-H_{22}}{2}\right)^2 + H_{12}H_{21}},$$
$$E_{\mathrm{II}} = \frac{H_{11}+H_{22}}{2} - \sqrt{\left(\frac{H_{11}-H_{22}}{2}\right)^2 + H_{12}H_{21}} \qquad (10.3)$$

のエネルギーをもっている．これらの状態のそれぞれに対応する二つの C は同じような時間依存性をもっているのである．状態ベクトル $|\mathrm{I}\rangle$ と $|\mathrm{II}\rangle$ とは定常状態であるが，これらの状態は元々の基本状態 $|1\rangle$ および $|2\rangle$ と

$$|\,\mathrm{I}\,\rangle = |\,1\,\rangle a_1 + |\,2\,\rangle a_2,$$
$$|\,\mathrm{II}\,\rangle = |\,2\,\rangle a_1' + |\,2\,\rangle a_2' \qquad (10.4)$$

の関係でつながっている．ここで a などは複素数の定数であって，次の関係をみたしている．

$$|a_1|^2 + |a_2|^2 = 1,$$
$$\frac{a_1}{a_2} = \frac{H_{12}}{E_{\mathrm{I}} - H_{11}}, \qquad (10.5)$$

$$|a_1'|^2 + |a_2'|^2 = 1,$$
$$\frac{a_1'}{a_2'} = \frac{H_{12}}{E_{\mathrm{II}} - H_{11}}. \qquad (10.6)$$

H_{11} と H_{22} が等しく——例えば，両方とも E_0 に等しく——また，$H_{12}=H_{21}=-A$ のときには，$E_{\mathrm{I}}=E_0+A$，$E_{\mathrm{II}}=E_0-A$ で，状態 $|\mathrm{I}\rangle$ および $|\mathrm{II}\rangle$ はとくに簡単な形になっていて，

$$|\,\mathrm{I}\,\rangle = \frac{1}{\sqrt{2}}[\,|\,1\,\rangle - |\,2\,\rangle\,], \quad |\,\mathrm{II}\,\rangle = \frac{1}{\sqrt{2}}[\,|\,1\,\rangle + |\,2\,\rangle\,] \qquad (10.7)$$

である．

さて，これらの結果を利用して，化学や物理の領域からとってきたたくさんの例について議論することにしよう．そのまず最初の例が，水素分子イオンである．正にイオン化された水素分子は，2個の陽子と，それらのまわりをうろうろしている1個の電子とから構成されている．いま，2個の陽子がたがいに非常に遠くに離れていたとすると，この体系はどんな状態になると期待されるであろうか．その答えは極めてはっきりしている．つまり，電子は1個の陽子のそばにとどまって，最低エネルギーの状態にある水素原子をつくることになるであろう．そして，もう一つの陽子は，正のイオンとして独りとり残されることになるだろう．したがって，2個の陽子が遠く離れていると，電子が陽子の一つに“ひっついている”という物理的描像をえがくことができるわけである．電子がもう一つの陽子の近くにいて，最初の陽子がイオンになっている別のもう一つの対称的な状態も存在しうることは明らかであろう．われわれは，これらの二つの状態を基本状態として採用し，それらの状態を $|1\rangle$ および $|2\rangle$ とよぶことにする．これらの状態をスケッチしたのが，図10-1である．もちろん本当は，1個の陽子の近傍にいる電子のとりうる状態は多数存在する．なぜなら，

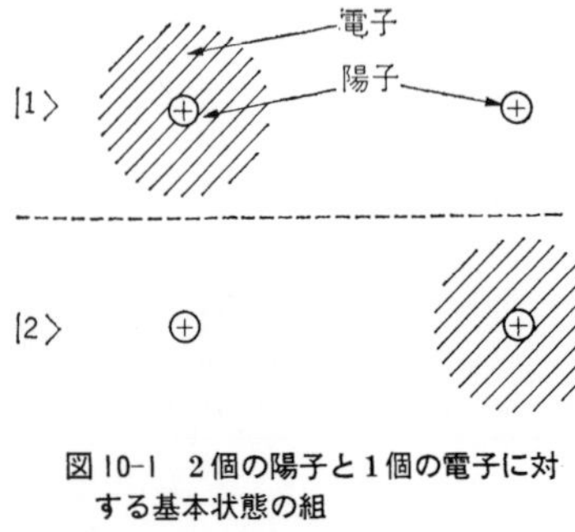

図10-1　2個の陽子と1個の電子に対する基本状態の組

水素原子の励起状態のどれもが，上の線形結合のなかの一員として存在しうるからである．しかしいまは，われわれは，そのような色々な状態については興味をもっていない．つまり，水素原子がエネルギーの一番低い状態——その基底状態——にあるような状況だけを考えることにする．そして，差し当っては，電子のスピンを無視する．そのとき，どの状態においても，電子は z 軸に沿う“上向き”のスピンをもっていると仮定することができる†．

さて，水素原子から電子をとり除くには13.6電子ボルトのエネルギーを必要とする．水素分子イオンの2個の陽子が遠くに離れている限り，電子をその二つの陽子の間の中間点のあたりにもってくるには，上とほとんど同じ大きさのエネルギーを必要とする——このエネルギーは，いま考えている場合においては非常に大きなエネルギーの量なのである．したがって，電子が一つの陽子のところから，もう一つの陽子のところに飛躍するのは，古典的には不可能である．しかしながら——そんなことはありそうにもないと思えるのだが——量子力学では，それが可能なのである．電子が一つの陽子から，他の陽子へ移動する振幅が，小さいながらも存在するのである．このとき第1近似では，基本状態 $|1\rangle$ と $|2\rangle$ のどちらも同じエネルギー E_0 をもつと考えられる．そして，このエネルギー E_0 は，ちょうど1個の水素原子のエネルギーと，1個の陽子のエネルギーの和に等しい．したがって，ハミルトニアン行列の要素 H_{11} と H_{22} としては，近似的には両方とも E_0 に等しいととることができる．また，電子がいったりきたりする振幅を与える行列要素 H_{12} と H_{21} は，ここでも $-A$ と書くことにする．

諸君には，この話はすぐ前の二つの章でやったものと同じゲームであることが分るだろう．仮に電子がいったりきたりすることができるという事実を無視すると，正確に同一のエネルギーをもつ状態が二つ存在するということになる．しかし，このエネルギーは，電子がいったりきたりする可能性の存在によって，二つのエネルギー準位に分裂することになるのである——そして，その転移確率が大きければ大きいほど，その分裂の大きさもまた大きくなる．そんな具合で，系のもつ二つのエネルギー準位は，E_0+A と E_0-A とになり，これらの決った一定のエネルギーをもつ状態は(10.7)で与えられる．

こうしてえられた解から，1個の陽子と1個の水素原子が接近して一緒になると，電子は一つの陽子にとどまっていないで，2個の陽子の間をいったりきたりするということが分る．仮に電子が一方の陽子からスタートするものとすると，電子は状態 $|1\rangle$ と $|2\rangle$ の間をいったりきたりして振動することになるわけである——すなわち，そのときの解は時間的に変動する解になっていることになる．もっともエネル

† 磁場による効果が重要にならない限り，これでよいのである．この章の後のほうで，電子への磁場の効果を論ずる．また，第12章では，水素原子における非常に小さなスピンの効果を議論する．

ギーの低い(時間的に変化することのない)解をうるには，電子がそれぞれの陽子のまわりに存在する振幅を等しくして，系をスタートさせる必要がある．ここで，電子は2個あるのではないということを思い出してほしい——それぞれの陽子に電子が1個ずつ存在しているといっているのではない．電子は**1個**しか存在しないのである．そして，**その**1個の電子がどちらかの陽子に所属している振幅が同じである——その大きさが$1/\sqrt{2}$で——といっているのである．

さて，一つの陽子の近くにいた電子が，もう一つの陽子の近くに移る振幅Aは，陽子間の距離に依存している．陽子が近づけば近づくほど，その振幅もまた大きくなる．第7章で，古典的には不可能な障壁を，電子が“貫通”する振幅について話したことを憶えていよう．同じ状況がここにもある．電子が障壁を通り抜ける振幅は，大雑把にいって，陽子間の距離とともに——距離が大きいときには——指数関数的に減少する．転移確率，したがってAは，2個の陽子が近づくほど大きくなるから，エネルギー準位の間隔もまた大きくなるはずである．いま仮に，体系が状態$|\mathrm{I}\rangle$にあるとすると，エネルギーE_0+Aは，陽子間の距離が減少するにしたがって増大することになる．したがって，この場合の量子力学的な効果というのは，2個の陽子を分離させておくような**斥力**を与えるものであるということになる．一方もし，体系が状態$|\mathrm{II}\rangle$にあるものとすると，二つの陽子が近づくにしたがって，その全エネルギーは**減少**する．つまり，2個の陽子を引き寄せる**引力**が存在するということになる．したがって，陽子間の距離による上の二つのエネルギーの変化の仕方は，大体，図10-2に示されているようなものでなくてはならないということになる．こうして，H_2^+イオンをまとめておく結合力の量子力学的な説明が与えられるのである．

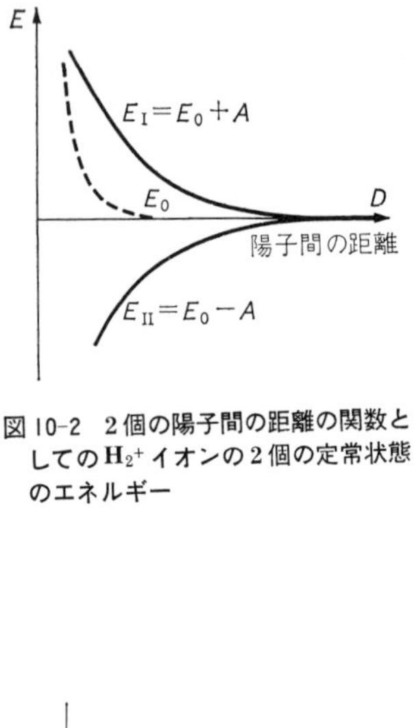

図10-2　2個の陽子間の距離の関数としてのH_2^+イオンの2個の定常状態のエネルギー

ところが，一つ忘れたことがある．2個の陽子間には，上に述べた力のほかに，静電的な斥力もはたらいている．しかし，2個の陽子がたがいに遠くに離れているときには——図10-1のように——“裸”の陽子がみるのは中性の原子だけである．それでこのときには，陽子間の静電的な力は，これを無視することができる．陽子が非常に近づいたときには，その“裸”の陽子が電子分布の“内部”にはいりこみはじめることになる——すなわち，その陽子は平均的にいって，電子よりも，もう一つの陽子の近くに存在するということになる．したがって，正の，もちろん正の静電エネルギーを余分にもちはじめるわけである．このエネルギーをも——これも距離とともに変化する——E_0のなかに含めておかなくてはならない．そこでE_0としては，何か図10-2の破線で示した曲線のようなものをとるべきであるということになる．この曲線は，水素原子の半径よりも小さい距離になると急速に上昇する．このE_0から，電子がいったりきたりするエネルギーAを加えたり引いたりすべきである．こうすると，エネルギーE_{I}およびE_{II}は，陽子間の距離Dとともに，図10-3に示されているように変化することになる．［この図には，もっと詳しい計算の結果が書いてある．陽

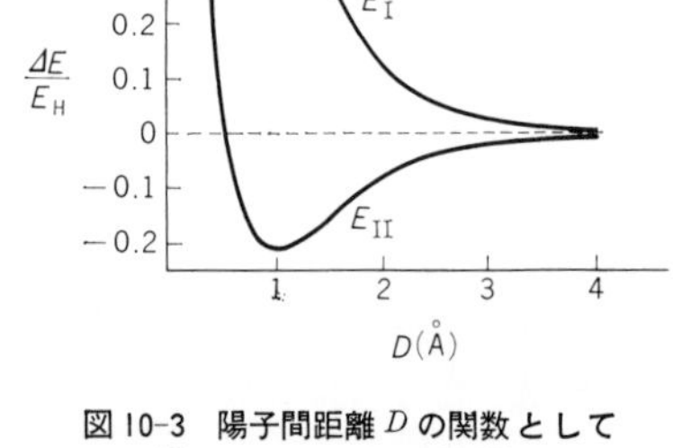

図10-3　陽子間距離Dの関数としてのH_2^+のエネルギー準位($E_H=13.6$ eV)

子間の距離は 1 Å(10^{-8} cm)の単位で与えられており，陽子と水素原子のエネルギーの和を超える過剰エネルギーは，水素原子の結合エネルギー——いわゆるリードベルグ・エネルギー，13.6 eV ——の単位で与えられている.] 図から，状態 |II⟩ はエネルギーの極小点をもつことが分る. これが H_2^+ イオンの平衡の配置——もっともエネルギーの低い状態——である. この点でのエネルギーは，陽子と水素原子とが離れているときのエネルギーよりも低くなっている. したがって，体系は束縛状態になっている. つまり，1 個の電子が 2 個の陽子を一緒にまとめるように行動するのである. 化学者は，これを"1 電子結合"という.

この種の化学結合はまた，(前に述べた二つの結合された振り子との類推にもとづいて)"量子力学的共鳴"とよばれることもある. しかし，こういうと実際よりもよけいに神秘的に聞える. われわれもまた，いまそうやったわけであるが，それは——基本状態のあまりよくない選び方から出発したときにだけ——"共鳴"なのである. もし状態として，はじめから |II⟩ を採用しておけば，それで一番低いエネルギーの状態がえられるわけである. ただそれだけのことである.

このような状態が，1 個の陽子と 1 個の水素原子からなる系のエネルギーよりも低いエネルギーの状態になっている理由は，別の考え方でもみることができる. いま，2 個の陽子があまり遠くに離れていないところに固定されているとする. そのとき，その近傍に存在する電子について考えてみることにしよう. 陽子が一つしかないときには，不確定性原理によって，電子はそのまわりに"拡がっている"ことを憶えているだろう. それは，クーロンの**位置の**エネルギーを低くしようとする傾向と，あまり空間の狭い領域に閉じこめられまいとして，その**運動の**エネルギーを大きくしようとする(不確定性関係 $\Delta p\Delta x \sim \hbar$ による)傾向との間の均衡点をさがすということである. さて，陽子が二つあるときには，電子が低い位置のエネルギーを保ちうる空間領域がより広くなっている. 電子は——その運動エネルギーをより低くしながら——その位置のエネルギーを増加させることなく，より広い空間領域に拡がることが可能である. その結果，電子のもつエネルギーは，1 個の水素原子の場合のそれよりも低くなるのである. それでは，なぜもう一つの状態 |I⟩ は，水素原子よりも高いエネルギーをもつことになるのであろうか. この状態は状態 |1⟩ と |2⟩ との**差**であることに注意されたい. このときには，|1⟩ と |2⟩ の対称性のために，電子が 2 個の陽子の中間のあたりの場所に発見される振幅が 0 でなければならないということになる. このことは，電子がある程度より狭い領域に閉じこめられることを意味しており，これがより大きいエネルギーをもたらすのである.

上のように，H_2^+ イオンを近似的に 2 状態系として扱う方法は，陽子がいったん図 10-3 の曲線の極小点のあたりに近づいてしまうと，もう全く駄目になってしまう. そのために，この方法は結合エネルギーに対してよい値を与えない．距離が小さいときには，図10-1で考えたような二つの“状態”のエネルギーは，実際にはE_0に等しくなくて，もっと改良された量子力学的な取り扱いが必要になる．

いま仮に，2個の陽子のかわりに，二つの異なった物体——例えば，1個の陽子と1個のリチウムの正イオン(このとき，どちらの粒子も$+e$に帯電している)とがあるとしたときにはどうなるかを考えてみよう．このような場合には，ハミルトニアンの二つの項H_{11}とH_{22}とはもはや等しくはない．事実，それらはまったく異なったものである．このときもし，これらの差$(H_{11}-H_{22})$の絶対値が，たまたま$A=-H_{12}$よりもずっと大きくなっているとすると，次にみられるように，それらの粒子の間にはたらく引力は非常に弱くなってしまう．

(10.3)で$H_{12}H_{21}=A^2$とおくと，

$$E=\frac{H_{11}+H_{22}}{2}\pm\frac{H_{11}-H_{22}}{2}\sqrt{1+\frac{4A^2}{(H_{11}-H_{22})^2}}$$

をうる．$(H_{11}-H_{22})^2$がA^2よりもずっと大きいときには，右辺の平方根は，ほとんど

$$1+\frac{2A^2}{(H_{11}-H_{22})^2}$$

に等しい．するとこのとき，二つのエネルギーは

$$E_{\mathrm{I}}=H_{11}+\frac{A^2}{(H_{11}-H_{22})},\qquad E_{\mathrm{II}}=H_{22}-\frac{A^2}{(H_{11}-H_{22})} \tag{10.8}$$

となる．これらのエネルギーは，孤立した原子のエネルギーのH_{11}やH_{22}に非常に近い値をもっていて，いったりきたりの振幅Aの分だけ，ほんの少しばかり引き離されているだけである．しかも，そのエネルギー差$E_{\mathrm{I}}-E_{\mathrm{II}}$は

$$(H_{11}-H_{22})+\frac{2A^2}{H_{11}-H_{22}}$$

であって，電子がいったりきたりすることによって**追加される**エネルギーの分離の大きさは，もはや$2A$に等しくはなっていない．それは，$A/(H_{11}-H_{22})$の因子だけ小さくなっているのである．なおここで，この因子は1よりもずっと小さいものであると考えている．また，$E_{\mathrm{I}}-E_{\mathrm{II}}$の2個の核間距離による変化の仕方も，$H_2{}^+$イオンの場合よりもずっと小さいのである．それがまた$A/(H_{11}-H_{22})$の因子によってさらに弱められるというわけである．こうして，非対称的な2原子分子の結合が，一般になぜ非常に弱くなっているのかという理由が理解される．

2個の陽子に1個の電子が共有されることによって，遠く離れた陽子間に実質的に引力がはたらく機構についての説明が，上の$H_2{}^+$イオンの理論によって発見されたわけである．その引力は，電子が1個の陽子から他の陽子への跳躍の可能性により，体系のエネルギーの減少がもたらされることからくるのである．

電子がこのような跳躍をすると，その体系は，(水素原子，陽子) という配置から (陽子，水素原子) という配置に変わり，またその逆の変化もおきる．この過程は，記号的に

$$(\mathrm{H}, \mathrm{p}) \rightleftharpoons (\mathrm{p}, \mathrm{H})$$

と表わすことができる．この過程によるエネルギーのずれは，$-W_{\mathrm{H}}$ (水素原子における電子の結合エネルギー)のエネルギーをもつ電子が，一つの陽子から他の陽子に移動する振幅 A に比例しているのである．

二つの陽子の間の距離が大きくなると，電子の静電的な位置のエネルギーは，電子が跳躍をするときに動きまわる空間の大部分の領域でほとんど0である．そのとき，この空間領域内で，電子はあたかも真空中における自由粒子のようにふるまう——しかも，それは**負の**エネルギーをもっているのである．第3章(3.7)でみたように，ある一定のエネルギーをもつ粒子が，一つの場所から，距離 r にある他の場所に移動する振幅は

$$\frac{e^{(i/\hbar)pr}}{r}$$

に比例している．ここで p は，その決ったエネルギーに対応する運動量である．いまの場合には，(非相対論的な公式を用いることによって) p は

$$\frac{p^2}{2m} = -W_{\mathrm{H}} \tag{10.9}$$

によって与えられる．このことは，p が虚数であることを意味しており，

$$p = i\sqrt{2mW_{\mathrm{H}}}$$

である．(平方根のもう一つの符号の場合は，いまの場合には意味がない．)

このとき，$\mathrm{H_2}^+$ イオンの場合の振幅 A は，2陽子間の距離 R が大きいときには

$$A \sim \frac{e^{-(\sqrt{2mW_{\mathrm{H}}}/\hbar)R}}{R} \tag{10.10}$$

のように変化することが期待されることになる．1電子結合によるエネルギーのずれは A に比例している．したがって，2個の陽子の間には——少なくとも R が大きいとき——(10.10)を R について微分したものに比例する引力が作用するということになる．

最後に，完全を期すために，2個の陽子と1個の電子とからなる体系においては，エネルギーの R 依存性を与える効果がほかにもう一つ存在することを注意しておこう．これまでは，それは普通あまり重要ではないので，その効果を無視してきたのであるが——しかし，交換項のエネルギー A が指数関数的に減少して，非常に小さい値になるような大きい距離のときは例外である．いま考えている新しい効果というのは，水素原子に対する陽子の静電的な引力である．これは，荷電粒子がつねに中性の物体を引きつけるのと同じ現象からくるものであ

る．裸の陽子は，($1/R^2$ に比例して変化する)電場 $\mathcal{E}$ を中性の水素原子のある場所につくる．すると，その原子は分極をおこして，$\mathcal{E}$ に比例する誘導電気双極子 μ をつくる．その双極子のもつ電場内でのエネルギーは $\mu\mathcal{E}$ であり，したがってそれは $\mathcal{E}^2$ ——あるいは $1/R^4$ ——に比例する．つまり，体系のエネルギーのなかには，距離の4次のベキで減少する項が存在するのである．(これは，E_0 に対する補正項である．) このエネルギーは，(10.10)で与えられるエネルギーのずれ A よりも，距離とともにもっとゆっくり減少する．距離 R の大きいところでは，それは R によるエネルギーの変化をもたらすただ一つ残された重要な項であり——したがって，それは唯一の残された力でもある．この静電的な項は，どちらの基本状態に対しても同じ符号(力は引力だからそのエネルギーは負である)をもっている．したがって，また二つの定常状態のどちらに対しても同符号で寄与する．ところが，電子の交換による項は，二つの定常状態に対して反対の符号をもっているのである．

10-2　核　　力

これまでみてきたように，水素原子と陽子とからなる体系は，電子の交換による相互作用のエネルギーをもっていて，それは陽子間の距離 R が大きいときには，

$$\frac{e^{-\alpha R}}{R} \tag{10.11}$$

の形で変化する．ここで $\alpha=\sqrt{2mW_{\mathrm{H}}}/\hbar$ である．(このように，電子が負のエネルギーをもって空間を跳びこえるとき，普通は“仮想的な電子”の交換があるという．もっと詳しくいうと，“仮想的”な交換とは，交換された状態と非交換の状態との間に量子力学的な干渉がおきるような現象を意味している．)

さてここで，次のような問題を考えてみよう．それは，ほかの種類の粒子間に作用する力もまた，これと似たような起源によるのではないだろうかという問題である．例えば，中性子と陽子，あるいは2個の陽子間に作用する核力に関してはどうであろうか．核力の本性を説明しようという試みにおいて，湯川は，2個の核子間の力もまた上と似たような交換効果によるものであるという考えを提案した．ただこの場合は，電子の仮想的な交換によって力が生じるのではなく，彼が“中間子”と名づけた新しい粒子の交換によって核力が生じるのである．こんにちでは，湯川の中間子は，陽子やその他の粒子の高エネルギーでの衝突でつくられるパイ中間子(あるいは“パイオン”)と同じものであるとみなされている．

例えば，質量が m_π で正に帯電したパイオン(π^+)の交換によって生起する陽子と中性子との間の力はどんなものであると期待されるであろうか．1個の水素原子 H^0 が電子 e^- を手離して陽子 p^+ になる．すなわち，

$$H^0 \to p^+ + e^- \qquad (10.12)$$

になると全く同様に，陽子 p^+ は π^+ 中間子を手離して中性子 n^0 に変化することができる．すなわち，

$$p^+ \to n^0 + \pi^+ \qquad (10.13)$$

となる．したがって，a の位置にある陽子と b にある中性子とが，距離 R だけ離れているとすると，その陽子は π^+ を放出して中性子となり，その放出された π^+ は b にある中性子によって吸収されて陽子に転化する．すると，ちょうど $H_2{}^+$ イオンにおける電子の交換の場合と同様に——2核子(とパイオン)の系には，パイオンの交換の振幅 A によって決定される相互作用のエネルギーが存在することになるわけである．

(10.12)の過程においては，H^0 原子のエネルギーは，陽子のそれよりも W_H (非相対論的に計算したとし，また電子の静止エネルギー mc^2 を除いて)だけ小さかった．そのため，電子は(10.9)のような**負の**運動エネルギー——あるいは，虚数の運動量——をもっていた．一方，(10.13)の核反応の場合には，陽子と中性子はほとんど同じ質量をもっており，したがって π^+ のもつ**全エネルギー**は 0 になっていることになる．質量 m_π をもつパイオンの全エネルギー E と運動量 p との関係は

$$E^2 = p^2c^2 + m_\pi{}^2c^4$$

で与えられる．E は 0 であるから(あるいは，少なくとも m_π に比較して無視しうるから)，その運動量は虚数であって

$$p = im_\pi c$$

である．

束縛電子が 2 個の陽子の間の空間に存在する障壁を貫通する振幅の場合に用いたのと同じ論法から——R が大きいときには——核力の場合にも，交換の振幅 A は

$$\frac{e^{-(m_\pi c/\hbar)R}}{R} \qquad (10.14)$$

で表わされなければならないということになる．相互作用のエネルギーは A に比例しているから，それもまた上と同じように変化することになる．こうして，2 核子間の，いわゆる**湯川ポテンシャル**の形をもつ距離によるエネルギーの変化を表わす式をうることができる．なお，まえに(第IV巻，第7章(7.18))，これと同じ式を自由空間内におけるパイオンの運動の微分方程式からえている．

同じ議論によって，2 個の陽子(あるいは 2 個の中性子)間の相互作用を**中性の**パイオン (π^0) の交換によるものと考えて議論することができる．この場合の基本過程は

$$p^+ \to p^+ + \pi^0 \qquad (10.15)$$

である．陽子は仮想的な π^0 を 1 個放出することができるが，そのとき陽子は陽子のままであって変化することはない．陽子が 2 個あるときには，1 番目の陽子が仮想的な π^0 を放出し，それが 2 番目の陽子

に吸収される．その交換が終ったあとでも，やはり2個の陽子はそのまま2個の陽子になっている．この点が，H_2^+イオンの場合といくらか違っている点である．H_2^+イオンの場合には，電子を放出したあとでは，水素原子H^0は別の状態——つまり陽子——に変化した．ところがここでは，陽子は，その特性を変えることなく，1個のπ^0を放出しうるものと仮定したのである．このような過程は，実際に高エネルギーにおける衝突によって観測されている．そして，この過程は，電子が光子を放出してもそのまま電子であり続けるのに，つまり

$$e \to e + \text{光子} \tag{10.16}$$

であるのによく似ている．光子が放出される前にも，それが吸収されてしまった後にも，電子の内部に光子を“みる”ことはない．そして，光子を放出しても，電子はその“本性”を変えることはないのである．

話を2個の陽子の場合にもどすと，1個の陽子が中性パイオンを放出し，それが(虚数の運動量をもって)もう一つの陽子のところまでいって，そこで吸収される．そういう過程に対する振幅Aに起因する相互作用のエネルギーが存在する．この振幅もまた(10.14)に比例しており，そのときのm_πは中性パイオンの質量である．これと全く同じ論法により，二つの中性子間にも同じような相互作用のエネルギーが存在することが分る．中性子と陽子，陽子と陽子および中性子と中性子の間に作用する核力の性質は，(電気的な効果を無視する限り)すべて同一であるから，荷電中間子の質量と中性中間子の質量とは同じであることが結論される．実験的にもそれらの質量はほとんど等しくなっており，その間の小さな相違は，電気的な自己エネルギーの補正から期待されるものと大体において一致している(第Ⅳ巻，第7章をみよ)．

2核子間に交換される粒子としては——K中間子のような——他の種類のものも存在する．また，同時に2個のパイオンが交換されることも可能である．しかし，このときに交換される粒子の静止質量は，どれもパイオンの質量m_πよりも大きく，その粒子の交換の振幅は，距離とともに

$$\frac{e^{-(m_x c/\hbar)R}}{R}$$

の形で変化する．したがって，これらの項はRの増大に伴って，1-中間子の項よりも速く消えてしまう．いまのところ，これらの大きい質量の粒子による項を計算する方法を知っている人はだれもいないのである．しかし，Rの値が十分に大きいときには，1-パイオンの項だけが生き残ってくる．そして実際，長距離の核力の相互作用だけが関係しているような実験では，その相互作用エネルギーは，1-パイオンの交換を仮定する理論から予測されるものと一致していることが示されている．

古典電磁気学の理論では，クーロンの静電的相互作用と，加速され

た電荷による光の放射とは密接に関連しており——そのどちらも，マクスウェルの方程式から出てくるものである．量子論では，光は，一つの箱のなかの古典的電磁場の調和振動における量子的な励起として表現しうることをみてきた．一方，その光をボース統計にしたがう粒子——光子——の集合体として記述するような定式化も可能である．**4-5** で強調したように，この違った二つの立場は，いつでも同一の結果を与えるのである．それでは，この第2の立場から，**あらゆる**電気的効果をみんな完全に説明することができるであろうか．とくに電磁場を純粋にボース粒子の集まり——すなわち，光子の集合体——として記述しようとしたときには，クーロン力はどこから出てくるのであろうか．

“粒子”的な立場からは，2個の電子間のクーロン力は**仮想的な光子の交換から生じる**のである．1個の電子が——(10.16)の反応におけるように——1個の光子を放出し，それが第2の電子のところまでいって，そこで上の逆の反応がおきて吸収される．この相互作用のエネルギーも，(10.14)のような式で与えられる．しかしいまの場合には，m_π は光子の静止質量——これは0である——によっておき換えられる．つまり，2個の電子間における光子の仮想的な交換が，R に逆比例するという簡単な変化の仕方をする相互作用のエネルギーを与えるのである——これは通常のクーロンのポテンシャル・エネルギーにほかならない．電磁気学の“粒子”理論においては，仮想的光子の交換過程が静電気に関する現象のすべてを引きおこすことになるというわけである．

10-3 水素分子

次の2状態系として，中性の水素分子を調べよう．この分子は2個の電子をもっているから，当然話がややこしくなってくる．このときもまた，2個の陽子が適当な距離をおいて離れているときにどうなるかを考えることから話をはじめることにする．この場合，陽子に追加される電子の数は2個である．これらの電子のどっちがどっちであるかを見失うことのないように，2個の電子のうちの1個を“電子 a”とよび，もう一つを“電子 b”とよぶことにする．このときも，二つの可能な状態を考えることができる．その可能性の一つは，図 10-4(a) にあるように，“電子 a”が第1の陽子のまわりにあり，“電子 b”が第2の陽子のまわりにあるときである．これはつまり，水素原子が2個あるというだけのことである．それで，この状態を $|1\rangle$ とよぶことにする．しかし，もう一つ別の可能性もある．それは，“電子 b”が第1の陽子のまわりにあり，“電子 a”が第2の陽子のまわりにある場合である．いま，この状態を $|2\rangle$ とよぶことにする．これらの二つの状況の対称性からいって，これらの二つの可能性は，エネルギー的に同等であるはずである．しかし，あとで分るように，この体系のもつエネルギーは2個の水素原子のエネルギーの和にはなってい**ない**のである．

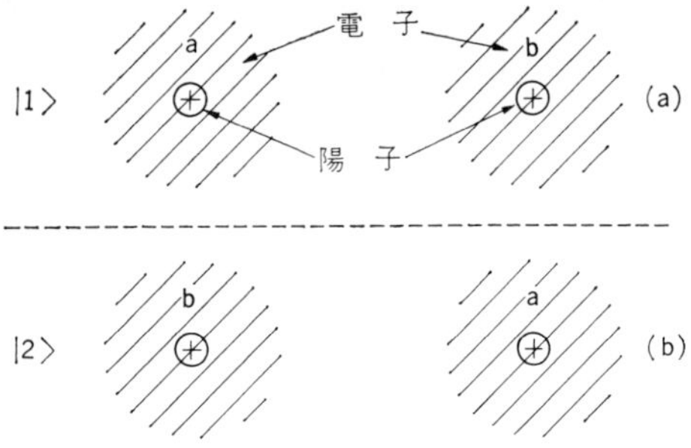

図 10-4　H_2 分子に対する基本状態の組

しかし，ここで注意しておかなければならないのは，そのほかにも，たくさんの可能性が存在するということである．例えば，"電子 a" が第1の陽子の近くにあり，"電子 b" もまた**同じ**陽子のまわりの他の状態にあるかもしれない．そういう場合は，(2電子間の大きなクーロンの斥力のために)より高いエネルギーをもっているので，われわれは，そのような場合を無視する．より高い精度の結果をうるには，そのような状態をも含める必要があるかも知れないが，図 10-4 の二つの状態だけを考慮するだけで，分子結合の本質をつかむことができるのである．この近似では，任意の状態 ϕ を，状態 $|1\rangle$ にある振幅 $\langle 1|\phi\rangle$ と状態 $|2\rangle$ にある振幅 $\langle 2|\phi\rangle$ を与えることによって記述することができる．いいかえると，状態ベクトル $|\phi\rangle$ は，それらの線形結合として

$$|\phi\rangle = \sum_i |i\rangle\langle i|\phi\rangle$$

と書くことができる．

さらに話を進めるには——普通と同じように——2個の電子のそれぞれが陽子間の空間を通り抜けて，その場所を入れ換える振幅 A が存在すると仮定する必要がある．この2電子の交換の可能性の存在は，他の2状態系の場合にもみたように，体系のもつエネルギーが二つに分裂することを意味している．水素分子イオンの場合と同様に，陽子間の距離が大きいときには，そのエネルギーの分裂の大きさは非常に小さい．しかし，陽子がたがいに近づくにしたがって，電子がいったりきたりする振幅は増大し，それにともなってエネルギーの分離も大きくなる．そして，低いエネルギーの状態におけるエネルギーの減少は，水素原子を引きつける引力の存在を意味するものである．このときも，陽子がたがいに非常に接近すると，クーロンの斥力のためにそのエネルギー準位が上昇する．その結果，最終的には二つの定常状態が，図 10-5 に示されている曲線のように距離とともに変化するエネルギーをもつということになる．そして，約 0.74 Å の距離のときに，低いほうのエネルギーは極小値をもつということになる．これが本当の水素分子における陽子-陽子間の距離なのである．

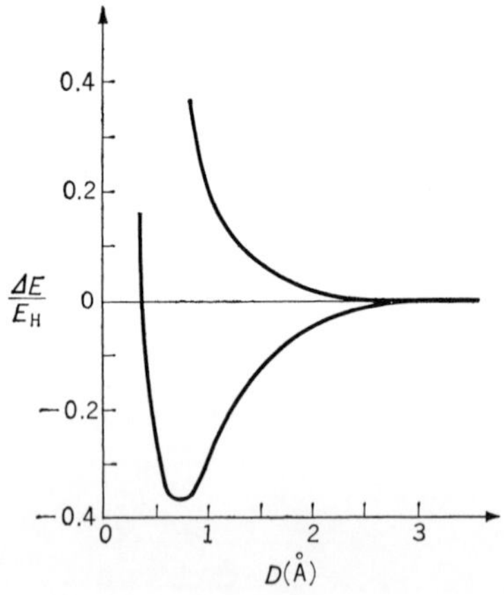

図 10-5　色々な陽子間距離 D に対する H_2 分子のエネルギー準位
($E_H=13.6$ eV)

さて恐らく諸君は，次のような反論を考えているのではないかと思

う．つまり，二つの電子が同種粒子であるという事実はどうなったのだと．これまで，2 個の電子を“電子 a”と“電子 b”とよんできた．しかし本当は，どっちがどっちなのかを識別する方法は存在しないのである．電子——これはフェルミ粒子である——の場合には，第 4 章で述べたように，電子を交換することによって，何かがおきうる方法が二つ存在するときには，その二つの振幅は**負の**符号で干渉する．このことは，電子を入れ換えたときには，その振幅の符号が反対にならなくてはならないことを意味している．ところが，水素分子の束縛状態は(時刻 $t=0$ において)

$$|\,\mathrm{II}\,\rangle=\frac{1}{\sqrt{2}}(|\,1\,\rangle+|\,2\,\rangle)$$

で与えられると結論したばかりである．だが，第 4 章の法則によると，このような状態は許されないわけである．仮に 2 個の電子を入れ換えても，その状態は

$$\frac{1}{\sqrt{2}}(|\,2\,\rangle+|\,1\,\rangle)$$

となるだけで，反対符号のものではなく，同符号のものをうるのである．

上の議論は，**両方の電子が同一のスピンをもっているときには**確かに正しい．つまり，電子が両方とも上向きのスピン(あるいは，両方とも下向きのスピン)をもっているとき，許されるただ一つの状態は，本当は

$$|\,\mathrm{I}\,\rangle=\frac{1}{\sqrt{2}}(|\,1\,\rangle-|\,2\,\rangle)$$

だけなのである．この状態の場合には，2 個の電子を交換すると

$$\frac{1}{\sqrt{2}}(|\,2\,\rangle-|\,1\,\rangle)$$

を与え，これは要求通りに $-|\mathrm{I}\rangle$ になっている．したがって，それぞれの電子が同方向に自転している 2 個の水素原子を近づけると，それらは状態 $|\mathrm{II}\rangle$ ではなくて，状態 $|\mathrm{I}\rangle$ になってしまう．ところが，この状態 $|\mathrm{I}\rangle$ は，**高いほうの**エネルギー状態であることに注意されたい．このとき，距離対エネルギーの曲線は極小値をもっていない．つまり，この二つの水素原子はいつでも反撥しあって，1 個の分子をつくることはない．したがって，電子が平行スピンをもっている水素分子というものは存在しえないということが結論されることになる．そして，これは正しいことなのである．

一方，われわれの状態 $|\mathrm{II}\rangle$ は 2 個の電子に対して完全に対称的である．実際，a とよばれている電子と，b とよばれている電子とを交換すると，正確に同一の状態にもどる．ところで，**4-7** でみたように，2 個のフェルミ粒子が同じ状態にあるときには，それらは反対向きのスピンをもってい**なければならない**．したがって，束縛された水素分子は，スピン上向きの電子を 1 個と，スピン下向きの電子を 1 個もっ

ていることになるわけである．

陽子のスピンをも含めようとすると，水素分子の話の全体がもっと複雑なものになってくる．そのときには，水素分子を**2**状態系と考えたのではもはや正しくなくなってしまう．本当は，**8**状態系とみなさなければならない——つまり，状態$|1\rangle$と$|2\rangle$のそれぞれに対して，4個のスピンの配置が可能となる——それで，スピンを無視することによって，ものごとを簡単化したわけである．しかしそれでも，われわれの最終的結論は正しいのである．

水素分子の最低エネルギー状態——それは唯一の束縛状態だが——は反対向きのスピンをもつ2個の電子をもっていることを知った．つまり，電子の全スピン角運動量は0である．一方，スピンが平行になっている二つの水素原子が近づくと——それは全角運動量$\hbar$をもつ——それは高いエネルギーの(束縛されていない)状態にあり，原子はたがいに反撥しあうことになる．つまり，スピンとエネルギーの間にはこのような興味深い相関関係が存在する．この事実は，まえに述べたあることに関して別の形の説明を与えることになる．それは，この相関関係が2個のスピン間の“相互作用”のエネルギーを与えるということである．なぜなら，平行スピンの場合は，反平行の場合よりも高いエネルギーをもつということだからである．ある意味では，スピンはたがいに反平行になろうとして，そうしているうちに，その位置のエネルギーを失ってエネルギーを放出するということがいえる——これは何か大きな磁力が作用しているといったことのためではなくて，排他律があるためである．

10-1で知ったように，2個の**異なる**イオンの**1個の**電子による結合は極めて弱いものである．しかし，このことは，**2個の**電子によって結合する場合には正しく**ない**．図10-4の2個の陽子を任意の二つのイオン(内部の電子は閉殻をつくっていて，イオンの電荷は一つであるとする)におきかえたとし，また，これらの二つのイオンによる電子の結合エネルギーは違っているものとする．この場合の状態$|1\rangle$と$|2\rangle$とのエネルギーは同じである．なぜなら，これらの状態のどっちも，それぞれのイオンに1個の電子が束縛されているからである．したがって，エネルギーの分離の大きさは，いつもAに比例していることになる．2電子結合というものはありふれたものであって，それは原子価結合としてもっとも普通のものである．つまり，化学結合というものは，通常は，2個の電子がいったりきたりするゲームに関係している．2個の原子はただ1個の電子によって結合することもできるが，そういうことは比較的稀なのである——なぜなら，それがおきるには適当な条件がみたされていることが要求されるからである．

最後に，電子に対する一つの核の引力のエネルギーが，他の核によるものよりもずっと大きい場合について考えてみよう．このときいっておきたいことは，この場合には，前に述べた他の可能な状態の存在を無視できる理由がもはや成立しないということである．いま，核a

(または，それは1個の正イオンでもよい)が，他の核bよりも電子に対して非常に強い引力をもっているものとする．このときには，電子が2個とも核aのところにあり，核bのところには電子が一つもない場合でも，その全エネルギーがかなり低くなっているということがありうるわけである．つまり，その強い引力が，2個の電子間の斥力をおぎなって余りあるということである．もしそうなっていると，最低エネルギー状態はaに両方の電子を発見する大きな振幅(負イオンをつくっている)をもつことになり，電子をbに発見する振幅は小さくなっている．その状態では，負のイオンと正のイオンの二つのイオンが存在しているようにみえるわけである．事実，これはNaClのような“イオン”結合でつくられている分子の場合におきていることである．上の話から，共有結合とイオン結合の間のあらゆる中間的な結合が可能であることが理解される．

こうしていまや諸君にも，多くの化学的事実が量子力学的記述によって明確に理解できるということがどういうことなのであるかが分ってきたことと思う．

10-4　ベンゼン分子

化学者は，複雑な有機化合物の分子を表わすうまい図形を発明した．これから，それらの化合物のなかでもっとも興味深いものの一つ——図10-6に示されているベンゼン分子——について議論することにする．ベンゼン分子は6個の炭素原子と6個の水素原子とから成り，それらは極めて対称的に配置されている．図の棒はそれぞれ反対向きのスピンをもつ**1対の**電子を表わしていて，その1対の電子が共有結合のダンスをしている．このとき，それぞれの水素原子が1個の電子を提供し，また各炭素原子は4個の電子の寄与をして，全体として含まれている電子の総数は30個である．(なお，炭素の原子には，その核に近接する電子がもう2個存在していて，それらは最初の殻，またはK殻を構成している．これらの電子は核に固く結合していて，共有結合にはあまり寄与しないので，図には示されていない.) したがって，図のそれぞれの棒は一つの**結合**，あるいは1対の電子を表わしており，図の2重結合は炭素原子の一つおきの対の間に**2対の**電子が存在していることを意味している．

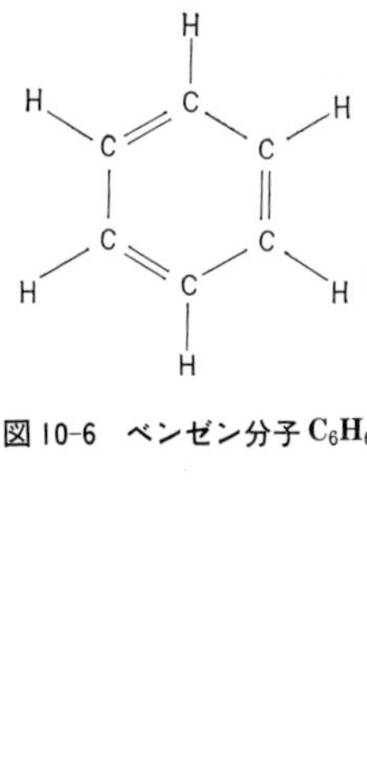

図10-6　ベンゼン分子 C_6H_6

このベンゼン分子について不思議なことがある．化学者達は，この化合物をつくりあげるのに必要なエネルギーの量はどれだけであるかということを計算することができるのである．なぜかというと，彼等はベンゼン環の断片を含み，かつその断片の数の異なる色々な化合物のエネルギーを測定してきたからである——例えば，エチレンその他を研究することにより，2重結合のエネルギーを知ることができる．したがって，ベンゼン分子の全エネルギーを計算によって予測することができる．ところが，ベンゼンの環の実際のエネルギーは，そのような計算でえられる値よりもずっと低い．すなわち，それは，“不飽和2重結合系”とよばれているものから期待されるものよりもずっと固く結合している．普通，ベンゼンのように環をつくっていない2重結合系は，比較的に高いエネルギーをもっているため，容易に化学的に調べることができる——つまり，他の水素を加えることによって，2重結合は容易にこわされるからである．ところがベンゼンでは，環は全く永久的なものであって，容易なことではそれをこわすことはできない．換言すれば，ベンゼンは化学結合の描像のもとで計算してえられる値よりも，ずっと低いエネルギーをもっているのである．

それから別に，もう一つ不思議なことがある．いま，図10-7に示されているように，隣りあった2個の水素をブロム原子でおきかえて，オルト-ジブロムベンゼンというものをつくったとする．これをやるのには，方法が二つある．図の(a)に示されているように，ブロムを2重結合の両端におくこともでき，また図の(b)にあるように1重結合の両端におくこともできる．したがって，オルト-ジブロムベンゼンには違う形をもつ2種類のものが存在すると考えられるが，ところがそうではない．そのような化学物質は一つしかないのである†.

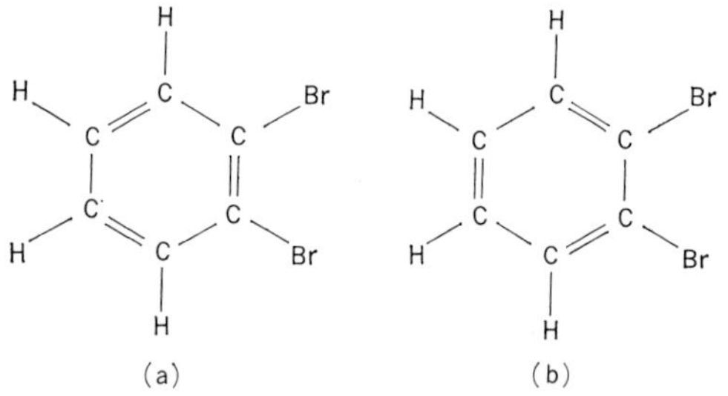

図10-7　オルト-ジブロムベンゼンの二つの可能性　2個のブロムが1重結合か，または2重結合で隔てられている

ここで，これらの不可思議な点を解明することにしよう——恐らく諸君にはすでに，どうやるかの見当はついているものと思う．当然のことだが，ベンゼン環の“基底状態”は2状態系になっていることに注目していることであろう．ベンゼンの内部における結合は，図10-8に示されている二つの配置のうちのどちらかにあるということからくるものと想像される．“しかし，それらの配置は，本当は同じものだ．だから，同じエネルギーをもっているはずだ”と諸君はいうであろう．まったく実際，そうでなくてはならない．そしてそれだからこそ，それらは2状態系として解析されなければならないのである．各状態は，電子の全体の組の異なる配置を表わしている．そして，その全体が一つの配置から，もう一つの配置に切り変わるような振幅Aが存在する——電子どもが一つの踊りから，もう一つの別の踊りに移るチャンス

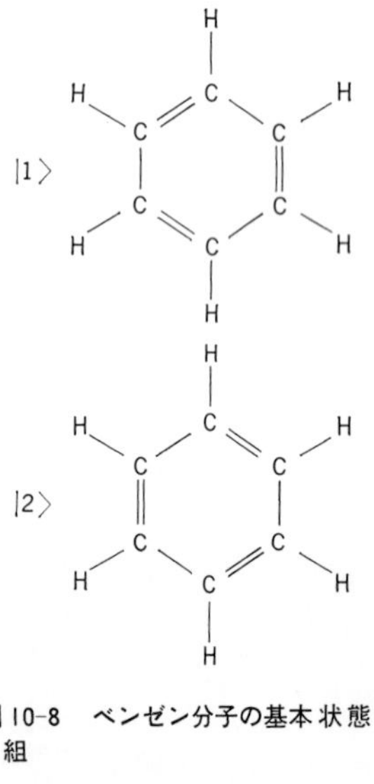

図10-8　ベンゼン分子の基本状態の組

† この話は少し簡単化しすぎている．元来化学者は，ジブロムベンゼンには**4**種類のものが存在すると考えた．そのうちの二つが，隣接する炭素原子にブロムがついているもの(オルト-ジブロムベンゼン)であって，3番目のは一つおいて隣り合う炭素にブロムがついたもの(メタ-ジブロムベンゼン)，4番目のはブロムが環の反対側についているもの(パラ-ジブロムベンゼン)であった．ところが化学者は，3種類しかないこと——つまり，オルト分子には**1**種類しかないこと——を発見したのである．

が存在するのである.

すでにみたように，電子がいったりきたりするチャンスがあると，図 10-8 の二つの図のどちらかの状態にあるとみて計算したものよりもエネルギーの低い，これらの二つの状態が混合している状態をつくる．そのかわりに，その定常状態が 2 個存在することになり——その一つは期待される値よりも高いエネルギー値をもち，もう一つはより低いエネルギーをもつことになる．したがって実際，ベンゼンの本当の正常な状態(最低エネルギーの状態は，図 10-8 に示されている二つの可能性のどちらでもなく，それぞれの状態に $1/\sqrt{2}$ の振幅で存在しているのである．そして，常温におけるベンゼンには，この定常状態だけが含まれている．なお，上述の高いエネルギーの状態もまた実際に存在している．このことは，ベンゼンが振動数 $\omega=(E_{\mathrm{I}}-E_{\mathrm{II}})/\hbar$ の紫外線に対する強い吸収を示すことから分る．諸君も憶えていると思うが，アンモニア分子の場合には，いったりきたりするものは 3 個の陽子であって，そのエネルギーの分離間隔はマイクロ波の領域に属していた．ベンゼンの場合には，いったりきたりするものは電子であって，それらは陽子よりもずっと軽いために，いったりきたりが容易にできるのである．そのために，係数 A は非常に大きくなり，その結果，エネルギーの差がうんと大きくなり——約 1.5 eV にもなり，そのエネルギー差が紫外領域の光子のエネルギーに対応しているわけである†.

水素をブロムでおきかえたときにはどうなるであろうか．このときにも，図 10-7 にあるような(a)と(b)の二つの可能性があり，これらの図は二つの異なる電子配置を表わしている．ベンゼンとのただ一つの相違点は，はじめの二つの基本状態のもつエネルギーが少しばかり違っているということである．最低エネルギーに対応する定常状態は，このときも上の 2 個の基本状態の線形結合で表わされるのであるが，その振幅が等しくなっていないのである．状態 $|1\rangle$ にある振幅は，例えば何か $\sqrt{2/3}$ のような値をもち，状態 $|2\rangle$ の振幅は $\sqrt{1/3}$ の大きさをもっているのかも知れない．しかし，もっと情報がたくさんないと確かなことはいえない．しかしともかく，いったん二つのエネルギー H_{11} と H_{22} とが等しくなくなってしまうと，振幅 C_1 と C_2 の大きさは決して等しくはならない．もちろんこのことは，図の二つのうちの一つのもつ可能性が，他の可能性よりも大きいことを意味している．しかし電子は，その二つの状態間の移動が十分に可能であって，そのど

† ここで述べたことは本当は正しくない．ベンゼンに対して上の 2 状態系を採用した場合には，紫外光の吸収は非常に弱いはずである．なぜなら，電気双極子モーメントのこの 2 個の定常状態間での行列要素は 0 となるからである．[この二つの定常状態は電気的に対称であって，したがって(9.55)の転移確率の公式で電気双極子 μ は 0 となり，光は吸収されない.] 仮にこれらの二つの定常状態だけが存在するものとすると，高いほうの定常状態の存在は，別のやり方で示されなければならない．しかし，もっと完全なベンゼンの理論では，(2 重結合が隣り合っているような)もっとたくさんの別の基本状態を用いて話をはじめるのである．そうすると，ベンゼンの本当の定常状態は，ここでみつけたものとは少し違ったものになっていることが示される．こうしてえられる双極子モーメントが，本文で述べたような転移を許し，それが紫外光の吸収をおこすのである．

ちらに存在する振幅をももっている．そして，もう一つの状態は別の振幅（$\sqrt{1/3}$ と $-\sqrt{2/3}$ のような）をもっていて，それはより高いエネルギーをもっている．すでに確証されている化学結合に関する素朴な理論が示唆しているように，この場合にも，最低エネルギーの状態はただ一つだけ存在し，二つは存在しない．

10-5　染　料

2状態現象の化学における例をもう一つあげておこう——こんどの場合は，もっと大きなスケールの分子についての例である．それは染料の理論に関連している話である．染料の多くは——事実，ほとんどの合成染料は——おもしろい特性，つまり一種の対称性をもっている．図10-9は，紫色がかった赤い色のマゼンタとよばれる，ある特殊な染料のイオンを示したものである．この分子は3個の環構造をもっており——そのうちの2個はベンゼン環である．3番目のは正確にはベンゼン環と同じものではない．なぜなら，それは，環の内部に2重結合を二つしかもっていないからである．図に示した二つの分子はどちらも同様に上の条件をみたしている．そして，それらのもつエネルギーは等しいものと推測される．しかも，すべての電子が一つの状態からもう一つの別の状態に一斉に移動して，電子の“空席”の場所を反対側の端に移すような振幅が存在する．この場合，含まれている電子の数が非常に多いために，その移動に対する振幅はベンゼンの場合よりもいくらか小さくなっている．それで，二つの定常状態間のエネルギー差もより小さくなっているわけである．それでもなお，図に示されている二つの基本状態の和と差の組み合わせをとることによって，通常のように二つの定常状態 $|\mathrm{I}\rangle$ と $|\mathrm{II}\rangle$ とをつくることができる．そしてそれらの状態 $|\mathrm{I}\rangle$ と $|\mathrm{II}\rangle$ の間のエネルギー間隔は，可視領域の光子のエネルギーに等しくなっている．この分子に光を照射すると，一つの振動数に対する非常に強い吸収が存在し，それは鮮かに色づいてみえる．この事実が，これが染料であることの理由となっているのである．

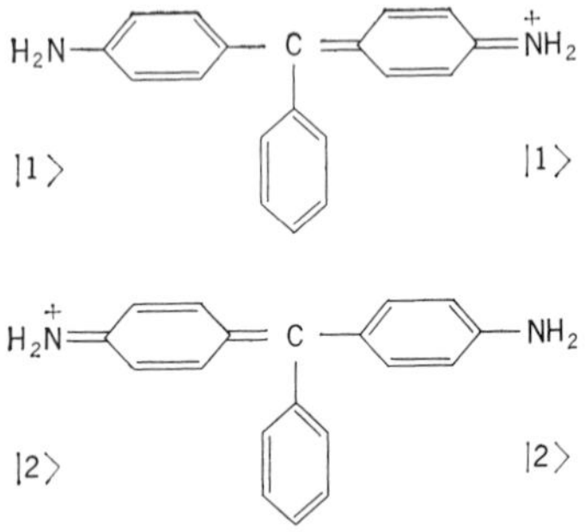

図10-9　マゼンタ染料の分子の二つの基本状態

このような染料分子のもつもう一つのおもしろい性質は，図の二つの基本状態において，電荷の中心が違った場所に位置していることである．その結果，分子は外部電場によって強く影響されることになる．同じような効果がアンモニア分子の場合にもあった．したがって，E_0 と A の数値さえ分っていれば，明らかにアンモニアの場合と全く同じ数式を使って，この分子を解析することができるわけである．一般には，これらの数値は実験データを集めることによってえられる．多くの染料を用いて，この測定をおこなうと，いくつかの関連性のある染料がどうなるかを推測できることもしばしばである．電荷の中心の位置が大きくずれているために，(9.55)の電気双極子モーメント μ の値は大きく，その物質が，特性振動数 $2A/\hbar$ をもつ光を吸収する確率もまた大きい値をとることになる．そのために少量の物体が，大量の光を吸収することになり——それでその物体は非常に濃く色づくというわけである．

電子がいったりきたりする割合は——したがって A は——分子のもつ全体的な構造に極めて敏感である．A が変化すると，エネルギーの間隔も変わり，そのために染料の色も変化することになる．また，分子は完全に対称的になっている必要はない．たとえ小さな非対称性があっても，話は多少変わるにしても，基本的現象としては同一のものが存在することをすでにみてきたわけである．したがって，分子にほんの少しの非対称性を導入することにより，色を少しばかり変えることができる．例えば，もう一つの重要な染料であるマラカイト・グリーンはマゼンタに非常によく似た構造をもつものであるが，これは 2 個の水素原子を CH_3 でおきかえたものである．これは A の値がずれていて，そのために電子のいったりきたりの割合が変わっているので，マゼンタとは違った色をもっている．

10-6 磁場内におけるスピン 1/2 の粒子のハミルトニアン

ここでは，スピン 1/2 の物体の 2 状態系について議論する．これから述べることのあるものについては，ずっと前の章で議論したことがある．しかしそれをここでもう 1 度やるのは，分りにくかった点をもう少しはっきりさせるためである．静止している電子は 2 状態系と考えることができる．この節では，1 個の“電子”について述べるが，ここで知ることは**任意の**スピン 1/2 の粒子に対して成立する．さて，系の基本状態としては，電子のスピンの z 成分が $+\hbar/2$ と $-\hbar/2$ である状態を選ぶことにする．

もちろん，これらの状態は，これまでの章で(＋)および(－)とよんでいた状態と同じものである．しかし，この章での記法の一貫性を保つために，“プラス”のスピン状態を $|1\rangle$，“マイナス”のスピン状態を $|2\rangle$ と書くことにしよう——ここで“プラス”とか“マイナス”とかいっているのは，z 方向の角運動量のことである．

電子のとりうる任意の状態 ψ は，(10.1)にあるように，電子が状態 $|1\rangle$ に存在する振幅 C_1 および状態 $|2\rangle$ に存在する振幅 C_2 を与えることにより記述される．この問題を取り扱うには，この 2 状態系に対する——すなわち，磁場のなかでの 1 個の電子に対する——ハミルトニアンを知っておく必要がある．そこで，磁場が z 方向を向いているような特別な場合から話をはじめよう．

ベクトル $\boldsymbol{B}$ は z 成分 B_z しかもたないものとする．このとき，2 個の基本状態はその定義(すなわち，スピンが $\boldsymbol{B}$ に平行のものと反平行のもの)によって，すでにそのままで磁場のなかである一定のエネルギーをもつ定常状態になっている．状態 $|1\rangle$ は $-\mu B_z$ のエネルギー†

† ここでは，静止エネルギー m_0c^2 をエネルギーの“ゼロ点”にとっており，また電子の磁気モーメントはスピンと反対の方向を向いているので，それを**負**の数として扱っている．

に対応し，また状態 $|2\rangle$ はエネルギー $+\mu B_z$ に対応している．この場合には，状態 $|1\rangle$ にある振幅 C_1 は C_2 によって影響されることはなく，またその逆もないから，ハミルトニアンは非常に簡単な形をもっているはずである．すなわち，

$$i\hbar\frac{dC_1}{dt} = E_1C_1 = -\mu B_zC_1,$$
$$i\hbar\frac{dC_2}{dt} = E_2C_2 = +\mu B_zC_2 \tag{10.17}$$

であり，このような特別の場合には，ハミルトニアンは

$$H_{11} = -\mu B_z, \quad H_{12} = 0,$$
$$H_{21} = 0, \quad H_{22} = +\mu B_z \tag{10.18}$$

で与えられる．したがって，われわれは z 方向を向いている磁場が存在するときのハミルトニアンがどんなものであるかを知っているわけであり，またその定常状態のエネルギーも分っているわけである．

さて次に，磁場が z 方向を向いて**いない**ものとしよう．その場合のハミルトニアンはどんなものであろうか．磁場が z 方向を向いていないときには，その行列要素はどう変わるのであろうか．ここで，ハミルトニアンの行列要素に対して一種の重ね合わせの原理が成立すると仮定する．もっと詳しくいうと，二つの磁場が重ね合わさったときには，ハミルトニアンの各要素を単に加えればよい——つまり，B_z だけがあるときの H_{ij} と，B_x だけがあるときの H_{ij} とが分っているとき，B_z と B_x の共存する系の H_{ij} は単にそれらの要素を加えたものである——と仮定しようというのである．このことは，z 方向にだけ磁場があるときには確かに成立している——つまり，B_z の大きさを2倍にしたときには，すべての H_{ij} が2倍される．それで，H は磁場 $\boldsymbol{B}$ に関して線形であると仮定することにする．これだけの仮定をすれば，任意の方向をもつ磁場に対する H_{ij} をみつけることができるのである．

いま，時間的に一定の磁場 $\boldsymbol{B}$ があるとする．この磁場の方向に z 軸を選ぶことは**可能**である．そうすると，エネルギー $\mp\mu B$ をもつ2個の定常状態をみつけることができる．しかし，座標軸を別の方向に選んでも**物理**が変わることはないはずである．このとき，定常状態の**記述の仕方**が違ってくるが，それらの状態に対するエネルギーは，**そのまま前と同じ** $\mp\mu B$ で与えられると考えられる——すなわち，このとき

$$E_{\mathrm{I}} = -\mu\sqrt{B_x{}^2+B_y{}^2+B_z{}^2},$$
$$E_{\mathrm{II}} = +\mu\sqrt{B_x{}^2+B_y{}^2+B_z{}^2} \tag{10.19}$$

である．

これからあとのゲームはやさしいものである．すでにここに，エネルギーの値に対する式が与えられているのである．欲しいのは，B_x, B_y および B_z に関して線形のハミルトニアンである．それを(10.3)の一般式にあてはめたときに，(10.19)のエネルギーを与えるようなものであるはずである．したがって，問題はそのハミルトニアンをみつ

け出すことである．まず，$E_{\rm I}$ と $E_{\rm II}$ のエネルギーの分離は対称的であって，かつその平均値が 0 であることに注目する．そこで(10.3)を眺めてみると，すぐに

$$H_{22} = -H_{11}$$

の関係が要請されることが分る．（これは，B_x と B_y の両方が 0 のときの既知の(10.18)と一致していることに注意されたい．そのときは，$H_{11}=-\mu B_z$，$H_{22}=+\mu B_z$ であった．）さて，(10.3)のエネルギーと，すでに分っている(10.19)とを等しくおくと，

$$\left(\frac{H_{11}-H_{22}}{2}\right)^2+|H_{12}|^2 = \mu^2({B_x}^2+{B_y}^2+{B_z}^2) \quad (10.20)$$

の関係をうる．（ここで $H_{21}=H_{12}{}^*$ という事実を用いた．したがって，$H_{12}H_{21}$ はまた $|H_{12}|^2$ と書けるわけである．）ここでもまた，磁場が z 方向を向いている特別な場合を考えると，これは

$$\mu^2{B_z}^2+|H_{12}|^2 = \mu^2{B_z}^2$$

となる．この特別な場合には，明らかに $|H_{12}|$ は 0 でなければならない．このことは，H_{12} は B_z を含みえないということを意味している．（すべての項がみんな，B_x, B_y および B_z に関して線形でなければならないといったことを思いおこされたい．）

これまでに分ったことは，H_{11} と H_{22} とは B_z を含んでいるが，H_{12} と H_{21} とはそれを含まないということである．そこで単純に

$$\begin{aligned} H_{11} &= -\mu B_z, \\ H_{22} &= +\mu B_z, \\ |H_{12}|^2 &= \mu^2({B_x}^2+{B_y}^2) \end{aligned} \quad (10.21)$$

とすれば，(10.20)がみたされるではないか．しかも，これが**唯一の**方法であることが分るのである．

“ちょい待ち．H_{12} は B に関して線形になっていないではないか．(10.21)は $H_{12}=\mu\sqrt{{B_x}^2+{B_y}^2}$ を与えるよ” と諸君はいうことだろう．いーや，必ずしもそうではない．ほかに，線形に**なる**ような可能性がある．すなわち，それは

$$H_{12} = \mu(B_x+iB_y)$$

とすることである．しかし実際には，そのような可能性はいくつもある——もっとも一般的には，次のように書ける．すなわち，

$$H_{12} = \mu(B_x\pm iB_y)e^{i\delta}$$

である．ここで δ は任意の位相である．どっちの符号とどんな位相を用いるべきであろうか．実は，どっちの符号をとってもよいし，またどんな位相を使ってもよいのである．そうやっても，その物理的結果はいつでも同じであることが分る．つまり，その選び方は便宜上のものにすぎない．われわれの先人は，負の符号のほうを選び，$e^{i\delta}=-1$ ととったのである．われわれもそれに従うと都合がよい．それで

$$H_{12} = -\mu(B_x-iB_y), \quad H_{21} = -\mu(B_x+iB_y)$$

と書くことにする．（なお，こういう選び方は第 6 章での選び方のあるものと関係しており，またそれと矛盾していない．）

こうして，任意の磁場のなかでの電子のハミルトニアンは

$$
\begin{aligned}
H_{11} &= -\mu B_z, & H_{12} &= -\mu(B_x - iB_y),\\
H_{21} &= -\mu(B_x + iB_y), & H_{22} &= +\mu B_z
\end{aligned}
\tag{10.22}
$$

で表わされ，そして振幅 C_1 と C_2 のみたす方程式は

$$
\begin{aligned}
i\hbar\frac{dC_1}{dt} &= -\mu[B_zC_1 + (B_x - iB_y)C_2],\\
i\hbar\frac{dC_2}{dt} &= -\mu[(B_x + iB_y)C_1 - B_zC_2]
\end{aligned}
\tag{10.23}
$$

で与えられることが分った．

こうして，磁場のなかにおける電子の“スピン状態に対する運動方程式”をみつけだすことができた．われわれは，これらの方程式をある種の物理的議論にもとづいて推論したのであるが，どんなハミルトニアンでも，それが本物であるか否かのテストは，それが実験と一致する予測を与えるか否かで与えられる．これまでになされてきたあらゆるテストによると，これらの方程式は正しいのである．実際には，上の議論は，時間的に一定の磁場の場合にだけなされてきたけれども，上に書いたハミルトニアンは，時間的に変化する磁場の場合にも正しい．したがって(10.23)は，あらゆる種類の興味のある問題の研究に利用することができるのである．

10-7　磁場のなかで自転する電子

まず1番目の例題として，時間的に一定の磁場が z 方向を向いている場合からはじめよう．このとき，エネルギー $\mp\mu B_z$ をもつ二つの定常状態が存在する．ここでさらに，x 方向に小さな磁場を加えたとする．このとき，方程式は，おなじみの2状態系の問題と似たものになる．このときもまた，電子がいったりきたりする例のビジネスが生じて，エネルギー準位は少しばかり離れて分裂することになる．さて，この x 方向の磁場を——たとえば，$\cos\omega t$ のように——時間とともに変化させてみよう．そうすると，このときの方程式は，第9章でやったアンモニア分子に振動電場をかけたときの方程式と同じ形のものになる．そこで，そのときと同じ方法を用いて詳しい計算をすると，水平方向にある場が共鳴エネルギー $\omega_0=2\mu B_z/\hbar$ に近い振動数で振動するとき，その振動する場は，$+z$ 状態から $-z$ 状態への——またはその逆の——転移をひきおこすという結論をうることになる．**これは，第IV巻第14章で述べた磁気共鳴現象の量子力学的な理論を与えるものである．**

スピン1/2の系を用いて，メーザーをつくることも可能である．シュテルン-ゲルラッハの装置を用いて——例えば，$+z$ 方向に——偏った粒子のビームをつくる．その偏った粒子を時間的に一定の磁場の存在する空洞内に送りこむのである．その空洞内の振動する場が，磁気双極子との相互作用をおこし，空洞にエネルギーを与える転移を誘起することができるというわけである．

さてここで，次の問題を調べてみよう．いま，図 10-10 にあるように，磁場 $\boldsymbol{B}$ が天頂角 θ，方位角 ϕ の方向を向いているものとする．またさらに，そのスピンの方向がこの磁場の方向を向いているように調整された電子があるものとする．そのような電子に対する振幅 C_1 および C_2 はどんな値をとるかを求めよう．いいかえると，電子の状態を $|\psi\rangle$ としたとき，

$$|\psi\rangle = |1\rangle C_1 + |2\rangle C_2$$

を求めたいのである．ここで C_1 と C_2 とは，それぞれ

$$C_1 = \langle 1|\psi\rangle, \quad C_2 = \langle 2|\psi\rangle$$

であって，また $|1\rangle$ と $|2\rangle$ とは(いま選んだ z 軸に関して)これまで $|+\rangle$ および $|-\rangle$ とよんできたものと同じものである．

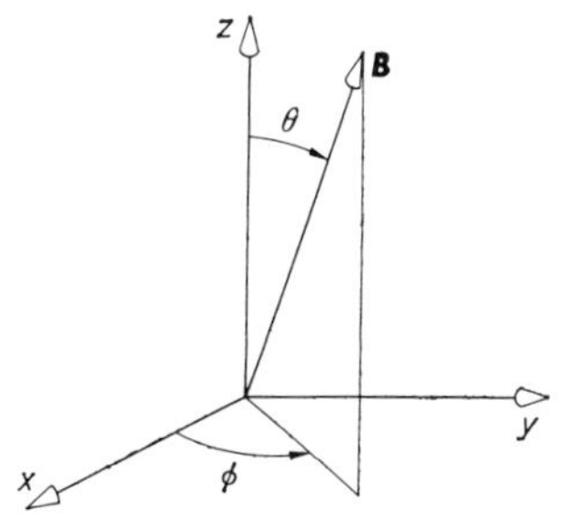

図 10-10　$\boldsymbol{B}$ の方向は，天頂角 θ と方位角 ϕ とで定義される

この問題に対する解答も，2 状態系に対する一般の方程式のなかに含まれている．まず，電子のスピンは $\boldsymbol{B}$ に平行になっているから，電子はエネルギー $E_{\mathrm{I}} = -\mu B$ をもつ定常状態に存在している．したがって，C_1 と C_2 の両方とも，(9.18)におけるように $e^{-iE_{\mathrm{I}}t/\hbar}$ で時間的に変化していなければならない．そして，それらの係数 a_1 と a_2 とは(10.5)で与えられるわけである．すなわち

$$\frac{a_1}{a_2} = \frac{H_{12}}{E_{\mathrm{I}} - H_{11}} \tag{10.24}$$

である．もう一つの条件は，a_1 と a_2 とは $|a_1|^2 + |a_2|^2 = 1$ になるように規格化されてなければならないということである．H_{11} と H_{12} としては，(10.22)をもってきて，

$$B_z = B\cos\theta,$$
$$B_x = B\sin\theta\cos\phi,$$
$$B_y = B\sin\theta\sin\phi$$

を利用すると，

$$\begin{aligned} H_{11} &= -\mu B\cos\theta, \\ H_{12} &= -\mu B\sin\theta(\cos\phi - i\sin\phi) \end{aligned} \tag{10.25}$$

をうる．なお，2 番目の式の最後の因子は $e^{-i\phi}$ と表わされるから，

$$H_{12} = -\mu B\sin\theta\, e^{-i\phi} \tag{10.26}$$

と書いたほうが簡単になる．(10.24)にこれらの行列要素を代入すると――分子と分母の $-\mu B$ が相殺して――

$$\frac{a_1}{a_2} = \frac{\sin\theta\, e^{-i\phi}}{1-\cos\theta} \tag{10.27}$$

をうる．この比と規格化の条件を用いると，a_1 と a_2 とが分るわけである．これは難しいことではないが，ちょっとした工夫をすると簡単にできる．いま，$1-\cos\theta = 2\sin^2(\theta/2)$ と，$\sin\theta = 2\sin(\theta/2)\cos(\theta/2)$ の関係に注意すると，(10.27)は

$$\frac{a_1}{a_2} = \frac{\cos(\theta/2)e^{-i\phi}}{\sin(\theta/2)} \tag{10.28}$$

となり，これは(10.27)と同じものである．したがって，一つの可能な解として

$$a_1=\cos\frac{\theta}{2}e^{-i\phi},\quad a_2=\sin\frac{\theta}{2} \tag{10.29}$$

を選ぶことができる．これは(10.28)をみたし，かつ

$$|a_1|^2+|a_2|^2=1$$

となるからである．しかし諸君も知っているように，a_1とa_2の両方に，任意の共通の位相因子を掛けても何の変化もおきない．そこで，一般には(10.29)をもっと対称的な形にするために，両辺に$e^{i\phi/2}$を掛けたものが使われている．そうすると，普通用いられているような形の式がえられ，それは

$$a_1=\cos\frac{\theta}{2}e^{-i\phi/2},\quad a_2=\sin\frac{\theta}{2}e^{+i\phi/2} \tag{10.30}$$

と表わされ，これが上の問題の解である．これらの数値a_1およびa_2は，スピンがθ,ϕの方向の軸に沿う方向を向いていることが分っているときに，そのスピンがz軸に沿って，上向きまたは下向きになって発見される振幅を表わしている．(なお，振幅C_1およびC_2は，a_1とa_2にそれぞれ$e^{-iE_It/\hbar}$を掛けたものである.)

ここで一つ，おもしろいことを注意しておこう．磁場の強さBは，(10.30)のどこにも現われていない．明らかにこの結果は，Bが0の極限でも成立している．このことは，スピンがある任意の軸にそっている粒子をどう表わすかという問題に対する**一般的**な解答を与えたということを意味している．(10.30)の振幅は，スピン1/2の粒子の場合のz軸方向へ射影された振幅である．これは，スピン1の粒子の場合に，第5章(5.38)に与えた射影された振幅に対応するものである．すると，任意の特定のシュテルン-ゲルラッハのフィルターをスピン1/2の粒子のビームが通り抜ける振幅をみつけることができることになる．

いま，$|+z\rangle$はz軸に沿ってスピン上向きの状態を表わし，$|-z\rangle$はスピン下向きの状態を表わすものとする．仮に$|+z'\rangle$が，z軸と角θおよびϕをなす一つの軸z'に沿ってスピン上向きになっている状態を表わすとすると，第5章の記法では

$$\begin{aligned}\langle +z\,|\,+z'\rangle&=\cos\frac{\theta}{2}e^{-i\phi/2},\\ \langle -z\,|\,+z'\rangle&=\sin\frac{\theta}{2}e^{+i\phi/2}\end{aligned} \tag{10.31}$$

となる．この結果は，第6章(6.36)で純粋に幾何学的な議論にもとづいて見いだした結果と同じである．(したがって，第6章をとばしたとしても，どっちにしてもここでその基本的な結果がえられたわけである.)

最後の例として，これまで何度も述べてきたことについて，もう1度調べることにしよう．次の問題を考えることにする．いま，1個の電子を考えて，そのスピンがある与えられた方向を向いているものとする．この電子に，25分間磁場をz方向にかけてやり，それからその

磁場を消す．そのとき，終りの状態はどうなっているか．これが問題である．このときもまた，電子の状態を線形結合 $|\psi\rangle=|1\rangle C_1+|2\rangle C_2$ で表わすことにする．ところが，この問題の場合には，一定の決ったエネルギーをもつ状態も基本状態 $|1\rangle$ と $|2\rangle$ なのである．したがって，時間とともに変化するのは C_1 と C_2 の位相だけである．つまり，

$$C_1(t)=C_1(0)e^{-iE_{\text{I}}t/\hbar}=C_1(0)e^{+i\mu Bt/\hbar}$$
$$C_2(t)=C_2(0)e^{-iE_{\text{II}}t/\hbar}=C_2(0)e^{-i\mu Bt/\hbar}$$

であることは，すでに分っているわけである．さて，はじめ電子のスピンを与えられた方向にセットしたといった．このことは，はじめの時刻において，C_1 および C_2 が(10.30)で与えられるような 2 個の数値をもつことを意味している．時間 T のあいだ待った後の新しい数 C_1 と C_2 は，はじめのそれらの数値にそれぞれ $e^{i\mu B_zT/\hbar}$ と $e^{-i\mu B_zT/\hbar}$ を掛けたものである．その状態はどんな状態なのであろうか．その答えは簡単である．上の因子は，角 ϕ を $2\mu B_zT/\hbar$ だけ引き算したものに変え，角 θ はそのまま変わらない．つまり，終りの状態は，角 ϕ をそのように変えた状態と，正確に一致するのである．このことは，時間 T だけ経ったあとでは，状態 $|\psi\rangle$ が元の方向から z 軸のまわりに角 $\Delta\phi=2\mu B_zT/\hbar$ だけ**回転**した方向を向いている電子を表わしていることを意味している．この角度は T に比例しているから，スピンの方向は z 軸のまわりに角速度 $2\mu B_z/\hbar$ で**歳差運動をする**ことになる．この結果は，これまで不完全で，あまり厳密でない形で何度も議論してきたものである．ここではじめて，原子磁石の歳差運動に関する完全かつ正確な量子力学的記述がえられたのである．

おもしろいことに，磁場のなかで自転している電子の場合にたったいまやった数学的な方法は，**任意の** 2 状態系に対して適用することができるのである．それはこういう意味である．自転している電子との数学的な**類比**をおこなうことによって，2 状態系に関する問題は，どんな問題でも純幾何学的に解けるということである．それはこんな具合にしてやる．まず，エネルギーの原点を $H_{11}+H_{22}$ が 0 になるように，つまり $H_{11}=-H_{22}$ であるようにずらす．そうすると，任意の 2 状態系の問題は，**形式的**には磁場のなかでの電子の問題と同じものになってしまう．必要なことは，$-\mu B_z$ を H_{11} と，また $-\mu(B_x-iB_y)$ を H_{12} と**同一視**することだけである．本来の物理が何であれ——アンモニア分子であろうと何であろうと——その問題を対応する電子の問題に翻訳することができる．したがって，電子の問題を**一般的に**解いておきさえすれば，**あらゆる** 2 状態系の問題が解けたことになるわけである．

しかも，われわれは電子の場合の一般解を知っているのである．いま，ある方向に“上向き”のスピンをもってスタートする状態があり，またある別の方向を向いている磁場 $\boldsymbol{B}$ が存在するものとする．そのとき，そのスピンの方向は，$\boldsymbol{B}$ に定数を掛けたもの(つまり，$\boldsymbol{\omega}=2\mu\boldsymbol{B}/\hbar$)に等しい角速度**ベクトル** $\boldsymbol{\omega}(t)$ で $\boldsymbol{B}$ 軸のまわりを回転する．$\boldsymbol{B}$

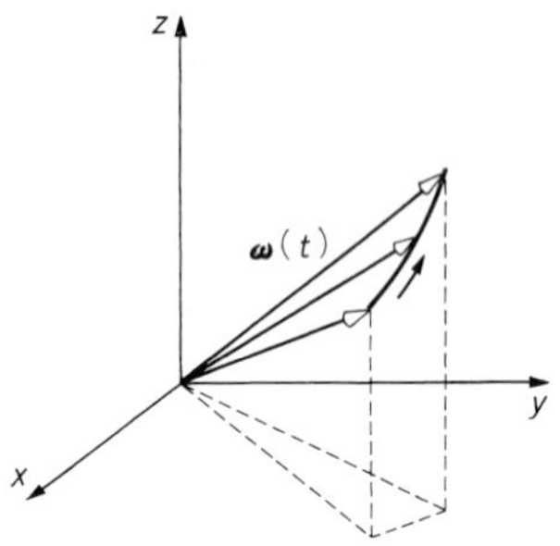

図10-11　時間とともに変化する磁場$\boldsymbol{B}(t)$のなかにおける電子のスピンの方向は$\boldsymbol{B}$に平行な軸のまわりに振動数$\boldsymbol{\omega}(t)$で歳差運動をする

が時間とともに変化するときには，その回転軸を$\boldsymbol{B}$に平行に保ちながら，その回転の速さを$\boldsymbol{B}$の大きさにいつも比例するようにしながら変化してゆく．図10-11をみられたい．これをやり続けてゆくと，スピンの軸は最終的にはある方向に向くことになる．そして，その振幅C_1とC_2は——(10.30)によって——いま使っている座標系への射影によって与えられる．回転が完了した後，どこで終わるかは幾何学の問題である．その意味を理解することは容易であるが，この(変化する角速度ベクトルによる回転の最後の結果を求める)幾何学的な問題を，一般の場合について解くことは容易なことではない．しかし，いずれにせよ，**原理的には**任意の2状態系の問題に対する一般解が分るのである．次章では，スピン1/2の粒子の重要な問題を扱うための——したがってまた，2状態系を一般的に扱うための——数学的な技法について，もう少し深く調べることにしよう．

第 11 章
さらに 2 状態系について

11-1 パウリのスピン行列

2 状態系の議論を続けよう．前章の終りのあたりで，磁場のなかにおけるスピン 1/2 の粒子について話した．そのときには，スピン角運動量の z 成分が $+\hbar/2$ の振幅 C_1 と，それが $-\hbar/2$ の振幅 C_2 とを与えることによって，スピン状態を記述したのであった．ずっと前の章では，これらの基本状態を $|+\rangle$ と $|-\rangle$ と書いた．ここではこの記法にもどることにしよう．しかしときには，$|+\rangle$ または $|1\rangle$，そして $|-\rangle$ または $|2\rangle$ を交互に用いたほうが便利なこともある．

前章でみたように，磁気モーメント μ をもつスピン 1/2 の粒子が磁場 $\boldsymbol{B}=(B_x, B_y, B_z)$ のなかにあるとき，その振幅 $C_+(=C_1)$ と $C_-(=C_2)$ とは，次の微分方程式で結合している．

$$i\hbar\frac{dC_+}{dt}=-\mu[B_zC_++(B_x-iB_y)C_-],$$
$$i\hbar\frac{dC_-}{dt}=-\mu[(B_x+iB_y)C_+-B_zC_-]. \tag{11.1}$$

いいかえると，ハミルトニアン行列 H_{ij} は

$$H_{11}=-\mu B_z,\qquad H_{12}=-\mu(B_x-iB_y),$$
$$H_{21}=-\mu(B_x+iB_y),\quad H_{22}=+\mu B_z \tag{11.2}$$

で与えられている．そしてもちろん(11.1)は

$$i\hbar\frac{dC_i}{dt}=\sum_j H_{ij}C_j \tag{11.3}$$

と同じものである．ここで i と j とは，$+$ と $-$(あるいは 1 と 2)をとる．

電子のスピンに関する 2 状態系というのはとくに重要な意味をもっているので，もっと適切な表現法を用いたほうがよい．それでここで少々脱線して，2 状態系の方程式を書きくだすときに一般によく利用されている数学的な方法を説明することにする．それはこうやるのである．まず，ハミルトニアンの各行列要素は μ と $\boldsymbol{B}$ の成分とに比例しているので――**まったく形式的に**――次のように書くことができる．

$$H_{ij}=-\mu[\sigma^x{}_{ij}B_x+\sigma^y{}_{ij}B_y+\sigma^z{}_{ij}B_z]. \tag{11.4}$$

ここでは別に，何の新しい物理も導入していない．この表式の意味は，ただ係数 $\sigma^x{}_{ij}, \sigma^y{}_{ij}$ および $\sigma^z{}_{ij}$ を――$4\times3=12$ 個の係数を――(11.4)が(11.2)に一致するように決定するというだけのことである．

これらの係数がどんなものでなければならないかを調べることにし

よう．まず B_z からはじめる．B_z は H_{11} と H_{22} にだけ現われるから

$$\sigma^z{}_{11}=1,\quad \sigma^z{}_{12}=0$$
$$\sigma^z{}_{21}=0,\quad \sigma^z{}_{22}=-1$$

ととれば，すべてオーケーである．行列 H_{ij} を次のような小さな表で書くことがある．

$$H_{ij}=\overset{\textstyle i}{\downarrow}\overset{j\longrightarrow}{\begin{pmatrix}H_{11} & H_{12}\\ H_{21} & H_{22}\end{pmatrix}}$$

磁場 $\boldsymbol{B}$ のなかのスピン1/2の粒子のハミルトニアンの場合には，これは

$$H_{ij}=\overset{\textstyle i}{\downarrow}\overset{j\longrightarrow}{\begin{pmatrix}-\mu B_z & -\mu(B_x-iB_y)\\ -\mu(B_x+iB_y) & +\mu B_z\end{pmatrix}}$$

である．同じようにしてやると，係数 $\sigma^z{}_{ij}$ は行列として

$$\sigma^z{}_{ij}=\overset{\textstyle i}{\downarrow}\overset{j\longrightarrow}{\begin{pmatrix}1 & 0\\ 0 & -1\end{pmatrix}} \tag{11.5}$$

と書くことができる．

B_x の係数の場合を計算すると，σ_x の各要素は

$$\sigma^x{}_{11}=0,\quad \sigma^x{}_{12}=1$$
$$\sigma^x{}_{21}=1,\quad \sigma^x{}_{22}=0$$

でなければならないことが分る．あるいはこれをまとめて

$$\sigma^x{}_{ij}=\begin{pmatrix}0 & 1\\ 1 & 0\end{pmatrix} \tag{11.6}$$

と表わすことができる．

最後に，B_y を調べると

$$\sigma^y{}_{11}=0,\quad \sigma^y{}_{12}=-i,$$
$$\sigma^y{}_{21}=i,\quad \sigma^y{}_{22}=0,$$

あるいは，

$$\sigma^y{}_{ij}=\begin{pmatrix}0 & -i\\ i & 0\end{pmatrix} \tag{11.7}$$

をうる．これらの3個のシグマ行列を用いると，(11.2)と(11.4)とは全く同じものになる．B のどの成分と σ のどれとがあい伴っているかを示し，また添字の i と j とをつける余地を残しておくために，x, y, z の添字を上につけてある．しかし普通は，i と j とは書かない——それらがあることを想定するのはやさしいことである——そして，そのときには，x, y, z の添字は下につける．すると，(11.4)は次のように表わされることになる．

$$H=-\mu[\sigma_x B_x+\sigma_y B_y+\sigma_z B_z]. \tag{11.8}$$

シグマ行列というものは，きわめて重要なものなので——これらは専門家が年中つかっている——これらを表11-1にまとめて書いておいた．(量子物理学の領域で仕事をしようという人は，だれもこれらを憶えておく必要がある．) またこれらの行列は，その発明者の名をとって**パウリのスピン行列**ともよばれている．

表11-1　パウリのスピン行列

$$\sigma_z=\begin{pmatrix}1 & 0\\ 0 & -1\end{pmatrix}$$
$$\sigma_x=\begin{pmatrix}0 & 1\\ 1 & 0\end{pmatrix}$$
$$\sigma_y=\begin{pmatrix}0 & -i\\ i & 0\end{pmatrix}$$
$$1=\begin{pmatrix}1 & 0\\ 0 & 1\end{pmatrix}$$

ところで，表のなかにはもう1個の2行2列の行列が含まれているが，これは同一のエネルギーをもつ2個のスピン状態があるような体系を考えうるようにしたいとき，あるいは，別のゼロ-エネルギーの状態を区別したいときに必要になるものである．このような場合には，(11.1)の第1の方程式の右辺にE_0C_+を加え，また第2の方程式にはE_0C_-を追加しておく必要がある．いま，**単位行列**“1”をδ_{ij}で定義すると，すなわち

$$1=\delta_{ij}=\begin{pmatrix}1 & 0\\ 0 & 1\end{pmatrix} \tag{11.9}$$

とすると，(11.8)を

$$H_{ij}=E_0\delta_{ij}-\mu(\sigma_xB_x+\sigma_yB_y+\sigma_zB_z) \tag{11.10}$$

と書き直すことによって，これもまた新しい記法の仲間に含めることが可能になるわけである．しかし普通は，E_0のような任意の一定値には自動的に単位行列が掛かっているものと**了解する**．そのときには，簡単に

$$H=E_0-\mu(\sigma_xB_x+\sigma_yB_y+\sigma_zB_z) \tag{11.11}$$

と表わされる．

スピン行列が有用な理由の一つは，全く**任意の**2行2列の行列を，これらの4個の行列で書き表わすことができるからである．どんな行列でも，そのなかには4個の数があり，それは例えば

$$M=\begin{pmatrix}a & b\\ c & d\end{pmatrix}$$

と表わすことができる．そしてこれは，いつでも4個の行列の線形結合として書くことができる．例えば

$$M=a\begin{pmatrix}1 & 0\\ 0 & 0\end{pmatrix}+b\begin{pmatrix}0 & 1\\ 0 & 0\end{pmatrix}+c\begin{pmatrix}0 & 0\\ 1 & 0\end{pmatrix}+d\begin{pmatrix}0 & 0\\ 0 & 1\end{pmatrix}$$

と書くこともできる．こういうことをする方法は色々あるけれども，そのうちの一つの特別なやり方は，Mを$\boldsymbol{\sigma}_x$にある数を掛けたもの，プラス，$\boldsymbol{\sigma}_y$にある数を掛けたもの，プラスといった具合にして

$$M=\alpha 1+\beta\sigma_x+\gamma\sigma_y+\delta\sigma_z$$

とすることである．ここでα, β, γおよびδという“量”は，一般には複素数である．

どんな2行2列の行列でも単位行列とシグマ行列とで書き表わすことができるのであるから，**任意の**2状態系にとって必要なものが全部そろっているわけである．その2状態系がどんなものであっても――アンモニア分子でも，マゼンタ染料でも，そのほかの何であっても――そのハミルトニアン方程式はシグマを用いて書き表わすことができる．そのシグマは，電子が磁場のなかにあるという物理的状況においてだけ幾何学的な意味をもつような量であるようにも思えるが，実際はそれらは任意の2状態系の問題に利用できる有用な行列であると考えられるのである．

例えば，陽子と中性子とは，同じ粒子の二つの状態のうちのどちら

かの状態にあるものであるという見方をとることができる．つまり，**核子**(陽子または中性子)は2状態系であるとみるのである．ただしこの場合には，その電荷に関しての2状態系である．このような見方をとると，$|1\rangle$ の状態が陽子を表わし，$|2\rangle$ の状態は中性子を表わすものとすることができる．このとき，核子は2個の“アイソトピック・スピン”状態をもっているという．

このシグマ行列を，2状態系の量子力学における“算術”として利用しようというわけであるから，ここで行列代数の規則を簡単に復習しておこう．任意の2個，あるいはそれ以上の行列の“和”とは，(11.4)から明らかなものを意味している．つまり一般に，2個の行列 A と B の“和をとる”とは，その“和” C の各要素 C_{ij} が

$$C_{ij}=A_{ij}+B_{ij}$$

で与えられるものを意味している．C の各要素は，A と B の同じ行と列にある要素の和になっているのである．

行列の積という考えには，すでに**5-6**で出っくわしている．シグマ行列を扱うにも，同じ考え方が利用できるわけである．一般に，2個の行列 A と B との(その順序での)“積”は，その要素が

$$C_{ij}=\sum_k A_{ik}B_{kj} \tag{11.12}$$

で与えられるような行列 C として定義される．その要素は，A の i 番目の行と，B の j 番目の列からとられた1対の要素の積の和である．行列を図11-1のような表の形で書き出してあると，積行列の各要素をうるためのよい“方法”がある．いま C_{23} を求めようとしているとする．このときには，左手の人さし指を A の**2行目にそって**動かし，また右手の人さし指を B の**3列目にそっておろして**ゆき，進むにしたがって，それぞれの対を掛けてその和をとる．そのやり方を示したのが図である．

$$\begin{pmatrix} A_{11} & A_{12} & A_{13} & A_{14} \\ A_{21} & A_{22} & A_{23} & A_{24} \\ A_{31} & A_{32} & A_{33} & A_{34} \\ A_{41} & A_{42} & A_{43} & A_{44} \end{pmatrix}\cdot\begin{pmatrix} B_{11} & B_{12} & B_{13} & B_{14} \\ B_{21} & B_{22} & B_{23} & B_{24} \\ B_{31} & B_{32} & B_{33} & B_{34} \\ B_{41} & B_{42} & B_{43} & B_{44} \end{pmatrix}=\begin{pmatrix} C_{11} & C_{12} & C_{13} & C_{14} \\ C_{21} & C_{22} & C_{23} & C_{24} \\ C_{31} & C_{32} & C_{33} & C_{34} \\ C_{41} & C_{42} & C_{43} & C_{44} \end{pmatrix}$$

$$C_{ik}=\sum_j A_{ij}B_{jk}$$

例　$C_{23}=A_{21}B_{13}+A_{22}B_{23}+A_{23}B_{33}+A_{24}B_{43}$

図11-1　2個の行列の積

もちろん，2行2列の場合はとくに簡単である．例えば σ_x に σ_x を掛けると

$$\sigma_x{}^2=\sigma_x\cdot\sigma_x=\begin{pmatrix}0 & 1\\ 1 & 0\end{pmatrix}\cdot\begin{pmatrix}0 & 1\\ 1 & 0\end{pmatrix}=\begin{pmatrix}1 & 0\\ 0 & 1\end{pmatrix}$$

であり，これはちょうど単位行列1である．あるいは，もう一つの例として $\sigma_x\sigma_y$ を計算してみる．すると

$$\sigma_x \cdot \sigma_y = \begin{pmatrix} 0 & 1 \\ 1 & 0 \end{pmatrix} \cdot \begin{pmatrix} 0 & -i \\ i & 0 \end{pmatrix} = \begin{pmatrix} i & 0 \\ 0 & -i \end{pmatrix}$$

となる．表 11-1 をみると，この積は行列 σ_z の i 倍であることが分る．（なお，行列にただの数を掛けるのは，その行列の各要素にその数を掛けることであることを思い出されたい．）二つのシグマの積をとることは重要なことでもあり——またやってみるとおもしろいから——それらをみな表 11-2 に書き出してある．$\sigma_x{}^2$ と $\sigma_x \cdot \sigma_y$ の場合にやったのと同じやり方をすれば，これらの結果を計算で確かめることができる．

表 11-2 スピン行列の積

$\sigma_x{}^2 = 1$
$\sigma_y{}^2 = 1$
$\sigma_z{}^2 = 1$
$\sigma_x\sigma_y = -\sigma_y\sigma_x = i\sigma_z$
$\sigma_y\sigma_z = -\sigma_z\sigma_y = i\sigma_x$
$\sigma_z\sigma_x = -\sigma_x\sigma_z = i\sigma_y$

この σ 行列に関してもう一つ，非常に大事な，そしておもしろいことがある．そう思ってみると，3 個の行列 $\sigma_x, \sigma_y, \sigma_z$ は，一つのベクトルの 3 成分に似たものであると考えることもできる——それで，これは“シグマ・ベクトル”とよばれることもあり，$\boldsymbol{\sigma}$ と書かれる．実際それは，“行列ベクトル”，あるいは“ベクトル行列”なのである．それは 3 個の異なる行列であって——それぞれの行列が各座標軸 x, y, z に配分されている．このベクトルを利用すると，体系のハミルトニアンは，次のようなかっこいい形で

$$H = -\mu\boldsymbol{\sigma} \cdot \boldsymbol{B} \qquad (11.13)$$

と書くことができる．そして，この形はどんな座標系でも成立するのである．

これまでは，3 個の行列をスピンの“上”，“下”が z 軸の方向にあるような表示で書いてきたが——したがって，σ_z がとくに簡単な形になっていた——別の表示ではどんな形になるかを計算することもできる．実際にその計算をするのは大変であるけれども，それらの行列はベクトルの成分のように，それらの間でだけ変わることを示すことができる．（しかしいま，その証明をしようとは思っていない．やりたければ，諸君は自分でできるはずである．）つまり，$\boldsymbol{\sigma}$ があたかもベクトルであるかのように考えて，別の座標系における $\boldsymbol{\sigma}$ を利用することができるのである．

諸君は，H が量子力学におけるエネルギーに関連していることを憶えているものと思う．実際それは，状態が 1 個しかないような簡単な場合には，エネルギーに等しくなっている．電子スピンの 2 状態系の場合にもまた，ハミルトニアンを(11.13)のような形式で書いておくと，それは磁場 $\boldsymbol{B}$ のなかにおかれた磁気モーメント $\boldsymbol{\mu}$ をもつ小磁石のエネルギーの古典的な表式と非常によく似た形をしている．古典論では

$$U = -\boldsymbol{\mu} \cdot \boldsymbol{B} \qquad (11.14)$$

の形である．ここで $\boldsymbol{\mu}$ は，その物体のもっている性質を示すものであり，$\boldsymbol{B}$ は外部から作用する場である．したがって，古典的なエネルギーをハミルトニアンでおきかえ，また古典的な $\boldsymbol{\mu}$ を行列 $\mu\boldsymbol{\sigma}$ でおきかえれば，(11.14)を(11.13)に転換することができるわけである．すると，この純粋に形式的な置換によって，その結果を行列としての式と

解釈することができることになる．よくいわれるように，古典物理学における物理量には，それぞれ量子力学の行列が対応しているのである．本当は，ハミルトニアン行列はエネルギーに対応しており，エネルギーを通して定義される量はどれもみな，それに対応する行列をもっているといったほうがより正確である．

例えば磁気モーメントは，外場 $\boldsymbol{B}$ のなかでのエネルギーが $-\boldsymbol{\mu}\cdot\boldsymbol{B}$ であるとして，そのエネルギーを通して定義することができる．これが磁気モーメント $\boldsymbol{\mu}$ を**定義**しているのである．したがって，磁場内における現実の(量子論的な)物体のハミルトニアンに対する表式をよくみて，どの行列が古典的な表式のなかのどの量に対応しているかを調べる．これがときには，古典的な量がその量子論的対応物をもつことを知るためのコツになることがある．

諸君が希望するなら，どうして古典的なベクトルが行列 $\mu\boldsymbol{\sigma}$ に等しいのかを理解しようと試みてみるのもよいかも知れない．そしてことによると，諸君は何かを発見するかも知れない——しかし，あまり考えすぎないほうがよい．それはよい考えではない——それらは**等しくはない**のである．量子力学は，この世界を表現する古典論とは別種の理論なのである．量子論と古典論との間に対応関係があるのは偶然にすぎないのであって，その対応はほとんど記憶をたすける——ものを憶えるための——工夫以上の何ものでもない．すなわち，諸君は古典物理学を学んで(11.14)を記憶する．そうすると，もし $\boldsymbol{\mu}\rightarrow\mu\boldsymbol{\sigma}$ の対応を憶えていれば，(11.13)を憶える手がかりがえられるわけである．もちろん，自然自身は量子力学を知っている．そして古典力学はその一つの近似にすぎないのである．したがって——本当は下にかくれている——量子力学の法則の影を，ある程度古典力学のうえに落していることに不思議はない．その影から元々のものを再構成することは，直接には不可能なことである．しかし，その影はそのものがどんなものかを憶える助けにはなる．(11.13)は真理であり，(11.14)はその影にすぎない．われわれは最初に古典力学を学ぶために，何とかしてそれから量子力学の公式をえようとする．しかし，それのできる確実な方法というものは存在しない．われわれはつねに，現実の世界にもどって正しい量子力学的な式を発見しなければならない．そのとき，古典物理学での何かに似たものが出てきたら，それはまあ幸運だと思ったほうがよい．

もし上に述べた注意がくどくて，古典物理学と量子物理学との関係について当り前のことにえらく力をいれているように思えるなら，大学院にはいるまでパウリのスピン行列について聞いたことのない学生に，いつも量子力学を教えている1教授の条件反射をどうかお許し願いたい．彼等大学院生というものは，いつも何とかして，何年か前に徹底的に勉強した古典力学の論理的結果として，量子力学が出てくることを望んでいるように思えるからである．(恐らく彼等は，何か新しいことを学ぶのを避けたがっているのだろう．）ところが諸君は，古典的な公式(11.14)を，たった数ケ月まえに学んだばかりである——それで，上のような注意は不適当であって——したがって多分，諸君は基本的真理として，量子論的公式(11.13)を採用することに，それほど不本意な感じをもっていないのだと思う．

11-2　演算子としてのスピン行列

数学的記法の問題を扱っているいまのうちに，別のもう一つのものの書き方——非常に簡潔なために，よく利用される方法——について述べておこう．それは，第8章で導入した記法から直接出てくるものである．いま，体系が時間とともに変化する状態 $|\psi(t)\rangle$ にあるとすると——(8.31)でやったように——時刻 $t+\Delta t$ において状態 $|i\rangle$ に発見される振幅は

$$\langle i\,|\,\psi(t+\Delta t)\,\rangle=\sum_j\langle\, i\,|\,U(t+\Delta t,t)\,|\,j\,\rangle\langle\, j\,|\,\psi(t)\,\rangle$$

と書かれる．ここで行列要素 $\langle i|U(t+\Delta t,t)|j\rangle$ は，基本状態 $|j\rangle$ が時間間隔 Δt の間に基本状態 $|i\rangle$ に転移する振幅を表わしている．それから，

$$\langle\, i\,|\,U(t+\Delta t,t)\,|\,j\,\rangle=\delta_{ij}-\frac{i}{\hbar}H_{ij}(t)\,\Delta t$$

と書くことによって，H_{ij} を**定義**したのであった．そしてさらに，これらの振幅 $C_i(t)=\langle i|\psi(t)\rangle$ は微分方程式

$$i\hbar\frac{dC_i}{dt}=\sum_j H_{ij}C_j \tag{11.15}$$

によって相互に関係づけられていることも示した．ここで振幅 C_i の内容をはっきり書き出しておくと，

$$i\hbar\frac{d}{dt}\langle\, i\,|\,\psi\,\rangle=\sum_j H_{ij}\langle\, j\,|\,\psi\,\rangle \tag{11.16}$$

であり，これは(11.15)と同じものである．さて，行列要素 H_{ij} もまた振幅の一種であるから，それは $\langle i|H|j\rangle$ と書くこともできる．すると，(11.16)の微分方程式は

$$i\hbar\frac{d}{dt}\langle\, i\,|\,\psi\,\rangle=\sum_j\langle\, i\,|H|\,j\,\rangle\langle\, j\,|\,\psi\,\rangle \tag{11.17}$$

と表わすことができる．この式から，$-i/\hbar\langle i|H|j\rangle$ は——H によって記述されているある物理的条件のもとで——状態 $|j\rangle$ が時間 dt の間に状態 $|i\rangle$ を“生み出す”振幅であるということが分る．(これらの点については，**8-4** での議論ではあまりはっきりしていなかった.)

さて，**8-2** の考え方にしたがって，(11.17)の共通項 $\langle i|$ を落すことができる——なぜなら(11.17)は任意の状態 $|i\rangle$ に対して成立するからである——そうすると，方程式をより簡潔に

$$i\hbar\frac{d}{dt}|\,\psi\,\rangle=\sum_j H|\,j\,\rangle\langle\, j\,|\,\psi\,\rangle \tag{11.18}$$

と書くことができる．あるいはさらに，もう一歩進めて，j も除いて

しまって

$$i\hbar\frac{d}{dt}|\,\psi\,\rangle = H|\,\psi\,\rangle \qquad (11.19)$$

と書くこともできる．ものごとをこういう具合に書いたときには，$H|j\rangle$ または $H|\psi\rangle$ における H を**演算子**とよぶということを，第8章で指摘しておいた．そこでこれからは，演算子には小さな帽子(＾)をつけて，それが演算子であって，ただの数ではないことを示すことにする．つまり，$\hat{H}|\psi\rangle$ と書こうというのである．(11.18)と(11.19)の二つの方程式は，(11.17)または(11.15)の方程式と**全く同じものを意味している**わけであるが，これらの方程式に別の**解釈**を与えることもできる．例えば，(11.18)の場合には，それを“**状態ベクトル** $|\psi\rangle$ の時間微分は，各基本状態にハミルトニアン**演算子** $\hat{H}$ を作用させ，それに ψ が状態 j に存在する振幅を掛けて，すべての j についての和をとったものに等しい”という形で述べている．また，(11.19)の場合には，それを“状態 $|\psi\rangle$ の時間微分(の $i\hbar$ 倍したもの)は，状態ベクトル $|\psi\rangle$ にハミルトニアン $\hat{H}$ を作用させたときにえられるものに等しい”という形で記述している．これは，(11.17)でいっていることを省略して述べたにすぎない．しかしあとで分るように，こうしておくと大いに便利なのである．

そうしたければ，その“抽象化”をもう一歩進めることも可能である．(11.19)の方程式は**任意の状態** $|\psi\rangle$ に対して成立する．また，左辺の $i\hbar d/dt$ も一つの演算子である――それは t で微分して，$i\hbar$ を掛けるという演算を表わしている．したがって，(11.19)もまた演算子の間の方程式――つまり，演算子方程式

$$i\hbar\frac{d}{dt} = \hat{H}$$

であると考えることもできる．すなわち，ハミルトニアン演算子(時間的に一定の範囲での)は，任意の状態にそれを作用させたとき，その状態に d/dt を掛けたものと同じ結果をもたらすというわけである．しかし，この方程式は――(11.19)も同様だが――$\hat{H}$ 演算子が d/dt と恒等的に等しい**演算**であるといっているのでは**ない**ことを記憶にとどめておいてもらいたい．この方程式は，量子力学的体系に対する自然法則――運動の方程式――なのである．

上の考え方の練習のために，もう一つの別の方法で(11.18)を導くことにしよう．ご存じのように，任意の状態は，ある基本状態系への射影によって書き表わすことができる．[(8.8)をみよ.] すなわち，

$$|\,\psi\,\rangle = \sum_i |\,i\,\rangle\langle\,i\,|\,\psi\,\rangle \qquad (11.20)$$

である．$|\psi\rangle$ は時間とともにどう変化するだろうか．そう，その微分をとればよい．すなわち，

$$\frac{d}{dt}|\,\psi\,\rangle = \frac{d}{dt}\sum_i |\,i\,\rangle\langle\,i\,|\,\psi\,\rangle \qquad (11.21)$$

である．ここで基本状態 $|i\rangle$ は時間的に変化することはない．(少なくとも**われわれは**，いつもそれらを一定の固定した状態であると考えているのである．) しかし，振幅 $\langle i|\psi\rangle$ は時間とともに変わる数値である．したがって(11.21)は，

$$\frac{d}{dt}|\psi\rangle=\sum_i|i\rangle\frac{d}{dt}\langle i|\psi\rangle \qquad (11.22)$$

となる．(11.16)から $d\langle i|\psi\rangle/dt$ は分っているから，

$$\frac{d}{dt}|\psi\rangle=-\frac{i}{\hbar}\sum_i|i\rangle\sum_j H_{ij}\langle j|\psi\rangle$$

$$=-\frac{i}{\hbar}\sum_{ij}|i\rangle\langle i|H|j\rangle\langle j|\psi\rangle=-\frac{i}{\hbar}\sum_j H|j\rangle\langle j|\psi\rangle$$

となって，これで(11.18)がまた出てきたわけである．

したがって，ハミルトニアンには色々な見方があるわけである．係数 H_{ij} を数の集まりとみることもできるし，また振幅 $\langle i|H|j\rangle$ とみなすこともできるし，あるいは“行列” H_{ij} と考えることもでき，さらに演算子 $\hat{H}$ とみることもできるのである．これらはどれもみな同じことを意味している．

さてここで，話を2状態系にもどそう．ハミルトニアンをシグマ行列で書き表わしたとき(B_x などの適当な係数をつけて)，明らかにそれらの $\sigma^x{}_{ij}$ を振幅 $\langle i|\sigma_x|j\rangle$，あるいは略して，演算子 $\hat{\sigma}_x$ とみなすことができる．演算子という考え方を使うと，磁場のなかでの状態 $|\psi\rangle$ に対する運動方程式は

$$i\hbar\frac{d}{dt}|\psi\rangle=-\mu(B_x\hat{\sigma}_x+B_y\hat{\sigma}_y+B_z\hat{\sigma}_z)|\psi\rangle \qquad (11.23)$$

と書くことができる．しかし，このような方程式を**利用**しようと思うときには普通は $|\psi\rangle$ を基本ベクトルで表わしておく必要がある．(それはちょうど，特定の数値がほしいときには，空間ベクトルの成分が必要になるようなものである．) したがって，通常は(11.23)をいくらかふくらんだ形

$$i\hbar\frac{d}{dt}|\psi\rangle=-\mu\sum_i(B_x\hat{\sigma}_x+B_y\hat{\sigma}_y+B_z\hat{\sigma}_z)|i\rangle\langle i|\psi\rangle \qquad (11.24)$$

にしておくのである．

さて，この演算子という考えが，どういうわけでそんなによい考えなのかをみることにしよう．(11.24)を利用するには，$\hat{\sigma}$ の演算子が基本状態に作用したときにどうなるかを知っておく必要がある．それを調べることにしよう．いま，$\hat{\sigma}_z|+\rangle$ があるとする．それは何かのベクトル $|?\rangle$ になっているわけであるが，どんなベクトルなのだろうか．それでは，それに左から $\langle+|$ を掛けてやることにする．すると(表11-1を用いて)，

$$\langle+|\hat{\sigma}_z|+\rangle=\sigma^z{}_{11}=1$$

をうる．したがって

$$\langle+|?\rangle=1 \qquad (11.25)$$

であることが分る．次に，$\hat{\sigma}_z|+\rangle$ に左から $\langle -|$ を掛けてみよう．すると

$$\langle -|\hat{\sigma}_z|+\rangle = \sigma^z{}_{21} = 0$$

となり，したがって

$$\langle -|?\rangle = 0 \tag{11.26}$$

である．(11.25)と(11.26)とをみたすような状態ベクトルは一つしかない．それは $|+\rangle$ である．そうすると

$$\hat{\sigma}_z|+\rangle = |+\rangle \tag{11.27}$$

であるということになる．この種の議論をくりかえせば，シグマ行列のもつすべての性質が表11-3にあるような計算規則によって演算子の記法で表わすことができることが容易に分る．

表11-3　$\hat{\sigma}$ 演算子の性質

$\hat{\sigma}_z\|+\rangle = \|+\rangle$
$\hat{\sigma}_z\|-\rangle = -\|-\rangle$
$\hat{\sigma}_x\|+\rangle = \|-\rangle$
$\hat{\sigma}_x\|-\rangle = \|+\rangle$
$\hat{\sigma}_y\|+\rangle = i\|-\rangle$
$\hat{\sigma}_y\|-\rangle = -i\|+\rangle$

シグマ行列の積があるときには，それらを演算子の積に変えることができる．2個の演算子が積の形でまとまって現われてくるときには，まず一番右側に寄っている演算子の演算を実施する．例えば $\hat{\sigma}_x\hat{\sigma}_y|+\rangle$ の場合には，まず $\hat{\sigma}_x(\hat{\sigma}_y|+\rangle)$ と考えるのである．表11-3から $\hat{\sigma}_y|+\rangle = i|-\rangle$ をうる．したがって

$$\hat{\sigma}_x\hat{\sigma}_y|+\rangle = \hat{\sigma}_x(i|-\rangle) \tag{11.28}$$

である．さて，どんな数でも——i のような——それらは演算子を通りこして移動することができる．（演算子というものは状態ベクトルにだけ作用するものである．）したがって，(11.28)は

$$\hat{\sigma}_x\hat{\sigma}_y|+\rangle = i\hat{\sigma}_x|-\rangle = i|+\rangle$$

と同じものである．同様のことを $\hat{\sigma}_x\hat{\sigma}_y|-\rangle$ に対してやると

$$\hat{\sigma}_x\hat{\sigma}_y|-\rangle = -i|-\rangle$$

となることが分る．表11-3をみると，$\hat{\sigma}_x\hat{\sigma}_y$ を $|+\rangle$ または $|-\rangle$ に作用した結果は，それぞれの状態に $\hat{\sigma}_z$ を作用した結果に i を掛けたものに等しくなっている．したがって，演算子 $\hat{\sigma}_x\hat{\sigma}_y$ は演算子 $i\hat{\sigma}_z$ と同等であるといえるわけである．そこでこれを演算子方程式として

$$\hat{\sigma}_x\hat{\sigma}_y = i\hat{\sigma}_z \tag{11.29}$$

と書く．この式は表11-2のなかの行列の間の関係式の一つと同じものであることに注意しよう．つまりここでもまた，行列の立場と演算子の立場との間の対応関係がみられたわけである．したがって，表11-2のなかの関係式はみんなシグマ演算子に関する関係式であるとみなすことができる．この関係式が表11-3だけから本当に出てくることを調べてみることもできる．こういうものを使うときには，σ とか H とかが演算子なのか行列なのか，その区別を残しておか**ない**ほうが一番よいのである．すべてがどっちでやっても同じであり，したがって表11-2は，$\hat{\sigma}$ 演算子に関する式と考えても，σ 行列に対する式であるとしてもどっちでもよい．

11-3　2状態方程式の解

いまでは，われわれの2状態方程式を色々な形で書くことができる．例えば

$$i\hbar\frac{dC_i}{dt}=\sum_j H_{ij}C_j$$

と書いても，

$$i\hbar\frac{d|\,\psi\,\rangle}{dt}=H|\,\psi\,\rangle \tag{11.30}$$

と書いてもよい．両方とも同じことを意味している．磁場のなかにスピン 1/2 の粒子があるときには，ハミルトニアン H は，(11.8) または (11.13) で与えられている．

磁場が z 方向にかかっているときには――これまで何度もみてきたように――その解は，状態 $|\psi\rangle$ のいかんにかかわらず，z 軸のまわりに，磁場の強さの 2 倍に $\mu/\hbar$ を掛けたものに等しい角速度で歳差運動を示すような解である．(それはちょうど，あたかも何かの物体をそっくり z 軸のまわりに回転したときのように，歳差運動をする．) 磁場の方向を別の方向にしても，もちろん同じことが成立する．なぜなら，物理そのものは座標系のとりかたによらないからである．磁場が時間とともに複雑に変化する場合には，次のようにして解析することができる．はじめスピンは $+z$ 方向を向いているとし，それに x 方向の磁場をかけたとする．するとスピンは，その方向を変えはじめる．そのあとで，その x 方向の磁場を消してしまう．そうすると，スピンもその方向を変えるのをやめる．さてこんどは，z 方向に磁場をかける．すると，スピンは z 軸のまわりに歳差運動をはじめるといった具合になる．したがって，磁場が時間的にどう変化するかによって，終状態がどんなものになるかを――つまり，スピンがどんな軸の方向を向くことになるかを――計算することができるわけである．そのとき，第 10 章(または第 6 章)でやった射影公式を利用して，z 軸に関する元々の基本状態 $|+\rangle$ と $|-\rangle$ からその状態をみることができる．つまり，仮にその状態が方向 (θ,ϕ) を向くスピン状態として終るものとすると，その状態は z 軸に関して上向きの振幅 $\cos(\theta/2)e^{-i\phi/2}$ と，下向きの振幅 $\sin(\theta/2)e^{+i\phi/2}$ とをもつことになる．こうしてどんな問題でも解けるわけである．つまり上に述べたことは，微分方程式の解を求めることを言葉で表わしたものである．

上に述べた解は十分に一般的なものであって，**任意の 2 状態系**に対して適用することができる．アンモニア分子――電場の効果をも含めた――の場合を例にとってみよう．状態 $|\mathrm{I}\rangle$ と $|\mathrm{II}\rangle$ を用いて体系を記述すると，その方程式は次のように表わされる．

$$\begin{aligned} i\hbar\frac{dC_{\mathrm{I}}}{dt}&=+AC_{\mathrm{I}}+\mu\mathcal{E}C_{\mathrm{II}},\\ i\hbar\frac{dC_{\mathrm{II}}}{dt}&=-AC_{\mathrm{II}}+\mu\mathcal{E}C_{\mathrm{I}}.\end{aligned} \tag{11.31}$$

“いや，E_0 があったはずだ” というかも知れない．そう，エネルギーの原点を，E_0 を 0 にするようにずらしたのである．(これをやるには，両方の振幅を同じ因子――$e^{iE_0T/\hbar}$――だけ変えておけばよい．こうす

れば，いつでも任意の一定のエネルギーを除外することができるのである.）さて，同じ形の方程式がいつでも同じ解を与えるのなら，それを2度くりかえす必要はない．この方程式と(11.1)の方程式とを比較してみると，次のような対応関係をみることができる．いま，$|\mathrm{I}\rangle$ を状態 $|+\rangle$ とよび，$|\mathrm{II}\rangle$ を状態 $|-\rangle$ とよぶことにする．これは別に，空間内にアンモニア分子を並べたり，あるいは $|+\rangle$ と $|-\rangle$ とが z 軸と何か関係をもっているということを**意味しているのではない**．それは純然たる技巧にすぎないのである．つまり，“アンモニア表示の空間”とか何かの人為的な空間を考えているのである——それはある3次元的な“図式”であって，その空間において“上向き”であるとは，分子が状態 $|\mathrm{I}\rangle$ にあることに対応し，この‘うそ’の z 軸に沿って“下向き”であるとは，分子が状態 $|\mathrm{II}\rangle$ にあることを表わしている．このとき，方程式は次のように対応させることができる．まず，系のハミルトニアンは，シグマ行列を用いて

$$H = +A\sigma_z + \mu\mathcal{E}\sigma_x \tag{11.32}$$

と書くことができる．あるいは別のやり方をして，(11.1)の μB_z を(11.32)の $-A$ に対応させ，μB_x を $-\mu\mathcal{E}$ に対応させてもよい．するとこの“モデル”空間においては，z 軸にそう方向に一定の B の場が存在することになる．時間とともに変化する電場があるときには，それに比例するように変化する x 方向の B の場があることになる．**したがって，z 方向に一定の成分をもち，x 方向に振動している成分をもつ磁場のなかでの電子の性質と，振動する電場内におけるアンモニア分子の示す性質との間には，数学的な類似性とともに正確な対応関係が存在するのである**．残念なことに，この対応関係をさらに詳しく説明したり，またその技術的な内容を実際にやってみせたりする時間はない．ここではただ，**あらゆる**2状態系は，磁場のなかで歳差運動をしているスピン1/2の物体の問題に対応させることが可能であることを指摘するにとどめておく．

11-4　光子の偏りの状態

調べてみるとおもしろい2状態系は，ほかにもたくさんある．そして，その最初の新しい話というのは光子の話である．1個の光子を記述するには，まずその運動量ベクトルを与える必要がある．自由光子の場合には，その振動数は運動量が与えられれば決ってしまうから，それについては何もいう必要はない．しかし光子には，そのほかに偏りとよばれる性質がある．ある一定の単色の振動数をもつ光子が，諸君の方向に向かってくるものとしよう．(振動数は，ここでの議論全体を通じて同一の値に保たれ，したがって運動量の状態は一つしかないものとする.）このとき，偏りの方向は二つ存在する．古典論では，光は(例えば)水平面内で振動する電場か，または垂直方向に振動する電場をもつものとして記述することができる．そして，これらの2種類の光子をそれぞれ，x 方向に偏った光，y 方向に偏った光とよんで

いる．しかし光はまた，別の方向に偏ることもできるのであって，そのような偏りは x 方向の場と y 方向の場の重ね合わせからつくることができる．また，x 方向の成分と y 方向の成分の位相を $90°$ ずらすと，回転する電場がえられる——このとき，光は楕円的に偏っている．(上に述べたことは，第II巻第8章でやった偏光の古典理論の簡単な復習である．)

しかし，ここでは**1個の**——たった一つの——光子があるものとしよう．この場合には，上と同じように議論しうるような電場は存在していない．あるのはただ**一つの光子**だけである．しかし，1個の光子でも，それは古典的な偏りの現象に対応するような現象を示すはずである．つまり，少なくとも2種類の異なる光子が存在しなければならないわけである．ちょっと考えると，無限個の種類の光子があると思うかも知れない——どう考えても，電場のベクトルはあらゆる方向をとりうるのだから．しかしながら，1個の光子の偏りは2状態系として記述することができるのである．1個の光子は状態 $|x\rangle$，あるいは状態 $|y\rangle$ に存在しうる．ここで $|x\rangle$ は，**古典的な意味で** x 方向に偏った光のビームのなかの多数の光子のうちの1個の光子の偏りの状態を表わしている．一方 $|y\rangle$ は，y 方向に偏ったビームのなかの多数の光子のうちの1個の偏りの状態を表わすものである．それで，この $|x\rangle$ と $|y\rangle$ とを，与えられた運動量をもって諸君のほうに向かってくる——この方向を z 方向とする——光子の基本状態として採用することができるわけである．したがって，光子には二つの基本状態 $|x\rangle$ と $|y\rangle$ とがあり，これだけあれば任意の光子を完全に記述することができるのである．

例えば，偏光板の一片をとって，光が x 方向に偏って通り抜けるように，その軸をセットしておき，それに向って状態 $|y\rangle$ にあることが分っている光子を送りこんだときには，その光子は偏光板に吸収されてしまうだろう．また，状態 $|x\rangle$ にあることが分っている光子を送りこめば，それは $|x\rangle$ として，そのまま通過してくる．方解石の一片をとって，これに偏った光のビームを照射すると，そのビームは $|x\rangle$ のビームと，$|y\rangle$ のビームに分離する．つまり，この方解石の一片は，銀の原子のビームを二つの状態 $|+\rangle$ と $|-\rangle$ に分離するシュテルン-ゲルラッハの装置と全く類似したものである．したがって，まえに粒子とシュテルン-ゲルラッハの装置を使ってやったことは，光と方解石の場合にもみんなやることができるわけである．すると，角 θ にセットされた偏光板によってろ過された光についてはどうなるであろうか．その光子は別の状態にあるのであろうか．そう，その通り．それは別の状態に**ある**．われわれの基本状態の座標軸と，この偏光板の軸とを区別するために，偏光板の軸を x' とよぶことにする．図11-2を参照されたい．このとき，偏光板からでてくる光子は状態 $|x'\rangle$ にあるだろう．ところが，任意の状態は基本状態の線形結合で表わされ，その線形結合の式は，この場合

図11-2 光子の運動量ベクトルに直交する座標

$$|\,x'\,\rangle=\cos\theta\,|\,x\,\rangle+\sin\theta\,|\,y\,\rangle \qquad (11.33)$$

である．すなわち，角 θ(x に関して)にセットされた偏光板を1個の光子が通り抜けると，それは $|x\rangle$ と $|y\rangle$ のビームに分解されるのである――例えば，方解石を用いて．あるいは，そうしたければ，それを諸君の頭のなかで x 成分と y 成分に分解することもできる．いずれにしても，$|x\rangle$ 状態にある振幅は $\cos\theta$ であり，また $|y\rangle$ 状態にある振幅は $\sin\theta$ であることが分る．

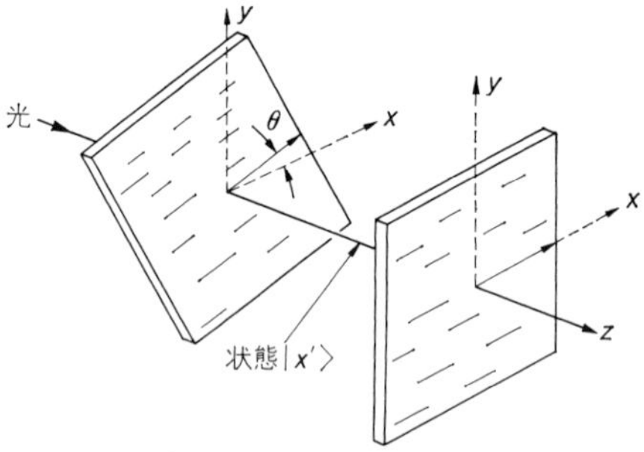

図11-3　偏光面間の角度が θ になっている2枚の偏光板

ここで次の問題を考えよう．いま角 θ にセットされた偏光板を用いて，光子を x' の方向に偏らせる．そしてその光子が――図11-3にあるように，角度0にセットされた別の偏光板に到達したとすると，どういうことになるだろうか．その光子がこの偏光板を通り抜ける確率はいくらか．その答えは次の通りである．光子が第1の偏光板を通り抜けた後では，それははっきり状態 $|x'\rangle$ にある．第2の偏光板は，光子が状態 $|x\rangle$ にあれば，それを通過させる．(光子が状態 $|y\rangle$ にあるときには，それを吸収してしまう．) したがって，光子がどれだけの確率で，状態 $|x\rangle$ になって現われてくるかを問うているのである．その確率は，状態 $|x'\rangle$ にあった光子が状態 $|x\rangle$ に発見される振幅 $\langle x|x'\rangle$ の絶対値の2乗で与えられる．それでは，$\langle x|x'\rangle$ の値はいくらか．(11.33)に $\langle x|$ を掛けると，

$$\langle\,x\,|\,x'\,\rangle=\cos\theta\,\langle\,x\,|\,x\,\rangle+\sin\theta\,\langle\,x\,|\,y\,\rangle$$

となる．その物理からいって――$|x\rangle$ と $|y\rangle$ とが基本状態であるなら，そうで**なければならない**から――$\langle x|y\rangle=0$ であり，また $\langle x|x\rangle=1$ である．したがって

$$\langle\,x\,|\,x'\,\rangle=\cos\theta$$

となり，その確率は $\cos^2\theta$ で与えられる．例えば，第1の偏光板を30° にセットしておくと，その3/4の時間は通り抜ける時間であり，その1/4の時間には光子は吸収されて偏光板をあたためることになる．

ここで，古典的には同じ状況のもとでどういうことになるかを考えてみよう．色々な具合に変化している――例えば"偏っていない"――電場をもつ光のビームがあるとする．このビームが第1の偏光板を通り抜けた後には，電場は大きさ $\mathcal{E}$ で x' 方向に振動している．この電場を，その最大値が $\mathcal{E}_0$ である振動するベクトルとして，図11-4のよ

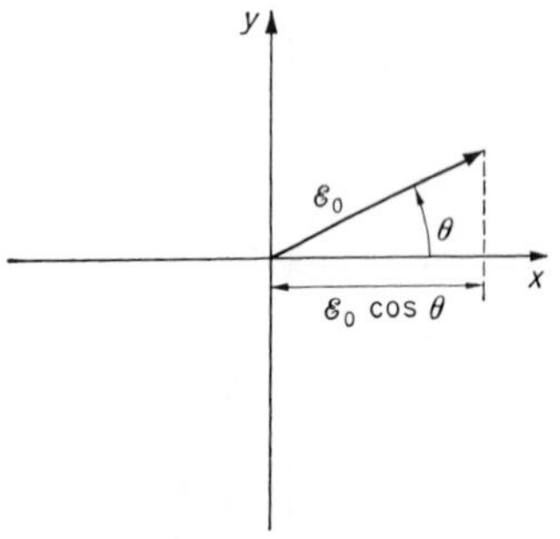

図11-4　電場のベクトル $\mathcal{E}$ の古典的描像

うに表わすことにしよう．さてこの光が第2の偏光板に到達すると，電場の x 成分 $\mathscr{E}_0\cos\theta$ だけが通り抜けることになる．その**強度**は，場の強さの2乗に比例するから，$\mathscr{E}_0{}^2\cos^2\theta$ に比例する．したがって，その通り抜けるエネルギーは，第2の偏光板にはいってきたときのエネルギーよりも $\cos^2\theta$ だけ弱くなっているわけである．

つまり，古典的な描像も量子論的な描像も似たような結果を与えるのである．仮に第2の偏光板に100億個の光子を投射したとし，また，それぞれの光子が通り抜ける平均の確率が例えば3/4であるとすると，100億個の光子のうちの3/4が通り抜けると期待される．同様に，それらの光子の運ぶエネルギーもまた，通そうと思ったエネルギーの3/4になるわけである．古典的理論では，ものごとの統計性などについては何もいわない——そこでは単に，出てくるエネルギーが送りこんだエネルギーの正確に3/4であるといっているだけである．もちろん，光子が1個しかないときには，こういう考え方をすることは不可能である．1個の光子の3/4というようなものは存在しないからである．光子は，その**全体が**そこにあるか，そこに全然存在しないかのどちらかである．量子力学のいっていることは，光子が**みな**，そこに**時間の3/4**だけいるということである．これらの二つの理論の関係は明らかである．

そのほかの種類の偏りのときにはどうであろうか．例えば，右回りの円形の偏りのときにはどうなるであろうか．古典論では，右回りの円形の偏りをもつ光は，x 方向と y 方向の電場の成分が等しく，それらの間の位相が90°だけずれているときに形成される．一方，量子力学では，右回りの円形に偏った(RHC)光子は，$|x\rangle$ あるいは $|y\rangle$ の状態への偏りに対して等しい振幅をもち，**それらの振幅**の位相が90°ずれているものである．いま，RHC光子を状態 $|R\rangle$ にあるとよび，またLHC光子を状態 $|L\rangle$ にあるとよぶことにすると，

$$
\begin{aligned}
|\,R\,\rangle &= \frac{1}{\sqrt{2}}(|\,x\,\rangle + i|\,y\,\rangle),\\
|\,L\,\rangle &= \frac{1}{\sqrt{2}}(|\,x\,\rangle - i|\,y\,\rangle)
\end{aligned}
\tag{11.34}
$$

と書ける(第II巻8-1を参照)——$1/\sqrt{2}$ をつけたのは，状態が規格化されるようにしたためである．これらの状態をつかうことにより，希望のフィルターの効果や干渉効果を，量子論の法則にもとづいて計算することができる．この $|R\rangle$ と $|L\rangle$ もまた基本状態として採用することができ，あらゆる状態をこれらの基本状態で表わすことが可能である．このときまず示しておく必要があるのは，$\langle R|L\rangle=0$ となっているかどうかである．この証明は，(11.34)の第1の式の共役量をとり，それにもう一つの式を掛けることによって与えることができる．[(8.13)をみよ.] 光を x 方向の偏りと y 方向の偏りに分解することもでき，x' 方向と y' 方向に分解することもでき，あるいはまた，基本状態として右回りの偏りの状態と左回りの偏りの状態をとって，それらの状

態に分解することもできるのである.

例題として一つ, (11.34)の式をひっくりかえしてみよう. つまり, 状態 $|x\rangle$ を左右の偏りの状態の線形結合で表わせるだろうか. そう, できる. それは

$$|x\rangle=\frac{1}{\sqrt{2}}(|R\rangle-|L\rangle),\qquad |y\rangle=-\frac{i}{\sqrt{2}}(|R\rangle+|L\rangle) \tag{11.35}$$

である.

証明: (11.34)の方程式を加えたり引いたりすればよい. 一つの基本状態系から他の基本状態系に移るのは簡単である.

ところでここで, 奇妙な点を一つ指摘しておこう. 光子が右回りに円形に偏っているとき, それは x 軸や y 軸とは何の関係もない. 仮に同じものを, 光が飛んでくる方向のまわりにある角度だけ回転した座標系からみたとしても, その光はやはり右円形に偏っているだろう——同様のことが左回りの場合にもいえるわけである. 右回りと左回りに円形に偏った光は, どのように回転した座標系からみても, やはり同じように右回りは右回り, 左回りは左回りであり, その左右の偏りの定義は x の方向の選び方には無関係である. (光子の進行方向は与えられているということを別にすれば.) このことは——それを定義する軸が不要であるということは——具合のよい話ではないだろうか. x と y をとるよりもよいではないか. しかし一方から考えると, 右回りと左回りの状態を**加えた**とき, x がどっちの方向にあったかが分るというのは, 不思議な話ではなかろうか. つまり, 右回りとか左回りが x のとりかたによらないなら, (11.35)のようにして, それらをもどせば, x をうることができるというのはどういうわけだろうか. この疑問に答えるには, x', y' 系で RHC に偏った光子を表わす状態 $|R'\rangle$ を書き出しておくとよい. その座標系では

$$|R'\rangle=\frac{1}{\sqrt{2}}(|x'\rangle+|y'\rangle)$$

と書くわけである. この状態を x, y 系からみたらどうみえるであろうか. (11.33)を $|x'\rangle$ に代入し, それに対応する $|y'\rangle$ の式(これは書かなかったが, それは $-\sin\theta|x\rangle+\cos\theta|y\rangle$ である)も代入すると, 次のようになる.

$$\begin{aligned}|R'\rangle&=\frac{1}{\sqrt{2}}[\cos\theta|x\rangle+\sin\theta|y\rangle-i\sin\theta|x\rangle+i\cos\theta|y\rangle]\\&=\frac{1}{\sqrt{2}}[(\cos\theta-i\sin\theta)|x\rangle+i(\cos\theta-i\sin\theta)|y\rangle]\\&=\frac{1}{\sqrt{2}}(|x\rangle+i|y\rangle)(\cos\theta-i\sin\theta).\end{aligned}$$

最後の表式の第1の因子は $|R\rangle$ であり, また第2の因子は $e^{-i\theta}$ であるから, 結果は

$$|R'\rangle = e^{-i\theta}|R\rangle \tag{11.36}$$

である．つまり，$|R'\rangle$ と $|R\rangle$ とは位相因子 $e^{-i\theta}$ を除けば同じものである．同様のことを $|L'\rangle$ についてやると

$$|L'\rangle = e^{+i\theta}|L\rangle \tag{11.37}$$

をうる†．

これで何がおきたかが分る．$|R\rangle$ と $|L\rangle$ を加え合わせたものは，$|R'\rangle$ と $|L'\rangle$ とを加えたものと，いくらか違っているのである．例えば，x 方向に偏った光子は，$|R\rangle$ と $|L\rangle$ の和で表わされるが［(11.35)］，y 方向に偏った光子は，位相をうしろに90°ずらしたものと，それを90°さきに進めたものとの和になっている．この $|y\rangle$ の式は，$|R'\rangle$ と $|L'\rangle$ の和で $\theta=90°$ という特別な値をとったものになっている．つまり，$|x'\rangle=|y\rangle$ である．これでよいのである．**ダッシをつけた**系での x 方向の偏りは，もとの系での y 方向の偏りと同じものである．したがって，円形に偏った光子がどんな座標系からも同じにみえるというのは，正確には正しくない．その**位相**には(右回りと左回りの偏りの状態の間の位相関係には)，x 方向の足跡を残しているのである．

11-5　中性K中間子††

ここで，“奇妙な”粒子の世界における2状態系——量子力学がもっともめざましい予言をもたらした系——について説明することにしよう．この問題を完全な形で述べるには，奇妙な粒子に関する多くの予備知識を説明しておかなくてはならない．しかし残念ながら，その一部を切り捨てざるをえない．ただ，ある発見がどのようにしてなされたかの概要を述べるだけにして，これからやる話の内容の筋を示そうというわけである．その話は，ゲルマンと西島によって発見された**奇妙さ**の概念と，その**奇妙さの保存則**に関する新しい法則についての話からはじまる．ゲルマンとパイスとが，これから述べようとしているめざましい現象の予測に出っくわしたのは，彼等が上に述べた新しい考え方から出てくる結論を分析しているときであった．しかし，まず“奇妙さ”ということに関して少し説明をしておく必要がある．

素粒子間の**強い相互作用**とよばれているものからはじめよう．これは強い——比較的弱い電磁的相互作用からみると，きわだって強い——核力の原因となる相互作用である．その相互作用は，2個の粒子が十分に接近すると大きく相互作用をして，容易に他の粒子を生成するという意味で，“強い”のである．素粒子には“弱い相互作用”とい

† これは(第6章で)，座標軸を z 軸のまわりに回転したときに，スピン1/2の粒子に対してみい出したものに似ている——そのときの位相因子は $e^{\pm i\phi/2}$ であった．事実これは正確に，スピン1の粒子の $|+\rangle$ と $|-\rangle$ の状態の場合に，**5-7** に書き下したものに一致している——この一致は偶然ではない．しかし，光子は“ゼロ”状態をもたないスピン1の粒子である．

†† いまから思うと，この節は長すぎるし，また難しすぎるので，ここでやるのは不適当なようである．そこで，この節を飛ばして，すぐに**11-6**にいったほうがよいと思う．そして，野心と時間のある人は，あとでまたここにもどってほしい．それで，この節はここに残しておく．なぜなら，2状態系の量子力学でやれる——高エネルギー物理学の最近の研究からとった——美しい例だからである．

うものもあり，その相互作用によって何か，ベータ崩壊のようなことがおきるのであるが，それは核的な時間のスケールでみると，いつも非常にゆっくりとおきる．その弱い相互作用は，強い相互作用よりも，その大きさの程度がずっとずっと小さくて，電磁的相互作用よりももっとずっと小さいのである．

巨大な加速器を用いて強い相互作用の研究をしていると，おきてしかるべきこと——当然おきるものと期待されること——が，実際にはおきないことを発見してびっくりすることがある．例えば，ある相互作用のもとで，ある種の型の粒子が，それが期待されているときに現われてこないことがある．ゲルマンと西島とは，この種の特殊な事象の多くが，新しい保存則，奇妙さの保存というものを発明することによって，ただちに説明できることに注目した．彼等は，各粒子に伴う新しい種類の属性——これを彼等は“奇妙さ”と名づけた——の存在と，その“奇妙さの量”がいかなる強い相互作用においても保存するということを提唱したのである．

例えば，高エネルギーの——何十億eVものエネルギーをもつ——負のK中間子が陽子に衝突したとする．その相互作用によって，色々なほかの粒子，つまりパイ中間子，K中間子，ラムダ粒子，シグマ粒子などの——第I巻，表2-2にあげたあらゆる中間子や重粒子がでてくる．しかし観測によると，そのとき粒子の**ある組み合わせ**だけが現われて，ほかの組み合わせは決してでてこない．この種の反応過程を解析するとき，すでに知られている保存則が適用できる．まず，エネルギーと運動量とはつねに保存する．ある事象の前後の全エネルギーと全運動量とは同じ値をもたねばならない．次に，電荷保存則がある．これによると，反応の前後における全電荷の量は等しくなければならない．いまのように，K中間子と陽子とが衝突する場合には，次のような反応は現実に**おきる**．

$$K^- + p \longrightarrow p + K^- + \pi^+ + \pi^- + \pi^0,$$

または　(11.38)

$$K^- + p \longrightarrow \Sigma^- + \pi^+.$$

ところが

$$K^- + p \longrightarrow p + K^- + \pi^-,$$

とか　(11.39)

$$K^- + p \longrightarrow \Lambda^0 + \pi^+$$

という反応は決しておきない．それは電荷保存則をみたさないからである．また，**重粒子数**が保存することも知られている．つまり，**出てくる**重粒子の数は，**はいってくる**重粒子の数に等しくなければならないのである．このとき，重粒子の**反粒子**は**マイナス**1の重粒子として勘定される．このことは，

$$K^- + p \longrightarrow \Lambda^0 + \pi^0$$

とか，　(11.40)

$$K^- + p \longrightarrow p + K^- + p + \bar{p}$$

のような反応をみることができることを意味しており，実際に観測もされている．（ここで$\bar{p}$は，反陽子で，これは負の電荷をもっている．）ところが，

$$K^- + p \longrightarrow K^- + \pi^+ + \pi^0$$

とか，　(11.41)

$$K^- + p \longrightarrow p + K^- + n$$

のような反応が観測されることは**決してない**のである（たとえ，エネルギーが十分にあっても）．なぜなら，重粒子数が保存されていないからである．

ところが，上の保存則だけでは，次のような反応——(11.38)や(11.40)の反応ととくに違っているとは，すぐには思えないような反応——が決して観測されないという奇妙な事実を説明することはでき**ない**．

$$K^- + p \longrightarrow p + K^- + K^0,$$

あるいは，

$$K^- + p \longrightarrow p + \pi^-, \qquad (11.42)$$

または

$$K^- + p \longrightarrow \Lambda^0 + K^0.$$

これを説明するのが，奇妙さの保存である．各粒子とともに，一つの数——**奇妙さ** S——が移動する．そして，いかなる**強い**相互作用においても，**出てくる**全体の奇妙さの数は，**はいってきた**全体の奇妙さの数に等しくなければならないのである．陽子と反陽子(p, $\bar{p}$)，中性子と反中性子(n, $\bar{n}$)およびパイ中間子(π^+, π^0, π^-)の奇妙さの数はみんな**0**である．K^+とK^0中間子の奇妙さは$+1$であり，K^-と$\bar{K}^0$(反K^0のこと)†，Λ^0とΣ粒子($+, 0, -$)は奇妙さ-1をもっている．また，-2の奇妙さをもつ粒子が1個あって——それがΞ粒子（大文字のクシイ）である——多分ほかにはまだみつかっていない．これらの奇妙さの表を表11-4につくっておいた．

これまでに書きくだした反応で，奇妙さの保存則がどのようにはたらくかを調べてみよう．K^-と陽子とからはじめると，その奇妙さの全数は$(-1+0)=-1$である．奇妙さが保存するということは，反応の後の生成物の奇妙さの和もまた-1でなければならないということである．(11.38)と(11.40)の反応では，実際そうなっていることが分る．ところが(11.42)の反応では，右辺の奇妙さの和は，どの場合にも**0**であって，このような反応は奇妙さを保存せず，したがっておきることはない．なぜおきないのか．だれも知らない．これに関して，いま話したこと以上のことは，だれも何も知らない．自然はそうなっているのである．

ここで次の反応を調べることにしよう．π^-で陽子をたたく．すると例えば，Λ^0と中性K粒子が——二つとも中性の粒子が——出てく

表 11-4 強い相互作用をする粒子の"奇妙さ"の数

	S: -2	-1	0	$+1$
重粒子		Σ^+	p	
	Ξ^0	Λ^0, Σ^0	n	
	Ξ^-	Σ^-		
中間子			π^+	K^+
		$\bar{K}^0$	π^0	K^0
		K^-	π^-	

注意：π^+とπ^-はたがいに反粒子になっている

† "ケイ・ノート・バー"とか，"ケイ・ゼロ・バー"とよむ．

ることがあるかも知れない．このとき，その中性のKはどちらのK中間子であろうか．Λ粒子の奇妙さは-1であり，πとp^+の奇妙さは0であるし，それにこの反応は速い生成反応であるから，その前後で奇妙さの変化があってはならない．つまり，そのK粒子の奇妙さは$+1$でなければならないということになる——したがって，それはK^0でなければならないわけである．その反応を書くと

$$\pi^- + p \longrightarrow \Lambda^0 + K^0$$

であって，

$$S = 0+0 = (-1)+(+1) \quad (\text{保存されている})$$

となっている．仮にK^0ではなく，$\overline{K}^0$がそこにあったら，右辺の奇妙さは-2になってしまう——これは自然が許さない．なぜなら左辺の奇妙さは0なのだから．一方，$\overline{K}^0$をつくるにはほかの反応をつかったらよい．例えば

$$n+n \longrightarrow n+p+\overline{K}^0+K^+,$$
$$S = 0+0 = 0+0+(+1)+(-1),$$

または，

$$K^- + p \longrightarrow n+\overline{K}^0,$$
$$S = (-1)+0 = 0+(-1).$$

諸君はこのように考えているかも知れない．“なんだって，そんなにたくさんの材料をもってくるのか．それが$\overline{K}^0$か，それともK^0なのかをどうやって**知る**のか．それらの粒子は全く同じものにみえるではないか．K^0と$\overline{K}^0$とはたがいに反粒子になっているのだから，それらは正確に同じ質量をもっているし，またどちらの電荷も0ではないか．どうやって，これらを区別するのだ”と．**それらの**もたらす反応によって，その区別ができるのである．例えば$\overline{K}^0$は物質と相互作用をすることにより，

$$\overline{K}^0 + p \longrightarrow \Lambda^0 + \pi^+$$

の反応をおこしてΛ粒子をつくるが，K^0を用いたのではこれができない．K^0が通常の物質(陽子や中性子)† と相互作用する場合には，どうやってもΛ粒子はでき**ない**．したがって，K^0と$\overline{K}^0$のうちの一つはΛをつくり，もう一つはΛをつくらないということから，これらの二つの粒子を実験的に区別することができるのである．

このとき，奇妙さの理論から，こういうことが予測されることになる——仮に，高エネルギーのパイオンを用いた実験で，K中間子に伴ってΛ粒子が生成されたとすると，**その**中性K中間子は，それが他の物体のなかにはいっていっても，決してΛをつくらない．実験はなにか次のようにしてやる．大きな水素の泡箱のなかに，π^-中間子のビームを送りこむ．すると，このπ^-の飛跡は消えてしまうが，どこかほかのところで1対の飛跡(陽子$+\pi^-$)が現われてくる．これはΛ粒子

† もちろん，全体の奇妙さが$+2$の**2個の**K^+，あるいはその他の粒子を**も同時につ**くる場合は別である．いまの場合には，エネルギーが不足で，このような余分の奇妙な粒子ができないと考えたらよい．

が崩壊したことを示している†．図11-5をみられたい．すると，どこかみえないところに，K^0があることが分る．

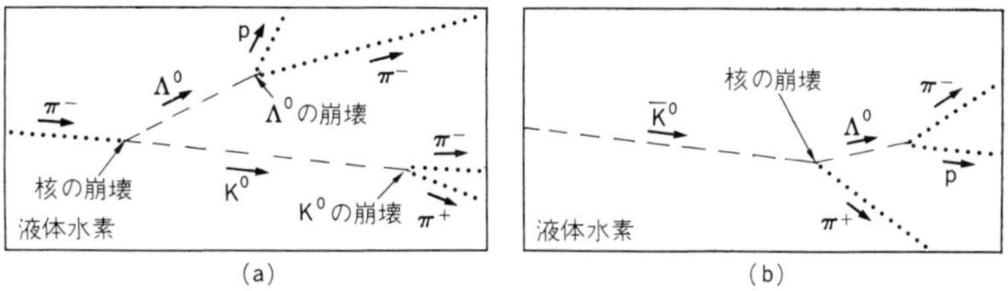

図11-5　水素の泡箱内でみられる高エネルギー現象　(a) π^-中間子が水素核(陽子)と相互作用をして，Λ^0とK^0中間子を生成する．これらの粒子が両方とも泡箱内で崩壊している．(b) $\bar{K}^0$中間子が陽子と相互作用して，π^+中間子とΛ^0粒子を生成する．Λ^0粒子はそのあとで崩壊している(中性粒子は飛跡を残さない．それらの軌道は推測によりほそい破線で描かれている)．

ところで，運動量とエネルギーの保存則を利用すると，そのK^0がどこを走っているかを計算することができる．[それは，図11-5(a)に示されているように，2個の荷電粒子に崩壊することによって，あとで姿を現わす．] そのK^0が飛びつづけると，それは水素核(陽子)の一つと相互作用をし，多分他の粒子をつくることになる．ところが奇妙さの理論によれば

$$K^0 + p \longrightarrow \Lambda^0 + \pi^0$$

というような簡単な反応では，Λ粒子は**決して**生成され**ない**．しかし$\bar{K}^0$なら，これができる．すなわち，泡箱のなかで$\bar{K}^0$は，図11-5(b)にスケッチしたような事象をおこして，そのなかにΛ^0をみることができる．Λ^0があるということは，それが崩壊することによって分る．しかし，K^0を用いたのでは，Λ^0は発見されない．以上の話が話の最初の部分であり，それは要するに，奇妙さが保存するということである．

ところが，奇妙さの保存というのは**完全なものではない**．奇妙な粒子は非常にゆっくりと崩壊する——それは，10^{-10}秒のような長い時間††をかけて，ゆっくりと崩壊する．そしてそのとき，奇妙さは保存され**ない**．このような現象は“弱い”崩壊とよばれているものである．例えばK^0は，1対のパイ中間子(+と−)に10^{-10}秒の寿命で崩壊する．実際K粒子は，この崩壊で最初に発見されたのである．その崩壊の反応

$$K^0 \longrightarrow \pi^+ + \pi^-$$

は，奇妙さを保存していないことに注意されたい．したがって，この反応は強い相互作用によって“はやく”おきることはできない．それは弱い崩壊過程を通してのみおきうるのである．

† 自由なΛ粒子は，**弱い**相互作用を通してゆっくり崩壊する．(したがって，その奇妙さは保存しない．) その崩壊生成物は，pとπ^-か，あるいはnとπ^0のどちらかであって，その寿命は2.2×10^{-11}秒である．

†† 強い相互作用の場合の典型的時間は，10^{-23}秒の程度である．

さて，$\bar{K}^0$ もまた**同じように**して崩壊する——π^+ と π^- とに，そして同じ寿命で．つまり，

$$\bar{K}^0 \longrightarrow \pi^- + \pi^+$$

の反応がおきる．この場合にも，奇妙さは保存しないから，これも弱い崩壊である．ところで，任意の反応において，物質との反応があれば，その物質を“反物質”におきかえた反応が存在し，その**逆も成立する**という原理がある．したがって，$\bar{K}^0$ は K^0 の反粒子であるから，$\bar{K}^0$ は π^+ と π^- の反粒子に崩壊すべきである．ところが，π^+ の反粒子は π^- なのである．(あるいは，そのほうがよければその**逆もいえる**．つまり，パイ中間子の場合には，どっちを“物質”とよんでもよいことが分る．) したがって，弱い崩壊の結果，K^0 と $\bar{K}^0$ とは最終生成物として同じものをつくる．泡箱のなかでのように——これらの崩壊を通して“みた”ときには，K^0 と $\bar{K}^0$ とは同じ粒子のようにみえるのである．違っているのは，それらの粒子の強い相互作用だけである．

やっとのことで，ゲルマンとパイスの仕事を説明する準備ができた．彼等はまず，K^0 と $\bar{K}^0$ のどちらも2個のパイ中間子の状態に変わりうるということから，K^0 が $\bar{K}^0$ に転移する振幅，また逆に $\bar{K}^0$ が K^0 に変わる同じ大きさの振幅が存在しなければならないことを指摘した．化学反応のときにやるように書くと

$$K^0 \rightleftarrows \pi^+ + \pi^- \leftrightarrows \bar{K}^0 \tag{11.43}$$

である．これらの反応は，2個のパイ中間子に崩壊する原因となっている相互作用を通して K^0 が $\bar{K}^0$ に変化する振幅，例えば $\langle\bar{K}^0|W|K^0\rangle$ を $-i/\hbar$ 倍したものに等しい振幅の存在することを意味している．またこれに対応して，その逆過程に対する振幅 $\langle K^0|W|\bar{K}^0\rangle$ も存在する．物質と反物質とは正確に同じ行動をとるから，これらの二つの振幅は数値的には等しくなっている．そこで，この両方を A と書くことにする．すなわち，次のようにおく．

$$\langle\bar{K}^0|W|K^0\rangle = \langle K^0|W|\bar{K}^0\rangle = A. \tag{11.44}$$

さてここに——ゲルマンとパイスがいった——一つの興味ある状況をみることができる．この世界での二つの別の状態——K^0 の状態と $\bar{K}^0$ の状態——とよばれているものは，一つの状態からもう一つの状態に移る振幅があるからといって，本当に**1個の**2状態系と考えてよいものであろうか．もちろん，完全な取り扱いをするには，2個の状態よりももっと多くの状態を扱う必要があるだろう．なぜなら，2π の状態やその他の状態も存在するのであるから．しかしいまは，主として K^0 と $\bar{K}^0$ の関係に興味をもっているのであるから，余計な複雑なものを考えたりする必要はない．したがって，2状態系の近似をとることができるのである．その他の状態については，それらの効果が(11.44)の振幅に間接的に現われてくる限りにおいて考慮したら**よい**のである．

以上のことから，ゲルマンとパイスとは，この中性粒子を2状態系として解析した．彼等はまずはじめ，その二つの基本状態として，状

態 $|\mathrm{K}^0\rangle$ と $|\overline{\mathrm{K}}^0\rangle$ とをえらぶ.（これからあとの話は，アンモニア分子のときにやったものと非常によく似たものになる.）すると，中性K粒子の任意の状態 $|\psi\rangle$ は，それが基本状態のどちらかにある振幅を与えることによって記述されることになる．それでいま，これらの振幅を

$$C_+ = \langle \mathrm{K}^0 | \psi \rangle, \quad C_- = \langle \overline{\mathrm{K}}^0 | \psi \rangle \tag{11.45}$$

と書くことにする.

次の段階でやることは，この2状態系に対するハミルトニアン方程式を書くことである．K^0 と $\overline{\mathrm{K}}^0$ の間に相互作用がなければ，方程式は簡単に

$$\begin{aligned} i\hbar\frac{dC_+}{dt} &= E_0C_+, \\ i\hbar\frac{dC_-}{dt} &= E_0C_- \end{aligned} \tag{11.46}$$

となる．しかし，K^0 が $\overline{\mathrm{K}}^0$ に変わる振幅 $\langle\overline{\mathrm{K}}^0|\mathrm{W}|\mathrm{K}^0\rangle$ が存在するから

$$\langle \overline{\mathrm{K}}^0 |\mathrm{W}| \mathrm{K}^0 \rangle C_- = AC_-$$

という項を，最初の方程式の右辺に追加しておかなければならない．全く同様に，C_- の時間変化を与える方程式には AC_+ という項を加えておく必要がある.

しかし，これで全部というわけではない．2個のパイオンの効果を考慮すると，K^0 が

$$\mathrm{K}^0 \longrightarrow \pi^- + \pi^+ \longrightarrow \mathrm{K}^0$$

の過程を通して，**自分自身に**変化する**余分の**振幅も存在する．この余分の振幅を $\langle\mathrm{K}^0|\mathrm{W}|\mathrm{K}^0\rangle$ と書くことにすると，これは振幅 $\langle\overline{\mathrm{K}}^0|\mathrm{W}|\mathrm{K}^0\rangle$ と等しい値をもっている．なぜなら，K^0 が1対のパイ中間子になったり，1対のパイ中間子からそれがつくられたりする振幅は，$\overline{\mathrm{K}}^0$ がそうなる振幅に等しいからである．この点の議論をもう少し詳しくやりたければ，次のようにすればよい．まず

$$\langle \overline{\mathrm{K}}^0 |\mathrm{W}| \mathrm{K}^0 \rangle = \langle \overline{\mathrm{K}}^0 |\mathrm{W}| 2\pi \rangle \langle 2\pi |\mathrm{W}| \mathrm{K}^0 \rangle$$

と，

$$\langle \mathrm{K}^0 |\mathrm{W}| \mathrm{K}^0 \rangle = \langle \mathrm{K}^0 |\mathrm{W}| 2\pi \rangle \langle 2\pi |\mathrm{W}| \mathrm{K}^0 \rangle$$

とを書く†．物質と反物質との対称性から，

$$\langle 2\pi |\mathrm{W}| \mathrm{K}^0 \rangle = \langle 2\pi |\mathrm{W}| \overline{\mathrm{K}}^0 \rangle$$

であり，また

$$\langle \mathrm{K}^0 |\mathrm{W}| 2\pi \rangle = \langle \overline{\mathrm{K}}^0 |\mathrm{W}| 2\pi \rangle$$

である．これから，$\langle\mathrm{K}^0|\mathrm{W}|\mathrm{K}^0\rangle=\langle\overline{\mathrm{K}}^0|\mathrm{W}|\mathrm{K}^0\rangle$ の関係と，まえにいった $\langle\overline{\mathrm{K}}^0|\mathrm{W}|\mathrm{K}^0\rangle=\langle\mathrm{K}^0|\mathrm{W}|\overline{\mathrm{K}}^0\rangle$ とがでてくる．いずれにせよ，余分な振幅として，A に等しい値をもつ $\langle\mathrm{K}^0|\mathrm{W}|\mathrm{K}^0\rangle$ と $\langle\overline{\mathrm{K}}^0|\mathrm{W}|\overline{\mathrm{K}}^0\rangle$ の二つの振幅があって，これらをハミルトニアン方程式に含めておかなければならな

---

† ここでわれわれは，簡単化をしている．この 2π 系には，パイ中間子の色々な運動量に対応して，多くの状態が存在しうるわけである．それで，この式の右辺は，そのパイ中間子の色々な基本状態上の和となる．しかし，このような完全なやり方をやっても，えられる結論は同じである.

い．はじめのは，dC_+/dt の方程式の右辺に AC_+ の項を与え，また第2のものは dC_-/dt の方程式に新しい項 AC_- を与えることになる．こんなやり方を用いて，ゲルマンとパイスとは，$\mathrm{K^0\overline{K}^0}$ 系に対するハミルトニアン方程式は

$$i\hbar\frac{dC_+}{dt}=E_0C_++AC_-+AC_+,$$
$$i\hbar\frac{dC_-}{dt}=E_0C_-+AC_++AC_- \tag{11.47}$$

となるべきであると結論した．

ここでまえにいったことを補正しておかなくてはならない．それは $\langle\mathrm{K^0}|\mathrm{W}|\mathrm{\overline{K}^0}\rangle$ と $\langle\mathrm{\overline{K}^0}|\mathrm{W}|\mathrm{K^0}\rangle$ のように，たがいに逆の過程を表わす二つの振幅はつねに複素共役になっているといったことである．これは，崩壊をしないような粒子の話をしているときには確かに正しい．しかし粒子が崩壊をしうるときには——したがって“粒子がなくなってしまう”ことがありうるときには，この二つの振幅は必ずしもたがいに複素共役にはなっていない．したがって，(11.44)の等号は振幅が実数であるということを意味しているものではない．それらは事実，複素数であり，したがって係数 A は複素数である．それで，A をエネルギー E_0 に組み入れてしまうわけにはいかないのである．

電子のスピンや，それに似たものの場合と同じように，われらの英雄ゲルマンとパイスもまた，(11.47)の方程式は，K 粒子を表わすのに利用すると，とくに簡単になるような1対の**別の**基本状態の存在を示していることを知っていた．彼らは，“これらの方程式の和と差をとることにしよう．それから，すべてのエネルギーを E_0 から測ることにしよう．さらに，$\hbar$ を1にするようなエネルギーと時間の単位を用いよう”と言うのである．(これは，現代の理論物理屋がいつでもやることである．それは別に物理そのものを変えるわけではなく，方程式を簡単な形にするためである．) そうすると，方程式は次のような形になる．

$$i\frac{d}{dt}(C_++C_-)=2A(C_++C_-),$$
$$i\frac{d}{dt}(C_+-C_-)=0. \tag{11.48}$$

このとき明らかに，振幅の組み合わせ (C_++C_-) と (C_+-C_-) とはたがいに独立に行動することになる．(これらの状態は，もちろん前に調べたことのある定常状態に対応している．) こうして彼等は，K 粒子に対して別の表現を用いたほうが，より便利であるということを結論したのであった．彼等は二つの状態

$$|\,\mathrm{K_1}\,\rangle=\frac{1}{\sqrt{2}}(|\,\mathrm{K^0}\,\rangle+|\,\mathrm{\overline{K}^0}\,\rangle),$$
$$|\,\mathrm{K_2}\,\rangle=\frac{1}{\sqrt{2}}(|\,\mathrm{K_0}\,\rangle-|\,\mathrm{\overline{K}_0}\,\rangle) \tag{11.49}$$

を定義する．彼等は，K^0 中間子と $\overline{K}^0$ 中間子とを考えるかわりに，2個の“粒子”(すなわち“状態”)K_1 と K_2 とを用いて考えてもよいという．(もちろんこれらは，われわれが普通 $|I\rangle$ と $|II\rangle$ とよんでいた状態に対応している．しかしここでは，われわれの古い記法は用いない．なぜなら，原著者の記法にしたがいたいし——またそれは，物理のゼミで諸君がみるものだからである．)

さて，ゲルマンとパイスとは，ただ粒子に別の名前をつけるために，このことをやったわけではない——そのなかには，ある奇妙な新しい物理が存在するのである．いま，C_1 と C_2 とを，ある状態が K_1 または K_2 の中間子の状態のどちらかにある振幅であるとしよう．すなわち，

$$C_1 = \langle K_1 | \psi \rangle, \quad C_2 = \langle K_2 | \psi \rangle$$

とする．すると，(11.49)の方程式から

$$C_1 = \frac{1}{\sqrt{2}}(C_+ + C_-), \quad C_2 = \frac{1}{\sqrt{2}}(C_+ - C_-) \tag{11.50}$$

となる．このとき，(11.48)の方程式は

$$i\frac{dC_1}{dt} = 2AC_1, \quad i\frac{dC_2}{dt} = 0 \tag{11.51}$$

と表わされる．この方程式系の解は

$$C_1(t) = C_1(0)e^{-i2At}, \quad C_2(t) = C_2(0) \tag{11.52}$$

で与えられる．もちろん，ここで $C_1(0)$ と $C_2(0)$ とは $t=0$ における振幅である．

これらの式は，仮に1個の中性K粒子が時刻 $t=0$ において，状態 $|K_1\rangle$ から出発するとしたときには，[そのとき，$C_1(0)=1$, $C_2(0)=0$ である．] 時刻 t におけるそれらの振幅が

$$C_1(t) = e^{-i2At}, \quad C_2(t) = 0$$

であるということをいっているわけである．

A が複素数であることを思いおこすと，$2A=\alpha-i\beta$ と書いておくと便利である．($2A$ の虚数部分は負であることが分るので，それを**マイナス** $\boldsymbol{i\beta}$ と書くのである．) これを代入すると，$C_1(t)$ は

$$C_1(t) = C_1(0)e^{-\beta t}e^{-i\alpha t} \tag{11.53}$$

となる．時刻 t において，K_1 粒子を発見する確率は，この振幅の絶対値の2乗であり，それは $e^{-2\beta t}$ である．このことは，$|K_1\rangle$ 状態にあるK粒子をつくったとすると，K_1 をその同じ状態に発見する確率が時間とともに指数関数的に減少し——しかも，K粒子が $|K_2\rangle$ 状態に発見されることは絶対にないということを意味している．それはどこにいってしまったのだろうか．K_1 粒子は平均寿命 $\tau=1/2\beta$ で，2個のパイ中間子にこわれてしまうのである．なお，この平均寿命は実験的には 10^{-10} 秒である．A が複素数であるといったのは，そのための用意であったのである．

一方，(11.52)によると，K粒子を完全に K_2 状態にしておいたときには，それは永久にそのままの状態にとどまるというわけである．ところが，それは本当は正しくない．K_2 は**3個**のパイ中間子に崩壊す

ることが実験的に観測されている．しかし，それはこれまで述べてきた2個のパイオンへの崩壊よりも600倍もゆっくりとおきる．したがって本当は，われわれの近似では無視した他の小さい項が存在している．しかし，2-パイオン崩壊だけを考えている限りは，K_2の状態はそのまま“永久に”続くのである．

さて，ゲルマンとパイスの話を終わらせることにしよう．彼らはさらに続けて，K粒子が**強い相互作用によって**，**Λ^0に伴って**生成されるときにはどうなるかを考える．このときは，K粒子は$+1$の奇妙さをもっていなければならないから，それはK^0状態でつくられなければならない．したがって，$t=0$においては，それはK_1でもK_2でもなく，それらが**混じり合ったもの**である．このときの初条件は

$$C_+(0) = 1,\quad C_-(0) = 0$$

である．このことは――(11.50)から――

$$C_1(0) = \frac{1}{\sqrt{2}},\quad C_2(0) = \frac{1}{\sqrt{2}}$$

であることを意味しており，また――(11.52)から――

$$C_1(t) = \frac{1}{\sqrt{2}}e^{-\beta t-i\alpha t},\quad C_2(t) = \frac{1}{\sqrt{2}} \tag{11.54}$$

であることを意味している．ここでK_1とK_2とは，それぞれK^0と$\overline{K}^0$の線形結合であることを思い出してほしい．(11.54)の場合，$t=0$では$\overline{K}_0$の振幅のほうは干渉によって相殺してしまい，K^0の状態だけが残るように選ばれている．ところが，$|K_1\rangle$状態は**時間とともに変化し**，そして$|K_2\rangle$状態は変化し**ない**．$t=0$より後の時刻では，C_1とC_2の干渉によって，K^0と$\overline{K}^0$の振幅の両方とも有限の値をもつことになるわけである．

このことは何を意味しているであろうか．まえにもどって，図11-5にスケッチした実験を考えてみることにしよう．π^-中間子がΛ^0粒子とK^0中間子をつくる．そうしてできたK^0は泡箱の水素のなかをピューと飛んでゆく．進むにつれて，そのK^0は小さいが一様なチャンスでもって水素分子と衝突する．ちょっと考えると，奇妙さの保存則があるために，そのような相互作用によってK^0がΛ^0をつくることは禁止されるように思われる．ところが，それは正しくないことが分る．なぜかというと，われわれのK粒子は――Λ^0をつくれない――K^0として**出発する**けれども，それはそのままの状態にとどまってはいないのである．しばらくすると，K^0の状態が$\overline{K}^0$の状態に変化する**振幅**が存在する．したがって，K粒子の飛跡に沿って，Λ^0がつくられるのをみることを期待することができるわけである．この出来事がおきるチャンスは，振幅C_-によって与えられる．このC_-を，((11.50)にもどって，これを利用することにより)C_1およびC_2と関係づけることができる．それは

$$C_- = \frac{1}{\sqrt{2}}(C_1-C_2) = \frac{1}{2}(e^{-\beta t}e^{-i\alpha t}-1) \tag{11.55}$$

である．われわれのK粒子が，進行するにつれて，$\overline{\mathrm{K}}^0$ の“ように行動する”確率は $|C_-|^2$ に等しい．そしてそれは

$$|C_-|^2=\frac{1}{4}(1+e^{-2\beta t}-2e^{-\beta t}\cos\alpha t) \qquad (11.56)$$

で与えられる．何という複雑かつ変てこな結果なこと．

こうして，ゲルマンとパイスとは次のような注目すべき予測をした．すなわち，1個の K^0 がつくられると，それが $\overline{\mathrm{K}}^0$ に転化する――このことは Λ^0 をつくれることにより証明できる――チャンスは，(11.56)にしたがって時間とともに変化するというのである．この予測は全くの論理と，量子力学の基本原理とだけを用いてえられたものであって――K粒子の内部構造の作用に関する知識を全く使っていない．そのような内部機構については，だれも何も知らないのであるから，上の予測がゲルマンとパイスの到達しうる限界であった．彼等は α と β に対して，それらの理論値を与えることはできなかった．しかもそれは，こんにちにいたるまで，だれにもできなかったことである．彼等は，実験によって観測された2個のパイへの崩壊の割合から，β についてはその値($2\beta=10^{10}$ 秒)をうることができたが，α に関してはなにもいうことができなかった．

図11-6は，α の二つの値に対して，(11.56)の関数を図示したものである．図をみると，その関数の形が α の β に対する比によって非常に変わることが分る．どちらの場合も，はじめは $\overline{\mathrm{K}}^0$ の確率は0であるが，それからあとで立ちあがってくる．α が大きいときには，その確率は大きく振動する．α が小さいときには，ほとんど振動しないか，あるいは全く振動しない――このときには，確率の値が1/4になるまで滑らかに上昇してゆく．

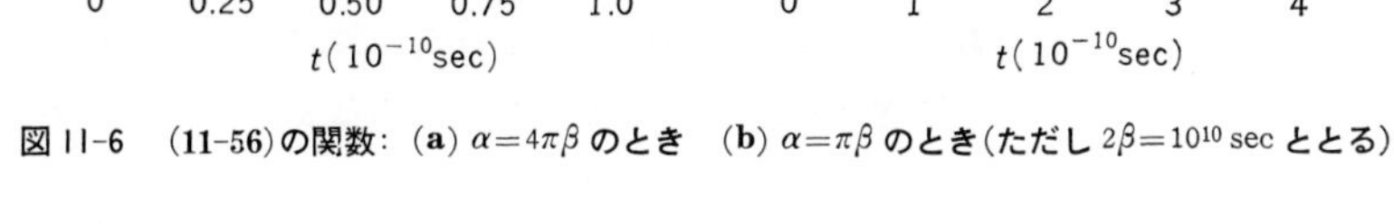

図11-6　(11-56)の関数：(a) $\alpha=4\pi\beta$ のとき　(b) $\alpha=\pi\beta$ のとき(ただし $2\beta=10^{10}$ sec ととる)

さて，典型的なK粒子は，光速に近い一定のスピードで走るのである．このとき，図11-6の曲線は $\overline{\mathrm{K}}^0$ を観測する飛跡――その典型的なものの長さは数センチメートルである――に沿っての確率を表わしている．これをみれば，この予測がきわめて特異なものであるという理由が分るであろう．1個の粒子が生成されると，それはこわれることなく何か別のものになってしまう．それはときにこわれることもあるが，そうでないときには別種の粒子に転化してしまうのである．その

効果をもたらす特徴のある確率が，粒子の進行にともなって奇妙な具合に変化する．自然界にこれに似たものはほかには存在しない．しかも，このもっとも注目に値する予測が，振幅の干渉に関する議論だけからなされたのである．

量子力学の主要原理をもっとも純粋なやり方で検証しうる機会がどこかにあるとすれば，それは振幅の重ね合わせの原理が成立するか否かということであろう．まさに，この話はそれなのである．この効果はもう何年もまえに予測されたことであるにもかかわらず，まだ明確な実験的結果はえられていない．α が0ではないことと，その効果が実際に存在することを示す大雑把な結果だけはえられている．それらの実験によると，α は 2β と 4β の間にある．実験的に分っていることはこれで全部である．奇妙な粒子のような不可思議な世界においても——それがなぜこわれるか，その理由も知らず，また奇妙さの本質も分らないにもかかわらず——重ね合わせの原理が実際に成立しているかどうかを，上の曲線を正確に検証することによって知ることができれば，それは素晴しいことである．

奇妙な粒子の理解のための研究に量子力学を利用する方法として，上に述べた解析法は非常に特徴のある方法である．諸君が聞く機会があるかも知れない複雑な理論というのは，——重ね合わせの原理とか，これと同一レベルの量子力学のほかの原理を用いる——この種の初等的なごまかし以上でも以下でもない．β や α を計算できる，あるいは少なくとも β を与えて α を求めることのできる理論をつくったと主張している人もあるが，これらの理論は全く無用の長物にすぎない．例えば，β を与えて α の値を予測する理論によると，その α の値は無限大であるというのである．彼等の出発点の方程式系は2個のパイ中間子を含んでおり，その2個のパイ中間子が K^0 にもどる，そして何々などという．これを全部計算し終えると，ここでえた方程式によく似た1対の方程式系が実際に出てくる．しかし，2π の状態には，それらの運動量に依存する無限個の状態が存在しているため，それらの可能性のすべてについての和をとると，無限大の α がえられる．しかし，自然における α は無限大では**ない**．したがって，力学的な理論は間違っているのである．注目すべきことは，奇妙な粒子の世界で**いやしくも**予測しうる現象はどれもみな，諸君がいま学んだレベルの量子力学の原理から出てくるものだけであるということである．

11-6　N 状態系への一般化

2状態系について話したいと思っていたことは，これでもう全部終わった．これから後の章では，もっと多くの状態をもつ系を調べることにする．2状態系に対してやってきた考え方を N 状態系に拡張するのは，ほとんど一筋道である．それはこんな具合にやるのである．

体系が異なる状態を N 個もっているとき，任意の状態 $|\psi(t)\rangle$ は，任意の基本状態系 $|i\rangle$ の線形結合として表わすことができる．ここで，

$i=1, 2, \cdots, N$ である．すなわち，

$$| \psi(t) \rangle = \sum_{\text{all } i} | i \rangle C_i(t) \qquad (11.57)$$

である．ここで係数 $C_i(t)$ は振幅 $\langle i|\psi(t)\rangle$ である．振幅の時間依存性は，方程式

$$i\hbar\frac{dC_i(t)}{dt} = \sum_j H_{ij}C_j(t) \qquad (11.58)$$

によって規定される．ここで行列 H_{ij} は，いま考えている問題の物理を記述するものである．(11.58)の方程式は 2 状態系の場合の方程式と同じもののようにみえる．しかし，いまの場合には，i と j とは両方とも N 個のすべての基本状態上にわたるものでなければならない．したがって，エネルギー行列 H_{ij} は——あるいは，そのほうがよければ，ハミルトニアンは——N^2 個の数からなる N 行 N 列の行列である．まえと同様に——粒子がなくなってしまわないかぎり——$H_{ij}{}^*=H_{ji}$ であり，そしてその対角線要素 H_{ii} は実数である．

エネルギー行列が一定値(時間 t に依存しない)をもっているときには，2 状態系の C の一般解を求めることができた．H が時間によらないときには，N 状態系の方程式を解くことも難しいことではない．その振幅がすべて**同じ**時間依存性をもつ場合に可能な解を求めることから話をはじめることにしよう．いま試みに

$$C_i = a_i e^{-(i/\hbar)Et} \qquad (11.59)$$

とおく．これらの C_i を(11.58)に代入すると，微係数 $dC_i(t)/dt$ はちょうど$(-i/\hbar)EC_i$ となる．すべての項から共通の指数関数の因子を除いてしまうと

$$Ea_i = \sum_j H_{ij}a_j \qquad (11.60)$$

をうる．これは，N 個の未知数 $a_1, a_2, \cdots, a_N$ に対する N 個の線形代数方程式である．そして，運がよければ——つまり，すべての a の係数の行列式が 0 になっていれば——そのときにだけ解が存在する．しかし，そんな気取ったことをいう必要はない．どんな方法であろうと，好きなやり方で解きはじめればよいのである．そうすると，この方程式系は，E がある特定の値をもつときに限って，解をもつことが分るだろう．(E は，方程式に含まれている唯一の調整可能な量であることに注意されたい．)

しかし，正式なやり方をしたければ，こうやったらよい．(11.60)は次のように書くことができる．

$$\sum_j (H_{ij}-\delta_{ij}E)a_j = 0. \qquad (11.61)$$

すると——仮に諸君がそれを知っているものとすると——これらの方程式は，

$$\mathrm{Det}(H_{ij}-\delta_{ij}E) = 0 \qquad (11.62)$$

をみたすような E の値に対してのみ，解をもっているという定理を利用することができる．各対角線要素から E を引くということを別にすれば，この行列式の各項は H_{ij} そのものにほかならない．すなわち，

(11.62)は次のことを意味している.

$$\mathrm{Det}\begin{bmatrix} H_{11}-E & H_{12} & H_{13} & \cdots \\ H_{21} & H_{22}-E & H_{23} & \cdots \\ H_{31} & H_{32} & H_{33}-E & \cdots \\ \cdots & \cdots & \cdots & \cdots \end{bmatrix} = 0. \quad (11.63)$$

これはもちろん，Eに関する代数方程式の特殊な書き方であって，ある種の規則でつくられる各項の積のかたまりの和である．そして，これらのそれぞれの積は，EからE^Nまでのあらゆるベキを含んでいる．

したがって，N次の多項式が0に等しいということになり，この方程式は一般にはN個の根をもっている．(しかし，それらの根のうちのあるものは多重根になっているかも知れないことに注意する必要がある——多重根とは，2個またはそれ以上の根が等しくなっていることを意味している.) このN個の根を

$$E_{\mathrm{I}}, E_{\mathrm{II}}, E_{\mathrm{III}}, \cdots, E_{\mathbf{n}}, \cdots, E_{\mathbf{N}} \quad (11.64)$$

と書くことにする．(ここで$\mathbf{n}$をn番目のローマ数字を表わすのに用いることにする．したがって，$\mathbf{n}$はI, II, …, $\mathbf{N}$の値をとるわけである.) これらのエネルギーのうちのあるものは等しい値をもっているかも知れない——たとえば，$E_{\mathrm{II}}=E_{\mathrm{III}}$であるかも知れない——しかしそれでも，いまはそれらに別の名前をつけておくことにする．

方程式(11.60)——あるいは(11.61)——は，それぞれのEの値に対して1組の解をもっている．Eの任意の一つ——例えば$E_{\mathbf{n}}$を(11.60)に代入して，a_iに関して解を求めると，エネルギー$E_{\mathbf{n}}$に属する1組の解がえられる．その組を$a_i(\mathbf{n})$と書くことにする．

これらの$a_i(\mathbf{n})$を(11.59)に代入すると，そのエネルギーをもつ状態が基本状態$|i\rangle$に存在する振幅$C_i(\mathbf{n})$をうることができる．いま，$|\mathbf{n}\rangle$を時刻$t=0$において，その決ったエネルギー$E_{\mathbf{n}}$をもつ状態ベクトルであるとすると，

$$C_i(\mathbf{n}) = \langle i\,|\,\mathbf{n}\,\rangle e^{-(i/\hbar)E_{\mathbf{n}}t} \quad (11.65)$$

と書ける．ここで

$$\langle i\,|\,\mathbf{n}\,\rangle = a_i(\mathbf{n})$$

である．すると，ある決ったエネルギーをもつ完全な状態$|\psi_{\mathbf{n}}(t)\rangle$は

$$|\,\psi_{\mathbf{n}}(t)\,\rangle = \sum_i |\,i\,\rangle a_i(\mathbf{n}) e^{-(i/\hbar)E_{\mathbf{n}}t},$$

または

$$|\,\psi_{\mathbf{n}}(t)\,\rangle = |\,\mathbf{n}\,\rangle e^{-(i/\hbar)E_{\mathbf{n}}t} \quad (11.66)$$

と書くことができる．状態ベクトル$|\mathbf{n}\rangle$は決ったエネルギーの状態の配置を記述するものであるが，その時間依存性は除去してある．したがって$|\mathbf{n}\rangle$は，希望すれば新しい基本状態系として利用できる時間的に一定のベクトルである．

それぞれの状態$|\mathbf{n}\rangle$は——容易に示すことができるように——ハミルトニアン演算子$\hat{H}$をそれに作用すると，ちょうど$E_{\mathbf{n}}$にそれと同じ状態を掛けたものになる．すなわち，

$$\hat{H}|\,\mathbf{n}\,\rangle = E_{\mathbf{n}}|\,\mathbf{n}\,\rangle \quad (11.67)$$

という性質をもっている．

そうすると，エネルギー $E_{\mathbf{n}}$ はハミルトニアン演算子 $\hat{H}$ の特性を反映している数値であるということになる．これまでみてきたように，ハミルトニアンは一般に，いくつかの特定のエネルギーをもっている．数学者の世界では，これらを行列 H_{ij} の“特性値”(characteristic values)とよんでいる．物理学者は普通それを，$\hat{H}$ の“固有値”(eigen-values)とよんでいる．(ここで“Eigen”とは，“characteristic”とか“proper”のドイツ語である．) $\hat{H}$ のそれぞれの固有値に対して——いいかえると，それぞれのエネルギーに対して——決ったエネルギーの状態が存在する．これは，これまでわれわれが“定常状態”とよんできたものである．物理屋は普通，状態 $|\mathbf{n}\rangle$ を $\hat{H}$ の“固有状態”(eigen-states)というのである．各固有状態は特定の固有値 $E_{\mathbf{n}}$ に対応している．

さて，一般に状態 $|\mathbf{n}\rangle$——これは N 個存在する——を，基本状態の組として利用することもできる．このことが本当なら，これらの状態はみんなたがいに直交していなければならないわけである．ということは，それらの状態のうちの任意の二つに対して，例えば $|\mathbf{n}\rangle$ と $|\mathbf{m}\rangle$ に対して

$$\langle \mathbf{n} \,|\, \mathbf{m} \rangle = 0 \tag{11.68}$$

が成立していなければならないことを意味している．この関係は，エネルギーの値がみんな違っているときには自動的に成立している．また，すべての $a_i(\mathbf{n})$ に適当な因子を掛けることによって，すべての状態を規格化することもできる．規格化されているというのは，すべての $\mathbf{n}$ に対して

$$\langle \mathbf{n} \,|\, \mathbf{n} \rangle = 1 \tag{11.69}$$

であるということである．

偶然，(11.63)の2個(あるいは，それ以上)の根が同一のエネルギーをもっているときには，第二義的な意味でのややこしいことが出てくる．まず第1に，二つのエネルギーの値が同じであっても，a_i に関しては二つの別の異なる組になっている．しかし，それらの与える状態は直交して**いない**のである．仮に，普通の手続きにしたがって，等しいエネルギーをもつ二つの定常状態をみつけることができたとする——それらの定常状態を $|\mu\rangle$ および $|\nu\rangle$ ということにしよう．このとき運がわるければ，これらの状態は必ずしも直交していない．つまり，

$$\langle \mu \,|\, \nu \rangle \neq 0$$

である．しかし本当は，いつでも，同じエネルギーをもっていて，たがいに直交しているような $|\mu'\rangle$ および $|\nu'\rangle$ という二つの新しい状態を構成することができる．したがって

$$\langle \mu' \,|\, \nu' \rangle = 0. \tag{11.70}$$

こうするには，(11.70)が成立するように係数をうまく選んで，$|\mu\rangle$ と $|\nu\rangle$ の適当な線形結合をつくればよい．いつでもこうしておいたほうが都合がよい．これからは一般に，固有エネルギー状態 $|\mathbf{n}\rangle$ はみんな

たがいに直交していると仮定できるように，こういうことをすでにやってしまったものとする．

二つの定常状態が異なるエネルギーをもっているとき，それらが実際に直交していることを証明しておくのもおもしろいだろう．エネルギー $E_{\mathbf{n}}$ をもつ状態 $|\mathbf{n}\rangle$ に対して，

$$\hat{H}|\,\mathbf{n}\,\rangle = E_{\mathbf{n}}|\,\mathbf{n}\,\rangle \tag{11.71}$$

が成立する．この演算子の方程式は，本当は数値の間に一つの方程式が成立することを意味している．そこで，欠けている部分をおぎなうと，

$$\sum_j \langle\, i\,|\hat{H}|\, j\,\rangle\langle\, j\,|\,\mathbf{n}\,\rangle = E_{\mathbf{n}}\langle\, i\,|\,\mathbf{n}\,\rangle \tag{11.72}$$

となり，これは(11.71)と同じことを意味している．この方程式の複素共役をとると

$$\sum_j \langle\, i\,|\hat{H}|\, j\,\rangle^*\langle\, j\,|\,\mathbf{n}\,\rangle^* = E_{\mathbf{n}}^*\langle\, i\,|\,\mathbf{n}\,\rangle^* \tag{11.73}$$

をうる．ここで，一つの振幅の複素共役はその逆過程の振幅であることを思いだすと，(11.73)は次のように書きなおせる．

$$\sum_j \langle\,\mathbf{n}\,|\, j\,\rangle\langle\, j\,|\hat{H}|\, i\,\rangle = E_{\mathbf{n}}^*\langle\,\mathbf{n}\,|\, i\,\rangle. \tag{11.74}$$

この方程式は**任意の** i に対して成立するから，これを“省略した形”は

$$\langle\,\mathbf{n}\,|\hat{H} = E_{\mathbf{n}}^*\langle\,\mathbf{n}\,| \tag{11.75}$$

と表わされ，この式は(11.71)の**共役**(adjoint)とよばれる．

さて，$E_{\mathbf{n}}$ が実数であることを証明するのは簡単である．(11.71)に $\langle\mathbf{n}|$ を掛けると，$\langle\mathbf{n}|\mathbf{n}\rangle=1$ であるから，

$$\langle\,\mathbf{n}\,|\hat{H}|\,\mathbf{n}\,\rangle = E_{\mathbf{n}} \tag{11.76}$$

をうる．一方，(11.75)に右から $|\mathbf{n}\rangle$ を掛けると

$$\langle\,\mathbf{n}\,|\hat{H}|\,\mathbf{n}\,\rangle = E_{\mathbf{n}}^* \tag{11.77}$$

となる．(11.76)と(11.77)とを比較すると明らかに

$$E_{\mathbf{n}} = E_{\mathbf{n}}^* \tag{11.78}$$

であり，これは $E_{\mathbf{n}}$ が実数であることを意味している．したがって，(11.75)の $E_{\mathbf{n}}$ の上の星印は消してしまうことができるわけである．

最後に，異なるエネルギーをもつ状態が直交することを示す用意ができた．いま，$|\mathbf{n}\rangle$ と $|\mathbf{m}\rangle$ を異なるエネルギーをもつ基本状態であるとする．(11.75)を状態 $|\mathbf{m}\rangle$ に対して用い，それに $|\mathbf{n}\rangle$ を掛けてやる．すると

$$\langle\,\mathbf{m}\,|\hat{H}|\,\mathbf{n}\,\rangle = E_{\mathbf{m}}\langle\,\mathbf{m}\,|\,\mathbf{n}\,\rangle$$

をうる．一方，(11.71)に $\langle\mathbf{m}|$ を掛けると

$$\langle\,\mathbf{m}\,|\hat{H}|\,\mathbf{n}\,\rangle = E_{\mathbf{n}}\langle\,\mathbf{m}\,|\,\mathbf{n}\,\rangle$$

となる．これらの2式の左辺は相等しいから，右辺もまた等しい．すなわち

$$E_{\mathbf{m}}\langle\,\mathbf{m}\,|\,\mathbf{n}\,\rangle = E_{\mathbf{n}}\langle\,\mathbf{m}\,|\,\mathbf{n}\,\rangle$$

である．$E_{\mathbf{m}} = E_{\mathbf{n}}$ の場合は，この方程式は何も表わしていない．しかし，二つの状態 $|\mathbf{n}\rangle$ と $|\mathbf{m}\rangle$ のエネルギーが**違っている**($E_{\mathbf{m}} \neq E_{\mathbf{n}}$)とき

には，(11.79)から$\langle \mathbf{m}|\mathbf{n}\rangle$は0でなくてはならないということになる．これが証明したかったことである．二つの状態は，$E_{\mathbf{n}}$と$E_{\mathbf{m}}$とが数値的に異なっている限りにおいて，必然的に直交しているのである．

第12章
水素原子の超微細構造

12-1　2個のスピン1/2の粒子からなる体系の基本状態

本章では，水素原子の“超微細構造”の問題をとりあげることにする．というのは，この問題はこれまでやってきた量子力学の物理的に極めて興味深い例題となっているからである．これは，2状態系より多くの状態をもつ一例であり，またそれは，量子力学をやや複雑な問題に適用する方法を説明するのに役立つからである．それは十分に複雑であるため，ひとたびこの問題の扱い方を理解すれば，諸君はただちに，あらゆる種類の問題へ一般化する方法を知ることができるのである．

周知のように，水素原子は陽子とその近傍にある電子とから構成されている．そしてその電子は，多くの離散的なエネルギーをもつ状態のうちのどれか一つの状態に存在している．そして，それぞれの状態で，電子の運動のパターンは相違している．例えば，最初の励起状態は，基底状態から1リードベルグの3/4，あるいは約10電子ボルトばかり上のところにある．ところが，電子や陽子はスピンをもっている．そのため，いわゆる水素原子の基底状態といわれている状態でさえ，本当は単一の決ったエネルギーをもつ状態ではない．これらのスピンが原因となって，そのエネルギー準位に“超微細構造”を生じるのである．これは，すべてのエネルギー準位をいくつかのほとんど等しいエネルギーをもつ準位に分裂させるという現象である．

電子のスピンは“上向き”か“下向き”のどちらかであり，また“陽子のスピン”も“上向き”か“下向き”のどちらかの方向を向いている．したがって，原子のそれぞれの力学的状態に対して，可能なスピン状態が**4個**存在するということになる．すなわち，水素原子の“基底状態”といっているときには，それは本当は“4個の基底状態”を意味しているのであって，本当にエネルギーの一番低い状態そのもののことをいっているのではない．これらの4個のスピン状態は正確に同一のエネルギーをもっているわけではなくて，スピンがないとしたときに期待されるエネルギーからほんの少しばかりずれている．しかし，そのずれは10電子ボルトよりもずっとずっと小さくて，基底状態からすぐ隣りの励起状態へのエネルギーに比較してずっと小さなものである．その結果，それぞれの力学的状態のエネルギーは，非常に接近したエネルギー準位の組に分裂しているわけである――つまり，いわゆる**超微細構造**をもっている．

この章で計算しようというのは，これらの4個のスピン状態の間のエネルギー差である．この超微細構造を生ずる原因は，電子と陽子のもつ磁気モーメントの間の相互作用である．つまり，この相互作用が，各スピン状態に対して少しばかり異なる磁気的エネルギーを与えるのである．これらのエネルギーのずれの大きさは，わずかに1電子ボルトの約1000万分の1の程度にすぎない——それは10ボルトと比較すると，全くもって小さなものである．われわれが水素の基底状態を，本当はより高いエネルギーの状態がたくさんあるのに，それを考慮することなく“4状態”系として考えることができるのは，この大きなギャップが存在するためである．ここでは話を，水素原子の基底状態の超微細構造の研究に限ることにする．

この目的のためには，電子や陽子の**位置**についての詳しい知識をもっている必要はない．なぜなら，原子自身がそれをもうやってしまっているからである——つまり，いわゆる原子が基底状態にはいっているということによって，すでに原子がそれをやってしまっている．したがって，われわれの知っている必要のあるのは，電子と陽子とがある決った空間的関係をもってたがいにその近傍に存在しているということだけである．その上にさらに加えて，電子と陽子とは，それらのスピンに関して色々な相対的な方向をとることができるというわけである．そして，われわれが調べたいのは，このスピンの効果だけである．

われわれが答えなければならない第1の問題点は，この体系の**基本状態**は何かということである．しかし，こういう問題の提起の仕方は間違っている．そんな“**決った**”基本状態などというものは存在しない．なぜなら，選びうる基本状態の組は一義的なものではないからである．古い組の線形結合をつくることによって，いつでも新しい組をつくり出すことができるからである．しかもそれらの組のどれをとってもよい．したがって問題は，何が**決った**基本系であるかということではなく，何を基本状態の組ととることが**できるか**ということである．われわれは，われわれ自身の都合で，どの基本系を選んでもよい．普通には，**物理的意味**が一番はっきりしている基本状態系からスタートするのがもっともよい．それはどの問題の解になっているわけでも，また何ら**直接的な**重要性をもつわけでもないかも知れないが，しかしそれは一般に，これからやることの理解を容易にするのである．

4個の基本状態として，次の状態を採用することにする．

状態1:　電子と陽子のスピンが両方とも“上向き”．

状態2:　電子のスピンは“上向き”で，陽子のそれは“下向き”．

状態3:　電子のスピンは“下向き”で，陽子のそれは“上向き”．

状態4:　電子と陽子のスピンが両方とも“下向き”．

これらの四つの状態を表わす簡潔な記号が必要であるから，これらを次のように表わすことにする．

状態1:　$|++\rangle$;　電子**上**向き，陽子**上**向き．
状態2:　$|+-\rangle$;　電子**上**向き，陽子**下**向き．
状態3:　$|-+\rangle$;　電子**下**向き，陽子**上**向き．　　(12.1)
状態4:　$|--\rangle$;　電子**下**向き，陽子**下**向き．

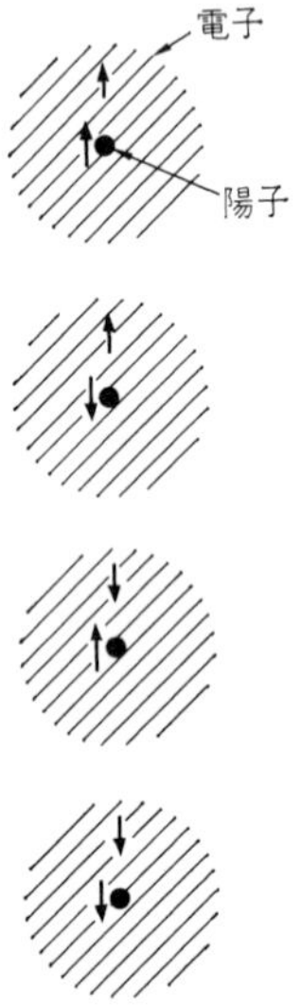

図12-1　水素原子の基底状態に対する基本状態の組

ここで，**はじめの**プラスやマイナスの記号は電子に対するものであり，**2番目の**は陽子に対するものであることを憶えておいてもらいたい．この記法を便宜的にまとめて書いたのが，図12-1である．これらの状態を，$|1\rangle$, $|2\rangle$, $|3\rangle$, $|4\rangle$ とよんだほうが，ときに便利なこともあろう．

諸君はこういうかも知れない．“しかし，粒子は相互作用をしていて，おそらくそれらは正しい基本状態になっていないのではないか．それはあたかも，2粒子が相互作用をせず，独立であると考えているように聞える”と．そう，その通りである．相互作用は，系の**ハミルトニアン**が何かという問題をもち出してくる．しかし，相互作用の問題は，系をどのように**記述する**かという問題とは別問題である．基本状態をどう選ぶかということは，その次に何がおきるかということとは関係ない．たとえその基本状態からスタートしても，原子はこれらの基本状態の一つに永久に**とどまる**というわけにはいかないかも知れない．ここにもう一つ別の問題がある．それは，ある特定の(固定した)基本状態のもとにおいて，その振幅が時間とともにどのように変化するかという問題である．基本状態系を選ぶに当っては，われわれの記述に対する“単位ベクトル系”を選んでいるわけである．

いまの主題にはいる前に，1個以上の粒子がある場合の基本状態系をみつける一般的方法について述べておこう．1個の粒子に対する基本状態系については，諸君はすでに知っている．例えば電子は，現実に——簡単化された場合ではなく，現実の世界において——次のような状態のそれぞれに存在する振幅を与えることによって，完全に記述される．

$$|\text{運動量}\,\boldsymbol{p}\,\text{をもつスピン“上向き”の電子}\rangle,$$

あるいは

$$|\text{運動量}\,\boldsymbol{p}\,\text{をもつスピン“下向き”の電子}\rangle.$$

本当はこのように，二つの無限個の状態からなる組が存在し，それぞれの $\boldsymbol{p}$ の値に対して1個の状態が存在する．すなわち，1個の電子の状態は，あらゆる振幅

$$\langle +, \boldsymbol{p}\,|\,\psi\rangle \quad \text{および} \quad \langle -, \boldsymbol{p}\,|\,\psi\rangle$$

を知っていれば完全に記述される．ここで＋と－とは，ある軸——普通は z 軸——に沿う方向の角運動量の成分を表わしている．また $\boldsymbol{p}$ はベクトルとしての運動量である．したがって，すべての可能な運動量に対して二つの振幅が存在しなくてはならないということになる(つまり，基本状態の多重の無限個の組の存在)．これが，1個の電子を記述するのに必要なすべてである．

粒子が1個以上あるときにも，同じような方法で基本状態系を書くことができる．例えば，1個の電子と1個の陽子が，現在考えているよりももっと複雑な状況のもとにあるときには，その基本状態系というのは，次のようなたぐいのものである．

|運動量 $\boldsymbol{p}_1$ で動いているスピン"上向き"の電子と，
運動量 $\boldsymbol{p}_2$ で動いているスピン"下向き"の陽子⟩.

他のスピンの向きの組み合わせの場合も同様である．粒子が2個以上あるときにも――同じ考え方でやればよい．したがって，**可能な**基本状態系を書きおろすのは，実際には極めて容易なことであることが分る．問題はただ，そのハミルトニアンは何かということである．

いまのように水素の基底状態を調べようとするときには，色々の運動量の値に対する基本状態系の組の全体を用いる必要はない．われわれが"基底状態"といっているときには，すでに陽子と電子に対して，その特別な運動量の状態を規定してしまっているのである．その配置の詳しいこと――つまり，運動量に関するすべての基本状態に対する振幅――を計算することは可能ではあるが，それはいまの問題とは別の問題である．われわれはいまは，スピンの効果にだけ関心をもっているのであるから，(12.1)の4個の基本状態だけをとったらよいのである．したがって次の問題は，この状態の組に対するハミルトニアンは何かということになるわけである．

12-2　水素原子の基底状態に対するハミルトニアン

問題のハミルトニアンがどんなものかについては，すぐに述べる．しかしそのまえにまず，諸君に一つのことを思い出してもらわなければならない．それは任意の状態が，つねに基本状態の線形結合として書くことができるということである．すなわち，任意の状態 $|\psi\rangle$ に対して

$$
\begin{aligned}
|\psi\rangle = {} & |++\rangle\langle++|\psi\rangle + |+-\rangle\langle+-|\psi\rangle \\
& + |-+\rangle\langle-+|\psi\rangle + |--\rangle\langle--|\psi\rangle
\end{aligned} \tag{12.2}
$$

と書くことができる．ここで完成したブラ・ケットは普通の複素数であるから，これらを通常のように C_i と書くこともできる．ここで $i=1, 2, 3$ または4であり，したがって(12.2)を

$$
|\psi\rangle = |++\rangle C_1 + |+-\rangle C_2 + |-+\rangle C_3 + |--\rangle C_4 \tag{12.3}
$$

と書くことができる．四つの振幅 C_i を与えれば，スピン状態 $|\psi\rangle$ は完全に記述されるわけである．これらの4個の振幅が時間とともに変化するときには，諸君の思っている通りに，その時間的変化の割合は演算子 $\hat{H}$ によって与えられる．問題は，そのハミルトニアンを見つけることである．

原子系のハミルトニアンを書きおろすための一般的規則というものがあるわけではない．そして，その正しい表式をみつけるのは，基本状態の組をみつけるよりも，より芸術的な側面をもっているのである．

陽子と電子からなる系に関する問題ならどんな場合にも，その基本状態の一組を書くための一般規則といったものを述べることはできる．しかし，そのような組み合わせ(電子と陽子)に対する一般的なハミルトニアンについてここで述べるのは，いまのレベルではちょっと難しすぎてできそうもない．そこでここでは，そうではなくて，ある発見的な議論にもとづいて，そのハミルトニアンを与えようというのである——そして，諸君はそれを正しいものとして受け入れる必要がある．なぜなら，それからえられる結果が実験的観測によるテストの結果と一致するからである．

表 12-1

$\sigma_z\|+\rangle = +\|+\rangle$
$\sigma_z\|-\rangle = -\|-\rangle$
$\sigma_x\|+\rangle = +\|-\rangle$
$\sigma_x\|-\rangle = +\|+\rangle$
$\sigma_y\|+\rangle = +i\|-\rangle$
$\sigma_y\|-\rangle = -i\|+\rangle$

前章において，1個のスピン 1/2 の粒子のハミルトニアンが，シグマ行列——または，それと正確に等価なシグマ演算子——を用いることによって記述できたことを憶えていると思う．その演算子の性質をまとめたものが表 12-1 である．これらの演算子は——これは$\langle +|\sigma_z|+\rangle$の型の行列要素にほかならないことを示す便利でかつ省略されたやり方であるが——スピン 1/2 の**単独の**粒子の行動を記述するのに有用なものであった．問題は，2個のスピンをもつ体系を記述するのに適していて，しかもこれに似た方法がみつけられるかということである．その答えはイエスであって，しかも，それは次に示すように非常に簡単なことである．ここで“シグマ電子”とよばれるものを発明することにする．これをベクトル演算子 $\boldsymbol{\sigma}^{\mathrm{e}}$ で表わし，x, y, z 成分 $\sigma_x^{\mathrm{e}}, \sigma_y^{\mathrm{e}}, \sigma_z^{\mathrm{e}}$ をもつものとする．ここで，これらのもののうちの一つを水素原子の4個の基本状態のどれかに演算するとき，それはあたかも電子がそれだけしかないときと全く同様に**電子の**スピンにのみ作用するものであると**約束**する．例として，$\sigma_y^{\mathrm{e}}|-+\rangle$ はどうなるかをやってみる．σ_y^{e} が“下向き”の電子に作用すると，“上向き”の電子の状態に $-i$ 倍したものになるから，

$$\sigma_y^{\mathrm{e}}|-+\rangle = -i|++\rangle$$

である．(σ_y^{e} を，電子と陽子の状態をひっつけた状態に作用すると，それは電子のスピンをひっくりかえすが，陽子には何もしないのである．そしてその結果に $-i$ を掛けることになる．) ほかの状態に作用すると，σ_y^{e} は

$$\sigma_y^{\mathrm{e}}|++\rangle = i|-+\rangle,$$
$$\sigma_y^{\mathrm{e}}|+-\rangle = i|--\rangle,$$
$$\sigma_y^{\mathrm{e}}|--\rangle = -i|+-\rangle$$

を与える．演算子 σ^{e} は**最初の**スピン記号にのみ——すなわち，**電子の**スピンにだけ——作用するものであることを，ここでしっかり記憶してもらいたい．

次に，これに対応して，陽子の場合の演算子“シグマ陽子”を定義することにする．その3個の成分 $\sigma_x^{\mathrm{p}}, \sigma_y^{\mathrm{p}}, \sigma_z^{\mathrm{p}}$ は $\boldsymbol{\sigma}^{\mathrm{e}}$ と同じように，**陽子の**スピンにだけ作用する．例えば，4個の基本状態のそれぞれに σ_x^{p} を作用させると——いつでも表 12-1 を用いることにより——次の結果がえられる．

$$\sigma_x^{\mathrm{p}}|++\rangle = |+-\rangle,$$
$$\sigma_x^{\mathrm{p}}|+-\rangle = |++\rangle,$$
$$\sigma_x^{\mathrm{p}}|-+\rangle = |--\rangle,$$
$$\sigma_x^{\mathrm{p}}|--\rangle = |-+\rangle.$$

これが難しいことではないことは，諸君にも分るであろう．

さて，もっとも一般の場合には，もっと複雑なものが出てくる．例えば，$\sigma_y^{\mathrm{e}}\sigma_z^{\mathrm{p}}$ のような二つの演算子の積があるとする．こんな積があるときには，まず右側の演算子のいっていることをやり，そのあとでもう 1 個の演算子がいっていることをやる†．例えば，

$$\sigma_x^{\mathrm{e}}\sigma_z^{\mathrm{p}}|+-\rangle = \sigma_x^{\mathrm{e}}(\sigma_z^{\mathrm{p}}|+-\rangle) = \sigma_x^{\mathrm{e}}(-|+-\rangle)$$
$$= -\sigma_x^{\mathrm{e}}|+-\rangle = -|--\rangle$$

となる．ここで，これらの演算子は純粋な数に対しては何もしないということに注意されたい——上式で $\sigma_x^{\mathrm{e}}(-1) = (-1)\sigma_x^{\mathrm{e}}$ と書いたとき，この事実を用いた．このことを，演算子は純粋な数と“交換”するとか，ただの数は演算子を“跳びこえて動かせる”という．練習のため，積 $\sigma_x^{\mathrm{e}}\sigma_z^{\mathrm{p}}$ を 4 個の状態に作用させたとき，次の結果がえられることを示しておくとよい．

$$\sigma_x^{\mathrm{e}}\sigma_z^{\mathrm{p}}|++\rangle = +|-+\rangle,$$
$$\sigma_x^{\mathrm{e}}\sigma_z^{\mathrm{p}}|+-\rangle = -|--\rangle,$$
$$\sigma_x^{\mathrm{e}}\sigma_z^{\mathrm{p}}|-+\rangle = +|++\rangle,$$
$$\sigma_x^{\mathrm{e}}\sigma_z^{\mathrm{p}}|--\rangle = -|+-\rangle.$$

各種の演算子を 1 度だけつかって，すべての可能な演算子をつくると，16 個の可能性が存在する．そう，**16 個**である——“単位演算子” $\hat{1}$ をも含めればである．まず，3 個の $\sigma_x^{\mathrm{e}}, \sigma_y^{\mathrm{e}}, \sigma_z^{\mathrm{e}}$ がある．それから，$\sigma_x^{\mathrm{p}}, \sigma_y^{\mathrm{p}}, \sigma_z^{\mathrm{p}}$ の 3 個．これで 6 個である．さらに，$\sigma_x^{\mathrm{e}}\sigma_y^{\mathrm{p}}$ の型の 9 個の可能性がある．これで全部で 15 個である．それにもう一つ，どんな状態をもそのまま変えることのない単位演算子がある．全部で 16 個である．

さて，4 状態系に対するハミルトニアン行列は，4 行 4 列の行列——その要素の数は 16 個である——でなければならないことに注意しよう．容易に分るように，任意の 4 行 4 列の行列は——したがって，とくにハミルトニアン行列は——いま上でつくった演算子の組に対応する 16 個の 2 重スピンの行列の線形結合によって書くことができる．したがって，スピンだけを含むような陽子と電子との間の相互作用に対するハミルトニアン演算子は，上と同じ 16 個の演算子の線形結合によって書き表わされると期待される．そこで残る問題はただ，それがどういう具合に表わされるかということである．

ところでまず，われわれは相互作用が座標軸の選び方によらないということを知っている．仮に，空間内にある一義的な方向を決定する——磁場のような——外部からの攪乱が存在しないとすると，ハミル

† この種の特殊な演算子の場合には，演算子の順序はどうでもよいことに注意されたい．

トニアンは，x 軸，y 軸および z 軸の方向の選び方に依存しえないわけである．このことは，ハミルトニアンが σ_x^e のみを含むような項をもちえないことを意味している．そんなことがあるとすると，話がおかしい．なぜなら，そうなっていれば，別の座標系にいる人は違った結果をうることになるからである．

そこで唯一の可能性は，単位行列をもつ項，例えば定数 a（掛ける $\hat{1}$）と，座標に依存しないシグマの組み合わせ——ある“不変”な組み合わせとだけである．二つのベクトルのただ一つの**スカラーの**不変な組み合わせはスカラー積であり，それはいまの σ の場合には

$$\boldsymbol{\sigma}^e\cdot\boldsymbol{\sigma}^p = \sigma_x^e\sigma_x^p+\sigma_y^e\sigma_y^p+\sigma_z^e\sigma_z^p \tag{12.4}$$

である．この演算子は，座標系の任意の回転に関して不変である．したがって，空間に固有の対称性を反映している唯一のハミルトニアンは，一定値に単位行列を掛けたものに，このスカラー積を加えたものだけであり，例えば，それは

$$\hat{H} = E_0+A\boldsymbol{\sigma}^e\cdot\boldsymbol{\sigma}^p \tag{12.5}$$

と表わされる．これがわれわれのハミルトニアンである．これこそ，**外場がない限り**，空間の対称性をみたす唯一のものである．(12.5)の定数項はたいしたことを与えない．それはエネルギーを測る原点のとり方に依存しており，$E_0=0$ととってもよい．第2項が，水素のエネルギー準位の分裂をみつけるのに必要なすべてを与える．

そうしたければ，このハミルトニアンに対して別の解釈の仕方をしてもよい．仮に磁気モーメント $\boldsymbol{\mu}_e$ と $\boldsymbol{\mu}_p$ とをもつ2個の磁石を接近しておいたとすると，その間の相互作用のエネルギーは——ほかのもののなかでもとくに——$\boldsymbol{\mu}_e\cdot\boldsymbol{\mu}_p$ に依存する．そしてまだ憶えていると思うが，$\boldsymbol{\mu}_e$ とよばれる古典的物理量は，量子力学においては $\mu_e\boldsymbol{\sigma}^e$ として現われてくる．同様に，古典論で $\boldsymbol{\mu}_p$ として現われてくるものは，量子力学では通常 $\mu_p\boldsymbol{\sigma}^p$ となる．（ここで μ_p は陽子の磁気モーメントであって，これは μ_e よりも小さく，その約1000分の1の程度の大きさであり，またその符号は電子のそれと反対である．）つまり，(12.5)の相互作用のエネルギーは，2個の磁石の間の相互作用のエネルギーによく似ている——ただ全く同じであるというわけではない．なぜなら，2個の磁石間の相互作用は，それらの間の空間的な距離に依存しているからである．しかし，(12.5)はある種の平均的な相互作用では**あり**うる——そして事実そうなのである．原子のなかで電子はそのまわりをぐるぐる回っている．それで上のハミルトニアンは，その平均の相互作用のエネルギーを与えているだけなのである．このハミルトニアンの意味していることは，電子と陽子の空間内での配置がすでに与えられているとき，古典的にいえば，2個の磁石のモーメントの間の角度の余弦に比例するエネルギーが存在するということだけである．このような古典的かつ定性的な描像をもつことは，この相互作用の由来の理解を助けることになるわけであるが，大事なことは，(12.5)がまさしく量子力学的な公式であるということである．

2個の磁石間の古典的な相互作用の大きさの程度は，2個の磁気モーメントの積を，それらの間の距離の3乗で割ったもので与えられる．水素原子内における電子と陽子の間の距離は，大雑把にいって，原子半径の半分程度，または0.5オングストロームの程度である．したがって荒っぽく評価して，定数 A の大きさは大体，二つの磁気モーメント μ_{e} と μ_{p} の積を1/2オングストロームの3乗で割ったものに等しい．このような評価をすると，近似的に正しい数値がえられる．A の値は，水素原子の完全な量子理論——これについてはまだやっていないが——が分れば正確に計算できる．実際その値は，100万分の約30の精度で計算されている．したがって，アンモニア分子のいったりきたりの定数 A とは違って，水素原子の定数 A はもっと詳しい理論から計算することが**できる**．しかし，心配しなくてもよい．いまの目的のためには，A は実験で決められる数値であると考えたらよいのであって，そうやって問題の物理を解析しようとしているのである．

ハミルトニアンとして(12.5)を採用し，それを方程式

$$i\hbar\dot{C}_i=\sum_j H_{ij}C_j \tag{12.6}$$

に適用することによって，このスピン相互作用がエネルギー準位に何をするかをみることができるわけである．それを実行するには，まず(12.1)の4個の基本状態のそれぞれの1対に対応する16個の行列要素 $H_{ij}=\langle i|H|j\rangle$ を求めておく必要がある．そのためにまず4個の基本状態のそれぞれに対して，$\hat{H}|j\rangle$ がどうなるかを計算することにしよう．それは例えば

$$\hat{H}|++\rangle=A\boldsymbol{\sigma}^{\mathrm{e}}\cdot\boldsymbol{\sigma}^{\mathrm{p}}|++\rangle=A\{\sigma_x^{\mathrm{e}}\sigma_x^{\mathrm{p}}+\sigma_y^{\mathrm{e}}\sigma_y^{\mathrm{p}}+\sigma_z^{\mathrm{e}}\sigma_z^{\mathrm{p}}\}|++\rangle \tag{12.7}$$

がどうなるかということである．それには少しまえに述べた方法を用いて——それは表12-1を憶えていればやさしいことであるが——σ の各1対を $|++\rangle$ に作用させたらどうなるかをみることである．その答えは

$$\begin{aligned}\sigma_x^{\mathrm{e}}\sigma_x^{\mathrm{p}}|++\rangle&=+|--\rangle,\\ \sigma_y^{\mathrm{e}}\sigma_y^{\mathrm{p}}|++\rangle&=-|--\rangle,\\ \sigma_z^{\mathrm{e}}\sigma_z^{\mathrm{p}}|++\rangle&=+|++\rangle\end{aligned} \tag{12.8}$$

である．したがって，(12.7)は

$$\hat{H}|++\rangle=A\{|--\rangle-|--\rangle+|++\rangle\}=A|++\rangle \tag{12.9}$$

となる．四つの基本状態はみなたがいに直交するから，これからただちに

$$\begin{aligned}\langle++|H|++\rangle&=A\langle++|++\rangle=A,\\ \langle+-|H|++\rangle&=A\langle+-|++\rangle=0,\\ \langle-+|H|++\rangle&=A\langle-+|++\rangle=0,\\ \langle--|H|++\rangle&=A\langle--|++\rangle=0\end{aligned} \tag{12.10}$$

をうる．$\langle j|H|i\rangle=\langle i|H|j\rangle^*$ であることを思いおこすと，もう C_1 に対

する微分方程式を書きくだすことができる．すなわち

$$i\hbar\dot{C}_1 = H_{11}C_1+H_{12}C_2+H_{13}C_3+H_{14}C_4$$

あるいは，

$$i\hbar\dot{C}_1 = AC_1 \tag{12.11}$$

である．これだけである．右辺には一つの項だけしかでてこない．

ハミルトニアン方程式のうちの残りのものをうるには，$\hat{H}$がほかの状態に作用したとき，前と同じ手続きを繰り返してやる必要がある．まず練習のために，表12-2に書きおろしたシグマの積をみんな調べることである．そうすると，この結果を用いて

表 12-2　水素原子に対するスピン演算子

$\sigma_x^{\mathrm{e}}\sigma_x^{\mathrm{p}}\|++\rangle = +\|--\rangle$
$\sigma_x^{\mathrm{e}}\sigma_x^{\mathrm{p}}\|+-\rangle = +\|-+\rangle$
$\sigma_x^{\mathrm{e}}\sigma_x^{\mathrm{p}}\|-+\rangle = +\|+-\rangle$
$\sigma_x^{\mathrm{e}}\sigma_x^{\mathrm{p}}\|--\rangle = +\|++\rangle$
$\sigma_y^{\mathrm{e}}\sigma_y^{\mathrm{p}}\|++\rangle = -\|--\rangle$
$\sigma_y^{\mathrm{e}}\sigma_y^{\mathrm{p}}\|+-\rangle = +\|-+\rangle$
$\sigma_y^{\mathrm{e}}\sigma_y^{\mathrm{p}}\|-+\rangle = +\|+-\rangle$
$\sigma_y^{\mathrm{e}}\sigma_y^{\mathrm{p}}\|--\rangle = -\|++\rangle$
$\sigma_z^{\mathrm{e}}\sigma_z^{\mathrm{p}}\|++\rangle = +\|++\rangle$
$\sigma_z^{\mathrm{e}}\sigma_z^{\mathrm{p}}\|+-\rangle = -\|+-\rangle$
$\sigma_z^{\mathrm{e}}\sigma_z^{\mathrm{p}}\|-+\rangle = -\|-+\rangle$
$\sigma_z^{\mathrm{e}}\sigma_z^{\mathrm{p}}\|--\rangle = +\|--\rangle$

$$\begin{aligned}\hat{H}|+-\rangle &= A\{2|-+\rangle-|+-\rangle\},\\ \hat{H}|-+\rangle &= A\{2|+-\rangle-|-+\rangle\},\\ \hat{H}|--\rangle &= A|--\rangle\end{aligned} \tag{12.12}$$

をうることができる．それから，左側からすべての他の状態ベクトルをそれぞれの式に掛けると，次のようなハミルトニアン行列をうる．

$$H_{ij} = \begin{bmatrix} A & 0 & 0 & 0 \\ 0 & -A & 2A & 0 \\ 0 & 2A & -A & 0 \\ 0 & 0 & 0 & A \end{bmatrix}. \tag{12.13}$$

（行列の上に $\longrightarrow j$，左に $\downarrow i$）

これはもちろん，4個の振幅のみたす微分方程式が

$$\begin{aligned}i\hbar\dot{C}_1 &= AC_1,\\ i\hbar\dot{C}_2 &= -AC_2+2AC_3,\\ i\hbar\dot{C}_3 &= 2AC_2-AC_3,\\ i\hbar\dot{C}_4 &= AC_4\end{aligned} \tag{12.14}$$

であること以外の何ものでもない．

これらの方程式を解くまえに，ディラックによる頭のよい規則について話さないではいられない——それをやると諸君は自分もえらく高級になったものだと感じるだろう——それはいまの仕事には要らないことではあるけれど．(12.9)と(12.12)とから——次のように書ける．

$$\begin{aligned}\boldsymbol{\sigma}^{\mathrm{e}}\cdot\boldsymbol{\sigma}^{\mathrm{p}}|++\rangle &= |++\rangle,\\ \boldsymbol{\sigma}^{\mathrm{e}}\cdot\boldsymbol{\sigma}^{\mathrm{p}}|+-\rangle &= 2|-+\rangle-|+-\rangle,\\ \boldsymbol{\sigma}^{\mathrm{e}}\cdot\boldsymbol{\sigma}^{\mathrm{p}}|-+\rangle &= 2|+-\rangle-|-+\rangle,\\ \boldsymbol{\sigma}^{\mathrm{e}}\cdot\boldsymbol{\sigma}^{\mathrm{p}}|--\rangle &= |--\rangle.\end{aligned} \tag{12.15}$$

見てごらん，これはディラックがいったことだけど，第1の方程式と最後の方程式をもう1度書くと，

$$\begin{aligned}\boldsymbol{\sigma}^{\mathrm{e}}\cdot\boldsymbol{\sigma}^{\mathrm{p}}|++\rangle &= 2|++\rangle-|++\rangle,\\ \boldsymbol{\sigma}^{\mathrm{e}}\cdot\boldsymbol{\sigma}^{\mathrm{p}}|--\rangle &= 2|--\rangle-|--\rangle\end{aligned}$$

となり，これらは第2，第3の式と似た形になっている．そこで私は新しい演算子を発明して，それを$P_{\text{spin exch.}}$とよぶことにする．それは次の性質をもつものとして**定義**される†．

† この演算子は現在では，"パウリのスピン交換演算子"とよばれている．

$$P_{\text{spin exch.}}|++\rangle = |++\rangle,$$
$$P_{\text{spin exch.}}|+-\rangle = |-+\rangle,$$
$$P_{\text{spin exch.}}|-+\rangle = |+-\rangle,$$
$$P_{\text{spin exch.}}|--\rangle = |--\rangle.$$

この演算子のすることは，二つの粒子のスピンの方向を入れ換えることである．すると，(12.15)の方程式の全体を一つの簡単な演算子方程式として表わすことができることになる．すなわち

$$\boldsymbol{\sigma}^{\mathrm{e}}\cdot\boldsymbol{\sigma}^{\mathrm{p}} = 2P_{\text{spin exch.}}-1. \qquad (12.16)$$

これがディラックの公式である．彼の“スピン交換演算子”は $\boldsymbol{\sigma}^{\mathrm{e}}\cdot\boldsymbol{\sigma}^{\mathrm{p}}$ を計算するための手ぎわのよい規則を与える．(分っていると思うが，諸君はもう何でもできる．門は開かれているのである．)

12-3 エネルギー準位

さて，ハミルトニアン方程式(12.14)を解くことによって，水素の基底状態のエネルギー準位を計算する準備ができた．われわれの知りたいのは，定常状態のエネルギーである．このことは，$|\psi\rangle$ に属する $C_i=\langle i|\psi\rangle$ の振幅のそれぞれが同じ時間依存性——すなわち $e^{-i\omega t}$——をもつような特別な状態 $|\psi\rangle$ を求めたいということを意味している．このとき，その状態はエネルギー $E=\hbar\omega$ をもっているわけである．したがって

$$C_i = a_i e^{-(i/\hbar)Et} \qquad (12.17)$$

であるような一組の解が欲しいのである．ここで4個の係数 a_i は時間に依存しない定数である．そのような振幅がえられるかどうかをみるために，(12.17)を(12.14)に代入したらどうなるかをみることにする．(12.14)のそれぞれの $i\hbar dC/dt$ は EC に変わる——そこで共通の指数関数の因子を除いてしまうと——それぞれの C は a になり，次式をうる．

$$\begin{aligned} Ea_1 &= Aa_1, \\ Ea_2 &= -Aa_2+2Aa_3, \\ Ea_3 &= 2Aa_2-Aa_3, \\ Ea_4 &= Aa_4. \end{aligned} \qquad (12.18)$$

つまり，これを解いて，a_1, a_2, a_3 および a_4 を求める必要があるというわけである．そこで，最初の方程式が残りのものと無関係になっているのは都合のよいことだとは思わないか——このことは，一つの解がすぐにみつかることを意味している．$E=A$ とおくと

$$a_1 = 1, \quad a_2 = a_3 = a_4 = 0$$

となり，これは一つの解を与える．(もちろん，すべての a を0とおけば，それも一つの解を与えるが，それは状態であるとは全然いえない．) さて，この最初の解を $|\mathrm{I}\rangle$ とよぶことにする†．すなわち，

$$|\mathrm{I}\rangle = |1\rangle = |++\rangle \qquad (12.19)$$

† この状態は本当は $|\mathrm{I}\rangle e^{-(i/\hbar)E_{\mathrm{I}}t}$ である．しかし，いつものように，これを一定のベクトル，すなわち $t=0$ としたときの状態と同一視することにする．

で，そのエネルギーは

$$E_{\rm I} = A$$

である．

この手がかりを利用すれば，すぐに(12.18)の最後の方程式からもう一つの解をうることができる．すなわち，

$$a_1 = a_2 = a_3 = 0, \quad a_4 = 1,$$
$$E = A$$

である．この解を状態 $|{\rm II}\rangle$ とよぶことにする．すなわち

$$|\,{\rm II}\,\rangle = |\,4\,\rangle = |\,-\,-\,\rangle, \qquad E_{\rm II} = A. \tag{12.20}$$

その次は，ちょっと難しくなる．(12.18)の残った二つの方程式は混ざり合っている．しかし，これは全部，まえにやったことがある．二つの式を加えると，

$$E(a_2+a_3) = A(a_2+a_3) \tag{12.21}$$

となり，引き算をすると

$$E(a_2-a_3) = -3A(a_2-a_3) \tag{12.22}$$

である．視察により——そしてアンモニアの場合を思いだすと——二つの解があることが分る．それは

$$a_2 = a_3, \quad E = A$$

および　(12.23)

$$a_2 = -a_3, \quad E = -3A$$

である．これらは，$|2\rangle$ と $|3\rangle$ の混合になっている．これらの状態を $|{\rm III}\rangle$ および $|{\rm IV}\rangle$ とよぶことにし，$1/\sqrt{2}$ の因子をつけて規格化すると，

$$|\,{\rm III}\,\rangle = \frac{1}{\sqrt{2}}(|\,2\,\rangle + |\,3\,\rangle) = \frac{1}{\sqrt{2}}(|\,+\,-\,\rangle + |\,-\,+\,\rangle), \qquad E_{\rm III} = A, \tag{12.24}$$

および

$$|\,{\rm IV}\,\rangle = \frac{1}{\sqrt{2}}(|\,2\,\rangle - |\,3\,\rangle) = \frac{1}{\sqrt{2}}(|\,+\,-\,\rangle - |\,-\,+\,\rangle), \qquad E_{\rm IV} = -3A \tag{12.25}$$

をうる．これで四つの定常状態と，それらのエネルギーとが分ったわけである．なお，この4個の定常状態は直交していることに注意されたい．したがって，そうしたければ，これらの状態は基本状態系としても用いることができる．こうして問題は完全に解けたというわけである．

4個の状態のうちの三つはエネルギー A をもっており，最後の状態のエネルギーは $-3A$ である．そして，その平均値は0になっている——このことは，(12.5)で $E_0=0$ ととったとき，すべてのエネルギーをその平均エネルギーから測るようにしたことを意味している．こうして，水素原子の基底状態のエネルギー準位を図示したものが図12-2である．

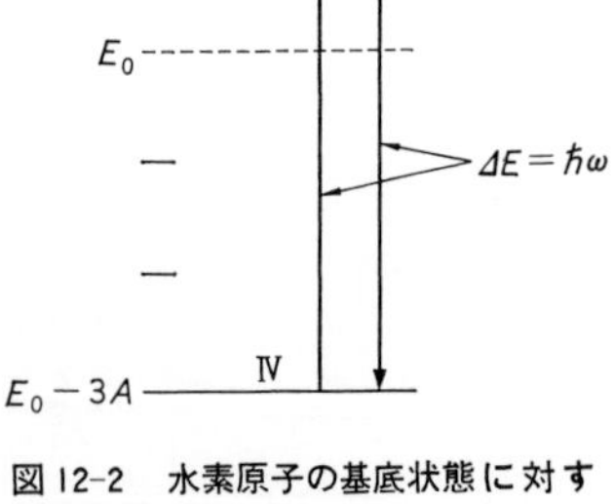

図12-2　水素原子の基底状態に対するエネルギー準位の図

さて，状態 $|\mathrm{IV}\rangle$ とその他の状態とのエネルギー差は，どれもみな $4A$ である．したがって，たまたま状態 $|\mathrm{I}\rangle$ にあった原子は，その状態から状態 $|\mathrm{IV}\rangle$ に落ちて光を放出することが可能となる．そのエネルギーは極めて小さいものなので，その光は可視光ではない――それは，マイクロ波の量子を放出するのである．あるいは，水素ガスにマイクロ波を照射すると，状態 $|\mathrm{IV}\rangle$ にある原子がエネルギーを受けとって，エネルギーの高い状態の一つに変わることによりエネルギーの吸収がおきることになる――しかし，そのとき吸収されるマイクロ波はその振動数が $\omega=4A/\hbar$ のものだけである．この振動数は実験的に測定されていて，最近えられたもっともよい結果は†

$$f=\omega/2\pi=(1{,}420{,}405{,}751.800\pm0.028)\ \text{サイクル/秒} \qquad (12.26)$$

である．その誤差はわずかに 1000 億分の 2 にすぎない．おそらく基本的物理量でこれより高い精度で測定されたものは，これまでほかにはないと思われる――これは，物理学におけるもっとも正確な測定の一つである．理論家は，これまでに幸いにも，そのエネルギーを 10^5 分の 3 の精度で計算していたのであるが，ところが一方では，それが 10^{11} 分の 2 までの精度で測定されたのである――理論よりも 100 万倍もの高い精度で．したがって，実験屋は理論屋よりもずっと先に進んでいるわけである．水素原子の基底状態の理論に関しては，**諸君は**もうだれにも劣らないのである．諸君にも，A の値を実験から決めることができる．それはだれもが最後にはやらなければならないことである．

諸君は多分，水素の“21 センチメートル線”のことを聞いたことがあると思う．それは，超微細構造をつくっている状態間の 1420 メガサイクルのスペクトル線の波長のことである．この波長の放射線は，銀河系における水素原子ガスにより放出または吸収される．したがって，21 cm 波(あるいは近似的に 1420 メガサイクル)に同調させた電波望遠鏡を用いることによって，水素原子ガスの速度や，それが集中している場所を観測することができる．その強度を測定することによって，その水素の量を評価することができるのである．また，ドップラー効果による振動数のずれを測定することによって，銀河系内におけるそのガスの運動についても知ることができる．これは，電波天文学の大計画の一つである．つまり，われわれはいま，極めて現実的なことについて話しているのであって――それは人為的な問題ではないのである．

12-4　ゼーマン効果

水素の基底状態のエネルギー準位を求める問題は終わったわけであるが，この興味ある体系をもう少し詳しく調べようと思う．これに関してさらに何かをいうためには――例えば，21 cm のラジオ波を水素

† Crampton, Kleppner and Ramsey; *Physical Review Letters*, Vol. **11**, page 338, (1963).

原子が吸収または放出する割合を計算するには——原子が攪乱を受けたときにどうなるかを知っておく必要がある．それには，アンモニア分子の場合にやったようにやらなければならない——つまり，エネルギー準位が分ったら，それからさらに進んで，分子が電場のなかにあるときにどうなるかということを調べたのであった．それからラジオ波による電場の効果を計算することができたわけである．水素原子の場合には，電場を作用させても，それはエネルギー準位には何もしない．それは電場の2乗に比例するある一定量だけ原子を全体として移動させるだけである——つまり電場は，エネルギーの**差**を変化させることがないから，全然おもしろくない．いまの場合に重要なのは**磁場**である．したがって，次の段階で考えるべきことは，原子が外部磁場内にあるようなより複雑な状況のもとでのハミルトニアンを書きくだすことである．

そのときのハミルトニアンはどんなものであろうか．ここでは，その答えをいきなり書くことにしよう．なぜなら，これが原子のやり方なのだという以外に，その“証明”を与えることができないからである．

そのハミルトニアンは

$$\hat{H} = A(\boldsymbol{\sigma}^{\mathrm{e}}\cdot\boldsymbol{\sigma}^{\mathrm{p}}) - \mu_{\mathrm{e}}\boldsymbol{\sigma}^{\mathrm{e}}\cdot\boldsymbol{B} - \mu_{\mathrm{p}}\boldsymbol{\sigma}^{\mathrm{p}}\cdot\boldsymbol{B} \tag{12.27}$$

である．これは三つの部分からなりたっている．第1項の $A\boldsymbol{\sigma}^{\mathrm{e}}\cdot\boldsymbol{\sigma}^{\mathrm{p}}$ は電子と陽子の間の磁気的相互作用を表わしており——これは磁場がないときのものと同じものである．これはすでにあった項である．そして，磁場の定数 A への影響はこれを無視することができる．外部磁場の効果はあとの二つの項に現われてくる．第2項の $-\mu_{\mathrm{e}}\boldsymbol{\sigma}^{\mathrm{e}}\cdot\boldsymbol{B}$ は，電子だけが磁場のなかにあるときのエネルギーである†．同様に，最後の $-\mu_{\mathrm{p}}\boldsymbol{\sigma}^{\mathrm{p}}\cdot\boldsymbol{B}$ の項は陽子だけのエネルギーである．古典的には，電子と陽子が二つ一緒にあるときのエネルギーは，これらの二つのエネルギーの和であって，量子力学的にもまたそうなっている．磁場のなかでは，その磁場による相互作用のエネルギーは，その外場と電子の相互作用のエネルギーと，外場と陽子との間の相互作用エネルギーとの和であり——それらは両方とも，シグマ演算子を用いて表わされる．量子力学では，これらの項はハミルトニアンなのであって，本当はエネルギーではないのであるが，エネルギーに対する古典的な表式を，ハミルトニアンを書きおろす規則を憶える一つの手段であると考えているわけである．どっちにせよ，正しいハミルトニアンは(12.27)である．

さて，最初にもどって問題を全部やり直す必要がある．しかし，仕事の大部分はもう終わっているのである——ただ，新しい項による効

† 古典的には $U=-\boldsymbol{\mu}\cdot\boldsymbol{B}$ であることを思いおこされたい．したがって，そのエネルギーは，モーメントが磁場の方向に沿っているときに最低になる．正電荷の粒子の場合には，磁気モーメントはそのスピンと平行であり，負の電荷の粒子のときには，それは反対向きである．したがって，(12.27)で，μ_{p} は**正の**数であり，μ_{e} は**負の**数である．

果を付け加える必要があるだけである．いま，一定の磁場 $\boldsymbol{B}$ の方向を z 方向にとることにしよう．そうすると，われわれのハミルトニアン演算子に新しい項を追加する必要がある——その追加項を $\hat{H}'$ と書くと，

$$\hat{H}' = -(\mu_e\sigma_z^e + \mu_p\sigma_z^p)B$$

となる．表 12-1 を利用すると，すぐに

$$\begin{aligned}\hat{H}'|++\rangle &= -(\mu_e+\mu_p)B|++\rangle,\\ \hat{H}'|+-\rangle &= -(\mu_e-\mu_p)B|+-\rangle,\\ \hat{H}'|-+\rangle &= -(\mu_e+\mu_p)B|-+\rangle,\\ \hat{H}'|--\rangle &= (\mu_e+\mu_p)B|--\rangle\end{aligned} \qquad (12.28)$$

がえられる．何と好都合なこと．各状態に $\hat{H}'$ を演算すると，その状態にただの数値を掛けたものになっているではないか．つまり，行列 $\langle i|H'|j\rangle$ は**対角線**要素だけ値をもっているのである——それで (12.28) の係数を，それに対応する (12.13) の対角線項に加えさえすればよい．このとき，(12.14) のハミルトニアン方程式は

$$\begin{aligned}i\hbar\, dC_1/dt &= \{A-(\mu_e+\mu_p)B\}C_1,\\ i\hbar\, dC_2/dt &= -\{A+(\mu_e-\mu_p)B\}C_2+2AC_3,\\ i\hbar\, dC_3/dt &= 2AC_2-\{A-(\mu_e-\mu_p)B\}C_3,\\ i\hbar\, dC_4/dt &= \{A+(\mu_e+\mu_p)B\}C_4\end{aligned} \qquad (12.29)$$

となる．

これらの方程式の形は前と同じであり——ただ係数が違っているだけである．B が時間とともに変化するようなことのない限り，まえにやったのと同じようにやったらよいわけである．$C_i = a_i e^{-(i/\hbar)Et}$ を代入すると——(12.18) の変形として——次の方程式をうる．

$$\begin{aligned}Ea_1 &= \{A-(\mu_e+\mu_p)B\}a_1,\\ Ea_2 &= -\{A+(\mu_e-\mu_p)B\}a_2+2Aa_3,\\ Ea_3 &= 2Aa_2-\{A-(\mu_e-\mu_p)B\}a_3,\\ Ea_4 &= \{A+(\mu_e+\mu_p)B\}a_4.\end{aligned} \qquad (12.30)$$

幸いなことに，最初の方程式と 4 番目の方程式とは，このときにも残りのものと独立になっている．したがってここでも，まえと同じやり方ができるわけである．

一つの解は状態 $|\mathrm{I}\rangle$ で，このとき $a_1=1$，$a_2=a_3=a_4=0$ である．あるいはまた，

$$|\,\mathrm{I}\,\rangle = |\,1\,\rangle = |++\rangle$$

で，(12.31)

$$E_{\mathrm{I}} = A-(\mu_e+\mu_p)B$$

である．もう一つの解は

$$|\,\mathrm{II}\,\rangle = |\,4\,\rangle = |--\rangle$$

で，(12.32)

$$E_{\mathrm{II}} = A+(\mu_e+\mu_p)B$$

で与えられる．

残る二つの方程式については，もう少し余分な計算を必要とする．

というのは，前の場合と違ってもはや a_2 と a_3 の係数は等しくなっていないからである．しかしこれは，アンモニア分子の場合の1対の方程式によく似ている．(9.20)にもどってみると，次のような対応関係をつくることができる．(ただそこでの指標の1と2は，ここでの2と3に対応していることに注意する．)

$$\begin{aligned} H_{11} &\longrightarrow -A-(\mu_e-\mu_p)B, \\ H_{12} &\longrightarrow 2A, \\ H_{21} &\longrightarrow 2A, \\ H_{22} &\longrightarrow -A+(\mu_e-\mu_p)B. \end{aligned} \tag{12.33}$$

このときエネルギーは(9.25)で与えられ，それは

$$E=\frac{H_{11}+H_{22}}{2}\pm\sqrt{\frac{(H_{11}-H_{22})^2}{4}+H_{12}H_{21}} \tag{12.34}$$

であった．これに(12.33)を代入すると，エネルギーの表式は次のようになる．

$$E=-A\pm\sqrt{(\mu_e-\mu_p)^2B^2+4A^2}.$$

第9章では，これらのエネルギーを E_{I} および E_{II} とよぶことにしていたが，ここではそれらを E_{III} および E_{IV} といっている．つまり，

$$\begin{aligned} E_{\text{III}} &= A\{-1+2\sqrt{1+(\mu_e-\mu_p)^2B^2/4A^2}\}, \\ E_{\text{IV}} &= -A\{1+2\sqrt{1+(\mu_e-\mu_p)^2B^2/4A^2}\} \end{aligned} \tag{12.35}$$

である．

こうして，水素原子の一定の磁場のなかでの4個の定常状態のエネルギーが分ったわけである．そこで B を0にすることによって，上の結果をチェックし，前節でえた結果と同じエネルギーがえられるかどうかを調べてみよう．これからやることをみていなさい．$B=0$ の場合には，$E_{\text{I}}, E_{\text{II}}$ および E_{III} のエネルギーは $+A$ になり，E_{IV} は $-3A$ になる．状態につけた指標も，まえにつけたものと一致している．磁場がかかると，それぞれのエネルギーがみんな違うやり方で変化する．どんな具合に変化するかをみてみよう．

まず第1に，電子の場合には μ_e は負であって，μ_p——これは正である——よりも約1000倍も大きいということを憶えておく必要がある．したがって，$\mu_e+\mu_p$ と $\mu_e-\mu_p$ とはどちらも負の数であって，その大きさはほとんど等しいのである．そこで，これらを $-\mu$ および $-\mu'$ と書くことにする．すなわち，

$$\mu=-(\mu_e+\mu_p),\quad \mu'=-(\mu_e-\mu_p). \tag{12.36}$$

(ここで μ も μ' も両方とも正の数であり，その大きさはほとんど μ_e の大きさに等しく——その値は約1ボーア・マグネトン(Bohr magneton)である．) そうすると，上の4個のエネルギーは

$$\begin{aligned} E_{\text{I}} &= A+\mu B, \\ E_{\text{II}} &= A-\mu B, \\ E_{\text{III}} &= A\{-1+2\sqrt{1+\mu'^2B^2/4A^2}\}, \\ E_{\text{IV}} &= -A\{1+2\sqrt{1+\mu'^2B^2/4A^2}\} \end{aligned} \tag{12.37}$$

と書くことができる．エネルギー E_{I} は A から出発し，B とともに

——勾配 μ で——線形に増大する．エネルギー $E_{\rm II}$ もまた A から出発するが，B の増大に伴って線形に**減少**する——その勾配は $-\mu$ である．これらの二つの準位は，B とともに図 12-3 に示すように変化するのである．なお図には $E_{\rm III}$ と $E_{\rm IV}$ もえがいてある．これらのエネルギーの B 依存性は，$E_{\rm I}$ や $E_{\rm II}$ とは違っている．すなわち，B が小さいときには，それらは B の 2 乗に比例して変化し，したがって水平の傾きをもって出発する．それから曲がりはじめ，そして B が**大きく**なると傾き $\pm\mu'$ をもつ直線に近づいてゆく．そしてその勾配は $E_{\rm I}$ と $E_{\rm II}$ の傾きとほとんど同じである．

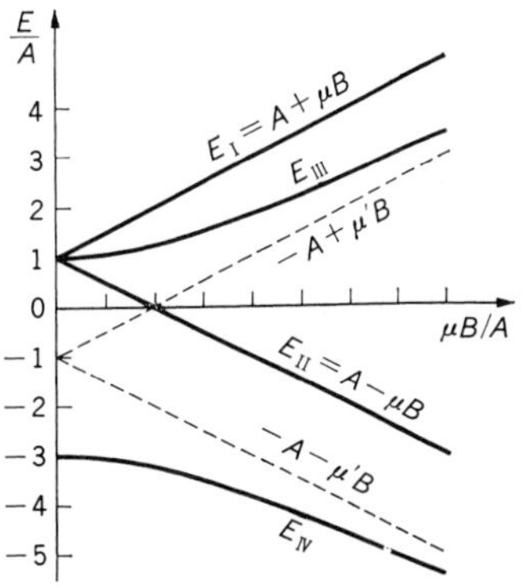

図 12-3 磁場 B のなかでの水素の基底状態のエネルギー準位

原子のエネルギー準位の磁場によるずれは，**ゼーマン効果**といわれているものである．図 12-3 の曲線群は，水素の基底状態の**ゼーマン効果による分裂**を表わしている．磁場がないときには，水素の超微細構造からは，ただ 1 本のスペクトル線がえられるだけである．状態 $|{\rm IV}\rangle$ と，その他のどれか一つの状態の間の転移は，1 個の光子が吸収されるか，あるいは放出されるかによっておきる．そして，その光子の振動数は 1420 メガサイクルであり，この値は状態間のエネルギーの差 $4A$ に $1/\hbar$ を掛けたものに等しい．ところが原子が磁場 $\boldsymbol{B}$ 内にあるときには，もっとたくさんのスペクトル線が存在する．4 個の状態のうちの任意の 2 個の状態間の転移がありうるからである．したがって，四つの状態のどの状態の原子も存在しているときには，図 12-4 における縦の矢印で示される 6 個の転移に対応するエネルギーが吸収——あるいは放出——されうることになる．これらの転移の多くは，第IV巻，**14-3** に述べたラビの分子線法によって観測することができる．

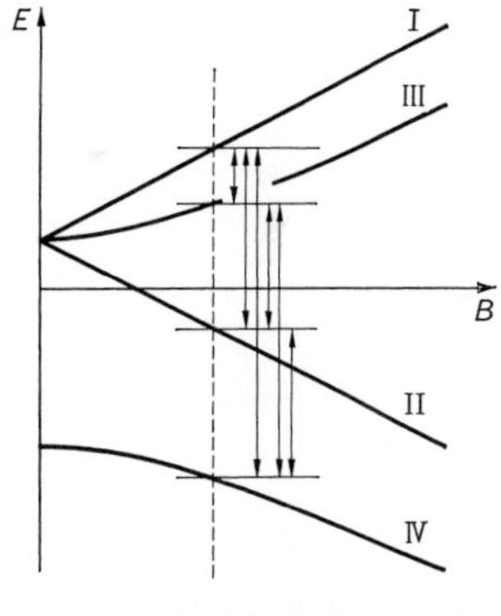

図 12-4 ある特定の磁場 B における水素の基底状態のエネルギー準位間の転移

何がそのような転移をおこさせるのか．転移は(定常的な強い磁場 B に加えて)，時間的に変化する小さな磁場による攪乱によっておきる．それは，アンモニア分子に時間的に変化する電場をかけたときにみたものと同じものである．ただここでは，磁気モーメントと相互作用をするのは磁場であって，それがわるさをする．しかしその理論は，アンモニアのときにやったのと全く同じようにやることができる．その理論は，摂動磁場が——水平面上に振動するものであれば何であってもよいのであるけれど——x-y 平面内で回転するようにとっておくと一番簡単になる．この摂動場をハミルトニアンの付加項としてとると——アンモニア分子のときに求めたと同様にして——振幅が時間とともに変化する解をうることができる．したがって，諸君は一つの状態からもう一つの別の状態への転移確率を容易にかつ正確に計算することができるのである．そうすると，その結果がみんな実験と一致することが分る．

12-5 磁場のなかでの状態

ここでは，図 12-3 の曲線の形について議論することにしよう．まず第 1 に，磁場が大きい場合のエネルギーは分りやすいし，それにかなりおもしろい性質をもっているのである．Bが十分に大きいと(すなわち，$\mu B/A \gg 1$のとき)，(12.37)の式のなかの1を無視することができる．このとき，4個のエネルギーは

$$\begin{aligned} E_{\mathrm{I}} &= A+\mu B, & E_{\mathrm{II}} &= A-\mu B, \\ E_{\mathrm{III}} &= -A+\mu' B, & E_{\mathrm{IV}} &= -A-\mu' B \end{aligned} \tag{12.38}$$

となる．これらは，図12-3の4個の直線の方程式である．これらのエネルギーは，物理的には次のように解釈することができる．磁場の大きさが**ゼロ**の場合の定常状態の性質は，二つの磁気モーメントの間の相互作用によって完全に決定される．定常状態 $|\mathrm{III}\rangle$ と $|\mathrm{IV}\rangle$ とが基本状態 $|+-\rangle$ と $|-+\rangle$ の混合になっているのは，この相互作用によるものである．しかし，**外場が大きい**ときには，陽子と電子とは相手のつくる場によって影響されることはほとんど全くない．それぞれの粒子が，あたかも外場のなかにそれ一つだけでいるように行動する．そうすると――これまで何度もみてきたように――電子のスピンは外部磁場に平行，あるいは反平行の向きのどちらかをとることになるわけである．

電子のスピンが“上向き”である――すなわち，磁場の方向に沿っている――とすると，そのエネルギーは $-\mu_e B$ となるであろう．陽子のほうはまだ，どっちの方向を向いていてもよい．そこで，陽子もまた“上向き”のときを考えると，そのエネルギーは $-\mu_p B$ である．これらの二つのエネルギーの和は $-(\mu_e+\mu_p)B=\mu B$ である．この値は，ちょうど E_{I} のエネルギーになっている――これはうまい．なぜなら，いまわれわれは状態 $|++\rangle=|\mathrm{I}\rangle$ を記述しているのだから．しかしこのほかに，小さな付加項A(いまは$\mu B \gg A$である)が存在する．これは陽子と電子のスピンが平行になっているときの相互作用のエネルギーを表わしている．(われわれは，もともとAの値を正にとった．なぜなら上に述べた理論では，そうなるべきだといっていることだし，また実験的にもそうなっているからである．) さて一方，陽子のスピンは“下向き”にもなれる．このとき，外場のなかでのそのエネルギーは $+\mu_p B$ となる．したがって，それと電子のエネルギーとを加えたものは，$-(\mu_e-\mu_p)B=\mu' B$ である．また，スピンが反平行のときの相互作用のエネルギーは $-A$ である．これらのエネルギーの和は，ちょうど(12.38)のエネルギー E_{III} になっている．したがって，強い外場のとき，状態 $|\mathrm{III}\rangle$ は状態 $|+-\rangle$ になっていなければならないわけである．

さてこんどは，電子のスピンが“下向き”であるとしよう．外場のなかにおけるそのエネルギーは $\mu_e B$ である．陽子もまた“下向き”のときには，その二つをまとめたエネルギーは $(\mu_e+\mu_p)B=-\mu B$ となり，また2粒子のスピンは平行であるから，相互作用のエネルギーはAである．これらの**和**をとると，それらは(12.38)の E_{II} に一致しており，またこれは状態 $|--\rangle=|\mathrm{II}\rangle$ に対応している――これはうまい話だ．最後に，電子が“下向き”で陽子が“上向き”のときには，そのエネル

ギーは$(\mu_e-\mu_p)B-A$となる．(このとき，スピンは反対向きであるから，相互作用は**マイナス**Aである.) これはE_{IV}に一致している．そしてその状態は$|-+\rangle$に対応する．

“しかし，ちょっと待てよ．状態$|III\rangle$と状態$|IV\rangle$とは，状態$|+-\rangle$と$|-+\rangle$では**ない**のではないか．それらの状態は二つの状態を**混ぜたもの**だ”と，おそらく諸君はぶつぶついっていることだろう．そう，ほんの少しばかりね．それらの状態は$B=0$のときには確かに混ぜ合わせである．しかし，Bが大きいときに，それらがどうなっているのかをまだ計算してなかった．第9章の公式に対する(12.33)の対応関係を用いて定常状態のエネルギーを求めたとき，それに伴って振幅もまた計算できる．その振幅は(9.24)からえられ，それは

$$\frac{a_2}{a_3}=\frac{E-H_{22}}{H_{21}}$$

である．a_2/a_3の比はもちろんC_2/C_3に等しい．(12.33)から対応する量を引っぱり出してくると

$$\frac{C_2}{C_3}=\frac{E+A-(\mu_e-\mu_p)B}{2A},$$

あるいは

$$\frac{C_2}{C_3}=\frac{E+A+\mu' B}{2A} \tag{12.39}$$

となる．ここでEとしては——E_{III}またはE_{IV}のどちらかの——適当なエネルギーを用いなければならない．例えば状態$|III\rangle$に対しては

$$\left(\frac{C_2}{C_3}\right)_{III}\approx\frac{\mu' B}{A} \tag{12.40}$$

をうる．つまりBが大きいときには，状態$|III\rangle$の係数には$C_2\gg C_3$の関係があり，したがってその状態はほとんど完全に状態$|2\rangle=|+-\rangle$になっているのである．同じ様にして，(12.39)にE_{IV}を代入すると，$(C_2/C_3)_{IV}\ll 1$の関係をうる．すなわち，大きい磁場に対しては，状態$|IV\rangle$はちょうど$|3\rangle=|-+\rangle$になる．つまり，定常状態を構成している基本状態の線形結合の係数はBに依存しているのである．$|III\rangle$という状態は，非常に弱い磁場のときには，$|+-\rangle$と$|-+\rangle$の50%-50%の混合である．ところが，場が強くなると，完全に$|+-\rangle$のほうにずれてしまう．同様に場が弱いときには，$|+-\rangle$と$|-+\rangle$の(反対符号をもつ)50%-50%の混合である状態$|IV\rangle$が，強い外場の存在のためスピン間の相互作用がなくなると，状態$|-+\rangle$になってしまうのである．

ここで，とくに諸君の注意を喚起しておきたいことは，**非常に磁場が弱い**場合にどうなるかということである．エネルギーの一つ——$-3A$の値をもつエネルギー——は小さい磁場をいれてもほとんどその値は**変化しない**．それからもう一つのエネルギー——$+A$のエネルギー——は，弱い磁場をかけると3個の異なるエネルギー準位に分裂する．磁場が弱いときには，これらのエネルギーの値はBとともに，

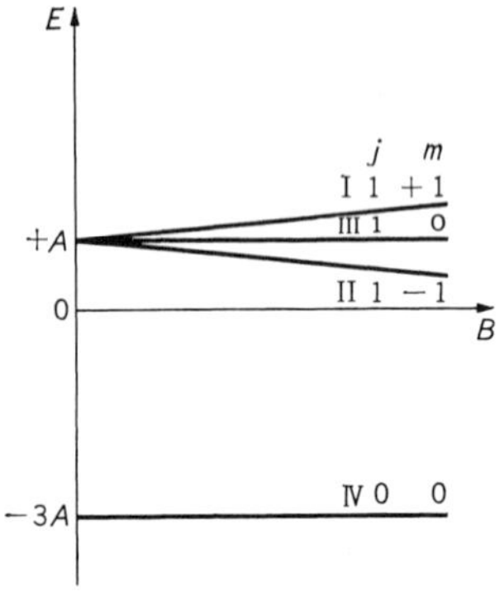

図 12-5　弱い磁場の場合の水素原子の状態

図 12-5 に示すような形で変化する．そこでいま，何らかの方法を用いて，エネルギー $-3A$ をもつ水素原子の集団だけを選び出したとする．その水素原子を——あまり強くない場をかけた——シュテルン-ゲルラッハの装置に入れてやると，それらはそのまま通り抜けてしまうことが分る．（そのエネルギーは B に依存しないから——仮想仕事の原理によって——勾配をもつ磁場のなかでは，それらに力が作用しないのである．）一方，エネルギー $+A$ をもつ原子のかたまりを選び出したとして，シュテルン-ゲルラッハの装置を通過させる．例えば，S 装置を通すとする．（このときも，装置内の磁場はあまり大きくなくて，原子の内部構造をこわしてしまわないものとする．なおここで場が十分に小さいということは，エネルギーが B とともに 1 次関数として変化することを意味している．）するとこのとき，**3 個のビーム**が発見されることになる．状態 $|\mathrm{I}\rangle$ と $|\mathrm{II}\rangle$ とは反対向きの力をうける——それらのエネルギーは $\pm\mu$ の傾きをもって，B とともに線形に変化する．したがって，それにはたらく**力**は，$\mu_z=\mp\mu$ の双極子に作用する力に似たものになる．ところが，状態 $|\mathrm{III}\rangle$ はそのまままっすぐに進むわけである．したがって，話は第 5 章にもどることになる．つまり，**$+A$ のエネルギーをもつ水素原子はスピン 1 の粒子である**．このエネルギーをもつ状態は，$j=1$ の"粒子"であって，したがって，それは——空間内のある一組の軸に関して——第 5 章で用いた基本状態 $|+S\rangle$, $|0\,S\rangle$ および $|-S\rangle$ によって記述できることになる．一方，水素原子が $-3A$ のエネルギーをもっているときには，それはスピン 0 の粒子である．（いま言っていることは，磁場の強さが無限小のときにだけ厳密に成立することであることに注意されたい．）したがって，磁場がゼロのときの水素の状態は次のように分類されることになる．

$$\left.\begin{aligned}|\,\mathrm{I}\,\rangle &= |\,++\,\rangle\\ |\,\mathrm{III}\,\rangle &= \frac{|\,+-\,\rangle+|\,-+\,\rangle}{\sqrt{2}}\\ |\,\mathrm{II}\,\rangle &= |\,--\,\rangle\end{aligned}\right\}\ \text{スピン 1}\left\{\begin{aligned}&|\,+S\,\rangle\\ &|\,0\ S\,\rangle\\ &|\,-S\,\rangle,\end{aligned}\right. \tag{12.41}$$

$$|\,\mathrm{IV}\,\rangle = \frac{|\,+-\,\rangle-|\,-+\,\rangle}{\sqrt{2}}\qquad \text{スピン 0.} \tag{12.42}$$

第IV巻第 14 章で述べたように，任意の粒子の任意の軸の方向の角運動量の成分は，つねに $\hbar$ だけ離れた飛び飛びの値だけをとりうる．角運動量の z 成分 J_z のとる値は，$j\hbar$, $(j-1)\hbar$, $(j-2)\hbar$, $\cdots$, $(-j)\hbar$ である．ここで j は粒子のもつスピン(これは，整数または半整数値をとる)である．そのときには省略して言わなかったが，普通は

$$J_z = m\hbar \tag{12.43}$$

と書いて，m は $j, j-1, j-2, \cdots, -j$ の数のうちの一つを表わすものとする．それで，諸君が色々な本をみると，水素の 4 個の基底状態を，いわゆる**量子数 $\boldsymbol{j}$ と $\boldsymbol{m}$ と**で表示してあるのである．（j は"全角運動量量子数"，m は"磁気量子数"とよばれることが多い．）このときに

は，われわれの状態の記号 $|\mathrm{I}\rangle, |\mathrm{II}\rangle$ などのかわりに，状態を $|j, m\rangle$ で表わす．それで，表12-3には，(12.41)と(12.42)のゼロ場の状態の表を示しておいたわけである．これは別に新しい物理を導入したわけではなく，単に記法の問題にすぎない．

表12-3　磁場のないときの水素原子の状態

状態 $\|j, m\rangle$	j	m	われわれの記法
$\|1, +1\rangle$	1	$+1$	$\|\mathrm{I}\rangle = \|+S\rangle$
$\|1, 0\rangle$	1	0	$\|\mathrm{III}\rangle = \|0\ S\rangle$
$\|1, -1\rangle$	1	-1	$\|\mathrm{II}\rangle = \|-S\rangle$
$\|0, 0\rangle$	0	0	$\|\mathrm{IV}\rangle$

12-6　スピン1の場合の射影行列†

これまでの水素原子に関する知識を利用して，ある特殊なことをやってみよう．第5章で，ある特定の方向をもつシュテルン-ゲルラッハの装置——例えば S 装置——に関する基本状態$(+, 0, -)$のうちの一つの状態にある**スピン1**の粒子が，空間内で別の方向をもつ T 装置に関する三つの状態のそれぞれに存在する振幅をもっているということについて議論したのであった．そのとき，そのような振幅 $\langle jT|iS\rangle$ が9個あって，これが射影行列をつくっていた．**5-7**では，S に関して T が色々な方向を向いているときのこの行列要素を，証明なしに与えたのであった．ここでは，それを導く方法の一つを示しておくことにする．

ところでいま，水素原子の場合について，スピン1の体系が二つのスピン1/2の粒子からつくりあげられることをみたばかりである．一方すでに第6章で，スピン1/2の振幅がどのように変換されるかをやっている．そこで，この情報を利用することにより，スピン1の場合の変換を求めることができる．それは次のようにする．いま，スピン1をもつ体系——エネルギー $+A$ をもつ水素原子——があるとする．それを，シュテルン-ゲルラッハのフィルター S を通して走らせる．すると，その水素原子は S に関する基本状態の一つ，例えば $|+S\rangle$ にあることが分っていることになる．それが，T 装置に関する基本状態の一つ，例えば $|+T\rangle$ にある振幅はいくらかというのがいまの問題である．S 装置の座標系を x, y, z 系とすると，$|+S\rangle$ 状態というのは，われわれがこれまで状態 $|++\rangle$ とよんできたものである．ところで，ほかのある男が，彼の z 軸を T の軸に沿ってとったとする．そのとき，彼はわれわれが x', y', z' 系とよぶ系に関して彼の状態を考えることになる．彼にとっての電子と陽子に対する“上向き”と“下向き”の状態というのは，われわれのものとは違っているわけである．**彼の**“プラス-プラス”の状態——これはダッシをつけた系で $|+'+'\rangle$ と書くこと

† 第6章を飛ばした人は，この節も飛ばしたほうがよい．

ができる——は，スピン1の粒子の $|+T\rangle$ 状態である．われわれのほしいのは，この $\langle +T|+S\rangle$ であって，これは別の書き方をすれば振幅 $\langle +'+'|++\rangle$ である．

この振幅 $\langle +'+'|++\rangle$ は，次のようにして求められる．**われわれの**系では，$|++\rangle$ 状態にある**電子**のスピンは“上向き”である．このことは，彼の系においては“上向き”になっている振幅 $\langle +'|+\rangle_e$ と，その系で“下向き”になっている振幅 $\langle -'|+\rangle_e$ とが存在することを意味している．同様に，状態 $|++\rangle$ にある**陽子**は，われわれの系では“上向き”のスピンをもち，ダッシ系での“上向き”または“下向き”のスピンの振幅 $\langle +'|+\rangle_p$ と $\langle -'|+\rangle_p$ とをもっている．いまの場合，2個の区別できる粒子について話しているのであるから，両方の粒子が彼の系でともに“上向き”になっている振幅は，二つの振幅の積になっているわけである．すなわち，

$$\langle +'+'|++\rangle = \langle +'|+\rangle_e \langle +'|+\rangle_p \tag{12.44}$$

である．ここで，われわれのやっていることを明確にするために，添字としてeとpをつけてある．しかしそれらは両方とも，スピン1/2の粒子に対する変換の振幅であるから，本当は同じ数値なのである．事実それらは，第6章で $\langle +T|+S\rangle$ とよんだ振幅であって，その章の終りのところにある表にあげたものである．

しかしここで，記法上の困難に逢着してしまった．つまり，**スピン1/2**の粒子に対する振幅 $\langle +T|+S\rangle$ と，**スピン1**の粒子に対して**もまた** $\langle +T|+S\rangle$ と書いていたものとを区別できるようにしておかなければならない——しかも，これらは全く別物なのである．こうしておいても，あまり混同がおきなければよいのだけれども，しかし少なくとも**差し当っては**，スピン1/2の振幅に対しては何か別の記号を用いる必要がある．ものごとをすっきりさせておくために，表12-4に新しい記号をまとめておく．そして，$|+S\rangle$, $|0\,S\rangle$ および $|-S\rangle$ の記号は，スピン1の粒子の状態として，そのまま利用することにする．

表12-4　スピン1/2の振幅

本章	第6章
$a=\langle +'|+\rangle$	$\langle +T|+S\rangle$
$b=\langle -'|+\rangle$	$\langle -T|+S\rangle$
$c=\langle +'|-\rangle$	$\langle +T|-S\rangle$
$d=\langle -'|-\rangle$	$\langle -T|-S\rangle$

この新しい記号を用いると，(12.44)は簡単に

$$\langle +'+'|++\rangle = a^2$$

となり，これはスピン**1**の振幅 $\langle +T|+S\rangle$ にほかならない．ここで例えば，もうひとりの男の座標系——すなわち，T 装置または“ダッシ”をつけた装置——が，**われわれの** z 軸に関して角 ϕ だけ回転したものであるとする．このとき，表6-2から

$$a = \langle +'|+\rangle = e^{i\phi/2}$$

である．したがって，(12.44)から，スピン1の振幅は

$$\langle +T|+S\rangle = \langle +'+'|++\rangle = (e^{i\phi/2})^2 = e^{i\phi} \tag{12.45}$$

であるということになる．これでどうやるかが分ったと思う．

こんどは，一般の場合をすべての状態に対して求めることにしよう．陽子と電子の両方とも，**われわれの**系——S 系——で“上向き”になっているとき，それがもうひとりの男の系——T 系——での**4個の**可能な状態のうちの**任意のどれか一つ**の状態にある振幅は

$$\begin{aligned}\langle +'+' \mid ++ \rangle &= \langle +' \mid + \rangle_{\mathrm{e}} \langle +' \mid + \rangle_{\mathrm{p}} = a^2,\\ \langle +'-' \mid ++ \rangle &= \langle +' \mid + \rangle_{\mathrm{e}} \langle -' \mid + \rangle_{\mathrm{p}} = ab,\\ \langle -'+' \mid ++ \rangle &= \langle -' \mid + \rangle_{\mathrm{e}} \langle +' \mid + \rangle_{\mathrm{p}} = ba,\\ \langle -'-' \mid ++ \rangle &= \langle -' \mid + \rangle_{\mathrm{e}} \langle -' \mid + \rangle_{\mathrm{p}} = b^2\end{aligned} \tag{12.46}$$

で与えられる．このとき，状態 $|++\rangle$ は次のような線形結合として書くことができる．

$$|++\rangle = a^2|+'+'\rangle + ab\{|+'-'\rangle + |-'+'\rangle\} + b^2|-'-'\rangle. \tag{12.47}$$

ここで，$|+'+'\rangle$ は状態 $|+T\rangle$ であり，$\{|+'-'\rangle + |-'+'\rangle\}$ は状態 $|0T\rangle$ の $\sqrt{2}$ 倍——(12.41)をみよ——であり，また $|-'-'\rangle = |-T\rangle$ であることに注意する．いいかえると，(12.47)は次のように書き換えることができる．

$$|+S\rangle = a^2|+T\rangle + \sqrt{2}\,ab|0\,T\rangle + b^2|-T\rangle. \tag{12.48}$$

同様にして，容易に

$$|-S\rangle = c^2|+T\rangle + \sqrt{2}\,cd|0\,T\rangle + d^2|-T\rangle \tag{12.49}$$

であることが示せる．$|0\,S\rangle$ の場合は，ちょっとばかり面倒である．なぜなら

$$|0\,S\rangle = \frac{1}{\sqrt{2}}\{|+-\rangle + |-+\rangle\}$$

だからである．しかし，状態 $|+-\rangle$ と $|-+\rangle$ のそれぞれを，“ダッシ”のついた状態で表わすことができ，そしてそれらの和をとればよい．すなわち，

$$|+-\rangle = ac|+'+'\rangle + ad|+'-'\rangle + bc|-'+'\rangle + bd|-'-'\rangle, \tag{12.50}$$

および

$$|-+\rangle = ac|+'+'\rangle + bc|+'-'\rangle + ad|-'+'\rangle + bd|-'-'\rangle \tag{12.51}$$

である．これらの和をとって，$1/\sqrt{2}$ 倍すると

$$|0\,S\rangle = \frac{2}{\sqrt{2}}ac|+'+'\rangle + \frac{ad+bc}{\sqrt{2}}\{|+'-'\rangle + |-'+'\rangle\} + \frac{2}{\sqrt{2}}bd|-'-'\rangle$$

をうる．これから

$$|0\,S\rangle = \sqrt{2}\,ac|+T\rangle + (ad+bc)|0\,T\rangle + \sqrt{2}\,bd|-T\rangle \tag{12.52}$$

が出てくる．

こうして，ほしい振幅が全部えられた．(12.48)，(12.49)および(12.52)の係数が，行列要素 $\langle jT|iS\rangle$ である．これらをみんなまとめると，

$$\langle j\,T|i\,S\rangle = \begin{bmatrix} a^2 & \sqrt{2}\,ac & c^2 \\ \sqrt{2}\,ab & ad+bc & \sqrt{2}\,cd \\ b^2 & \sqrt{2}\,bd & d^2 \end{bmatrix} \tag{12.53}$$

（列は $iS\rightarrow$，行は $jT\downarrow$）

となる．つまり，スピン1の変換をスピン1/2の振幅 a, b, c と d で表

わすことができたというわけである．

例えば，T 系が S に関して——図5-6のように——y 軸のまわりに角 α だけ回転したものであるときには，表12-4の振幅は表6-2における $R_y(\alpha)$ の行列要素になっている．すなわち，

$$a=\cos\frac{\alpha}{2},\quad b=-\sin\frac{\alpha}{2},\qquad c=\sin\frac{\alpha}{2},\quad d=\cos\frac{\alpha}{2} \tag{12.54}$$

である．(12.53)でこれらを用いると，(5.38)の式がえられる．これはそこでは証明をしなかったものである．

状態 $|\mathrm{IV}\rangle$ の場合には，いったい何がおきるだろうか．そう，それはスピン0の系である．したがって，それはたった一つの状態しかもっていない——それは**あらゆる座標系で同じ値をもっている**．(12.50)と(12.51)の差をとってみれば，話がすべてうまくいくことが検証される．このとき，

$$|+-\rangle-|-+\rangle=(ad-bc)\{|+'-'\rangle-|-'+'\rangle\}$$

をうる．ところが $(ad-bc)$ は，スピン1/2の行列の行列式であって，したがってそれは1に等しい．二つの座標系の任意の相対的な向きに対して

$$|\mathrm{IV}'\rangle=|\mathrm{IV}\rangle$$

がえられる．

第13章 結晶格子内における伝播

13-1 1次元格子内における電子の状態

ちょっと考えると，諸君はエネルギーの低い電子が，固体の結晶を通り抜けるのは非常に困難だと思うだろう．原子は2〜3オングストローム程度の中心距離をおいて集合しており，しかも電子散乱に対する原子の有効直径は大よそ1オングストロームの程度の大きさをもっている．つまり，原子の大きさはそれらの間の間隔に比べてかなり大きいのであって，したがって諸君は，その衝突の間の平均自由行路は2〜3オングストロームの程度のものであると考えるであろう——しかし，これでは，実質的には自由行路がないというのと同じことである．したがって電子は，一つの原子か，ほかの原子にほとんどすぐにぶつかってしまうと思うだろう．そう思えるにもかかわらず，格子が完全なものであるときには，電子が滑らかにかつ容易に——あたかも電子がほとんど真空中にあるかのごとくに——結晶のなかを自由に旅することができるということは，自然界において極めて普遍的な現象になっている．この奇妙な事実こそ，金属が電気を非常に容易に伝える原因となっている．そして，そのことがまた，多くの実用的な器械の発達を許したのである．例えばそれが，トランジスターが真空管に似た作用をすることを可能にしたのである．真空管のなかでは，電子は真空中を自由に動く．ところがトランジスターのなかでも，電子は結晶格子を通して自由に運動するのである．トランジスターの作用の背後にあるからくりについては，この章で述べる予定である．次章では，これらの原理の色々な実用機器への応用について述べることにする．

結晶内における電子の伝導という現象は，非常にありふれた現象の一例にすぎない．結晶内を動きまわれるのは電子だけではなくて，原子の励起のようなほかの“もの”もまた同じように，結晶のなかを動きまわることができる．したがって，これから議論しようとしている現象は，固体物理学の研究をしているときに色々な形で現われてくるものである．

これまで，多くの2状態系の例について議論してきたことは憶えていよう．そこでは1個の電子が，二つの位置のうちのどちらかの一つに存在しうる場合を考えた．そして，その二つの場所のそれぞれで，電子は同じ環境のもとにあるものとした．また，**10-1**で水素分子イオンについて論じたと同じように，電子が一つの位置から他の位置に移る振幅と，それからもちろん，同じ大きさの逆の振幅が存在するものとした．このとき量子力学の法則は，次の結論を与えた．電子のとりうる状態としては，一定の決ったエネルギーをもつ二つの状態が存在する．そして，それぞれの状態は，電子が二つの基本的な位置のそれぞれに存在する振幅によって記述される．その決ったエネルギー状態のどちらにおいても，これらの二つの振幅の大きさは時間的に一定であり，その位相は同じ振動数で時間的に変化する．一方，電子がはじめ一つの位置にあるとすると，時間が経つとそれはもう一つの位置に移っているであろう．そしてさらに時間が経過すると，はじめの位置にもどってくることになる．そのときの振幅は，2個の結合した振り子の運動に類似したものになっている．

さていま，完全な結晶格子を考えて，そのなかのある特定の原子のところに存在する一種の“くぼみ”のなかに，電子がその場所を占めることができると想像してみることにしよう．また，その電子は隣接している原子の一つのところにある別のくぼみへ移動する振幅をもっているものとする．それは何か，2状態系のようなものである——しかし，さらに複雑になってはいるけれども．電子が隣りの原子に到達すると，その後で出発点にもどる振幅とともに，さらに別の位置に移動する振幅も存在するわけである．その場合は，**2個の**結合した振り子ではなくて，**無限個の**振り子がみんな結合している場合によく似ている．それは何か，1年生の物理でみた，波動伝播の様子を示すのに用いられている機械——針金の上に棒を長く並べたもの——みたいなものである．

一つの調和振動子がもう一つの調和振動子と結合していて，それがまたさらにほかのものに結びつけられている．そしてこのとき，ある一つの場所に不規則なところをつくると，その不規則性はその線に沿って波として伝播してゆく．これと同じ状況が，原子の長い鎖のなかの一つの原子上に電子をおいたときにおきるのである．

通常，力学の問題を解析するもっとも簡単な方法は，一つのパルスがある決った場所から出発したとき，それがどうなるかという具合に考える方法ではなくて，むしろ定常波の解を用いて考えることである．単一の一定の振動数の波として結晶内を伝播する変位には，ある種の運動様式が存在する．さて，同じことが——変位の場合と同じ理由によって——電子の場合にもおきる．なぜなら，電子は量子力学において，変位に対する方程式とよく似た方程式によって記述されるからである．

しかしながら，諸君は電子がある場所にいる振幅は，**振幅**であって確率ではないことをはっきり認識しなくてはならない．もし電子が，単に水が孔を通り抜けるように，一つの場所から他の場所にもれてゆくのであれば，その行動は全く違ったものになってしまう．例えば二つの水タンクがあって，それらが管で結びつけられていて，一方から他方に水がいくらかもれていけるようになっているときには，その水位は指数関数的にたがいに近づいてゆくであろう．ところが電子の場合におきるのは振幅のもれであって，単なる確率のもれではない．そしてこれが，虚数項の存在——量子力学の微分方程式における i の存在——の特徴であり，この虚数項の存在が指数関数的な解を振動解に変えてしまう．このときには，結びつけられたタンクの間の水もれとは全く違ったことがおきることになる．

ここで，量子力学的状況の定量的な解析にはいることにしよう．図13-1(a)に示されているような，一直線上に並んだ長い原子の列からなる1次元的な体系を考えることにする．(結晶というものは，もちろん3次元的なものである．しかしその物理は，1次元のそれとほとんど同じであって，1次元の場合を理解しさえすれば，3次元の場合にどうなるかもすぐに理解できる．) 次に，この原子の列のうえに，電子を1個おいたときにどうなるかを調べることにしよう．もちろん，実際の結晶のなかには，もうすでに何百万個の電子が存在している．しかし，それらのほとんどが，(不導体の結晶の場合には，そのほとんど全部が)自分の原子のまわりで，ある運動様式をもって，ある位置をとっている——そうして，すべてが全く定常的になっている．しかしここでは，もう1個の**余分の**電子をおいたときにどうなるかを考えようというのである．そして，この余分の電子以外のほかの電子がどうなっているかについては考えないことにする．なぜなら，それらの電子の運動状態を変えるには大量の励起エネルギーを必要とすると考えられるからである．つまり，電子を1個追加することによって，あたかも軽く束縛された負のイオンをつくろうというわけである．そして，この**1個の**余分の電子が何をするかを観察するに当って，原子の内部における力学を無視するという近似をしようとしているのである．

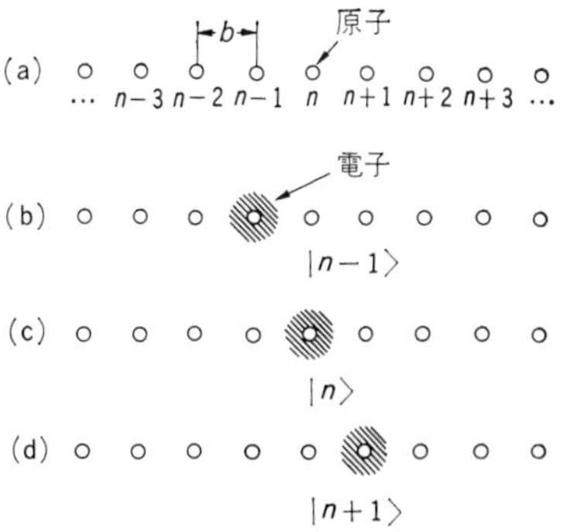

図13-1　1次元的結晶における1個の電子の基本状態系

このときもちろん，その電子はほかの原子のところに移動することができ，そうすると負のイオンが他の場所に移ることになるわけである．2個の陽子の間をいったりきたりしている電子の場合と全く同様に，その電子はある振幅をもって，一つの原子からどちら側かの隣りの原子にジャンプすることができる．

さて，そのような体系を記述するにはどうやったらよいであろうか．この場合，合理的な基本状態はどんなものであろうか．可能な位置が二つしかないときにやったことを憶えていれば，いまの場合にどうしたらよいかを推察することができよう．いま，一連の原子間の間隔がみんな等しいものとし，またそれぞれの原子には，図13-1(a)に示されているように一連の番号をつけておくことにする．このとき，その基本状態の一つは，電子が6番目の原子のところにいる状態であるとし，別の基本状態としては，電子が7番目のところにいる状態を採用し，または8番目の原子のところにいるものを用いるといった具合にする．こうして，n 番目の基本的状態は，電子が n 番目の原子のところにいる状態によって記述されることになる．これを以下では基本状

態 $|n\rangle$ とよぶことにする．図13-1は三つの基本状態

$$|n-1\rangle,\ |n\rangle \quad および \quad |n+1\rangle$$

の意味するところを示したものである．これらの基本状態を用いると，われわれの1次元結晶の任意の状態 $|\phi\rangle$ は，その状態 $|\phi\rangle$ が基本状態のうちの一つに存在する振幅 $\langle n|\phi\rangle$ のすべてを与えることによって記述されることになる——この振幅は，電子がある特定の原子のところに存在する振幅を表わしている．このとき，状態 $|\phi\rangle$ を基本状態の重ね合わせとして

$$|\phi\rangle = \sum_n |n\rangle\langle n|\phi\rangle \tag{13.1}$$

と書くことができる．

次に，電子が一つの原子のところに存在するとき，その電子がどちらかの側の原子のところにもれてゆく振幅があると仮定する．そして，もっとも簡単な場合をとって，電子はすぐ隣りの原子にだけもれることができるものとする——つまり，そのまた隣りの原子のところにゆくには，2段階の過程をへなければならないわけである．また，電子が1個の原子からその隣りの原子のところにジャンプする振幅は，(単位時間当り) $iA/\hbar$ で与えられるものとする．

ここでは差し当り，n 番目の原子上に存在する振幅 $\langle n|\phi\rangle$ を C_n と書くことにしよう．このとき(13.1)は，次のように表わされる．

$$|\phi\rangle = \sum_n |n\rangle C_n. \tag{13.2}$$

ある与えられた瞬間におけるそれぞれの振幅が分っているとすると，その絶対値の2乗をとることにより，その時刻に n 番目の原子をみたとき，そこに電子を発見する確率をうることができる．

それからしばらく時間がたったあとでは，その状況はどうなっているであろうか．2状態系の場合の類推から，この体系に対するハミルトニアン方程式系は，次のような方程式から構成されると考えられる．

$$i\hbar\frac{dC_n(t)}{dt} = E_0C_n(t) - AC_{n+1}(t) - AC_{n-1}(t). \tag{13.3}$$

この方程式の右辺の1番目の項の係数 E_0 は，物理的には，電子が原子の一つからもれて出てゆくことがないとしたときに電子のもっているエネルギーである．(この E_0 をどうよんでもよい．これまで何度もみてきたように，それは，エネルギーの原点の選び方を表わしているにすぎない．) 次の項は，単位時間当りに，電子が $(n+1)$ 番目のくぼみから n 番目のくぼみにもれてはいってくる振幅を表わしている．そして最後の項は $(n-1)$ 番目のくぼみからもれてはいってくる振幅を表わすものである．このとき，いつものように A は (t によらない) 一定値であると仮定する．

任意の状態 $|\phi\rangle$ のふるまいを完全に記述するためには，すべての振幅 C_n のそれぞれに対して(13.3)のような形の方程式を与える必要がある．いま考えている結晶は非常に多くの原子から構成されていると考えたいので，無限に多くの状態が存在すると仮定する——すなわち，

原子の列は両側に永久に続いているものと仮定する．（有限の原子列をやるときには，その両端がどうなるかについて特別の注意をはらう必要がある．）基本状態の数 N がいくらでも大きいときには，われわれのハミルトニアン方程式の数は無限個になるわけである．そのサンプルを書き出しておくと

$$
\begin{aligned}
&\vdots && \vdots \\
i\hbar\frac{dC_{n-1}}{dt} &= E_0C_{n-1}-AC_{n-2}-AC_n, \\
i\hbar\frac{dC_n}{dt} &= E_0C_n-AC_{n-1}-AC_{n+1}, \\
i\hbar\frac{dC_{n+1}}{dt} &= E_0C_{n+1}-AC_n-AC_{n+2}, \\
&\vdots && \vdots
\end{aligned}
\tag{13.4}
$$

である．

13-2 決ったエネルギーの状態

格子内に存在する電子に関しては学ぶことがたくさんある．しかしここではまず，決ったエネルギーをもつ状態を求めることにしよう．これまでの章でみてきたように，このことは，振幅が時間的に変化するとき，それらの振幅がみな同一の振動数で変化する場合をさがす必要があるということを意味している．つまり，次の形の解を求めるわけである．

$$C_n=a_ne^{-iEt/\hbar}. \tag{13.5}$$

ここで複素数 a_n は，n 番目の原子のところに電子を発見する振幅のうちの時間的に変化しない部分を与えるものである．この試みの解を，(13.3)の方程式に代入すると

$$Ea_n = E_0a_n-Aa_{n+1}-Aa_{n-1} \tag{13.6}$$

という結果をうる．無限個の未知量 a_n に対して無限個の方程式があるということである――これはいささか困りものである．

ここでやるべきことは，その行列式をとるということである……しかし，ちょっと待てよ．行列式は方程式が2個，3個あるいは4個あるときにはうまくゆく．しかし，方程式の数が非常にたくさん――あるいは無限個も――あるときには，行列式というものはまことに不便なものである．こんなときには，方程式系を直接解いたほうがよい．まず，原子の**位置**によって，それに名前をつけておこう．すなわち，n 番目の原子は x_n にあり，$(n+1)$ 番目の原子は x_{n+1} にあるということにする．原子間の間隔が――図13-1のように――b であるときには，$x_{n+1}=x_n+b$ である．原点の位置を0番目の原子の位置に選ぶと，$x_n=nb$ である．すると，(13.5)は

$$C_n = a(x_n)e^{-iEt/\hbar} \tag{13.7}$$

と書き換えられ，また(13.6)は

$$Ea(x_n) = E_0a(x_n)-Aa(x_{n+1})-Aa(x_{n-1}) \tag{13.8}$$

となる．あるいはまた $x_{n+1}=x_n+b$ という事実を用いると，次のよう

にも書ける．

$$Ea(x_n) = E_0a(x_n) - Aa(x_n+b) - Aa(x_n-b). \qquad (13.9)$$

この式は何やら微分方程式に似ている．この方程式は，1点(x_n)における物理量$a(x)$が，隣り合わせの点$(x_n \pm b)$における同じ物理量に関係しているということを述べている．（微分方程式というものは，ある1点における関数の値を，それから無限に近い点におけるその関数の値と関連づけるものである．）したがって，おそらく，微分方程式を解くときにいつも使う方法が，この場合にもうまくゆくのではないかと考えられるわけである．それをやってみよう．

定数係数の線形微分方程式は，いつも指数関数を用いて解くことができる．そこでここでも，それと同じことをやってみよう．いま，試みの解として

$$a(x_n) = e^{ikx_n} \qquad (13.10)$$

とおいてみる．このとき，(13.9)の方程式は

$$Ee^{ikx_n} = E_0e^{ikx_n} - Ae^{ik(x_n+b)} - Ae^{ik(x_n-b)} \qquad (13.11)$$

となる．共通の因子e^{ikx_n}を割ってしまうと，

$$E = E_0 - Ae^{ikb} - Ae^{-ikb} \qquad (13.12)$$

をうる．最後の2項は$2A\cos kb$に等しいから，

$$E = E_0 - 2A\cos kb \qquad (13.13)$$

となる．これで分ったことは，定数kの値を**どうえらんでも**，(13.13)のエネルギーをもつ解が存在するということである．kの値によりエネルギーのとる値はいろいろ可能であり，それぞれのkの値が異なる解に対応している．つまり，無限個の解が存在するのである——しかしこれは驚くには当らない．なぜなら，われわれは元々無限個の基本状態から出発したのであるから．

それでは，これらの解のもつ意味を調べよう．それぞれのkに対して，aは(13.10)によって与えられる．このとき，その振幅は

$$C_n = e^{ikx_n}e^{-(i/\hbar)Et} \qquad (13.14)$$

によって与えられる．ここでEもまたkに依存しており，(13.13)によって与えられている．この振幅の**空間依存性**はe^{ikx_n}で表わされる．振幅は，原子から原子に移動するにつれて振動するのである．

空間内で振幅が**複素数の**振動をしているということは——その**大きさ**はどの原子のところでも同じであるが，ある与えられた時刻におけるその位相が，一つの原子から隣りの原子に移るにつれて，(ikb)の大きさだけ進むということを意味している．どうなっているかを目にみえるようにするには，図13-2にあるように，各原子の場所における振幅の実数部分を縦軸にとって，図示するとよい．この縦線の包絡線（破線の曲線で示したもの）は，もちろん，余弦曲線になっている．C_nの虚数部分もまた振動する関数であるが，その位相は実数部分から90° ずれている．したがって，振幅の絶対値の2乗（これは実数部分と虚数部分のそれぞれの2乗の和である）は，すべてのCに対して同じである．

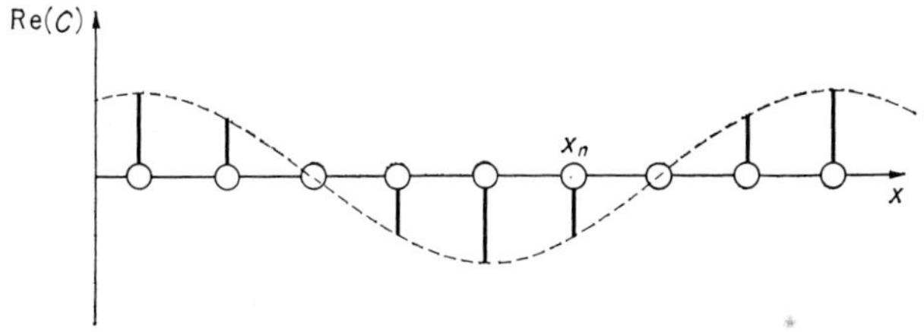

図 13-2　C_n の実数部分の x_n に対する変動

したがって，ある1個の k をとりあげると，それに対するある特定のエネルギー E をもつ一つの定常状態がえられる．そして，そのような状態においては，電子を発見する確率はすべての原子に対して等しくなっている——つまり，どの原子も他の原子にまさるというようなことはない．ただ位相だけが，原子が違えば違っているのである．そしてまた，その位相は時間とともに変化する．(13.14)から，その実数部分も虚数部分も，結晶にそって波動として——すなわち

$$e^{i[kx_n-(E/\hbar)t]} \tag{13.15}$$

の実数部分および虚数部分として伝播してゆく．この波動は，いま考えている k の値の符号により，x の正の方向または負の方向に伝わってゆくのである．

(3.10)の試みの解でとった数 k は実数であると仮定していたことに注意されたい．ここで，無限個の原子列があるときには，なぜそうでなければならないかという理由を知ることができる．いま仮に k が虚数，例えば $-ik'$ であるとしてみる．このとき振幅は $e^{k'x_n}$ となり，このことは振幅が x の大きくなるにしたがって——あるいは，k' が負の数のときには，負の x が大きくなるにしたがって——いくらでも大きくなることを意味している．この種の解も，終わりのある原子列を扱っているときにはオーケーであるが，無限につながった原子の鎖の場合には物理的な解ではありえない．それは無限大の振幅——したがって，無限大の確率——を与えるからである．これでは現実の状況を表わすことはできない．しかしあとで，虚数の k が意味をもっている例をみることがある．

(13.13)で与えられるエネルギー E と波数 k との関係を図示したものが図 13-3 である．図から分るように，エネルギーは，$k=0$ における (E_0-2A) から，$k=\pm\pi/b$ での (E_0+2A) までの間の値をとる．なお，図は A の値が正である場合に対してえがかれている．A の値が負のときには，単に曲線を逆にしさえすればよい．しかしそのときも，その変化する領域は同じである．大事なことは，エネルギーは，ある領域またはエネルギー“帯”のなかではどんな値をとることもできるが，それ以外の値はとれないということである．われわれの仮定によって，結晶内の電子が定常状態にあるときには，電子はその帯のなかの値以外のエネルギーをもつことはできないのである．

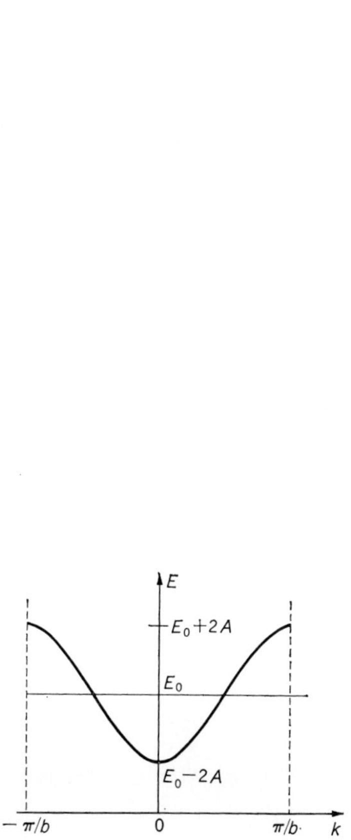

図 13-3　パラメーター k の関数としての定常状態のエネルギー

(13.13)の式によると，一番小さい k には，一番低いエネルギー——

$E \approx (E_0-2A)$——の状態が対応している．図13-3に示されているように，kの大きさが増すにつれて，(正または負のどっちに向っても)エネルギーの大きさははじめは増大してゆく．しかしそれから，$k=\pm\pi/b$で極大値に達する．kの値がπ/bよりも大きくなると，エネルギーはふたたび減少しはじめる．しかし実際には，そのような値のkを考える必要はない．なぜなら，そのようなkは新しい状態を与えないから——それらはより小さいkに対してすでにえられた状態を繰り返しているだけだから——である．このことは次のようにしてみることができる．$k=0$の最低エネルギーの状態を考えよう．このとき係数$a(x_n)$は，すべてのx_nに対して同じ値をとる．さて，$k=2\pi/b$のときにも同じ最低エネルギーが与えられる．しかし，そのときの係数は，(13.10)を用いると

$$a(x_n) = e^{i(2\pi/b)x_n}$$

である．しかし，x_0を原点にとると，$x_n=nb$とおけるから，そのときには$a(x_n)$は

$$a(x_n) = e^{i2\pi n} = 1$$

となってしまう．つまり，この$a(x_n)$によって記述される状態は，$k=0$のときの状態と物理的に同じものである．それは異なる別の解を表わしてはいないのである．

もう一つの例として，kが$\pi/4b$であったとする．このとき，$a(x_n)$の実数部分は，図13-4の曲線1で表わされているように変化する．次にkの値がそれよりも7倍大きいとすると($k=7\pi/4b$)，そのときの$a(x_n)$の実数部分は図の曲線2のように変化することになる．(このとき，余弦曲線の全体は何も意味をもっていないことに注意されたい．問題になるのは，もちろん**点**x_nにおける値だけである．ただ曲線は，ものごとがどうなっているのかをみやすくしているだけのことである．)図から明らかなように，どちらのkの場合にも，x_nのすべてに対して同一の振幅を与えており，これは同じ状態を表わしている．

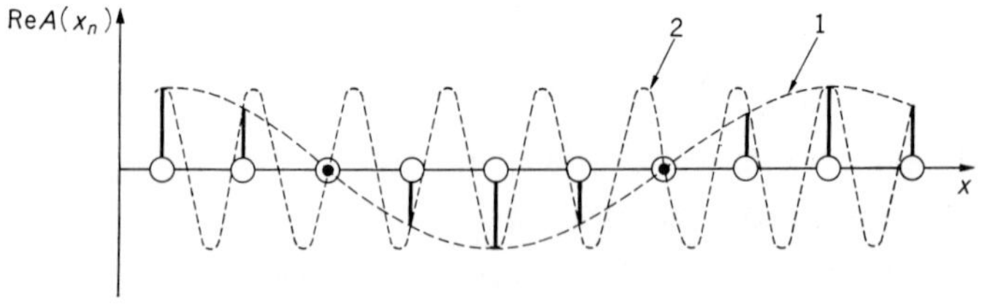

図13-4　同一の物理的状況を表わすkの2個の値；曲線1は$k=\pi/4$の場合であり曲線2は$k=7\pi/4$の場合である

結局，ある限られた領域内のkだけをとれば，問題のすべての可能な解がえられるということである．ここでは，その領域として——図13-3に示されている領域——$-\pi/b$とπ/bの間の領域をとることにする．この領域内では，定常状態のエネルギーはkの大きさの増大に伴って一様に増大する．

ここで，ちょっと脱線して，おもしろいことを注意しておこう．い

ま，電子がすぐ隣りの原子に振幅 $iA/\hbar$ で跳べるだけでなく，**一つおいた**隣りの原子にもある振幅 $iB/\hbar$ で一足跳びにとべる可能性をもっているとしてみる．ところが，このときの解も $a_n=e^{ikx_n}$ の形に書くことができる——つまり，解がこういう形をもつということは普遍的なことなのである．このとき，波数 k をもつ定常状態のエネルギーは $(E_0-2A\cos kb-2B\cos 2kb)$ で与えられることが分る．このことは，k に対する E の曲線の形は普遍的なものではなくて，問題の特定の仮定に依存するものであることを示している．解のエネルギーの形は，いつでも余弦関数であるというわけではなく——また，それはかならずしも水平な軸に対して対称的でさえもない．しかしその曲線が $-\pi/b$ から π/b の間の外側で繰り返されるということはいつでも成り立っている．したがって，上の範囲外の k の値について考慮する必要は全くないのである．

k の値が小さいときにどうなっているかについて——すなわち，一つの x_n からその隣りへの振幅の変化が非常にゆっくりしているときについて——もう少し詳しく調べてみよう．$E_0=2A$ と選んでエネルギーの原点を決めたとする．このときには，図 13-3 の曲線の極小値がエネルギーの原点となる．k の値が十分に小さいときには，

$$\cos kb \approx 1-k^2b^2/2$$

と書くことができ，したがってエネルギー(13.13)は

$$E = Ak^2b^2 \tag{13.16}$$

となる．つまりこのときは，状態のエネルギーは，振幅 C_n の空間的変化を記述する波数 k の 2 乗に比例している．

13-3　時間に依存している状態

この節では 1 次元の格子内の状態の性質について，もう少し詳しく議論しよう．電子が x_n に存在する振幅が C_n であるとき，それがそこに発見される確率は $|C_n|^2$ で与えられる．(13.15)で記述される**定常**状態の場合には，この確率の値はすべての x_n に対して同じ値であって，またそれは時間的にも変化しない．それでは，あるエネルギーをもつ電子がある領域のなかに位置していること——したがって，他の場所よりもその場所に発見されやすくなっていること——を大雑把に記述するような状態はどのように表わされるであろうか．そのような状態を表わすには，少し違っている色々な k をもつ——したがって，少し異なったエネルギーをもつ——(13.15)のような解の重ね合わせをつくればよいのである．このとき振幅 C_n は，少なくとも $t=0$ においては，色々な項の間の干渉によって位置による変化をもっている．それはちょうど(第Ⅱ巻，第 23 章で論じたように)色々な波長の波を混ぜ合わせることによって，うなりがえられたのと同じことである．したがって，ある中心的な波数 k_0 の波と，その k_0 のまわりの色々な波数†

† 波束をあまり狭いものにしようとしなければ，である．

の波からなる“波束”を形成することができるわけである．

定常状態を重ね合わせるとき，異なるkの振幅は，それぞれ少しばかり違ったエネルギーをもつ——したがって，少し違った振動数をもつ——状態を表わしている．このために，全体のC_nの示す干渉図形もまた時間とともに変化し——“うなり”の模様を示すことになる．第II巻，第23章でみたように，そのうなりのピーク［$|C(x_n)|^2$の値の大きい場所］は，時間の経過とともにxに沿って動いてゆくことになる．そしてそれは，“群速度”とよばれる速さで動く．この群速度は，振動数のkによる変化に関係していて，すでに知っているように次式で与えられる．

$$v_{\text{group}}=\frac{d\omega}{dk}. \tag{13.17}$$

群速度を導くには，この場合もこの式を適用することができるのである．“かたまり”になっている——すなわち，C_nが図13-5の波束のようになって，空間的に変化している——電子の状態は，$d\omega/dk$に等しいスピードvで1次元的な“結晶”に沿って運動する．なお，ここで$\omega=E/\hbar$である．Eに対して(13.16)を用いると

$$v=\frac{2Ab^2}{\hbar}k \tag{13.18}$$

をうる．いいかえると，電子は中心的なkの値に比例するスピードで運動するわけである．このとき(13.16)は，そのような電子のエネルギーがその群速度の2乗に比例するということをいっている——つまり，**それは古典的な粒子のように行動する**のである．細かい構造をみないで，十分に大きいスケールでものごとをみている限り，われわれの量子力学的描像は古典物理学とよく似た結果を与える．実際，(13.18)をkに関して解いて，それを(13.16)に代入すると

$$E=\frac{1}{2}m_{\text{eff}}v^2 \tag{13.19}$$

と書くことができる．ここでm_{eff}は定数である．波束内の電子の“運動のエネルギー”は，その速度依存性が古典的粒子と同じ形をもっている．この定数m_{eff}——“有効質量”とよばれる——は，

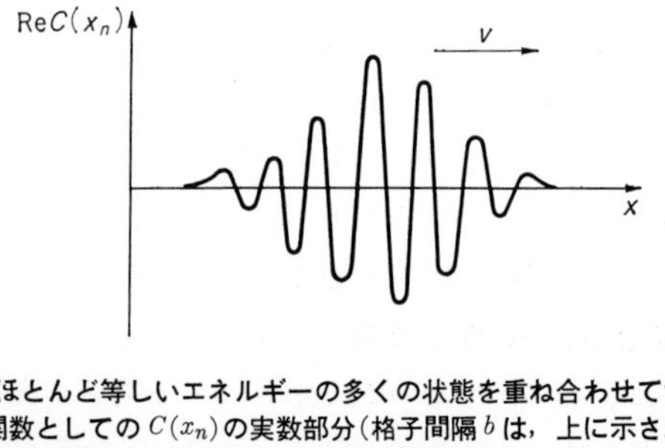

図13-5　ほとんど等しいエネルギーの多くの状態を重ね合わせてつくられるxの関数としての$C(x_n)$の実数部分（格子間隔bは，上に示されているxの尺度に比較すると非常に小さいものである）

$$m_{\text{eff}} = \frac{\hbar^2}{2Ab^2} \tag{13.20}$$

で与えられる．またこのとき，

$$m_{\text{eff}}\,v = \hbar k \tag{13.21}$$

と書けることにも注意されたい．仮に $m_{\text{eff}}v$ を“運動量”とよぶことにすると，それは前に自由粒子のときに述べたのと同じような形で，波数 k と関係している．

しかし，m_{eff} は電子の本当の質量とは何の関係もないことを忘れてはならない．それは本ものの質量とは全く別ものである――ところが，現実の結晶のなかでは，それは偶然，大体同じ程度の大きさ，つまり電子の自由空間内における質量の約2倍ないし20倍程度の大きさになっていることがある．

このことは，注目すべき不思議な現象を――つまり，どういうわけで結晶内の電子が，（ゲルマニウム内におかれた余分の電子が）結晶をのりこえて，それがあらゆる原子に衝突をしているにもかかわらず完全に自由に流れるかを――説明している．電子は一つの原子から隣りの原子へ，パッパッパッと移動する振幅をもっているために，結晶全体にわたってそのような行動をすることができるわけである．これが，固体が電気を伝えることのできる原因となっている．

13-4　3次元格子内の電子

上と同じ考え方を3次元の場合に適用したとき，電子はどうなるかを調べることにしよう．その結果は1次元のときとよく似たものになることが分る．三つの方向に間隔 a, b, c をもって並んでいる直方体の格子があるとする．（立方体の格子がほしいときには，この三つの間隔を等しくとればよい．）また，x 方向の隣りの原子のところに跳ぶ振幅が $iA_x/\hbar$ であり，y 方向への振幅は $iA_y/\hbar$，z 方向への振幅は $iA_z/\hbar$ で与えられているものとする．このとき基本状態をどのように記述すべきであろうか．1次元の場合と同様に，基本状態の一つとしては，その位置が x, y, z の原子のところに電子が存在する状態をとることができる．ここで (x, y, z) は格子点の一つを表わしている．原点の位置をある一つの原子にとると，格子点はみんな

$$x = n_x a, \quad y = n_y b, \quad z = n_z c$$

の点に存在することになる．ここで n_x, n_y, n_z は任意の3個の整数である．このような点を示すのに，ここでは添字を用いるかわりに，x，y および z そのものを用いることにする．ただそのとき，これらの変数は格子点上の値だけをとるものとする．そうすると，基本状態は記号 $|x, y, z$ における電子$\rangle$ によって表現することができることになる．そして，ある状態 $|\phi\rangle$ にある電子が，この基本状態に存在する振幅は $C(x, y, z) = \langle x, y, z$ における電子$|\phi\rangle$ で与えられるとする．

前と同様に，この振幅 $C(x, y, z)$ は時間とともに変化するかも知れない．われわれの仮定を用いると，この振幅に対するハミルトニアン方

程式は次のような形になるはずである．

$$i\hbar\frac{dC(x,y,z)}{dt}=E_0C(x,y,z)-A_xC(x+a,y,z)-A_xC(x-a,y,z)-A_yC(x,y+b,z)-A_yC(x,y-b,z)-A_zC(x,y,z+c)-A_zC(x,y,z-c). \quad (13.22)$$

これはかなり長い式のようにみえるが，諸君には上の各項がどこからくるものであるかを理解できるものと思う．

このときにも，すべての C が時間的に同じように変化する定常状態を求めることにする．この場合も，その解は指数関数の形で与えられ，

$$C(x,y,z)=e^{-iEt/\hbar}e^{i(k_xx+k_yy+k_zz)} \quad (13.23)$$

と表わされる．これを(13.22)に代入すると，エネルギー E が k_x, k_y, k_z と次のような関係をもっていれば，うまくゆくことが分る．すなわち，

$$E=E_0-2A_x\cos k_xa-2A_y\cos k_yb-2A_z\cos k_xc. \quad (13.24)$$

このエネルギーは**3個の**波数 k_x, k_y, k_z に依存しているが，これらは3次元的なベクトル $\boldsymbol{k}$ の3個の成分なのである．実際，(13.23)はベクトル記法を用いると

$$C(x,y,z)=e^{-iEt/\hbar}e^{i\boldsymbol{k}\cdot\boldsymbol{r}} \quad (13.25)$$

と書くことができる．つまり，振幅は3次元空間内での複素**平面波**として変動するのである．この平面波は $\boldsymbol{k}$ の方向に進行し，その波数は $k=\sqrt{k_x{}^2+k_y{}^2+k_z{}^2}$ により与えられる．これらの定常状態に属するエネルギーは，(13.24)に与えてあるような複雑な形で $\boldsymbol{k}$ の3個の成分に依存している．E の $\boldsymbol{k}$ による変化の仕方は，A_x, A_y および A_z の間の相対的な符号およびそれらの大きさに依存している．これらの三つの数値がみんな正のときには，そしてまた k の値が小さい場合に興味をもっているときには，その変化の仕方は比較的に簡単である．

まえに，(13.16)をうるときにやったように，余弦関数を展開すると，いまの場合には

$$E=E_{\min}+A_xa^2k_x{}^2+A_yb^2k_y{}^2+A_zc^2k_z{}^2 \quad (13.26)$$

という関係をうることができる．

格子間隔が a の簡単な立方体格子の場合には，A_x, A_y および A_z はみな等しくなっている――つまり，すべてが A である――と考えられる．このときには

$$E=E_{\min}+Aa^2(k_x{}^2+k_y{}^2+k_z{}^2),$$

または

$$E=E_{\min}+Aa^2k^2 \quad (13.27)$$

となり，これは(13.16)と全く同じ形である．そのとき用いた議論にしたがえば，**3次元**における電子の波束(それは，ほとんど等しいエネルギーをもっている多くの定常状態を重ね合わせることによってつくりあげられるものである)もまた，ある有効質量をもつ古典的粒子のように運動する．

立方体の場合よりも低い対称性をもつ結晶の場合には，(あるいは，

各原子のところでの電子の状態そのものが対称的でない立方体結晶の場合でも）三つの係数 A_x, A_y および A_z のとる値は異なっている．このときには，ある微小な領域内にその位置を占めている電子の“有効質量”が，その**運動の方向によって違っている**．例えば，x 方向への運動に対する慣性と，y 方向の運動に対する慣性とが相違しうるのである．（そのような状況の詳細は，“有効質量テンソル”というもので記述される．）

13-5　格子内における他の状態

(13.24)によると，いま話している電子の状態は，あるエネルギー“帯”内のエネルギーのみをもちうることになっている．そのエネルギー帯は，最小エネルギー

$$E_0-2(A_x+A_y+A_z)$$

から，最大エネルギー

$$E_0+2(A_x+A_y+A_z)$$

の間を蔽うものである．その他のエネルギーをとることも可能であるが，それらは別の種類の電子状態に属している．これまでは，電子が結晶内原子におけるある特定の状態，例えば最低エネルギーの状態にあるような基本状態だけを考えてきたのであった．

何もない空虚な空間のなかに1個の原子があり，それに1個の電子をつけ加えて1個のイオンをつくるとき，そのイオンは色々なやり方でつくることができる．つまりその電子は，最低エネルギーの状態にはいることもできるし，またそれより上のある決ったエネルギーをもつ多くの可能な“励起状態”のどれかにはいることもできる．これと同じことが結晶内でもおきうるわけである．そこで上でとりあげたエネルギー E_0 は，可能な最低エネルギーのイオンに対する基本状態に対応するものであるとする．そこでいま，新しい基本状態の組をとり，そのとき電子は n 番目の原子の近くに前とは別のやり方で位置している——つまり，イオンの励起状態の一つにある——と考えることにする．したがってこのとき，エネルギー E_0 は前よりも少しばかり高い値をもっていることになる．このときも前と同様に，電子が一つの電子の励起状態から，隣りの原子の同じ励起状態に跳ぶ（前とは違った）振幅 A が存在する．その解析全体は前の場合と全く同じであり，ただより高いエネルギーのところに中心をもつようなエネルギー帯の存在がみいだされることになる．したがって一般に，異なる別の励起準位に対応して，それぞれ別のエネルギー帯がたくさん存在しうるということになる．

しかし，そのほかにも可能性がある．電子が一つの原子の励起状態から，隣りの原子の非励起状態に跳ぶような振幅があるかも知れないからである．（このような転移の存在をエネルギー帯間の相互作用という．）このように，より多くのエネルギー帯を考慮すればするほど，また可能な状態間における‘もれ’の係数を追加すればするほど，その

数学的理論はますます複雑なものになってくる．しかし，そこには何らの新しい考え方が含まれているわけではなく，上の簡単な例でやったのと同じようにして，その方程式系をつくることができる．

また，その理論に現われてくる振幅 A のような色々な係数については，これ以上述べることはほとんどないということも注意しておく．それらの係数の値を計算することは，一般に非常に困難であって，したがって実際問題として，それらのパラメーターに関しては，理論的にはほとんど何も知られていない．そして特定の現実的状況のもとでは，実験的に決められた値をとることができるだけである．

結晶内で電子が動くときと，その物理と数学とはほとんど正確に同じであるが，動いている“もの”がまるっきり違っている場合がある．例えば，もともとの結晶——あるいはむしろ線状の格子——が一列に並んだ中性原子からできていて，それぞれの原子の外側にゆるく束縛されている電子がある場合を考えてみる．そのとき，電子を1個とり除いたと想像してみよう．どの原子がその電子を失ったのであろうか．ここで C_n はその電子が x_n における原子から**失われている**振幅を表わすものとする．このとき一般に，隣りの原子——例えば $(n-1)$ 番目の原子——のところの電子がその原子から去って，電子の欠けている n 番目の原子のところに跳び移る振幅 $iA/\hbar$ が存在するであろう．これは，“欠けている電子”が n 番目の原子から，$(n-1)$ 番目の原子に跳び移る振幅 A が存在するということと同じことである．その方程式系は，全く前の場合と同じものになることが分ると思う——もちろんこのときの A の値は，前の場合と同じ値である必要はない．この場合，エネルギー，(13.18)の群速度で結晶内をわたりあるく確率の“波”，それから有効質量等々に対して，前と全く同じ公式がえられることになると考えられよう．ただ，いまの場合の波は**欠けた電子**——あるいはいわゆる“ホール”——のふるまいを記述しているのである．したがって，その“ホール”はまるで質量 m_{eff} をもつ粒子のように行動する．この粒子が正の電荷をもっているようにみえることは理解できよう．次章では，このホールについて，やや詳しく話すつもりである．

もう一つの別の例として，一列に並んだ**中性**原子を考えて，そのうちの一つの原子が励起状態——すなわち，普通の基底状態よりも高いエネルギーをもっている状態——にある場合を考えることができる．いま，C_n を n 番目の原子が励起している振幅であるとする．それは，隣りの原子との相互作用により，その余分のエネルギーを隣りの原子にわたして基底状態にもどることができる．この過程に対する振幅を $iA/\hbar$ とする．このときにも全く同じ数式が成立することが分る．いまの場合，動くのは**励起子**(exciton)とよばれるものである．それはあたかも，結晶内を動きまわって励起エネルギーを運ぶ中性の“粒子”のようにふるまう．視覚とか光合成のような，ある種の生物学的な過程においては，このような運動がおきているのかも知れない．網膜に光が吸収されると励起子を生じ，その励起子が(第II巻，第11章で述べた桿状体の層のような）ある周期的構造を通して動いてゆきそのエネルギーがある特別な場所に蓄積されて，そこで化学反応を誘起するのではないかと推測されるのである．

13-6 格子のなかの不完全さによる散乱

ここでは1個の電子が，不完全な結晶のなかにある場合について考えることにしよう．これまでの解析では，完全な結晶は完全な伝導性をもつ——電子は真空中におけるように摩擦をうけることなく，結晶内をすべってゆくことができる——ということであった．この電子が永久に進み続けるのを止めうるもっとも重要な原因の一つが，結晶の欠陥，またはその不規則性である．例えば，結晶中のどこかの原子が欠けているものとしよう．あるいはだれかが，原子の存在する場所の一つに1個の悪玉原子をおいたとする．そのとき，その場所の状況は，他の原子の場所での状況とは違ったものになる．例えば，エネルギーE_0とか，振幅Aがほかとは違ってくる．そのとき何がおきるかを，どのようにして記述したらよいであろうか．

話を明確にするために，1次元の場合にもどって，番号“ゼロ”の原子が“不純物原子”であって，それは他のどの原子のエネルギーE_0とも違うエネルギーをもっていると仮定する．そのエネルギーを(E_0+F)とよぶことにしよう．そうすると，どうなるか．電子が“ゼロ”番目の原子のところに到達すると，その電子は元の方向に散乱される確率をもつことになるのである．波束が原子の列に沿って動いてゆくとき，状況がちょっとばかり違っている場所に到達すると，その波束の一部はそのまま前進し，その一部ははね返されることになる．このような場合を波束を利用して解析するのは非常に難しい．それは，すべてが時間的に変化するからである．こういうときには，定常状態の解を使ってやったほうがずっとやさしい．それでわれわれは，定常状態をつかってやることにする．その定常状態は，透過した部分と反射した部分をもつ連続的な波から構成されていることが分る．3次元の場合には，反射した部分は色々な方向に拡がってゆくから，それを散乱波という．

さて，(13.6)と全く同じような一組の方程式から出発する．ただし，$n=0$に対する方程式は他の残りの方程式とは違っている．$n=-2, -1, 0, +1, +2$に対する5個の方程式は，次のようなものである．

$$
\begin{aligned}
&\vdots && \vdots \\
Ea_{-2} &= E_0a_{-2}-Aa_{-1}-Aa_{-3}, \\
Ea_{-1} &= E_0a_{-1}-Aa_0-Aa_{-2}, \\
Ea_0 &= (E_0+F)a_0-Aa_1-Aa_{-1}, \qquad (13.28) \\
Ea_1 &= E_0a_1-Aa_2-Aa_0, \\
Ea_2 &= E_0a_2-Aa_3-Aa_1, \\
&\vdots && \vdots
\end{aligned}
$$

もちろんこのほかに，$|n|$が2よりも大きい場合の方程式もみんな存

在する．しかし，それらは(13.6)と全く同じ形をしている．

一般の場合には，“ゼロ”原子へ，あるいは“ゼロ”原子から，電子が跳び移る振幅に対しては，本当は別の A を用いるべきである．しかし，話の主な様相は，A がみんな等しくなっているような簡単な例の場合にも出てくる．

(13.10)の解は，原子“ゼロ”を含むものを除く，その他のすべての方程式の解としてそのまま利用することができる——しかしその解は1個の方程式に対しては正しくない．その方程式に対しては別の解が必要であって，それは次のようにして料理することができる．さて，(13.10)は正の x 方向に進行する波を表わしている．しかし，x の負の方向に進行する波もまた同様に解になっているであろう．その波は

$$a(x_n)=e^{-ikx_n}$$

と書かれる．(13.6)の方程式の解として採用できるもっとも一般の解は，前進する波と後進する波との組み合わせ，すなわち

$$a_n=\alpha e^{ikx_n}+\beta e^{-ikx_n} \tag{13.29}$$

によって与えられる．この解は，$+x$ 方向に運動する振幅 α の複素数波と，$-x$ 方向に運動する振幅 β の波とを表わしている．

ここで，いまの新しい問題に対する方程式系を——(13.28)にあるものと，その他のすべての原子に対するものとを——よく観察しよう．$n\leq -1$ の a_n を含む方程式はみな，k が E および格子間隔 b と

$$E=E_0-2A\cos kb \tag{13.30}$$

の関係をもっていれば，(13.29)によってみたされている．(13.29)の解の物理的意味は，振幅 α の“入射”波が左側から原子“ゼロ”(“散乱体”)に近づいてゆき，“散乱”あるいは“反射”された波が振幅 β をもって，左側に向って帰ってゆくということである．このとき，入射波の振幅 α を1に等しいとおいても，何ら一般性を失うことはない．そのとき一般に，振幅 β は複素数である．

全く同じことが，$n\geq 1$ に対する a_n の解についてもいえる．しかし，その係数が上の場合とは違っていることはありえることである．したがってこの場合は，

$$a_n=\gamma e^{ikx_n}+\delta e^{-ikx_n},\quad n\geq 1 \text{ のとき}, \tag{13.31}$$

と表わされる．ここで γ は右側に進行する波の振幅であり，また δ は右側からやってくる波の振幅である．そこで元来，波が左側だけからやってくるような**物理的**状況を考えると，散乱体——または不純物原子——を越えたところには透過波だけが存在するわけである．そこで解として，$\delta=0$ になっている場合をやってみることにしよう．そこで，試行関数として

$$\begin{aligned} a_n(n<0 \text{ のとき}) &= e^{ikx_n}+\beta e^{-ikx_n}, \\ a_n(n>0 \text{ のとき}) &= \gamma e^{ikx_n} \end{aligned} \tag{13.32}$$

ととってみることにする．こうすると，(13.28)のまん中の三つの方程式を除く，a_n に対するすべての方程式が確かにみたされている．図13-6は，いま話している状況を説明しているものである．

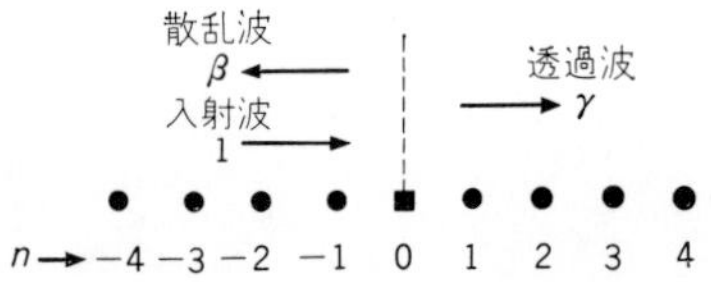

図13-6　$n=0$ **のところに“不純物”原子が1個あるときの1次元格子における波動**

次に，a_{-1} と a_{+1} に対して，(13. 32)の解を利用すると，(13. 28)のまん中の三つの方程式は a_0 に関して解くことができ，そしてまた2個の係数 β と γ についても解くことができる．したがってわれわれは完全な解をみつけることができたわけである．$x_n=nb$ とおくと，次の3個の方程式を解く必要がある．

$$\begin{aligned}(E-E_0)\{e^{ik(-b)}+\beta e^{-ik(-b)}\} &= -A\{a_0+e^{ik(-2b)}+\beta e^{-ik(-2b)}\},\\ (E-E_0-F)a_0 &= -A\{\gamma e^{ikb}+e^{ik(-b)}+\beta e^{-ik(-b)}\},\\ (E-E_0)\gamma e^{ikb} &= -A\{\gamma e^{ik(2b)}+a_0\}.\end{aligned} \tag{13. 33}$$

ここで E は(13. 30)によって k の関数として与えられていることを思いおこし，E のこの値を上の方程式に代入して，$\cos x=(e^{ix}+e^{-ix})/2$ の関係を利用すると，第1式から

$$a_0 = 1+\beta \tag{13. 34}$$

を，また第3式から

$$a_0 = \gamma \tag{13. 35}$$

をうる．これらが矛盾しないためには

$$\gamma = 1+\beta \tag{13. 36}$$

でなければならない．この式は，透過波 γ がもともとの入射波1に，反射波に等しい波(β)を加えたものになっていることを示している．これはいつでも正しいわけではなく，いまの場合には，たまたまただ1個の原子による散乱であるためにそうなっているのである．不純物原子のかたまりがあるときには，前進する波につけ加えられる量は，かならずしも反射波と同じものではない．

反射波の振幅 β は，(13. 33)のまん中の方程式からえられ

$$\beta = \frac{-F}{F-2iA\sin kb} \tag{13. 37}$$

となる．こうして，普通とは違う原子が1個含まれている格子の場合の解が完全にえられたわけである．

諸君は，どういうわけで，(13.36)のように透過波が入射波よりも大きくなれるのかしらと不思議に思っているかも知れない．しかし，β と γ とはどちらも複素数であり，また一つの波のなかの粒子数(あるいはむしろ，1個の粒子を発見する確率)は，振幅の絶対値の2乗に比例するということを思いおこされたい．実際

$$|\beta|^2+|\gamma|^2 = 1 \tag{13. 38}$$

が成立しているときにのみ，“電子が保存”される．われわれの解の場合，これが成立していることを示すのは容易である．

13-7　格子欠陥による捕獲

F が負の値をもっているときには，別のおもしろいことがおきる．ほかの原子のところにあるときよりも，不純物原子($n=0$ における)のところにあるときのほうが，電子のエネルギーが低い値をもつときには，その電子がこの不純物原子に捕獲されてしまうことがある．すなわち，(E_0+F) が (E_0-2A) にあるエネルギー帯の底よりも下にある

ときには，電子は $E<E_0-2A$ のエネルギーをもつ状態に“捕獲”されることがありうるわけである．このような解は，これまでやってきたものからは出てこない．しかし，試みの解として，(13.10)で k が虚数になることを許せば，そのような解をうることができる．それでいま，$k=i\kappa$ とおくことにする．このときには，$n<0$ の場合と，$n>0$ の場合とで別の解をうることができる．$n<0$ のときの可能な解の一つは

$$a_n(n<0\text{ のとき}) = ce^{+\kappa x_n} \tag{13.39}$$

であろう．このときの指数の符号は正にとっておく必要がある．そうしないと，n が大きな負の値をとったときに，振幅がいくらでも大きくなってしまうからである．同様に，$n>0$ に対する解のうち可能なものの一つは

$$a_n(n>0\text{ のとき}) = c'e^{-\kappa x_n} \tag{13.40}$$

である．これらの試行関数を(13.28)のまん中の三つを除く，すべての方程式に代入すると，

$$E = E_0 - A(e^{\kappa b}+e^{-\kappa b}) \tag{13.41}$$

の関係があれば，方程式はみたされることが分る．(13.41)の二つの指数関数の項の和はつねに 2 よりも大きくなっているから，このエネルギーは正規のエネルギー帯よりも低くなっており，これがわれわれの求めていたものである．(13.28)の残りの三つの方程式は，$a_0=c=c'$ で，κ として

$$A(e^{\kappa b}-e^{-\kappa b}) = -F \tag{13.42}$$

をみたしているものを選べばみたされる．この式と(13.41)とを結合すると，

$$E = E_0 - \sqrt{4A^2+F^2} \tag{13.43}$$

をうる．つまり，捕獲された電子は——伝導帯のやや下に位置する——一義的なエネルギーをもっている．

ここで，(13.39)と(13.40)の振幅は，捕獲された電子が，ちょうど不純物原子のいる場所の上に位置しているといっているわけでは**ない**ということに注意されたい．その近くの原子のところに電子を発見する確率は，これらの振幅の 2 乗によって与えられる．パラメーターをある特定の値にえらんでおくと，その確率分布は図 13-7 の棒グラフの示すような形で変化している．つまり，近くの原子のところに発見される確率は，不純物原子からの距離とともに指数関数的に減少するのである．これは“トンネル効果”のもう一つの例である．古典物理学の立場からみれば，電子は捕獲中心におけるエネルギーの“ホール”の外へ飛び出せるだけのエネルギーをもっていないのであるが，量子力学的には，電子は少々もれて出てゆくことが可能なのである．

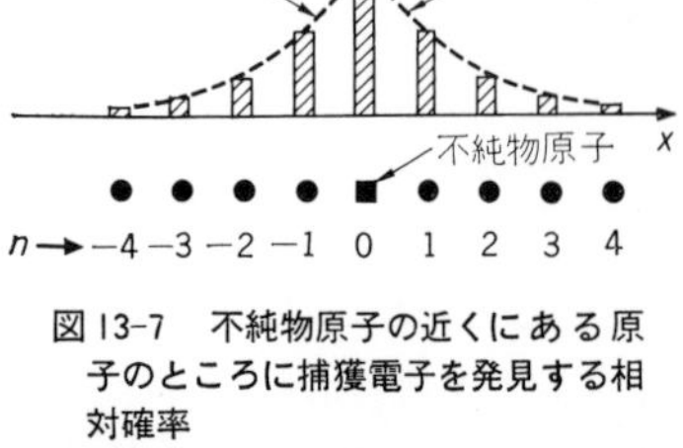

図 13-7　不純物原子の近くにある原子のところに捕獲電子を発見する相対確率

13-8　散乱振幅と束縛状態

最後に，高エネルギー物理学で現在非常によく利用されている方法を説明するのに，ここでやった例を利用することができる．それは散

乱振幅と束縛状態との関係に関する話である．実験と理論的解析によって――パイオンの陽子による散乱のおきかたが発見されたとする．そのとき新粒子が発見され，だれかが(電子が陽子に束縛されて，水素原子がつくられることから類推して)それはパイオンと陽子とがくっついて，ある束縛状態をつくっているのではないだろうかと考えたとする．ここで束縛状態とは，2個の自由粒子よりも低いエネルギーをもつ結合状態のことである．

散乱振幅を代数的に許されているエネルギー帯の外の領域のエネルギーにまで外挿したとき(数学的な言葉でいえば，“解析接続”をしたとき)，その振幅が無限大になるようなエネルギーのところに束縛状態が存在するという一般論が存在する．

その物理的な根拠は次のようなものである．束縛状態というのは，ある一点に結びつけられた波だけが存在していて，出てゆく波がなく，単独にそれだけでそこに存在しているような状況にある状態である．そのときには，いわゆる“散乱された”，あるいはつくり出された波と，“送りこまれた”波との間の相対的な大きさの比率が無限大になっているというのである．この考えを，上の例で試してみることができる．散乱振幅に対する表式(13.37)を，散乱された粒子のエネルギーE(kではなく)の関数として書きかえておく．このとき(13.30)は

$$2A\sin kb=\sqrt{4A^2-(E-E_0)^2}$$

と書き直せるから，散乱波は

$$\beta=\frac{-F}{F-i\sqrt{4A^2-(E-E_0)^2}} \tag{13.44}$$

と表わされる．上の導き方からも分るように，この式は本来，現実の状態――つまり，そのエネルギーがエネルギー帯$E=E_0\pm 2A$の範囲内にある状態――に対してのみ適用すべきものである．しかし，この事実を忘れてしまって，$|E-E_0|>2A$であるような“非物理的”なエネルギーの領域にまで，この表式を拡張しようというのである．この非物理的な領域に対しては，

$$\sqrt{4A^2-(E-E_0)^2}=i\sqrt{(E-E_0)^2-4A^2}$$

と書くことができる†．このとき，それが何を意味するにせよ，ともかく“散乱振幅”は

$$\beta=\frac{-F}{F+\sqrt{(E-E_0)^2-4A^2}} \tag{13.45}$$

となる．ここで次のような問を発したとする．βが無限大になるようなエネルギーEが存在するかと．(例えばこのときには，βの表式は“極”(pole)をもつことになる．) その答えはイエスである．Fの値が負である限り，(13.45)の分母は

$$(E-E_0)^2-4A^2=F^2$$

のとき，あるいは

† ここで平方根の符号をどう選ぶかは，(13.39)と(13.40)のκに対して許される符号と関係している技術的な問題である．ここでは，その点に立ち入るつもりはない．

$$E = E_0 \pm \sqrt{4A^2+F^2}$$

のときにゼロになる．ここで負号のほうをとると，それはまさしく捕獲された電子のエネルギー(13.43)を与えている．

それでは，正の符号をとったときにはどうなるのか．これは，許されるエネルギー帯よりも**上の**エネルギーを与えている．そして実際，そこには(13.28)の方程式を解いたときに落してしまったもう一つの束縛状態が存在するのである．この束縛状態のエネルギーと振幅 a_n を求めることは，諸君の演習問題として残しておくことにする．

上述の散乱状態と束縛状態との関係は，新しい奇妙な粒子に関する実験的な観測事実を理解するための，現在の理論的研究におけるもっとも有力な手がかりの一つを与えているのである．

第14章 半導体

14-1 半導体内の電子とホール

最近の注目すべき，かつ劇的な発展の一つとしてあげられるものは，トランジスターのような電気機器の技術開発への固体物理学の応用であった．半導体の研究によって，その有用な性質が発見され，それに伴って多くの実用的な応用がもたらされた．その分野は急速に変化しているので，今日諸君に話していることが，翌年には正しくなくなっているということになるかも知れない．それは確かに未完成の領域なのである．そして，これらの物質の研究を続けてゆくに伴って，多くの新しい，そしてさらに素晴しいものを創り出すことが，時とともに可能になってゆくことは極めて明らかなことであろう．この書物のこれから後に出てくることを理解するのには，この章を理解しておく必要はないのであるけれども，少なくとも諸君がいま学んでいることのなかには，実際的世界と関係をもつものも含まれているということを知ったら，諸君はこの問題に深い興味を見出すことであろう．

これまでに，非常に多くの半導体の存在が知られている．しかしここでは，それらのうちで現在もっとも大きな技術的応用をもっているものに話を集中することにしよう．またそれらは，その性質のもっともよく分っているものであり，それが理解できれば，他の多くのことについてもより深い理解をもつことができるのである．こんにち，もっとも一般に用いられている半導体物質は，シリコンとゲルマニウムである．これらの元素は，ダイヤモンド格子の形をとって結晶する．これは一種の立方体構造をもっており，そのなかで原子はその最隣接原子と四面体的な結合をしている．これらの物質は，室温ではいくらか電気を伝えるけれども，非常に温度が低いときには——絶対0度の近くでは——不導体である．それらの物質は金属ではない．**半導体**とよばれているものである．

低温に保たれているシリコンかゲルマニウムの結晶のなかに，何らかの方法で余分の電子をいれてやると，それはまさに前章で述べたような状況になるわけである．そうやって注入された電子は，ある原子のところから，その隣りの原子の位置へ跳び移って結晶中をうろつきまわることができる．これまで実際に調べてきたのは，直交している格子内での電子のふるまいだけであったが，シリコンやゲルマニウムの現実の格子の場合には，その方程式系は前とはいくらか違った形のものになる．しかしながら，その本質的な点はすべて，直交している格子の場合の結果から説明することができるのである．

第13章でみたように，これらの電子のもつエネルギーは――**伝導帯**とよばれる――ある一つのエネルギー帯内にのみ存在しうる．このエネルギー帯のなかでは，そのエネルギーは，確率振幅 C((13.24)をみよ)の波数 $\boldsymbol{k}$ と

$$E = E_0 - 2A_x \cos k_x a - 2A_y \cos k_y b - 2A_z \cos k_z c \quad (14.1)$$

の関係をもっている．ここで A_x などは，それぞれ x, y, z 方向にジャンプする振幅であり，また a, b および c は，これらの方向における格子間隔である．

エネルギー帯の底の近くのエネルギーに対しては，(14.1)を

$$E = E_{\min} + A_x a^2 k_x^2 + A_y b^2 k_y^2 + A_z c^2 k_z^2 \quad (14.2)$$

によって近似することができる(**13-4** をみよ)．

いま $\boldsymbol{k}$ の成分がつねに同一の比をもっているような，ある特定の方向への電子の運動を考えると，そのエネルギーは波数の2次関数で表わされ――その波数を電子の運動量とみなすことができる．そして，

$$E = E_{\min} + \alpha k^2 \quad (14.3)$$

と書くことができる．ここで α はある定数である．このとき，図14-1のような k 対 E のグラフを書くことができる．このようなグラフを，“エネルギー図形”とよぶことにする．すると，ある特定のエネルギーと運動量とをもつ状態にある電子は，図の S のような点によって指示することができるわけである．

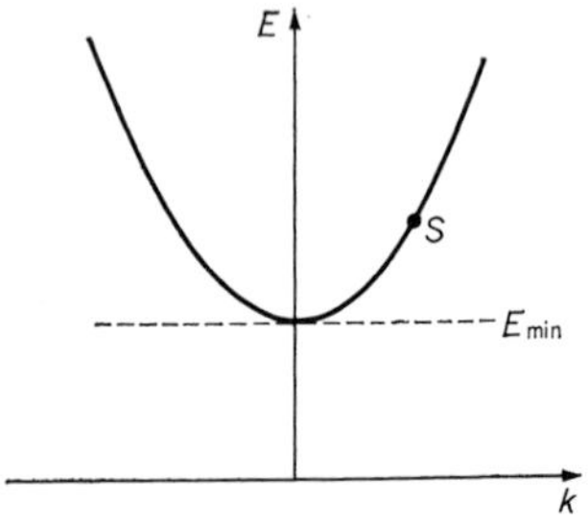

図14-1　不導体結晶における電子のエネルギー図

また，中性の不導体から電子を1個**除去**すると，第13章で述べたときと似たような状況がおきる．そのとき，1個の電子がすぐ隣りの原子から飛びこんできて，その“ホール”をうめるが，電子がスタートした原子に別の“ホール”を残すことになるわけである．この様子を記述するには，任意の特定の原子のところにその**ホール**を発見する振幅を書き，またその**ホール**が一つの原子からその隣りの原子にジャンプすることができるということにすればよいわけである．(このとき明らかに，ホールが原子 a から原子 b にジャンプする振幅 A は，原子 b 上の電子が原子 a 上の穴にとびこむ振幅と全く同じ値で与えられる．) この場合の数式は，**ホール**が余分の電子であるとしたときと全く同じものである．そして，ただ振幅 A_x, A_y および A_z が余分の電子の場合と違った数値をもっていることを別にすれば，ホールのエネルギーはその波数と(14.1)または(14.2)と全く同じ式によって関係している．つまり，ホールのエネルギーは，その振幅の波数と関係をもっているのである．そのエネルギーは制限された帯の内にあり，そのエネルギー帯の底の近くでは，そのエネルギーは図14-1に示されているように，波数――または運動量――とともに2次関数的に変化する．**13-3** の議論にしたがうと――立方体でない結晶では，その質量が運動方向に依存することを別にすれば――**ホールもまた**ある有効質量をもつ**古典的粒子のようにふるまう**のである．したがって，ホールは，結晶のなかを動いている**正電荷をもつ粒子**のような行動をすることにな

る．つまり，ホール粒子の電荷は正なのである．なぜなら，ホールというものは電子の欠けている場所に存在し，それが一つの方向に動くときには，実際には電子が反対の方向に動いているのであるからである．

中性の結晶のなかにいくつかの電子をおいたときには，それらの電子は気体のなかの原子のようにほとんど自由に結晶のなかを動きまわるであろう．その電子の数があまり多くないときには，それらの間の相互作用はあまり重要ではない．そこでその結晶を横断するような電場をかけると，電子は動きはじめて電流が流れることになる．そしてそれらは結局のところ，みんな結晶の一方の端に引き寄せられて，そこに金属の電極があるとそこに集められて，結晶は中性になってしまう．

同様に，結晶内に多くのホールをおくこともできる．電場がなければ，それらのホールは結晶内をでたらめに動きまわることになるであろう．しかし電場が作用すると，それらは負の電極に向って流れてそこに“集められる”ことになる――このとき本当におきているのは，そのホールが金属電極からの電子によって中性化されるということである．

また，ホールと電子との両方が共存するようにすることもできる．それらの数があまり多くないときには，それらはみんな独立に，それぞれがわが道をゆくということになる．そしてそこに電場がかかれば，それらはみんな電流に寄与することになる．この場合，電子は**負の担体**とよばれ，またホールは**正の担体**とよばれるが，その理由は明らかであろう．

これまでは，電子は結晶内に外からもちこまれ，またホールをつくるには，結晶から電子が除去されるものと考えてきた．しかし，一つの中性原子から束縛電子を引っこ抜いて，できた電子とホールを同一の結晶内である距離をもって引き離しておくことによって，電子とホールの1対を“創りだす”ことも可能である．そのときには，1個の自由電子と1個の自由ホールとがえられるわけである．そしてこの2個の粒子は，これまでの話と同じように，結晶内を自由に動きまわるわけである．

1個の電子を状態Sにするのに必要なエネルギーは――状態Sを“創りだす”といっているのである――図14-2に示されているエネルギーE^-で与えられる．それは，$E^-_{\min}$より上のあるエネルギーである．また，ある状態S'に1個のホールを“創る”に必要なエネルギーは，図14-3のエネルギーE^+である．そしてこれは，$E^+_{\min}$よりも大きなあるエネルギーである．このとき，状態SおよびS'に1対の電子とホールとを創るのに必要なエネルギーは，ちょうどE^-+E^+によって与えられることになる．

この対創生は(後でみるように)，よくあるありふれた過程である．そのため，図14-2と図14-3とを一つのグラフにまとめようとする人

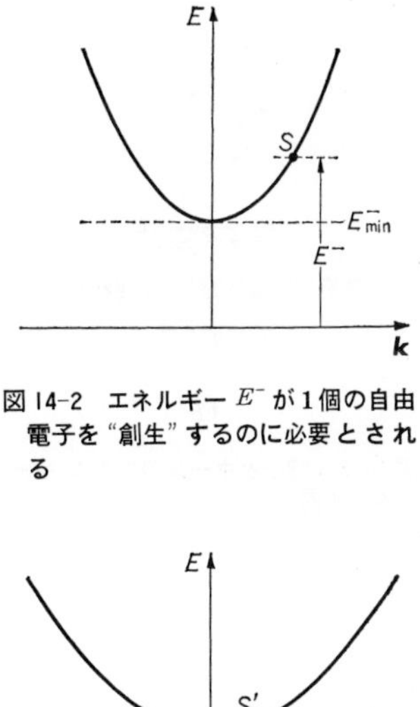

図14-2　エネルギーE^-が1個の自由電子を“創生”するのに必要とされる

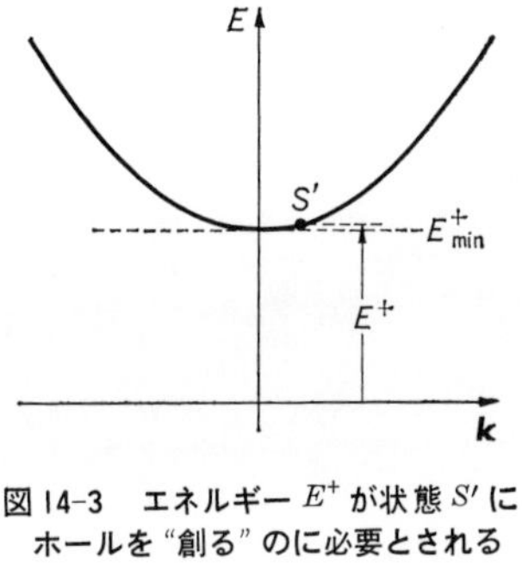

図14-3　エネルギーE^+が状態S'にホールを“創る”のに必要とされる

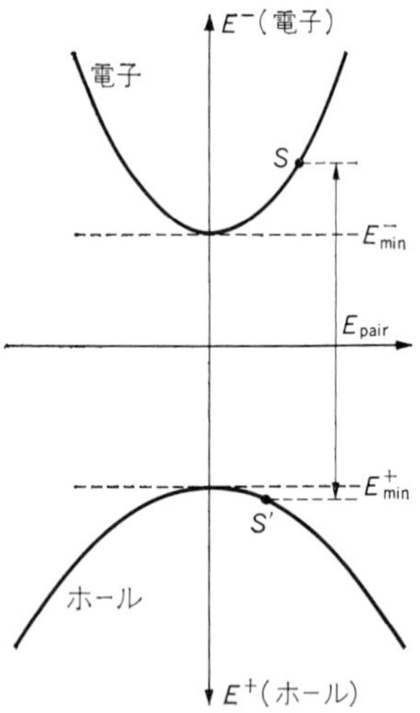

(下向きの正のエネルギー)

図 14-4　電子のエネルギーの図と下向きのホールのエネルギーの図をまとめて書いたもの

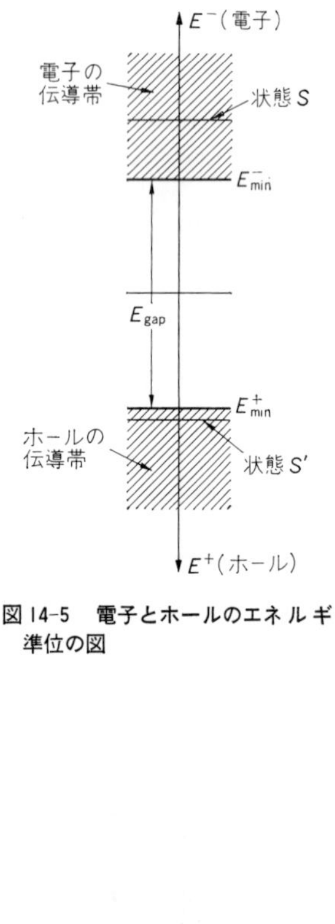

図 14-5　電子とホールのエネルギー準位の図

がたくさんいる――このときには**ホール**のエネルギーを**下向き**に書く．しかしもちろん，そのエネルギーは**正の**エネルギーである．図 14-4 では，こうやって二つのグラフをくっつけてある．このようなグラフの利点は，S に電子があり，S' にホールがあるような 1 対を創生するのに要するエネルギー $E_{pair}=E^-+E^+$ が，図 14-4 に示されている S と S' との間の縦の距離で与えられるという点にある．この 1 対をつくるに要する最小エネルギーは，“ギャップ”・エネルギーとよばれ，その値は $E^-_{min}+E^+_{min}$ に等しい．

k の値には興味のないときに書くエネルギー準位図とよばれるより簡単な図をみかけることがあると思う．そのような――図 14-5 に示されているような――図は，電子とホールとのとりうるエネルギーを示すものである†．

それでは，電子とホールの対をつくるにはどうすればよいであろうか．それにはいくつかの方法がある．例えば，結晶に光子(または X 線)を照射すると，そのエネルギーがギャップのエネルギーよりも大きいときには，その光子が吸収されて電子-ホールの 1 対が創生される．そして，その対がつくられる割合は，光の強度に比例する．いま，薄い結晶を二つの電極の間にはさんで，“バイアス”電圧をかけると，それらの電子とホールとは電極に引き寄せられることになる．そのとき，回路を流れる電流の強さは光の強度に比例する．この機構が光伝導の現象および光伝導セルの作用の原因となっているのである．

電子-ホールの対をつくるには，高エネルギーの粒子を使ってもよい．高速荷電粒子――例えば 10 ないし 100 MeV のエネルギーをもつ陽子またはパイオン――が結晶を通過すると，その電場が束縛状態にある電子をはじき出して，電子-ホールの対を創生する．このような事象は，その飛跡 1 mm 当りに数千回の数百倍もおきる．粒子が通り抜けたあとで，担体を集めることができて，それをやると電気的なパルスがえられる．これが，最近核物理学の実験で利用されるようになった半導体検出器といわれるものの作動機構である．しかし，そのような検出器をつくるには，必ずしも半導体を使う必要はない．それは，結晶性の不導体を用いてつくることもできる．実際，そのような検出器の最初のものは，室温で不導体であるダイヤモンドの結晶を利用してつくられたのである．しかしこのとき，ホールと電子とが途中で捕獲されることなく，電極まで自由に動くことができるためには，非常に純粋な結晶を用いる必要がある．半導体のシリコンやゲルマニウムが利用されるのは，それらの物質では，適当な大きさ(cm の程度の大

† この同じエネルギー図に対して，別の解釈を与えている書物がたくさんある．そこでは，エネルギーのスケールを**電子**にのみ関連させている．その場合には，ホールのエネルギーを考えるかわりに，電子がホールをうめたときに，電子がもつ**はず**のエネルギーを考えている．その電子のエネルギーは，自由電子のもつエネルギー**よりも低い**――実際，その量は図 14-5 にみる量だけ低くなっている．エネルギーのスケールをこのように解釈するときには，ギャップ・エネルギーというのは，1 個の電子がその束縛状態から伝導帯に移るために，電子に与えるべき最小エネルギーであるということになる．

きさ)で，かつ高純度のものがつくれるからである．

これまでは，絶対0度の近くの温度での半導体の結晶を考えてきた．任意の有限温度では，電子-ホールの対が創られる別の機構が存在する．そのときは，対をつくるエネルギーは，結晶の熱エネルギーから供給される．結晶の熱振動は，そのエネルギーを対に与えることができ——“自発的”な対創生をおこすのである．

ギャップ・エネルギー E_{gap} の程度のエネルギーが，1個の原子の位置に集中する単位時間当りの確率は $e^{-E_{\mathrm{gap}}/\kappa T}$ に比例する．ここで T は温度で，κ はボルツマン定数(第II巻，第15章をみよ)である．絶対0度の近くでは，その確率はほとんど0であるが，温度が上昇するにつれて，そのような対をつくる確率は増大してくる．任意の有限の温度では，そのような対の生成は一定の割合で永久に持続し，そのためにいくらでも多くの負と正の担体がつくられることになる．実際にはもちろん，そんなことは起きない．なぜなら，しばらく後には電子とホールとが偶然に出会って——電子がホールに落ちこんで，その余ったエネルギーが格子に与えられることになるからである．このことを，電子とホールとが“消滅”するという．つまり，ホールが電子に出会って，二つのものがたがいに消滅する毎秒当りの確率が存在する．

単位体積当りの電子数が N_n(n は負の担体を表わす)であり，正の担体の密度が N_p であるとき，電子とホールとが出会ってたがいに消滅する単位時間当りのチャンスは，積 N_nN_p に比例する．平衡状態では，この割合は対がつくられる割合に等しくなっていなければならない．諸君も知っているように，平衡状態では N_n と N_p の積はボルツマン因子にある定数を掛けたものによって与えられる．すなわち，

$$N_nN_p=(\text{一定値})\times e^{-E_{\mathrm{gap}}/\kappa T}. \tag{14.4}$$

ここで定数といったが，これはほとんど一定であるという意味であって，もっと完全な理論では——どのようにしてホールと電子とがたがいにその相手を発見するかといったことに関する詳しい議論が含まれていて——その“定数”は多少温度に依存していることが示される．しかし，主たる温度依存性は指数関数に含まれているのである．

例えば，もともと中性になっている純粋な物質を考えよう．この場合，有限温度では正と負の担体の数は等しく，$N_n=N_p$ であると考えられる．そのとき，それぞれの担体の数は温度とともに $e^{-E_{\mathrm{gap}}/2\kappa T}$ の形で変化するはずである．半導体のもついろいろな性質——例えば，電気伝導率——の温度依存性は，主としてこの指数関数因子によって決定される．なぜなら，ほかの因子はみな，温度とともにずっとゆっくり変化するからである．ゲルマニウムのギャップ・エネルギーは約0.72 eV であり，シリコンの場合は約1.1 eV である．

室温での κT の値は1 eV の約1/40である．したがって，このぐらいの温度では，かなりの大きさの伝導性を与えるに足るだけのホールと電子が存在しているわけである．ところが例えば30°K——室温の10分の1——では，その伝導率は極めて微小なものになっている．一

方，ダイヤモンドのギャップ・エネルギーは，6 または 7 eV もあり，そのためにダイヤモンドは室温でもよい絶縁体になっている．

14-2　不純物半導体

これまでは，そんなことをしなければ理想的に完全な結晶格子に，余分の電子を入れる方法を二つばかり話してきた．その一つの方法は外部の源から電子を注入する方法であり，もう一つの方法は，中性の原子の束縛電子をはじき出して，電子とホールを同時につくる方法であった．ところが，全く別のやり方を使って，結晶の伝導帯中に電子をもってくることもできるのである．いま，ゲルマニウムの結晶を考え，そのなかのゲルマニウムの原子の一つを砒素の原子でおきかえたとする．ゲルマニウム原子の原子価は 4 価であり，その結晶構造はその 4 個の価電子によって支配される．一方，砒素の原子価は 5 価である．単独の砒素の原子をゲルマニウムの格子のなかに配置することができることが分っているが(なぜなら，砒素の原子はゲルマニウム原子と大体同じ程度の大きさをもっているからである)，そうなるには，砒素原子は 4 価の原子のように行動しなければならないことになる——そのとき，その価電子のうちの 4 個を用いて結晶の結合をつくり，1 個の電子は残されてしまうわけである．この余分の電子は非常にゆるくくっついていて——その結合エネルギーは 1 ボルトの 1/10 よりも小さい．室温では，その電子は結晶の熱エネルギーから多くのエネルギーを容易に受けとることができ，それ自身の位置から離れてゆき——格子のなかを自由電子のように動き回るのである．この砒素のような不純物原子は，**ドナー**(donor)とよばれている．なぜならそれは，結晶に負の担体を供給することができるからである．ゲルマニウムの結晶が溶融状態から生長していく途中で，非常に小量の砒素を加えておくと，砒素のドナーは結晶全体に分布して，ある密度の負の担体を組みこんだ結晶がつくりあげられる．

この結晶に任意の小さな電場をかけると，これらの担体は直ちに押し流されてしまうと考えるかも知れない．しかし，そうはならない．なぜなら，結晶本体のなかにある砒素原子は，それぞれ正の電荷をもっているからである．結晶が全体として中性に保たれているときには，負の担体の電子の平均密度はドナーの密度に等しくなければならない．そのような結晶の両端に二つの電極をおき，それらを電池につなぐと電流が流れるであろう．しかし，担体電子が一方の端に押し流されるとともに，伝導電子の平均密度がドナーの密度にほとんど全く等しく保たれるように，もう一方の端の電極から新しい伝導電子がはいってくることになる．

ドナーは正に帯電しているので，伝導電子が結晶内を拡散してゆくとき，ドナーが伝導電子の一部を捕獲してしまう傾向が存在する．したがって，ドナーは，前章で議論したような捕獲源としての作用もするわけである．しかし，その捕獲エネルギーが十分に小さいときには

——砒素の場合にはそうなっている——ある任意の時刻に捕獲されている担体の数は，全体のうちの極く小部分にすぎない．しかし，半導体の性質を完全に理解するには，この捕獲の効果をも考慮にいれなくてはならない．しかし，この後の議論では，この捕獲エネルギーが十分に小さく，また温度も十分に高くて，すべてのドナーはその電子を失っているものと仮定することにする．もちろんこれは，一つの近似である．

また，ゲルマニウムの結晶のなかにアルミニウムのような原子価が3の不純物原子を入れることもできる．アルミニウム原子は，その不足の電子をどこかから盗んできて，原子価4の物体として行動する．アルミニウム原子がどこか近くのゲルマニウム原子から電子を1個盗んでくることができると，それは実質的には原子価4の負に帯電した原子となるわけである．もちろん，それがゲルマニウムの原子から電子を盗んでくると，そこに1個のホールが残ることになる．そしてこのホールは，正の担体として結晶のなかをうろつきまわることになる．こうやってホールをつくることのできる不純物原子は，電子を“受けとる”ので**アクセプター**(acceptor)とよばれる．ゲルマニウム，あるいはシリコンを溶融して，結晶を生長させる途中で，少量のアルミニウムの不純物を加えると，正の担体として行動するある密度のホールを組みこんだ結晶がえられることになる．

ドナーあるいはアクセプターとしての不純物を半導体に加えたとき，その物質は“ドープ”(dope)されたという．

あるドナー不純物を組みこんだゲルマニウムの結晶が室温にあるときには，ドナーによるものだけでなく，熱振動によってつくられる電子-ホール対も伝導電子に寄与する．この両方の源からの電子は，当然ながら同等のものであり，統計的過程によって平衡状態になるのは，その全体の数 N_n である．温度があまり低くないときには，ドナー不純物原子からくる負の担体数は，大雑把にいって存在する不純物原子数に等しい．平衡状態では，(14.4)はそのまま成立していなければならない．すなわち，ある与えられた温度では，積 N_nN_p は決った値をもっている．このことは，N_n の値を増大させるようなドナー不純物を加えると，正の担体の数 N_p は，N_nN_p の積の値が変わらないように，その値をある程度減少する必要があることを意味している．不純物の濃度が十分に高いときには，負の担体の数 N_n はドナーの数によって決ってしまい，温度にはほとんど依存しなくなる——つまり，指数関数因子の温度変化は，それが N_n よりもずっと小さい値をもつにもかかわらず，すべて N_p によって与えられることになるのである．そうではなくて，ドナー不純物の濃度の小さい純粋な結晶の場合には，大多数が負の担体であって，そのような物質を“n型”の半導体という．

アクセプター型の不純物を結晶格子に加えたとき，新しくできたホールの一部は結晶内を漂流し，熱的揺動によってつくられた自由電子の一部を消滅させる．この過程は，(14.4)の関係がみたされるまでつづく．平衡状態のもとでは，$N_n N_p$ の積を一定に保ちながら，正の担体の数は増大し，負の担体の数は減少する．このように，正の担体が過剰になっている物質を“p型”の半導体とよぶ．

半導体結晶の一片の上に二つの電極をつけて，それらを電位差のある電源につなげると，結晶の内部には電場ができる．この電場は正負の担体を動かし，それで電流が生じることになる．そこでまず最初に，ほとんど全部，負の担体ばかりをもっているn型の物質中で何がおきるかを考えてみよう．そのような物質の場合，ホールの存在を無視することができる．ホールは電流にはほとんど全く寄与しないのである．なぜなら，ホールそのものがほとんど存在しないのであるから．理想的な結晶の場合には，担体は何の抵抗もうけずに結晶のなかを通り抜けてゆく．しかし，有限温度の現実の結晶では——とくにある種の不純物をもつ結晶内では——電子は完全に自由には動きえない．それらの電子は，連続的に衝突を繰り返して，それらの本来の軌道からはじき出されてしまう．つまり，その運動量に変化を生じる．これらの衝突は，前章で述べた散乱にほかならない．そして，結晶格子に不規則性のあるところではどこでもその衝突がおきるのである．n型の物質の場合では，その散乱の主な原因は，担体をつくったドナーそのものである．伝導電子のエネルギーは，ドナーのある場所ではほんの少しばかり違っているため，確率波はその点で散乱されることになる．しかし，完全に純粋な結晶の場合でも，(有限温度のときには)熱振動による格子の不規則性が存在する．古典的な見地からみたとき，原子は厳密に規則的な格子をつくって並んでいるのではなく，どの瞬間においても，その熱振動のためにほんの少しずれている．第13章で述べた理論において，各格子点に配置されているエネルギー E_0 が，場所によって少しばかり変化しているのである．したがって，確率振幅の波の透過は完全ではなく，それは不規則に散乱される．非常に高温のとき，あるいは非常に純度の高い物質の場合には，この散乱が重要になってくる．しかし，実用的な機器で用いられているような，ほとんどのドープされた物質の場合には，不純物原子による散乱がほとんどすべてであるといってよい．ここで，そのような物質の電気伝導率がどのくらいの値をもつかを評価してみよう．

n型半導体に電場をかけると，それぞれの負の担体がこの場のなかで加速される．そして，それがドナーの一つにより散乱されるまでその速度を増してゆく．このことは，はじめ熱エネルギーをもってでたらめに動き回っていた担体が，電気力線に沿う方向の平均漂流速度(drift velocity)を増して，結晶内に電流を発生することを意味している．この平均漂流速度は，一般に典型的な熱的な速度と比べて，そのスピードはかなり小さい．したがって，担体の衝突の間の平均時間は一定であると仮定することによって，その電流の強さを計算することができる．いま，負の担体の有効電荷が q_n であるとする．電場 $\mathcal{E}$ のなかで，担体に作用する力は $q_n\mathcal{E}$ で与えられる．第II巻，**18-3** で，このような状況での平均漂流速度を計算し，それは $F\tau/m$ で与えられることがみいだされている．ここで F は電荷に作用する力であり，τ は衝突間の平均自由時間である．また m は質量である．この場合，質量としては前章で求めた有効質量を用いるべきであるが，ここでは大雑把な計算をしようとしているので，この有効質量がすべての方向で同じ値をもつものと仮定する．それをここでは m_n と書くことにする．この近似を用いると，平均漂流速度は

$$\boldsymbol{v}_{\text{drift}} = \frac{q_n\mathcal{E}\tau_n}{m_n} \tag{14.5}$$

で与えられる．漂流速度が分れば，電流が分る．電流密度 $\boldsymbol{j}$ は，単位体積当りの担体数 N_n に，平均漂流速度を掛け，さらにそれぞれの担体の電荷を掛けたものに等しい．したがって電流密度は

$$\boldsymbol{j} = N_n\boldsymbol{v}_{\text{drift}}q_n = \frac{N_nq_n^2\tau_n}{m_n}\mathcal{E} \tag{14.6}$$

で与えられることになる．これから，電流密度は電場に比例することが分る．つまり，そのような半導体物質はオームの法則にしたがっているわけである．この $\boldsymbol{j}$ と $\mathcal{E}$ との間の比例係数，すなわち電気伝導率 σ は

$$\sigma = \frac{N_nq_n^2\tau_n}{m_n} \tag{14.7}$$

で表わされる．n型の物質の場合には，その伝導率の温度依存性は比較的に小さい．その第1の理由は，大多数の担体の数 N_n が，あらかじめ結晶内のドナーの密度によって決ってしまっているからである．(温度が低すぎて，担体の多くがドナーに捕獲されてしまうことがない限り，そうなのである．) 第2にあげられる理由は，衝突の間の平均時間 τ_n が主として不純物原子の密度に支配されていて，これはもちろん温度に関係しないということである．

全く同様の議論が，p型の物質にも適用しうる．このときはただ，(14.7)に現われているパラメーターの値を変えさえすればよい．正と負の担体が同時に同じぐらいの数だけ存在するときには，それぞれの担体からの寄与を加え合わさなければならない．そのとき，全電気伝導率は

$$\sigma = \frac{N_nq_n^2\tau_n}{m_n} + \frac{N_pq_p^2\tau_p}{m_p} \tag{14.8}$$

で与えられることになる．

非常に純度の高い物質の場合には，N_p と N_n の値はほとんど等しい大きさをもっている．それらの数はどちらも，ドープされた物質の場合よりも小さく，したがって，その伝導率の大きさもまた小さくなっている．また，それらの数は温度とともに急激に変化する(まえにみたように，$e^{-E_{\text{gap}}/\kappa T}$ のように)．そのために伝導率もまた温度とともに急激に変化する．

14-3　ホール効果

比較的自由に動けるものが電子だけであるような物質中でも，正電荷のような性質をもつホールによって運ばれる電流が存在するということは，確かに奇妙な話である．それでここで，電流の運び手の符号が確かに正であることを，かなり明確に示す実験について述べておくことにしよう．半導体でつくられたブロック——それは金属のブロックでもよい——があるとして，ある方向に，例えば図14-6に書かれているように水平方向に電流が流れるように電場をかける．さて，そのブロックに，電流に直角の方向，例えば紙面の表から裏の方向を向いている磁場をかけたとする．このとき，運動している担体は磁場による力 $q(\boldsymbol{v}\times\boldsymbol{B})$ を感じることになる．そして，平均漂流速度の方向は——担体の電荷の符号によって——右か左の方向を向いているので，その担体に作用する平均的な磁場の力の方向は，上向きか下向きのどちらかである．いや，これは正しくない．いま仮定した電流と磁場の方向の場合には，運動している電荷に作用する磁場の力の方向はつねに**上向き**なのである．つまり，$\boldsymbol{j}$ の方向(右へ)に動く正電荷は上向きの力を感じる．電流が負の電荷によって運ばれているときには，それは左の方向に動いている(伝導電流の同一方向に対して)．そしてこのときもまた上向きの力を感じるのである．ところが，定常的な状態のもとでは，そのような担体の上向きの運動は存在しない．なぜなら電流は左から右へのみ流れうるからである．どうなっているのかというと，いくつかの電荷は，はじめ上向きに流れ，そのために半導体の上の表面上に表面電荷密度が発生する——そのとき，結晶の底の表面上には，上と等量の，そして反対符号をもつ表面電荷密度が残されることになる．運動している電荷に与える，これらの電荷による電気的な力が(平均として)磁気的な力とちょうど相殺して，定常電流が水平に流れるようになるまで，正負の電荷が表面の上と底とに蓄積されるのである．この表面の上と底の電荷は，結晶を垂直に横切る電位差をつくることになる．そしてこの電圧は，図14-7に示されているような高抵抗電圧計を用いて測定することができる．電圧計に記録された電位差の符号は，電流の原因となっている担体の電荷の符号によって決ってくる．

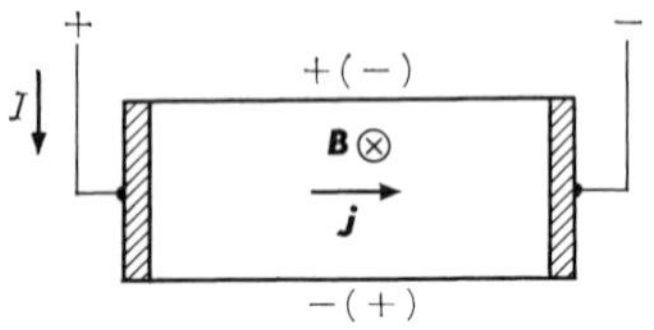

図14-6　ホール効果は担体に作用する磁場の力によっておきる

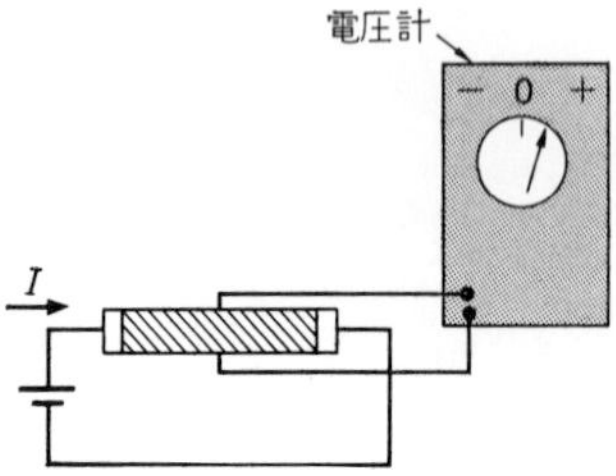

図14-7　ホール効果の測定

このような実験がはじめて行われたとき，負の伝導電子の場合に期待されるように，電位差の符号は負であろうと考えられた．したがって，ある種の物質の場合には，その電位差の符号が反対になっていることが発見されたときは，みんな本当にびっくりしたものである．それは，電流の運び手が正の電荷をもっているようにみえたからである．ドープされた半導体に関する上の議論から，n型の半導体は負の担体として適当な電位差の符号をもたらし，そしてp型の半導体の場合には，電流は正に帯電したホールによって運ばれるから，n型とは反対の電位差を与えることが理解される．

ホール効果において，電位差が異常な符号をとることがあるということは，最初は半導体よりも，むしろ金属の場合に発見された．金属のなかでは，電気伝導は電子によるものであると仮定されていた．ところがベリリウムの場合には，その電位差が反対の符号になることが発見されたのであった．現在では，半導体と同様に，金属中でもある状況のもとでは，電気伝導の原因となっている“もの”がホールであることもありうることは理解することができる．動くのは，結局は結晶内の電子なのであるが，それにもかかわらず，運動量とエネルギーの関係と，外場に対する応答が，まさしく正電荷の粒子によって運ばれる電流の場合に期待されるものになっているのである．

ホール効果から期待される電位差の大きさを定量的に計算することができるかどうかを調べてみよう．図 14-7 の電圧計がほとんど電流を通さないとき，半導体内の電荷は左から右へ動く．したがって垂直方向の磁場の力は，垂直方向の電場によって正確に打ち消されていなければならない．その電場を $\mathcal{E}_{\mathrm{tr}}$ と書くことにする．（ここで，“tr”というのは“横向き”(transverse)の意味である．）この電場が磁場の力を相殺しているときには，

$$\mathcal{E}_{\mathrm{tr}} = -\boldsymbol{v}_{\mathrm{drift}} \times \boldsymbol{B} \tag{14.9}$$

でなければならない．(14.6)に与えた漂流速度と電流密度との関係を用いると

$$\mathcal{E}_{\mathrm{tr}} = -\frac{1}{qN}jB$$

をうる．結晶の頂上と底との間の電位差は，もちろん，この電場の強さに結晶の高さを掛けたもので与えられる．上式から分るように，結晶内の電場の強さ $\mathcal{E}_{\mathrm{tr}}$ は，電流密度と磁場の強さに比例している．その比例定数 $1/qN$ はホール係数とよばれ，それは通常 R_H と表わされている．ホール係数は——一方の符号の担体が圧倒的に多数になっているならば——担体の密度に依存している．したがって，ホール効果の測定は，半導体内の担体の密度を実験的に決定する一つの便利な方法となっている．

14-4 半導体の接合

ここでは，内部の特性の違っている——例えば，種類の異なった，あるいはドープした量の違っている——ゲルマニウムまたはシリコンの二つの断片をくっつけて“接合”したものをつくったらどういうことになるかについて議論しよう．そこでまず，p-n 接合とよばれているものから話をはじめよう．この場合，図 14-8 にスケッチしてあるように——境界面の一方の側には p 型のゲルマニウムがあり，境界の別の側には n 型のゲルマニウムがある．実際には，2 個の別の結晶をくっつけて，原子的なスケールで一様に接触させようというのは実際的ではない．そうではなくて，接合は単一の結晶からつくられ，二つの別の領域で違った変化を与えてやるのである．その一つの方法は，結晶が半分だけ生長したあとで，まだ溶融しているほうに適当な量の

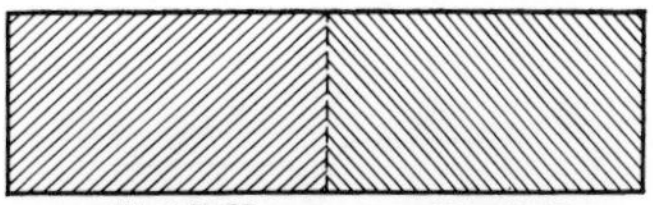

図 14-8 p-n 接合

不純物をドープするのである．もう一つの別のやり方は，結晶の表面に不純物元素を少し塗り，それからその結晶を熱して，ある量の不純物原子を結晶の本体のなかに拡散させる．こうしてつくられた接合は，シャープな境界面をもっていないが，その境界面を 10^{-4} cm，あるいはその程度の薄さにつくることはできる．以下の議論では，違った性質をもつ結晶の二つの領域は，シャープな境界面をもって接触しているものと考えることにする．

p-n 接合の n 型の側では，固定したドナーと動き回れる自由電子とがあり，それらの全体の電荷はバランスしている．p 型の側には，動きまわる自由なホールがあり，それと等しい数の負のアクセプターがあって，その電荷のバランスが保たれている．しかし本当は上の話は，二つの物質を接触させる前の状況を述べているのである．ひとたびそれらをつなげてしまうと，境界面の近くでは，その状況が変ってしまう．n 型の物質の内部の電子が境界面に到達すると，それらは自由表面上におけるように，反射されることなく p 型の物質中にはいりこむことができる．つまり，n 型の物質中の電子の一部は，電子数のより少ない p 型の物質中に拡散してゆこうとする．しかしこの拡散が永久に続くというわけではない．なぜなら，n 側から電子が失われるにしたがって，n 側の正味の正電荷の量が増大し，それは最終的には p 側への電子の拡散を阻止するような電圧を形成するからであり，そのような電圧が形成されるまでは，拡散が続けられるわけである．同様にして，p 型の物質中の正の担体もまた接合点を越えて，n 型の物質中に拡散してゆく．こういうことがおきると，残された p 型の物質中には過剰な負電荷が蓄積されることになる．さて，平衡状態のもとでは，その正味の拡散電流の量は 0 でなければならない．これは，正の担体を p 型物質の方向に引きもどすようにつくられる電場によってもたらされる．

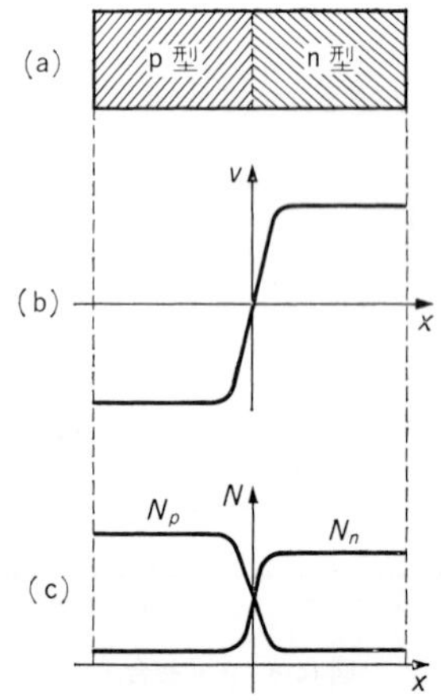

図 14-9　バイアス電圧をかけていないときの静電ポテンシァルと担体の密度分布

上に述べた二つの拡散過程は同時に進行する．そしてこの両方が，n 型の物質を正に，p 型の物質を負に帯電させるような方向に作用することに注意されたい．半導体物質の電気伝導率の値は有限の大きさをもっているために，p 側から n 側への電位の変化は境界面上の比較的に狭い領域でおきる．そして，物質の各ブロックの本体の大部分は一様な電位をもっている．いま，境界面に垂直の方向に x 軸をとったとする．そのとき，静電ポテンシァルは，x とともに図 14-9(b) に示されているように変化している．また，図の (c) には，n 担体の密度 N_n と p 担体の密度 N_p との分布の期待される変化の様子が示されている．接合点からずっと離れたところでは，担体の密度 N_p と N_n はそれぞれ，同一温度になっている各ブロックにおける平衡状態の密度をもっているはずである．(図には，p 型のほうが n 型の物質よりもより強くドープされている接合の場合が書かれている．) 接合点にはポテンシァルの勾配が存在するために，p 型のほうにある正の担体は，ポテンシァルの山を降って n 型のほうに移ろうとする．このことは，平衡状態では，正の担体はp型の側よりもn型の物質中により少ししか存在しないことを意味している．統計力学の法則を思いだすと，p型の担体の両側での数の比率は次式で与えられることが期待される．すなわち

$$\frac{N_p(\mathrm{n}\,側)}{N_p(\mathrm{p}\,側)}=e^{-q_pV/\kappa T}. \tag{14.10}$$

指数関数の分子のq_pVは，電荷q_pを電位差Vを通して運ぶに要するエネルギー量である．

全く同様の式が，n型の担体の密度に対しても成立し，

$$\frac{N_n(\mathrm{n}\,側)}{N_n(\mathrm{p}\,側)}=e^{-q_nV/\kappa T} \tag{14.11}$$

である．二つの物質のそれぞれでの平衡状態における密度が分っているときには，接合点を横切る電位差を決定するのに，上の二つの式のどちらを利用してもよいわけである．

電位差Vが(14.10)と(14.11)とで同じ値をもっているときには，積N_pN_nはn側とp側とで同じ値になっていなければならないことに注意しよう．($q_n=-q_p$であることを思い出されたい.) しかしながら，前にみたように，この積は温度と結晶のギャップ・エネルギーにのみ依存している．つまり結晶の両側の温度が等しい場合には，この二つ式(14.10)および(14.11)と，電位差が同じ値であるとすることとは矛盾しないのである．

接合の一方の側と他方の側の間に電位差があるというと，それは何か電池のようなものにみえる．多分，n型の側とp型の側とをつないでやれば，電流がえられるのではなかろうか．これはうまい話だ．なぜなら，もしそうなれば，何も物質を消費することなく，電流は永久に流れ続け，熱力学の第1法則に反して無限のエネルギー源がえられることになるからである．ところが，諸君がp側とn側とを電線でつないでも，電流は流れない．その理由はすぐに分る．まず，ドープしてない物質でつくった電線を考えたとしよう．この電線をn側に接続すると，一つの接合がえられる．すると，この接合を横切る電位差が現われるであろう．この電位差は，p型の物質からn型の物質への電位差の半分になっているのである．さらに，このドープしてない電線をp型の側に接続すると，その接合点にも電位差を生じ，これもまたp-n接合間の電位差の半分になっている．つまり，接合全体で電位差を，回路内に正味として電流を流さないように自分で調節するのである．n-p接合の両側をつなげるのにどんな種類の電線を使っても，新しい二つの接合点をつくることになり，すべての接合の温度が等しくなっている限り，接合点におけるポテンシャルの跳びは，みんなたがいに打ち消し合って，回路内に電流が流れないようになっている．しかし——詳しく調べれば——一部の接合の温度が他と異なっているときには，電流が流れることが分る．その電流によって，その一部の接合は温められ，他のものは冷されて，熱エネルギーが電気的エネルギ

ーに転換される．この効果が，温度測定に用いられる熱電対や熱電発電機(thermoelectric generator)の作用の原理となっている．同じ効果を利用して，小さな冷蔵庫をつくることもできる．

n-p 接合の両側の電位差を測定することができないというのなら，図 14-9 に示したような電圧勾配が本当に存在するのかどうかを，どうやって確かめられるのであろうか．その一つの方法は，この接合点に光を照射することである．光子が吸収されると，それは電子-ホールの対をつくる．接合点に存在する強い電場(これは図 14-9 のポテンシャル曲線の傾きに等しい)の作用で，ホールは p 型の領域に運びこまれ，また電子は n 型の領域に運びこまれる．このとき，接合の両側を外部の回路に接続すると，これらの余分の電荷が電流をつくる．つまり，接合のなかで光のエネルギーが電気的エネルギーに転換される．人工衛星の運転をするための電力をつくり出す太陽電池は，この原理によって作動している．

半導体の接合の作用に関するこれまでの議論では，ホールと電子は——何らかの方法で，その本来の平衡状態に近づくということを別にすれば——多かれ少なかれ，独立に行動すると仮定してきた．接合に照射された光により生成される電流について述べたときには，接合点の領域でつくられた電子またはホールは，反対の符号の担体によって消滅されるまえに，結晶の本体のなかにはいりこむことができると仮定したのである．接合のすぐ近くでは，両方の符号の担体の密度が近似的に等しくなっており，電子-ホールの消滅の効果(あるいは，“再結合”ともよばれる)は重要な効果であって，半導体接合の詳しい解析に当っては，この効果を適当に考慮にいれなくてはならない．つまりわれわれは，接合点の領域にできたホールまたは電子が，再結合をするまえに，結晶の本体のなかにはいりこめるチャンスが十分にあると仮定してきたわけである．電子またはホールが，反対の相手をみつけて消滅するまでの時間の標準的な値は，10^{-3} 秒から 10^{-7} 秒の範囲内にある．なおこの時間は，電気伝導率の解析のときに用いた結晶内での散乱体との衝突間の平均自由時間 τ よりもずっと長い．つまり，典型的な p-n 接合の場合，接合領域のなかでつくられた電子あるいはホールが，結晶の本体のなかにすべりこんでしまう時間は，再結合の時間よりも一般にずっと短いのである．したがって，電子-ホールの対のほとんどが，外部電流に寄与することになる．

14-5 半導体接合の整流作用

次に，p-n 接合が整流器のような作用をする理由を説明することにしよう．接合を横切って電圧をかけると，その電場の方向が一つの方向にあるときには，大量の電流が流れるが，同じ電圧を反対方向にかけたときには，ほんの小さな電流しか流れない．接合を横切って，交流電圧をかけると，電流は一方方向にだけ流れることになり，電流が“整流”される．そこで，図 14-9 のグラフに記述されているような平衡状態で，どういうことが起きているのかを調べることにしよう．p型の物質中には，正の担体が大きな密度 N_p をもって分布している．それらの担体はまわりに拡散して，そのうちの一部はいつでも接合点に接近しようとする．しかし，それらの大部分は接合点における高いポテンシャルの山によってはね返されて，その一部の $e^{-qV/\kappa T}$ の割合だけがその山を通り抜けることができる．一方，反対のn側から接合点に接近する正の担体による電流も存在する．この電流もまた，n型領域における正の担体の密度に比例する．しかし，この領域の正の担体の密度はp型側の密度よりもずっと小さい．正の担体がn型の側から接合点に近づくときには，その前には負の勾配をもつ丘があり，したがってこれらは直ちに接合点のp型側にすべり降りることになる．この電流の大きさを I_0 と書くことにする．平衡状態のもとでは，上に述べた両側からの電流の大きさは等しくなっているはずである．すると，その電流の大きさの間には次の関係が成立することが期待されるわけである．

$$I_0 \sim N_p(\text{n 側}) = N_p(\text{p 側})e^{-qV/\kappa T}. \qquad (14.12)$$

この式は(14.10)と完全に一致していることに注意されたい．つまりわれわれは，(14.10)を別のやり方で導いたというわけである．

ところでこんどは，接合点におけるn側の電圧を ΔV だけ低くしたとしよう――これをやるには，接合に外部から電圧をかければよい．このときには，ポテンシャルの山を横切る電位差は V ではなくて，$V-\Delta V$ となる．この場合，p側からn側への正の担体の電流の大きさは，その指数関数因子にこの電位差を含んでいるわけである．そこで，この電流の大きさを I_1 と書くと，それは

$$I_1 \sim N_p(\text{p 側})e^{-q(V-\Delta V)/\kappa T}$$

で与えられる．この電流の大きさは，$e^{q\Delta V/\kappa T}$ の因子の分だけ I_0 よりも大きくなっている．したがって，I_1 と I_0 との間には

$$I_1 = I_0 e^{+q\Delta V/\kappa T} \qquad (14.13)$$

の関係があることが分る．このp側からの電流は，外から与えた電圧 ΔV が大きくなると指数関数的に増大する．ところが，n側からの正の担体の電流は，ΔV があまり大きくない限り，ほとんど一定に保たれるのである．このn側にある正の担体が障壁に近づくと，それらは下り坂のポテンシャルをみつけて，全部p側に落ちてゆく．(ΔV が自然に存在している電位差 V よりも大きくなると，その状況は変化してしまうが，そのような高電圧がかかったときにどうなるかということは考えないことにする．) このとき，接合点を横切って流れる正の担体の与える正味の電流 I の大きさは，両側からの電流の大きさの差，すなわち

$$I = I_0(e^{q\Delta V/\kappa T}-1) \qquad (14.14)$$

によって与えられる．つまり，正味 I の強さのホールによる電流がn型の領域に流れこむのである．そのときホールは，n型の領域の結晶のなかで拡散し，そこでの多数派であるn型の担体――つまり電子

——と再結合をして，ついには消滅してしまう．この消滅によって失われた電子は，n 型の物質の外部端子からくる電子の流れによって補充される．

ΔV が 0 のときには，(14.14)の正味の電流は 0 である．ΔV が正のときには，かけた電圧が大きくなるにつれて，電流の強さは急速に増大する．ΔV が負のときには，電流の符号は反対になる．しかしそのときには，指数関数の項はすぐに無視できるようになり，負の電流の大きさが I_0 よりも大きくなることは決してない——この電流 I_0 は，いまの仮定のもとではかなり小さいものである．というのは，この反対向きの電流の大きさ I_0 は，接合の n 側の少数派の正の担体が小さい密度であることによって制限されているからである．

接合点を横切って流れる負の担体による電流の場合にも，上と全く同様の解析をすることができる．まずはじめに，外から電圧をかけないときを考え，次に，小さな電圧 ΔV をかけた場合を考えれば，電子による正味の電流の大きさに対して，(14.14)と全く同じ表式をうることができる．全体の電流は 2 種類の担体による電流の和で与えられるから，I_0 を反対向きの電圧をかけたときに流れる最大の電流の強さであるとすれば，(14.14)をそのまま適用することができるわけである．

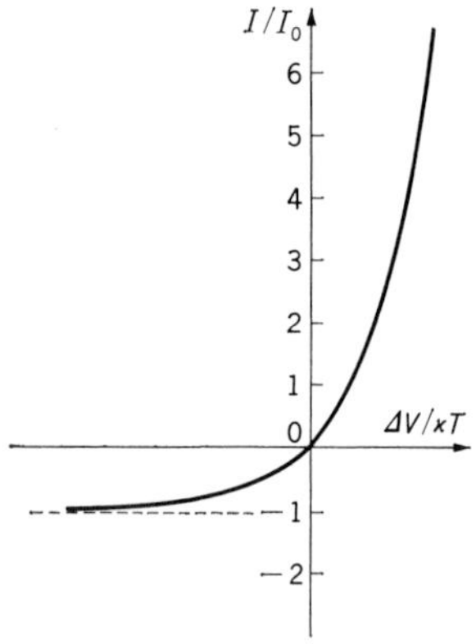

図 14-10　接合点を通過する電流を接合点を横切る電圧の関数として表わした図

(14.14)の電圧-電流特性を示したものが，図 14-10 である．この図は——最近の電子計算機に用いられているような——固体ダイオードの典型的な性質を示している．注意すべきことは，(14.14)は外からの電圧が小さいときにのみ成立するということである．この電圧が自然につくられている内部電位差 V と同程度またはそれよりも大きくなると，ほかの効果がはいってきて，電流はもはや簡単な式には従わなくなってしまう．

なおここで，ここで求めた(14.14)の式と全く同じ式が，第Ⅱ巻，第 21 章で“機械的な整流器”——歯止め車——を議論したときにもえられたことを思いおこしてもらいたい．二つの場合に，同じ式がえられるのは，それらの基本的な物理的過程が全く類似しているからである．

14-6　トランジスター

おそらく，半導体のもっとも重要な応用はトランジスターにあると考えられる．トランジスターは，非常に接近した二つの半導体接合から構成されているものである．その作用は，部分的には半導体ダイオード——つまり，整流接合——に関して述べたものと同じ原理にもとづくものである．いま，図 14-11(a)に示されているように，p 型の領域，n 型の領域，それから p 型の領域と，三つの異なる領域にわかれているゲルマニウムの小さな棒をつくったとする．この組み合わせは，p-n-p トランジスターとよばれている．トランジスターにおける二つの接合のそれぞれは，前節で述べたのとほとんど同じようなふるまい

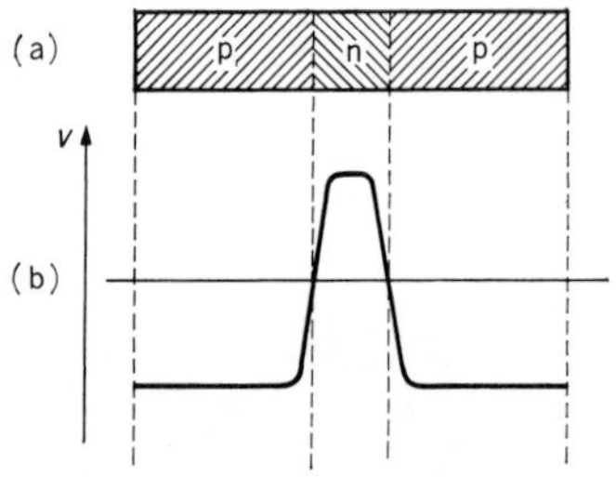

図 14-11　電圧をかけないときのトランジスター内における電位分布

をする．とくに，n型領域からそれぞれのp型領域にかけてポテンシャルの降下があり，そのために各接合点でポテンシャルの勾配が存在する．両側の二つのp型領域の内部の性質が同じであるときには，結晶を横切ったときのポテンシャルの変化は，図14-11(b)のグラフに示されているようなものになる．

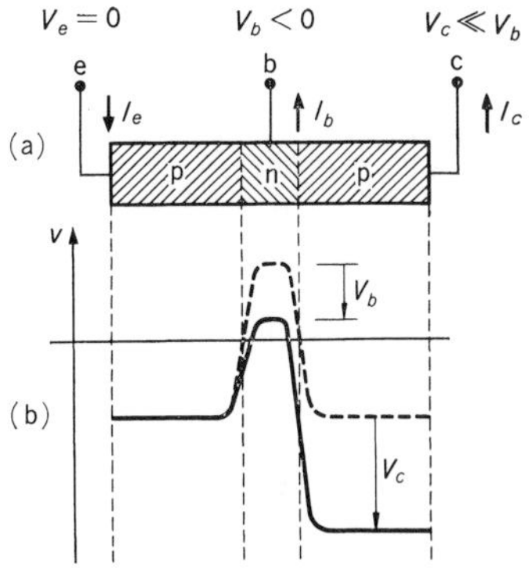

図14-12 作動中のトランジスター内における電位分布

さて，三つの領域のそれぞれを，図14-12(a)に示したように外部電源に接続したとする．このときすべての電位を，左手のp領域に接続した端子を規準として測るものとする．したがって，その定義によりこのp領域の電位は0である．そして，この端子を**エミッター**とよぶ．n型の領域は**ベース**とよばれ，これは少しばかり負の値になっている電位に接続している．右手のp型領域は**コレクター**とよばれ，これはかなり大きい負の電位に接続している．このような状況のもとでは，結晶を横断するポテンシャルの変化の様子は，図14-12(b)のグラフに示したようなものになっている．

まずはじめに，正の担体がどうなるかをみよう．なぜなら，p-n-pトランジスターの作用を支配しているのは，本来正の担体の示す性質だからである．エミッターはベースよりも相対的に正の方向に高くなっている電位をもっているから，正の担体の電流がエミッター領域からベース領域に流れこむことになるわけである．その点の接合は——図14-10のグラフの右半分に対応して——“前方への電圧”を与える作用をしているので，そこにはかなりの大きさの電流が流れることになる．こういう条件のもとで，正の担体またはホールは，p型の領域からn型の領域に“放出”されることになる．諸君は，この電流がベース端子bを通ってn型の領域から流出してしまうと考えるかも知れない．ところがここにトランジスターの秘密がある．n型の領域は非常に薄くつくられている——それはトランジスターの横の長さに比べてずっと狭くなっていて，典型的なものでその幅は10^{-3} cm，あるいはそれよりも狭くなっているのである．このことは，ホールがn型の領域にはいるとともに，n型領域の内部に存在する電子と再結合して消滅してしまうまえに，もう一つの接合点を越えて，右手のp型領域に拡散するチャンスが大きいということを意味している．ホールがn型領域の右側にある境界に到達すると，それは険しい下り坂のポテンシャルの崖を発見して，直ちに右側のp型の領域に落ちこんでしまう．結晶のこの側はコレクターとよばれている．なぜならそれは，ホールがn型の領域を越えて拡散したあとで，それらのホールを“集める”からである．代表的なトランジスターの場合，エミッターを出てベースにはいるホール電流のうち1パーセントを除いて，ほとんどその全電流がコレクターの領域に集められるのである．そして，その残りのわずかの部分だけが，ベース電流に寄与する．もちろん，このベース電流とコレクター電流の和はエミッター電流の大きさに等しくなっている．

ここで，ベース端子のポテンシャルV_bを少しばかり変えたらどうなるかということを考えてみよう．このときにも，図 14-10 の曲線の比較的に険しい部分にあるから，ポテンシャル V_b の値をほんのちょっと変えても，エミッター電流 I_e にかなりの大きな変化がもたらされる．コレクター電圧 V_c はベース電圧よりもずっと大きな負の電圧をもっているのであるから，ポテンシャル V_b の値を少し変えても，ベースとコレクターの間の鋭いポテンシャルの山には余り影響を与えることはない．n 型領域にはいった正の担体の大部分は，このときもコレクターにより捕えられてしまう．したがって，ベース電極の電位を変えると，コレクター電流 I_c にそれに対応する変化がおきることになる．しかしここで本質的な点は，ベース電流 I_b の値はつねに，コレクター電流に対して小さな比率に止まっているということである．トランジスターは増幅器なのである．ベース電極に導入された小さな電流 I_b が，コレクター電極において――100 倍あるいはそれ以上の――大電流となって現われてくるのである．

これまで無視してきた電子――負の担体――についてはどうなっているのであろうか．まず，ベースとコレクターの間を流れる電子の流れの大きさは大したものではないことに注意しよう．コレクターに大きな負の電圧をかけると，ベースのなかの電子は非常に高いポテンシャル・エネルギーの山を登る必要があり，したがってそれをなしとげる確率は非常に小さなものである．つまり，コレクターへの電子による電流は非常に小さいのである．

一方，ベース内の電子は，エミッターの領域にはいってゆくことが**できる**．事実諸君は，この方向に向かう電子電流の大きさは，エミッターからベースに向かうホール電流の大きさと同程度の大きさであると思うだろう．しかし，その電子電流は有用なものではなく，逆に有害でさえある．なぜならそれは，コレクターへの一定のホール電流に対して要請される全ベース電流を増大させることになるからである．したがってトランジスターはエミッターへの電子電流の大きさを最小にするように設計される．電子電流の大きさは，ベース物質中の負の担体の密度 N_n(ベース)に比例する．ところが，エミッターからのホール電流の大きさは，エミッター領域内の正の担体の密度 N_p(エミッター)に依存している．それで，n 型の物質を比較的小さくドープしておくと，N_n(ベース)の大きさを N_p(エミッター)の大きさよりもずっと小さくすることができるわけである．(ベース領域におけるホールがコレクターにはいって無くなってしまうと，電子電流の大きさを変えずに，エミッターからベースにはいってくるホールによる平均電流を大いに増大させることになるため，ベース領域を非常に薄くしておくことは，これを大いに助けることになる．) その結果，エミッター・ベース接合を横断する電子電流をホール電流よりもずっと小さくすることができ，そのために p-n-p トランジスターの作用では，電子は何らの重要な役割を果すことがないということになるわけである．電流はホールのみの運動によって左右される．こうしてトランジスターは，上に述べたような増幅器としての作用をする．

図 14-11 の p 型と n 型の物質を交換しても，トランジスターをつくることができる．そのときは，n-p-n トランジスターとよばれるものができる．n-p-n トランジスターでは，主な電流は電子によって運ばれ，これはエミッターからベースに流れ，それからコレクターに流れてゆく．明らかに，電極のポテンシャルの符号を反対に選んでおきさえすれば，p-n-p トランジスターのときの議論はすべて，n-p-n トランジスターにも適用することができる．

第15章
独立粒子近似

15-1 スピン波

第13章では，結晶格子のなかを伝播する電子や，原子の励起のようなその他の“粒子”に関する理論について述べた．また前章では，その理論を半導体の問題に適用したのであった．しかし，多数の電子が存在する状況について話したとき，それらの粒子間の相互作用については，これを無視してきたのである．そうするのはもちろん，一つの近似にすぎない．この章では，電子間の相互作用が無視しうるという考え方に関して，さらに議論することにしよう．また，この機会を利用して，粒子の伝播の理論の応用に関してもう少し調べることにしよう．本章でも一般に粒子間の相互作用を無視しようというわけであるから，新しい問題への応用という点を別にすれば，本質的な意味での新しいものはほとんどないわけである．しかし，これから考える最初の例の場合には，1個以上の“粒子”が存在するようなときでも，厳密に正確な方程式系を書きくだすことができる．そのことから，相互作用を無視する近似というものがどのようにしてなされるかをみることができるわけである．しかしその問題について，極めて注意深く分析をしようとしているわけではない．

最初の例として，強磁性体の結晶内における“スピン波”について考えよう．強磁性体の理論に関しては，すでに第IV巻，第16章で議論したことがある．絶対0度においては，強磁性体結晶本体の磁気に寄与する電子のスピンは，全部が平行になっている．スピンの間には相互作用のエネルギーがあって，そのエネルギーは，すべてのスピンが下向きになっているときに最低になっている．しかし，任意の0でない温度では，そのスピンの一部がひっくりかえるようなチャンスがある程度存在する．第IV巻，第16章では，その確率を近似的に計算した．こんどは，その量子力学的理論を述べようというのである——したがって，問題を厳密に解こうと思えば，なすべきことが何であるかが分っているわけである．（ここでも電子は特定の原子のところに局在し，その電子のスピンは隣り合っているスピンとだけ相互作用をすると仮定するという意味で，ある種の理想化を行っている．）

いま各原子内の電子は，ただ1個を除いてすべて対になっており，したがって磁気的効果はすべて原子当り1個のスピン1/2の電子だけからくるとするモデルを考えることにする．またさらに，これらの電子は格子内の各原子の存在する位置に局在しているものとする．このモデルは，大雑把にいって金属ニッケルに対応しているのである．

また，任意の2個の隣り合って自転している電子間には相互作用がはたらいていて，それは系のエネルギーに

$$E=-\sum_{i,j}K\boldsymbol{\sigma}_i\cdot\boldsymbol{\sigma}_j \qquad (15.1)$$

という項を与えると仮定する．ここで$\boldsymbol{\sigma}$などはスピンを表わし，また(15.1)の右辺の和は，隣り合っている電子のすべての対上にわたるものである．この種の相互作用エネルギーについては，水素原子内の電子と陽子の磁気モーメント間の相互作用による水素の超微細構造を考えたときに，すでに議論した．そのときは，その相互作用を$A\boldsymbol{\sigma}_e\cdot\boldsymbol{\sigma}_p$と表わした．いまの場合には，ある与えられた1対の電子に対して，例えば，4番目の原子と5番目の原子のところにいる電子に対して，ハミルトニアンは$-K\boldsymbol{\sigma}_4\cdot\boldsymbol{\sigma}_5$で与えられている．このようなそれぞれの1対に対して，1個の相互作用項が存在し，したがって，全系のハミルトニアンは(古典的エネルギーから期待されるように)，相互作用をしているそれぞれの1対に対する項の和で与えられる．そのエネルギーは，正のKをとったときに強磁性に対応するように——すなわち，隣り合うスピンが平行になっているときに，そのエネルギーが最低になるように——$-K$の因子を用いて書かれている．実際の結晶では，隣りの**そのまた隣り**などとの相互作用を表わすようなほかの相互作用項も存在する．しかしいまの段階で，そんな面倒なことを考える必要はない．

(15.1)のハミルトニアンを用いることによって——われわれの近似の範囲内で——完全に強磁性を記述することができるのであり，これから磁化の性質が出てくるはずのものである．また，磁化によって生じる熱力学的性質の計算もできるはずである．エネルギー準位を全部求めることさえできれば，温度Tにおける結晶のあらゆる性質が，与えられたエネルギーEの状態に体系を発見する確率が$e^{-E/\kappa T}$に比例するという原理から求められる．しかし，この問題はいまだかつて完全に解かれたことはない．

すべての原子が一直線上に並んでいるような——1次元的格子の——簡単な例をとって，問題の一部を示すことにしよう．その考え方を3次元の場合に拡張するのは簡単である．各原子の存在する位置に，二つの状態，つまりスピンが上向きか下向きかのどちらかの状態をとることの可能な1個の電子が存在する．そのとき全体系は，それらのスピンのすべてがどのように並ぶかということによって記述される．系のハミルトニアンとしては，相互作用エネルギーの演算子をとることにする．(15.1)のスピンベクトルをシグマ演算子——または，シグマ行列——と解釈すると，1次元的な格子の場合には

$$\hat{H}=-\sum_{n}\frac{A}{2}\hat{\boldsymbol{\sigma}}_n\cdot\hat{\boldsymbol{\sigma}}_{n+1} \qquad (15.2)$$

と書くことができる．この式では，便宜上(後で出てくる式が，第13

章のものと正確に一致するように)定数を $A/2$ と書いてある.

さて，ここで，この体系の最低のエネルギー状態はどんなものであろうか．最低エネルギーの状態というのは，すべてのスピンが平行に——例えば，すべてのスピンが上向きに——なっているものである†. この状態は $|\cdots++++\cdots\rangle$ のように書くこともできるし，また“基底”あるいは最低の状態に対しては $|\mathrm{gnd}\rangle$ と書くこともできる．この状態に対するエネルギーを求めることは簡単である．その一つの方法は，すべてのベクトルのシグマを $\hat{\sigma}_x, \hat{\sigma}_y, \hat{\sigma}_z$ と成分で書き出しておき，ハミルトニアンの各項を上の基底状態に掛けたときにどうなるかを丹念に計算して，それからその結果の和をとることである．しかし次のような簡単なうまい方法をつかうこともできる．**12-2** でみたように，$\hat{\boldsymbol{\sigma}}_i\cdot\hat{\boldsymbol{\sigma}}_j$ はパウリのスピン交換演算子を用いて，

$$\hat{\boldsymbol{\sigma}}_i\cdot\hat{\boldsymbol{\sigma}}_j=(2\hat{P}_{ij}^{\text{spin ex}}-1) \tag{15.3}$$

と書くこともできる．ここで演算子 $\hat{P}_{ij}^{\text{spin ex}}$ は，i 番目と j 番目の電子のスピンを入れ換える演算子である．これを用いると，ハミルトニアンは

$$\hat{H}=-A\sum_n\left(\hat{P}_{n,n+1}^{\text{spin ex}}-\frac{1}{2}\right) \tag{15.4}$$

となる．こう表わしておくと，色々な状態にこれを作用させたときどうなるかがすぐに分る．例えば，i と j とが両方とも上向きのときには，スピンを入れ換えても何も変わらない．したがって，その状態に $\hat{P}_{ij}$ を作用しても同じ状態にもどり，ただ $+1$ を掛けたのと同じことになるわけである．このときには，$(\hat{P}_{ij}-1/2)$ のとる値は $1/2$ に等しい．(なお，これからは $\hat{P}$ の上につけた添字は除いてしまうことにする.)

基底状態の場合には，すべてのスピンが上向きになっている．それでスピンのある特定の1対を交換しても，元の状態にもどってしまう．つまり，基底状態は一つの定常状態になっているのである．もしその状態にハミルトニアンを作用させると，スピンのそれぞれの1対に対して $(-A/2)$ の値を与え，それらの和が掛かるだけのことで，元と同じ状態がえられる．すなわち，体系の基底状態のエネルギーは，1原子当り $-A/2$ であるということになる．

次に，一部の励起状態のエネルギーを調べることにしよう．そのエネルギーを測るには，基底状態のエネルギーを規準にとると便利である——すなわち，基底状態のエネルギーをエネルギーの原点に選ぶのである．これをするには，ハミルトニアンの各項にエネルギー $-A/2$ を加えておけばよい．それは，(15.4)の“1/2”を“1”に変えることである．このとき，われわれの新しいハミルトニアンは

---

† この基底状態は本当は“縮退”している．すなわち，同じエネルギーをもつ状態がほかにも存在する——例えば，すべてのスピンが下向きであるとか，あるいは，全部がある任意の方向を向いている場合がそうである．z 方向に極めて弱い磁場をかけると，これらの状態のエネルギーはみんな異なったものになり，ここで選んだものが本当の基底状態になる．

$$\hat{H} = -A\sum_{n}(\hat{P}_{n,n+1}-1) \tag{15.5}$$

で与えられることになる．このハミルトニアンを用いると，最低の状態のエネルギーは0となる．すなわち，スピン交換演算子は(基底状態に) 1を掛けることに等しく，それは各項に存在する“1”によって相殺されてしまうわけである．

基底状態以外の状態を記述するには，適当な基本状態の組が必要となる．その一つの便利な方法は，状態を1個のスピンが下向き，2個のスピンが下向き等々になっているかどうかで分類することである．もちろん，1個のスピンが下向きになっているような状態はたくさん存在する．スピンが下向きになっているのが4番目の原子のところであることもあるし，また5番目あるいは6番目の原子のところであることも可能である．実際，そのような状態系を，われわれの基本状態系として採用することができる．それらの状態を，$|4\rangle, |5\rangle, |6\rangle, \cdots$ という具合に書き表わすこともできるが，その“変わりものの原子”を——下向きに自転している電子をもつ原子を——その座標xで標示しておいたほうがあとで便利なのである．すなわち，状態$|x_5\rangle$は，x_5にある原子上の電子だけが下向きに回転していて(図15-1をみよ)，その他の電子はみんな上向きにまわっている状態であると定義する．一般に$|x_n\rangle$は，n番目の原子の座標x_nのところに1個の電子が下向きのスピンをもって局在している状態である．

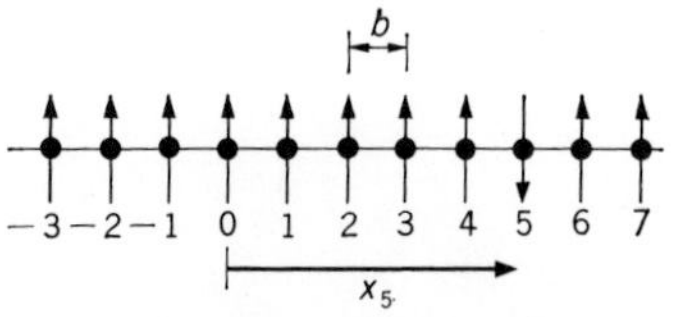

図15-1　線状に並んだスピンの基本状態$|x_5\rangle$. x_5のところが下向きになっている以外はすべてのスピンが上向きになっている

状態$|x_5\rangle$に(15.5)のハミルトニアンが作用するとどうなるであろうか．そのハミルトニアンのうちの一つの項は，例えば$-A(\hat{P}_{7,8}-1)$である．演算子$\hat{P}_{7,8}$は隣り合う原子7と8とにおける二つのスピンを交換する．しかし，状態$|x_5\rangle$においては，これらのスピンは両方とも上向きであり，$\hat{P}_{7,8}$を掛けても何もおきない．すなわち$\hat{P}_{7,8}$は1を掛けるのと同じことである．つまり，

$$\hat{P}_{7,8}|\,x_5\,\rangle = |\,x_5\,\rangle$$

である．これから

$$(\hat{P}_{7,8}-1)\,|\,x_5\,\rangle = 0$$

となり，したがって，ハミルトニアンのすべての項がみんな——もちろん，原子5を含むものを除いて——0になってしまう．状態$|x_5\rangle$に演算子$\hat{P}_{4,5}$が作用すると，4番目の原子のところのスピン(上向き)と5番目の原子のところのスピン(下向き)とが入れ換わることになる．その結果，4番目の原子以外はすべて上向きのスピンをもっている状態になるわけである．すなわち

$$\hat{P}_{4,5}|\,x_5\,\rangle = |\,x_4\,\rangle$$

である．同様に

$$\hat{P}_{5,6}|\,x_5\,\rangle = |\,x_6\,\rangle$$

である．すると生き残るのは，ハミルトニアンのうちの$-A(P_{4,5}-1)$と$-A(P_{5,6}-1)$の項だけであるということになる．これらの演算子が$|x_5\rangle$に作用すると，それぞれ$-A|x_4\rangle+A|x_5\rangle$および$-A|x_6\rangle+A|x_5\rangle$

となる．結果は

$$\hat{H}|\,x_5\,\rangle = -A\sum_n(\hat{P}_{n,n+1}-1)\,|\,x_5\,\rangle = -A\{|\,x_6\,\rangle+|\,x_4\,\rangle-2|\,x_5\,\rangle\} \tag{15.6}$$

である．

ハミルトニアンが状態 $|x_5\rangle$ に作用すると，状態 $|x_4\rangle$ および $|x_6\rangle$ に存在する振幅が現われてくる．このことは，下向きのスピンが隣りの原子のところに跳び移る振幅の存在を意味している．したがって，1個のスピンが下向きになっている場合からスタートすると，スピン間の相互作用のために，その後の時刻には，前のもののかわりに別のものが下向きになる確率が存在するわけである．一般の場合の $|x_n\rangle$ に作用させると，ハミルトニアンは

$$\hat{H}|\,x_n\,\rangle = -A\{|\,x_{n+1}\,\rangle+|\,x_{n-1}\,\rangle-2|\,x_n\,\rangle\} \tag{15.7}$$

を与える．ここでとくに注意すべきことは，ただ1個のスピンだけが下向きになっている状態の完全系をとれば，それらは自分自身の間で混ざるだけであるということである．ハミルトニアンは，これらの状態と，もっと多くのスピンが下向きになっているような他の状態とを混ぜるようなことは決してない．スピンの交換をしているだけである限り，下向きのスピンの数を変えるようなことは決してない．

ハミルトニアンに対して，例えば $H_{n,m}\equiv\langle x_n|\hat{H}|x_m\rangle$ のような行列記号を用いると便利である．すると，(15.7)は

$$\begin{aligned} &H_{n,n} = -2A, \\ &H_{n,n+1} = H_{n,n-1} = -A, \\ &H_{n,m} = 0, \quad |n-m|>1 \text{ のとき}, \end{aligned} \tag{15.8}$$

と同等である．

さて，1個のスピンが下向きになっている状態のエネルギー準位はどう与えられるであろうか．いつもと同じように，ある状態 $|\phi\rangle$ が状態 $|x_n\rangle$ に発見される振幅を C_n と書くことにする．$|\phi\rangle$ がある決ったエネルギー状態にあるときには，すべての C_n は，時間的に同じように変化しなければならない．すなわち，

$$C_n = a_n e^{-iEt/\hbar} \tag{15.9}$$

である．この試みの解を通常のハミルトニアン方程式

$$i\hbar\frac{dC_n}{dt} = \sum_n H_{nm}C_m \tag{15.10}$$

に代入し，行列要素に対しては(15.8)を用いてやる．するともちろん，無限個の方程式系がえられるが，それらはみんな次のような形に書くことができる．

$$Ea_n = 2Aa_n - Aa_{n-1} - Aa_{n+1}. \tag{15.11}$$

これは，第13章でやったのと全く同じ問題である．ただ前には E_0 であったものが，いまの場合は $2A$ になっているだけである．この方程式の解は，伝播定数 k で格子に沿って伝わり，かつエネルギー

$$E = 2A(1-\cos kb) \tag{15.12}$$

をもつ振幅 C_n(下向きのスピンの振幅)に対応するものである．なお

ここで b は格子定数である．

この一定のエネルギーをもつ解は，下向きのスピンの“波”――いわゆる“スピン波”――に対応する解である．そして，それぞれの波数に対して，それに対応するエネルギーが存在する．波長の長いとき(k の小さいとき)には，そのエネルギーは

$$E = Ab^2k^2 \tag{15.13}$$

の形で変化する．この場合も前のときと全く同様に，スピン下向きの電子が格子の一部に局在している状況に対応する波束(ただし長波長だけを含むもの)を考えることができる．このとき，この下向きのスピンは“粒子”のようにふるまう．そのエネルギーは k と(15.13)で関係しているから，その“粒子”は有効質量

$$m_{\text{eff}} = \frac{\hbar^2}{2Ab^2} \tag{15.14}$$

をもつことになる．この“粒子”をときに“マグノン”とよぶことがある．

15-2　2個のスピン波

ここでは，下向きのスピンが**2個**あるときにはどうなるかについて議論しよう．ここでもまた，一組の基本状態系を採用する．いまの場合には，図15-2に示されているような，二つの原子のところでスピンが下向きになっている状態を基本状態として選ぶことにする．そのような状態は，下向きのスピンの存在する二つの場所の x 座標を用いて標示することができる．図に示されている状態は，$|x_2, x_5\rangle$ と表わせる．一般には，基本状態は $|x_n, x_m\rangle$ で表わされる――これは2重に無限個からなる組を構成している．このような表示では，状態 $|x_4, x_9\rangle$ と状態 $|x_9, x_4\rangle$ とは全く同一の状態を表わしている．なぜなら，どっちの状態も，ただ4と9のところにそれぞれ下向きのスピンが1個ずつ存在するということをいっているだけであって，その順序には何の意味もないからである．また，状態 $|x_4, x_4\rangle$ というのも無意味であり，そんなものは存在しない．任意の状態 $|\psi\rangle$ は，上の基本状態のそれぞれに存在する振幅を与えることによって記述される．したがって，$C_{m,n} = \langle x_m, x_n|\psi\rangle$ は，状態 $|\psi\rangle$ にある系が，m 番目と n 番目の原子のところのスピンが両方とも下向きになっている状態に存在する振幅を表わすものである．こういう複雑さというものは，考え方の複雑さからくるものではない――単に記法上の複雑さにすぎない．(量子力学の複雑さの一つは，その記録法にある．下向きのスピンの数が増加するにつれて，その記号はたくさんの添字をつけることによって，ますます精巧さを加え，そして方程式はいつも恐るべきものにみえてくる．しかし，そこに含まれている考え方そのものは，必ずしも一番簡単なものよりも複雑になっているわけではない．)

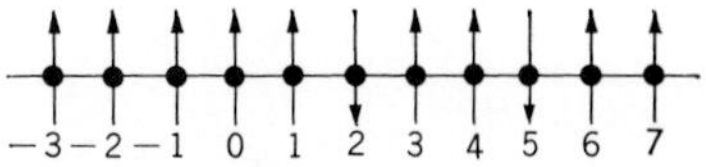

図15-2　2個のスピンが下向きになっている状態

このスピン系の方程式は，振幅 $C_{m,n}$ に対する微分方程式であって，それは

$$i\hbar\frac{dC_{m,n}}{dt}=\sum_{i,j}(H_{m,n;\,i,j})C_{i,j} \tag{15.15}$$

で与えられる．ここでその定常状態を求めることにしよう．いつもの通り，時間に関する微係数はEに振幅を掛けたものに等しくなり，また$C_{m,n}$はその係数$a_{m,n}$におきかえられる．次に，スピンmとnとが下向きになっている状態にHを作用させたときの効果を注意深く計算しなければならない．しかし，その計算はべつに難しくはない．とりあえずいまは，mとnの位置が十分に遠くに離れていて，それらが接近しているときに明らかに出てくる面倒な問題を考慮する必要はないものと仮定することにする．位置x_nにおける交換の演算を行うと，下向きのスピンは$(n+1)$番目か，$(n-1)$番目の原子のところに移動する．したがって，状態$|x_m, x_{n+1}\rangle$からくる振幅と，状態$|x_m, x_{n-1}\rangle$からくる振幅が存在するわけである．あるいはまたそれは，もう一つのスピンの移動によるものであるかも知れない．したがって，$C_{m,n}$が$C_{m+1,n}$または$C_{m-1,n}$からつくられる振幅が存在しているわけである．そして，これらの効果の大きさはみんな等しくなっているはずである．このとき，$C_{m,n}$に関するハミルトニアン方程式からえられる最後の結論は，次のようになる．

$$Ea_{m,n}=-A(a_{m+1,n}+a_{m-1,n}+a_{m,n+1}+a_{m,n-1})+4Aa_{m,n}. \tag{15.16}$$

この方程式は，次の二つの場合を除けば正しい方程式である．$m=n$のときには，方程式そのものが存在しない．また，$m=n\pm1$の場合には，(15.16)の右辺のうちの二つの項が欠けているはずである．しかしわれわれは，**これらの例外の存在を無視しようとしているのである**．これらの方程式系のうちのほんの一部のものが，ちょっと違う形をしているという事実を無視してしまう．要するに，結晶は無限に大きいものであると仮定されていて，方程式の数は無限個であって，その一部の方程式の形の相違を無視しても大したことはないと考えるのである．したがって，最初の大雑把な近似では，一部の方程式の形が違っていることを忘れてしまうわけである．いいかえると，mとnとがたがいに隣り合っていても，(15.10)の方程式がすべてのmとnに対して成立すると仮定する．**これがわれわれの近似の本質的な部分なのである**．

そうなれば，解を求めるのは難しいことではない．すぐに

$$C_{m,n}=a_{m,n}e^{-iEt/\hbar}, \tag{15.17}$$

$$a_{m,n}=(\text{定数})\cdot e^{ik_1x_m}e^{ik_2x_n} \tag{15.18}$$

をうる．ここで

$$E=4A-2A\cos k_1b-2A\cos k_2b \tag{15.19}$$

である．

とりあえずいま，$k=k_1$および$k=k_2$に対応する2個の(前節でやったような)**独立**かつ**単独**のスピン波が存在するとしたときどうなるかを考えてみることにしよう．それらのスピン波は，(15.12)から

$$\epsilon_1 = (2A - 2A\cos k_1 b),$$
$$\epsilon_2 = (2A - 2A\cos k_2 b)$$

のエネルギーをもっている．(15.19)のエネルギーEが，ちょうど2個のスピン波のエネルギーの和になっていることに注意しよう．すなわち，

$$E = \epsilon(k_1) + \epsilon(k_2) \tag{15.20}$$

の関係が成立している．換言すれば，われわれのえた解を次のように考えることができる．すなわち，2個の粒子――つまり2個のスピン波――が存在すると解釈されるわけである．それらのうちの一つはk_1で記述される運動量をもち，もう一つのはk_2の運動量をもっていて，系のエネルギーは二つのものがもつエネルギーの和で与えられるというのである．つまり，2個の粒子は完全に独立な行動をする．これが話のすべてである．

もちろんわれわれは，ある近似を行った．しかし，この点に関する，われわれのえた答えの精度について議論しようとは思わない．でも，何十億もの原子からなる適当な大きさの結晶内では――したがって，そのハミルトニアンには何十億もの項があり――そのなかの数個の項を無視しても，大きな誤差を与えることはないと推測できよう．しかし，下向きのスピンが非常にたくさんあって，その密度がかなりの大きさになれば，そのような補正を考慮することが確かに必要になってくる．

[実におもしろいことに，下向きのスピンが**2個**存在するときには，厳密解を書きくだすことができる．その結果は，とくに重要であるというわけではない．しかし，この場合には方程式が厳密に解けるということはおもしろいことである．その解は

$$a_{m,n} = e^{ik_c(x_m+x_n)}\sin k|x_m - x_n| \tag{15.21}$$

であり，そのエネルギーは

$$E = 4A - 2A\cos k_1 b - 2A\cos k_2 b$$

で与えられる．そして，波数k_cとkは，k_1およびk_2と

$$k_1 = k_c - k, \quad k_2 = k_c + k \tag{15.22}$$

の関係をもっている．この解には二つのスピンの間の“相互作用”が含まれている．そのことは，二つのスピンがひっついたときに，散乱をおこすチャンスがあることを示している．スピンは，相互作用をするとき，粒子と非常によく似た行動をするのである．しかし，それらの散乱に関する詳しい理論は，ここで話そうとした範囲を超える問題である．]

15-3 独立の粒子

前節では2粒子系に対するハミルトニアン(15.15)を書きおろした．そのとき，2粒子間の“相互作用”を無視するのと同等な近似を用いて，(15.17)および(15.18)で記述される定常状態を求めたのであった．この状態は，粒子が単独に存在しているときの2個の状態の積になって

いる．しかし，(15.18)の$a_{m,n}$の解は本当は満足なものではない．まえに，状態$|x_9, x_4\rangle$は$|x_4, x_9\rangle$と違う別の状態では**ない**——x_mとx_nの**順序**は意味をもっていない——ということを，極めて注意深く指摘しておいた．一般に，振幅$C_{m,n}$に対する数式は，x_mとx_nの値を入れ換えても変化してはならないのである．なぜならそれらを入れ換えても状態は変わらないからである．どっちにしても，それらの状態はx_mとx_nのところに下向きのスピンを発見する振幅を表わしているはずのものである．ところが，(15.18)はx_mとx_nとに関して対称的にはなってい**ない**——なぜなら，k_1とk_2とは一般には違っているからである．

このような困難が現われた原因は，(15.15)の解に対して，上のような附加的な条件を課さなかったことにある．幸いなことに，この困難を解決するのは簡単である．まず，ハミルトニアン方程式の解として，(15.18)と同様に

$$a_{m,n} = Ke^{ik_2x_m}e^{ik_1x_n} \tag{15.23}$$

をとってもよい．この解に対応するエネルギーも(15.18)のそれと同じである．そして，(15.18)と(15.23)の振幅の任意の線形結合もまた解になっていて，しかもそのエネルギーはそのまま(15.19)で与えられる．するとわれわれのとるべき解は——対称性の要求から——(15.18)と(15.23)の和

$$a_{m,n} = K[e^{ik_1x_m}e^{ik_2x_n} + e^{ik_2x_m}e^{ik_1x_n}] \tag{15.24}$$

で与えられることになる．こう書いておくと，任意の与えられたk_1とk_2に対して，振幅$C_{m,n}$はどっちにx_mとx_nをおくかに無関係になる——x_mとx_nの定義を反対にしても同じ振幅を与えることになる．そうすると，(15.24)を“マグノン”という言葉を用いて説明するとき，その解釈の仕方が違ってくることになる．その式はもはや，波数k_1をもつ**一つの**粒子と，波数k_2をもつ**2番目の**粒子を表わしているとはいえなくなってしまう．振幅(15.24)は，2個の粒子(マグノン)をもつ**一つの**状態を表わしているのである．その**状態**は，2個の波数k_1とk_2によって特性づけられている．この解は，運動量$p_1=\hbar k_1$をもつ一つの粒子と，運動量$p_2=\hbar k_2$をもつもう一つの粒子とから構成される一つの複合状態に似たものになっている．しかし，この状態においては，どっちの粒子がどっちであるかということを言うことはできない．

話がここまでくれば，上の議論から第4章の同種粒子の話を思いおこすはずである．スピン波の粒子——マグノン——は，同種のボース粒子のようにふるまうということを示したことになる．つまり，すべての振幅は，2粒子の座標に関して対称化されなくてはならない——このことは，“2個の粒子を交換したとき”，同じ振幅にもどり，また同じ符号をもつということと同じことである．しかし，諸君は，なぜ(15.24)をつくるときに，二つの項を**加え合わせる**ほうを選んだのか，と考えているかも知れない．なぜ差をとらないのかというわけである．

負号のほうをとると，x_m と x_n を交換すれば，$a_{m,n}$ の符号が変化する．こうなってもかまわないはずである．しかし，x_m と x_n を交換しても，**変わるものは何もない**．結晶内の電子はみんな正確に前と同じ状態にあり，したがって振幅の符号が変化する理由は何もない．つまり，マグノンはボース粒子のようにふるまうのである†．

ここでの議論の重点は二つあった．その第1は，スピン波というものがどういうものであるかを示すことであり，その第2は，振幅が2個の振幅の**積**であたえられることを示し，そのエネルギーが，2個の振幅に対応して，それぞれのエネルギーの**和**で与えられるということであった．**独立粒子**の場合には，その全体の振幅はそれぞれの振幅の積で表わされ，そのエネルギーはそれぞれのエネルギーの和で与えられるのである．エネルギーが，なぜ和になるかという理由をみることは，簡単である．エネルギーというものは，振幅の虚数の指数のなかの t の係数であり――それは振動数に比例している．二つのものが何かをすると，それらのうちの一つは振幅 $e^{-iE_1t/\hbar}$ をもち，もう一つは $e^{-iE_2t/\hbar}$ をもつことになる．そして，これらの二つのものが同時におきる振幅はそれぞれの振幅の積で与えられる．すると，その振幅の積のなかには，二つの振動数の和で与えられる単独の振動数が存在する．つまり，振幅の積に対応するエネルギーは，それぞれの二つのエネルギーの和となっている．

これまで単純なことについて，かなりくどい議論をしてきた．粒子間の相互作用を全く考慮しないときには，各粒子を独立な粒子と考えることができる．各粒子は，それらがただ1個だけ存在するときのように，個々別々に色々な状態にはいることができ，またそれが1個だけあるときにもっていたエネルギーを，それぞれが寄与することになる．しかし，それらの粒子が同種粒子であるときには，問題によってボースまたはフェルミ粒子のどちらかとしてふるまうことを記憶しておかねばならない．例えば，結晶に追加された2個の余分の電子は，フェルミ粒子のように行動するはずである．この2個の電子の位置を入れ換えると，その振幅の符号は逆にならなければならない．この場合，(15.24)に対応する表式で，右辺の2項の間の符号はマイナスになっていなければならない．その結果，2個のフェルミ粒子は，正確に同一の状態――等しいスピンと等しい k をもつ状態――には存在しえないことになる．この状態に対する振幅は0である．

15-4　ベンゼン分子

量子力学は分子構造を決定する基本法則を与えるが，これらの法則

† 一般に，ここで議論しているような準粒子(quasi-particles)は，ボース粒子かフェルミ粒子のどちらかの粒子として行動する．そして自由粒子と同様に，整数スピンをもつ粒子はボソンであり，半整数スピンの粒子はフェルミオンである．“マグノン”というものは，上向きのスピンの電子がひっくりかえる現象を表わしているものである．したがって，そのスピンの変化は1である．つまり，マグノンは整数スピンをもっており，それはボソンである．

が厳密に適用できるのはもっとも簡単な化合物の場合だけである．したがって化学者達は，複雑な分子の性質を計算するに当って，色々な近似法を利用することになるわけである．ここでは有機化学者によって，独立粒子近似がどのように利用されているかということを示すことにしよう．まず，ベンゼン分子の話からはじめよう．

第10章では，このベンゼン分子を別の観点から議論した．そこでは分子を2状態とみなす近似的描像をとったのであった．そのとき基本状態としては，図15-3に示されている二つの状態を用いた．ベンゼン分子には，6個の炭素からなる環があり，それぞれの炭素には水素が結合している．原子価結合の通常の描像では，炭素原子の間の半分は2重結合になっていると仮定する必要がある．そして，最低のエネルギーの状態としては，図に示されているような二つの可能性が存在することになる．またこのほかにも，より高いエネルギーの状態が存在する．第10章でベンゼンを議論したときには，この二つの状態だけを考えて，その他のことはみんな忘れてしまったのである．そのとき分ったことは，分子の基底状態のエネルギーは，図に示した状態のうちの一つのエネルギーではなくて，これらの状態の一つから他の状態へ跳び移る振幅に比例する量だけ低くなっているということであった．

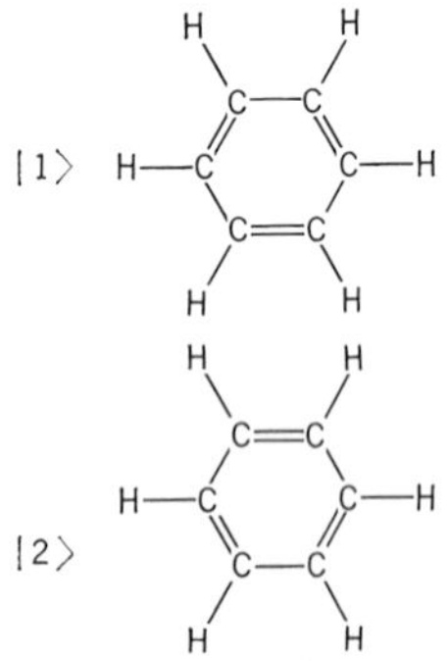

図15-3　第10章で用いたベンゼン分子の2個の基本状態

さてここでは，この同じ分子を全く異なった観点から——別の種類の近似のもとで——調べようというのである．この二つの立場からえられる答えは異なっている．しかし，どっちの近似でも，それを改良してゆけば，真実に，つまりベンゼンの正しい記述に到達するはずのものである．しかし，近似を進めようとしなければ，もちろん普通はそうであるが，そのときには，二つの記述の結果が正確に一致しないからといって驚いてはならない．しかし少なくとも，新しい観点からみたときにも，ベンゼン分子の最低エネルギーは，図15-3の3個の2重結合をもつ構造のどちらよりも低くなっている．

ここでは次のような描像を用いよう．図15-4にあるように，ベンゼン分子の6個の炭素原子は1重結合だけで結びついていると仮定する．つまり，6個の電子を除いてしまったので——というのは，一つの結合は1対の電子に対応しているからである——したがって，6価にイオン化したベンゼン分子があるということになる．ここで，その6個の電子を1度に一つずつ元にもどしたらどうなるかを考えようというのである．そのとき，それぞれの電子は環に沿って自由に動けるものと考える．また，図15-4に示されている結合はすでにみんなできあがっていて，これ以上たち入って考える必要はないものと仮定する．

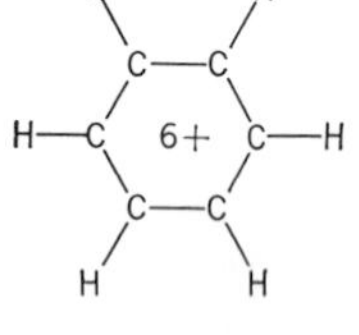

図15-4　6個の電子を除去したベンゼン環

この分子イオンに1個の電子をもどしてやると，どうなるであろうか．もちろんそれは，環のまわりの6個の位置——6個の基本状態に対応するもの——のうちのどれか一つのところに位置することになるであろう．それはまた，一つの位置から，隣りの位置へ移動する振幅，

例えば A をもっているであろう．そして，その定常状態を考えれば，可能なエネルギー準位がいくつか存在するということになるであろう．しかしこれは，もどした電子が1個だけのときの話である．

次に2番目の電子をもどしてやる．このとき，考えうるもっとも阿呆らしい近似――つまり，**一つの電子のすることは，他の電子のすることによって影響をうけない**という近似――をする．もちろん，それらの電子の間には本当は相互作用が存在する．すなわち，それらはクーロン力によっておたがいに反撥しあっているわけである．またさらに，それらの電子が同一の場所にいるときには，そこに電子が1個しかいないときのエネルギーの2倍よりも，かなり違ったエネルギーをもっているはずである．確かに，独立粒子近似というものは，その場所が6個しか存在しないときでも――とくにそこに**6個**の電子をおこうとするときには，正当な近似であるとみなすことはできない．しかし，それにもかかわらず，有機化学者は，この種の近似を行うことによって，多くの知見をうることに成功したのである．

ベンゼン分子に関して詳しく調べるまえに，もっと簡単な例――図15-5にあるような，2個の炭素原子と，その両端にそれぞれ2個ずつの水素原子をもつエチレン分子――を考えることにしよう．この分子は，2個の炭素原子間に，2個の電子を含む“余分”の化学結合を一つもっている．いま，この2個の電子のうちの1個を除いてしまったとすると，どうなるであろうか．われわれはこれを――残っている電子が一つの炭素のところにあるか，あるいはもう一つの炭素のところにあるかの――2状態系とみなすことができるわけである．つまり，これを2状態系として解析することができる．ところで，電子が1個だけあるときの可能なエネルギーは，図15-6に示されている (E_0-A) か (E_0+A) のどちらかである．

さてここで，第2の電子を追加する．よろしい．電子が二つあるときには，最初の電子をより低い状態におき，第2の電子は上の状態における．ところがそうはいかない．われわれは何か忘れものをしている．二つの状態のそれぞれが，実際には2重になっているのである．エネルギー (E_0-A) をもつ一つの状態が可能であるといっているときには，それは本当は2個の状態なのである．その一つがスピン上向きで，もう一つがスピン下向きになっていれば，2個の電子が同じ状態にはいれる．（しかしこれ以上は，排他律によってはいれない．）したがって本当は，エネルギー (E_0-A) をもつ状態は二つあるのである．そうすると，図15-7のような図をえがくことができる．この図は，エネルギー準位と，その準位への電子の配置との両方をあらわしている．最低エネルギーの状態では，2個の電子は，それらのスピンの方向を反対向きにして，最低状態に存在することになる．したがって，エチレン分子の場合の余分の結合によるエネルギーは，2電子間の相互作用を無視したときには，$2(E_0-A)$ で与えられることになるわけである．

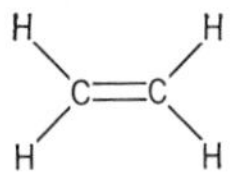

図15-5　エチレン分子

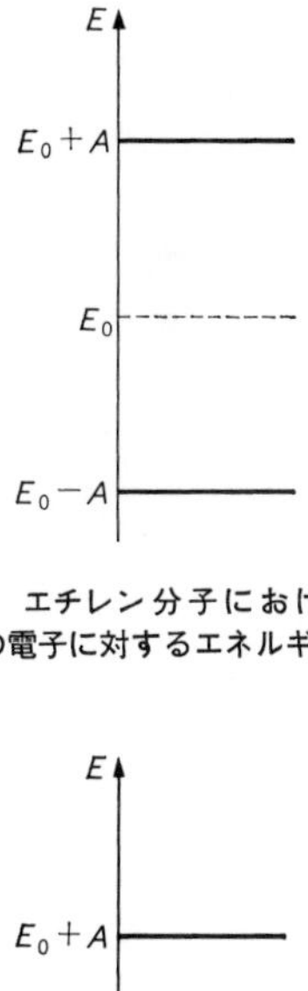

図15-6　エチレン分子における“余分”の電子に対するエネルギー準位

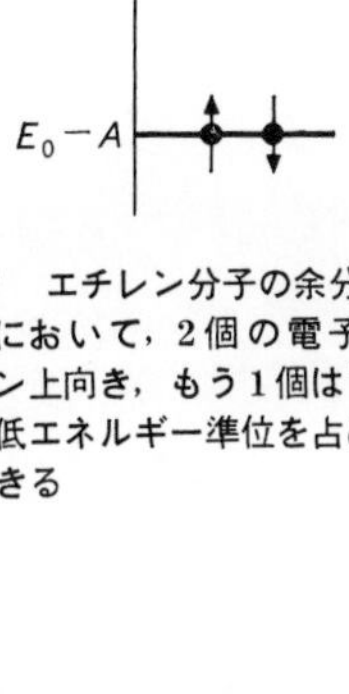

図15-7　エチレン分子の余分の化学結合において，2個の電子(1個はスピン上向き，もう1個は下向き)が最低エネルギー準位を占めることができる

話をベンゼンにかえそう．図15-3の二つの状態のそれぞれは，3個の2重結合をもっている．それらの化学結合は，それぞれエチレンの化学結合とよく似ている．そして，E_0をベンゼンのなかの一つの場所に1個の電子をおくエネルギーとし，Aを電子が隣りの位置に移動する振幅であるとすると，2重結合のそれぞれは$2(E_0-A)$だけのエネルギーを寄与することになる．したがって，その全体のエネルギーは大よそ$6(E_0-A)$で与えられるはずである．しかし，まえにベンゼンを調べたときには，そのエネルギーは，3個の余分の化学結合を含む構造のもつエネルギーよりも低くなっていた．そこで，ベンゼンのエネルギーが，2重結合を3個もつときよりも低くなるかどうかを，ここでの新しい観点にもとづいて調べてみることにしよう．

6価にイオン化したベンゼン環からスタートし，それに電子を1個追加したとする．この場合，6状態系になっている．しかしこれまで，こんな系を解いたことはない．でも，どうすればよいかは分っている．6個の振幅に対して6個の方程式を書くことができ，それから何々をするというわけである．しかしわれわれは，すでに無限個の原子が一線上に並んでいるときの1電子問題を解いているということに注意しよう．それに注意すれば，だいぶ仕事を節約することができる．もちろんベンゼンは，無限に長い線ではなく，それは円周上に6個の原子の基地をもっているだけである．しかし，その円周を拡げて直線にしたと考えて，原子にその線に沿って1から6までの番号づけをする．無限に長い線のときには，その次の位置は7であるが，その位置が番号1と同じであることなどを考慮すれば，その状況はベンゼン環に似たものになる．いいかえると，解が6個の原子の長さの周期をもつ周期的なものでなければならないという**要請をつけ加えたうえで**，無限に長い線上の解を採用するのである．第13章の結果から，一線上の電子は，それぞれの位置における振幅が$e^{ikx_n}=e^{ikbn}$で与えられているとき，ある決った一定エネルギーの状態にある．そしてそれぞれのkに対して，そのエネルギーは

$$E = E_0-2A\cos kb \tag{15.25}$$

で与えられる．

いまこれらの解を，6個の原子が繰り返される場合にだけ利用しようというのである．そのためにまず，一般のN個の原子からなる環の場合にやってみることにする．解がN個の原子間隔の周期をもっている必要があるときには，e^{ikbN}は1に等しくなければならない．あるいは，kbNは2πの倍数でなければならない．sを任意の整数とすると，この条件は

$$kbN = 2\pi s \tag{15.26}$$

となる．前にみたように，kを$\pm\pi/b$の領域外にとっても意味がない．このことは，領域$\pm N/2$内のsの値をとれば，可能なすべての状態がえられることを意味している．

このとき，N個の原子からなる環に対しては，N個の決ったエネル

ギー状態が存在し，それらの状態は†

$$k_s = \frac{2\pi}{Nb}s \qquad (15.27)$$

によって与えられる波数をもっていることが分る．そして，それぞれの状態は(15.25)のエネルギーをもっているのである．つまり，可能なエネルギー準位の線スペクトルが存在するというわけである．ベンゼン(N=6)に対するスペクトルを示したのが，図15-8の(b)である．(図の括弧のなかの数は，同一のエネルギーをもつ**別の**状態の数を示す．)

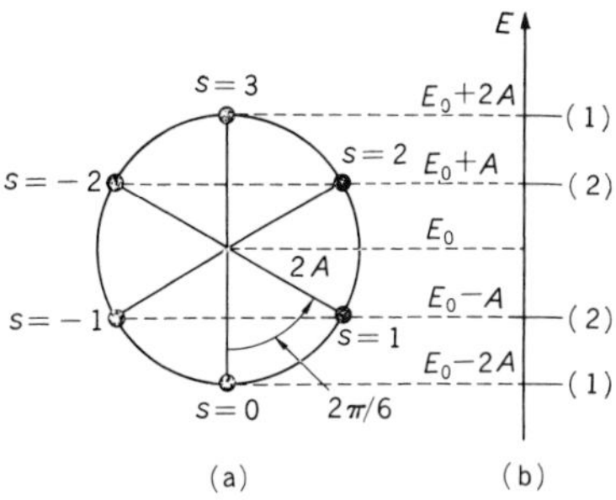

図15-8　電子の位置が6個ある環(例えばベンゼン環)の場合のエネルギー準位

上の6個のエネルギー準位を目にみえるようにするうまい方法がある．それを示したのが図の(a)である．いま，エネルギーE_0の準位を中心とする半径$2A$の円周を考える．その底からはじめて，6個の等しい弧(底の点から$k_s b=2\pi s/N$，あるいはベンゼンの場合，$2\pi s/6$の角度で)に分割する．すると，円周上の分割点の垂直の高さが，(15.25)の解になるわけである．また，6個の点は6個の可能な状態を表わしている．最低のエネルギー準位は(E_0-2A)にあり，同じエネルギー(E_0-A)をもつ状態は二つ存在するといった具合である††．これは1個の電子に対する可能な状態である．電子が一つ以上あるときには——反対方向のスピンをもつ——2個の電子がそれぞれの状態にはいりうるのである．

ベンゼン分子の場合には，6個の電子をおく必要がある．基底状態においては，それらの電子はできるだけ低いエネルギーの状態に——$s=0$に2個，$s=+1$に2個，$s=-1$に2個——はいるであろう．こうして，独立粒子近似によると，基底状態のエネルギーは

$$E_{\text{ground}} = 2(E_0-2A)+4(E_0-A) = 6E_0-8A \qquad (15.28)$$

で与えられることになる．このエネルギーは，2重結合が別々に3個あるときのエネルギーよりも——$2A$の大きさだけ——実際に低くなっている．

ベンゼンのエネルギーとエチレンのエネルギーとを比較すれば，Aの値を決定することができる．その結果は0.8電子ボルトになる．あるいは化学屋の好きな単位を用いると，1モル当り18キロカロリーである．

上のやり方を使うと，ベンゼンの他の性質について計算したり，その性質を理解したりすることができる．例えば，図15-8を用いてベンゼンの光による励起について議論することができる．電子のうちの1個を励起しようとしたらどうなるであろうか．その電子は空席になっているより高い状態の一つに転移することができる．励起エネルギーの最も低い転移は，満たされている一番高い準位から，一番低い空

† Nが偶数のときには，$N+1$個の状態があると思うかも知れないが，そうではない．なぜなら$s=\pm N/2$は同じ状態を与えるからである．

†† 同一のエネルギーをもつ2個の状態(これらは違う振幅の分布をもっている)があるとき，この二つの状態は“縮退”しているという．ここで，**4**個の電子がエネルギーE_0-Aをもちうることに注意せよ．

席になっている準位への転移である．それには $2A$ のエネルギーが必要である．つまりベンゼンは，$h\nu=2A$ の関係をみたす振動数 ν の光を吸収すると考えられる．また，$3A$ および $4A$ のエネルギーをもつ光子をも吸収することであろう．いうまでもなく，ベンゼンの吸収スペクトルはすでに測定されていて，もっとも低いエネルギーの転移が紫外線領域でおきることを別にすれば，そのスペクトル線のパターンは大体においてうまく合っている．しかし，実験データに合わせるには，A の値を 1.4 ないし 2.4 電子ボルトに選ぶ必要がある．すなわち，この A の値は化学結合のエネルギーから予測される値よりも2倍ないし3倍程度大きくなっている．

このような状況にあるとき，化学者のやることは，似たような種類の分子をたくさん分析して，ある種の経験法則をうることである．結合エネルギーを計算するときには，これこれの A の値を用いるが，近似的に正しい吸収スペクトルをうるには別の違う A の値を用いる．諸君は，それはちょっとばかり筋の通らない話だと思うだろう．自然を第1原理から理解しようとする物理学者の立場からみれば，そんなことをするのははなはだ不満足である．しかし，化学者にとっての問題は，それとは違うのである．彼は，これまで作られたことのない，あるいは，その性質がまだよく分っていない分子に何がおきるかを，前もって推測しておかなければならない．彼が必要とするものは一連の経験法則であって，その法則がどこからくるものであるかということは，彼らにとっては余り問題ではない．つまり，彼は，理論を物理屋とは全然違うやり方で利用するのである．彼は方程式系がそのなかに真理の影を映しているとは考えてはいるけれども，しかしそのとき方程式系のなかにある定数を——経験的に補正することにより——変更してしまうのである．

ベンゼンの場合，その矛盾の主な理由は，電子が独立であるとするわれわれの仮定にある——われわれの出発点とした理論は本当は正当なものではない．それにもかかわらず，その理論は真実の影をある程度は反映している．なぜなら，その結論は正しい方向に向っていると考えられるからである．そのような方程式系プラスある経験則——色々な例外を含んではいるが——を利用することによって，有機化学者は，彼が研究テーマとして選んだ複雑な物質の場合に現われる困難を克服する道を開くのである．（物理屋が実際に第1原理から計算することのできる理由は，彼が簡単な問題だけしか選ばないからであるということを忘れてはならない．物理屋は，42個はもちろん，6個の電子の問題でさえ決して解こうとはしない．これまで，物理学者が合理的かつ正確に計算できた問題は，水素原子とヘリウム原子の場合だけなのである．）

15-5 さらに有機化学について

上と同じ考え方を利用して，どのようにして他の分子を調べるのかをみることにしよう．1, 3-ブタジエンのような分子を考えることにする——その分子を普通の原子価結合の図を用いて書いたのが図 15-9 である．

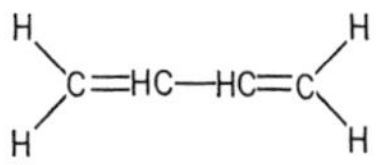

図 15-9　1, 3-ブタジエン分子の原子価結合の表示

このときは，2 個の 2 重結合に対応して，余分の電子が 4 個ある場合に対して，前と同じゲームをやることになるわけである．4 個の電子を除いてしまうと，4 個の炭素が一線上に並んでいることになる．ところで諸君は，すでに一線上にある問題を解く方法を知っている．“とんでもない．僕が知っているのは，**無限に**長い線の場合の解き方だけですよ”，と諸君はいうことであろう．しかし，無限に長い線に対する解は有限の線に対する解をも含んでいるのである．よく見て．いま，線上の原子数を N とし，図 15-10 に示したように，それらの原子に 1 から N までの番号をつける．位置 1 のところの振幅の方程式を書くときには，位置 0 からくる項が存在しない．同様に位置 N に対する方程式は，無限に長い線のときに用いた方程式とは違っている．なぜなら，位置 $N+1$ からくるものがないからである．ところで，次のような性質をもつ無限に長い線に対する解をうることができるものとする．すなわち，0 番目の原子のところの振幅が 0 で，$(N+1)$ 番目の原子のところの振幅もまた 0 であるような解がえられるとするのである．そのときには，有限な線上の 1 から N までのすべての場所の方程式系もまたみたされているわけである．しかし無限の場合には，そんな解は存在しないと思うかも知れない．なぜなら，われわれの解はみんな e^{ikx_n} のような形をしていて，その振幅の絶対値はどこでも同じ値をとるからである．しかしエネルギーは，k の絶対値にだけ依存していることを憶えていると思う．したがって，上と同じエネルギーをもつ，もう一つ別の正しい解 e^{-ikx_n} が存在する．そして同じことが，これらの二つの解の任意の重ね合わせに対してもまた成立する．これらの二つの解を引き算すると，$\sin kx_n$ という解をうることができる．この解は，振幅が $x=0$ で 0 になっているという要請をみたしている．そしてこの解もまた，エネルギー $(E_0-2A\cos kb)$ に対応している．いま，k の値を適当に選ぶことによって，その振幅を x_{N+1} で 0 にすることも可能である．これは，$(N+1)kb$ が π の整数倍になっているとき，あるいは

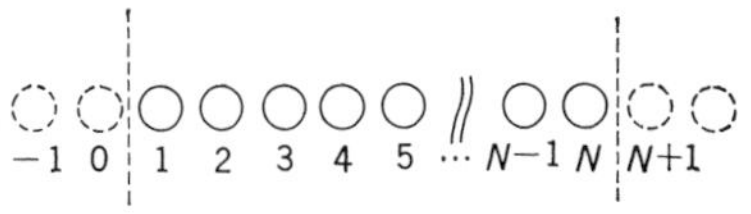

図 15-10　N 個の分子の列

$$kb=\frac{\pi}{(N+1)}s \tag{15.29}$$

の関係をみたしているときに成立する．ここで s は 1 から N までの整数である．（ここでは，k としては正のものだけをとる．なぜなら，それぞれの解 $\sin kx_n$ が $+k$ と $-k$ とを含んでいて，k の符号を変えても全く同じ状態が出てくるからである．）ブタジエン分子の場合には $N=4$ であり，したがって

$$kb=\pi/5,\ 2\pi/5,\ 3\pi/5 \text{ および } 4\pi/5 \tag{15.30}$$

の 4 個の状態が存在することになる．

このエネルギー準位も，ベンゼンのときとよく似た円周図形を用い

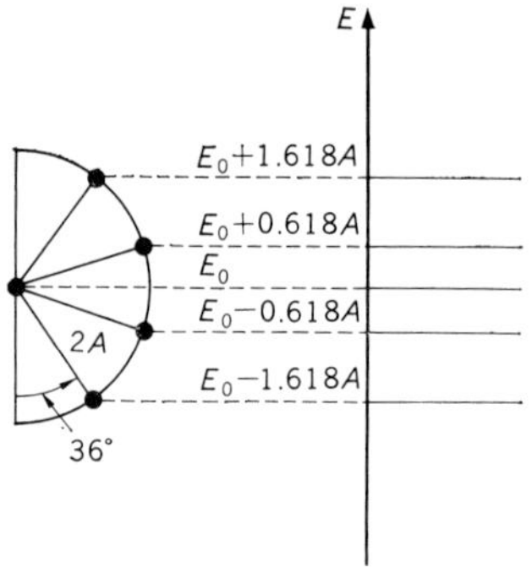

図15-11　ブタジエンのエネルギー準位

て表現することができる．この場合には，図15-11に示されているような，5個に等分された半円を用いる．底の点は$s=0$に対応し，これはなんの状態も与えない．同じことが頂点でも成り立ち，これは$s=N+1$に対応している．残る4個の点が4個の許されるエネルギーを与える．つまり，定常状態は4個存在するわけであるが，このことは，われわれが4個の基本状態から出発したことから，当然期待されることである．上の円周図形で，角度の間隔は$\pi/5$あるいは36度である．したがって，その最低エネルギーは$(E_0-1.618A)$で与えられることになる．（おお，どういうわけで数学というものが成り立っているのであろうか．この理論によると何と，ギリシャの黄金分割†がブタジエンの最低エネルギーを与えているのである．）

さて，4個の電子をおいてゆけば，ブタジエン分子のエネルギーが計算できるわけである．電子が4個あると，一番低い二つの準位を，それぞれ反対向きのスピンをもつ2個ずつの電子が占めることになる．このとき，全エネルギーは

$$E=2(E_0-1.618A)+2(E_0-0.618A)=4(E_0-A)-0.472A \tag{15.31}$$

で与えられる．この結果は合理的にみえる．このエネルギーは，単に2重結合を二つもっているときよりも，少し低くなっているが，その結合エネルギーはベンゼンほどには大きくない．いずれにせよ，これが化学者が有機化合物の分子を解析する方法なのである．

化学者はエネルギーだけではなく，同様に確率振幅をも利用することができる．各状態に対する振幅と，どの状態が電子によって占領されているかが分っていると，分子内のどこかに電子を発見する確率が求められる．電子が存在しやすい位置というのは，1個の電子を他の原子群と共有しようとして，電子をとりこもうとする化学反応のおきやすい傾向のあるところである．その他の位置は，余分の電子を他の系に譲り渡そうとする傾向をもつ反応をおこしやすい場所なのである．

これまでと同じ考え方を用いることによって，葉緑素のような複雑な分子についても，ある程度の理解をうることが可能である．そして，その解釈の一つを示したのが，図15-12である．太い線で書いてある2重結合および1重結合は，20個の部分からなる長い閉じた環をつくっている．独立粒子の方法を用いることにより，そのエネルギー準位の全体を求めることができる．そして，これらの準位間の転移による強い吸収線が存在し，その吸収スペクトルは可視部にある．そのためにこの分子は，強い色彩を与えるのである．葉っぱの色を赤色に変えるキサントフィルのような，これによく似た複雑な分子もまた同様にして調べることができる．

図15-12　葉緑素の分子

† 黄金分割とは，一つの長方形を正方形と元の長方形に相似の長方形に分割できるとき，元の長方形の2辺の長さの比をいう．（訳者注）この2辺の比は$(1+\sqrt{5})/2$で与えられ，一方$2\cos 36°=(1+\sqrt{5})/2$で，つまり$E=E_0-2A\cos 36°$が黄金分割と関係しているというのである．

この種の理論を有機化学に適用することによって導かれる考え方というのがもう一つある．それは恐らく，もっとも成功した，あるいは少なくともある意味でもっとも正確なものである．その考えというのは，次の問題と関係をもっている．それは，どういう場合にとくに強い化学結合がえられるかという問題である．その答えというのがおもしろい．はじめベンゼンを例にとって，6価にイオン化した分子からはじめて，それにつぎつぎに電子を追加してゆくという一連の事象を考えることにする．それは――負または正の――色々なベンゼンのイオンを考えるということになるわけである．そのイオン(あるいは中性の分子)のエネルギーを，電子数の関数として図示したとする．いま，$E_0=0$ととると(その値がなんだか分らないから)，図15-13のような曲線をうる．最初の2個の電子に対しては，その関数の勾配は直線である．つぎつぎに追加される各グループに対して，その深さは増大してゆき，そして電子のグループのスロープの間には不連続性が現われる．その勾配は，同じエネルギーをもつ一組の準位が満員になり，次の電子がその次に高いエネルギー準位にはいるときに変化する．

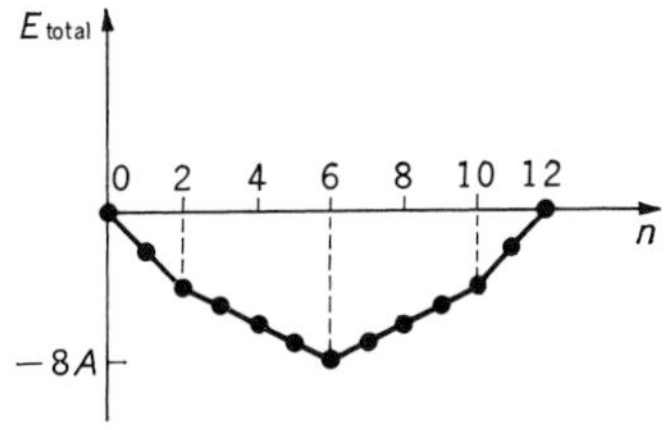

図15-13　$E_0=0$ととった場合，図15-8のもっとも低いエネルギーの状態がn個の電子により占められたときの全電子エネルギーの和

ベンゼン・イオンの実際のエネルギーは，電子間の相互作用と，われわれが無視した静電エネルギーとのために，図15-13の曲線とは全く異なったものである．しかし，これらの補正はnとともにかなり滑らかに変化する．これらの補正を全部やったとしてもなお，結果としてえられるエネルギー曲線は，ある特定のエネルギー準位をちょうど満員にするnの値のところで折れ曲りをもつであろう．

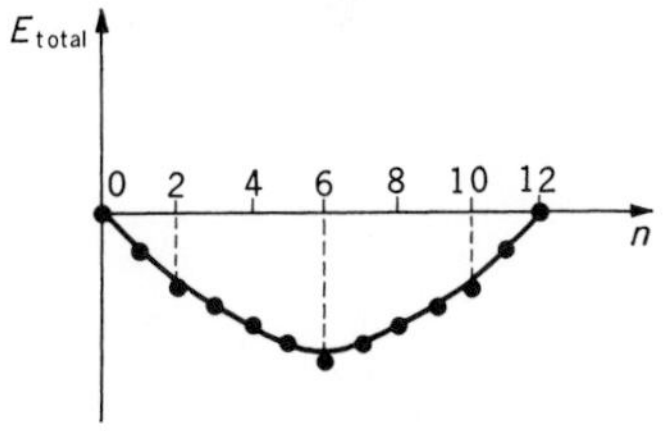

図15-14　図15-13の点をなめらかな曲線で結んだ図．$n=2,6,10$のときの分子はほかのものよりもとくに安定である

ここで図15-14にえがかれているように，各点を平均的に通るような滑らかな曲線を考える．この曲線の**上側**にある点は，“通常よりも高い”エネルギーをもっており，曲線の**下の**点は，“普通よりも低い”エネルギーをもっているといえよう．そして一般に，普通よりも低いエネルギーになっている配位は，平均よりも上の安定性――化学的にいって――をもつことが期待される．曲線から離れて下になっている配位は，いつでも直線状の線分の端っこでおきる――すなわち，いわゆる“エネルギー殻”を満員にするような数の電子が存在するときに，そういうことがおきる．このことは，この理論からえられる非常に正確な予測である．分子――あるいはイオン――は，利用できる電子の数がちょうどエネルギー殻を満員にするときに，(そのほかのよく似た配位に比べて)とくに安定になっているのである．

ある非常に特異な化学的事実が，この理論によって説明され，またその事実の存在の予測がなされたのであった．その非常に簡単な例として，3角形の環をもつ物質を考えよう．3角形の環をもつ物質がつくれて，しかもそれが安定であるとは，ほとんど信じ難いことである．ところが，それが実際にやられたのである．3個の電子の場合のエネルギーの円が，図15-15に示されている．いま，低いほうの状態に電子を2個おくには，3個のうちの2個だけが要る．3番目の電子はずっと高いエネルギー準位のところにおかれなくてはならないわけであ

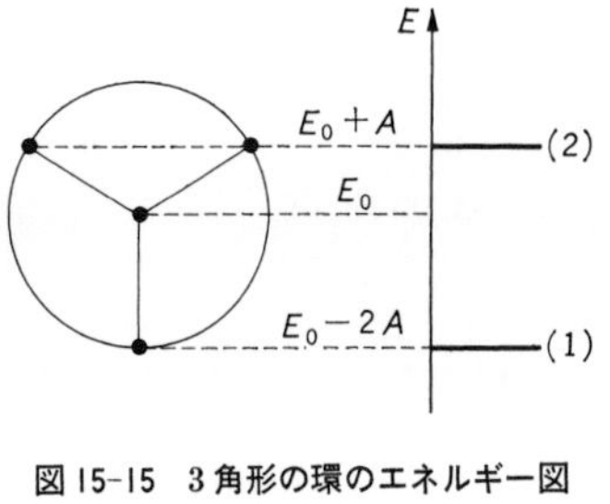

図15-15　3角形の環のエネルギー図

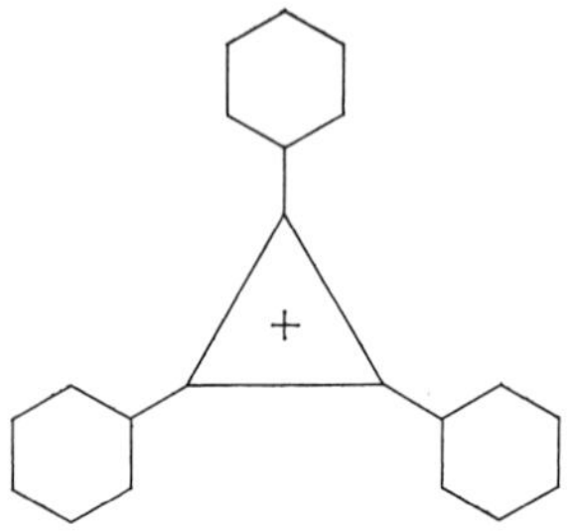

図 15-16　トリフェニル・シクロプロフェニルの正イオン

る．したがって，これまでの議論から，この分子はとくに不安定になっているはずである．しかし，電子を2個もっている構造は安定のはずである．実際，トリフェニル・シクロプロフェニルの中性分子をつくることは極めて困難なのであるが，図15-16に示されているような正イオンをつくることは，比較的に容易であることが分ったのである．3角形の環をつくるのは，実際決して容易なことではない．なぜなら，有機化合物の分子の結合が正3角形をつくるときには，つねに大きなストレスがかかるからである．完全に安定な化合物をつくるには，その構造を何らかの方法で安定化する必要がある．ともかく，その曲り角のところに，3個のベンゼン環をくっつけると，その正イオンをつくることができる．（このように，ベンゼン環をつけなければならない理由は，全く分っていない．）

同様にして，5角形の環も解析することができる．そのエネルギー図を書くと，6個の電子をもつ構造がとくに安定な構造になっていることが定性的に理解できる．したがって，このような分子は負のイオンのときにもっとも安定になるはずである．この5角形の環というのはよく知られており，容易につくることができる．そしてそれは，つねに負イオンとして行動するのである．同様にして，4角形や8角形の環はおもしろくないが——6角形の環と同様に——14角形とか10角形の環は，中性の物質のときにとくに安定になることを示すことができる．

15-6　独立粒子近似の他の場合への応用

このほかにも似たような状況の場合が二つ存在する．それらについて，ここで簡単に述べておこう．原子の構造を考えるとき，電子はつぎつぎに殻をうめてゆくと考えられる．電子の運動のシュレーディンガーの方程式は，“中心力の場”——ある点からの距離にのみ依存する力の場——のなかで**1個**の電子が運動をしているときにのみ，容易に解くことができる．それでは，電子が22個もあるような原子のなかではどうなっているかということを，どうやって理解したらよいであろうか．その方法の一つは，一種の独立粒子近似を利用することである．まず，電子が1個あるときにどうなるかを計算する．するとこのとき，多くのエネルギー準位がえられる．そこで1個の電子を，その最低エネルギーの状態におく．大雑把な模型では，そのまま電子間の相互作用を無視しつづけて，つぎつぎに電子でエネルギー殻をみたしてゆくことができる．しかし，電子の運ぶ電荷の効果を——少なくとも近似的に——考慮にいれて，よりよい答えをうる方法が存在する．それは，電子を1個追加するごとに，その電子が色々な場所に存在する振幅を計算して，それからこの振幅を用いて一種の球対称な電荷分布の様子を求める方法である．この電荷分布の場を用いて——正電荷の核の力の場およびこれまでに配置された全電子のつくる場とともに——次の電子に対して許される状態を計算する．このような方法を用いることによって，中性の原子や，色々にイオン化した状態に対するエネルギーの合理的かつ正しい評価をうることができる．環状の分子内の電子のときにみたと同様に，このときにもエネルギー殻が存在することが分る．その殻が部分的にみたされているとき，その原子は，もっとも安定な状態になるように，1個あるいはそれ以上の電子をさらに加えるほうを選んだり，あるいは，すでにみたされている殻のなかの電子をいくつか失ったほうがよいとするといったことが示される．

この理論によって，元素の周期律表に示されている基本的な化学的性質の背後に隠されているからくりが説明される．希ガスは殻がちょうど満員になって完成している元素である．そのために，それは反応をさせることがとくに困難なのである．(もちろん，それらのうちのあるものは——例えば，フッ素や酸素と——化学反応をおこす．しかしそのような化合物は，非常に弱く結合している．いわゆる希ガスは，ほとんど不活性である．) 希ガスよりも電子が1個多いか，あるいは1個少ない原子は，容易に1個の電子を失うか，あるいは獲得して完全にみたされた殻をもつことによって，とくに安定な(エネルギーの低い)状態に変わろうとする——それらは，原子価が +1 か −1 の非常に活性の大きい化学元素である．

もう一つの場合は，核物理学でみいだされるものである．原子核のなかでは，陽子と中性子とが非常に強く相互作用をしている．それなのに，このときにも独立粒子模型が核構造の解析に利用される．はじめ実験的に，原子核がある特定の数の中性子——すなわち，2, 8, 20, 28, 50, 82 個の中性子——を含んでいるときに，とくに安定であることが発見された．これらの数の陽子を含む核もまたとくに安定なのである．はじめはその説明がつかなかったので，これらの数は核物理学における"魔法の数"とよばれていた．中性子と陽子が強く相互作用をすることはよく知られている．したがって，独立粒子模型によって，最初の数個の魔法の数をもつような殻構造の存在が予測されることが発見されたとき，人はみな全くびっくりしたのであった．その模型では，各核子(陽子または中性子)が他のすべての核子の平均的な効果によってつくられる中心力のポテンシャルのなかで運動すると仮定する．しかしこの模型では，より高い魔法の数に対しては，正しい値を与えることはできなかった．その後，マリア・マイヤーとジェンセンおよびその協力者によって，独立に，独立粒子模型において"スピン-軌道相互作用"とよばれる補正を追加するだけで，すべての魔法の数を与えるような改良された模型をつくることが可能であることが発見された．(このスピン-軌道相互作用は，1個の核子のスピンが，その核子の核のなかでの運動にもとづく軌道角運動量と同じ方向をもっているときに，その核子のエネルギーを低くさせる．) この理論は，それ以上のことも与える——いわゆる核の"殻構造"の描像にもとづいて，核の特徴や核反応における特性を予測することができる．

独立粒子近似は——固体物理学から，化学，生物学，核物理学にいたるまでの――広い領域にわたる問題に対して有効であることが分った．それは極めて荒っぽい近似にすぎない場合が多いのであるが，しかしそれでも，なぜとくに安定な状態が――殻という形で――存在するのかという問題に対する理解を与えることができる．この近似では，それぞれの粒子間の相互作用による複雑さをすべて無視してしまうので，多くの重要な詳しい性質に対して正しい結果を与えない．しかし，そのような欠陥があっても，それは別に驚くには当らない．

第 16 章
振幅の位置依存性

16-1 線上の振幅

ここでは，量子力学の確率振幅が空間内でどのように変化するかという問題について議論する．これまでの章の一部で，諸君は何かがおき忘れられているような不愉快な感じをもったことと思う．たとえばアンモニア分子について話していたとき，それを二つの基本状態を用いて記述したのであった．その基本状態の一つとして，窒素原子が3個の水素原子のつくる面の“上側”にある場合をとり，またもう一つの基本状態としては，窒素原子が3個の水素原子を含む面の“下側”にあるような状態を採用した．なぜ基本状態としてこれらの状態をとったのか．なぜ窒素原子は，3個の水素原子のつくっている面の上の2オングストロームのところに，あるいは3オングストローム，4オングストロームのところに存在しえないのか．窒素原子が占領することのできる場所は，確かにいくらでもある．また，水素分子イオンについて話したときにも，2個の基本状態を考えた．そのイオンのなかでは，1個の電子が二つの陽子に共有されている．そこで，電子が1番目の陽子の近くにある状態と，2番目の陽子のまわりにあるときのもう一つの状態とを基本状態と考えた．このとき明らかに，多くの詳しいことを無視してしまった．電子は正確に2番目の陽子のところにあるわけではなくて，単にその近傍にあるというだけのことである．それは陽子の上のほうのどこかに存在しうるし，またその下のほうのどこかにも，左側のどこかにも，右側のどこかにも存在しうるのである．

これまでわれわれは，このような詳しいことについて議論することを意識的に避けてきたのである．そして，問題のある一面にだけ興味をもっているといってきた．したがって，電子が1番目の陽子の近くにいるとき，それはかなりはっきりした状態にあると考えてきた．そのような状況のもとでは，電子が陽子のまわりに発見される確率はかなりはっきりした分布をもっているのであるが，われわれはその詳細については興味をもたなかったのである．

このことは，別のいい方をすることもできる．水素分子イオンの議論において，その状況を2個の基本状態で表現するという近似的な記述の仕方を選んだ．しかし本当は，こういう状態がいくらでもたくさん存在する．つまり，1個の陽子のまわりにある電子は，その最低の状態，あるいは基底状態をとることもできるが，それだけではなく多くの励起状態をもとりうる．そして，それぞれの励起状態に対する陽子のまわりの電子の分布の様子はみんな違っている．このとき，エネルギーの低い場合にのみ興味があるといって，これらの励起状態の存在を無視したのであった．しかし，陽子のまわりの電子の色々な分布に対する確率を与えるのは，まさにこれらの励起状態なのである．水素分子イオンを詳細に記述しようとすると，これらのほかの基本状態をも考慮にいれることが必要なのである．こういうことをやるには色々なやり方があるが，その方法の一つは，電子の空間的な配置をもっと注意深く記述するような状態について，さらに詳細に考察することである．

電子を発見する確率振幅を，与えられた状況のもとで，どこでもそしてあらゆるところで与えることによって，電子の位置に関して詳細にわたって述べうるより精密な方法について考える準備がもうできたのである．このより完全な理論は，これまでの議論でやってきた近似に対する基礎を与えるものである．ある意味で，われわれのこれまでの基本方程式は，より完全な理論の一種の近似式として導きうるものなのである．

諸君はどういうわけで，より完全な理論からスタートして，話が進むにしたがって近似を行うということをしないのかと，いぶかしく思っているかも知れない．われわれは，諸君が量子力学の基本的なからくりを理解するのには，2状態系の近似からスタートして，それから徐々により完全な理論までやるほうが，別のやり方で問題に接近するよりも，よりやさしいだろうと思ったからである．こういうわけで，われわれの問題への接近の仕方は，諸君が普通の多くの書物でみるやり方と反対の順序になっているようにみえるのである．

この章の主題にはいってゆくにつれて，諸君はこれまでわれわれがいつも従ってきた約束を破っていることに気付くことであろう．これまでは，どんな問題をとりあげたときでも，われわれはつねに多かれ少なかれ，その物理の完全な記述を与えようとしてきた．そして，諸君にその考え方から何が導かれるかということを，できうるかぎり詳しく示そうとした．諸君が，その理論から何が導かれるかを理解できるように，ある特定の問題について詳しく説明するだけではなく，その理論からえられる一般的な結論をも述べておこうとしたのであった．ところがここで，その約束を破ろうとしているのである．ここでは，空間内における確率振幅を調べる方法について述べ，そしてその振幅のみたす微分方程式を示そうというのである．しかし，この理論からえられるたくさんの結果に立ちいって，それについて議論をする時間はもう残っていない．実際，この理論と，これまで利用してきた――例えば水素分子やアンモニア分子に対する――近似的理論との関係について十分に論ずることもできないと思う．こんどだけは，われわれはその仕事を未完成かつ尻切れトンボのままに残さざるをえない．この講義も終わりに近づいている．それで，諸君に量子力学の一般的な考え方の序論を与えることと，これまでに述べてきたことと量子力学の問題に対する別のやり方との関係を示唆することだけで満足せざるをえない．これから述べようとしている方程式の詳しい内容について，自分で勉強したり，またほかの書物を読んで学ぶのに差しつかえのない程度のものの考え方を諸君に与えられれば幸いであると思っている．要するに，何ものかを将来に残さざるをえないのである．

ここでもう一度，電子が一直線上に並んでいる原子に沿って運動するときのやり方で分ったことを復習しておこう．1個の電子が，一つの原子のところから隣りの原子のところに跳び移る振幅をもっているときには，ある決ったエネルギーをもつ状態が存在する．この状態では，電子を発見する確率は進行波の形で格子に沿って分布している．長波長の場合——波数kが小さい値をとる場合——には，その状態のエネルギーは波数の2乗に比例する．格子間隔がbの結晶の場合には，電子が一つの原子から隣りの原子に跳び移る単位時間当りの振幅は$iA/\hbar$であって，その状態のエネルギーは(kbが小さいとき)kと

$$E = Ak^2b^2 \tag{16.1}$$

で関係をしている(**13-3**をみよ)．また，似たようなエネルギーをもつそのような波の群は波束をつくり，それは

$$m_{\text{eff}} = \frac{\hbar^2}{2Ab^2} \tag{16.2}$$

で与えられる質量m_{eff}をもつ古典的な粒子のように行動する．

結晶内における確率振幅の波は粒子のようにふるまうので，一般的な量子力学的記述においても，粒子は格子内におけると同種の波動的な性質を示すことが期待される．いま，一線上に並んでいる格子を考えて，その格子間隔bを小さく小さくしていったとする．すると，その極限では，電子がその線上のあらゆる場所に存在しうる場合を考えていることになる．こうしてわれわれは，確率振幅が連続的に分布している場合に移ることができる．電子を発見する振幅は，その線上のどこにでも存在するわけである．これが，真空中の電子を記述する方法の一つなのである．いいかえると，空間は非常に接近している無限個の点によって番号づけられるものと考えて，ある1点における振幅と，それに隣り合っている点における振幅とを関連させる方程式が求められれば，空間内における電子の量子力学的な運動法則がえられるというわけである．

量子力学の一般原理の一部を思いおこすことから話をはじめることにしよう．量子力学的体系として，色々な状況のもとに存在しうる1個の粒子が存在すると仮定する．任意のある特定の状況に電子を発見することができるとき，その状況のことを一つの“状態”といい，これを状態ベクトル，例えば$|\phi\rangle$で表わす．別の状況にあるときには，それを別の状態ベクトル，例えば$|\psi\rangle$で表わすものとする．そのつぎに，基本状態という考えを導入する．いま，一組の状態$|1\rangle, |2\rangle, |3\rangle$, $|4\rangle$等が存在するものとし，これらは次の性質をもつ．まず第1に，こ

れらの状態はみんな全く別ものである――つまり，それらは直交している．ということは，任意の二つの基本状態 $|i\rangle$ と $|j\rangle$ に対して，電子が状態 $|i\rangle$ にあることが分っているとき，それが状態 $|j\rangle$ に発見される振幅 $\langle i|j\rangle$ は0に等しいということである――もちろんこれは，$|i\rangle$ と $|j\rangle$ とが同一の状態ではないときの話である．このことを記号的に

$$\langle i \,|\, j \rangle = \delta_{ij} \tag{16.3}$$

と表わす．諸君は，i と j とが違っているときには $\delta_{ij}=0$ であり，また i と j とが同じ数のときには $\delta_{ij}=1$ であることを憶えているものと思う．

第2に，基本状態系 $|i\rangle$ は完全系を構成していなければならない．したがって，どんな状態であろうとも，これらの項で記述することができる．すなわち，任意の状態 $|\phi\rangle$ は，その状態 $|\phi\rangle$ にある粒子が状態 $|i\rangle$ に発見される振幅のすべてを与えることによって，完全に記述される．実際，状態ベクトル $|\phi\rangle$ は，基本状態のそれぞれに，状態 $|\phi\rangle$ が状態 $|i\rangle$ にある振幅の係数を掛けたものの和に等しい．すなわち，

$$|\,\phi\,\rangle = \sum_i |\,i\,\rangle \langle\, i \,|\, \phi \,\rangle \tag{16.4}$$

である．

最後に，任意の二つの状態 $|\phi\rangle$ と $|\psi\rangle$ を考えたとき，その状態 $|\psi\rangle$ が状態 $|\phi\rangle$ にある振幅は，まず状態 $|\psi\rangle$ を基本状態系に射影し，それからそのそれぞれの基本状態を状態 $|\phi\rangle$ に射影することによって求めることができる．それを次のように書き表わす．

$$\langle\, \phi \,|\, \psi \,\rangle = \sum_i \langle\, \phi \,|\, i \,\rangle \langle\, i \,|\, \psi \,\rangle. \tag{16.5}$$

ここで和は，もちろん基本状態 $|i\rangle$ の全集合にわたってとらなければならない．

第13章で，電子が一列に並んでいる原子上におかれたときにどうなるかを計算したときには，電子がその線上の原子の一つ，または他の原子のところに局在している状態を基本状態として選んだ．つまり，基本状態 $|n\rangle$ は番号“n”のところの原子に電子が局在する状況を表わしていたのである．（$|i\rangle$ のかわりに $|n\rangle$ を基本状態とよんでも，もちろんかまわない．）しかしこれから少しあとになると，基本状態を，並んでいる原子の番号よりも，むしろ原子の座標 x_n で区別しておいたほうが便利である．状態 $|x_n\rangle$ というのは，状態 $|n\rangle$ のもう一つの別の書き方である．そうすると，一般的な規則によれば，任意の状態，例えば $|\psi\rangle$ は，状態 $|\psi\rangle$ にある電子が状態 $|x_n\rangle$ の一つに存在する振幅を与えることによって記述されることになる．便宜上，これらの振幅

$$C_n = \langle\, x_n \,|\, \psi \,\rangle \tag{16.6}$$

を，このように C_n で表わすことにする．

基本状態は線上の位置に関係しているので，振幅 C_n は座標 x の関数であると考えられ，したがってこれを $C(x_n)$ と書くことにする．この振幅 $C(x_n)$ は一般には時間とともに変化し，したがって t の関数でもある．しかし普通は，この t 依存性をはっきり書くことはしない．

第13章において，振幅 C_n の時間的変化はハミルトニアン方程式(13.3)によって記述されるということを提案した．いまの新しい記法を用いると，この方程式は

$$i\hbar\frac{dC(x_n)}{dt} = E_0C(x_n) - AC(x_n+b) - AC(x_n-b) \quad (16.7)$$

という形で表わされる．右辺の最後の2項は，$(n+1)$番目の原子のところの，または$(n-1)$番目の原子のところの電子が，n番目の原子のところに移る過程を表わしている．

(16.7)の方程式は，ある決った エネルギーの状態に対応する解をもっていて，その解は

$$C(x_n) = e^{-iEt/\hbar}e^{ikx_n} \quad (16.8)$$

という形で与えられた．低エネルギーの状態に対しては波長は大きくて(kは小さい)，そしてそのエネルギーはkと

$$E = (E_0-2A) + Ab^2k^2 \quad (16.9)$$

という関係をもっていた．あるいはエネルギーの原点を，$(E_0-2A)=0$になるように選んでおくと，それは(16.1)で与えられることになる．

ここで波数kの値を一定に保ちながら，格子間隔bを0にもっていったときにはどうなるかを調べてみよう．そのとき，(16.9)の最後の項が0になるというだけのことなら，そこには何の物理も存在しないということになってしまう．しかしここでは，bが0に近づくときに，積Ab^2を一定に保ちながら，Aとbとを一緒に変えるものとする†——そして，(16.2)の関係を利用して，Ab^2を定数$\hbar^2/2m_{\text{eff}}$と書きかえておく．このような状況のもとでは，(16.9)の関係は変化しない．しかしこのとき，微分方程式(16.7)はどういうことになるであろうか．

まず，(16.7)の方程式を次のように書きかえておく．

$$i\hbar\frac{dC(x_n)}{dt} = (E_0-2A)\,C(x_n) + A[2C(x_n) - C(x_n+b) - C(x_n-b)]. \quad (16.10)$$

E_0をいまのように選んでおくと，右辺の第1項は落ちてしまう．次に，それぞれの点x_nで$C(x_n)$に滑らかに一致するような一つの連続関数$C(x)$を考えることができる．間隔bが0に近づくとともに，点x_nはどんどん接近してゆき，($C(x)$の変化をかなり滑らかに保っておけば)上の大括弧のなかの量はちょうど$C(x)$の2次の微係数に比例することになる．このとき——各項をテーラー展開すれば分るように——次の等式が書ける．

$$2C(x) - C(x+b) - C(x-b) \approx -b^2\frac{\partial^2 C(x)}{\partial x^2}. \quad (16.11)$$

そうすると，b^2Aを$\hbar^2/2m_{\text{eff}}$に等しく保ちながら，bを0に近づける極限をとると，(16.7)の方程式は

---

† 点x_nとその隣接点$x_{n\pm1}$とが近づくとともに，$x_{n\pm1}$からx_nにジャンプする振幅Aが増大すると考えればよい．

$$i\hbar\frac{\partial C(x)}{\partial t}=-\frac{\hbar^2}{2m_{\text{eff}}}\frac{\partial^2 C(x)}{\partial x^2} \tag{16.12}$$

となる．つまり，$C(x)$——x 点に電子を発見する振幅——の時間変化の割合が，位置についての2階の微分係数に比例するという形の方程式がえられたわけである．

自由空間内での1個の電子の運動に対する正しい量子力学的な方程式は，最初シュレーディンガーによって発見された．電子が直線上を運動する場合には，そのシュレーディンガーの方程式は，m_{eff} を電子の自由空間における質量 m におきかえさえすれば，(16.12)の方程式と正確に同じ形をもっている．すなわち，自由空間内における直線上の運動に対するシュレーディンガーの方程式は

$$i\hbar\frac{\partial C(x)}{\partial t}=-\frac{\hbar^2}{2m}\frac{\partial^2 C(x)}{\partial x^2} \tag{16.13}$$

で与えられる．

われわれは，とくに諸君にここでやったような考え方でシュレーディンガーの方程式を導かせようという意図をもっているわけではなく，ただその考え方の一つを諸君に示したかっただけのことである．シュレーディンガーが最初にその方程式を書きくだしたときには，ある発見的な議論と，ある素晴しい直観的な推察にもとづいて，ある種の導き方を与えた．彼が用いた議論の一部は間違ってさえいたのであるが，しかしそんなことは問題ではない．ただ重要なことは，その最終的にえられた方程式が，自然を正しく記述しているということである．したがって，うえのわれわれの議論の目的は，単に，量子力学の正しい基礎方程式が，一線上に並んでいる原子に沿って運動する電子の極限の場合にえられる方程式と同じ形をもっていることを示したかっただけのことである．この事実は，(16.13)の微分方程式を，直線に沿って1点から次の点に移動する確率振幅の拡散を記述するものであると解釈することができることを意味している．すなわち，1個の電子がある1点に存在する振幅をもつとき，その電子は少し後では，隣接点に存在する振幅をもっているのである．事実，この方程式は第II巻で利用した拡散方程式によく似た形をしている．しかし，一つ重要な相違点がある．それは，時間微分の前にある虚数係数の存在である．そしてそれが，細い管に沿って拡ってゆく気体の場合におきるような通常の拡散とは完全に違ったふるまいをつくり出すのである．通常の拡散の場合には，実数の指数関数で表わされる解を与えるのであるが，(6.13)の解は複素数の波動を表わしている．

16-2　波動関数

ものごとがどうなっていくかということに関して，ある考え方がえられたからには，一つの線上での電子の運動を記述する問題を，格子上の原子に関連した状態を考えることなく，最初にもどって調べることにしよう．はじめにもどって空間内の自由粒子の運動を記述しよう

とするに当って，どのような考え方をする必要があるかをみることにしよう．いまは一つの連続体に沿って運動する1個の粒子のふるまいに興味をもっているのであるから，無限個の可能な状態を扱うことになるわけである．そして後で分るように，有限個の状態を扱うために展開してきたこれまでの考え方は，いまの場合には部分的に技術的な変更を必要とすることになる．

まずはじめに，状態ベクトル $|x\rangle$ というものは，1個の粒子が正確に座標値 x の場所に位置している状態を表わしているものとする．線に沿うすべての x の値に対して——例えば，1.73 または 9.67，あるいは 10.00 という値に対して——それに対応する状態が存在する．われわれはこれらの状態 $|x\rangle$ を基本状態として採用する．すると，直線上のすべての点を含めれば，1次元の運動に対する完全系をもつことになるわけである．ここで，別の種類の状態，例えば $|\psi\rangle$ という状態があるとする．この状態では，電子はその線に沿ってある分布をしているものとする．この状態を記述する方法の一つは，電子がそれぞれの基本状態 $|x\rangle$ に発見される振幅のすべてを与えることである．このとき振幅の無限個の組，つまり x のそれぞれの値に対して1個の振幅を与えなければならない．これらの振幅を $\langle x|\psi\rangle$ と書くことにする．これらの振幅のそれぞれは一つの複素数であって，そして x のそれぞれの値に対して1個の複素数が対応するのであるから，実は振幅 $\langle x|\psi\rangle$ は x の関数にほかならない．いまそれを $C(x)$ と書くことにする．すなわち

$$C(x) \equiv \langle x \,|\, \psi \rangle. \tag{16.14}$$

すでに第7章において，時間による振幅の変動について話したとき，座標とともに連続的に変化するようなその種の振幅を考えたことがある．そこでは例えば，ある決った運動量をもつ粒子の振幅は，空間的にある特殊な変化の仕方をすることが期待されることを示したのであった．1個の粒子がある決った運動量と，それに対応するエネルギー E をもっているとき，任意の位置 x にそれを発見する振幅は

$$\langle x \,|\, \psi \rangle = C(x) \propto e^{ipx/\hbar} \tag{16.15}$$

のようなものである．この式は，空間内の異なる位置に対応する基本状態を，もう一つの別の基本状態系——特定の運動量をもつすべての状態——に結びつける量子力学における一つの重要な一般原理を表わしている．一定の運動量をもつ状態はある種の問題に対しては，x にある状態よりも便利なことがしばしばある．もちろんどっちの基本状態の組も，量子力学的な状況を記述するのに等しく許されるものである．あとでまた，これらの間の関係の問題にかえることがある．しかし差し当っては，状態 $|x\rangle$ を用いた記述に関する議論を続けることにする．

さきに進むまえに，ここで記法を少し変えるが，そうしても余り混同をおこさなければ幸いである．(16.14)で定義された関数 $C(x)$ の形は，もちろんいま考えている特定の状態 $|\psi\rangle$ に依存している．このこ

とを，何らかの方法で表示しておくべきであろう．例えば，いま話している関数 $C(x)$ がどの状態に対応するものかを，添字によって，例えば $C_\phi(x)$ のようにして示すこともできる．これは，完全に満足すべき記法ではあるけれども，これではちょっとばかりわずらわしくもあり，またこんな記号を用いた書物はほとんどない．大部分の人は，単に C という文字を省略してしまって，記号 ϕ を用いて，関数

$$\phi(x) \equiv C_\phi(x) = \langle x \,|\, \phi \rangle \tag{16.16}$$

を定義するのである．これは世界中の人がみんな使っている記法なので，どこかでこれに出会ったときにびっくりしないように，諸君もこの記法に慣れていたほうがよい．しかしここでは，ϕ に対して二つの別の使い方をしていることに注意されたい．(16.14)では，ϕ は電子のある特定の物理的状態に与えた標識を示すものであった．一方，(16.16)の左辺では，記号 ϕ は線上の各点に配置された振幅であり，x の数学的な関数を定義するのに利用されている．諸君が一度この考え方に慣れてしまえば，余り混同をしないのではないかと思う．なお，この関数 $\phi(x)$ は，普通"波動関数"とよばれている――なぜなら，この関数はその変数に関して複素数の波の形をもっていることが多いからである．

状態 ϕ にある電子が，位置 x に発見される振幅として $\phi(x)$ を定義したのであるから，ϕ の絶対値の2乗をもって，電子を場所 x に発見する確率であると解釈したくなる．ところが不幸なことに，1個の粒子を正確にある特定の点に発見する確率はゼロなのである．一般に電子は，線上のある領域のなかに拡っている．そして，線上のどんな小さな断片のなかにも無限個の点が存在しているのであるから，それらの点のうちのどの1点に存在する確率も有限の値をとることはできない．1個の電子を発見する確率は**確率分布**[†] を用いることによってのみ記述することができる．この確率分布というのは，その線に沿う色々な近似的な位置に電子を発見する**相対**確率を与えるものである．いま $P(x, \Delta x)$ は，電子を x のあたりに位置する小さい間隔 Δx 内に電子を発見するチャンスを表わすものであるとする．任意の物理的状況のもとで，その間隔 Δx を十分に小さくとったときに，その確率は場所とともに滑らかに変化するものと考えられる．そして，任意の小さい有限の線分 Δx 内に電子を発見する確率は，Δx に比例すると考えられる．そこでこのことを考慮することにより，確率の定義を次のように変更することができる．

振幅 $\langle x|\phi\rangle$ は，ある小さな領域内のすべての基本状態 $|x\rangle$ に対する一種の"**振幅密度**"を表わすものと考えられる．x における小さな間隔のなかに電子を発見する確率は，その幅 Δx に比例するはずであるから，次の関係が成立するように $\langle x|\phi\rangle$ を定義することにする．すなわち，

† 確率分布に関する議論に関しては第I巻**6-4**をみよ．

$$P(x, \Delta x) = |\langle x \mid \psi \rangle|^2 \Delta x.$$

したがって振幅 $\langle x|\psi\rangle$ は，状態 ψ にある電子が基本状態 x に発見される振幅に比例し，その比例定数は振幅 $\langle x|\psi\rangle$ の絶対値の 2 乗が，任意の小さい領域内に電子を発見する**確率密度**を与えるように選ばれるわけである．同じことであるが，

$$P(x, \Delta x) = |\psi(x)|^2 \Delta x \tag{16.17}$$

と書くこともできる．

ここで，これまでの式の一部を，確率振幅のこの新しい定義と矛盾しないように変更しておく必要がある．電子が状態 $|\psi\rangle$ にあるとしたとき，それを電子が別の形で拡っている状況に対応する状態 $|\phi\rangle$ に発見する振幅を求める．有限個の離散的な状態の組について話しているときには，(16.5)の式を利用してきた．つまり，振幅の定義を変更するまえには

$$\langle \phi \mid \psi \rangle = \sum_{\text{all } x} \langle \phi \mid x \rangle \langle x \mid \psi \rangle \tag{16.18}$$

と書いてきたわけである．いま(16.18)の右辺の二つの振幅を上のやり方と同じように規格化しておくと，小さな x の領域内に存在するすべての状態の和をとるということは Δx を掛けることと同じことである．したがって，x のすべての値に関する和は一つの積分になるわけである．このように変更された定義を用いると，その正しい形は

$$\langle \phi \mid \psi \rangle = \int_{\text{all } x} \langle \phi \mid x \rangle \langle x \mid \psi \rangle \, dx \tag{16.19}$$

と表わされるということになる．

振幅 $\langle x|\psi\rangle$ をいま $\psi(x)$ とよんでいるのであるから，振幅 $\langle x|\phi\rangle$ もまた同様に $\phi(x)$ と書くことにする．$\langle \phi|x\rangle$ は $\langle x|\phi\rangle$ の複素共役であることを思いおこすと，(16.19)は

$$\langle \phi \mid \psi \rangle = \int \phi^*(x) \psi(x) \, dx \tag{16.20}$$

と書くことができる．このように，新しい定義を使ったときには，和の記号をいつでも x 上の積分におきかえさえすれば，すべてが前と全く同じ形の式で表わされるのである．

ここでこれまで述べてきたことに関して，制限を一つ与えておかなければならない．いかなる基本状態系であっても，それがいま考えている体系を適切に記述するためには，それらが完全系を構成していなければならない．1 次元の電子の場合には，本当は状態を $|x\rangle$ で指定しただけでは十分ではないのである．なぜなら，それらの状態のそれぞれに対して，電子は上向きかまたは下向きのスピンをもちうるからである．この場合，完全系をうる方法の一つは，x の状態を 2 組とることである．その一つの組は上向きのスピンに対応する状態であり，もう一つは下向きのスピンに対応する状態である．しかし当分は，そんな面倒なことは考えないことにする．

16-3　一定の運動量をもつ状態

1個の電子が確率振幅 $\langle x|\psi\rangle=\psi(x)$ で記述される状態 $|\psi\rangle$ にあるものとする．この状態は，電子が一つの線に沿ってある分布をもって拡っている状態を表わしていて，したがってすでに知っているように，その電子を x のところの微小間隔 dx のなかに発見する確率は

$$P(x,dx)=|\psi(x)|^2dx$$

で与えられる．この状態にある電子の運動量については，どんなことがいえるであろうか．あるいは，この電子が運動量 p をもつ確率はどれだけであろうか．この問題を解決するため，状態 $|\psi\rangle$ がもう一つの別の状態 $|p\rangle$ にある振幅を求めることから話をはじめることにしよう．ここで状態 $|p\rangle$ とは，一定の決った運動量 p をもつ状態として定義されるものである．この振幅を求めるには，振幅の分解に関する基本的関係(16.19)を用いればよい．(16.19)で $|\psi\rangle$ に対して状態 $|p\rangle$ をもってくると，

$$\langle p\,|\,\psi\,\rangle=\int_{x=-\infty}^{+\infty}\langle\,p\,|\,x\,\rangle\langle\,x\,|\,\psi\,\rangle\,dx \qquad (16.21)$$

となる．この電子が運動量 p をもつ状態に発見される確率は，この振幅の絶対値の2乗によって与えられる．しかしこのときもまた，振幅の規格化に関してちょっとした問題が出てくることになる．一般に，運動量 p のまわりの小領域 dp 内の運動量をもつ電子を発見する確率だけが意味をもっている．運動量が正確にある値 p をもっているような確率は，(状態 $|\psi\rangle$ がたまたまある決った運動量の状態にあるのでなければ) 0でなければならない．その運動量を，運動量 p のところの微小領域 dp 内に発見する確率だけが有限の値をもっているのである．その規格化を調節する方法は色々ある．ここではそれらのうち，いまは諸君にとってその理由ははっきりしないかも知れないが，もっとも便利と考えられるものを選ぶことにする．

すなわちここでは，確率が振幅と

$$P(p,dp)=|\langle\,p\,|\,\psi\,\rangle|^2\frac{dp}{2\pi\hbar} \qquad (16.22)$$

の形で関係しているように規格化を選んでおくことにする．こう定義しておけば，振幅 $\langle p|x\rangle$ の規格化も決定してしまう．振幅 $\langle p|x\rangle$ は，もちろん $\langle x|p\rangle$ の複素共役である．これは(16.15)に書いたものにほかならない．規格化を上のように選んでおくと，指数関数の前の比例定数はちょうど1となる．すなわち

$$\langle\,p\,|\,x\,\rangle=\langle\,x\,|\,p\,\rangle^*=e^{-ipx/\hbar} \qquad (16.23)$$

である．このとき(16.21)は，次のように書くことができる．

$$\langle\,p\,|\,\psi\,\rangle=\int_{-\infty}^{+\infty}e^{-ipx/\hbar}\langle\,x\,|\,\psi\,\rangle\,dx. \qquad (16.24)$$

この式と(16.22)とを用いれば，任意の状態 $|\psi\rangle$ に対する運動量分布を求めることができる．

ここで特殊な例を一つあげておくことにしよう——例えば，電子が

$x=0$ のまわりのある領域にわたって拡っている場合を調べてみようというのである．いまの場合，波動関数は次の形をもっているものと仮定する．すなわち，

$$\psi(x) = Ke^{-x^2/4\sigma^2}. \tag{16.25}$$

この波動関数に対する x に関する確率分布は，その絶対値の 2 乗

$$P(x, dx) = P(x)dx = K^2e^{-x^2/2\sigma^2}dx \tag{16.26}$$

で与えられる．この確率密度の関数 $P(x)$ は，図 16-1 に示されているようなガウス曲線である．その確率の大部分は，$x=+\sigma$ と $x=-\sigma$ の間に集中している．このことを，この曲線の“半値幅”が σ であるという．(もっと正確にいうと，σ は，この分布にしたがっている何ものかに対する，座標 x の 2 乗平均の平方根に等しいということである．) 普通，定数 K としては，確率密度 $P(x)$ が電子を x における単位長さ当りに発見する確率に**比例する**だけではなくて，$P(x)\Delta x$ が x の近くの Δx 内に電子を発見する確率に等しくなるように選ぶ．このような定数 K は，$\int_{-\infty}^{\infty} P(x)dx=1$ を要求することによって決定される．なぜなら，電子がどこかに発見される全確率は 1 に等しくなければならないからである．いまの場合には，$K=(2\pi\sigma^2)^{-1/4}$ となる．［ここで $\int_{-\infty}^{\infty} e^{-t^2}dt=\sqrt{\pi}$ を用いた．第 I 巻 **6-4** をみよ．］

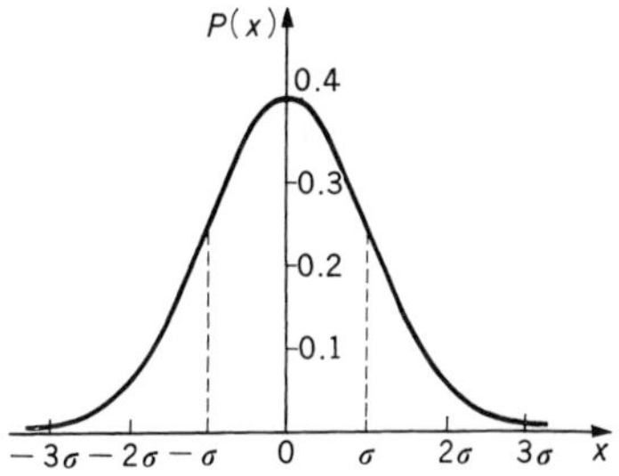

図 16-1 (16.25)の波動関数に対する確率密度

さて，運動量の分布を求めることにしよう．$\phi(p)$ を運動量 p をもつ電子を発見する振幅であるとする．つまり，

$$\phi(p) \equiv \langle p | \psi \rangle \tag{16.27}$$

である．(16.25) を (16.24) に代入すると，

$$\phi(p) = \int_{-\infty}^{\infty} e^{-ipx/\hbar} Ke^{-x^2/4\sigma^2}dx \tag{16.28}$$

をうる．また，この積分は次のように書きかえることもできる．

$$Ke^{-p^2\sigma^2/\hbar^2} \int_{-\infty}^{\infty} e^{-(\sigma^2/4)(x+2ip\sigma^2/\hbar)^2}dx. \tag{16.29}$$

ここで変数の置き換え，$u=x+2ip\sigma^2/\hbar$ をすると，積分は

$$\int_{-\infty}^{\infty} e^{-u^2/4\sigma^2}du = 2\sigma\sqrt{\pi} \tag{16.30}$$

となる．(おそらく数学者は，ここでやったようなやり方に反対するだろうが，それにもかかわらず，えられた結果は正しい．) これより

$$\phi(p) = (8\pi\sigma^2)^{1/4}e^{-p^2\sigma^2/\hbar^2} \tag{16.31}$$

をうる．

p に関する振幅を表わす関数は，x に関する振幅の関数と，ガウス関数の幅が違っているだけで，あとは全く同じ形をもつというおもしろい結果がえられたわけである．この表式を次のように書くこともできる．

$$\phi(p) = \left(\frac{\eta^2}{2n\hbar^2}\right)^{-1/4} e^{-p^2/4\eta^2}. \tag{16.32}$$

ここで p の分布関数の半値幅 η は，x の分布の半値幅 σ と

$$\eta = \frac{\hbar}{2\sigma} \tag{16.33}$$

の関係をもっている．

この結果から次のことがいえる．すなわち，σ の値を小さくすることによって x の分布の幅を小さくすると，η の値は大きくなり，したがって p の分布は非常に拡ってしまうということである．あるいは逆に，p の分布の幅が狭いときには，それには x の拡った分布が対応している．したがって η と σ とは，いま調べている状態にある電子の運動量の範囲と位置の範囲の不確定さの目安を与えるものであると考えることができよう．それらをそれぞれ，Δp および Δx と書くと，(16.33)は

$$\Delta p \Delta x = \hbar/2 \tag{16.34}$$

となる．

実におもしろいことに，x または p の分布としてどんな形をとっても，その積 $\Delta p \Delta x$ の値をここで求めた値よりも小さくすることはできないことが証明できる．ガウス分布は，2 乗平均の平方根の幅の積を最小にする．一般の場合には

$$\Delta p \Delta x \geq \hbar/2 \tag{16.35}$$

となる．これは，ハイゼンベルグの不確定性原理の定量的な表現を与えるものであって，定性的にはこれまで何度も議論してきたものである．しかし普通は，積 $\Delta p \Delta x$ の最小値は $\hbar$ と同程度の大きさの値であるという近似的な言い方をする．

16-4　x の状態の規格化

連続的な基本ベクトルを扱うときには，色々な基本方程式をいくらか変更する必要がある．そこでここではそれに関する議論に話をもどそう．有限個の離散的な状態の場合，基本状態の組のみたすべき基本的条件の一つは

$$\langle i | j \rangle = \delta_{ij} \tag{16.36}$$

である．つまり，1 個の粒子がある基本状態にあるときには，それが別の基本状態に存在する振幅は 0 である．また，規格化を適当に選ぶことによって，振幅 $\langle i|i \rangle$ が 1 になるようにすることができるということである．この二つの条件をまとめて表わしたのが(16.36)である．ここでは，線上の粒子の基本状態 $|x\rangle$ を用いたとき，この関係をどのように変更しなければならないかについて調べることにする．粒子が基本状態 $|x\rangle$ のうちの一つにあることが分っているとき，それが別の基本状態 $|x'\rangle$ に存在する振幅はどうなるであろうか．x と x' とが線上の二つの別の違う場所にあるときには，振幅 $\langle x|x' \rangle$ は確かに 0 である．したがってそれは，(16.36)と矛盾しない．しかし前と同様に規格化の問題があるので，x と x' とが等しいときには，振幅 $\langle x|x' \rangle$ は 1 ではないであろうと考えられる．そこでこの点をどのように修正したらよいかを調べるために，(16.19)に返って，その関係式を状態 $|\phi\rangle$ が基本状態 $|x'\rangle$ になっている特別の場合に適用してみることにする．このとき，

$$\langle x' \mid \psi \rangle = \int \langle x' \mid x \rangle \psi(x) dx \qquad (16.37)$$

をうる．ここで振幅$\langle x|\psi\rangle$は関数$\psi(x)$にほかならないことを用いた．同様に左辺の振幅$\langle x'|\psi\rangle$も，変数x'に関する同じ関数，つまり$\psi(x')$である．なぜなら，これも同一の状態ψに関するものだからである．したがって(16.37)は

$$\psi(x') = \int \langle x' \mid x \rangle \psi(x) dx \qquad (16.38)$$

と書き直すことができる．この式は任意の状態ψに対して成立していなければならない．したがってまた，任意の関数$\psi(x)$に対して成立していなければならない．この要請は，振幅$\langle x|x'\rangle$の性質を完全に決定するものである．——もちろんこれは，xとx'とに依存する一つの関数である．

したがってわれわれの問題は，$\psi(x)$を掛けて，すべてのxにわたって積分したとき，$\psi(x')$そのものがえられるような一つの関数$f(x, x')$を求めることである．こんな関数は，数学的には存在しないことが分っている．少なくとも通常の意味で“関数”といわれるものには，そのようなものは存在しない．

いまx'として特別な数0をとり，振幅$\langle 0|x\rangle$をxの関数，例えば$f(x)$であるとする．このとき(16.38)は

$$\psi(0) = \int f(x) \psi(x) dx \qquad (16.39)$$

となる．この関係をみたしうる関数$f(x)$とはどんな種類の関数であろうか．積分の値は，$\psi(x)$が0以外のxの値に対してとる値に依存してはならないのであるから，$f(x)$は明らかに0を除くxのすべての値に対して0でなければならない．といって，$f(x)$があらゆる場所で0ならば，積分の値もまた0になってしまって，(16.39)の関係はみたされない．したがって，1点を除くすべての点で0であって，しかもその積分が有限になるような関数がほしいわけである．しかし，そんなことは不可能である．こんな関数をみつけることは不可能なので，これを避けて逃げるもっとも容易な方法は，関数$f(x)$は(16.39)によって**定義**されると**する**ことである．すなわち，$f(x)$という関数は(16.39)が成立するような関数であるとするのである．こういう性質をもつ関数は，最初ディラックによって発明されたので，彼の名前がついている．これを$\delta(x)$と書く．われわれがいっているのは，関数$\delta(x)$が次のような奇妙な性質をもつということだけである．すなわち，その関数を(16.39)の$f(x)$に代入すると，積分によって，xが0のとき$\psi(x)$のとる値だけが取り出される．しかもその積分の値は，0以外のxのすべての値に対する$\psi(x)$の関数形に無関係でなければならないから，関数$\delta(x)$は$x=0$を除くあらゆる場所で0であるということになる．以上の話をまとめると，

$$\langle 0 \mid x \rangle = \delta(x) \qquad (16.40)$$

と書いたとき，この $\delta(x)$ は

$$\psi(0) = \int \delta(x)\psi(x)\,dx \tag{16.41}$$

によって定義される．ここで，(16.41)の関数 ψ として，たまたま特別な関数“1”を採用したらどうなるかに注目してみよう．このときには

$$1 = \int \delta(x)\,dx \tag{16.42}$$

という結果をうる．すなわち，関数 $\delta(x)$ は $x=0$ 以外のあらゆるところで0なのであるが，その積分値は有限であって1に等しいという性質をもっている．つまりこの関数 $\delta(x)$ というのは，1点で無限大であって，その全面積が1に等しくなっているような想像上の関数なのである．

ディラックのデルタ関数というものがどんなものであるかを想像する方法の一つは，図16-2にスケッチしてあるように，つねに面積を単位の大きさに保ちながら，その幅を狭く狭くしてゆき，それに伴ってその高さを高く高くしてゆく一連の長方形の——あるいは何でも諸君の好きなとんがった——関数を考えることである．この関数の $-\infty$ から $+\infty$ までの積分の値はつねに1である．この関数に任意の関数 $\psi(x)$ を掛けて，その積の積分をすると，近似的にその関数の $x=0$ における値をうる．そしてこの近似は，長方形の幅を狭くすればするほどますますよくなってゆく．そのほうがよければ，このデルタ関数をこの種の極限過程によって想像することも可能である．しかしただ重要なことは，デルタ関数はあらゆる可能な関数 $\psi(x)$ に対して(16.41)の関係が成立するように定義されているということである．この関係が，デルタ関数を一義的に定義している．この性質こそ，上に述べてきたことのすべてなのである．

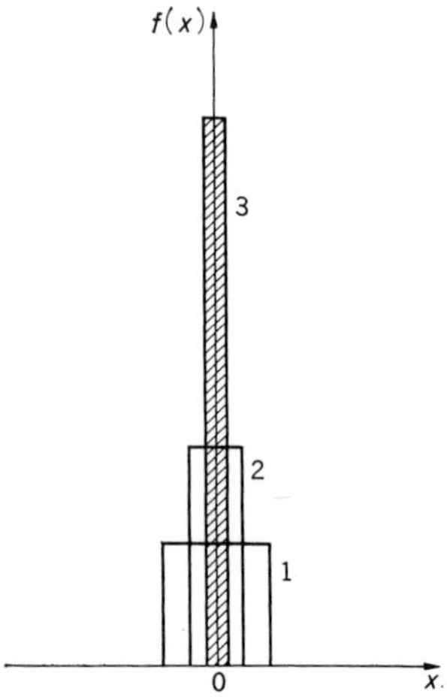

図16-2　一組の関数があって，それらの面積はみんな単位面積になっている．そしてその幅を狭くするほど $\delta(x)$ に似てくる

デルタ関数の変数を x から $x-x'$ に変換すると，この場合の関係は

$$\delta(x-x') = 0, \quad x' \neq x, \qquad \int \delta(x-x')\psi(x)\,dx = \psi(x') \tag{16.43}$$

となる．(16.38)の振幅に対して $\delta(x-x')$ を用いると，この関係式はみたされている．したがってわれわれのえた結果は，x の基本状態の場合，(16.36)に対応する条件は

$$\langle x' \mid x \rangle = \delta(x-x') \tag{16.44}$$

であるということになる．

こうしていまや，一つの線に沿う点に対応する連続的な基本状態を扱う場合に，基本的関係式をどう変更したらよいかという問題が完全に解けたわけである．これを3次元の場合に拡張するのはほとんど自明のことであろう．すなわち，そのときは，座標 x をベクトル $\boldsymbol{r}$ におきかえればよい．このとき，x 上の積分は x, y および z 上の積分におきかえられる．つまり，積分は体積積分になるわけである．最後に，

1次元的なデルタ関数を，3個のデルタ関数，xに関するもの，yに関するもの，それからzに関するものの積，$\delta(x-x')\delta(y-y')\delta(z-z')$におきかえなければならない．すべてをまとめると，3次元における粒子の振幅に対して，次の1組の関係式がえられる．

$$\langle\phi\,|\,\psi\rangle=\int\langle\phi\,|\,\boldsymbol{r}\rangle\langle\boldsymbol{r}\,|\,\psi\rangle\,dV, \tag{16.45}$$

$$\begin{aligned}\langle\boldsymbol{r}\,|\,\psi\rangle&=\psi(\boldsymbol{r}),\\ \langle\boldsymbol{r}\,|\,\phi\rangle&=\phi(\boldsymbol{r}),\end{aligned} \tag{16.46}$$

$$\langle\phi\,|\,\psi\rangle=\int\phi^*(\boldsymbol{r})\psi(\boldsymbol{r})\,dV, \tag{16.47}$$

$$\langle\boldsymbol{r}'\,|\,\boldsymbol{r}\rangle=\delta(x-x')\delta(y-y')\delta(z-z'). \tag{16.48}$$

粒子の数が1個以上の場合にはどうなるであろうか．そこでこれから，2粒子を扱う方法について述べることにする．それをやれば，粒子の数がもっと多い場合の扱い方はすぐに分るわけである．いま粒子が2個あって，それらを1番目の粒子，2番目の粒子ということにする．その基本状態としては，何を利用することになるであろうか．その一つのやり方は，粒子1がx_1にあり，粒子2がx_2にあるということを指定する方法であり，これで完全かつ正しい基本状態の組をうることができる．そこでこれを$|x_1, x_2\rangle$と書くことにする．ここで注意すべきことは，この場合**1個の粒子の位置**を指定しただけでは，基本状態が**定義されていない**ということである．それぞれの基本状態は，体系全体の状況を定義しているものでなければならない．しかしだからといって，各粒子が3次元的な波動として独立に運動していると考えてはならない．任意の物理的状態$|\psi\rangle$は，2個の粒子をx_1とx_2に発見する振幅の全体$\langle x_1, x_2|\psi\rangle$を与えることによって定義することができる．したがって，この一般化された振幅は**2**組の座標x_1およびx_2の関数である．このような関数は，3次元の空間内で変動する振動という意味での波動を表わすものではない．またそれは一般には，それぞれの粒子の二つの独立な波動の単なる積でもない．それは一般には，x_1とx_2によって定義される6次元空間内におけるある種の波動になっている．自然界に存在する2個の粒子が相互作用をしているとき，2個の粒子のうちの一つの粒子の波動関数だけを書き出しても，その粒子がどうなるかを知る方法はない．ずっと前の章で考えた有名なパラドックス——すなわち，一つの粒子を測定することによって，もう一つの粒子がどうなるかがいえるはずであると主張したり，あるいは干渉がこわされると考えたりしたこと——は，人々にあらゆる種類の混乱をもたらしたのであったが，これは，両方の粒子の座標に関する正しい波動関数を考えずに，1個の粒子の波動関数だけを考えようとしたためにおきたことなのである．つまり，両方の粒子の座標の関数を用いることによって，はじめて完全な記述をすることができるのである．

16-5　シュレーディンガーの方程式

これまでは，空間内のあらゆる場所に電子が存在しうるような状態を記述する方法について考察してきた．そこでこんどは，色々な状況でおこりうる物理を，われわれの理論のなかに取りいれることを考える必要がある．つまり，前と同様に，状態が時間的に変化するとき，それがどのように変化するかを考える必要があるというわけである．ある状態 $|\psi\rangle$ が，それからいくらか時間が経ったあとで別の状態 $|\psi'\rangle$ に移るときには，波動関数——すなわち振幅 $\langle\boldsymbol{r}|\psi\rangle$ ——が座標だけではなく，時間の関数でもあるとすることによって，あらゆる時刻における物理的状況を記述することができるようになる．この場合，与えられた状況のもとにある粒子を記述するには，時間的に変化する波動関数 $\psi(\boldsymbol{r},t)=\psi(x,y,z,t)$ を与えればよい．この時間的に変化する波動関数は，時間の経過とともに次々におきる状態の変化を記述している．状態 $|\psi\rangle$ の基本状態 $|\boldsymbol{r}\rangle$ への射影，つまりこのいわゆる“座標表示”というものは，必ずしもいつ使っても一番便利なものであるというわけではないが，ともかくまずこれから考えることにしよう．

第 8 章で，状態が時間とともにどう変わるかを，ハミルトニアン H_{ij} を用いて記述した．つまり，振幅の時間的変化は，行列方程式

$$i\hbar\frac{dC_i}{dt}=\sum_j H_{ij}C_j \qquad (16.49)$$

によって与えられた．この方程式は各振幅 C_i の時間的変化が，係数 H_{ij} をもって，他のすべての振幅に比例するといっているわけである．

さて，連続的な基本状態を用いたときには，(16.49)の方程式はどんなものになると考えられるであろうか．それを知るにはまず(16.49)が次のような形にも書けることを思い出そう．すなわち，

$$i\hbar\frac{d}{dt}\langle i\,|\,\psi\,\rangle=\sum_i\langle i\,|\hat{H}|\,j\,\rangle\langle\,j\,|\,\psi\,\rangle.$$

こう書いておけば，やるべきことは明らかであろう．x 表示では

$$i\hbar\frac{d}{dt}\langle\,x\,|\,\psi\,\rangle=\int\langle\,x\,|\hat{H}|\,x'\,\rangle\langle\,x'\,|\,\psi\,\rangle\,dx' \qquad (16.50)$$

となることが期待される．つまり，基本状態 $|j\rangle$ 上の和は x' 上の積分におき換えられるわけである．$\langle x|\hat{H}|x'\rangle$ は x と x' との関数になっているはずであるから，これを $H(x,x')$ と書くことができる——なおこれは，(16.49)の H_{ij} に対応するものである．そうすると，(16.50)は

$$i\hbar\frac{d}{dt}\psi(x)=\int H(x,x')\,\psi(x')\,dx' \qquad (16.51)$$

と同じものである．ここで

$$H(x,x')\equiv\langle\,x\,|\hat{H}|\,x'\,\rangle$$

である．(16.51)によれば，x における ψ の時間変化の割合は，他のすべての点 x' における ψ の値に依存するということになる．$H(x,x')$ という因子は，電子が x' から x に跳び移る単位時間当りの振幅を表わしている．**ところが，自然界においては，この振幅が x に極めて近い**

点 x' 以外においてはゼロになっていることが分るのである．このことは——この章のはじめの原子の鎖の例の(16.12)でみたように——(16.51)の右辺は，ψ およびその x に関する微分，つまり x 点における量だけで完全に表わすことができることを意味している．

何の力も作用せず，何の攪乱もなく，空間内を粒子が自由に運動している場合には，その正しい物理法則は

$$\int H(x, x')\,\psi(x')\,dx' = -\frac{\hbar^2}{2m}\frac{d^2}{dx^2}\psi(x)$$

である．どこからこれがえられたのか．どこからでもない．これを諸君の知っていることから導き出すことは不可能である．これはシュレーディンガーの精神から生まれたものである．現実の世界における実験事実を理解しようとする彼の苦闘のなかから発明されたのである．おそらく諸君は，結晶中の電子の伝播を調べることによって，(16.12)を導いたことを考えれば，なぜこういうことになるかに関する手掛りをうることができると思う．

もちろん，自由粒子の場合は余りおもしろくない．粒子に力が作用したときにはどうなるであろうか．そう．粒子に作用する力がスカラー・ポテンシャル $V(x)$ で記述できるような場合には——ということは，われわれはいま電気的な力を考えていて，磁場による力を考えているのではないということを意味している——また，相対論的な運動による複雑さを無視できるような低エネルギーの場合に話を限れば，そのときには，現実の世界に適合するハミルトニアンは

$$\int H(x, x')\,\psi(x')\,dx' = -\frac{\hbar^2}{2m}\frac{d^2}{dx^2}\psi(x) + V(x)\,\psi(x) \quad (16.52)$$

で与えられる．この場合にもまた，結晶内の電子の運動にもどって——結晶を横断するような電場が作用している場合のように——電子のエネルギーが，1個の原子の位置から他の位置に移るにしたがってゆっくりと変化している場合に，方程式をどのように変更する必要があったかを考えれば，この方程式がえられる理由についてある程度の手掛りをうることができよう．このとき(16.7)の E_0 の項は，位置とともにゆっくり変化し，(16.52)に追加した新しい項は，これに対応しているのである．

［諸君は，どういうわけで振幅 $H(x, x') = \langle x|\hat{H}|x'\rangle$ に対する正確な関数を与えずに，いきなり(16.51)から(16.52)に移ったのだろうと不思議に思っているかも知れない．それは，$H(x, x')$ が余り見慣れない変な関数でしか書けないからであり，一方，(16.51)の右辺の積分したもの全体は，諸君のよく慣れているものになるからである．諸君が物好きでどうしても知りたいというのなら，$H(x, x')$ を次のように書くことはできる．すなわち

$$H(x, x') = -\frac{\hbar^2}{2m}\delta''(x-x') + V(x)\,\delta(x-x').$$

ここで δ'' はデルタ関数の2階微分を意味するものである．このかな

り奇妙な関数も，もう少し便利な形の代数的微分演算子におき換えることができる．すなわち，

$$H(x, x') = \left\{-\frac{\hbar^2}{2m}\frac{d^2}{dx^2}+V(x)\right\}\delta(x-x')$$

で，これは上と全く同じものである．われわれはこれらの形を用いずに，これからも(16.52)の形を直接用いて計算をする．]

(16.50)の右辺の積分に対して，(16.52)にえた表式を利用すると，振幅 $\psi(x)=\langle x|\psi\rangle$ のみたす微分方程式として，

$$i\hbar\frac{\partial\psi}{\partial t} = -\frac{\hbar^2}{2m}\frac{\partial^2}{\partial x^2}\psi(x)+V(x)\psi(x) \qquad (16.53)$$

をうることになる．

3次元の運動に興味をもっているときに，(16.53)のかわりに用いるべき方程式の形は明らかであろう．ただ，d^2/dx^2 を

$$\nabla^2 = \frac{\partial^2}{\partial x^2}+\frac{\partial^2}{\partial y^2}+\frac{\partial^2}{\partial z^2}$$

でおきかえさえすればよい．また $V(x)$ は，$V(x, y, z)$ でおきかえられるわけである．ポテンシャル $V(x, y, z)$ のなかで運動する電子の振幅 $\psi(x, y, z)$ は，微分方程式

$$i\hbar\frac{\partial\psi}{\partial t} = -\frac{\hbar^2}{2m}\nabla^2\psi+V\psi \qquad (16.54)$$

にしたがう．この方程式はシュレーディンガーの方程式とよばれ，それまでに知られていた最初の量子力学的方程式であった．この方程式は，この書物で述べてきた他のどの量子力学的な方程式の発見よりも以前に，シュレーディンガーによって書きおろされたものである．

われわれは，普通とは全く異なる道筋をたどって問題を考察してきた．物質の量子力学的記述の誕生をしるす偉大な歴史的瞬間は，1926年にシュレーディンガーがはじめてこの方程式を書きくだしたときに訪れたのであった．長い間，物質内部の原子構造は偉大なる神秘であった．何が物質を固まらせているのか，なぜ化学結合というものが存在するのか，そしてとくに，どうして原子は安定でありうるのかを，だれも理解することができなかった．ボーアは，原子から放出される光のスペクトルの観測事実を説明するような水素原子内の電子の内部運動を記述することに成功したけれども，電子がそのような運動をする理由は，やはりそのままミステリーとして残されていた．原子的なスケールでの電子の運動を記述する正しい方程式がシュレーディンガーによって発見されたことによって，原子的な現象を定量的に，正確にかつ詳細にわたって計算することのできる理論がえられたのである．原理的には，このシュレーディンガーの方程式を用いることによって，磁性および相対論を含む現象を除く，すべての原子的な現象を説明することができる．この理論は，原子のエネルギー準位を説明し，またすべての化学結合の事実を説明する．しかし，このことは原理的には正しいといっているだけである――問題が少し複雑なものになると，

その数式はたちまち物凄く複雑になってしまって，一番簡単な問題以外は，どれも正確に解くことができなくなってしまう．高い精度で計算されたのは，水素原子とヘリウム原子の場合だけである．しかし，色々な近似を用いれば，そのあるものはかなりいいかげんなものではあるけれども，もっと複雑な原子に関係した事実や，分子の化学結合に関する事実をも理解することができる．これらの近似の一部については，すでに前のこれまでの章で述べてきたわけである．

うえに書いたシュレーディンガーの方程式では，磁場による効果を全く考慮にいれていない．この方程式に，ある項をさらに追加することによって，近似的にその効果を考慮にいれることは可能である．しかし第IV巻でみてきたように，磁気というものは本質的に相対論的効果である．したがって，任意の電磁場内における電子の運動を正しく記述するためには，正確な相対論的な方程式のもとに議論しなければならない．電子の運動に対する正しい相対論的方程式は，シュレーディンガーが彼の方程式を生み出してから1年後に，ディラックによって発見されたのであるが，これはシュレーディンガーの方程式とはまるで違った形をしている．しかしここでは，この問題に立ちいって議論することはできない．

シュレーディンガーの方程式から導かれる結果の一部を述べる前に，粒子が多数存在する体系の場合には，その方程式がどんな形のものになるかを示しておこう．その方程式を実際に用いる機会は全然ないと思われるが，しかし，波動関数というものが，空間内の通常の波動ではなくて，多変数の関数であることを強調するためには，これを示しておくとよい．粒子がたくさんあるときには，その方程式は

$$i\hbar\frac{\partial\psi(\boldsymbol{r}_1, \boldsymbol{r}_2, \boldsymbol{r}_3, \cdots)}{\partial t} = -\sum_i\frac{\hbar^2}{2m_i}\left\{\frac{\partial^2\psi}{\partial {x_i}^2}+\frac{\partial^2\psi}{\partial {y_i}^2}+\frac{\partial^2\psi}{\partial {z_i}^2}\right\}+V(\boldsymbol{r}_1, \boldsymbol{r}_2, \cdots)\psi \tag{16.55}$$

となる．ここでポテンシャル関数Vは，古典論でのすべての粒子の全ポテンシャル・エネルギーに対応するものである．粒子に外力が作用していないときには，関数Vはすべての粒子の間の静電的な相互作用のエネルギーにすぎない．すなわち，i番目の粒子のもつ電荷が$Z_i q_e$であるとき，Vは簡単に

$$V(\boldsymbol{r}_1, \boldsymbol{r}_2, \boldsymbol{r}_3, \cdots) = \sum_{\text{すべての対}}\frac{Z_i Z_j}{r_{ij}}e^2. \tag{16.56}$$

で与えられる†．

16-6　量子化されたエネルギー準位

後章で，ある特別な例の場合について，シュレーディンガーの方程式の解を詳しく調べる．しかしここで，シュレーディンガーの方程式からえられるもっとも注目に価する結果の一つが——すなわち，空間

† これまでの巻での約束にしたがって，$e^2 \equiv q_e^2/4\pi\epsilon_0$ としている．

に関する連続変数をもつ連続関数のみを含む微分方程式が，原子内の離散的なエネルギー準位のような量子効果を与えるという驚くべき事実が——どのようにして出てくるかを示しておこう．必要なことは，ある種のポテンシャルの“井戸”によって，空間的領域内に閉じこめられた電子は，必然的にある決った離散的なエネルギーの組のなかのどれか一つの準位をもたねばならないということが，どうしてありうるのかという点を理解することである．

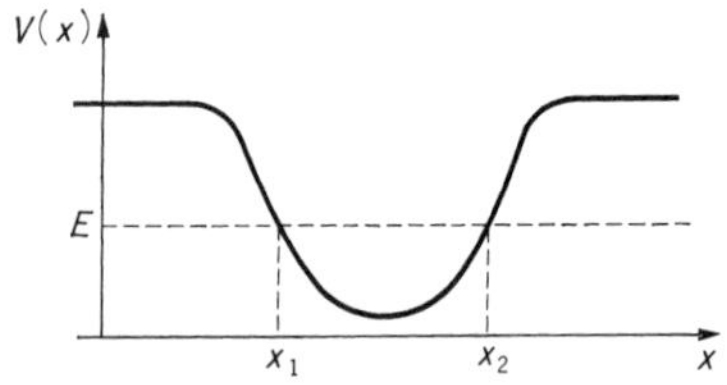

図 16-3　x に沿って運動する粒子に対するポテンシャルの井戸

図 16-3 のグラフに示されているように，ポテンシャル・エネルギーが x とともに変化するような 1 次元的な場合を考えることにする．いま，このポテンシャルは静的なもの——時間的に変化しないもの——であると仮定する．まえに何度もやったように，決った一定のエネルギーをもつ状態——つまり，一定の振動数をもつ状態——に対応する解を求めることにしよう．そこで次の形の解を求めることにする．

$$\psi = a(x)e^{-iEt/\hbar}. \tag{16.57}$$

この関数をシュレーディンガーの方程式に代入すると，関数 $a(x)$ は次の微分方程式をみたさねばならないことが分る．すなわち，

$$\frac{d^2a(x)}{dx^2} = \frac{2m}{\hbar^2}[V(x)-E]a(x). \tag{16.58}$$

つまり，各 x 点において，$a(x)$ の x に関する 2 階微分が $a(x)$ に比例していて，その比例係数は $(V-E)$ によって与えられるというわけである．$a(x)$ の 2 階微分というものは，その勾配の変化の割合を表わしている．ポテンシャル V が粒子のエネルギー E よりも大きいときには，$a(x)$ の勾配の変化の割合は，$a(x)$ 自身と同じ符号をもっている．ということは，$a(x)$ の関数の形が x 軸から遠ざかるような凹形になっていることを意味している．すなわち，いずれにしてもそれは，正または負の指数をもつ指数関数 $e^{\pm x}$ のような特徴をもっているわけである．このことは，V が E よりも大きくなっている図 16-3 の x_1 の左側の領域で，関数 $a(x)$ が図 16-4 の (a) に示されている曲線のうちのどれかのような形をもっている必要があることを意味している．

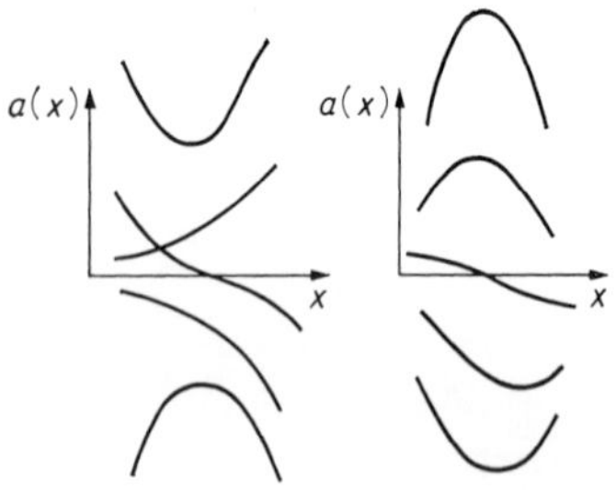

図 16-4　$V>E$ と $V<E$ の場合の波動関数 $a(x)$ のとりうる形

一方，ポテンシャル V が E よりも小さいときには，x に関する 2 階微分は $a(x)$ 自身とは反対の符号をもっており，したがって $a(x)$ の曲線は，図 16-4 の (b) に示してある断片のように，つねに x 軸に向ってくるような凸形になっている．そのような領域における解は，それらの断片を少しずつつなぎ合わせれば分るように，大体正弦的な曲線の形をもつことになる．

さてここで，図 16-3 に示されているようなポテンシャル V のなかで，粒子がエネルギー E_a をもつとき，それに対応する関数 $a(x)$ の解をグラフを用いてつくれるかどうかを調べてみよう．いまの場合，粒子がポテンシャルの井戸の**内部**に束縛されているような状況を記述しようとしているのであるから，x がポテンシャルの井戸の外側にあるときには，波動の振幅が非常に小さくなるような解を求めなければならない．したがって，x の大きい負の値に対しては 0 になり，それが

x_1 に近づくにつれて滑らかに大きくなる図 16-5 に示されているような曲線が考えられるわけである．x_1 においては V は E_a に等しくなっているから，この点では関数 $a(x)$ の曲率は 0 になっていなければならない．x_1 と x_2 の間では，$V-E_a$ の値はいつでも負の数であり，したがって関数 $a(x)$ は，つねに x 軸の方向に向かってゆく凸形の関数である．そしてその曲率は，E_a と V の差が大きくなるほど大きくなる．x_1 と x_2 の間の領域内で曲線を延長してゆくと，いずれにしてもそれは図 16-5 に示されているようなものになる．

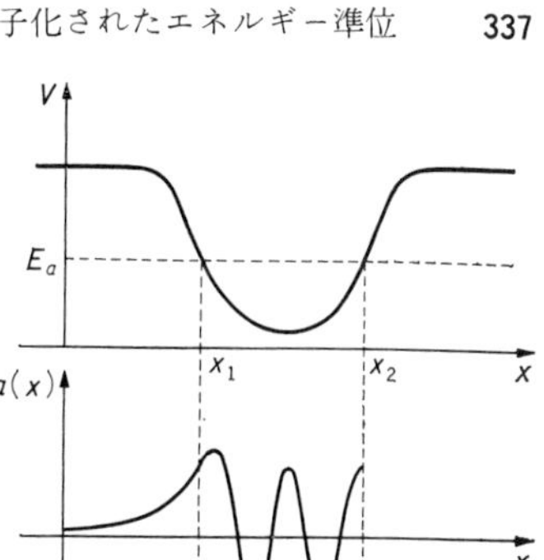

図 16-5　x の負の値に対して 0 になるようなエネルギー E_a に対する波動関数

さてここで，この曲線を x_2 の右側の領域にまで延長することにしよう．そこでは，図 16-6 に示されているように，曲線は x 軸から離れていくような形で曲がり，正の大きな値をもつ方向に向かってゆく．つまり，われわれの選んだエネルギーの値 E_a の場合には，$a(x)$ の解は x の増大に伴っていくらでも大きくなってしまう．事実，その**曲率**もまた(ポテンシャルがたいらのまま続くなら)増大してゆく．つまり振幅は，大変な割合で急速に増大する．これは何を意味しているか．それは，粒子がポテンシャルの井戸のなかに“束縛”されていないということを意味しているにすぎない．それは，井戸の**内側**よりも，その**外側**に電子が発見される確率のほうがいくらでも大きいということである．われわれのいまつくった解の場合には，電子を発見しやすい場所は，どこよりも $x=+\infty$ のところである．つまりわれわれは，束縛された粒子に対する解を求めることに失敗したのである．

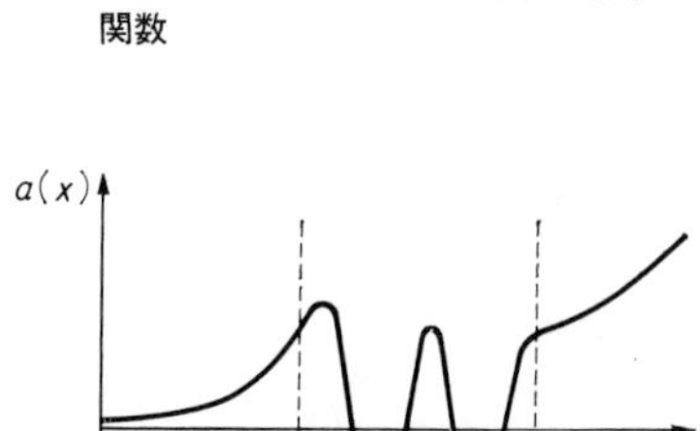

図 16-6　図 16-5 の波動関数 $a(x)$ を x_2 をこえて延長したもの

それではこんどは，別のエネルギー，例えば E_a よりもほんの少し高いエネルギー——つまり，図 16-7 のエネルギー E_b——の場合をやってみることにしよう．左側では前と同じ条件のもとにスタートする．するとこのときには，図 16-7 の下の図に書かれているような解がえられる．ちょっとみると，この解は前の解よりはよくなっているようにみえる．しかしそれは，E_a のときの解と同様に，その終わりが悪い——こんどの場合には，x の値が大きくなるにつれて，$a(x)$ はどんどん**負**になってゆくという点だけは違っているけれど．

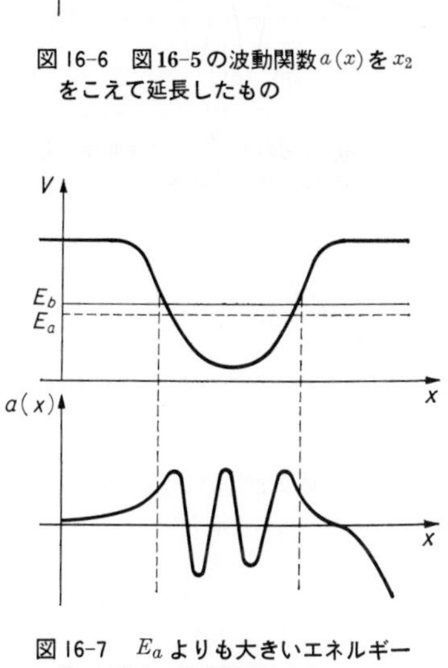

図 16-7　E_a よりも大きいエネルギー E_b の場合の波動関数 $a(x)$

しかし，うえの失敗が手掛りになっている可能性がある．エネルギーを E_a から E_b にほんの少し変えると，曲線は x 軸の一方の側から他の側に飛び移ってしまうのであるから，おそらく E_a と E_b の中間にあるエネルギーの値 E_c があって，そのエネルギーに対しては，x の大きい値で曲線が 0 に近づくと考えられるわけである．実際，そういうエネルギーの値が存在する．図 16-8 には，その解がどんなものかがスケッチされている．

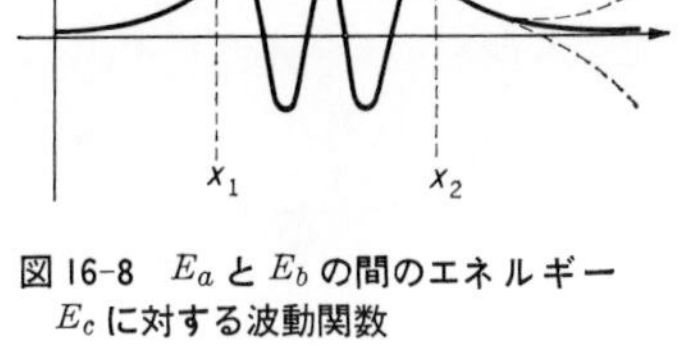

図 16-8　E_a と E_b の間のエネルギー E_c に対する波動関数

諸君は，図にえがかれている解が，極めて特殊なものであることを認識すべきである．そのエネルギーをほんの少々上げたり下げたりすると，その関数は図 16-8 に示した 2 本の破線のどちらかのような曲線になってしまうのである．そしてそのときには，束縛粒子としての条件がみたされないことになってしまう．こうして，粒子がポテンシャルの井戸のなかに束縛されるのは，その粒子がある非常にはっきりと決ったエネルギーをもっているときだけであり，そのときにだけ束縛状態になりうるという結論がえられたわけである．

このことは，ポテンシャルの井戸のなかに束縛されている粒子に対して許されるエネルギーの値がたった一つだけであることを意味しているのであろうか．いや，そうではなく，そのほかのエネルギーもまた可能である．しかしそれは，E_c の値に非常に接近したところには存在しない．図 16-8 にえがかれている波動関数は，x_1 と x_2 の間の領域で x 軸を 4 回横切っていることに注意されたい．そのエネルギーの値を E_c よりもやや低くとれば，x 軸を 3 回，2 回，あるいはたったの 1 回，または全然横切ることのない解がえられるだろう．その可能な解のいくつかをスケッチしたのが，図 16-9 である．(ここに示されているものよりも，もっと高いエネルギーの値をもつ解も存在しうる．) こうしてわれわれのえた結論は，粒子がポテンシャルの井戸のなかに束縛されているとき，そのエネルギーとして許されるものは，ある特別な値だけであり，それらは離散的なエネルギー・スペクトルを構成しているということである．こうして諸君は，微分方程式が量子力学の基本的事実を記述できる‘からくり’を知ったのである．

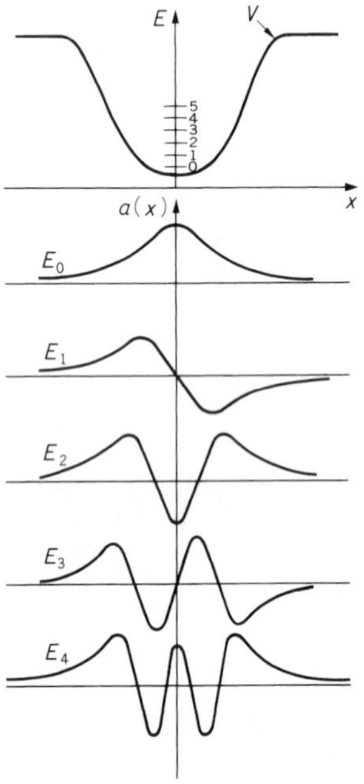

図 16-9　5 個のもっともエネルギーの低い束縛状態の波動関数 $a(x)$

ここで，もう一つ別のことについて注意をしておこう．それは，エネルギー E の値がポテンシャルの井戸の頂上よりも上にあるときには，もはや離散的な解は存在しないことである．そしてこの場合には，どんなエネルギーの値も許される．そのような解は，ポテンシャルの井戸による自由粒子の散乱に対応している．そのような解の例は，結晶内の不純物原子の効果を考えたときにみた．

第 17 章
対称性と保存則

17-1 対 称 性

古典物理学では——運動量，エネルギーおよび角運動量のような——多くの**保存される**量が存在する．それらに対応する量子力学的な量についての保存則は，量子力学においても成立する．量子力学のもっとも美しい点は，それらの保存則がある意味で，他の別のものから導きうるという点である．ところが古典力学では，実質的にはこれらの保存則が法則の出発点であった．(古典力学においても，量子力学でこれからやることとよく似た方法が存在するのであるが，それをやるには極めてレベルの高い話をしなければならない．) ところが量子力学においては，それらの保存則は，振幅の重ね合わせの原理および色々なものが変化したときの物理系のもつ対称性に深く関連している．これがこの章の主題である．ここでこれらの考え方を適用するのは，主として角運動量の保存の問題であるが，その本質的な点は，あらゆる種類の量の保存に関する定理が——量子力学においては——体系のもつ対称性に関係しているということである．

そこで，体系のもつ対称性の問題を調べることから話をはじめることにしよう．その極めて簡単な例としてあげられるのは，水素分子イオンであり——アンモニア分子のときにも同じことがいえるのであるが——この場合には状態が二つ存在する．水素分子イオンの場合には，基本状態として，電子が 1 番目の陽子の近くにある状態と，電子が 2 番目の陽子の近くに位置しているもう一つの状態を採用した．この二つの状態を——つまり，$|1\rangle$ および $|2\rangle$ とよんだものを——もう一度示したのが，図 17-1(a) である．さて，2 個の原子核が正確に同じものである限り，この物理系にはある種の**対称性**が存在する．すなわち，2 個の陽子の中間の平面に関して系の**鏡映** (reflection) をとると——ということは，その平面の一方の側のものを，全部他の側の対称的な位置に移すということである——そうすると，その状況は図 17-1(b) のようになる．つまり，陽子は同じものであるから，**鏡映の操作**によって $|1\rangle$ の状態は $|2\rangle$ の状態に，そして $|2\rangle$ は $|1\rangle$ に変わる．この鏡映の操作を $\hat{P}$ とよび，

$$\hat{P}|1\rangle=|2\rangle,\quad \hat{P}|2\rangle=|1\rangle \tag{17.1}$$

と書くことにする．したがって，この $\hat{P}$ は一つの状態に“**何かをし**”て，新しい状態をつくり出すという意味で，これは一つの演算子である．おもしろいことに，$\hat{P}$ を**任意の**状態に作用すると，その系の**別の**

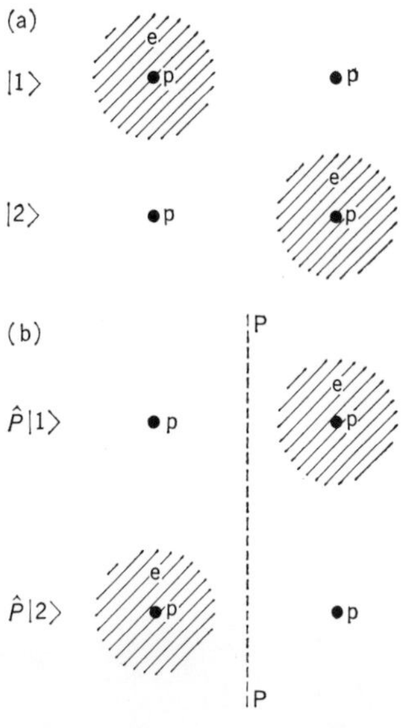

図 17-1　状態 $|1\rangle$ および $|2\rangle$ の面 P-P に関する鏡映をとると，それぞれの状態は $|2\rangle$ および $|1\rangle$ の状態に移る

状態がつくり出される．

さて，これまで述べてきた他の演算子と同様に，$\hat{P}$ の演算子も行列で表わすことができ，それは普通のよく知られた記法を用いて定義される．すなわち，

$$P_{11} = \langle 1 |\hat{P}| 1 \rangle \quad および \quad P_{12} = \langle 1 |\hat{P}| 2 \rangle$$

は，$\hat{P}|1\rangle$ と $\hat{P}|2\rangle$ に左から $\langle 1|$ を掛けることによってえられる行列要素である．(17.1)から，その行列要素の値は

$$\begin{aligned} \langle 1 |\hat{P}| 1 \rangle &= P_{11} = \langle 1 | 2 \rangle = 0, \\ \langle 1 |\hat{P}| 2 \rangle &= P_{12} = \langle 1 | 1 \rangle = 1 \end{aligned} \qquad (17.2)$$

で与えられる．P_{21} と P_{22} も同様にして求められ――**基本状態系 $|1\rangle$ および $|2\rangle$ に関する**――$\hat{P}$ の行列は

$$P = \begin{pmatrix} 0 & 1 \\ 1 & 0 \end{pmatrix} \qquad (17.3)$$

で表わされる．この場合にも，実際問題としては，量子力学においては**演算子**とか**行列**という言葉を区別する必要はない．それらの間には――数字と数値の間の相違のような――ほんのわずかの相違は存在するが，その間の区別は，ほとんど考える必要のないような何かペダンティクなものにすぎない．したがって，$\hat{P}$ というものが一つの演算子を定義しているのか，それとも本当は数値の集りとしての行列の定義として用いられているのか，そのどちらであっても，これを演算子とか行列とかを区別することなく，いれ換えてよぶことにする．

さてここで，あることを指摘しておこう．水素分子イオンの体系全体の**物理**が**対称的**であると**仮定**する．その体系がそうなっていなければならないということはない――例えば，対称性が成立しているか否かは，そのそばに存在するほかのものに依存している．しかし，体系が対称的であるならば，次のような考えは確かに正しいのである．いま，その体系が時刻 $t=0$ において状態 $|1\rangle$ からスタートし，時間 t の後に，その体系がより複雑な状況――つまり，二つの基本状態のある線形結合――になっていることが分ったとする．ここで第 8 章において，"時間の経過による進展" を演算子 $\hat{U}$ を掛けることで表わしたことを思いおこそう．このことは，時間がしばらく経ったのちには――例えば，はっきり 15 秒経った後には――体系がある別の状態に移ることを意味している．例えばその時刻では，その状態の $\sqrt{2/3}$ の部分は状態 $|1\rangle$ にあり，$i\sqrt{1/3}$ の部分は状態 $|2\rangle$ にあるというわけである．このことを

$$|\,15\,秒後の\,\psi_1 \rangle = \hat{U}(15, 0)\,|\,1 \rangle = \sqrt{2/3}\,|\,1 \rangle + i\sqrt{1/3}\,|\,2 \rangle \qquad (17.4)$$

と書くことにする．次に体系をそれとは**対称的**な状態 $|2\rangle$ から出発させて，前と**同一の条件**のもとで，15 秒間待ったらどうなるであろうか．この世界が――いま仮定しているように――対称的になっているなら，明らかに(17.4)と対称的な状態がえられるはずである．すなわち

$$|\,15\,秒後の\,\psi_2 \rangle = \hat{U}(15, 0)\,|\,2 \rangle = \sqrt{2/3}\,|\,2 \rangle + i\sqrt{1/3}\,|\,1 \rangle. \qquad (17.5)$$

これと同じ考えを図式的にスケッチしたのが，図 17-2 である．した

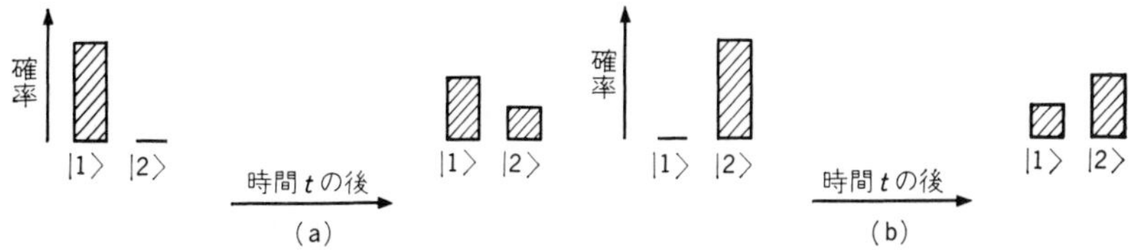

図 17-2　対称的な系においては，純粋な状態 |1〉 が図(a)に示されるように発展すると，純粋な状態 |2〉 は図(b)にあるように発展する

がって，体系の**物理**がある平面に関して対称的になっているとき，ある特定の状態のふるまいを計算しておけば，もとの状態の対称面に関して鏡映をとった状態のその後のふるまいをも知ることができる．

同じことをもう少し一般的に述べよう――ということは，少しばかり抽象的な形で述べようということである．いま $\hat{Q}$ を，体系の**物理を変えることなく**，その系に作用させることのできる操作のうちの任意の一つであるとする．例えば $\hat{Q}$ としては，上の $\hat{P}$ を考えることもできる．つまり，水素分子内の 2 個の原子の中間の平面に関する鏡映の操作であるとしてもよい．あるいはまた，2 個の電子をもつ系の場合には，その 2 個の電子を**いれかえる**操作を考えてもよい．もう一つの可能性としてあげられるものは，球対称な体系において，ある軸のまわりの全体系のある有限の角度の**回転**であろう――この操作も体系の物理を変えることはない．もちろん普通は，それぞれの特別な場合に対して，$\hat{Q}$ を特別な記号で表わしておいたほうがよい．とくに $\hat{R}_y(\theta)$ は，普通は“体系を角度 θ だけ y 軸のまわりに回転する”操作として定義されているものである．つまり $\hat{Q}$ は――基本的な物理的状況を変えることのないような――これまでに述べてきた，あるいはそのほかの任意の演算子を意味するものである．

ここでさらに，もう少しほかの例をあげておこう．**外部磁場**または**外部電場**がかかってい**ない**原子があるとき，任意の軸のまわりに座標系を回転しても，それはやはり同一の物理系である．また，アンモニア分子は，外部電場がない限り―― 3 個の水素のつくる平面に関する鏡映に対して対称的である．電場が作用しているときには，鏡映をとる場合，電場をも変える必要があるが，そうなると物理の問題自身を変えてしまうことになる．しかし外場がないときには，分子は対称的になっている．

さて，一般の場合を考えよう．いま，状態 $|\psi_1\rangle$ からスタートして，与えられた条件のもとで，ある時間が経過した後に状態 $|\psi_2\rangle$ になったとする．このとき，

$$|\psi_2\rangle = \hat{U}|\psi_1\rangle \tag{17.6}$$

と書くことができる，[これは，(17.4)を考えればよい．] さて，全体系に $\hat{Q}$ という操作をほどこしたとする．すると，状態 $|\psi_1\rangle$ は，状態 $|\psi_1'\rangle$ に変換されることになる．この状態は $\hat{Q}|\psi_1\rangle$ と書くこともできる．またこのとき，状態 $|\psi_2\rangle$ も $|\psi_2'\rangle = \hat{Q}|\psi_2\rangle$ の状態に変化する．さて，**もしもその体系の物理が**，$\hat{Q}$ のもとで対称的であるときには(こ

の**もし**の存在を忘れてはいけない．これはどのような体系でも成り立つ一般的な性質ではないからである），そのときには，同じ条件のもとで，同じ時間だけ待っていると，

$$|\psi_2'\rangle = \hat{U}|\psi_1'\rangle \tag{17.7}$$

がえられるはずである((17.5)におけるように)．しかし，$|\psi_1'\rangle$のかわりに$\hat{Q}|\psi_1\rangle$，$|\psi_2'\rangle$のかわりに$\hat{Q}|\psi_2\rangle$と書くことができるから，(17.7)の式は

$$\hat{Q}|\psi_2\rangle = \hat{U}\hat{Q}|\psi_1\rangle \tag{17.8}$$

と書くこともできる．ここで，$|\psi_2\rangle$を$\hat{U}|\psi_1\rangle$――(17.6)の関係――でおき換えると

$$\hat{Q}\hat{U}|\psi_1\rangle = \hat{U}\hat{Q}|\psi_1\rangle \tag{17.9}$$

をうる．この式の意味を理解するのは難しいことではない．水素イオンの場合を考えたときには，(17.9)の関係は次のことをいっているのである．すなわち，“鏡映をとって，それからしばらく待つこと”は――これは(17.9)の右辺のことである――“しばらく待ってから，そのあとで鏡映をとること”と――これは，(17.9)の左辺を表わす――同じである．つまりこれらの二つの操作は，Uが鏡映によって変化しない限りにおいて，同じである．

(17.9)の関係は**任意の**スタートの状態$|\psi_1\rangle$に対して成立するから，これは本当は演算子の方程式になっている．すなわち，

$$\hat{Q}\hat{U} = \hat{U}\hat{Q} \tag{17.10}$$

である．これが欲しかった式である――**これは対称性の数学的表現である**．(17.10)の関係が成立しているときには，演算子$\hat{U}$と演算子$\hat{Q}$とが**交換する**という．そうすると，“対称性”を次のように**定義**することができる．すなわち，ある一つの物理系は，$\hat{Q}$が時間経過の操作$\hat{U}$と交換するとき，$\hat{Q}$の操作に関して**対称的**である．[二つの演算子の積は二つの行列の積と同じものであるから，行列の言葉でいえば，変換Qのもとで対称的な系に対しては，(17.10)は行列QおよびUに対しても成立する．]

なお，時間ϵが無限小である場合には，$\hat{U}=1-i\hat{H}\epsilon/\hbar$と書けるから，(17.10)が成立していれば

$$\hat{Q}\hat{H} = \hat{H}\hat{Q} \tag{17.11}$$

の関係もまた成立していることが分る――ここで$\hat{H}$は，通常のハミルトニアンである．(第8章をみよ．)したがって(17.11)は，$\hat{Q}$の操作のもとでの物理的状況の対称性の条件の数学的表現である．この関係式が，体系の対称性を**定義**しているのである．

17-2　対称性と保存則

うえでみいだした結果の応用について考察するまえに，対称性という考え方に関してもう少し議論しておこう．いま次のような非常に特殊な場合を考えてみる．それは，ある状態に$\hat{Q}$を作用させると，同じ状態がえられる場合である．これは非常に特別な場合なのであるが，

たまたま状態 $|\psi_0\rangle$ の場合にこれが成立していて，$|\psi'\rangle=\hat{Q}|\psi_0\rangle$ が $|\psi_0\rangle$ と物理的に同一の状態になっているものとする．このことは，$|\psi'\rangle$ がある位相因子を除いて，$|\psi_0\rangle$ に等しいということを意味している†．それでは，どんなときにそんなことがおきるのであろうか．例えば，H_2^+ イオンがまえに $|\mathrm{I}\rangle$ とよんだ状態にあるとする．この状態にある場合，基本状態 $|1\rangle$ と $|2\rangle$ に存在する振幅が等しくなっている．その確率を示したのが，図 17-3(a)の棒グラフである．状態 $|\mathrm{I}\rangle$ に鏡映演算子 $\hat{P}$ を作用すると，この操作は $|1\rangle$ を $|2\rangle$ に，また $|2\rangle$ を $|1\rangle$ に変える——その結果は，図 17-3(b)に示された確率を与えることになる．ところがこのときには，状態 $|\mathrm{I}\rangle$ は元の状態にもどっている．状態 $|\mathrm{II}\rangle$ からはじめたときにも，鏡映をとる前後の確率は全く同じである．しかしその振幅をみると，そこに相違がある．つまり，状態 $|\mathrm{I}\rangle$ の場合には，振幅は鏡映をとった後でも同じであるが，状態 $|\mathrm{II}\rangle$ の場合には，振幅の符号は反対になる．いいかえると，

$$
\begin{aligned}
\hat{P}|\,\mathrm{I}\,\rangle &= \hat{P}\left\{\frac{|\,1\,\rangle+|\,2\,\rangle}{\sqrt{2}}\right\} = \frac{|\,2\,\rangle+|\,1\,\rangle}{\sqrt{2}} = |\,\mathrm{I}\,\rangle, \\
\hat{P}|\,\mathrm{II}\,\rangle &= \hat{P}\left\{\frac{|\,1\,\rangle-|\,2\,\rangle}{\sqrt{2}}\right\} = \frac{|\,2\,\rangle-|\,1\,\rangle}{\sqrt{2}} = -|\,\mathrm{II}\,\rangle
\end{aligned}
\tag{17.12}
$$

となる．ここで $\hat{P}|\psi_0\rangle=e^{i\delta}|\psi_0\rangle$ と書くと，状態 $|\mathrm{I}\rangle$ の場合には $e^{i\delta}=1$ であり，状態 $|\mathrm{II}\rangle$ のときには $e^{i\delta}=-1$ となっている．

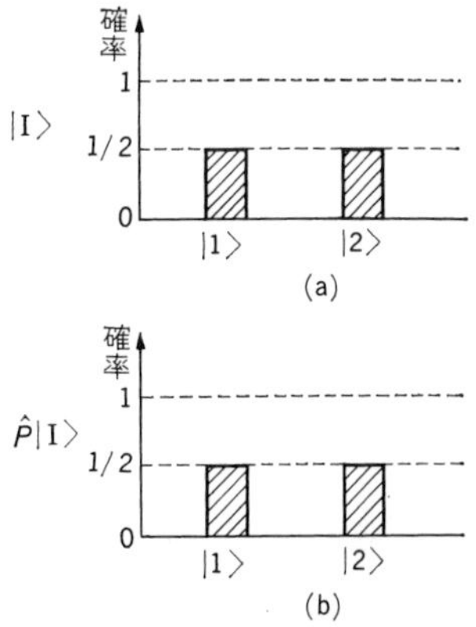

図 17-3　**状態 $|\mathrm{I}\rangle$ および状態 $|\mathrm{I}\rangle$ を中央の平面に関して鏡映をとることによりえられる状態 $\hat{P}|\mathrm{I}\rangle$**

もう一つ別の例を調べてみよう．いま，z 方向に伝播する RHC に偏った光子があるものとする．z 軸のまわりの回転の操作を行うと，これは振幅を $e^{i\phi}$ 倍することになることはすでに知っている．ここで ϕ は回転角である．したがって，このときの回転の操作では，δ はちょうど回転角に等しくなっている．

さて，明らかに，演算子 $\hat{Q}$ がある時刻，例えば $t=0$ において，ある状態の位相を変えるということが**たまたま成立しているならば，それは永久に成立している**．換言すれば，状態 $|\psi_1\rangle$ が時間 t の後に状態 $|\psi_2\rangle$ に変わり，あるいは

$$U(t,0)\,|\,\psi_1\,\rangle=|\,\psi_2\,\rangle \tag{17.13}$$

となり，そしてその状態の対称性によって

$$\hat{Q}|\,\psi_1\,\rangle=e^{i\delta}|\,\psi_1\,\rangle \tag{17.14}$$

となっているとき，そのとき

$$\hat{Q}|\,\psi_2\,\rangle=e^{i\delta}|\,\psi_2\,\rangle \tag{17.15}$$

もまた成立する．これは，次の計算から明らかである．すなわち，

$$\hat{Q}|\,\psi_2\,\rangle=\hat{Q}\hat{U}|\,\psi_1\,\rangle=\hat{U}\hat{Q}|\,\psi_1\,\rangle$$

† なお，演算子 $\hat{Q}$ は**ユニタリー演算子**でなければならないことが示される——ここでユニタリーとは，その演算子を $|\psi\rangle$ に作用させたときに $|\psi\rangle$ にある数値が掛かったものになる場合に，その数値が $e^{i\delta}$ の形をもたねばならないということである．ここで δ は実数である．しかしそんなことよりも，その証明は次のようにして与えられる．鏡映とか回転などのどんな操作を行っても，粒子そのものが無くなってしまうことはない．したがって，$|\psi'\rangle$ および $|\psi\rangle$ の規格化は同一に保たれねばならないわけである．ということは，これらの状態で相違しうるものは，虚数の位相因子だけであるということになる．

であり，またさらに，$\hat{Q}|\psi_1\rangle = e^{i\delta}|\psi_1\rangle$ が成立しているときには，

$$\hat{Q}|\psi_2\rangle = \hat{U}e^{i\delta}|\psi_1\rangle = e^{i\delta}\hat{U}|\psi_1\rangle = e^{i\delta}|\psi_2\rangle$$

となるからである．[ここでの一連の等号は，(17.13)および対称的な体系に対して成立する(17.10)の関係，それから(17.14)，さらに $e^{i\delta}$ のような数値は演算子と交換するという事実によるものである．]

したがって，始めの時刻に何かある対称性が成立していると，その対称性はあらゆる時刻で成立している．これは，一つの**保存則**といえるのではないであろうか．その通り．元の状態をみて，わきでちょっと余分な計算をし，**その系の対称性を保つ操作を行ったときに**，その状態にある位相因子が掛かるだけであることが分ったら，終状態においてもその同じ性質が——つまり，前と同じ操作を行ったとき，終状態にも同じ位相因子が掛かるという性質が——成立しているということを，それはいっているのである．このことは，初状態を終状態に変える宇宙の内的機構に関して，ほかに何も分っていなくても，いつでも成立する．たとえ，その体系が一つの状態から他の状態に移るからくりの詳細に注意をはらわなくても，それでもなお，一つのものが始めある対称性をもつ状態にあり，またその体系を代表するハミルトニアンがこの操作のもとに対称的であるとき，そのときには，その状態はすべての時刻において，同じ対称性をもつということがいえる．これが，量子力学におけるあらゆる保存則の基礎となっているのである．

ここで特殊な例を一つ調べておくことにする．話を $\hat{P}$ 演算子にもどそう．ここでまず，演算子 $\hat{P}$ の定義を少し変更することにする．$\hat{P}$ を鏡映(reflection)の演算子，つまり，鏡にうつす操作とはちょっと違うものにしようというのである．なぜなら，この操作を行うには，鏡をおく平面を定義しておく必要があるからである．しかし，そのような面を指定する必要のないような特別な種類のひっくり返しの操作が存在する．つまり，$\hat{P}$ の操作を，次のように定義し直すことにする．まず，z 平面内の鏡を用いてひっくり返すと，z は $-z$ に移り，x は x に，y は y のままである．それから次に，z 軸のまわりに体系を 180° 回転する．すると，x は $-x$ に，y は $-y$ に移される．この全体の操作を**反転**(inversion)とよぶことにする．この場合，あらゆる点が**原点に関して**図形的に反対の位置に射影されるわけである．あらゆるもののあらゆる座標が逆になる．この操作に対しても $\hat{P}$ という記号をそのまま用いることにする．これを示したのが，図17-4である．この操作は，単なる鏡映の操作よりもいくらか便利なのである．なぜならそれは，鏡映の場合のように，どういう座標面を用いたかを指定する必要がないからである——ただ対称の中心となる点だけを指定すればよいのである．

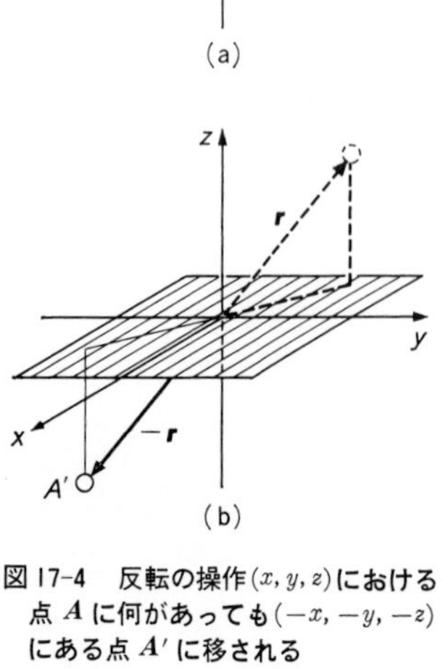

図17-4　反転の操作(x, y, z)**における点** A **に何があっても**$(-x, -y, -z)$**にある点** A' **に移される**

さて，反転の操作によって，$e^{i\delta}|\psi_0\rangle$ となるような状態が存在するものとする——すなわち，

$$|\psi_0'\rangle = \hat{P}|\psi_0\rangle = e^{i\delta}|\psi_0\rangle \qquad (17.16)$$

が成立すると仮定する．このとき，反転をもう一度やったとする．反

転を**2回**やった後には，出発点にもどるわけである——つまり，何も変化しない．すると，

$$\hat{P}|\,\psi_0'\,\rangle = \hat{P}\hat{P}|\,\psi_0\,\rangle = |\,\psi_0\,\rangle$$

でなければならない．ところが，

$$\hat{P}\hat{P}|\,\psi_0\,\rangle = \hat{P}e^{i\delta}|\,\psi_0\,\rangle = e^{i\delta}\hat{P}|\,\psi_0\,\rangle = (e^{i\delta})^2|\,\psi_0\,\rangle$$

である．これから

$$(e^{i\delta})^2 = 1$$

が出てくる．したがって，**反転の演算子が，ある状態に対して対称的な操作になっているときには，** $e^{i\delta}$ のとりうる値としては，2個だけの可能性があるということになる．すなわち

$$e^{i\delta} = \pm 1$$

である．このことは，

$$\hat{P}|\,\psi_0\,\rangle = |\,\psi_0\,\rangle,\quad あるいは\quad \hat{P}|\,\psi_0\,\rangle = -|\,\psi_0\,\rangle \qquad (17.17)$$

であることを意味している．

古典論の場合には，一つの状態が反転のもとで対称であるとき，その操作によってつねに同じ状態にもどるのであるが，量子力学の場合には，二つの可能性があって，**同じ状態か**，あるいは同じ状態に**負号**をつけたものがえられる．**同一の**状態がえられる場合，すなわち，$P|\psi_0\rangle=|\psi_0\rangle$ の場合には，その状態 $|\psi_0\rangle$ は**偶のパリティー**(parity)をもつという．$P|\psi_0\rangle=-|\psi_0\rangle$ のように，その符号が反転するときには，その状態は**奇のパリティー**をもつという．（反転の演算子 $\hat{P}$ はまた，パリティー演算子という名前で知られている．）$H_2{}^+$ イオンの状態 $|I\rangle$ は偶のパリティーをもち，$|II\rangle$ の状態は奇のパリティーをもっている——(17.12)の式を見ればよい．もちろん，$\hat{P}$ の操作のもとで対称ではない状態も存在する．これらの状態は一定の決ったパリティーをもっていない．例えば $H_2{}^+$ 系において，状態 $|I\rangle$ は偶のパリティーをもち，状態 $|II\rangle$ は奇のパリティーをもっているが，状態 $|1\rangle$ は決ったパリティーをもたない．

"**ある物理的体系に**"反転のような操作を行ったというとき，それを二つのやり方で考えることができる．それは，$\boldsymbol{r}$ に存在するものを何でもみんな，逆の $-\boldsymbol{r}$ の点に**物理的に移動する**操作であると考えることもできるし，あるいはまた，同じ体系を，古い座標系 x, y, z と $x'=-x$, $y'=-y$, $z'=-z$ の関係にある新しい座標系 x', y', z' から**みる**操作であると考えることもできる．回転の場合にも，その操作を，物理系をそっくり回転することと考えることもできるし，あるいはまた，その"体系そのもの"は空間に固定しておいて，その体系を測る座標系を回転する操作であると考えることもできる．一般に，この二つの立場は，本質的に同等である．回転の場合には，**体系そのもの**を角 θ だけ回転することは，θ の符号を**負**に変えて座標系のほうを回転することに対応する点**を除けば**，これらの二つの立場は同等である．この講義では，普通は固定した体系を新しい座標系に射影したときにどうなるかという立場で考えてきた．そうやってえられる結果は，座標軸

のほうを固定して，体系を同じ大きさだけ**うしろ向き**に回転したときにえられる結果と同じである．そういうやり方をするときには，角度の符号が反対になる†．

物理**法則**の多くは——しかし，全部ではない——鏡映または座標の反転によって変化しない．それらは，反転に関して**対称的**である．例えば電磁気学の法則の場合，その**すべての**方程式の形は，x を $-x$ に，y を $-y$ に，z を $-z$ に変えても変わらない．同じことが，重力の法則の場合にも，また核物理学の強い相互作用の場合にも成立する．ところが，弱い相互作用——β 崩壊の原因となっている——だけが，この対称性をもたない．(この点に関しては，第II巻，第27章でやや詳しく議論した．) ここでは，この β 崩壊の効果についてはこれを無視することにする．すると，β 崩壊が認めうるほどの効果をもたらすとは考えられない物理的体系においては——その1例としてあげられるのは，原子による光の放出の現象である——ハミルトニアン $\hat{H}$ と演算子 $\hat{P}$ とは交換可能である．このような状況のもとでは，次のような命題がえられる．すなわち，ある状態が始め偶のパリティーをもっているときには，しばらく時間が経ったときの物理的状況を調べても，その状態はやはり偶のパリティーをもつ，ということである．例えば，いままさに1個の光子を放出しようとしている原子が，偶のパリティーをもつ状態にあるものとする．光子を放出した後の全体——光子をも含めて——を調べると，その状態もまた偶のパリティーをもっている．(奇のパリティーから出発しても話は同じである．) この原理を**パリティーの保存**という．量子力学において，なぜ“パリティーの保存”と“鏡映対称性”とが密接に関連しているのか，諸君はその理由をすでに知っているわけである．数年前までは，自然はいつでもパリティーを保存すると考えられていたが，現在では，それは事実では**ない**ということが知られている．それは間違っていることが発見されたのである．なぜなら，β 崩壊の反応は他の物理法則で発見された反転対称性をもたないからである．

ここで，次のようなおもしろい(弱い相互作用が無視できる限りにおいて正しい)定理が証明できることを示しておこう．すなわち，縮退のないある決ったエネルギーをもつ任意の状態は，一定のパリティーをもつということがいえる．つまり，そういう状態は偶か奇のどちらかのパリティーをもたねばならないのである．(これまで何度か，いくつかの状態が同一のエネルギーをもつような体系をみてきた——そのような状態を**縮退**しているという．いまの定理は，このような状態には適用されない．)

ある決ったエネルギーをもつ状態に対しては，

$$\hat{H}|\psi_0\rangle = E|\psi_0\rangle \tag{17.18}$$

が成立することは知っている．ここで E は数値であって——その体

† ほかの書物で，色々な公式の符号が反対になっているかも知れないが，それは多分，角度の定義が違っているためである．

系のもつエネルギーの値を表わしている．いま**任意の**演算子 $\hat{Q}$ があって，それが体系の対称演算子であるときには，$|\psi_0\rangle$ が決ったエネルギーをもつ唯一つの状態である限りにおいて，

$$\hat{Q}|\psi_0\rangle = e^{i\delta}|\psi_0\rangle \tag{17.19}$$

が成立することが証明できる．この証明をしよう．$\hat{Q}$ を作用させたときにえられる新しい状態 $|\psi_0'\rangle$ を考える．物理が対称であるときには，$|\psi_0'\rangle$ は $|\psi_0\rangle$ と同じエネルギーをもっていなければならない．ところがいま，そのエネルギーをもつ状態が**たった一つしかない**場合，つまり $|\psi_0\rangle$ だけしかない場合を考えている．したがって，$|\psi_0'\rangle$ は $|\psi_0\rangle$ と同じ状態でなければならないということになる——しかし，その状態は位相だけは違っていてもよい．これが上の定理に対する物理的な議論である．

同じことを，数式を用いて導くこともできる．対称性のわれわれの定義によると，(17.10) あるいは (17.11) が成立する．(この関係は任意の状態 ψ に対して成立している．) すなわち

$$HQ|\psi\rangle = QH|\psi\rangle \tag{17.20}$$

である．ところがいま，決ったエネルギーをもつ状態としては，たった一つの状態 $|\psi_0\rangle$ を考えている．したがって，$H|\psi_0\rangle = E|\psi_0\rangle$ である．ここで E は数値そのものであって，これはそうしたければ，$\hat{Q}$ を通り越してもかまわないから，

$$\hat{Q}\hat{H}|\psi_0\rangle = \hat{Q}E|\psi_0\rangle = E\hat{Q}|\psi_0\rangle$$

となる．したがって，

$$H\{\hat{Q}|\psi_0\rangle\} = E\{\hat{Q}|\psi_0\rangle\} \tag{17.21}$$

である．したがって，$|\psi_0'\rangle = \hat{Q}|\psi_0\rangle$ もまた H_0 の決った——同じ E の——エネルギーをもつ状態である．ところが，われわれの仮定により，そのような状態はただ1個しか存在しない．すなわち，$|\psi_0'\rangle = e^{i\delta}|\psi_0\rangle$ でなければならないというわけである．

いま証明したことは，それが物理系の対称演算子であれば，任意の演算子 $\hat{Q}$ に対して成立する．したがって，電気的な力や強い相互作用だけを考えて——β 崩壊のないような状況のもとでは——したがって反転対称性が許される近似のもとでは，$\hat{P}|\psi\rangle = e^{i\delta}|\psi\rangle$ という結果がえられる．ところがまえにみたように，$e^{i\delta}$ は $+1$ か -1 のどちらかでなければならない．したがって，決ったエネルギーをもつどんな状態 (縮退のない) も，偶かあるいは奇のパリティーをもつことになる．

17-3 保 存 則

もう一つのおもしろい例として，回転に関する話に移ろう．いま原子系を，その z 軸のまわりに角 ϕ だけ回転するという特別な演算子を考えることにする．そして，この演算子を $\hat{R}_z(\phi)$ と書くことにする†．いま考えようとしているのは，x 軸および y 軸に沿う方向には，外部

† 正確にいえば，物理系を z 軸のまわりに角 $-\phi$ だけ回転するものとして $\hat{R}_z(\phi)$ を定義する．これは座標系のほうを $+\phi$ の角だけ回転することと同等である．

からの影響が何もないような物理的状況にある場合である．電場や磁場の方向としては，それを z 軸に平行の方向にとることができる†．したがって，z 軸のまわりに物理系全体を回転しても，その**外的**条件には何の変化も生じない．例えば，真空中に1個の原子をおき，その原子を角 ϕ だけ z 軸のまわりに回転しても，その物理系は変わらない．

さてそのとき，そのような操作を行ったときにつくり出される新しい状態が，元の状態にある位相因子を掛けたものに等しくなっているような**特別の状態**が存在する．ここで話をちょっと脱線させて，上のことが成立しているとき，その位相の変化はつねに角 ϕ に比例しなければならないことを示しておこう．いま，角 ϕ の回転を2回つづけて行ったとする．これは角 2ϕ の1回の回転を行うのと同じことである．角 ϕ の回転が，状態 $|\psi_0\rangle$ に位相因子 $e^{i\delta}$ を掛ける効果をもたらすのなら，すなわち

$$\hat{R}_z(\phi)\,|\,\psi_0\,\rangle = e^{i\delta}|\,\psi_0\,\rangle$$

が成立しているならば，2回つづきの回転をすれば，その状態に $(e^{i\delta})^2 = e^{i2\delta}$ の因子が掛かることになる．なぜなら，

$$\hat{R}_z(\phi)\,\hat{R}_z(\phi)\,|\,\psi_0\,\rangle = \hat{R}_z(\phi)\,e^{i\delta}|\,\psi_0\,\rangle = e^{i\delta}\hat{R}_z(\phi)\,|\,\psi_0\,\rangle = e^{i\delta}e^{i\delta}|\,\psi_0\,\rangle$$

となるからである．つまり，位相の変化 δ は ϕ に比例している††．そうすると，いま考えているのは

$$\hat{R}_z(\phi)\,|\,\psi_0\,\rangle = e^{im\phi}|\,\psi_0\,\rangle \tag{17. 22}$$

であるような特別な状態 $|\psi_0\rangle$ であるということになる．ここで m はある実数である．

ところでわれわれは，次の注目すべき事実も知っている．すなわち，**仮に**体系が z 軸のまわりの回転に対して対称的であり，**また**元々の状態がたまたま(17. 22)という性質をもっているならば，それは時間が経った後でも同じ性質をもっている．したがって，この数値 m は非常に重要な意味をもっている．はじめの値が分っていれば，このゲームの終わりにおける値も分るのである．つまり，それは**保存**する数である——m は**運動の定数**である．m という数をひっぱり出しておいた理由は，その値が特別な角 ϕ の大きさに全く無関係になっているからである．そしてまた，それが古典力学における何ものかに対応しているからである．**量子**力学においては，$m\hbar$ に対して——$|\psi_0\rangle$ のような状態に対する——**z 軸のまわりの角運動量**という名前を**選んでいる**．体系の大きさを増していった極限においては，その量が古典力学における角運動量の z 成分と同じものになっている．したがって，z 軸のまわりの回転によって，位相因子 $e^{im\phi}$ がもたらされるような状態が存在すると，その軸に関してある決った角運動量をもつ状態がえられるわ

---

† 同時に一つの場だけが掛かっていて，その方向が変化しなければ，そのときにはいつでも，その場の方向に沿って z 軸を選ぶことが可能である．

†† もっときれいな証明をするには，この議論を無限小回転 ϵ の場合にやればよい．このとき，任意の角 ϕ は n 個の ϵ の和，つまり $\phi = n\epsilon$ となる．ここで n はある適当な数である．したがって，$\hat{R}_z(\phi) = [\hat{R}_z(\epsilon)]^n$ であり，これから全体の位相の変化は微小角 ϵ の場合の n 倍になる．したがって，位相の変化は ϕ に比例する．

けである——しかも，その角運動量は保存する．つまり，その角運動量の値はいまも $m\hbar$ であり，そして未来永劫にわたって $m\hbar$ なのである．もちろん，z 軸でなく，どんな軸のまわりでも回転をすることができる．そうすると，色々な軸のまわりの角運動量の保存則がえられるわけである．こうして，角運動量の保存則というものが，体系を回転したとき，新しい位相因子が出てくるだけで同一の状態がえられるという事実と関係しているということが分ったわけである．

ここで，こういった考え方がいかに一般的なものであるかを，別の二つの保存則に適用することによって示しておくことにしよう．これらの保存則は，物理的な考え方としては，角運動量の保存則の場合と厳密な対応をもっている．古典物理学においては，角運動量保存則のほかに，運動量保存則およびエネルギー保存則が存在する．おもしろいことに，これらの保存則のどれも，ある種の物理的対称性と関係をもっているのである．いま，ある物理的体系——原子とか，何か複雑な核とか，あるいは分子とか何とか——があって，その体系全体を別の場所に移動しても何の相違も生じないものとする．したがって，その体系のハミルトニアンは，ある意味でその**内部座標**にのみ依存していて，空間内における**絶対的な位置**には関係しないという性質をもっている．このような状況のもとでは，ある特別な対称操作が存在する．つまりその操作とは，空間的なずらしの操作である．そこで，x 軸に沿う距離 a の変位の操作として，$\hat{D}_x(a)$ を定義することにしよう．すると任意の状態に対して，この操作を行うことができ，それによって新しい状態が一つえられるわけである．ところが，このときもまた，x 軸に沿って a だけずらしたときに，位相因子を別にすれば同じ状態になるという性質をもつ非常に特別な状態が存在する．まえのときと同様に，そうなっているときには，その位相は a に比例することが証明できる．したがって，このような特別な状態に対しては，

$$\hat{D}_x(a)\,|\,\psi_0\,\rangle = e^{ika}\,|\,\psi_0\,\rangle \qquad (17.23)$$

と書くことができる．ここで係数 k に $\hbar$ を掛けたものを**運動量の x 成分**とよぶ．そうよばれる理由は，その数値が，巨大な体系における古典的運動量 p_x に数値的に等しくなっているからである．一般的にいえば次のようになる．体系のずらしに対してハミルトニアンが不変であり，かつその状態が x 方向にある決った運動量をもっているとき，x 方向のその運動量の値は，時間が経過しても一定に保たれる．つまり，衝突の前後——あるいは分裂の前後——で，体系のもつ運動量は同じ値になっている．

空間的なずらしに非常によく似た別の操作が存在する．それは時間のずらしである．時間に依存する**外的なものが何も存在しない**ような物理的状況において，与えられた状態から何ものかをある瞬間にスタートさせて，それをそのまま放っておくものとする．さていま，上と同じものを(別の実験で) 2 秒後に——あるいは例えば，時間 τ だけ遅れて——スタートさせたとし，しかもそのとき，外的な条件が絶対的

な時刻に全く依存しないものとすると，その時間的発展の様子は前と同じであって，その終状態は前の場合の終状態と同じものである．ただ，その終状態に到達する時刻が前のときよりもτだけ遅れているだけである．こういう状況のもとでは，時間的発展によって生じた終状態が，初状態に位相因子を掛けたものになっているような特別な状態が存在する．この場合もまた，この特別な状態に対して，その位相の変化がτに比例することは明らかであろう．そこで，

$$\hat{D}_t(\tau)|\psi_0\rangle = e^{-i\omega\tau}|\psi_0\rangle \tag{17.24}$$

と書くことができる．ここでωを定義するに当って，負号をつけておくと便利である．こういう具合に約束をしておくと，$\omega\hbar$がその体系のもつ**エネルギー**であって，しかも**それは保存する**．したがって，一定の決ったエネルギーをもつ状態というのは，その時間をτだけずらしたとき，それ自身に$e^{-i\omega\tau}$を掛けたものになる状態である．(これが，まえに決ったエネルギーの量子状態を定義したときにいったことであって，したがって話のつじつまが合っているわけである．) このことは，ある体系が決ったエネルギーをもつ状態にあり，そしてハミルトニアンがtに依存しないときには，何ごともおきることなく，その後のあらゆる時刻において，その体系が同じエネルギーをもつということを意味している．

したがって，諸君は，各種の保存則とこの世界の対称性との間の関係を知ることができたわけである．時間のずらしに関する対称性はエネルギー保存則を与え，またx, y, zの位置のずらしに関する対称性は，それぞれの方向の運動量の成分の保存をもたらす．x, yおよびz軸のまわりの回転に関する対称性は，角運動量のx, y, z成分の保存則を与えるというわけである．反転に関する対称性はパリティーの保存を与える．また，2個の電子のいれかえに関する対称性は，名前をもたない何かの保存を与える等々といった具合である．これらの原理のうちの一部は，古典的な対応物をもっているが，その対応物をもたないものも存在する．古典力学で用いられるものよりも――あるいは少なくとも，普通使われているものよりも――量子力学における保存則のほうがたくさん存在するのである．

諸君がほかの量子力学の書物を読めるように，ここでちょっとわき道にそれて，技術的なこと――つまり，みんなが用いている記法――を説明しておこう．時間のずらしの操作は，もちろん前に述べた操作$\hat{U}$そのものである．すなわち，

$$\hat{D}_t(\tau) = \hat{U}(t+\tau, t) \tag{17.25}$$

である．大概の人はよく，時間の**無限小**のずらし，あるいはまた，空間的な無限小のずらし，また無限小角の回転などを利用して議論する．有限のずらしとか，有限の角度というものは，一連の無限小のずらしや，無限小の角の積み重ねによってえられるから，はじめは無限小の場合を解析したほうがやりやすいからである．時間の無限小のずらしΔtに対応する演算子は――第8章で定義したように――

$$\hat{D}_t(\Delta t) = 1 - \frac{i}{\hbar}\Delta t\,\hat{H} \qquad (17.26)$$

で与えられる．このとき $\hat{H}$ は，エネルギーとよばれている古典的な物理量に対応するものである．なぜなら，$\hat{H}|\psi\rangle$ がたまたま $|\psi\rangle$ に定数を掛けたものになっているとき，すなわち $\hat{H}|\psi\rangle = E|\psi\rangle$ である場合，その定数は体系のエネルギーとなっているからである．

同じことを他の操作に対してやることもできる．いま x を少しずらすと，例えば Δx だけずらすと，**一般には**，状態 $|\psi\rangle$ は別の状態 $|\psi'\rangle$ に移るわけである．したがって

$$|\,\psi'\,\rangle = \hat{D}_x(\Delta x)\,|\,\psi\,\rangle = \left(1 + \frac{i}{\hbar}\hat{p}_x\Delta x\right)|\,\psi\,\rangle \qquad (17.27)$$

と書くことができる．なぜなら，Δx が 0 になると，$|\psi'\rangle$ は $|\psi\rangle$ に一致するはずであり，あるいは $D_x(0)=1$ でなければならず，また Δx が小さいときには，$D_x(\Delta x)$ の 1 からの変化量は Δx に比例するはずだからである．こうして定義された演算子 $\hat{p}_x$ は運動量演算子——もちろん，x 成分の——とよばれる．全く同じ理由から，ひとびとは微小回転に対して

$$\hat{R}_z(\Delta\phi)\,|\,\psi\,\rangle = \left(1 + \frac{i}{\hbar}\hat{J}_z\Delta\phi\right)|\,\psi\,\rangle \qquad (17.28)$$

と書き表わして，この式の $\hat{J}_z$ を角運動量の z 成分の演算子という．$\hat{R}_z(\phi)\,|\psi_0\rangle = e^{im\phi}|\psi_0\rangle$ が成立するような特別の状態の場合には，任意の小さい角——例えば $\Delta\phi$——に対して，右辺を $\Delta\phi$ の 1 次まで展開することにより

$$\hat{R}_z(\Delta\phi)\,|\,\psi_0\,\rangle = e^{im\Delta\phi}|\,\psi_0\,\rangle = (1 + im\Delta\phi)\,|\,\psi_0\,\rangle$$

をうる．これを (17.28) の $\hat{J}_z$ の定義と比較すると，

$$\hat{J}_z|\,\psi_0\,\rangle = m\hbar|\,\psi_0\,\rangle \qquad (17.29)$$

となる．いいかえると，z 軸のまわりの**ある決った角運動量をもつ**状態に $\hat{J}_z$ を作用すると，同じ状態に $m\hbar$ を掛けた状態がえられる．ここで $m\hbar$ は角運動量の z 成分の大きさである．これは，ある決ったエネルギーをもつ状態に $\hat{H}$ を作用したときに $E|\psi\rangle$ がえられるのと，全く同じことである．

次に，角運動量の保存という考え方の応用に関して，いくつかの適用例を述べることにする——つまり，この考え方の利用法を示そうというのである．その場合，大事な点は，その計算というのが，全くもって簡単だということである．諸君は，角運動量の保存については，すでに前から知っていたわけである．この章でやったことで憶えておく必要のあることは，ただ，状態 $|\psi_0\rangle$ が z 軸のまわりに角 ϕ だけ回転したときに，$e^{im\phi}|\psi_0\rangle$ になるという性質だけである．これだけが，たくさんのおもしろいことをやるために必要なことのすべてなのである．

17-4　偏った光

まず第 1 に，ある一つの考え方の成否を検証してみよう．**11-4** において，RHC に偏った光を，z 軸のまわりに角 ϕ だけ回転した座標系からみたとき†，その状態には $e^{i\phi}$ という因子が掛かることを示した．するとこのことは，右回りに偏った光子が，z 軸に沿って **1** 単位の角運動量をもつということを意味しているのであろうか††．**実際，そうなのである**．またこのことは，すべて同じように円形に偏った非常に多数の光子を含むビームがあるとき――つまり，古典的なビームがあるとき，そのビームが角運動量を運ぶということを意味している．ある時間の間に，そのビームによって運ばれる全エネルギーが W であるとすると，その場合 $N=W/\hbar\omega$ 個の光子が存在する．それぞれの光子が，角運動量 $\hbar$ を運ぶわけであるから，その全角運動量は

$$J_z = N\hbar = \frac{W}{\omega} \tag{17.30}$$

で与えられる．

右回りに円形に偏った光がエネルギーを運び，また W/ω に比例する角運動量を運ぶということを，古典的に証明できるであろうか．もしすべてが正しければ，このことは古典論的な命題としても成立しているはずである．ここで，量子論的なものから古典的なものに移行可能な場合があることを知ることになる．そこで，古典物理学にもとづいて，これが検証されるかどうかを調べてみようというわけである．このことはまた，m を角運動量とよぶ権利があるかどうかをみる方法を与えることにもなる．まず，右回りに円形に偏った光とは古典論的にはどういうものであったかを思いおこそう．それは，x 方向に振動する成分と，それから位相が 90° ずれて y 方向に振動する成分とをもつ電場によって記述されるものであり，したがって――図 17-5(a) に書かれているように――それらを合成した電場のベクトル $\mathcal{E}$ は一つの円周上を回転する．さて，このような光を壁面に照射したとき，その光は――あるいは少なくとも，その一部は――壁に吸収されるものとする．また，壁のなかの原子は古典物理学の法則に従うものと仮定する．これまで何度か，原子内の電子の運動を調和振動子で記述してきた．そのとき，その電子は外部電場の作用によって強制振動をおこす．原子の形が等方的であるとすると，その中の電子は x 方向にも，y 方向にも同じように振動することになる．この場合，円形に偏った光のなかにおける電子の x 方向の変位と，y 方向の変位の大きさは等しくなっている．しかし，一方は他方よりも 90° だけ位相が遅れている．その結果，電子は図 17-5(b) に示されているような円運動をすることになる．電子は原点にある平衡点から $\boldsymbol{r}$ の変位をもち，それはベ

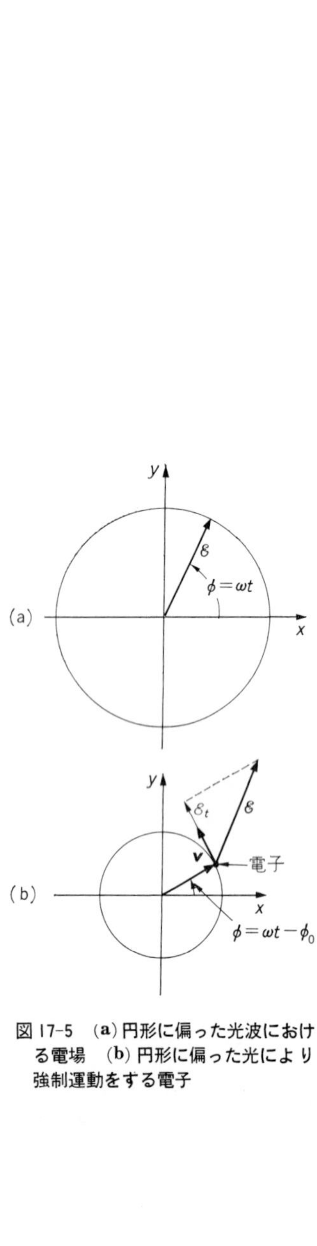

図 17-5　(**a**) 円形に偏った光波における電場　(**b**) 円形に偏った光により強制運動をする電子

† ごめんよ．この角は **11-4** で用いた角に負号をつけたものになっている．

†† 通常の場合，原子系の角運動量を測るのには $\hbar$ の単位を用いると非常に便利である．そのときには，スピン 1/2 の粒子は，任意の軸に関して ±1/2 の角運動量をもっているという具合にいうことができる．あるいは一般には，角運動量の成分が m であるという．$\hbar$ をいつも繰り返していう必要はない．

クトル$\mathscr{E}$に関してある位相の遅れをもって回転する．このとき，$\mathscr{E}$と$\boldsymbol{r}$との関係は，図17-5(b)に示されているようになっているであろう．時間の経過とともに，電場は回転し，電子の変位もまた同一の振動数をもって回転する．したがって，それらの相対的な方向は，いつも同じに保たれている．さて，この電子になされる仕事の量を計算しよう．電子に持ちこまれる単位時間当りのエネルギー量は，その速度vに，$q\mathscr{E}$の速度に平行な成分を掛けたもので与えられる．すなわち，

$$\frac{dW}{dt}=q\mathscr{E}_t v \qquad (17.31)$$

である．ところが，この電子には角運動量がそそぎこまれているのである．なぜなら，原点のまわりのトルクがいつでも存在するからである．そのトルクの大きさは$q\mathscr{E}_t r$であり，これは角運動量の変化の割合dJ_z/dtに等しくなければならない．すなわち

$$\frac{dJ_z}{dt}=q\mathscr{E}_t r \qquad (17.32)$$

である．$v=\omega r$であることを思いだすと，(17.31)と(17.32)から

$$\frac{dJ_z}{dW}=\frac{1}{\omega}$$

をうる．したがって，吸収された全角運動量を積分すると，それは全エネルギーに比例している――そして，その比例定数は$1/\omega$であり，この結果は(17.30)と一致している．つまり，光は確かに角運動量を運んでいる――光がz軸に沿って，右回りに円形に偏っているときには1単位(掛ける$\hbar$)の角運動量を，そしてまた，z軸に沿って左回りに円形に偏っているときには-1単位の角運動量を運んでいるのである．

ここで，光がx方向に直線的に偏っているときには，その角運動量はいくらかという問題を考えてみることにしよう．x方向に偏った光は，RHCとLHCに偏った光の重ね合わせで表わされる．したがって，角運動量$+\hbar$の振幅と，角運動量が$-\hbar$の振幅とが存在する．したがって，それは**決った**角運動量をもっていない．直線的に偏った光は，$+\hbar$の角運動量をもって現われる振幅と，$-\hbar$の角運動量をもって現われる振幅とをもっている．しかもそれらの振幅の大きさは等しい．そして，これらの二つの振幅の干渉によって，直線的な偏りの状態がつくり出されているのである．そして，それが$+1$の単位の角運動量をもって現われる確率は，-1の単位の角運動量で発見される確率と**等しく**なっている．直線的に偏ったビームに対して巨視的な観測をすれば，その光はゼロの角運動量を運ぶことが示されると考えられよう．なぜなら，光子の数が多くなると，そのなかにはほとんど等しい数のRHC光子とLHC光子とが存在し，それらの光子は反対の量の角運動量を寄与することになり――その平均の角運動量は0となるからである．したがって，古典論では，ある程度の円形の偏りをもたなければ，光の角運動量は観測されない．

だいぶ前に，スピン1をもつ任意の粒子は，そのJ_zの値として3個の値，すなわち$+1, 0, -1$(シュテルン-ゲルラッハの実験でみた三つの状態)の値をとりうるといった．ところが，光というのはおかしな奴であって，二つの状態しかもっていないのである．それは，ゼロの場合をもたない．この奇妙な欠落の生じる原因は，光が静止しえないという事実と関係している．スピンjの粒子が静止しているとき，その可能な状態は$2j+1$個ある．このとき，j_zの値は$-j$から$+j$まで一つずつ変化する．ところが，スピンがjで，質量がゼロの場合には，運動方向に沿う$+j$と$-j$の成分に対応する状態だけしか存在しないことが分るのである．例えば——光子はスピン1の物体であるにもかかわらず——光は3個の状態ではなく，2個の状態しかもたない．このことは——空間回転により何がおきるかということに基づく証明——スピン1の粒子に対しては3個の状態が必要であるという，われわれのまえの証明とどうして矛盾をおこさないのであろうか．静止している粒子の場合には，運動量の状態を変えることなく，任意の軸のまわりの回転を行うことが可能である．ところが，静止質量が0である(光子やニュートリノのような)粒子は静止することができない．この場合には，運動量状態を変えないような回転は，その粒子の運動方向に沿っている軸のまわりの回転だけである．一つの軸のまわりの回転に関する議論，つまり状態の一つが角ϕの回転によって$e^{i\phi}$の因子だけ変化するという議論だけでは，3個の状態が必要であるということを証明するには不十分なのである†．

もう一つ，おまけを追加しておこう．一般には，静止質量0の粒子の場合，本当は運動方向に沿う二つのスピン状態$(+j, -j)$のうちの**一つだけ**が必要なのである．ニュートリノ——これはスピン1/2の粒子である——の場合には，運動方向に**反対向き**の角運動量の成分$(-\hbar/2)$をもつ状態だけが自然界に存在する．[そして，反ニュートリノの場合には，運動方向に**沿う**$(+\hbar/2)$の状態だけが存在する.] 体系が反転対称性をもつ場合には，(したがって，光のようにパリティーが保存する場合には)両方の成分($+j$と$-j$)が必要となる．

17-5　Λ^0粒子の崩壊

ここで，量子力学固有の問題における角運動量保存則の利用の仕方を示す例を一つあげておこう．ラムダ粒子(Λ^0)の崩壊現象を調べようというのである．このΛ^0粒子は，“弱い”相互作用によって，1個の陽子と1個のπ^-中間子に崩壊する．すなわち，

$$\Lambda^0 \longrightarrow p+\pi^-$$

† 質量ゼロの粒子の場合には，運動方向に沿う角運動量の成分が$\hbar/2$の整数倍でなければならぬ——少なくとも，$\hbar/3$のようなものではない——ということを証明しようとしたのであるが，ローレンツ変換のもつあらゆる性質を利用したけれども，うまくゆかなかった．おそらく，その証明は不可能なのだろうと思う．この問題については，ウィグナー教授と話をする必要があると思っている．こういうことにかけては，彼は何でも知っているのだから．

となる．いま，パイオンはスピン 0，陽子はスピン 1/2，Λ^0 はスピン 1/2 をもつことが分っているものと仮定する．そこで次の問題を解こうというわけである．すなわち，1 個の Λ^0 がつくられたとき，それが完全に偏っているものとする——ということは，適当に選ばれた z 軸に関して，そのスピンが，例えば"上向き"になっているということである——図 17-6(a) をみよ．問題は，Λ^0 が崩壊して——図 17-6(b) に示されているように——陽子が z 軸に関して角 θ の方向に出てゆく確率はいくらかということである．いいかえれば，崩壊の角分布がどうなるかということである．Λ^0 が静止している座標系でこの崩壊を調べることにする——つまり，この静止系で陽子の角度を測定する．それをやっておきさえすれば，必要ならいつでも他の座標系に変換することができる．

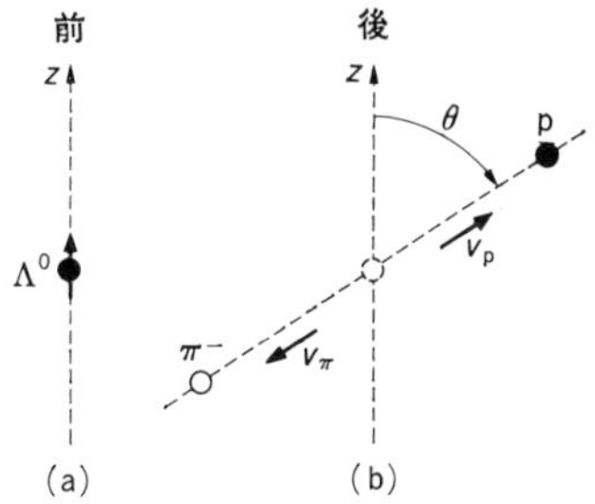

図 17-6 スピン"上向き"の Λ^0 が 1 個の陽子と 1 個のパイオンに(重心系で)崩壊する．その陽子が角 θ で出てゆく確率はどれだけか

まずはじめ，陽子が z 軸に沿う方向の小さな立体角 $\Delta\Omega$(図 17-7) のなかに放出されるという特別な場合を調べることにする．崩壊前には，図の (a) にあるように，Λ^0 のスピンは"上向き"になっている．少し時間が経った後——それが弱い相互作用と関係をもっているということ以外は，現在のところなぜだかその理由は分らないけれども——その Λ^0 は 1 個の陽子と 1 個のパイオンに分裂する．いま，陽子は z 軸の正の方向に進むものとする．すると，運動量保存則によって，パイオンのほうは下向きに進行しなければならないことになる．陽子はスピン 1/2 の粒子であるから，そのスピンは"上向き"か"下向き"のどちらかになっている——つまり原理的には，図の (b) と (c) に示した二つの可能性が存在するわけである．しかしながら，角運動量保存則によって，陽子のスピンは"上向き"になっていることが要求されるのである．これをみるには，次のような議論によるのが一番簡単である．z 軸に沿って運動する粒子は，その運動によって，その軸のまわりの角運動量には何の寄与をも与ええない．したがって，J_z に寄与しうるのは，そのスピンだけである．崩壊前には，z 軸のまわりのスピン角運動量は $+\hbar/2$ であった．したがって，それは崩壊後も $+\hbar/2$ でなければならない．一方，パイオンのスピンは 0 であるから，陽子のスピンは"上向き"でなければならないというわけである．

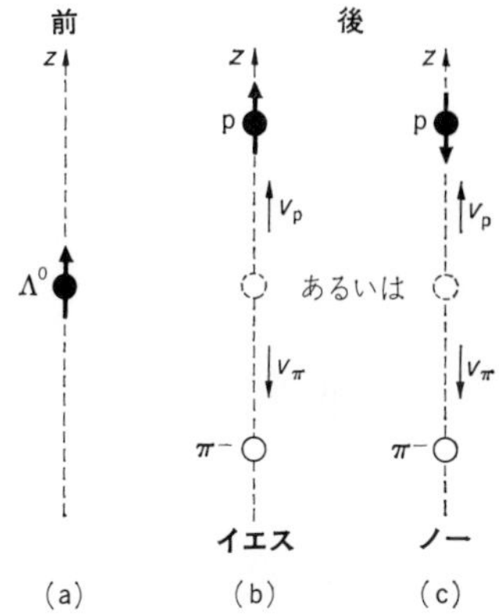

図 17-7 スピン"上向き"の Λ^0 が崩壊して，$+z$ 軸に沿って陽子が出てゆくときの二つの可能性．(b) の場合にだけ角運動量が保存される

こういった種類の議論は，量子力学では成立しないのではないかと心配する人がいるかも知れないので，ここでちょっと，それがうまくいっているのだということを示しておくことにしよう．初状態(崩壊前の状態)を $|\Lambda^0$, スピン $+z\rangle$ と書くと，その状態は，z 軸のまわりに角 ϕ の回転をしたとき，状態ベクトルに $e^{i\phi/2}$ の位相因子が掛かるという性質をもっている．(回転後の座標系からみると，状態ベクトルは $e^{i\phi/2}|\Lambda^0$, スピン $+z\rangle$ となっている．) これが，スピン 1/2 の粒子が"上向き"になっているということである．自然の性質は軸の選び方には依存しないから，終状態(陽子とパイオンの状態)も同じ性質をもっていなければならない．したがって，その終状態を例えば

$$|\,+z\text{ 方向に進む陽子, スピン }+z;\ -z\text{ 方向に進むパイオン}\,\rangle$$

と書くことができる．しかし本当は，パイオンの運動を指定する必要はない．なぜなら，われわれの選んだ座標系では，パイオンは陽子とはつねに反対向きの運動をするからである．そこで，終状態の表わし方を

$$|\ +z\ \text{方向に進む陽子，スピン}\ +z\rangle$$

と簡単化することが可能である．さて，座標系を z 軸のまわりに角 ϕ だけ回転したときには，この状態はどうなるであろうか．

陽子もパイオンも z 軸に沿って運動しているから，それらの運動の様子は回転によって変化することはない．（これがこのような特別な場合をとりあげた理由である．そうしないと，以下の議論ができなくなる．）また，パイオンにも何もおきない．なぜなら，そのスピンは0だからである．しかし，陽子のほうはスピン1/2をもっている．そのスピンが“上向き”になっているときには，回転に伴って，それは $e^{i\phi/2}$ の位相の変化を与える．（スピンが“下向き”なら，陽子による位相の変化は $e^{-i\phi/2}$ である．）しかし，角運動量が保存されているならば，回転による位相の変化は，反応の前後で同じでなければならない．（ハミルトニアンには外部からの影響は存在しないから，実際，角運動量は保存している．）したがって，唯一の可能性は陽子のスピンは“上向き”であるということである．陽子が上向きに進むときには，そのスピンもまた“上向き”でなくてはならないのである．

そうすると，角運動量の保存により，図17-7の(b)に示された過程は許されるが，図の(c)に示されている過程は許されないということが結論されるわけである．ところで，崩壊現象がおきるということは分っているのであるから，(b)の過程——陽子が上向きのスピンをもって上方に進む過程——のおきる振幅が存在するはずである．そこで，任意の無限小の時間の間に，このような崩壊のおきる振幅を a と書くことにする†．

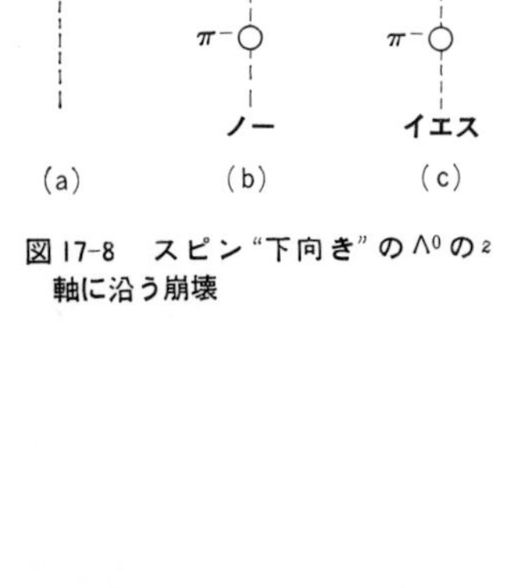

図17-8　スピン“下向き”の Λ^0 の z 軸に沿う崩壊

さてこんどは，はじめ Λ^0 のスピンが“下向き”になっている場合はどうなるかを調べよう．このときもまた，図17-8に示されているように，陽子が z 軸に沿って上向きに進行する場合の崩壊について調べることにする．角運動量が保存されているなら，諸君はこの場合，陽子のもつスピンが“下向き”のスピンでなければならないことが分るであろう．そのような崩壊の振幅を b と書くことにする．

うえの二つの振幅 a と b とに関しては，これ以上のことは何もいえない．これらの値は，Λ^0 の内部構造と弱い相互作用に依存しており，まだだれもこれらの振幅の値を計算する方法を知らないからである．したがって，それらの値は実験から決めなければならない．しかし，これらの二つの振幅を利用すれば，崩壊の角分布に関して知りたいことはみんな**分る**のである．ただ必要なことは，いま話している状態に

† ここでわれわれは，諸君が量子力学のからくりに十分に慣れていて，詳しい数式を書かなくても，物理的に議論することができるものと仮定している．ここでいっていることがよく分らないときには，この節の終わりの附録に詳しいことが書いてあるので，それを参照されたい．

ついて，それらを注意深く完全に定義しておくことである．

さてここで，図 17-6 にあるように，z 軸に関して角 θ の方(の小さな立体角 $\Delta\Omega$ のなか)に陽子が出てゆく確率を求めることにしよう．そこで，この方向に新しい z 軸をとり，それを z' 軸とよぶことにする．この軸に沿って何がおきるかということを解析する方法を，われわれはすでに知っている．この新しい軸に関しては，Λ^0 のスピンはもはや“上向き”にはなっていない．このときは，スピン“上向き”の振幅とスピン“下向き”の振幅とが存在する．そして，これらについてはすでに，第 6 章でも，また第 10 章の(10.30)でも計算したことがある．つまり，スピン“上向き”の振幅は $\cos(\theta/2)$ であり，またスピン“下向き”の振幅は $-\sin(\theta/2)$ である†．Λ^0 のスピンが z' に沿って“上向き”の場合，振幅 a で $+z'$ 方向に陽子を放出する．したがって，“上向き”に自転している陽子が，z' 方向に沿って出てくるのを発見する振幅は

$$a\cos\frac{\theta}{2} \tag{17.33}$$

で与えられる．同様にして，下向きに自転している陽子が，z' 軸の正の方向に沿って出てくる振幅は

$$-b\sin\frac{\theta}{2} \tag{17.34}$$

で与えられる．これらの振幅の表わしている 2 過程を図示したのが図 17-9 である．

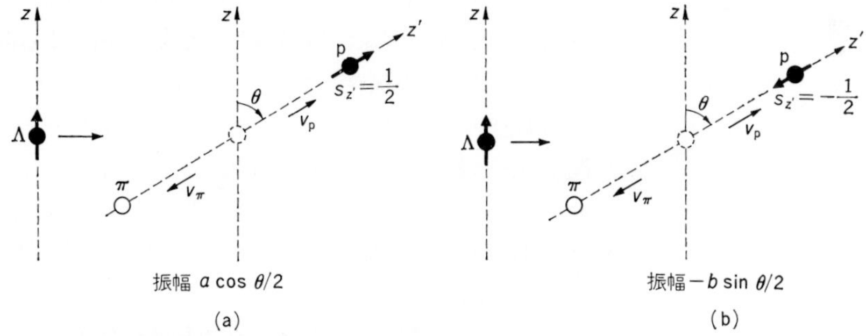

図 17-9 Λ^0 の崩壊の 2 個の可能な状態

そこで次のような簡単な問題を考える．それは，Λ^0 が z 軸に沿って上向きのスピンをもっているとき，その崩壊によって生じた陽子が角 θ の方向に出ていく確率はいくらかという問題である．二つの(z' に沿って“上向き”と“下向き”の)スピン状態は，たとえそれを観測しようとしなくても，区別が可能である．したがって，その確率をうるには，それらの振幅を 2 乗して加え合わせればよいわけである．角 θ の方向の微小立体角 $\Delta\Omega$ 内に陽子を発見する確率は

$$f(\theta)=|a|^2\cos^2\frac{\theta}{2}+|b|^2\sin^2\frac{\theta}{2} \tag{17.35}$$

† いまの場合，z' 軸は x-z 平面内にあるとして，$R_y(\theta)$ の行列要素を用いた．z' 軸に対して別の選び方をしても同じ結果がえられる．

で与えられる．ここで，$\sin^2\theta/2=(1-\cos\theta)/2$ であり，また $\cos^2\theta/2=(1+\cos\theta)/2$ であることを思いおこすと，$f(\theta)$ は次のように書くことができる．

$$f(\theta)=\left(\frac{|a|^2+|b|^2}{2}\right)+\left(\frac{|a|^2-|b|^2}{2}\right)\cos\theta. \qquad (17.36)$$

すると，陽子の角分布は

$$f(\theta)=\beta(1+\alpha\cos\theta) \qquad (17.37)$$

という形で表わされることになる．この確率は，θ に無関係の部分と，$\cos\theta$ とともに線形に変化する部分とからなっている．したがって，陽子の角分布を測定することにより，α と β の値を決定することができ，それから $|a|$ と $|b|$ の値がえられる．

ここまでくれば，色々な問題に答えることができる．古い z 軸に沿って，スピン"上向き"になっている陽子にだけ関心がある場合はどうなるか．(17.33)と(17.34)とは，それぞれ，z' 軸に関してスピン"上向き"およびスピン"下向き"($+z'$ と $-z'$)の陽子を発見する振幅を与えている．したがって，古い z 軸に関するスピン"上向き"の状態 $|+z\rangle$ は，基本状態 $|+z'\rangle$ と $|-z'\rangle$ とを用いて表わすことができる．そのときには，二つの振幅(17.33)と(17.34)に適当な係数($\cos\theta/2$ および $-\sin\theta/2$)を掛けて加え合わせると，全体の振幅として

$$\left(a\cos^2\frac{\theta}{2}+b\sin^2\frac{\theta}{2}\right)$$

をうる．これの2乗をとったものが，陽子が Λ^0 と同じスピンをもって(つまり，z 軸に沿って"上向き"になって)出てくる確率である．

もしパリティーが保存しているとすれば，もう一つ別のことがいえる．図17-8の崩壊は，ちょうど図17-7の崩壊の——例えば y-z 平面に関する——鏡映になっている†．したがって，パリティーが保存しているときには，b は a または $-a$ に等しくなければならない．この場合には，(17.37)の係数 α は0となり，崩壊はすべての方向に一様におきることになる．

ところが実験の結果は，崩壊に非対称性が存在することを示している．測定によってえられた角分布は，われわれの予測の通り，$\cos\theta$ の形で変化し，$\cos^2\theta$ のような形でもなく，また他のベキの形にもなっていない．事実，角分布がこういう形をもつことが観測されたことから，Λ^0 のスピンが1/2であることが導かれるのである．同時にまた，パリティーが保存されていないことも分るわけである．実際，係数 α は実験的に -0.62 ± 0.05 であることが発見されている．したがって，b は大よそ a の2倍の大きさをもっている．これからみても，明らかに鏡映対称性が失われている．

これで，角運動量の保存から，どれほど多くのことがえられるかが分ったことと思う．次の章では，その例をもっとたくさんあげること

† スピンは軸性ベクトルであって，鏡映によってひっくり返ることを思いおこされたい．

にしよう．

附録　この節では，振幅 a は状態 $|+z$ 方向に進む陽子，スピン $+z\rangle$ が状態 $|\Lambda$，スピン $+z\rangle$ から無限小時間 dt の間に生成される振幅を意味していた．あるいは，換言すれば

$$\langle +z\text{方向に進む陽子，スピン }+z\,|H|\,\Lambda,\text{ スピン }+z\rangle = i\hbar a \tag{17.38}$$

であった．ここで H はこの世界のハミルトニアン——あるいはそれが何であれ，少なくとも Λ 崩壊をおこす原因としてのハミルトニアン——である．角運動量が保存されるということは，そのハミルトニアンが，

$$\langle +z\text{ 方向に進む陽子，スピン }-z\,|H|\,\Lambda,\text{ スピン }+z\rangle = 0 \tag{17.39}$$

という性質をもたねばならないということを意味している．また，振幅 b は

$$\langle +z\text{ 方向に進む陽子，スピン }-z\,|H|\,\Lambda,\text{ スピン }-z\rangle = i\hbar b \tag{17.40}$$

を意味している．このとき角運動量保存則は，

$$\langle +z\text{ 方向に進む陽子，スピン }+z\,|H|\,\Lambda,\text{ スピン }-z\rangle = 0 \tag{17.41}$$

という要請を与えることになる．

(17.33)および(17.34)に書かれている振幅は不明確であるというなら，もっと数学的には，それらは次のように表わすことができる．(17.33)は，$+z$ の方向のスピンをもつ Λ が，$+z'$ の方向に進み，$+z'$ 方向のスピンをもつ陽子に崩壊する振幅を表わしており，これは

$$\langle +z'\text{ 方向に進む陽子，スピン }+z'\,|H|\,\Lambda,\text{ スピン }+z\rangle \tag{17.42}$$

と表わされる．量子力学の一般原理により，この振幅は

$$\sum_i\langle +z'\text{ 方向に進む陽子，スピン }+z'\,|\,H\,|\,\Lambda,i\,\rangle\langle\Lambda,i\,|\Lambda,\text{ スピン }+z\rangle \tag{17.43}$$

と書くことができる．ここで和は，静止している Λ 粒子のすべての基本状態にわたってとられる．Λ 粒子のスピンは 1/2 であるから，どんな基本状態を用いたとしても，その基本状態の数は 2 個である．いま，その基本状態として，z' 軸に関するスピン“上向き”と“下向き”$(+z'$ と $-z')$ の基本状態を採用すると，(17.43)の振幅は次の和に等しいということになる．

$$\begin{aligned}&\langle +z'\text{ 方向に進む陽子，スピン }+z'\,|H|\,\Lambda, +z'\,\rangle\langle\,\Lambda, +z'\,|\,\Lambda, +z\,\rangle\\&+\langle +z'\text{ 方向に進む陽子，スピン }+z'\,|H|\,\Lambda, -z'\,\rangle\langle\,\Lambda, -z'\,|\,\Lambda, +z\,\rangle.\end{aligned} \tag{17.44}$$

この表式の第 1 項の最初の因子は，(17.38)の定義から a であり，第 2 項の最初の因子は，(17.41)から 0 であるが，これは角運動量保存則から出てきたことである．残る第 1 項の因子 $\langle\Lambda, +z'|\Lambda, +z\rangle$ は，一つの軸に沿って“上向き”のスピンをもつスピン 1/2 の粒子が，角 θ だけ傾いた軸に沿って“上向き”の状態に発見される振幅にほかならない——表 6-2 をみれば分るように，その値は $\cos\theta/2$ である．したがって，(17.44)のとる値は，(17.33)に書いたように $a\cos\theta/2$ である．(17.34)の振幅も，スピン“下向き”の Λ 粒子の場合について同様の議論をすることによってえられる．

17-6　回転の行列のまとめ

ここで，スピン 1/2 およびスピン 1 の粒子の場合の回転に関してこれまで色々学んできた結果を，一つの場所にまとめておくことにしよう——そうすれば，あとで利用するのに便利だからである．下に，ス

ピン 1/2 の粒子，スピン 1 の粒子および光子(静止質量が 0 で，スピン 1 の粒子)の場合の回転の行列 $R_z(\phi)$ および $R_y(\phi)$ の表がある．そこにはそれぞれのスピンに対して，z 軸または y 軸のまわりの回転に対する行列要素 $\langle j|R|i\rangle$ が与えてある．もちろんこれらは，ずっと前の章で使ってきた $\langle +T|0S\rangle$ のような振幅と正確に同等のものである．$R_z(\phi)$ とは，状態を，z 軸のまわりに角 ϕ だけ回転した新しい座標系に射影することを意味している——なおこのとき，いつでも回転の正の方向の定義に右手の規則を使っている．$R_y(\theta)$ は，座標軸を y 軸のまわりに角 θ だけ回転することを意味している．これらの二つの回転さえ分っていれば，もちろん任意の回転を求めることができる．普通のように，**左側にある**状態が**新しい**(回転をした)座標系での基本状態であり，右側の状態は古い(回転をしてない)座標系における基本状態になっているような形で行列要素を書いている．表のなかにある要素に対しては，色々な解釈を与えることができる．例えば，表 17-1 の一つの要素 $e^{-i\phi/2}$ は，行列要素 $\langle -|R|-\rangle=e^{-i\phi/2}$ を意味している．しかしまたそれは，$\hat{R}|-\rangle=e^{-i\phi/2}|-\rangle$，あるいは $\langle -|\hat{R}=\langle -|e^{-i\phi/2}$ をも意味している．これらはみな同じものである．

表 17-1　スピン 1/2 の場合の回転の行列

2 個の状態：$|+\rangle$，z 軸に沿って "上向き"，$m=+1/2$
$|-\rangle$，z 軸に沿って "下向き"，$m=-1/2$

$R_z(\phi)$	$\|+\rangle$	$\|-\rangle$
$\langle +\|$	$e^{+i\phi/2}$	0
$\langle -\|$	0	$e^{-i\phi/2}$

$R_y(\theta)$	$\|+\rangle$	$\|-\rangle$
$\langle +\|$	$\cos\theta/2$	$\sin\theta/2$
$\langle -\|$	$-\sin\theta/2$	$\cos\theta/2$

表 17-3　光子

2 個の状態：$|R\rangle=\frac{1}{\sqrt{2}}(|x\rangle+i|y\rangle)$，
$m=+1$(RHC の偏り)
$|L\rangle=\frac{1}{\sqrt{2}}(|x\rangle-i|y\rangle)$，
$m=-1$(LHC の偏り)

$R_z(\phi)$	$\|R\rangle$	$\|L\rangle$
$\langle R\|$	$e^{+i\phi}$	0
$\langle L\|$	0	$e^{-i\phi}$

表 17-2　スピン 1 の場合の回転の行列

3 個の状態：$|+\rangle$，$m=+1$
$|0\rangle$，$m=0$
$|-\rangle$，$m=-1$

$R_z(\phi)$	$\|+\rangle$	$\|0\rangle$	$\|-\rangle$
$\langle +\|$	$e^{+i\phi}$	0	0
$\langle 0\|$	0	1	0
$\langle -\|$	0	0	$e^{-i\phi}$

$R_y(\theta)$	$\|+\rangle$	$\|0\rangle$	$\|-\rangle$
$\langle +\|$	$\frac{1}{2}(1+\cos\theta)$	$+\frac{1}{\sqrt{2}}\sin\theta$	$\frac{1}{2}(1-\cos\theta)$
$\langle 0\|$	$-\frac{1}{\sqrt{2}}\sin\theta$	$\cos\theta$	$+\frac{1}{\sqrt{2}}\sin\theta$
$\langle -\|$	$\frac{1}{2}(1-\cos\theta)$	$-\frac{1}{\sqrt{2}}\sin\theta$	$\frac{1}{2}(1+\cos\theta)$

第18章 角運動量

18-1 電気双極子放射

前章では，量子力学における角運動量の保存という考え方を発展させて，それを用いて，Λ粒子の崩壊により生成された陽子の角分布を予測する方法を示した．ここでは，原子系の角運動量の保存からえられる多くの他のよく似た結果について解説する．その最初の例としてとりあげるものは，1個の原子からの光の放射である．そのとき放射される光子の偏りの方向とその角分布は，(色々な保存則のなかでも，とくに)角運動量の保存によって決定されるのである．

ある決った角運動量をもつ——例えば，スピン1をもつ——励起状態にある1個の原子があって，それが光子を1個放出して，よりエネルギーの低い角運動量0の状態に転移するものとする．問題は，その角分布と光子の偏りの方向を計算することである．(この問題は，スピン1/2の粒子のかわりに，スピン1の粒子があるということを別にすれば，Λ^0 の崩壊の問題とほとんど完全に同じ問題である.) 原子の高いエネルギーの状態のスピンは1であるとしているから，角運動量の z 成分に関しては，3個の可能性が存在する．つまり，m のとりうる値は $+1, 0$ あるいは -1 である．ここでの例の場合には，$m=+1$ の状態にあるものとしている．この場合にどうなるかが分れば，そのほかの場合についても同様に計算をすることができる．原子は——図18-1(a)に示したように——$+z$ 軸の方向の角運動量をもって静止しているものとする．このとき，z 軸に沿って上向きに右回りの円形に偏った光を放出する振幅を求めることにしよう．したがってこのとき——図の(b)に示されているように——原子の終状態の角運動量はゼロである．さて，この問題の答えはまだ分っていないのであるが，右回りの円形に偏った光が，その伝播方向に1単位の角運動量をもっていることはすでに知っている．したがって，光子が放出された後には，その状況は図18-1(b)に示されているようになっていなければならない．つまり，放出後に残された原子の z 軸のまわりの角運動量は0になっている．なぜなら，原子のエネルギーの低い状態はスピン0の状態であると仮定したからである．この事象に対する振幅を a で表わすことにしよう．もっと正確にいえば，a は，時間 dt の間に，z 軸を中心とする微小立体角 $\Delta\Omega$ 内に1個の光子を放出する振幅を表わすものとする．ここで，LHCの光子を同じ方向に放出する振幅は0であることに注意しよう．なぜなら，そのような光子のもつ z 軸に関する角

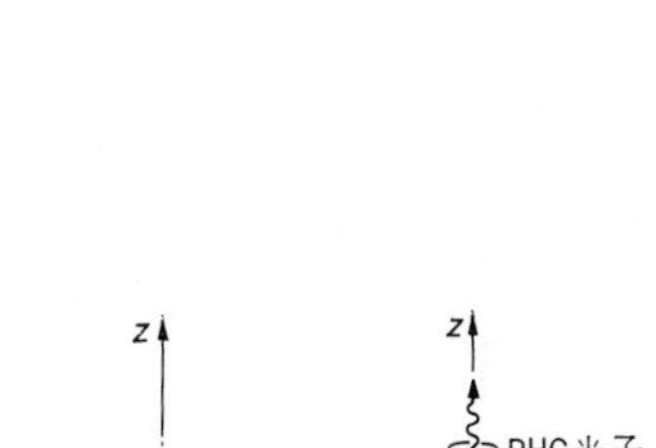

図18-1 $m=+1$ の原子が $+z$ 軸に沿って RHC 光子を放出する

運動量の値は -1 であり，一方，原子の角運動量は0であるから，全体では -1 である．したがって，角運動量が保存されないことになるからである．

同様にして，図18-2に示されているように，原子のスピンが，はじめ“下向き”(z 軸に沿って -1)になっているときには，その原子は $+z$ の方向にLHCに偏った光子のみを放出しうるということになる．そこで，この事象に対する振幅を b と表わすことにする――これもまた，光子が立体角 $\Delta\Omega$ のなかにはいってゆく振幅を意味するものとする．一方，原子が $m=0$ の状態にあるときには，その原子が $+z$ 方向に光子を放出するということは，全くありえないことである．なぜなら，1個の光子はその運動の方向に沿う角運動量としては，$+1$ または -1 の値しかとりえないからである．

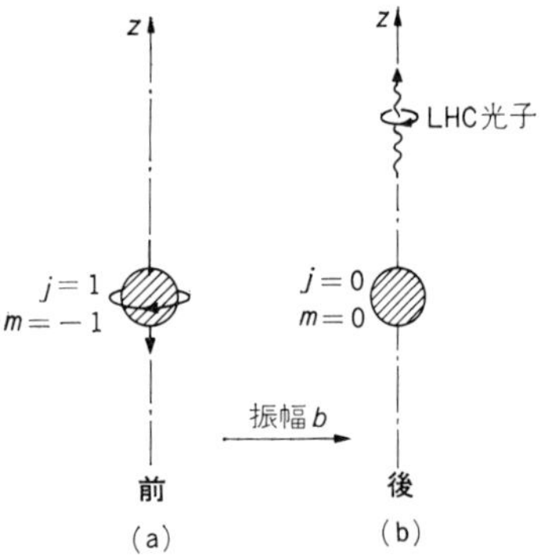

図18-2　$m=-1$ の原子が $+z$ 軸に沿ってLHC光子を放出する

次に，b は a と関係をもっていることが示される．図18-1の状況の反転(inversion)をとったとする．これは，体系の各部分を原点に関して，その反対側の点に移動したとき，その体系がどうみえるかということを考えることを意味している．このことは，角運動量ベクトルの鏡映(reflection)をとることを意味するのでは**ない**．鏡映という操作をしないのは，その操作が不自然だからである．それよりもむしろ，そのような角運動量をもって運動している状態を，反転の操作によってひっくりかえそうというのである．図18-3の(a)と(b)には，原子の中心に関して反転をとる前後で，図18-1の過程がどうみえるかが示されている．このとき，原子の回転の方向は変化しないことに注意されたい†．図18-3(b)の反転した系では，原子は $m=+1$ をもっており，下向きに進行するLHC光子を放出する．

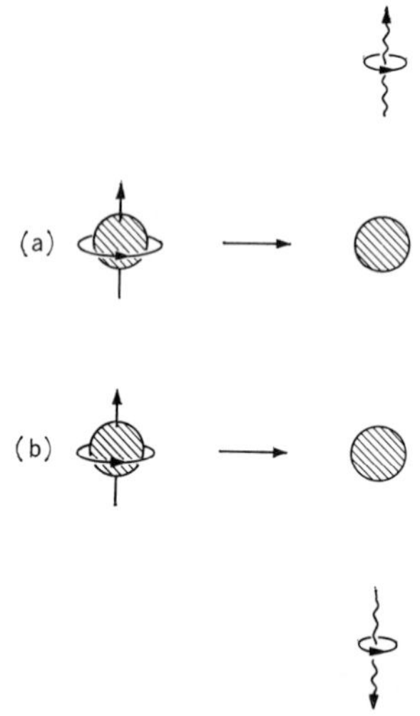

図18-3　(a)の過程を原子の中心に関して反転をすると(b)の過程となる

さてこんどは，図18-3(b)の体系を，x または y 軸のまわりに180°の回転をすると，それは図18-2と同じものになる．つまり，反転と回転の操作を結合すると，2番目の過程を1番目の過程に変えるのである．表17-2を用いると，y 軸のまわりの180°の回転は，$m=-1$ の状態を，$m=+1$ の状態に変えることが分る．したがって，振幅 b は，**反転による符号の変化の可能性を別にすれば**，振幅 a と等しくなければならない．反転によって，振幅の符号が変化するかどうかは，原子のはじめと終りの状態のパリティーに依存する．

原子的な過程においては，パリティーは保存される．したがって，全体系のパリティーは，光子の放出の前後で同じ値をもっていなければならない．その値がどうなるかは，原子のはじめと終りの状態のパリティーが偶であるか奇であるかに依存する――そして，そのパリティーが違っていれば，光の放射の角分布もまた異なる．ここでは普通の場合のように，原子の初状態が**奇**のパリティーをもち，その終状態

† x, y, z を $-x, -y, -z$ に変えると，すべてのベクトルは反対向きになると思うかも知れない．しかし，そうなるのは変位とか速度のような**極性**ベクトルの場合だけであって，角運動量――または，2個の極性ベクトルのベクトル積――のような**軸性**ベクトルのときにはそうはなら**ない**．軸性ベクトルは，反転をしても，その成分の符号は変化しない．

が偶のパリティーになっているものとする．このときには“電気双極子放射”とよばれる現象がおきる．（はじめと終りの状態が同じパリティーをもっているときには，“磁気双極子放射”があるといい，これは環状の電流が振動しているときに出てくる放射の示す特性をもっている.）初状態のパリティーが奇のときには，体系を図 18-3 の(a)から(b)に変える反転の操作によって，その振幅は符号を変える．原子の終状態は偶のパリティーをもっているので，その振幅の符号は変化しない．その反応がパリティーを保存する場合には，振幅 b は a とその大きさは等しいが，符号は反対である．

結局，$m=+1$ の状態にある原子が上向きの方向に光子を放出する振幅が a であるとき，始めと終わりの状態のもつパリティーを仮定しておくと，$m=-1$ の状態にある原子が上向きの方向に LHC 光子を放射する振幅は $-a$ で与えられるということになる†．

これでもう，1個の光子が z 軸に関して任意の角 θ の方向に放射される振幅を求めるのに必要なことは全部分った．はじめ1個の原子が，$m=+1$ をもって偏っているものとする．この状態を，光子が放射される方向の新しい z' 軸に関して，$+1, 0, -1$ の3個の状態に分解することができる．これらの三つの状態に対する振幅は，すでに表 17-2 の下半分に与えられている．そのとき，RHC 光子が θ 方向に放射される振幅は，a に，その方向で $m=+1$ をもつ振幅を掛けたものである．すなわち，

$$a\langle + | R_y(\theta) | + \rangle = \frac{a}{2}(1+\cos\theta) \tag{18.1}$$

である．同じ方向に LHC 光子が放射される振幅は，$-a$ に，新しい方向で $m=-1$ をもつ振幅を掛けたものである．このときも表 17-2 を利用すると，それは

$$-a\langle - | R_y(\theta) | + \rangle = -\frac{a}{2}(1-\cos\theta) \tag{18.2}$$

で与えられる．ほかの偏りの光子の場合に興味のあるときには，その振幅はこれらの二つの振幅を重ね合わせることによって求められる．また，任意の成分の強度を角度の関数として求めるには，もちろんその振幅の絶対値の2乗をとらなくてはならない．

18-2 光の散乱

うえにえられた結果を利用して，もう少し複雑な問題——しかしまた，もう少し現実的な問題——を解くことにしよう．いくつかの同じ原子がその基底状態($j=0$)にあり，それらが入射してくる光のビームを**散乱**するとする．光ははじめ $+z$ の方向を向いてはいってくるものとする．つまり，図 18-4(a)に示されているように，光は $-z$ 方向か

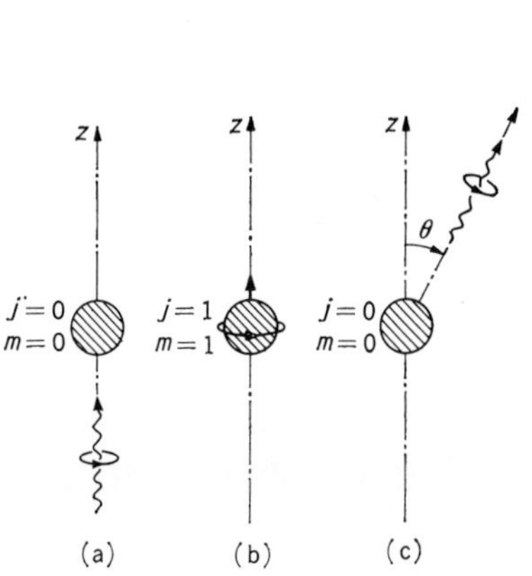

図 18-4 2段階の過程としての原子による光の散乱

† 諸君のなかには，上の議論に反対の人もいることと思う．なぜなら，いま考えている終状態は一定のパリティーをもたないからである．そういう人は，この章の終わりの補遺2に別の証明法が示されているから，それを参照されたい．

ら原子に向って上昇してくるとする．この光の散乱は，2段階の過程として考えることができる．すなわち，光子はまず吸収され，それから再放出されると考えられる．図18-4(a)の場合のように，RHC光子が入射してくるとき，角運動量は保存されるから，光子が吸収された後には——図18-4(b)に示されているように——原子は $m=+1$ の状態になるであろう．そこで，この過程に対する振幅を c とする．そのあとで原子は——図18-4(c)にあるように——θ の方向にRHC光子を放出することができる．RHC光子が θ 方向に散乱されてくる全振幅は，c に(18.1)を掛けたものである．この散乱の振幅を $\langle R'|S|R\rangle$ と書くと，

$$\langle R'|S|R\rangle=\frac{ac}{2}(1+\cos\theta) \qquad (18.3)$$

をうる．

また，RHC光子が吸収されて，それからLHC光子が放出される振幅も存在する．この2段階の過程のそれぞれの振幅の積が，RHC光子がLHC光子として散乱される振幅 $\langle L'|S|R\rangle$ である．そこで(18.2)を利用すると，

$$\langle L'|S|R\rangle=-\frac{ac}{2}(1-\cos\theta) \qquad (18.4)$$

をうる．

さてここで，LHC光子が入射してきたときにはどうなるかを考えてみよう．その光子が吸収されると，原子は $m=-1$ の状態になる．前節でやったのと同種の議論を利用すると，この振幅は $-c$ でなければならないことが示される．$m=-1$ の状態にある原子が，角 θ の方向にRHC光子を放出する振幅は a に振幅 $\langle +|R_y(\theta)|-\rangle$ を掛けたものである．この $\langle +|R_y(\theta)|-\rangle$ は $(1-\cos\theta)/2$ である．したがって，

$$\langle R'|S|L\rangle=-\frac{ac}{2}(1-\cos\theta) \qquad (18.5)$$

となる．最後に，LHC光子がLHC光子として散乱される振幅は

$$\langle L'|S|L\rangle=\frac{ac}{2}(1+\cos\theta) \qquad (18.6)$$

である．(このとき，2個の負号が相殺している．)

散乱の前後の円形の偏りの任意の与えられた組み合わせに対する**強度**を測定すると，それは上の4個の振幅のうちの1個の2乗をとったものに比例する．例えば，RHCの光のビームが入射したとき，RHCの光子が散乱されてくる強度は $(1+\cos\theta)^2$ の形で変化する．

これで，話はすべてうまくいっている．しかし，**線形**に偏った光が入射すると，そのときはどうなるであろうか．x 方向に偏った光は，RHCとLHCの光の重ね合わせとして表わすことができる．つまり，

$$|x\rangle=\frac{1}{\sqrt{2}}(|R\rangle+|L\rangle) \qquad (18.7)$$

である．(**11-4** をみよ．) あるいは，y 方向に偏った光の場合には，

$$|\,y\,\rangle = -\frac{i}{\sqrt{2}}(|\,R\,\rangle - |\,L\,\rangle) \qquad (18.8)$$

である．ここで問題は，諸君が何を知りたいかである．x 方向に偏った光子が，角 θ の方向に RHC 光子になって散乱される振幅が欲しいというのなら，通常の振幅の結合法則を用いれば，それを求めることができる．まず(18.7)に $\langle R'|S$ を掛けると

$$\langle\,R'\,|S|\,x\,\rangle = \frac{1}{\sqrt{2}}(\langle\,R'\,|S|\,R\,\rangle + \langle\,R'\,|S|\,L\,\rangle) \qquad (18.9)$$

をうる．それから，これらの二つの振幅に対しては，(18.3)と(18.5)を利用する．すると

$$\langle\,R'\,|S|\,x\,\rangle = \frac{ac}{\sqrt{2}}\cos\theta \qquad (18.10)$$

をうる．x 方向に偏った光子が LHC 光子になって散乱される振幅が欲しいときには，

$$\langle\,L'\,|S|\,x\,\rangle = \frac{ac}{\sqrt{2}}\cos\theta \qquad (18.11)$$

がえられる．

最後に，x 方向に偏った光子が，その x 方向への偏りを保持しながら散乱される振幅を知りたいものとする．このときに欲しいものは，$\langle x'|S|x\rangle$ である．これは次のように書ける．

$$\langle\,x'\,|S|\,x\,\rangle = \langle\,x'\,|\,R'\,\rangle\langle\,R'\,|S|\,x\,\rangle + \langle\,x'\,|\,L'\,\rangle\langle\,L'\,|S|\,x\,\rangle. \qquad (18.12)$$

ここで

$$|\,R'\,\rangle = \frac{1}{\sqrt{2}}(|\,x'\,\rangle + i|\,y'\,\rangle), \qquad (18.13)$$

$$|\,L'\,\rangle = \frac{1}{\sqrt{2}}(|\,x'\,\rangle - i|\,y'\,\rangle) \qquad (18.14)$$

の関係を利用すると，

$$\langle\,x'\,|\,R'\,\rangle = \frac{1}{\sqrt{2}}, \qquad (18.15)$$

$$\langle\,x'\,|\,L'\,\rangle = \frac{1}{\sqrt{2}} \qquad (18.16)$$

が出てくる．したがって，

$$\langle\,x'\,|S|\,x\,\rangle = ac\cos\theta \qquad (18.17)$$

という答えがえられる．したがって，問題の答えは，x 方向に偏った光のビームは $\cos^2\theta$ に比例する**強度**をもって，(x-z 平面内の)θ 方向に散乱されるということである．y 方向に偏った光を求めると，

$$\langle\,y'\,|S|\,x\,\rangle = 0 \qquad (18.18)$$

であることが分る．したがって，散乱された光は完全に x 方向に偏っているのである．

ここで，ちょっとおもしろいことを注意しておこう．(18.17)および(18.18)の結果は，第II巻**7-5**で述べた光の散乱の古典的理論によ

る結果と正確に対応している．その場合には，電子は線形の弾性的復元力によって原子に束縛されていると考えていた――したがって電子は，古典的な振動子と同じように行動したのである．多分諸君はこう考えることであろう．“古典論のほうがずっと簡単でやさしい．それで正しい答えがえられるなら，どういうわけで量子力学なんかをつかって手間のかかることをやるのか”と．その理由の一つは，これまでは $j=1$ の励起状態および $j=0$ の基底状態にある原子という特殊な場合だけを――それが一番ありふれたものではあるが――考えてきたという点にある．励起状態がスピン2をもっているときには，古典論と量子論で違う結果がえられることになるであろう．また，1個のバネにくっつけられた電子が振動電場により強制振動をするという模型が，たった1個の光子の場合にもうまくゆくという保証はない．それにもかかわらず，その模型が実際に有効であり，それから光の偏りと強度が正しく出てくるということを発見したのであった．したがって量子力学の理論は，ある意味で，全体の話の筋道を真実に向けて変更しているのである．第II巻で，古典論にもとづいて，屈折率の理論，光の散乱の理論をやったわけであるが，量子論もまた，ありふれた場合には同じ結果を与えることを示したわけである．そうすると，事実上，唯一の本当に正統的な方法である量子力学的な議論にもとづいて，例えば空の光の偏りの説明をしたことになるわけである．

いうまでもなく，うまくいっている古典的理論はみんな，究極的には正統的な量子論的な議論によって支持確認されるはずのものである．当然のことながら，大変な時間をつかって諸君に説明したこれらの問題というのは，量子力学においてもなおその正当性を維持している古典物理学のうちの一部から選んできたものである．電子が軌道のまわりを回転している原子模型について，詳しく議論しなかったことに注意されたい．それは，そのような模型が，量子力学に一致するような結果を与えないからである．ところが，バネの上の電子は――これはある意味では，本当の原子の“姿”とは全く似ても似つかぬものでありながら――うまくゆくのである．それだからこそ，屈折率の理論に対して，この模型を利用したのである．

18-3　ポジトロニウムの消滅

つぎに，非常に見事な例をとりあげよう．それは全くもっておもしろい例であって，やや話がややこしくなるけれども，諸君にとってはそれほどでもなかったら幸いである．その例というのは，**ポジトロニウム**とよばれる体系である．これは，電子と陽電子とからつくられている一種の“原子”――e^+ と e^- の束縛状態――である．陽電子を陽子におき換えれば，それは水素原子にほかならない．この物体は――水素原子と同様に――多くの状態をもっている．また，水素原子と同様に，その基底状態は，磁気モーメント間の相互作用によって，“超微細構造”に分裂している．電子と陽電子のスピンは，それぞれ1/2であり，それらは任意の軸に関して平行または反平行のどちらかになっている．(基底状態においては，スピン角運動量以外の軌道運動による角運動量は存在しない.) したがって，基底状態には4個の状態が存在し，そのうちの3個の状態はスピン1の部分系を構成しており，それらの状態はみんな同じエネルギーをもっている．そして，残りの一つは，上とは異なるエネルギーをもつスピン0の状態である．しかし，それらの状態の間のエネルギー間隔は，水素の場合の1420メガサイクルよりもずっと大きい．なぜなら，陽電子のもつ磁気モーメントは，陽子の磁気モーメントよりもずっと——1000倍も——大きいからである．

しかしそれより，水素原子とポジトロニウムとの間のもっとも重要な相違は，ポジトロニウムは永久に存在し続けることができないという点である．陽電子は電子の反粒子であって，そのため，それらはたがいに消滅してしまうことが可能なのである．2個の粒子が完全になくなってしまって——その静止エネルギーを放射線の形に転換する．そしてこれは，γ線(光子)として現われてくる．ポジトロニウムが崩壊するとき，有限の静止質量をもつ2個の粒子が，静止質量0の2個またはそれ以上の数の粒子に変化するのである†.

まずはじめに，スピン0の状態にあるポジトロニウムの崩壊の解析からはじめよう．それは約10^{-10} secの寿命で2個のγ線に崩壊する．はじめの状態では，1個の陽電子と1個の電子とが接近していて，そのスピンは反平行になってポジトロニウムを形成している．崩壊後には，2個の光子が大きさは等しく，方向は反対向きの運動量をもって出てゆく(図18-5)．静止状態における消滅の場合を考えると，それらの光子の運動量の大きさは等しく，反対向きになっていなければならない．なぜなら，崩壊前と同じく，崩壊後の全運動量も0でなければならないからである．ポジトロニウムが静止していない場合には，そのポジトロニウムの上に乗って問題を解き，それからあとですべてを実験室系に変換すればよい．(いまではわれわれは，何でもできる．道具はすべてそろっている.)

図18-5　ポジトロニウムの2光子消滅

まず，角分布については，別におもしろいことは何もないということに注意しよう．初状態はスピン0であるため，特別な軸というものは存在しない——それは，あらゆる回転のもとで対称的である．そうすると，終状態もまた任意の回転に対して対称的になっていなければならないことになる．このことは，崩壊があらゆる方向に一様におきるということを意味しており——どのような方向に光子が出てゆく振幅も同じ大きさである．しかしもちろん，ひとたび光子のうちの**1個**をある方向に発見したときには，**もう一つ**の光子は反対向きになって

† こんにちのように，自然理解が深まってくると，光子のエネルギーが電子のもつエネルギーよりも，より“物質的”でないかどうかを区別する簡単な方法は存在しない．なぜなら，諸君も記憶していると思うが，すべての素粒子は非常に似かよった性質をもっているからである．ただ一つの区別は，光子の静止質量がゼロであるということだけである．

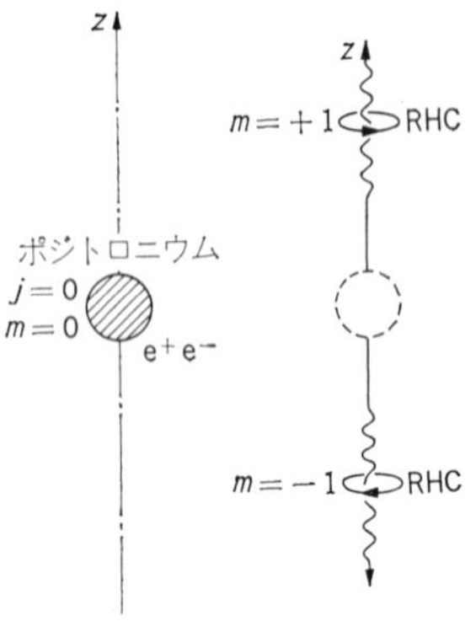

図 18-6　z 軸に沿うポジトロニウムの消滅の一つの可能性

いなければならない．

残る問題で，ここで調べておきたいことは，光子の偏りに関する問題だけである．2 個の光子の運動の方向を，それぞれプラス z 軸およびマイナス z 軸とする．光の偏りの状態を表わすのには，どんな表示を用いてもよい．ここでは，右回りと左回りの円形の偏り——これはいつも光子の運動方向に関連して定義されていることに注意——を選ぶことにする．すると直ちに，上向きに進行する光子が RHC であるときには，下向きに進む光子もまた RHC である場合に，角運動量が保存されることが分る．つまり，それぞれの光子が，**その運動量の方向に関して** ＋1 単位の角運動量を運んでいるわけである†．このことは z 軸に関しては，それぞれプラス 1 単位およびマイナス 1 単位の角運動量を運ぶことを意味している．その全体はゼロであって，崩壊後の角運動量は崩壊前のそれと等しくなっている．図 18-6 を見よ．

同じ議論から，上の方向に進む光子が RHC であるときには，下の方向に進む光子は LHC ではありえない．もしそうだとすると，終状態は 2 単位の角運動量をもつことになり，これは初状態がスピン 0 の場合には許されない．ここで注意すべきことは，そのような終状態はスピン 1 のもう一つのポジトロニウムの基底状態の場合にも不可能であるということである．なぜなら，その初状態はどんな方向でも，その角運動量の最大値は 1 単位だからである．

ここでスピン 1 の状態にあるポジトロニウムが，2 個の光子になって消滅するということは全く不可能であることを示しておこう．いま，$j=1$，$m=0$ の状態を考えると——これは z 軸のまわりの角運動量が 0 の状態である——それはスピン 0 の状態と似たものであって，2 個の RHC 光子に崩壊できるはずであると考えるかも知れない．図 18-7(a) にスケッチしてある崩壊は，確かに z 軸のまわりの角運動量を保存している．しかしいま，その系を y 軸のまわりに 180° の回転をしたときにどうなるかを考えてみよう．この回転をやると，図 18-7(b) に示されている図がえられる．これは図の (a) と全く同じものである．われわれのやったことは，2 個の光子を入れ換えただけである．さて，光子はボース粒子である．すなわち，2 個の光子を入れ換えたとき，その振幅は同じ符号をもち，したがって (b) における崩壊の振幅は，(a) におけるそれと同じものでなければならない．ところが，はじめの物体はスピン 1 をもつと仮定した．そして，$m=0$ の状態にあるスピン 1 の物体を y 軸のまわりに 180° の回転をすると，その振幅は符号を変えることになる．(表 17-2 をみて，$\theta=\pi$ とすれば分る．) したがって，図 18-7 の (a) の振幅と (b) の振幅とは反対符号をもって

† 角運動量の解析をするときには，いつでも粒子の運動方向に関する角運動量を考える．その他の軸のまわりの角運動量を考えると——$\boldsymbol{r}\times\boldsymbol{p}$ の項からくる——"軌道" 角運動量が現われてくる可能性を考慮しなければならない．そんなことをすると，例えば光子がポジトロニウムの中心から出てくるというようなことを正確に言えなくなる．その場合，光子は，回転している車輪の端から飛び出してくる 2 個の粒子のようになって出てくることになる．運動方向に沿う軸をとっておけば，そんな可能性を考える必要はなくなる．

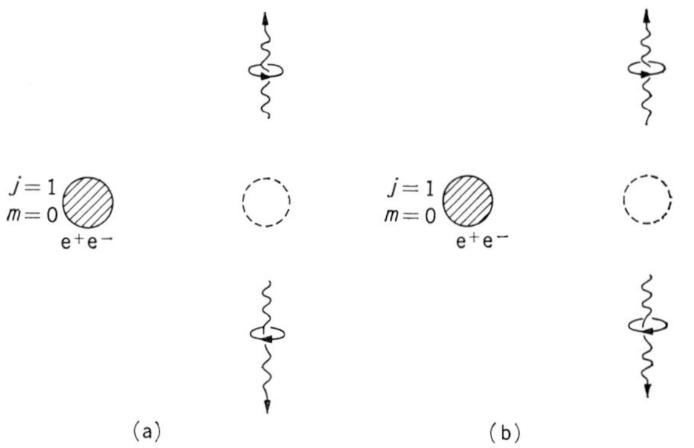

図 18–7　ポジトロニウムが $j=1$ の状態にあるとき，(a)の過程と(b)のそれを 180° 回転した過程とは厳密に同等である

いるはずである．つまり，スピン 1 の状態は **2 個の光子に崩壊することはできない**.

ポジトロニウムが形成されるとき，その 1/4 はスピン 0 の状態に，その 3/4 はスピン 1 の状態($m=-1, 0, +1$ をもつ)になるものと期待されよう．したがって，ポジトロニウムの 1/4 が 2 個の光子に崩壊することになる．そして残りの 3/4 は 2 個の光子には崩壊しえない．ところが実は，それは崩壊する．しかしそれらは，2 個でなく **3 個の**光子になる必要がある．そうなるのはより困難なので，その寿命はスピン 0 のポジトロニウムの寿命の 1000 倍も長く——約 10^{-7} sec——である．これは実験的にも観測されていることである．しかし，スピン 1 のポジトロニウムの消滅については，これ以上詳しいことには立ちいらないことにする．

これまで角運動量の保存を考慮するとき，スピン 0 の状態のポジトロニウムが二つの RHC 光子に転化する場合だけを扱ってきた．しかし，もう一つの別の可能性も存在する．すなわち，図 18-8 に示されているように，それは 2 個の LHC 光子にもなりうる．そこで次の問題は，これらの二つの可能な崩壊様式の振幅の間の関係がどうなっているかということである．この関係はパリティーの保存から知ることができる．

しかしそれをやるには，ポジトロニウムのパリティーを知っておく必要がある．ところが理論物理屋のいうことには，電子と陽電子——電子の反粒子——のパリティーは反対であり，ポジトロニウムのスピン 0 の基底状態のパリティーが奇でなければならないということを説明するのは，はなはだ困難であるという．そこでここでは，それが奇であると仮定することにする．そして，そう仮定することによってえられた結果が実験と一致すれば，それがその十分な証明であると考えることにする．

そこで，図 18-6 の過程の反転をとるとどうなるかを調べてみよう．反転をとると，二つの光子の進行方向**および**偏りの方向は逆向きになる．つまり，反転をとったときの図は，図 18-8 のようになる．ポジ

図 18-8　ポジトロニウムの消滅のもう一つの可能な過程

トロニウムのパリティーが奇であると仮定すると，図 18-6 と図 18-8 の二つの過程に対する振幅は反対の符号をもっていなければならない．そこで光子が両方とも RHC になっている図 18-6 の終状態を $|R_1R_2\rangle$，両方の光子が LHC の図 18-8 の終状態を $|L_1L_2\rangle$ と表わすことにする．こうすると，本当の終状態は——それを $|F\rangle$ とよぶと——

$$|F\rangle = |R_1R_2\rangle - |L_1L_2\rangle \qquad (18.19)$$

でなければならない．こうしておくと，反転によって R は L に変わり，次の状態を与えることになる．

$$P|F\rangle = |L_1L_2\rangle - |R_1R_2\rangle = -|F\rangle. \qquad (18.20)$$

これは，(18.19)に負号をつけたものである．したがって，この終状態 $|F\rangle$ は負のパリティーをもち，これはスピン 0 のポジトロニウムのはじめの状態と同じパリティーをもっている．したがって，これが角運動量とパリティーの両方を保存する唯一の終状態である．したがって，この状態への崩壊がおきる振幅が存在するわけである．しかしいまは，それを考える必要はない．なぜなら，いまわれわれが興味をもっているのは，光の偏りの問題だけだからである．

(18.19)の終状態は，物理的には何を意味しているのであろうか．その意味することの一つは，次のことである．それは，RHC または LHC の光子を区別して数えられるようにセットされた 2 個の検出器を用いて 2 個の光子を観測するとき，いつでも 2 個の RHC の光子を一緒に，または 2 個の LHC 光子を一緒に観測するということである．すなわち，君がポジトロニウムの一方の側に立ち，だれかほかの人がその反対側に立っていたとすると，君はやってきた光の偏りの方向を測定することができ，一方，もうひとりの男も，自分がどんな偏りをもつ光をみたかを君につげることができる．このとき君は，RHC の光子または LHC の光子を捕える半々のチャンスをもっており，君がそのどっちを捕えたとしても，君は彼が君と同じ偏りをもつ光子を捕えたはずであると予知することができるのである．

RHC であるか，LHC の偏りをもつかのチャンスは半々であるから，その光は線形に偏っているように思えるかも知れない．そこで，線形に偏った光だけを受けいれるような計数管を用いて光を観測したときはどうなるかを考えてみよう．γ 線の場合には，その偏りの方向を測定するのは光の場合のようには容易なことではない．そのような短波長の光に対してうまくはたらく偏光板がないからである．しかし議論をできるだけ簡単にするために，そういうものがあると想像することにしよう．君のところには，x 方向に偏った光だけを受けつける計数管があり，別の側には，例えば y 方向に線形に偏った光を探している男がいるものとする．ポジトロニウムが消滅したとき，それぞれがそれらの光子を捕えるチャンスはいくらであるか．知りたいのは，$|F\rangle$ が状態 $|x_1y_2\rangle$ に存在する振幅である．いいかえると，振幅

$$\langle x_1 y_2 | F\rangle$$

が欲しいのである．これはもちろん，

$$\langle x_1 y_2 | R_1 R_2 \rangle - \langle x_1 y_2 | L_1 L_2 \rangle \qquad (18.21)$$

である．

さて，われわれは2個の光子に対する2粒子振幅を考えているわけであるが，それらを1粒子振幅を扱うのと同じようにして扱うことができる．なぜなら各粒子はたがいに独立に行動するからである．このことは，振幅 $\langle x_1 y_2|R_1 R_2\rangle$ が2個の独立な振幅 $\langle x_1|R_1\rangle$ および $\langle y_2|R_2\rangle$ の積になっていることを意味している．表17-3を利用すると，これらの振幅はそれぞれ $1/\sqrt{2}$ および $i/\sqrt{2}$ で与えられることが分る．したがって，

$$\langle x_1 y_2 | R_1 R_2 \rangle = +\frac{i}{2}$$

である．同様にして，

$$\langle x_1 y_2 | L_1 L_2 \rangle = -\frac{i}{2}$$

であることが分る．これらの二つの振幅の引き算をすれば，(18.21) から

$$\langle x_1 y_2 | F \rangle = +i \qquad (18.22)$$

をうる．したがって，君が君の x 方向の偏りの検出器に1個の光子を捕えた**ならば**，もうひとりの男が彼の y 方向の偏りの検出器に1個の光子を捕える確率は**1**であるということになる[†]．

さてこんどは，彼もまた君と同じように，彼の計数管を x 方向の偏り用にセットしたとする．この場合を計算すると，

$$\langle x_1 x_2 | F \rangle = 0 \qquad (18.23)$$

という結果をうる．当然のことであるが，君が君の計数管を y 方向の偏りにセットしたときには，彼がその計数管を x 方向の偏りにセットしたときにだけ，同時計数がなされる．

こうなると，おもしろいことになる．いま君が，x 方向の偏った光子と y 方向に偏った光子とを分離する何か方解石のようなものを1個セットして，それを通って分離した二つのビームの通路に，それぞれ1個の計数管をおいたとする．そしてその一つを x-計数管，もう一つのを y-計数管とよぶことにする．君とは反対側にいる男も同じことをやったとすると，君はいつでも彼に，どっちのビームが彼のほうにいったかをいうことができるわけである．つまり，君と彼とが同時にカウントを観測するときには，いつでも君は，君の計数管のどっちが光子を捕えたかをみることによって，彼のどっちの計数管が光子を捕えたかを彼につげることができるわけである．ある崩壊がおきて，君の x-計数管のなかに光子がはいってきたことを君が発見したとすると，君は，彼の y-計数管がカウントをしたはずであると，彼につげることができるわけである．

---

† ここでは，振幅を規格化したり，また特定の終状態への崩壊の振幅を掛けたりしていない．しかし，この結果は正しい．なぜなら，ほかの終状態への可能性を調べると，その確率は0になる——(18.23)をみよ——からである．

さて，通常の(旧式の)やり方で量子力学を学んだ人の多くが，この結論に当惑する．こういう人たちは，ひとたび光子が放出されたら，その光子は一定の特性をもった波動として伝播するものであると考えたがる．つまり彼らは，“任意の与えられた光子”はx方向に偏っているか，それともy方向に偏っているかのどちらかの“振幅”をもっているから，それがx-計数管，またはy-計数管のどちらかに捕えられるチャンスがあり，そして，このチャンスは，ほかの人が全く別の光子を発見するかどうかには依存するはずがないと考えるわけである．“だれかほかの人が測定を行うこと”が，私が何かを発見する確率を変化させるようなことができるはずはないと，彼らは主張する．しかしながら，われわれの量子力学は，1番目の光子を測定することによって，2番目の光子の偏りを検出したときに，それがどうなっているかを正確に予知**できる**といっている．この点が，アインシュタインにはどうしても受けいれられなかった点である．そして彼は，この点をえらく心配した——そしてこの問題は，“アインシュタイン-ポドロフスキー-ローゼンのパラドックス”として知られるようになった．しかし，問題をここでやったように記述しておけば，パラドックスなんか全然存在しないように思える．一つの場所で測定されることが，どこかほかのところで測定されることと相関関係をもっているということが，極めて自然に出てくるのである．そういう結論がパラドックスを含んでいるという議論のすじ道は次のようなものである．

(1)　君の光子がRHCであるか，それともLHCであるか，そのどちらであるかを君に教えてくれる計数管を君がもっているとすると，君は彼が発見する光子の種類(RHCか，LHCか)を正確に予知することができる．

(2)　したがって，彼が受けとる光子は，それぞれ純粋にRHCか，あるいは純粋にLHCかのどちらかである．つまり，それらの光子のうちの一部はRHCであり，残りのものはLHCになっている．

(3)　しかし，君が**君の**光子のどの種類のものを観測するかを変更することによって，君は**彼の**光子の物理的性質を変えることができないということは確かである．君が君の光子をどう観測しようと，彼の光子はなおRHCまたはLHCのどちらかにあるはずである．

(4)　ここで彼は彼の装置を，彼の光子が全部x方向に偏ったビームか，あるいはy方向に偏ったビームのどちらかになるように，方解石を用いて二つの線形に偏ったビームに分離する装置に変更すると仮定する．量子力学によると，ある特定のRHC光子がどちらになるかを述べる方法は絶対に存在しない．それがxビームになる確率は50%で，yビームになる確率も50%である．同じことがLHC光子にもいえる．

(5)　それぞれの光子は——(2)および(3)によって——RHCか，あるいは LHC であるから，それぞれの 1 個の光子が x ビームまたは y ビームになるチャンスは半々である．そして，どっちの道をとるかを予知する方法は存在しない．

(6) ところが理論は，**君が**君の光子が x-偏光板を通り抜けることを知ったら，君は彼の光子が彼の y-偏光板にはいってゆくことを**確実に**予知できると予測する．これは(5)と矛盾している．したがってここにパラドックスが存在する．

しかしながら，明らかに自然自身は“パラドックス”があるとは思っていない．なぜなら，実験事実が(6)の予測が正しいということを示しているからである．われわれは，この“パラドックス”を解く鍵について，すでに第 1 章の量子力学的な性質に関する最初の講義をしたときに議論した．上の議論で，(1)，(2)，(4)および(6)のステップはみんな正しい．しかし，(3)およびその結果である(5)は誤りである．これらは自然を正しく記述していない．(3)の議論は，一方では**君の**(RHC 光子あるいは RHC 光子を観測する)測定によって，君は二者択一の事象のうちのどちらが彼におきているかを，(RHC または LHC 光子をみることにより)決定できるといい，**そして**他方では，たとえ君が君の測定を行わ**なくても**なお，君は，二つのうちのどちらの事象が彼のところでおきるかをいえるといっている．しかし，自然はそうなっていないということを，まず最初に指摘しておくことが，まさに第 1 章の議論のポイントであった．**自然**のやり方は，それぞれの別の事象に対して 1 個の振幅が対応しており，それらの振幅の干渉によって記述することを要求している．そして，そのうちのどの事象が実際におきたかを測定すると，その干渉は破壊されてしまう．しかし，測定がなされ**なければ**，“一つの事象と別の事象のどちらがおきている”ということをいうことはできない．

もし君が，君の光子のそれぞれに対して，それが RHC であったか，それとも LHC であったかを決めることができ，そして同時に**また**，それが x-方向に偏っているかどうかを，(その同じ光子に対して)決定することができるというのならば，実際にパラドックスが存在することになる．しかし，君はそれをやることはできない——それは不確定性原理の 1 例なのである．

諸君はまだ“パラドックス”が存在すると考えるか．そう思うなら，量子力学の理論が二つの別の議論を通して，矛盾する結果を導くような思考実験を考えることにより，それが本当に自然の性質に関するパラドックスであることを確かめるべきである．そうでなければ，その“パラドックス”というのは，現実と現実は“いかにあるべきか”という諸君の感情との衝突にすぎない．

それとも諸君は，“パラドックス”では**ない**が，しかしそれにしても奇妙な話だと思うか．それなら，われわれの意見は完全に一致している．それこそ物理を魅力的なものにしているのである．

18-4　任意のスピンに対する回転の行列

いまでは諸君は，そうあって欲しいのだが，原子的な過程を理解するのに角運動量という考え方がいかに重要なものであるかが理解できたと思う．これまでは，スピン――あるいは，“全角運動量”――が，0, 1/2 または 1 の体系だけを考えてきた．しかしもちろん，もっと高い角運動量をもつ原子系も存在する．そのような体系を解析するに当っては，**17-6** にあるような回転の振幅の表が必要になる．すなわち，スピン 3/2, 2, 5/2, 3 などの振幅の変換行列を必要とする．ここでは，これらの表の詳しい計算はやらないが，必要ならいつでも自分でできるように，その計算法を示しておくことにする．

だいぶ前にみたように，スピンまたは“全角運動量” j をもつ任意の体系は，$(2j+1)$ 個の状態のうちのどれにも存在しうる．この場合，角運動量の z 成分は，一連の離散的な値 $j, j-1, \cdots, -(j-1), -j$ (すべて $\hbar$ の単位)のうちの任意の一つの値をとることができる．ある任意の特定の状態の角運動量の z 成分を $m\hbar$ とすると，ある特定の角運動量の状態は，二つの“角運動量の量子数” j および m の値を与えることによって定義される．そのような状態は，状態ベクトル $|j, m\rangle$ によって表わされる．すると，スピン 1/2 の場合には，その二つの状態は $|1/2, 1/2\rangle$ および $|1/2, -1/2\rangle$ と書かれ，またスピン 1 の体系の場合には，その状態は，この記法を用いると $|1, +1\rangle, |1, 0\rangle, |1, -1\rangle$ と表わされることになる．

さて，ここで知りたいのは，一般の状態 $|j, m\rangle$ を回転した座標系に関する表示に変換したときにどうなるかである．まず第1に，j は**その体系**を特性づける数であって，したがってそれは変わらない．座標軸を回転すると，同一の j に対する色々な m の値が混ざるだけである．一般に回転後の座標系においては，その体系が $|j, m'\rangle$ に発見される振幅が存在する．ここで m' は，新しい座標系における角運動量の z 成分のとる値を示すものである．したがって，われわれの欲しいのは，色々な回転に対するすべての行列要素 $\langle j, m'|R|j, m\rangle$ である．z 軸のまわりの角 ϕ の回転をしたときにどうなるかについては，われわれはすでに知っている．すなわち，新しくえられた状態は，古い状態に $e^{im\phi}$ を掛けたものに等しい――つまり，m の値はそのまま同じ値になっている．そしてこれは次のように書かれる．すなわち，

$$R_z(\phi)\,|\,j, m\,\rangle = e^{im\phi}|\,j, m\,\rangle, \qquad (18.24)$$

あるいはそのほうがよければ，

$$\langle\, j, m'\,|R_z(\phi)\,|\,j, m\,\rangle = \delta_{m,m'}e^{im\phi} \qquad (18.25)$$

と書いてもよい．(ここで $\delta_{m,m'}$ は，$m'=m$ のとき 1，その他の場合は 0 である．)

ほかの軸のまわりの回転の場合には，色々な m をもつ状態の混合になると考えられる．もちろん，オイラー角 α, β および γ で表わされる任意の回転に対する行列要素を計算することも可能である．しかし，そのようなもっとも一般の回転は，三つの回転 $R_z(\gamma)$，$R_y(\alpha)$ および

$R_z(\beta)$からつくり出すことができることを思いおこそう．したがって，y軸のまわりの回転に対する行列要素さえ知っていれば，必要なものはみんなえられる．

スピンjの粒子のy軸のまわりの角θの回転に対する回転の行列を求めるにはどうしたらよいであろうか．(これまでにやってきたような)初等的なやり方では，その方法を説明することはできない．スピン 1/2 の場合には，それを求めるのに対称性に関する面倒な議論を行ったのであった．それから，スピン1の場合については，その体系がスピン 1/2 の粒子から構成されている特別な場合を考えて計算した．諸君がわれわれのいうことをきいて，一般の場合でも，その答えは体系のもつスピンjだけに関係しており，そのスピンjの物体の実質がどうつくられているかには関係しないということを受け入れるなら，スピン1のときの議論を一般の場合に拡張することが可能なのである．例えば，3個のスピン 1/2 の物体から，人為的にスピン 3/2 の体系をつくりあげることができる．そのとき，それらの物体がみんな――陽子と電子とμ中間子のように――区別することのできる粒子であると考えることによって，面倒なことを避けることもできる．そうして，それぞれのスピン 1/2 の物体を変換することによって，全体系がどうなるかを調べることができる――なおこのとき，結合系に対しては3個の振幅の掛け算になることを思いだせばよい．そこで，この場合にはどうなるかを計算してみよう．

いま，3個のスピン 1/2 の物体がみんな“上向き”のスピンをもっているものとすると，その状態は$|+++\rangle$と表わされる．この体系を，z軸のまわりに角ϕだけ回転した系からみると，状態のなかのそれぞれのプラスはプラスのままに止まるが，それぞれに$e^{i\phi/2}$という因子が掛かることになる．こういう因子が3個現われてくる．したがって，

$$R_z(\phi)|+++\rangle=e^{i3\phi/2}|+++\rangle \tag{18.26}$$

となる．状態$|+++\rangle$というのは，明らかに，上で$m=+3/2$の状態とよんだものである．あるいは，状態$|3/2,+3/2\rangle$である．

さて，この体系をy軸のまわりに回転すると，それぞれのスピン 1/2 の物体は，プラスまたはマイナスの振幅をもつことになる．したがって体系は，**8個**の可能な状態$|+++\rangle$, $|++-\rangle$, $|+-+\rangle$, $|-++\rangle$, $|+--\rangle$, $|-+-\rangle$, $|--+\rangle$あるいは$|---\rangle$を組み合わせた混合になっていると考えられる．しかし，明らかに，これらはそれぞれの特定のmに対応する4個の組に分類される．まず，$m=3/2$の場合は$|+++\rangle$である．それから，3個の状態$|++-\rangle$, $|+-+\rangle$および$|-++\rangle$がある――この場合には，それぞれの状態が2個のプラスと1個のマイナスをもっている．スピン 1/2 のそれぞれの物体が，回転によってマイナスになるチャンスは同じであるから，これらの3個の組み合わせをとったときの重みは同じでなければならない．したがって，状態を規格化するための因子$1/\sqrt{3}$をつけて，組み合わせ

$$\frac{1}{\sqrt{3}}\{|++-\rangle+|+-+\rangle+|-++\rangle\} \qquad (18.27)$$

をとることにする．この状態を z 軸のまわりに回転すると，プラスの状態に対しては $e^{i\phi/2}$ の因子がえられ，そして，マイナスの状態に対してはe $e^{-i\phi/2}$ をうる．したがって，(18.27)の各項に $e^{i\phi/2}$ の因子が掛かることになり，共通因子として $e^{i\phi/2}$ が出てくる．すなわち，この状態は $m=+1/2$ の状態としての条件をみたしている．したがって

$$\frac{1}{\sqrt{3}}\{|++-\rangle+|+-+\rangle+|-++\rangle\}=\left|\frac{3}{2},+\frac{1}{2}\right\rangle \qquad (18.28)$$

と結論することができる．

同様にして，

$$\frac{1}{\sqrt{3}}\{|+--\rangle+|-+-\rangle+|--+\rangle\}=\left|\frac{3}{2},-\frac{1}{2}\right\rangle \qquad (18.29)$$

と書くことができて，これは $m=-1/2$ の状態に対応している．ここで，対称的な結合だけをとったこと――各項の前の符号が負になっている組み合わせはとっていないこと――に注意されたい．負号をつけた組み合わせをとると，それは同じ m の状態ではあるが，別の j の値に対応しているのである．(それはちょうどスピン1の場合と同様であり，そのときは $(1/\sqrt{2})\{|+-\rangle+|-+\rangle\}$ は $|1,0\rangle$ 状態であったが，$(1/\sqrt{2})\{|+-\rangle-|-+\rangle\}$ は $|0,0\rangle$ の状態であった.) 最後に

$$\left|\frac{3}{2},-\frac{3}{2}\right\rangle=|---\rangle \qquad (18.30)$$

である．これらの4個の状態をまとめると，表18-1のようになる．

表 18-1

$\lvert +++\rangle$	$=\left\lvert\frac{3}{2},\frac{3}{2}\right\rangle$
$\frac{1}{\sqrt{3}}\{\lvert ++-\rangle+\lvert +-+\rangle+\lvert -++\rangle\}$	$=\left\lvert\frac{3}{2},\frac{1}{2}\right\rangle$
$\frac{1}{\sqrt{3}}\{\lvert +--\rangle+\lvert -+-\rangle+\lvert --+\rangle\}$	$=\left\lvert\frac{3}{2},-\frac{1}{2}\right\rangle$
$\lvert ---\rangle$	$=\left\lvert\frac{3}{2},-\frac{3}{2}\right\rangle$

さて次にやるべきことは，それぞれの状態をとって，それを y 軸のまわりに回転し，既知のスピン1/2の粒子に対する回転の行列を利用して，その状態からどれだけの別の状態がえられるかをみることである．**12-6** でスピン1の場合にやったのと全く同じように話を進めることができる．(しかし計算はもう少しめんどうになる.) 第12章での考え方にしたがってやるので，あらゆる説明をみな詳しく繰り返すことはしない．さて S 系における状態を，$|3/2,+3/2,S\rangle=|+++\rangle$，$|3/2,+1/2,S\rangle=(1/\sqrt{3})\{|++-\rangle+|+-+\rangle+|-++\rangle\}$ などと表わすことにする．T 系というのは，S 系の y 軸のまわりに角 θ の回転を行った系である．T 系での状態を $|3/2,+3/2,T\rangle$，$|3/2,+1/2,T\rangle$ などと

書くことにする．もちろん $|3/2, +3/2, T\rangle$ は $|+'+'+'\rangle$ と同じものである．ここでダッシは，いつも T 系に関するものを表わす．同様に $|3/2, +1/2, T\rangle$ は $(1/\sqrt{3})\{|+'+'-'\rangle+|+'-'+'\rangle+|-'+'+'\rangle\}$ と同じものであり，その他も同様である．T 系におけるそれぞれの状態 $|+'\rangle$ は，表 12-4 の行列要素を利用して，S 系における $|+\rangle$ と $|-\rangle$ の両方の状態からうることができる．

スピン 1/2 の粒子が 3 個あるときには，(12.47) は

$$\begin{aligned}|+++\rangle = a^3|+'+'+'\rangle &\\ +a^2b\{|+'+'-'\rangle+|+'-'+'\rangle+|-'+'+'\rangle\} &\\ +ab^2\{|+'-'-'\rangle+|-'+'-'\rangle+|-'-'+'\rangle\} &\\ +b^3|-'-'-'\rangle & \qquad (18.31)\end{aligned}$$

でおき換えられる．ここで表 12-4 の変換を用いると，(12.48) のかわりに

$$\left|\frac{3}{2},+\frac{3}{2},S\right\rangle = a^3\left|\frac{3}{2},+\frac{3}{2},T\right\rangle+\sqrt{3}\,a^2b\left|\frac{3}{2},+\frac{1}{2},T\right\rangle +\sqrt{3}\,ab^2\left|\frac{3}{2},-\frac{1}{2},T\right\rangle+b^3\left|\frac{3}{2},-\frac{3}{2},T\right\rangle \qquad (18.32)$$

をうる．この式は，われわれの欲しい行列要素 $\langle jT|iS\rangle$ の一部をすでに与えている．$|3/2, +1/2, S\rangle$ に対する式を求めるには，2 個の“＋”と 1 個の“－”をもつ状態を変換することからはじめる．例えば

$$\begin{aligned}|++-\rangle = a^2c|+'+'+'\rangle+a^2d|+'+'-'\rangle+abc|+'-'+'\rangle &\\ +bac|-'+'+'\rangle+abd|+'-'-'\rangle+bad|-'+'-'\rangle &\\ +b^2c|-'-'+'\rangle+b^2d|-'-'-'\rangle & \qquad (18.33)\end{aligned}$$

である．同じようにして，$|+-+\rangle$ と $|-++\rangle$ の状態に対する似たような二つの表式を求めて，それらを加えて，$\sqrt{3}$ で割ると

$$\left|\frac{3}{2},+\frac{1}{2},S\right\rangle = \sqrt{3}\,a^2c\left|\frac{3}{2},+\frac{3}{2},T\right\rangle+(a^2d+2abc)\left|\frac{3}{2},+\frac{1}{2},T\right\rangle +(2bad+b^2c)\left|\frac{3}{2},-\frac{1}{2},T\right\rangle+\sqrt{3}\,b^2d\left|\frac{3}{2},-\frac{3}{2},T\right\rangle \qquad (18.34)$$

となることが分る．このような計算をつづけてやれば，表 18-2 に与えられているようなすべての変換の行列要素 $\langle jT|iS\rangle$ を求めることができる．この表の第 1 行目は (18.32) からくるものであり，第 2 行目は (18.34) からくるものである．残りの 2 行も同様にして計算することができる．

ここで T 系は，S 系に関してその y 軸のまわりに角 θ の回転をした系であるとする．このとき a, b, c および d のとる値は，$a=d=\cos\theta/2$ および $c=-b=\sin\theta/2$ である．[(12.54) をみよ．] これらの値を表 18-2 に代入すれば，表 17-2 の 2 番目のものに対応する形のものがえられる．でも，いまの場合は，スピン 3/2 の系に対応するものである．

表 18-2　スピン 3/2 の粒子に対する回転の行列
（係数 a, b, c および d は表 12-4 に与えられている）

$\langle jT \mid iS \rangle$	$\mid \frac{3}{2}, +\frac{3}{2}, S\rangle$	$\mid \frac{3}{2}, +\frac{1}{2}, S\rangle$	$\mid \frac{3}{2}, -\frac{1}{2}, S\rangle$	$\mid \frac{3}{2}, -\frac{3}{2}, S\rangle$
$\langle \frac{3}{2}, +\frac{3}{2}, T \mid$	a^3	$\sqrt{3}\, a^2c$	$\sqrt{3}\, ac^2$	c^3
$\langle \frac{3}{2}, +\frac{1}{2}, T \mid$	$\sqrt{3}\, a^2b$	$a^2d+2abc$	$c^2b+2dac$	$\sqrt{3}\, c^2d$
$\langle \frac{3}{2}, -\frac{1}{2}, T \mid$	$\sqrt{3}\, ab^2$	$2bad+b^2c$	$2cdb+d^2a$	$\sqrt{3}\, cd^2$
$\langle \frac{3}{2}, -\frac{3}{2}, T \mid$	b^3	$\sqrt{3}\, b^2d$	$\sqrt{3}\, bd^2$	d^3

上の議論は，任意のスピン j をもつ体系にただちに一般化することができる．$|j, m\rangle$ という状態は，それぞれ 1/2 のスピンをもつ $2j$ 個の粒子から構成することができる．（これらの粒子のうちの $j+m$ 個は $|+\rangle$ の状態にあり，$j-m$ 個は $|-\rangle$ の状態にある．）そして，すべての可能な組み合わせについての和をとり，状態を規格化するために適当な定数を掛けておく．数学の好きな人は，次の結果がえられることを証明することができる†．すなわち，

$$\langle j, m' \,|R_y(\theta)|\, j, m \rangle = [(j+m)!\,(j-m)!\,(j+m')!\,(j-m')!]^{1/2} \times \sum_k \frac{(-1)^k (\cos\theta/2)^{2j+m'-m-2k} (\sin\theta/2)^{m-m'+2k}}{(m-m'+k)!\,(j+m'-k)!\,(j-m-k)!\,k!}. \tag{18.35}$$

ここで k は，階乗がどれも正または 0 になるような値のすべてにわたってとられる．

これは全くみた目の悪い式であるが，これを用いて $j=1$ の場合の表 17-2 をチェックすることができる．そしてまた，j のより大きい値に対する諸君自身のための表をつくるのに役立てることができる．そのうちのいくつかの特別な行列要素はとくに重要なものであって，そういうものには特別な名前が与えられている．例えば，$m=m'=0$ で，j が整数の場合の行列要素は，ルジャンドルの多項式として知られており，それは $P_j(\cos\theta)$ と書き表わされる．すなわち，

$$\langle j, 0 \,|R_y(\theta)|\, j, 0 \rangle = P_j(\cos\theta) \tag{18.36}$$

である．これらの多項式のはじめのいくつかを書いておくと，次のようになる．すなわち，

$$P_0(\cos\theta) = 1, \tag{18.37}$$

$$P_1(\cos\theta) = \cos\theta, \tag{18.38}$$

$$P_2(\cos\theta) = \frac{1}{2}(3\cos^2\theta - 1), \tag{18.39}$$

$$P_3(\cos\theta) = \frac{1}{2}(5\cos^3\theta - 3\cos\theta). \tag{18.40}$$

† 詳しいことは，この章の補遺に与えてある．

18-5 核のスピンの測定

上に述べた変換係数の応用例を一つあげておこう．それは，いまでは諸君にも理解できる最近の興味ある実験に関係していることである．ある物理屋がいて，Ne^{20} の核の励起状態のスピンを実験によって決定しようとした．その実験を行うために，炭素の標的に加速された炭素のイオンを衝突させて，希望の Ne^{20} の励起状態——これを Ne^{20*} と書くことにする——を

$$C^{12}+C^{12} \longrightarrow Ne^{20*}+\alpha_1$$

という反応によってつくり出した．ここで α_1 は，α 粒子または He^4 である．こうやってつくり出された Ne^{20} のいくつかの励起状態は不安定であって

$$Ne^{20*} \longrightarrow O^{16}+\alpha_2$$

の反応によって崩壊する．したがって実験的には，反応によって出てくる α 粒子は2個ある．それで，それらをそれぞれ α_1 および α_2 と名づけた．これらの2個の α 粒子は異なるエネルギーをもっているので，それらはたがいに区別することができる．また，特定のエネルギーをもつ α_1 を取り出すことによって，Ne^{20} の任意の特定の励起状態を選び出すことができる．

実験は，図 18-9 に示されているような配置のもとで行われた．つまり，16 MeV の炭素のビームを炭素の薄い箔に向けて投射する．第1の α 粒子は——その固有のエネルギーをもって，(C^{12} の入射ビームに関して)前方に運動してくる α 粒子を受けるように配置された——α_1 としるしてあるシリコンの拡散接合検出器のなかにはいってカウントされる．第2の α 粒子は，α_1 に関して角 θ の方向におかれた計数管のなかに取りこまれる．そして，α_1 および α_2 からの同時信号のカウントの割合が角 θ の関数として測定されるようになっている．

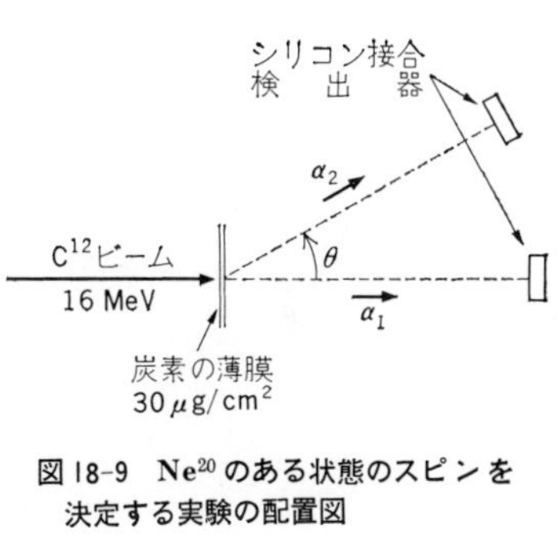

図 18-9 Ne^{20} のある状態のスピンを決定する実験の配置図

この実験のアイディアは次の通りである．まず，C^{12}, O^{16} および α 粒子のスピンはみんなゼロであることを知っておく必要がある．はじめ，C^{12} の運動方向を $+z$ 方向とすると，Ne^{20*} の z 軸のまわりの角運動量はゼロでなければならないことが分る．またそのほかの粒子のどれもスピンをもっていない．すなわち，その C^{12} は z 軸に沿って進行して標的に到達し，また α_1 粒子は z 軸に沿って出ていってしまう．したがって，それらの粒子はどれも z 軸のまわりの角運動量をもちえない．それゆえ，Ne^{20*} のスピン j が何であろうとも，Ne^{20*} は $|j, 0\rangle$ という状態にあることが分る．さて，その Ne^{20*} が O^{16} と2番目の α 粒子に崩壊するとどうなるであろうか．ところで，その α 粒子は計数管 α_2 のなかに取りこまれる．そのとき，運動量が保存されるためには，O^{16} はその α 粒子とは反対向きに出てゆかなければならない†．すなわち，α_2 を通る**新しい軸のまわりには**，角運動量の成分をもちえ

† 最初の衝突で Ne^{20*} に与えられる反作用は無視することができる．あるいは，そのほうがよいわけであるが，その反作用がどれだけかを計算することもでき，その補正をおこなうことも可能である．

ないわけである．つまり，終状態の新しい軸のまわりの角運動量も 0 である．したがって，Ne^{20*} の崩壊は，それが m' を 0 にするような振幅をもつときにのみおこりうることになる．ここで m' というのは，新しい軸のまわりの角運動量成分の量子数である．実際には，角 θ の方向に α_2 を観測する確率は振幅(または行列要素)

$$\langle j, 0 | R_y(\theta) | j, 0 \rangle \tag{18.41}$$

の絶対値の 2 乗で与えられる．

そこで問題の Ne^{20*} 系のスピンを求めるために，実験によってえられた 2 番目の α 粒子の強度を角 θ の関数としてプロットし，それを j の色々な値に対する理論曲線の形と比較した．前節で述べたように，振幅 $\langle j, 0|R_y(\theta)|j, 0\rangle$ はルジャンドル関数 $P_j(\cos\theta)$ にほかならない．したがって，可能な角分布は $[P_j(\cos\theta)]^2$ の曲線で与えられるわけである．2 種の励起状態に対する実験結果を示したのが，図 18-10 である．この図から，5.80 MeV の状態に対する角分布が $[P_1(\cos\theta)]^2$ の曲線と非常によく合うことが分るであろう．したがって，その励起状態は，スピン 1 の状態でなければならないということになる．一方，5.63 MeV の状態に対するデータは，それとは全く違っていて，これは $[P_3(\cos\theta)]^2$ の曲線とよく合っている．つまりこの状態はスピン 3 をもっているわけである．

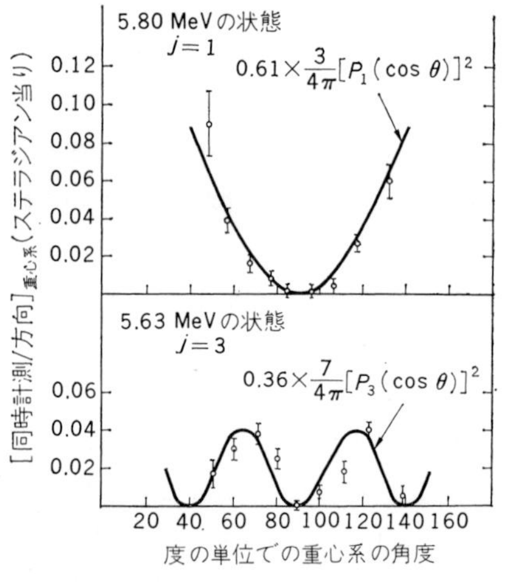

図 18-10　図 18-9 の実験によりえられた Ne^{20} の 2 個の励起状態からの α 粒子の角分布に対する実験結果 [J. A. Kuehner, *Physical Review*, Vol. 125, p. 1653, 1962.]

この実験により，Ne^{20*} の二つの励起状態の角運動量を決定することができた．そうすると，この核の内部での陽子と中性子の配置がどうなっているかを理解するために，この情報を利用することができることになる——つまりこうして，不可思議な核力の性質に関して，新しい情報が一つ追加されたというわけである．

18-6　角運動量の合成

第12章で水素原子の超微細構造の研究をしたとき，それぞれスピン 1/2 をもつ2個の粒子——電子と陽子——からなる体系の内部の状態を計算する必要があった．そのとき，そのような体系のとりうる4個のスピン状態が，二つのグループ——外の世界からみると，スピン1の粒子のようにみえる一つのエネルギーをもつグループと，スピン0の粒子のようにふるまうもう一つの残りの状態——にまとめられることを知った．すなわち，2個のスピン 1/2 の粒子を結合すると，“全スピン”が1または0の体系をつくることができる．この節では，もっと一般に任意のスピンをもつ2個の粒子から構成される1個の**体系**のもつスピン状態について議論することにしよう．これは，量子力学的体系における角運動量に関するもう一つの重要な問題である．

まず，第12章の水素原子の場合の結果を，もっと一般の場合に拡張しやすいような形に書きかえておこう．2個の粒子の場合からはじめる．ここでは，それらの粒子を粒子 a(電子)および粒子 b(陽子)とよぶことにする．粒子 a はスピン j_a $(=1/2)$ をもち，その角運動量の z 成分 m_a はいくつかの値をとりうるものとする．(実際には，それは2個，すなわち $m_a=+1/2$ または $m_a=-1/2$ である.) 同様に，粒子 b のスピン状態は，そのスピン j_b とその z 成分 m_b とで記述される．ところで，これらの2粒子のスピン状態の色々な組み合わせをつくることが可能である．例えば，粒子 a が $m_a=1/2$ をもち，粒子 b が $m_b=-1/2$ をもつときには，状態 $|a,+1/2;\ b,-1/2\rangle$ をつくることができる．一般には，このような結合状態は，その“体系のスピン”，または“全スピン”，あるいは“全角運動量 J”が1または0であるような1個の体系をつくっている．そして，その体系は，$J=1$ のときには，角運動量の z 成分 M としては，$+1, 0, -1$ の値をとりうる．また，$J=0$ のときには，その z 成分は0である．この新しい言葉を用いると，(12.41)および(12.42)の式を表18-3のような形に書きかえることができる．

表18-3　2個のスピン 1/2 の粒子の場合の角運動量の合成($j_a=1/2$,　$j_b=1/2$)

$$|J=1,\ M=+1\rangle=|a,+\tfrac{1}{2};\ b,+\tfrac{1}{2}\rangle$$

$$|J=1,\ M=0\rangle=\frac{1}{\sqrt{2}}\left\{|a,+\tfrac{1}{2};\ b,-\tfrac{1}{2}\rangle+|a,-\tfrac{1}{2};\ b,+\tfrac{1}{2}\rangle\right\}$$

$$|J=1,\ M=-1\rangle=|a,-\tfrac{1}{2};\ b,-\tfrac{1}{2}\rangle$$

$$|J=0,\ M=0\rangle=\frac{1}{\sqrt{2}}\left\{|a,+\tfrac{1}{2};\ b,-\tfrac{1}{2}\rangle-|a,-\tfrac{1}{2};\ b,+\tfrac{1}{2}\rangle\right\}$$

この表で，左側の行は結合状態をその全角運動量 J およびその z 成分 M を用いて表わしてある．右側の行は，2個の粒子 a および b のそれぞれの m の値を用いて，これらの状態がどのようにしてつくられているかを示している．

この結果を，任意のスピン j_a と j_b をもつ 2 個の物体 a と b とから構成される状態に一般化しよう．まず，$j_a=1/2$ で $j_b=1$ の場合，すなわち重水素原子をその 1 例として考えることにする．なお，この重水素原子の場合，粒子 a が電子(e)であり，粒子 b が原子核——つまり重陽子(d)——である．このとき $j_a=j_e=1/2$ である．重陽子は 1 個の陽子と 1 個の中性子からなり，その全スピンが 1 の状態にある．したがって，$j_b=j_d=1$ である．いま——水素原子のときにやったように——この重水素の超微細構造について議論しようというわけである．重陽子は 3 個の状態 $m_b=m_d=+1, 0, -1$ をとることができ，また，電子は 2 個の状態 $m_a=m_e=+1/2, -1/2$ をもつから，次の **6 個**の状態をとることが可能である．すなわち($|e, m_e\,; d, m_d\rangle$ という記号を用いると)

$$
\begin{aligned}
&|\,\mathrm{e}, +\tfrac{1}{2};\ \mathrm{d}, +1\,\rangle,\\
&|\,\mathrm{e}, +\tfrac{1}{2};\ \mathrm{d}, 0\,\rangle; \qquad |\,\mathrm{e}, -\tfrac{1}{2};\ \mathrm{d}, +1\,\rangle,\\
&|\,\mathrm{e}, +\tfrac{1}{2};\ \mathrm{d}, -1\,\rangle; \quad |\,\mathrm{e}, -\tfrac{1}{2};\ \mathrm{d}, 0\,\rangle,\\
&|\,\mathrm{e}, -\tfrac{1}{2};\ \mathrm{d}, -1\,\rangle.
\end{aligned}
\tag{18.42}
$$

である．ここで，m_e と m_d の和の値の大きいものから小さなものへという順序にしたがって，状態を組みわけしたことに注意されたい．

さてここで，次の問題を提起しよう．それは，これらの状態を別の座標系に射影したときにはどうなるかという問題である．新しい座標系というのが，z 軸のまわりに角 ϕ の回転をしたものである場合には，状態 $|e, m_e\,; d, m_d\rangle$ には

$$
e^{im_e\phi}\cdot e^{im_d\phi}=e^{i(m_e+m_d)\phi} \tag{18.43}
$$

という因子が掛かる．(その状態は 2 個の状態の積 $|e, m_e\rangle|d, m_d\rangle$ であると考えることができ，そのためそれぞれの状態ベクトルは独立に，それ自身の指数因子を寄与することになる．) (18.43)の因子は $e^{iM\phi}$ という形をもっており，したがって状態 $|e, m_e\,; d, m_d\rangle$ の角運動量の z 成分は

$$
M=m_e+m_d \tag{18.44}
$$

に等しいということになる．つまり，**全角運動量の z 成分は，その構成部分の角運動量の z 成分の和で与えられる**．

したがって，(18.42)のリストのなかで，一番上の行の状態は $M=+3/2$ をもち，第 2 行目の 2 個は $M=+1/2$，次の二つは $M=-1/2$，そして最後の状態は $M=-3/2$ をもっているということになる．これからただちに，結合系の状態のスピン J(全角運動量)に対する一つの可能性は 3/2 でなければならないことが分る．そしてこのことは，$M=+3/2, +1/2, -1/2, -3/2$ の 4 個の状態の存在を要求することになるわけである．

$M=+3/2$ の場合の候補者は一つしかない．したがってすでに，

$$|J=\frac{3}{2},\ M=+\frac{3}{2}\rangle=|e,+\frac{1}{2};\ d,+1\rangle \quad (18.45)$$

であることは分っている．ところで，$|J=3/2, M=+1/2\rangle$ の状態というのはどんな状態であろうか．このときには，(18.42)の 2 行目に候補者が 2 個存在する．そして事実，これらの状態の任意の線形結合をとっても，それもまた $M=+1/2$ をもっている．したがって，一般に

$$|J=\frac{3}{2},\ M=+\frac{1}{2}\rangle=\alpha|e,+\frac{1}{2};\ d,0\rangle+\beta|e,-\frac{1}{2};\ d,+1\rangle \quad (18.46)$$

となっていることが期待される．ここで α および β は 2 個の数値であって，これらの数値は**クレプシュ-ゴルダンの係数**とよばれている．われわれの次の問題は，これらの係数を求めることである．

この係数を求めるに当って，重陽子が中性子と陽子とから構成されていることを思いおこすと話は簡単になる．そしてその重陽子の状態を表 18-3 の規則を用いて，もっとはっきりと書き出しておく．そうすると，(18.42)に書き出してある状態は表 18-4 に示されているようなものになる．

表 18-4　重水素原子の角運動量の状態

$m=3/2$
$|e,+\frac{1}{2};\ d,+1\rangle=|e,+\frac{1}{2};\ n,+\frac{1}{2};\ p,+\frac{1}{2}\rangle$
$m=1/2$
$|e,+\frac{1}{2};\ d,0\rangle=\frac{1}{\sqrt{2}}\left\{|e,+\frac{1}{2};\ n,+\frac{1}{2};\ p,-\frac{1}{2}\rangle+|e,+\frac{1}{2};\ n,-\frac{1}{2};\ p,+\frac{1}{2}\rangle\right\}$
$|e,-\frac{1}{2};\ d,+1\rangle=|e,-\frac{1}{2};\ n,+\frac{1}{2};\ p,+\frac{1}{2}\rangle$
$m=-1/2$
$|e,+\frac{1}{2};\ d,-1\rangle=|e,+\frac{1}{2};\ n,-\frac{1}{2};\ p,-\frac{1}{2}\rangle$
$|e,-\frac{1}{2};\ d,0\rangle=\frac{1}{\sqrt{2}}\left\{|e,-\frac{1}{2};\ n,+\frac{1}{2};\ p,-\frac{1}{2}\rangle+|e,-\frac{1}{2};\ n,-\frac{1}{2};\ p,+\frac{1}{2}\rangle\right\}$
$m=-3/2$
$|e,-\frac{1}{2};\ d,-1\rangle=|e,-\frac{1}{2};\ n,-\frac{1}{2};\ p,-\frac{1}{2}\rangle$

この表のなかにある状態を用いて，$J=3/2$ の 4 個の状態を構成することにしよう．ところが，すでにわれわれはその答えを知っているのである．なぜなら，表 18-1 で，3 個のスピン 1/2 の粒子からつくられたスピン 3/2 の状態を知っているからである．表 18-1 の最初の状態は $|J=3/2,\ M=+3/2\rangle$ であり，それは $|+++\rangle$ である．これは——いまの記法では——$|e,+1/2;n,+1/2;p,+1/2\rangle$，あるいは表 18-4 の最初の状態と同じものである．しかし，この状態はまた(18.42)の表の最初のものと同じものである．このことは，(18.45)でいったことが正しいことを示している．表 18-1 の第 2 行目の状態は——われわれがいま使っている記法に変えると——

$$\left|J=\frac{3}{2};\ M=+\frac{1}{2}\right\rangle=\frac{1}{\sqrt{3}}\left\{\left|\mathrm{e},+\frac{1}{2};\ \mathrm{n},+\frac{1}{2};\ \mathrm{p},-\frac{1}{2}\right\rangle\right.$$
$$+\left|\mathrm{e},+\frac{1}{2};\ \mathrm{n},-\frac{1}{2};\ \mathrm{p},+\frac{1}{2}\right\rangle$$
$$\left.+\left|\mathrm{e},-\frac{1}{2};\ \mathrm{n},+\frac{1}{2};\ \mathrm{p},+\frac{1}{2}\right\rangle\right\} \tag{18.47}$$

であるといっているわけである．この式の右辺は，表18-4の2行目の二つの式を用いてまとめて書くことができる．そのとき，1番目の式を$\sqrt{2/3}$倍し，2番目には$\sqrt{1/3}$を掛ける．そうすると，(18.47)の式は

$$\left|J=\frac{3}{2};\ M=\frac{1}{2}\right\rangle=\sqrt{\frac{2}{3}}\left|\mathrm{e},+\frac{1}{2};\ \mathrm{d},0\right\rangle+\sqrt{\frac{1}{3}}\left|\mathrm{e},-\frac{1}{2};\ \mathrm{d},+1\right\rangle \tag{18.48}$$

と同じものである．こうして，(18.46)のクレブシュ-ゴルダンの係数αおよびβが分ったわけである．すなわち，

$$\alpha=\sqrt{2/3},\quad \beta=\sqrt{1/3} \tag{18.49}$$

である．

同じ手続きにしたがってやれば，

$$\left|J=\frac{3}{2},\ M=-\frac{1}{2}\right\rangle=\sqrt{\frac{1}{3}}\left|\mathrm{e},+\frac{1}{2};\ \mathrm{d},-1\right\rangle$$
$$+\sqrt{\frac{2}{3}}\left|\mathrm{e},-\frac{1}{2};\ \mathrm{d},0\right\rangle \tag{18.50}$$

であることが分る．そしてまた，もちろん

$$\left|J=\frac{3}{2},\ M=-\frac{3}{2}\right\rangle=\left|\mathrm{e},-\frac{1}{2};\ \mathrm{d},-1\right\rangle \tag{18.51}$$

である．これらの状態が，スピン1とスピン1/2とを合成して，全体が$J=3/2$のものをつくる法則を与えている．(18.45)，(18.48)，(18.50)および(18.51)をまとめたのが表18-5である．

表18-5 重水素原子の$J=3/2$の状態

$\left\|J=\frac{3}{2},\ M=+\frac{3}{2}\right\rangle=\left\|\mathrm{e},+\frac{1}{2};\ \mathrm{d},+1\right\rangle$
$\left\|J=\frac{3}{2},\ M=+\frac{1}{2}\right\rangle=\sqrt{2/3}\left\|\mathrm{e},+\frac{1}{2};\ \mathrm{d},0\right\rangle+\sqrt{1/3}\left\|\mathrm{e},-\frac{1}{2};\ \mathrm{d},+1\right\rangle$
$\left\|J=\frac{3}{2},\ M=-\frac{1}{2}\right\rangle=\sqrt{1/3}\left\|\mathrm{e},+\frac{1}{2};\ \mathrm{d},-1\right\rangle+\sqrt{2/3}\left\|\mathrm{e},-\frac{1}{2};\ \mathrm{d},0\right\rangle$
$\left\|J=\frac{3}{2},\ M=-\frac{3}{2}\right\rangle=\left\|\mathrm{e},-\frac{1}{2};\ \mathrm{d},-1\right\rangle$

しかし，いま考えている体系は6個の可能な状態をもっているのに，ここには4個の状態しかない．(18.42)の2行目の二つの状態の線形結合をとって$|J=3/2, M=+1/2\rangle$の状態をつくったとき，線形結合のつくり方としては一つの方法しか利用していない．すなわち，上でとったものに直交する別のもう一つの線形結合があって，それもまたM

＝＋1/2 をもっている．それは，

$$\sqrt{\frac{1}{3}}\left|\mathrm{e},+\frac{1}{2};\ \mathrm{d},0\right\rangle-\sqrt{\frac{2}{3}}\left|\mathrm{e},-\frac{1}{2};\ \mathrm{d},+1\right\rangle \tag{18.52}$$

である．同様に，(18.42)の3行目のそれぞれ $M=-1/2$ をもつ状態を組み合わせることによって，二つのたがいに直交する状態をつくることが可能である．そのうちで，(18.52)に直交するものは

$$\sqrt{\frac{2}{3}}\left|\mathrm{e},+\frac{1}{2};\ \mathrm{d},-1\right\rangle-\sqrt{\frac{1}{3}}\left|\mathrm{e},-\frac{1}{2};\ \mathrm{d},0\right\rangle \tag{18.53}$$

である．これらが残りの2個の状態である．これらの状態は，$M=m_e+m_d=\pm1/2$ をもち，$J=1/2$ に対応する2個の状態でなければならない．したがって，

$$\left|J=\frac{1}{2},\ M=\frac{1}{2}\right\rangle=\sqrt{\frac{1}{3}}\left|\mathrm{e},+\frac{1}{2};\ \mathrm{d},0\right\rangle-\sqrt{\frac{2}{3}}\left|\mathrm{e},-\frac{1}{2};\ \mathrm{d},+1\right\rangle,$$
$$\left|J=\frac{1}{2},\ M=-\frac{1}{2}\right\rangle=\sqrt{\frac{2}{3}}\left|\mathrm{e},+\frac{1}{2};\ \mathrm{d},-1\right\rangle-\sqrt{\frac{1}{3}}\left|\mathrm{e},-\frac{1}{2};\ \mathrm{d},0\right\rangle \tag{18.54}$$

となる．

これらの二つの状態が，実際にスピン1/2の物体のようにふるまうことは——表18-3を用いて——重陽子の部分を中性子と陽子の項で書き表わしてやることによって示される．(18.54)の最初の状態は

$$\sqrt{\frac{1}{6}}\left\{\left|\mathrm{e},+\frac{1}{2};\ \mathrm{n},+\frac{1}{2};\ \mathrm{p},-\frac{1}{2}\right\rangle+\left|\mathrm{e},+\frac{1}{2};\ \mathrm{n},-\frac{1}{2};\ \mathrm{p},+\frac{1}{2}\right\rangle\right\}$$
$$-\sqrt{\frac{2}{3}}\left|\mathrm{e},-\frac{1}{2};\ \mathrm{n},+\frac{1}{2};\ \mathrm{p},+\frac{1}{2}\right\rangle \tag{18.55}$$

であり，これはまた次のように書くこともできる．

$$\sqrt{\frac{1}{3}}\left[\sqrt{\frac{1}{2}}\left\{\left|\mathrm{e},+\frac{1}{2};\mathrm{n},+\frac{1}{2};\mathrm{p},-\frac{1}{2}\right\rangle-\left|\mathrm{e},-\frac{1}{2};\mathrm{n},+\frac{1}{2};\mathrm{p},+\frac{1}{2}\right\rangle\right\}\right.$$
$$\left.+\sqrt{\frac{1}{2}}\left\{\left|\mathrm{e},+\frac{1}{2};\mathrm{n},-\frac{1}{2};\mathrm{p},+\frac{1}{2}\right\rangle-\left|\mathrm{e},-\frac{1}{2};\mathrm{n},+\frac{1}{2};\mathrm{p},+\frac{1}{2}\right\rangle\right\}\right]. \tag{18.56}$$

ここで**最初の**中括弧の中味をみて，それをeとpとがまとまったものであるとみなすのである．これらをまとめたものは，スピン0の状態を構成していて(表18-3の1番下の行をみよ)，これは角運動量に何の寄与をも与えない．つまり，中性子だけが残っている．したがって，(18.56)の**1番目**の中括弧は回転のもとで1個の中性子のようにふるまう．すなわち，$J=1/2$，$M=+1/2$ の状態のようにふるまう．同じ理由で，(18.56)の**2番目**の中括弧のなかでは，電子と中性子とがチームをつくって，角運動量ゼロの状態をつくり，それで——$m_p=1/2$ をもつ——陽子からの寄与だけが残る．つまり，この項も，$J=1/2$，$M=+1/2$ をもつ物体のようにふるまう．したがって，(18.56)の全体の式は確かに $|J=1/2, M=1/2\rangle$ のように変換する．(18.56)に対応する

$M=-1/2$ の状態は，（$+1/2$ を適当に $-1/2$ におきかえることによって）次のように書ける．

$$\sqrt{\frac{1}{3}}\left[\sqrt{\frac{1}{2}}\left\{\left| \mathrm{e}, +\frac{1}{2}; \mathrm{n}, -\frac{1}{2}; \mathrm{p}, -\frac{1}{2}\right\rangle - \left| \mathrm{e}, -\frac{1}{2}; \mathrm{n}, -\frac{1}{2}; \mathrm{p}, +\frac{1}{2}\right\rangle\right\}\right.$$
$$\left.+\sqrt{\frac{1}{2}}\left\{\left| \mathrm{e}, +\frac{1}{2}; \mathrm{n}, -\frac{1}{2}; \mathrm{p}, -\frac{1}{2}\right\rangle - \left| \mathrm{e}, -\frac{1}{2}; \mathrm{n}, +\frac{1}{2}; \mathrm{p}, -\frac{1}{2}\right\rangle\right\}\right] \tag{18.57}$$

この中括弧のなかの項がそれぞれスピン 1/2 の系になっていることから当然のことであるが，これは(18.54)の2行目の状態に等しくなっていることが確かめられる．したがって，われわれのえた結果が正しいことが確かめられたわけである．つまり，重陽子と電子とは6個のスピン状態に存在しうる．そして，そのうちの4個はスピン 3/2 の物体(表 18-5)の状態のように行動し，残りの2個はスピン 1/2 の物体(18.54)のようにふるまうのである．

表 18-5 と(18.54)の結果は，重陽子が中性子と陽子とからできているということを利用してえられたものである．しかし，この結果は，本当はそのような特殊な事情には関係がない．任意のスピン1の物体を任意のスピン 1/2 の物体と結合した場合でも，その合成則(および係数)は同じなのである．表 18-5 の表式の組は，座標系を，例えば y 軸のまわりに――スピン 1/2 の粒子およびスピン1の粒子の状態がそれぞれ表 17-1 および表 17-2 にしたがって変換されるように――回転したとき，右辺の線形結合はスピン 3/2 の物体固有の変換をうけることを意味している．同じ回転のもとで(18.54)の状態は，スピン 1/2 の物体の状態としての変換をうける．この結果は2個の元々の粒子の回転による性質(すなわち，スピン状態)にのみ依存し，これらの角運動量のよってきたる原因とは何の関係もない．われわれは，その構成要素の一部が対称的状態にある2個のスピン 1/2 の粒子からつくられているという特別な場合を選び，この事実を公式の計算に利用したにすぎない．これらの結果のすべてをまとめたのが表 18-6 であって，このとき，結論の一般性を強調するために，記号“e”および“d”を，それぞれ“a”および“b”に変えてある．

表 18-6　スピン 1/2 の粒子($j_a=1/2$)とスピン1の粒子($j_b=1$)の合成

$\left\|J=\frac{3}{2}, M=\frac{3}{2}\right\rangle = \left\|a, +\frac{1}{2}; b, +1\right\rangle$
$\left\|J=\frac{3}{2}, M=\frac{1}{2}\right\rangle = \sqrt{2/3}\left\|a, +\frac{1}{2}; b, 0\right\rangle + \sqrt{1/3}\left\|a, -\frac{1}{2}; b, +1\right\rangle$
$\left\|J=\frac{3}{2}, M=-\frac{1}{2}\right\rangle = \sqrt{1/3}\left\|a, +\frac{1}{2}; b, -1\right\rangle + \sqrt{2/3}\left\|a, -\frac{1}{2}; b, 0\right\rangle$
$\left\|J=\frac{3}{2}, M=-\frac{3}{2}\right\rangle = \left\|a, -\frac{1}{2}; b, -1\right\rangle$
$\left\|J=\frac{1}{2}, M=+\frac{1}{2}\right\rangle = \sqrt{1/3}\left\|a, +\frac{1}{2}; b, 0\right\rangle - \sqrt{2/3}\left\|a, -\frac{1}{2}; b, +1\right\rangle$
$\left\|J=\frac{1}{2}, M=-\frac{1}{2}\right\rangle = \sqrt{2/3}\left\|a, +\frac{1}{2}; b, -1\right\rangle - \sqrt{1/3}\left\|a, -\frac{1}{2}; b, 0\right\rangle$

次に，任意のスピンをもつ二つの物体が結合したときにつくられる状態を求めるという一般的な問題を考えることにしよう．例えば，その一つのスピンが j_a（したがって，その z 成分 m_a は $-j_a$ から $+j_a$ までの $2j_a+1$ 個の値をとる）であり，もう一つのスピンが j_b（$-j_b$ から $+j_b$ までの値をとる z 成分 m_b をもつ）であるとする．すると，それらを結合した状態は $|a, m_a;\ b, m_b\rangle$ と表わされ，$(2j_a+1)(2j_b+1)$ 個の異なる状態が存在する．そこで問題は，全スピン J の状態をうるにはどうしたらよいかということである．

全角運動量の z 方向の成分 M のとる値は m_a+m_b に等しい．そして，それらの状態はすべて（(18.42) におけるように）M の値によって分類して書き出すことができる．M がその最大値をとるときは一義的であり，それは $m_a=j_a$，$m_b=j_b$ に対応する．したがってその値は j_a+j_b で与えられる．このことはまた，全スピン J のとる最大値が和 j_a+j_b に等しいことを意味している．すなわち，

$$J = (M)_{\max} = j_a+j_b$$

である．$M_{\max}$ よりも小さい最初の M に対しては，（m_a か m_b のどちらかが，その最大値よりも 1 単位だけ小さくなっている）2 個の状態が存在する．それらの状態の線形結合は，$J=j_a+j_b$ をもつ組に一つの状態を寄与し，その残りは $J=j_a+j_b-1$ をもつ新しい組に属する．そのつぎの M の値——状態のリストの上から 3 番目——は，**三つ**の方法で（つまり，$m_a=j_a-2$，$m_b=j_b$ から，$m_a=j_a-1$，$m_b=j_b-1$ から，また $m_a=j_a$，$m_b=j_b-2$ から）つくることができる．これらのうちの 2 個は，上にやった組に属し，3 番目は $J=j_a+j_b-2$ の状態をも含めなければならないことを示している．こうやって，上のリストのなかで，m のうちの一つの値をもう一つ下げて新しい状態をつくることがもはやできなくなるまで，この議論を続けるのである．

いま，j_b を j_a と j_b のうちの小さいほうのものであるとしよう．（それらが等しいときには，そのうちのどちらかをとる．）するとそのとき，J のとる値としては——j_a+j_b から j_a-j_b まで 1 ずつ減少してゆき——$2j_b$ 個だけが要求されることになる．すなわち，スピン j_a と j_b の 2 個の物体が合成されるとき，その体系の全角運動量としては，

$$J = \begin{cases} j_a+j_b \\ j_a+j_b-1 \\ j_a+j_b-2 \\ \vdots \\ |j_a-j_b| \end{cases} \tag{18.58}$$

のうちの任意の一つをとることができるわけである．（j_a-j_b のかわりに $|j_a-j_b|$ と書いておくことによって，$j_a \geq j_b$ という余分な註をつけるのを避けることができる．）

これらの J の値の**それぞれ**に対して，$2J+1$ 個の異なる M の値をもつ状態が存在する．ここで M は，$+J$ から $-J$ までの値をとる．これらの状態はそれぞれ，元々の状態 $|a, m_a;\ b, m_b\rangle$ に適当な係数——つ

まり，それぞれの特定の項に対するクレプシューゴルダン係数――をつけた線形結合から構成される．これらの係数は，状態 $|J, M\rangle$ のなかに現われる状態 $|j_a, m_a; j_b, m_b\rangle$ の"量"を与えるものである．したがって，それぞれのクレプシューゴルダン係数は，表 18-3 および表 18-6 におけるように，公式のなかでその位置を指定する **6 個**の指標によって表わされる．すなわち，これらの係数を $C(J, M; j_a, m_a; j_b, m_b)$ と書くことによって，表 18-6 の 2 行目の係数を

$$C\left(\frac{3}{2}, +\frac{1}{2};\ \frac{1}{2}, +\frac{1}{2};\ 1, 0\right) = \sqrt{\frac{2}{3}},$$

$$C\left(\frac{3}{2}, +\frac{1}{2};\ \frac{1}{2}, -\frac{1}{2};\ 1, +1\right) = \sqrt{\frac{1}{3}}$$

と表わすことができる．

ここでは，その他の場合の係数を計算することはしない†．しかし，その表は多くの書物に書いてある．でも，諸君は自力で，もう一つ別の場合をやってみてほしいものである．この次にやるべきことは，スピン 1 の粒子を 2 個結合することである．表 18-7 には，その最終結果が与えられている．

角運動量の合成則は，素粒子物理学においてとくに重要である――そこでは数えきれないほどの応用例があるが，不幸にしてこれ以上それをやっている時間がない．

表 18-7　2 個のスピン 1 の粒子の合成$(j_a=1,\ j_b=1)$

$\lvert J=2,\ M=+2\rangle = \lvert a,+1;\ b,+1\rangle$
$\lvert J=2,\ M=+1\rangle = \frac{1}{\sqrt{2}}\lvert a,+1;\ b,0\rangle + \frac{1}{\sqrt{2}}\lvert a,0;\ b,+1\rangle$
$\lvert J=2,\ M=0\rangle = \frac{1}{\sqrt{6}}\lvert a,+1;\ b,-1\rangle + \frac{1}{\sqrt{6}}\lvert a,-1;\ b,+1\rangle + \frac{2}{\sqrt{6}}\lvert a,0;\ b,0\rangle$
$\lvert J=2,\ M=-1\rangle = \frac{1}{\sqrt{2}}\lvert a,0;\ b,-1\rangle + \frac{1}{\sqrt{2}}\lvert a,-1;\ b,0\rangle$
$\lvert J=2,\ M=-2\rangle = \lvert a,-1;\ b,-1\rangle$
$\lvert J=1,\ M=+1\rangle = \frac{1}{\sqrt{2}}\lvert a,+1;\ b,0\rangle - \frac{1}{\sqrt{2}}\lvert a,0;\ b,+1\rangle$
$\lvert J=1,\ M=0\rangle = \frac{1}{\sqrt{2}}\lvert a,+1;\ b,-1\rangle - \frac{1}{\sqrt{2}}\lvert a,-1;\ b,+1\rangle$
$\lvert J=1,\ M=-1\rangle = \frac{1}{\sqrt{2}}\lvert a,0;\ b,-1\rangle - \frac{1}{\sqrt{2}}\lvert a,-1;\ b,0\rangle$
$\lvert J=0,\ M=0\rangle = \frac{1}{\sqrt{3}}\{\lvert a,+1;\ b,-1\rangle + \lvert a,-1;\ b,+1\rangle - \lvert a,0;\ b,0\rangle\}$

補遺 I　回転の行列の導出††

スピン(全角運動量) j の体系に対する一般の回転の行列の計算の詳しいことを知りたい人のために，ここでその計算を実行することにし

† われわれは一般の回転の行列(18.35)を知っているので，その仕事の大部分はすでにやってしまっているわけである．

†† この補遺の内容は，もともとは講義の本体のなかに含まれていた．しかし現在では，このような一般の場合の詳しい取り扱いを含めておくことは不必要であると思っている．

よう．この一般の場合をやるのは，本当はそれほど大事なことであるというわけではなく，諸君がその考え方さえしっかり把握していれば，その結果は多くの書物に表の形式で，一般的に書かれている．しかし一方，ここまでくれば諸君も，角運動量の記述に出てくる(18.35)のような量子力学における複雑な公式でも理解できるのだということを知っておきたいと思うであろう．

ここでは，**18-4** の議論をスピン j をもつ体系に拡張する．この体系は，$2j$ 個のスピン 1/2 の物体から構成されていると考えられるものである．さて，$m=j$ の状態は(プラスが $2j$ 個ある) $|+++\cdots+\rangle$ の状態である．また $m=j-1$ の場合は，$|++\cdots++-\rangle$，$|++\cdots+-+\rangle$ などの項が $2j$ 個存在する．次に r 個がプラス，s 個がマイナス——そして $r+s=2j$ ——の一般の場合を考える．z 軸のまわりの回転のもとで，r 個のプラスはそれぞれ $e^{+i\phi/2}$ を寄与する．したがってその結果，位相の変化は $i(r/2-s/2)\phi$ で与えられる．すると，

$$m=\frac{r-s}{2} \tag{18.59}$$

であることがわかる．$J=3/2$ の場合と同様に，ある決った m をもつ状態は，それぞれ同じ r および s をもつすべての状態を加え合わせた線形結合になっていなければならない——すなわち，r 個のプラスと s 個のマイナスとをもつあらゆる可能な並べ方に対応する状態の和としての線形結合でなければならない．そのような並べ方の総数が $(r+s)!/r!s!$ 個であることは，諸君はすでに知っていると仮定する．各状態を規格化するためには，この数の平方根で，その和を割っておく必要がある．すると，次のように書くことができる．すなわち，

$$\left[\frac{(r+s)!}{r!s!}\right]^{-1/2}\Bigl\{|\underbrace{++\,+\cdots++}_{r}\underbrace{---\cdots--}_{s}\rangle+(\text{そのすべての置換})\Bigr\}$$

$$=|j,m\rangle. \tag{18.60}$$

ここで

$$j=\frac{r+s}{2},\quad m=\frac{r-s}{2} \tag{18.61}$$

である．

ここで別の記法を用いたほうが都合がよい．状態をひとたび(18.60)で定義してしまえば，その状態を定義する指標として，j および m と同様に，2個の数 r および s を用いることもできる．そこで

$$|\,j,m\,\rangle=|\,{}^{r}_{s}\,\rangle \tag{18.62}$$

と表わすと，計算の途中でやったことを記録しておくのに便利なのである．ここで，j,m と r,s との間には，(18.61)より

$$r=j+m,\quad s=j-m$$

の関係がある．次に，この新しい**特別な記号**を用いて，(18.60)を

$$|\,j,m\,\rangle=|\,{}^{r}_{s}\,\rangle=\left[\frac{(r+s)!}{r!s!}\right]^{+1/2}\{|+\rangle^{r}|-\rangle^{s}\}_{\text{置換}} \tag{18.63}$$

と書いておくことにする．ここで1番まえの因子の指数を**プラス** 1/2

に変えてあることに注意されたい．そうしたのは，中括弧のなかにちょうど $N=(r+s)!/r!s!$ 個の項が存在するからである．(18.63) と (18.60) とを比較すると，明らかに，

$$\{|+\rangle^r|-\rangle^s\}_{置換}$$

という量は，

$$\frac{\{|++\cdots--\rangle+(すべての置換)\}}{N}$$

の省略記号であることが分る．ここで N は，括弧のなかの別々の項の数である．この記法が便利なわけは，回転をするたびに，プラスをもつ項はすべて同じ因子を寄与し，したがってその因子の r 乗が出てくるからである．まったく同様に，s 個のマイナスの項は，その順序のいかんにかかわらず，それに対応する因子の s 乗を寄与する．

さて，体系を y 軸のまわりに角 θ だけ回転したとする．このとき欲しいのは $R_y(\theta)|{}^r_s\rangle$ である．$R_y(\theta)$ をそれぞれの $|+\rangle$ に作用すると

$$R_y(\theta)|+\rangle=|+\rangle C+|-\rangle S \qquad (18.64)$$

をうる．ここで $C=\cos\theta/2$ および $S=\sin\theta/2$ である．$R_y(\theta)$ をそれぞれの $|-\rangle$ に作用すると

$$R_y(\theta)|-\rangle=|-\rangle C-|+\rangle S$$

となる．したがって，欲しいものは

$$\begin{aligned}R_y(\theta)|{}^r_s\rangle&=\left[\frac{(r+s)!}{r!s!}\right]^{1/2}R_y(\theta)\Big\{|+\rangle^r|-\rangle^s\Big\}_{置換}\\&=\left[\frac{(r+s)!}{r!s!}\right]^{1/2}\Big\{(R_y(\theta)|+\rangle)^r(R_y(\theta)|-\rangle)^s\Big\}_{置換}\\&=\left[\frac{(r+s)!}{r!s!}\right]^{1/2}\Big\{(|+\rangle C+|-\rangle S)^r(|-\rangle C-|+\rangle S)^s\Big\}_{置換}\end{aligned} \qquad (18.65)$$

と表わされる．ここで，それぞれの 2 項式を適当にベキ展開して，その二つの表式の積をとる必要がある．$|+\rangle$ を含む項としては，その 0 乗のものから $(r+s)$ 乗のものまでみんな現われてくる．そこで r' 乗までの $|+\rangle$ を含む項を全部調べることにする．一方これにはつねに，$|-\rangle$ の s' 乗の項を伴っている．ここで $s'=2j-r'$ である．これらの項を全部集めたとする．このとき，それぞれの置換に対応する項は，C および S の因子とともに，2 項展開の係数をもっている．いまその因子をまとめて $A_{r'}$ と書いておくことにする．すると (18.65) は，次のような形で表わされる．

$$R_y(\theta)|{}^r_s\rangle=\sum_{r'=0}^{r+s}\{A_{r'}|+\rangle^{r'}|-\rangle^{s'}\}_{置換}. \qquad (18.66)$$

ここでさらに，$A_{r'}$ を $[(r'+s')!/r'!s'!]^{1/2}$ で割った商を $B_{r'}$ と書くことにする．そうすると，(18.66) は

$$R_y(\theta)|{}^r_s\rangle=\sum_{r'=0}^{r+s}B_{r'}\left[\frac{(r'+s')!}{r'!s'!}\right]^{1/2}\{|+\rangle^{r'}|-\rangle^{s'}\}_{置換} \qquad (18.67)$$

と同じものである．($B_{r'}$ をこのように定義しておくと，(18.67) が (18.65) と同じ表式を与える．)

この $B_{r'}$ の定義を利用すると，(18.67)の右辺の残りの因子は，状態 $|{r' \atop s'}\rangle$ そのものに一致する．したがって

$$R_y(\theta)|{r \atop s}\rangle = \sum_{r'=0}^{r+s} B_{r'}|{r' \atop s'}\rangle \qquad (18.68)$$

となる．ここで s' はつねに $r+s-r'$ に等しい．この関係は，もちろん係数 $B_{r'}$ がわれわれの欲しい行列要素であることを意味している．すなわち，

$$\langle {r' \atop s'}|R_y(\theta)|{r \atop s}\rangle = B_{r'} \qquad (18.69)$$

である．

ここで，この $B_{r'}$ を求めるための最後の計算をやる必要がある．(18.65)と(18.67)とを比較すると——$r'+s'=r+s$ であることを考慮して——$B_{r'}$ は次の表式の $a^{r'}b^{s'}$ の係数で与えられることが分る．すなわち，

$$\left(\frac{r'!s'!}{r!s!}\right)^{1/2}(aC+bS)^r(bC-aS)^s. \qquad (18.70)$$

ここで2項定理を用いて展開し，a と b の与えられたベキをもつ項を集めるのは，つまらない計算である．この計算を実行すると，(18.70)の $a^{r'}b^{s'}$ の係数は

$$\left[\frac{r'!s'!}{r!s!}\right]^{1/2}\sum_k(-1)^k S^{r-r'+2k}C^{s+r'-2k}\cdot\frac{r!}{(r-r'+k)!(r'-k)!}\cdot\frac{s!}{(s-k)!k!} \qquad (18.71)$$

と求まる．ここで k に関する和は，右辺に現われている階乗がみんな0あるいはそれより大きい値をとるようなすべての整数にわたってとられる．そうすると，この表式がわれわれの欲しい行列要素を与えるということになる．

最後に，

$$r = j+m, \quad r' = j+m', \quad s = j-m, \quad s' = j-m'$$

の関係を利用して，すべての項を j, m および m' で表わせば，**18-4** の(18.35)がえられる．

補遺 2　光子の放出の際のパリティーの保存

18-1 でスピン1の励起状態から，スピン0の基底状態に転移する原子からの光の放射について考察した．励起状態が上向きのスピン($m=+1$)をもっているときには，その原子は，$+z$ 軸に沿って RHC 光子を放出するか，あるいはまた $-z$ 軸に沿って LHC 光子を放出するか，そのどちらも可能である．いま，これらの光子に対する状態を $|R_{\rm up}\rangle$ および $|L_{\rm dn}\rangle$ と表わすことにする．このとき，これらの状態はどちらもある決ったパリティーをもっていない．$\hat{P}$ をパリティー演算子であるとすると，$\hat{P}|R_{\rm up}\rangle=|L_{\rm dn}\rangle$ となり，また $\hat{P}|L_{\rm dn}\rangle=|R_{\rm up}\rangle$ となる．

この場合，ある決ったエネルギーの状態にある原子は決ったパリティーをもたねばならないという前の証明と，パリティーが原子的過程では保存されるという事実との関係はどうなっているのであろうか．

つまり，この問題では，その終状態(光子を放射した後の状態)も一定のパリティーをもっているはずではないのか．実は，あらゆる方向に放射される光子の振幅を全部含めた**完全な**終状態を考えればそう**なっている**のである．

そうしたければ，一定のパリティーをもつ終状態だけを考えることもできる．例えば，$+z$ 方向に進む RHC 光子の振幅が α で，$-z$ の方向に進行する LHC 光子の振幅が β であるような終状態 $|\psi_F\rangle$ を考えたとする．このとき，

$$|\psi_F\rangle = \alpha|R_{\rm up}\rangle + \beta|L_{\rm dn}\rangle \qquad (18.72)$$

と表わすことができる．この状態にパリティーの操作をほどこすと，

$$\hat{P}|\psi_F\rangle = \alpha|L_{\rm dn}\rangle + \beta|R_{\rm up}\rangle \qquad (18.73)$$

となる．この状態は，$\beta=\alpha$ のときには $|\psi_F\rangle$ となり，また $\beta=-\alpha$ の場合には $-|\psi_F\rangle$ となる．したがって，偶のパリティーをもつ終状態は

$$|\psi_F{}^+\rangle = \alpha\{|R_{\rm up}\rangle + |L_{\rm dn}\rangle\} \qquad (18.74)$$

と書かれ，奇のパリティーをもつ状態は

$$|\psi_F{}^-\rangle = \alpha\{|R_{\rm up}\rangle - |L_{\rm dn}\rangle\} \qquad (18.75)$$

と表わされる．

つぎに，奇のパリティーの励起状態から，偶のパリティーをもつ基底状態への転移を考えよう．パリティーが保存されている場合には，光子の終状態は奇のパリティーをもっていなければならない．すなわち，このとき光子の終状態は(18.75)の状態でなければならないわけである．つまり，$|R_{\rm up}\rangle$ を発見する振幅が α であるときには，$|L_{\rm dn}\rangle$ を発見する振幅は $-\alpha$ であるということになる．

さてここで，y 軸のまわりの 180° の回転をしたときにどうなるかを注意しよう．これをやると，はじめの原子の励起状態は $m=-1$ の状態に変化する．(しかし，表 17-2 により，状態の符号は変化しない．)一方，光子の終状態の回転を行うと，

$$R_y(180^\circ)|\psi_F{}^-\rangle = \alpha\{|R_{\rm dn}\rangle - |L_{\rm up}\rangle\} \qquad (18.76)$$

となる．これを(18.75)と比較すると，終状態のパリティーを上のように仮定したとき，$m=-1$ の初状態から $+z$ 方向に進む LHC 光子をうる振幅は，$m=+1$ の初状態から $+z$ 方向に進む RHC 光子をうる振幅に負号をつけたものに等しいことが分る．これは **18-1** でえた結果と一致している．

第19章
水素原子と周期律表

19-1 水素原子に対するシュレーディンガーの方程式

量子力学の歴史におけるもっとも劇的な成功は，いくつかの簡単な原子のスペクトルの詳細と，化学元素の表から発見された原子の周期性とが理解されたことである．この章にいたって，ついにわれわれの量子力学の話も，この重要な業績，とくに水素原子のスペクトルを理解するという問題にはいるわけである．また同時に，化学元素の示す不可思議な性質の定性的な説明にまで話を進めることにする．それをやるために，これから水素原子内における電子のふるまいを詳しく研究しよう——ここではじめて，第16章で展開した考え方にしたがって，空間内における電子の分布を詳しく計算するわけである．

水素原子を完全に記述するためには，陽子の運動と電子の運動の両方を正しく記述しなければならない．量子力学でこれをやるには，各粒子の運動を重心に対して相対的に記述する古典的な考えに似た方法を用いたらよい．しかしここでは，それはやらない．つまり，陽子は非常に重いものであるとする近似のもとで議論する．したがって，陽子は原子の中心に固定されているものと考えることができる．

ここでさらに，もう一つの近似をする．それは，電子がスピンをもち，また相対論的な力学の法則によって記述されるべきであるということを忘れてしまうのである．したがって，われわれは，非相対論的なシュレーディンガーの方程式を用い，また磁場の効果を無視するということになるので，ここでの取り扱いには，ある小さな補正をおこなうことが要求されることになる．それはこういうことである．電子の立場からみれば，陽子は磁場をつくり出す回転電荷であるから，小さいながらも磁気的な効果をもたらす．この場のなかでは，電子はそのスピンを下向きにしているときと，上向きにしているときとで違ったエネルギーをもつことになるわけである．したがって，原子の本当のエネルギーは，われわれがこれから計算するものから，ほんの少しばかりずれていることになる．しかしここでは，この小さなエネルギーのずれは，これを無視する．また電子は，回転の方向をつねに一定に保ちながら空間内で回転しているジャイロスコープのようなものと考えられる．いま，空間内の自由原子を考えているので，その全角運動量は保存する．一方，いまの近似のもとでは，電子のスピン角運動量は一定に保たれる．したがって，残りの全角運動量——普通，“軌道”角運動量とよばれているもの——もまた保存することになる．この極めてよい近似のもとでは，電子は水素原子内でスピンをもたない粒子のように運動し――その運動の角運動量は一定に保たれるのである．

これらの近似を用いると，空間内のいろいろな場所に電子を発見する振幅は，空間内における電子の位置および時間の関数として表わすことができる．いま，時刻tにおいて，電子をどこかに発見する振幅を$\psi(x, y, z, t)$と書くことにする．量子力学によると，この振幅の時間的な変化の割合は，同じ関数に作用するハミルトニアン演算子により与えられる．つまり，第16章から

$$i\hbar\frac{\partial\psi}{\partial t} = \hat{\mathcal{H}}\psi, \tag{19.1}$$

$$\hat{\mathcal{H}} = -\frac{\hbar^2}{2m}\nabla^2 + V(\boldsymbol{r}) \tag{19.2}$$

である．ここでmは電子の質量，$V(\boldsymbol{r})$は陽子のつくる静電場内における電子のポテンシャル・エネルギーである．陽子から遠くに離れたところでは，$V=0$であるとすると，

$$V = -\frac{e^2}{r}$$

と書くことができる†．このとき，波動関数ψは次の方程式をみたさなければならない．

$$i\hbar\frac{\partial\psi}{\partial t} = -\frac{\hbar^2}{2m}\nabla^2\psi - \frac{e^2}{r}\psi. \tag{19.3}$$

ここでは一定のエネルギーをもつ状態をさがそうというわけである．したがって，次の形をもつ解を求めることにする．

$$\psi(\boldsymbol{r}, t) = e^{-(i/\hbar)Et}\psi(\boldsymbol{r}). \tag{19.4}$$

このとき関数$\psi(\boldsymbol{r})$は，次の方程式の解でなければならない．

$$-\frac{\hbar^2}{2m}\nabla^2\psi = \left(E + \frac{e^2}{r}\right)\psi. \tag{19.5}$$

ここでEは定数――つまり原子のエネルギー――である．

ポテンシャル・エネルギーの項は半径のみに依存しているから，この方程式を解くには，直角座標系よりも，むしろ極座標を用いたほうが便利であることが分る．ラプラシアンは，直角座標系では

$$\nabla^2 = \frac{\partial^2}{\partial x^2} + \frac{\partial^2}{\partial y^2} + \frac{\partial^2}{\partial z^2}$$

で定義される．これを用いるかわりに，図19-1に示されているような座標r, θ, ϕを利用したいのである．これらはx, y, zと

$$x = r\sin\theta\cos\phi;\quad y = r\sin\theta\sin\phi;\quad z = r\cos\theta$$

という関係をもっている．そして，かなり面倒くさい計算ののちに，任意の関数$f(\boldsymbol{r}) = f(r, \theta, \phi)$に対して，結局

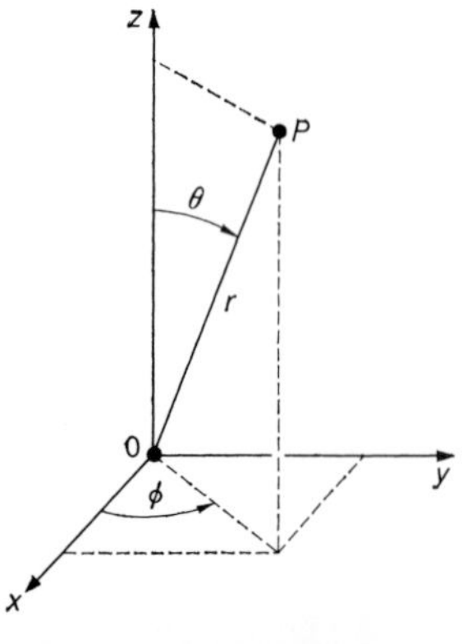

図19-1　点Pの極座標r, θ, ϕ

† いつものように，$e^2 = q_e^2/4\pi\epsilon_0$である．

$$\nabla^2 f(r,\theta,\phi)=\frac{1}{r}\frac{\partial^2}{\partial r^2}(rf)+\frac{1}{r^2}\left\{\frac{1}{\sin\theta}\frac{\partial}{\partial\theta}\left(\sin\theta\frac{\partial f}{\partial\theta}\right)+\frac{1}{\sin^2\theta}\frac{\partial^2 f}{\partial\phi^2}\right\} \tag{19.6}$$

となることが示される．したがって，極座標系では，$\psi(r,\theta,\phi)$のみたす方程式は

$$\frac{1}{r}\frac{\partial^2}{\partial r^2}(r\psi)+\frac{1}{r^2}\left\{\frac{1}{\sin\theta}\frac{\partial}{\partial\theta}\left(\sin\theta\frac{\partial\psi}{\partial\theta}\right)+\frac{1}{\sin^2\theta}\frac{\partial^2\psi}{\partial\phi^2}\right\}=-\frac{2m}{\hbar^2}\left(E+\frac{e^2}{r}\right)\psi \tag{19.7}$$

であるということになる．

19–2 球対称な解

まずはじめに，(19.7)の物凄い方程式をみたす非常に簡単な関数を求めることにしよう．一般には，波動関数ψは半径rだけではなく，角θおよびϕにも依存するのであるが，ψがそれらの角度によら**ない**特別な場合が存在するかどうかを調べてみよう．波動関数が角度に依存しない場合には，その振幅は座標系をどう回転しても変化しないことになる．このことは，角運動量の成分のすべてがゼロであることを意味している．そのようなψは，全角運動量がゼロの状態に対応しているはずである．(本当は，電子はスピンをもっているから，ゼロなのは軌道角運動量だけである．しかしいまは，それを無視している．) 軌道角運動量がゼロの状態は特別な名前でよばれている．それは，“s状態”——このsは“球対称(spherically symmetric)のs”と憶えておいたらよい——とよばれている†．

さて，ψがθおよびϕに依存していないとすると，全ラプラシアンはその第1項のみとなり，(19.7)はずっと簡単な形になる．すなわち，

$$\frac{1}{r}\frac{d^2}{dr^2}(r\psi)=-\frac{2m}{\hbar^2}\left(E+\frac{e^2}{r}\right)\psi \tag{19.8}$$

である．このような方程式を解く仕事にかかるまえに，スケールを変えて，$e^2, m,$ および$\hbar$のような余計な定数を全部除いてしまっておいたほうが好都合である．こうしておくと，計算がよりやりやすくなるからである．そこで，次のようなおきかえをする．

$$r=\frac{\hbar^2}{me^2}\rho, \tag{19.9}$$

$$E=\frac{me^4}{2\hbar^2}\epsilon. \tag{19.10}$$

すると(19.8)は，(全体にρを掛けて)

$$\frac{d^2(\rho\psi)}{d\rho^2}=\left(\epsilon+\frac{2}{\rho}\right)\rho\psi \tag{19.11}$$

となる．うえでやったスケールの変換は，距離rとエネルギーEとを“自然”原子単位の倍数ではかることを意味している．すなわち，$\rho=r/r_B$と書くと，$r_B=\hbar^2/me^2$は“ボーア半径”とよばれるもので，そ

† この種の特殊な名称は，原子物理学での共通の言葉なので，これらの名前も勉強しておく必要がある．本章の後のほうに，これらをまとめた小“辞典”がある．

の大きさは約 0.528 オングストロームである．同様にして $\epsilon=E/E_R$ と書けば，$E_R=me^4/2\hbar^2$ である．このエネルギー E_R は“リードベルグ”とよばれるもので，その値は約 13.6 eV である．

両辺に積 $\rho\psi$ が現われているので，ψ そのものよりも $\rho\psi$ を用いたほうが便利である．そこで

$$\rho\psi = f \tag{19.12}$$

とおくと，(19.11)は

$$\frac{d^2f}{d\rho^2} = -\left(\epsilon+\frac{2}{\rho}\right)f \tag{19.13}$$

となり，これはまえの方程式よりも簡単にみえる．

ここで(19.13)をみたす関数 f を求めなければならないわけである——いいかえれば，(19.13)の微分方程式を解かねばならない．しかし不幸にして，任意の与えられた微分方程式を解くための有効かつ一般的方法というものは存在しない．つまり，色々やってみるより仕方がない．われわれの方程式はやさしいものではない．しかし，次のような手続きを利用することによって，それを解くことができることを発見した人達がいる．それはまず，ρ の関数の f を次の二つの関数の積でおきかえるのである．すなわち

$$f(\rho) = e^{-\alpha\rho}g(\rho). \tag{19.14}$$

これは，$f(\rho)$ から $e^{-\alpha\rho}$ という因子を引っぱり出したことを意味している．こういうことは，どんな $f(\rho)$ に対しても確かにやることが可能である．これは単に，問題を右側の関数 $g(\rho)$ を求める問題にずらしただけのことである．

(19.14)を(19.13)につっこんでやると，g に対する次の方程式をうる．

$$\frac{d^2g}{d\rho^2}-2\alpha\frac{dg}{d\rho}+\left(\frac{2}{\rho}+\epsilon+\alpha^2\right)g = 0. \tag{19.15}$$

α としては，どういう値を選んでもよいから，

$$\alpha^2 = -\epsilon \tag{19.16}$$

ととると，

$$\frac{d^2g}{d\rho^2}-2\alpha\frac{dg}{d\rho}+\frac{2}{\rho}g = 0 \tag{19.17}$$

をうる．

諸君は，こうしても方程式の形が(19.13)よりも別段よくなったわけではないと思うかも知れない．ところが幸いなことに，この新しい方程式は，ρ のベキ級数を用いて解くことができる．((19.13)も原理的には，そうやって解くことができるわけであるが，そのときのほうがずっと難しい．）つまり，(19.17)は

$$g(\rho) = \sum_{k=1}^{\infty}a_k\rho^k \tag{19.18}$$

のような級数で書ける $g(\rho)$ によってみたされるということである．ここで a_k は定数係数である．したがってやるべきことは，これらの無限

個の係数の適当な組を求めることである．こうすると，うまいこと解がみつけられることを示すことにしよう．$g(\rho)$ の1階微分をとると，

$$\frac{dg}{d\rho}=\sum_{k=1}^{\infty}a_k k\rho^{k-1}$$

で，2階微分をとると

$$\frac{d^2g}{d\rho^2}=\sum_{k=1}^{\infty}a_k k(k-1)\rho^{k-2}$$

となる．これらの式を(19.17)に代入すると

$$\sum_{k=1}^{\infty}k(k-1)a_k\rho^{k-2}-\sum_{k=1}^{\infty}2\alpha k a_k\rho^{k-1}+\sum_{k=1}^{\infty}2a_k\rho^{k-1}=0 \quad (19.19)$$

をうる．これだけではまだうまくいっているかどうかは明らかではない．しかし，少しずつ前進はしている．上式の1番目の和は，これと同等な別の形のものでおきかえたほうがよさそうである．この和の第1項は0であるから，それぞれの k を $k+1$ でおきかえても，無限級数は変わらない．このように変えてやると，1番目の和は

$$\sum_{k=1}^{\infty}(k+1)ka_{k+1}\rho^{k-1}$$

と書きかえられる．こうすると，(19.19)のすべての和をまとめることができて，

$$\sum_{k=1}^{\infty}[(k+1)ka_{k+1}-2\alpha k a_k+2a_k]\rho^{k-1}=0 \quad (19.20)$$

をうる．

このベキ級数は，あらゆる ρ の値に対して0でなければならない．これが成り立つのは，ρ のそれぞれのベキの係数が別々に0になっているときだけである．そこで $k>1$ をみたすすべての k に対して，

$$(k+1)ka_{k+1}-2(\alpha k-1)a_k=0 \quad (19.21)$$

が成立するような1組の a_k がみつけられれば，水素原子の問題の解がえられることになる．これを解くのは，確かにやさしいことである．いま，a_1 を任意の値にとる．すると，その他のすべての係数は

$$a_{k+1}=\frac{2(\alpha k-1)}{k(k+1)}a_k \quad (19.22)$$

の関係から出てくることになる．つまり，この関係を利用すれば，$a_2, a_3, a_4, \cdots$ 等々がえられる．こうして決めた係数のどの1対をとっても，それは確かに(19.21)の関係をみたしている．こうして，(19.17)をみたす $g(\rho)$ の級数が求まったわけである．この $g(\rho)$ を使えば，シュレーディンガーの方程式をみたす ψ をつくることができる．しかしこのとき，その解は，(α を通して)仮定したエネルギーの値に依存していることに注意されたい．そして，ϵ のそれぞれの値に対して，対応する一つの級数が存在するわけである．

われわれは一つの解をうることができたのであるが，しかしその解は，物理的には何を表わしているのであろうか．電子が陽子からずっと遠くに離れたときに——ρ の大きい値に対して——どうなるかをみると，一つのアイディアがうかんでくる．そのように離れたところで

は，級数のなかの高次の項がもっとも重要になってくる．したがって このときは，k の大きい値に対して級数がどうなっているかを調べて みるべきであろう．$k \gg 1$ のときには，(19.22) は近似的に

$$a_{k+1} = \frac{2\alpha}{k} a_k$$

としても同じである．このことは

$$a_{k+1} \approx \frac{(2\alpha)^k}{k!} \tag{19.23}$$

であることを意味している．ところが，これは，ちょうど $e^{+2\alpha\rho}$ のベキ級数の係数になっている．つまり，g の関数は，急速に増大する指数関数なのである．$e^{-\alpha\rho}$ とくっつけて，$f(\rho)$ をつくっても，それでもなお——(19.14) をみよ——それは ρ の大きい値に対して $e^{\alpha\rho}$ のようにふるまう解 $f(\rho)$ を与えることになる．つまり，われわれの求めた解は，数学的には解になっているが，物理的には解になっていないのである．この解は，電子が陽子の近くにいる可能性の**もっとも小さい**状況を表現している．この解は，電子が発見されやすいところが非常に大きな半径 ρ のところであることを示している．しかし，**束縛された**電子に対する波動関数は，ρ の大きい値に対して 0 にならなければならない．

われわれは，この困難を克服する方法があるか否かを考えなければならない．そして，それがある．見てごらん．たまたま幸運にも，α の値がちょうど $1/n$ であったとすると，その場合には，(19.22) の関係は $a_{n+1}=0$ を与える．なお，n は任意の整数である．また，それ以上のすべての高次の項も 0 になる．つまりこのときには，無限級数ではなく，有限の多項式になってしまう．多項式は，それがどんなものであっても，$e^{\alpha\rho}$ よりもゆっくりと増大する．したがって，$e^{-\alpha\rho}$ の項は結局それを制圧してしまい，関数 f は ρ が大きくなると 0 に近づくことになる．**束縛状態**の解は，$\alpha=1/n$ のときにのみえられる．ここで，$n=1, 2, 3, 4, \cdots$ である．

そこで (19.16) にもどってみると，球対称な波動関数に対する束縛状態の解は

$$-\epsilon = 1, \frac{1}{4}, \frac{1}{9}, \frac{1}{16}, \cdots, \frac{1}{n^2}, \cdots$$

のときにのみ存在しうることが分る．許されるエネルギーの値は，これらの分数に，リードベルグ $E_R = me^4/2\hbar^2$ を掛けたもので与えられる．あるいは，n 番目のエネルギー準位のエネルギーは

$$E_n = -E_R \frac{1}{n^2} \tag{19.24}$$

であるということになる．なお，エネルギーの値が負であっても，それはべつに不思議なことではない．エネルギーの値が負になるのは，$V=-e^2/r$ と書いたとき，陽子からずっと遠くに離れたところにある電子のエネルギーをゼロ点に選んだからである．電子が陽子に近づい

てくると，そのエネルギーの値は減少してゆき，したがって，その値はゼロよりもいくらか下になる．そのエネルギーは，$n=1$ のときに最低(もっとも負)となり，n の増大に伴って 0 に近づいてゆく．

量子力学の発見以前に，すでに水素のスペクトルの実験的研究から，そのエネルギー準位が(19.24)によって記述されることが知られていた．そこで観測により E_R の値は，約 13.6 eV であることが発見されたのである．そのときボーアは(19.24)と同じ式を与えるような原子模型を考案して，E_R の値は $me^4/2\hbar^2$ でなければならないことを予言した．しかし，この結果を電子の運動の基本方程式から再現しえたことこそ，シュレーディンガーの理論の最初の偉大な成功だったのである．

第1番目の原子の問題を解いたところで，えられた解の性質を調べておこう．すべての因子をまとめると，それぞれの解は次のような形で表わされる：

$$\psi_n = \frac{f_n(\rho)}{\rho} = \frac{e^{-\rho/n}}{\rho} g_n(\rho), \qquad (19.25)$$

ここで

$$g_n(\rho) = \sum_{k=1}^{n} a_k \rho^k \qquad (19.26)$$

および

$$a_{k+1} = \frac{2(k/n-1)}{k(k+1)} a_k \qquad (19.27)$$

である．電子を色々な場所に発見する確率として，その相対確率に主として興味をもっている限り，a_1 としてはどんな値をとってもよい．$a_1=1$ とおいてもよい．(しかし普通は，原子内の任意の位置に電子を発見する確率の全体が 1 に等しくなるように a_1 の値を選ぶ．しかし，いまはそんなことをする必要はない．)

最低エネルギーの状態に対しては，$n=1$ であり，

$$\psi_1(\rho) = e^{-\rho} \qquad (19.28)$$

である．つまり，基底(最低エネルギー)状態における水素原子の場合，電子を任意の点に発見する振幅は，陽子からの距離とともに指数関数的に減少する．したがって，電子をちょうど陽子のところに発見する確率が最大になっている．そして，その拡がりの特性距離は ρ に関して約 1 単位，あるいは 1 ボーア半径 r_B で与えられる．

$n=2$ とおくと，その次に高い準位がえられる．この状態に対する波動関数は二つの項をもっており，それは

$$\psi_2(\rho) = \left(1 - \frac{\rho}{2}\right) e^{-\rho/2} \qquad (19.29)$$

である．そのまた次の準位に対する波動関数は

$$\psi_3(\rho) = \left(1 - \frac{2}{3}\rho + \frac{2}{27}\rho^2\right) e^{-\rho/3} \qquad (19.30)$$

で与えられる．これらの最初の三つの準位に対する波動関数をえがいたのが，図 19-2 である．この図から，波動関数の示す一般的傾向を

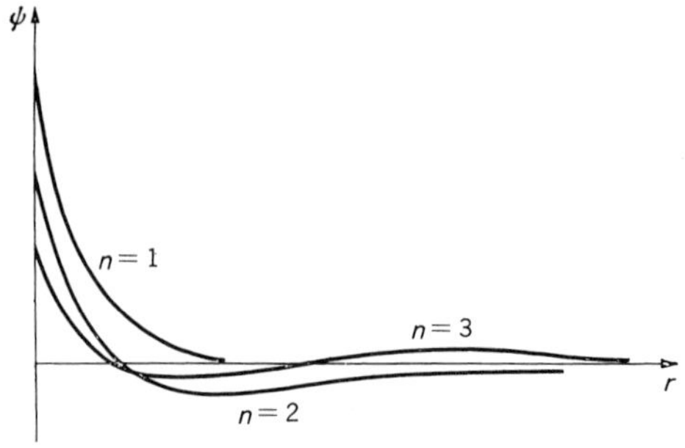

図 19-2　水素原子の最初の3個の $l=0$ の状態の波動関数(スケールは全確率がみんな等しくなるように選ばれている)

知ることができよう．どの波動関数も数回の振動の後に，ρ の値が大きくなると急速にゼロに近づく．そして実際，その“凸凹”の数がちょうど n の数に等しくなっている．あるいは，ψ_n が r 軸と交叉する数は $n-1$ に等しいといったほうがよいかも知れない．

19-3　角度依存性をもつ状態

波動関数 $\psi_n(r)$ で記述される状態は，電子を発見する確率振幅が球対称であって――陽子からの距離 r にのみ依存することが分った．そのような状態の軌道角運動量はゼロである．そこでここでは，角度依存性をもっている状態について調べることにしよう．

この場合，微分方程式(19.7)を厳密な数学的問題とみて，これをみたす r, θ および ϕ の関数を求めることもできる――なおこのとき，許される関数は r が大きくなると0になるものだけであるという物理的な附加条件をつけておかなければならない．実際，多くの書物では，そういうやり方をしている．しかしここでは，振幅の角度依存に関するわれわれの既知の知識を利用することにより，近道をとることにする．

任意の特定の状態にある水素原子は，ある“スピン”j――全角運動量の量子数――をもつ粒子である．このスピンの一部は電子の固有のスピンであり，その他の部分は電子の運動からくるものである．これらの二つの部分は(非常によい近似で)独立に行動するので，ここでもその固有のスピンの部分を無視して，“軌道”角運動量についてのみ考えることにする．しかし，この軌道角運動量も一つのスピンと同じような性質をもっている．例えば，軌道角運動量の量子数が l であるとき，その z 成分は $l, l-1, l-2, \cdots, -l$ の値をとりうる．(いつものように，$\hbar$ の単位で測っている．) またこれまでに求めてきた回転の行列やその他の性質も，ここでもそのまま適用できる．(これからは，電子のスピンを**本当に**無視してしまい，“角運動量”といったら，それはその軌道部分だけを意味するものとする．)

電子がそのなかを運動しているポテンシャル V は r のみに依存し，θ および ϕ には関係しないから，ハミルトニアンはあらゆる回転のもとで対称的になっている．このことから，角運動量およびそのすべての成分は保存することになる．(このことは，**どのような**“中心力の場”のなかでの運動に対しても成立する——したがってそれは，クーロン・ポテンシャル e^2/r の特性ではない.)

さて，電子のとりうる状態のうちのあるものについて考えてみよう．その状態内の角度依存性は，量子数 l によって特性づけられる．z 軸に関して全角運動量のとる“方向”がどうなっているかにより，その z 成分のとりうる値 m は，$+l$ と $-l$ の間の $2l+1$ 個のうちのどれかである．いま例えば，$m=1$ であるとしよう．このとき電子が z 軸上における原点から r の距離のところに発見される振幅はどれだけであろうか．それはゼロである．なぜなら，z 軸上にある電子は，その軸のまわりに軌道角運動量をもち**えない**からである．よろしい．それなら $m=0$ と仮定しよう．この場合には，陽子からある距離のところに電子を発見する振幅はゼロではない．そこで，この振幅を $F_l(r)$ とする．これは，z 軸に沿って上向きに距離 r のところに電子を発見する振幅である．このとき原子は，$|l,0\rangle$ の状態にある．この状態は，軌道スピン l とその z 成分 $m=0$ をもつ状態を意味している．

この $F_l(r)$ が分っていれば，すべてのことが分る．任意の状態 $|l,m\rangle$ に対して，電子が原子内の**いかなる場所に**発見される振幅 $\psi_{lm}(\boldsymbol{r})$ でも分るのである．それでは，どうやって分るのか．注目したまえ．原子が状態 $|l,m\rangle$ にあるものとする．そのとき角度が θ および ϕ で，原点からの距離が r のところに電子を発見する振幅を求めることにしよう．いま，その角度の方向に新しい z 軸，例えば z' 軸をとる．(図 19-3 をみよ.) そして，その新しい軸 z' に沿う距離 r のところに電子を発見する振幅を考える．角運動量の z' 成分が，つまり m' が 0 でなければ，電子を z' 軸上に発見することはできないことを知っている．ところが，m' の値がゼロのときには，z' 方向に電子を発見する振幅は $F_l(r)$ で与えられている．したがって，結果は 2 個の因子の積の形で表わされることになる．その第 1 の因子は，z 軸に沿って $|l,m\rangle$ 状態にある原子が，**z' 軸に関して**状態 $|l,m'=0\rangle$ に存在する振幅である．この振幅に $F_l(r)$ を掛ければ，元の軸に関して (r,θ,ϕ) の点に電子を発見する振幅 $\psi_{l,m}(\boldsymbol{r})$ がえられるわけである．

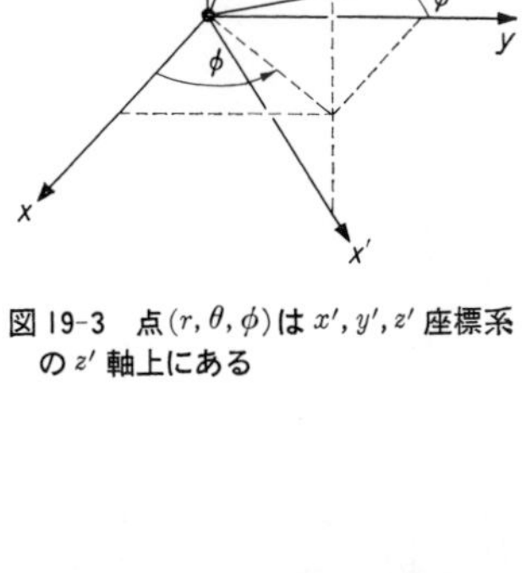

図 19-3 点 (r,θ,ϕ) は x',y',z' 座標系の z' 軸上にある

これを書き出しておくことにしよう．回転に対する変換行列は，まえに計算してある．座標系 x,y,z から，図 19-3 の座標系 x',y',z' に移るには，まず z 軸のまわりに角 ϕ だけ回し，それから新しい y 軸 (y') のまわりに角 θ だけ回せばよい．この合成された回転は，

$$R_y(\theta)\,R_z(\phi)$$

の積で与えられる．この回転をした後で $l,m'=0$ の状態を発見する振幅は

$$\langle\, l,0\,|R_y(\theta)\,R_z(\phi)\,|\,l,m\,\rangle \qquad (19.31)$$

である．そうすると，結果は

$$\psi_{l,m}(\boldsymbol{r})=\langle\, l,0\,|R_y(\theta)\,R_z(\phi)\,|\,l,m\,\rangle F_l(r) \qquad (19.32)$$

で与えられることになる.

軌道運動の場合, l としては整数値のみが許される. (電子が $r \neq 0$ の場所ならどこにでも発見できるときには, その方向には $m=0$ の振幅が存在する. そして, $m=0$ の状態は整数スピンの場合にのみ存在するからである.) $l=1$ に対する回転の行列は, 表 17-2 に与えられている. もっと大きい l に対しては, 第 18 章で計算した一般式を利用することができる. $R_z(\phi)$ と $R_y(\theta)$ の行列は別々に現われているが, 諸君はこれらを結合する方法をすでに知っている. どうするかというと, 一般の場合には, 状態 $|\,l, m\rangle$ から出発して, それに $R_z(\phi)$ を作用させると, 新しい状態 $R_z(\phi)\,|\,l, m\rangle$ をうる. (これは $e^{im\phi}|\,l, m\rangle$ に等しい.) それからこの状態に $R_y(\theta)$ を作用すると $R_y(\theta)\,R_z(\phi)\,|\,l, m\rangle$ をうる. これに $\langle l, 0|$ を掛ければ, (19.31) の行列要素が求まるわけである.

回転の操作に対する行列要素は θ および ϕ の関数である. (19.31) に現われてくる特殊な関数は, 球状の波動を含むような多くの種類の問題に現われるものであり, したがって, これには特別な名称が与えられている. だれもが同じ約束を用いているわけではないが, そのなかでもっとも一般的なものの一つは

$$\langle\, l, 0\,|R_y(\theta)\,R_z(\phi)\,|\,l, m\,\rangle = a\,Y_{l,m}(\theta, \phi) \qquad (19.33)$$

と表わすものである. この関数 $Y_{l,m}$ は“**球面調和関数**”とよばれており, また a は $Y_{l,m}$ の定義に依存する数因子である. 普通の定義の場合には,

$$a = \sqrt{\frac{4}{2l+1}} \qquad (19.34)$$

である. この記号を用いると, 水素原子の波動関数は

$$\psi_{l,m}(\boldsymbol{r}) = a\,Y_{l,m}(\theta, \phi)\,F_l(r) \qquad (19.35)$$

と書かれる.

角度の関数 $Y_{l,m}$ は量子力学的問題だけではなく, 電磁気学のような ∇^2 の演算子が現われてくる古典物理学の多くの領域においても重要なものである. 量子力学において, これを利用するもう一つの例として, (前章で議論した) Ne^{20} の励起状態が α 粒子を放出して O^{16} に崩壊する場合を考えることにする. すなわち,

$$Ne^{20*} \longrightarrow O^{16} + He^4$$

をもう一度調べてみよう. この励起状態は, あるスピン l (もちろんこれは, 一つの整数である) をもっており, その角運動量の z 成分は m であるとする. ここで, l および m が与えられているとき——図 19-4 に示されているように——z 軸に関して角 θ, x-z 平面に関して角 ϕ をなす方向に α 粒子が出てくる振幅はいくらかという問題を考えることにする.

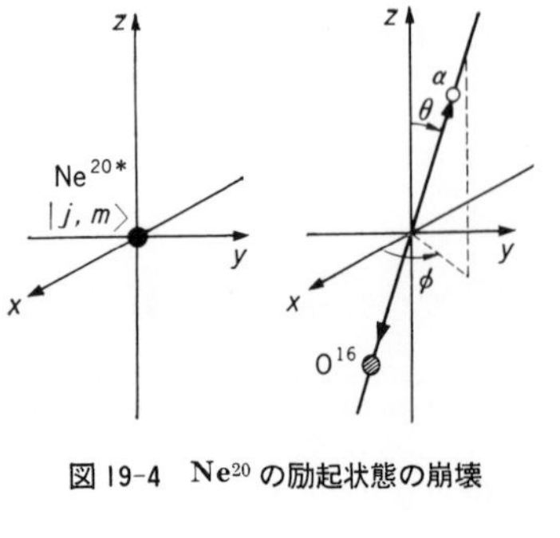

図 19-4　Ne^{20} の励起状態の崩壊

この問題を解くために, まず次のような考察を行う. α 粒子が z 軸に沿ってまっすぐに上向きに出てくるような崩壊は, $m=0$ の状態からくるものでなければならない. そうなるのは, O^{16} および α 粒子が両方ともスピン 0 の粒子であり, またそれらの運動は z 軸のまわりに

角運動量をもちえないからである．またこの振幅(単位立体角当りの)を a とする．すると，図 19-4 にあるような任意の角の方向への崩壊に対する振幅を求めるには，与えられた初状態が，崩壊の方向のまわりに角運動量ゼロをもって壊れる振幅が分ってさえいればよい．このとき，θ, ϕ の方向への崩壊の振幅は，a に z 軸に関する状態 $|\,l, m\rangle$ が——崩壊の方向の——z' 軸に関する状態に存在する振幅を掛けたもので与えられる．この後者の振幅は，(19.31) に書いたものにほかならない．したがって，θ, ϕ 方向に α 粒子を発見する確率は

$$P(\theta, \phi) = a^2|\langle\, l, 0\,|R_y(\theta)\,R_z(\phi)\,|\,l, m\,\rangle|^2$$

で与えられる．

1 例として，$l=1$ および色々な m の値をもつ初状態を考えよう．表 17-2 から必要な振幅が分る．それらは，

$$\begin{aligned} \langle\, 1, 0\,|R_y(\theta)\,R_z(\phi)\,|\,1, +1\,\rangle &= -\frac{1}{\sqrt{2}}\sin\theta e^{i\phi}, \\ \langle\, 1, 0\,|R_y(\theta)\,R_z(\phi)\,|\,1, 0\,\rangle &= \cos\theta, \qquad\qquad (19.36) \\ \langle\, 1, 0\,|R_y(\theta)\,R_z(\phi)\,|\,1, -1\,\rangle &= +\frac{1}{\sqrt{2}}\sin\theta e^{-i\phi} \end{aligned}$$

で与えられる．これらは——はじめの核の m の値に依存する——可能な三つの角分布の振幅である．

(19.36) にあるような振幅は，非常によく出てくるものであって，その重要性のゆえに，これらには**色々な**名称が与えられている．角分布の振幅が上の 3 個の振幅，あるいはそれらの線形結合に比例しているとき，“その体系は軌道角運動量 1 をもつ” という．あるいは，Ne^{20*} は “p 波の α 粒子を放出する” ともいう．また，“α 粒子は $l=1$ の状態に放出される” ともいう．同じことをいうのに余りにも多くのいい方があるので，辞典をつくっておくと役に立つ．だれかほかの物理屋が何を話しているのかを理解しようとしたら，その種の言葉を憶えておく必要がある．表 19-1 は，軌道角運動量の辞典である．

軌道角運動量が 0 のときは，座標系を回転しても何の変化もない．つまり，角度による変化がなく——その “角度依存性” は一定値，すなわち 1 である．これはまた，“s 状態” ともよばれている．そして——その角度依存性に関する限り——そのような状態は 1 個しか存在しない．軌道角運動量が 1 のときには，角度による変化を示す振幅は——m の値によって——上にあたえた 3 個のうちのどれか一つで表わされる．あるいはまた，それらの線形結合であるかも知れない．これらは “p 状態” とよばれている．そして，それには 3 個の状態が存在する．軌道角運動量が 2 のときには，表に示されているような 5 個の関数がある．その任意の線形結合は，“$l=2$” の振幅とか “d 波” の振幅とよばれている．諸君はもう，その次の文字は——s, p, d の後にくるべきものは——何かをすぐに推測することができよう．そう，もちろん，f, g, h などとアルファベットの順になっている．この文字自身には何の意味もない．(かつては，それらは何かの意味をもっていた．それ

表 19-1　軌道角運動量の辞典

($l=j=$ 整数)

軌道角運動量 l	z 成分 m	振幅の角度依存性	名称	状態数	軌道のパリティー
0	0	1	s	1	$+$
	$+1$	$-\frac{1}{\sqrt{2}}\sin\theta\, e^{i\phi}$			
1	0	$\cos\theta$	p	3	$-$
	-1	$\frac{1}{\sqrt{2}}\sin\theta\, e^{-i\phi}$			
	$+2$	$\frac{\sqrt{6}}{4}\sin^2\theta\, e^{2i\phi}$			
	$+1$	$\frac{\sqrt{6}}{2}\sin\theta\cos\theta\, e^{i\phi}$			
2	0	$\frac{1}{2}(3\cos^2\theta-1)$	d	5	$+$
	-1	$-\frac{\sqrt{6}}{2}\sin\theta\cos\theta\, e^{-i\phi}$			
	-2	$\frac{\sqrt{6}}{4}\sin^2\theta\, e^{-2i\phi}$			
3		$\langle l,0\|R_y(\theta)R_z(\phi)\|l,m\rangle$	f		
4		$=Y_{l,m}(\theta,\phi)$	g	$2l+1$	$(-1)^l$
5		$=P_l{}^m(\cos\theta)\, e^{im\phi}$	h		
⋮					

らは，原子の光学的スペクトルの，“sharp”な線，“principal”な線，“diffuse”した線および“fundamental”な線を意味していた．しかしそれらの名称は，それらのスペクトル線がどこからくるものかが分らなかった時代のものであった．f の後には特別な名前がなかった．それでいまでは，g, h などと続けてゆくわけである．)

表のなかの角関数もまた色々な名前でよばれている——そしてときには，まえに出てくる数因子に関して多少違った約束で定義されることがある．それらの関数は，“球面調和関数”とよばれることがあり，$Y_{l,m}(\theta,\phi)$ と書かれる．またときには，$P_l{}^m(\cos\theta)e^{im\phi}$ と書かれることもあり，$m=0$ のときには，単に $P_l(\cos\theta)$ である．$P_l(\cos\theta)$ は $\cos\theta$ に関する“ルジャンドルの多項式”とよばれる．そして関数 $P_l{}^m(\cos\theta)$ は“ルジャンドルの陪関数”とよばれる．多くの書物に，これらの関数の表が出ている．

なお，与えられた l に対する関数は，すべてみんな同じパリティーをもつという性質があることに注意されたい——l が奇数の場合には，反転のもとでこれらの関数はみなその符号を変え，偶数の l の場合にはその符号を変えない．したがって，軌道角運動量 l の状態のパリティーは $(-1)^l$ と書くことができる．

これまでみてきたように，これらの角分布の表式は，核の崩壊やその他の過程，あるいはまた，水素原子内のある場所に電子を発見する振幅の分布などに適用される．例えば，電子が p 状態 $(l=1)$ にあるとき，その電子を発見する振幅は色々な形で角度に依存しうるのである——しかし，そのどれもが表 19-1 の $l=1$ に対する 3 個の関数の線形結合で表わされる．いま，$\cos\theta$ の場合をとって考えてみよう．これはおもしろい．これは，振幅が上の部分($\theta<\pi/2$)のときは正であり，下の部分($\theta>\pi/2$)のときには負であって，$\theta=90°$ のときには 0 であることを意味している．この振幅を 2 乗すると，電子を発見する確率が θ とともに図 19-5 のように変化することが分る——そしてそれは ϕ には無関係である．この角分布は，分子結合において，$l=1$ の状態の電子の他の一つの原子に対する引力が方向に依存する原因となっている——これが，化学的引力としての原子価が方向性をもつ原因である．

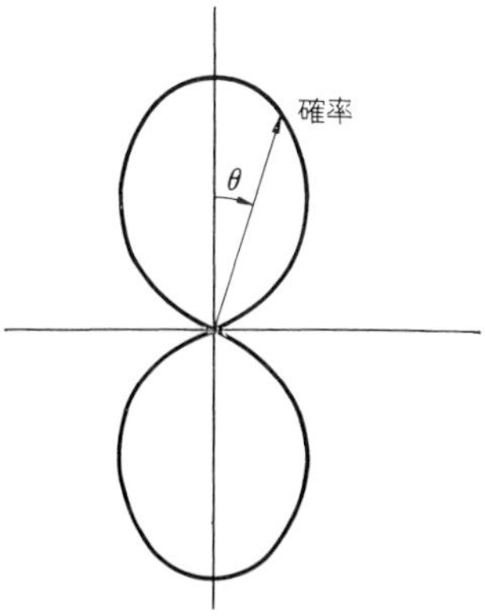

図 19-5 $l=1$，$m=0$ の状態において(与えられた r に対する)，z 軸からの色々な角度の方向に電子を発見する相対確率 $\cos^2\theta$ のグラフ

19-4 水素原子の一般の解

(19.35)で水素原子の波動関数を

$$\psi_{l,m}(\boldsymbol{r}) = Y_{l,m}(\theta,\phi)F_l(r) \qquad (19.37)$$

と書いた．この波動関数は，(19.7)の微分方程式の解になっていなければならない．そのことが何を意味しているかについて考えてみよう．(19.37)を(19.7)に代入すると

$$\frac{Y_{l,m}}{r}\frac{\partial^2}{\partial r^2}(rF_l)+\frac{F_l}{r^2\sin\theta}\frac{\partial}{\partial\theta}\left(\sin\theta\frac{\partial Y_{l,m}}{\partial\theta}\right)+\frac{F_l}{r^2\sin^2\theta}\frac{\partial^2 Y_{l,m}}{\partial\phi^2} = -\frac{2m}{\hbar^2}\left(E+\frac{e^2}{r}\right)Y_{l,m}F_l \qquad (19.38)$$

をうる．これに r^2/F_l を掛けてまとめ直すと，その結果は

$$\frac{1}{\sin\theta}\frac{\partial}{\partial\theta}\left(\sin\theta\frac{\partial Y_{l,m}}{\partial\theta}\right)+\frac{1}{\sin^2\theta}\frac{\partial^2 Y_{l,m}}{\partial\phi^2} = -\left[\frac{r^2}{F_l}\left\{\frac{1}{r}\frac{d^2}{dr^2}(rF_l)+\frac{2m}{\hbar^2}\left(E+\frac{e^2}{r}\right)F_l\right\}\right]Y_{l,m} \qquad (19.39)$$

となる．この方程式の左辺は θ と ϕ に依存するが，**r にはよらない**．つまり，r の値をどう選んでも，左辺は変わらない．**このことは右辺でも成立していなければならない**．右辺の大括弧のなかの量は，あちこちに r を含んでいるが，その全体の量は r に依存しえない．仮にそうなっていないとすると，方程式はすべての r に対して成立しえなくなるからである．みれば分るように，この大括弧の中味はまた θ および ϕ にも依存しない．つまりそれは，何か定数でなければならない．しかしその値は，いま考えている状態のもつ l の値には依存してもよい．なぜなら関数 F_l は，その状態に対応する適切な関数になっている必要があるからである．そこでその定数を K_l と書くことにする．したがって，(19.39)の方程式は次の 2 個の方程式と同等であるということになる．すなわち

$$\frac{1}{\sin\theta}\frac{\partial}{\partial\theta}\left(\sin\theta\frac{\partial Y_{l,m}}{\partial\theta}\right)+\frac{1}{\sin^2\theta}\frac{\partial^2 Y_{l,m}}{\partial\theta^2} = -K_lY_{l,m}, \qquad (19.40)$$

$$\frac{1}{r}\frac{\partial^2}{\partial r^2}(rF_l)+\frac{2m}{\hbar^2}\left(E+\frac{e^2}{r}\right)F_l = K_l\frac{F_l}{r^2}. \qquad (19.41)$$

ここで，これまでにやってきたことを考えてみよう．l および m によって記述される任意の状態に対して，関数 $Y_{l,m}$ の形はすでに知っ

ている．そこで(19.40)の方程式を用いて，定数 K_l の値を決定することができる．その K_l を(19.41)に代入すると，関数 $F_l(r)$ に対する微分方程式をうる．$F_l(r)$ に対するその方程式を解くことができれば，その結果を(19.37)に代入することにより，$\psi(\boldsymbol{r})$ をうることができるわけである．

それでは，その K_l の値はいくらであろうか．まず，(特定の l に伴う)すべての m に対して，それは同一の値をもっていなければならないことに注意する．すると $Y_{l,m}$ の m としては何をとってもよいことになる．そして，その $Y_{l,m}$ を(19.40)に代入して K_l を求めるわけである．そのとき恐らくいちばんやさしいのは，$Y_{l,l}$ を使うことであろう．(18.24)から

$$R_z(\phi)\,|\,l,l\,\rangle = e^{il\phi}|\,l,l\,\rangle \tag{19.42}$$

である．$R_y(\theta)$ に対する行列要素も全く簡単なもので，

$$\langle\, l,0\,|R_y(\theta)\,|\,l,l\,\rangle = b(\sin\theta)^l \tag{19.43}$$

となる†．ここで b はある数値である．これらの二つを結びつけると

$$Y_{l,l} \propto e^{il\phi}\sin^l\theta \tag{19.44}$$

をうる．この関数を(19.40)に代入すると

$$K_l = l(l+1) \tag{19.45}$$

となる．

K_l の値が決ったからには，(19.41)は動径関数 $F_l(r)$ を決める方程式となる．もちろんこれは角度に依存する部分を，それと同等な K_lF_l/r^2 でおきかえたシュレーディンガーの方程式にほかならない．(19.41)を(19.8)に似た形に書きかえておこう．

$$\frac{1}{r}\frac{d^2}{dr^2}(rF_l) = -\frac{2m}{\hbar^2}\left\{E+\frac{e^2}{r}-\frac{l(l+1)\hbar^2}{2mr^2}\right\}F_l. \tag{19.46}$$

これをみると，ポテンシャル・エネルギーに不可解な項が追加されている．この項は数学的ないたずらからでてきたものなのであるが，実はこれは簡単な物理的起原をもっている．半古典的な議論を利用することにより，この項がどこからくるものであるか，その考え方を示すことにしよう．そうすれば，恐らく諸君は，それがそれほど不可解なものではないことが納得できることと思う．

いま，ある力の中心のまわりで運動している古典的粒子を考える．その全エネルギーは保存し，それはポテンシャル・エネルギーと運動エネルギーとの和

$$U = V(r)+\frac{1}{2}mv^2 = \text{一定値}$$

† 少し計算をすれば(18.35)からこの式が出てくることが分る．しかし，**18-4** の考え方にしたがってやれば，容易に第1原理から導くこともできる．状態 $|l,l\rangle$ は $2l$ 個のスピン 1/2 の粒子がみな上向きのスピンをもっている状態からつくられる．ところが状態 $|l,0\rangle$ は l 個が上向きで，l 個が下向きの状態である．回転によって，上向きのスピンが上向きに保たれる振幅は $\cos\theta/2$ であり，上向きが下向きになる振幅は $\sin\theta/2$ で与えられる．いま求めようとしている振幅は，l 個が上向きのままで，残りの l 個が上向きから下向きに変化する振幅である．その場合の振幅は $(\cos\theta/2\cdot\sin\theta/2)^l$ であって，これは $\sin^l\theta$ と同じものである．

で与えられる．一般に v は，動径方向の成分 v_r と，接線方向の成分 $r\dot{\theta}$ とに分解することができる．このとき，

$$v^2 = {v_r}^2 + (r\dot{\theta})^2$$

である．さて，角運動量 $mr^2\dot{\theta}$ もまた保存する．いま，その値が L に等しいものとする．すると

$$mr^2\dot{\theta} = L \quad \text{あるいは} \quad r\dot{\theta} = L/mr$$

と書ける．このときエネルギーは

$$U = \frac{1}{2}m{v_r}^2 + V(r) + \frac{L^2}{2mr^2}$$

となる．角運動量のない場合には，最初の 2 項だけが存在する．角運動量のある場合には，ポテンシャル・エネルギーに $L^2/2mr^2$ という項が追加されることになっている．ところが，この項はほとんど正確に(19.46)に現われている余分の項と一致している．ただ唯一の違いは，角運動量に対して期待される $l^2\hbar^2$ のかわりに，$l(l+1)\hbar^2$ が現われているということだけである．しかし，まえにみたように(例えば，第Ⅳ巻，**13-7**)，このおきかえは，通常半古典的な議論の結果を量子力学の正しい計算結果と一致させるために要請されるものである．そうすると，この新しい項を，回転系における動径方向の運動方程式に現われる“遠心力”を与える“みかけのポテンシャル”であると解釈することができる．(第Ⅰ巻 **12-5** の“みかけの力”についての議論をみよ．)

こうしていまや，$F_l(r)$ に対する方程式(19.46)を解く用意がととのった．この方程式は(19.8)の方程式と非常によく似た形をしている．したがって，まえと同じやり方でうまくゆくと考えられる．すべては前と同様にでき，ただ(19.19)に

$$-l(l+1)\sum_{k=1}^{\infty} a_k \rho^{k-2} \tag{19.47}$$

という項が追加されるだけである．この項はまた，次のようにも書ける．すなわち，

$$-l(l+1)\left\{\frac{a_1}{\rho} + \sum_{k=1}^{\infty} a_{k+1}\rho^{k-1}\right\}. \tag{19.48}$$

(第 1 項を引っぱり出しておいて，それから添字の k を 1 だけ下にずらす．) すると，(19.20)のかわりに

$$\sum_{k=1}^{\infty}[\{k(k+1)-l(l+1)\}a_{k+1} - 2(\alpha k-1)a_k]\rho^{k-1} - \frac{l(l+1)}{\rho}a_1 = 0 \tag{19.49}$$

がえられる．ρ^{-1} の項は一つしかない．したがって，この項は 0 でなければならない．つまり，係数 a_1 は 0 でなければならない．($l=0$ でなければそうである．そして，$l=0$ のときには前の解をうる．) それぞれの k の値に対して大括弧の中味を 0 ととることにより，それ以外の各項もまた 0 になる．この条件によって，(19.22)は

$$a_{k+1} = \frac{2(\alpha k-1)}{k(k+1)-l(l+1)}a_k \tag{19.50}$$

におきかえられることになる．この点が，球対称の場合とのただ一つの重要な相違点である．

前の場合と同様に，束縛状態の電子を表わす解をうるには，この級数が有限項でと切れていなければならない．$\alpha n=1$ とすると，級数は $k=n$ で終結することになる．こうしてふたたび，α は $1/n$ に等しくなければならぬという前と同じ条件がえられる．なおここで，n はある整数である．しかしながら，(19.50)は新しい条件をも与えている．添字 k は l に等しくなることはできない．等しければ分母が0になり，したがって a_{l+1} は無限大になってしまう．すなわち，$a_l=0$ であるから，(19.50)は，一連の a_k が，0でない a_{l+1} に到達するまでは，すべて0であることを意味している．このことは，k が $l+1$ からはじまり，n で終わらなければならないことを意味するわけである．

われわれの最終結果は，任意の l に対して $F_{n,l}$ と書かれる多くの可能な解が存在するということである．ここで $n>l+1$ である．そして，それぞれの解のもつエネルギーは

$$E_n = -\frac{me^4}{2\hbar^2}\left(\frac{1}{n^2}\right) \tag{19.51}$$

である．このエネルギーをもつ状態で，角運動量 l, m をもつ波動関数は

$$\psi_{n,l,m} = Y_{l,m}(\theta, \phi)F_{n,l}(\rho) \tag{19.52}$$

と表わされ，ここで

$$\rho F_{n,l}(\rho) = e^{-\alpha\rho}\sum_{k=l+1}^{n} a_k\rho^k \tag{19.53}$$

である．係数 a_k は(19.50)から求められる．こうして，水素原子の状態に対する完全な表式がえられた．

19-5　水素原子の波動関数

うえにみいだしたことを復習してみよう．クーロン場のなかにおける電子に対するシュレーディンガーの方程式をみたす状態は，3個の整数の量子数 n, l, m によって特定される．電子の振幅の角分布は，$Y_{l,m}$ という形のみをとりうる．この角分布は，**全角運動量量子数** l と，$-l$ から $+l$ までの値をとる“**磁気**”**量子数** m によって表示することができる．それぞれの角分布に対して，電子の動径部分の振幅 $F_{n,l}(r)$ としては，色々なものをとることが可能である．すなわち，それらは——$l+1$ から ∞ までの値をとりうる——**主量子数** n によって指定される．その状態のエネルギーは n だけに依存し，n の増加に伴って，その値も大きくなる．

最低エネルギー状態，あるいは基底状態は s 状態である．その状態は量子数 $l=0$，$n=1$，$m=0$ をもつ．それは“縮退のない”状態であり——このエネルギーの状態はただ1個しか存在せず，その波動関数は球対称になっている．電子を発見する振幅は，中心で最大となっており，その中心からの距離の増大に伴って単調に減少してゆく．この電

子の振幅は，図 19-6(a)に示されているような 1 個のかたまりとみることができる．

$n=2, 3, 4, \cdots$ のときにも，より高いエネルギーをもつ別の s 状態が存在する．その状態は，それぞれのエネルギーに対して，一つの場合($m=0$)だけしかなく，それらの状態はみんな球対称である．これらの状態の振幅は，r の増大とともにその符号が 1 回またはそれ以上変化する．つまり，$n-1$ 個の球面状の節があり――そこでは ψ が 0 になっている．例えば $2s$ 状態($l=0$, $n=2$)という状態は，図 19-6(b)にスケッチされているような状態である．(ここで，暗い部分は振幅の大きい領域であり，プラスとマイナスの符号は，その振幅の相対的な位相を示している．) それらの s 状態のエネルギー準位は，図 19-7 の第 1 列目に示されている．

それから，$l=1$ をもつ p 状態というのがある．このとき，それぞれの n に対して――これは 2 またはそれ以上の値でなければならないが――同一のエネルギーをもつ状態が 3 個存在し，それはそれぞれ $m=+1, 0, -1$ の状態である．そのエネルギー準位は図 19-7 に示されている．これらの状態の角度依存性は表 19-1 に与えられている．例えば $m=0$ の場合，その振幅が角 θ の 0 の近くのところで正の値をもっているときには，180° の近くの θ に対しては負になっている．そして，x-y 面と一致する節の面が存在する．$n>2$ の場合には，球面状の節も存在する．$n=2$, $m=0$ の振幅をスケッチしたのが図 19-6(c)である．$n=3$, $m=0$ の波動関数を示したのが図 19-6(d)である．

m は空間内のある種の“方向性”を表わすものであるから，x 軸または y 軸に沿っても，似たような振幅のピークをもつ分布が存在するはずであると考えるかもしれない．そういう状態はおそらく，$m=+1$ および $m=-1$ の状態なのであろうと思うかもしれない．いや，そうではない．しかし，同じエネルギーをもつ状態が 3 個あるから，この 3 個の状態の任意の線形結合もまた同じエネルギーをもつ定常状態になっていると考えられる．“x” 状態――これは図 19-6(c)の “z” 状態，あるいは $m=0$ の状態に対応するものである――は，$m=+1$ と $m=-1$ の状態の線形結合である．それに対応する “y” 状態は，もう 1 個の線形結合である．もっとはっきりいえば，

$$``z" = |1, 0\rangle,$$

$$``x" = \frac{|1, +1\rangle + |1, -1\rangle}{\sqrt{2}},$$

$$``y" = \frac{|1, +1\rangle - |1, -1\rangle}{i\sqrt{2}}$$

である．これらの状態はみな，それらの特定の軸の方向からみたとき，同じ形になっている．

d 状態($l=2$)は，各エネルギーに対して 5 個の m の値をとることが可能である．その最低エネルギーの状態は $n=3$ の場合である．そのエネルギー準位は図 19-7 に示したものになる．しかし，その角度依

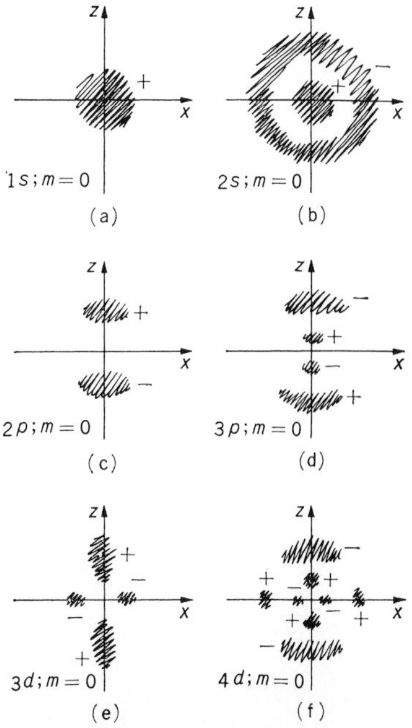

図 19-6　水素原子の波動関数の一部の一般的な性質を示すスケッチ．影のついた領域は振幅の大きい領域を示している．プラスおよびマイナスの符号は，それぞれの領域における振幅の相対的な符号を示すものである

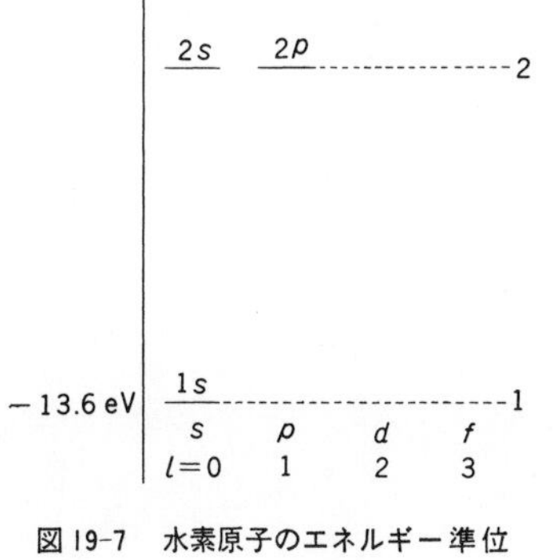

図 19-7　水素原子のエネルギー準位図

存性はもっとややこしくなる．例えば $m=0$ の状態は，2個の円錐形の節をもち，したがって波動関数は，北極から南極に回るにつれて，＋から－へ，それからまた＋にその位相を変える．その振幅の大体の形は，$n=3$ および $n=4$ の場合の $m=0$ の状態に対して，図19-6の(e)および(f)にスケッチしてある．このときにも，n の値が大きい場合には球面状の節をもっている．

これ以上，可能な状態について述べることはやめにする．水素原子の波動関数については，多くの書物にもっとくわしく書かれている．良い参考書をあげておくと，ポーリング・ウイルソンの量子力学序論(*Introduction to Quantum Mechanics*, McGraw-Hill(1935))とレートンの現代物理学概論(*Principles of Modern Physics*, McGraw-Hill(1959))の二つがある†．これらの書物には，それらの関数の一部のグラフと，多くの状態の図形表示があげられている．

ずっと高い l に対する波動関数の示す一つの特徴的な性質について述べておこう．まず，$l>0$ のときには，振幅は中心でゼロである．このことは別に驚くには当らない．なぜなら，半径の腕の長さが非常に短いときには，電子は角運動量をもつのが困難だからである．このため，l が大きくなるほど，振幅のより多くの部分が中心から“押し出される”ことになる．動径関数 $F(r)$ が r の小さい値に対してどのように変化するかをみると，(19.53)から

$$F_{n,l}(r) \approx r^l$$

であることが分る．このような r 依存性は，l がより大きくなると，振幅がある程度の大きさをもつようになるには，$r=0$ から遠く離れる必要があることを意味している．なお，この性質は，動径方程式のなかの遠心力によって決ってくる．したがって，r が小さいときに $1/r^2$ よりもゆっくり変化するポテンシャルの場合には——ほとんどの原子的なポテンシャルはそうである——どんなポテンシャルの場合でも同じことがいえるのである．

19-6　周期律表

ここで化学者のつかう元素の周期律表に対するある程度の理解をうるために，水素原子の理論を近似的に適用することにしよう．原子番号 Z の元素の場合，核の電気的な引力によって Z 個の電子が集合している．しかし，これらの電子間にはたがいに斥力が作用している．そして，その厳密解をうるには，クーロン場内における Z 個の電子に対するシュレーディンガーの方程式を解く必要がある．ヘリウムの場合，その方程式は

$$-\frac{\hbar}{i}\frac{\partial\psi}{\partial t} = -\frac{\hbar^2}{2m}(\nabla_1{}^2\psi+\nabla_2{}^2\psi)+\left(-\frac{2e^2}{r_1}-\frac{2e^2}{r_2}+\frac{e^2}{r_{12}}\right)\psi$$

と表わされる．ここで，$\nabla_1{}^2$ は1番目の電子の座標 $\boldsymbol{r}_1$ に作用するラプ

† 訳者註：両書とも邦訳がある．前者は白水社刊，後者は岩波書店刊．

シラアンであり，また，$\nabla_2{}^2$ は $\boldsymbol{r}_2$ に作用するものであり，また，$r_{12}=|\boldsymbol{r}_1-\boldsymbol{r}_2|$ である．（ここでも電子のスピンは無視している．）定常状態とエネルギー準位をうるためには，次の形の解を求める必要がある．

$$\psi = f(\boldsymbol{r}_1, \boldsymbol{r}_2)e^{-(i/\hbar)Et}.$$

波動関数の空間依存性は f のなかに含まれている．この関数は6個の変数――2個の電子の同時的な位置――の関数である．この問題の最低エネルギーの解は，これまでに数値計算によってはえられているけれども，その解析的な解を発見したひとはまだいない．

電子が3個，4個あるいは5個存在する場合になると，その厳密解を求めようとしても，それはもう絶望的であって，量子力学にもとづいて周期律表の正確な理解をえようなんてことは，とても言えたものではない．ところが，かなりいいかげんな近似を用いても――それにある種の修正をほどこすことによって――周期律表にあげられている多くの化学的性質を少なくとも定性的には理解することができるのである．

原子のもつ化学的性質は，基本的にはその最低エネルギー状態によって決まる．そして，これらの状態と，そのエネルギーを求めるのに，次のような近似的理論を用いることができる．まず第1に，その理論では電子のスピンを無視する．しかし，排他律の適用については，つまりある特定の電子状態を占めうる電子の数はただ1個だけであるということについては，話は**別である**．この排他律の要請は，任意の特定の軌道に配置される電子の数が――スピン上向きと下向きの――**2個**までであることを意味している．つぎに，われわれの第1近似では，電子間の相互作用の**詳細**については，これを無視する．そして，それぞれの電子は，核と他のすべての電子のつくる静電場とをまとめた**中心力の場**のなかで運動すると仮定する．ネオンの場合，これは10個の電子をもっているが，そのうちの1個の電子は核と残りの9個の電子による平均的なポテンシャルのなかで運動すると考えるのである．そのとき，それぞれの電子に対するシュレーディンガーの方程式のなかの $V(r)$ として，他の電子からくる球対称な電荷密度の存在により，$1/r$ の形から変形されたものを採用する．

この模型では，各電子は独立粒子のように行動する．そして，その波動関数の角度依存性は，水素原子のものと全く同じである．つまり，s 状態，p 状態などが存在し，それらは色々な m の値をとることが可能である．このとき $V(r)$ は，もはや $1/r$ のようにはなっていないので，波動関数の動径部分はいくらか違ったものになる．しかし定性的には同じようなものであって，したがって，同じ動径量子数 n をもっている．また，状態のエネルギーも少しばかり異なったものになる．

H

上に述べた考え方を用いてえられる結果を調べよう．水素原子の基底状態は，$l=m=0$ で，かつ $n=1$ の状態である．このことを電子の配位が $1s$ であるという．そのエネルギーの値は $-13.6\,\mathrm{eV}$ である．このことは，原子から電子を引っこ抜くのに13.6電子ボルトかかるということである．これを“イオン化エネルギー”W_Iという．イオン化エネルギーが大きいということは，電子を取り除くのが困難で，一般にその物質が化学的に不活性であることを意味している．

He

ここでヘリウムを取りあげよう．2個の電子はいずれも同じ最低の状態に(一つはスピン上向きで，もう1個は下向きになって)存在しうる．この最低状態では，電子はrの小さいときには$Z=2$のクーロン場に，rが大きいときには$Z=1$のクーロン場になっているようなポテンシャルのなかで運動する．その結果，その基底状態は“水素原子型”の$1s$状態になっているが，そのエネルギーの値は水素原子の場合よりもいくらか低くなっている．そしてその2個の電子は，同じ$1s$状態($l=0$，$m=0$)を占める．観測されているイオン化エネルギー(**1個の**電子を取り除くエネルギー)は24.6電子ボルトである．$1s$の“殻”は——これは2個の電子だけを許す——もう満席になっているので，他の原子からもう1個の電子を引きつける傾向はない．ヘリウムは化学的に不活性なのである．

Li

リチウム核のもつ電荷は3である．電子の状態は，このときも水素原子型であって，その3個の電子はもっとも低い三つのエネルギー準位を占めることになる．そのうちの2個は$1s$状態にはいり，3番目のは$n=2$の状態のうちの一つにはいる．しかしこのとき，$l=0$の状態にはいるのであろうか，それとも$l=1$の状態にはいるのであろうか．水素原子の場合には，これらの状態のエネルギーは同じ値であった．しかし，ほかの原子の場合にはそうはならない．その理由は次の通りである．$2s$状態は核の近くのところに振幅をもっているが，$2p$状態はそうなっていないことを思いおこされたい．このことは，$2s$電子はリチウム核の3重の電荷をある程度感じるけれども，$2p$電子はその場が1個の電荷によるクーロン場になっている離れたところにいるということを意味している．この余分の引力が，$2s$状態のエネルギーを相対的に$2p$状態よりも下にさげるのである．そのエネルギー準位は，大雑把にいって図19-8に示されているようになっている——この図を，これに対応する図19-7の水素原子の図と比較するとよい．したがってリチウム原子は，$1s$状態に2個の電子，$2s$状態に1個の電子をもつことになる．この$2s$電子は，$1s$電子よりも高いエネルギーをもっているから，この電子は比較的容易に取り除くことができる．リチウムのイオン化エネルギーは，わずかに5.2電子ボルトである．したがってこの原子は，化学的に極めて活性である．

こういうわけであるから，このあとに続くパターンも理解することができよう．表19-2には，はじめの36個の元素のリストが与えられており，そこにはそれぞれの原子の基底状態における電子の配位が示されている．表に与えられているイオン化エネルギーの値は，もっと

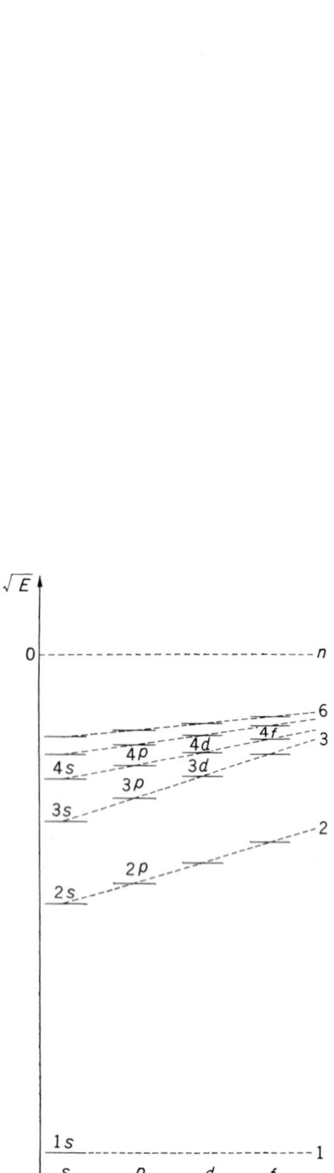

図19-8　他に電子が存在するときの1個の原子内電子のエネルギー準位の模式図(スケールは図19-7と一致していない)

表 19-2 はじめの 36 元素の電子の配位

Z	元素		W_I(eV)	電子の配位 1s	2s 2p	3s 3p 3d	4s 4p 4d 4f
1	H	水 素	13.6	1			
2	He	ヘリウム	24.6	2			
3	Li	リチウム	5.4		1		
4	Be	ベリリウム	9.3		2		
5	B	ホウ素	8.3		2 1	各状態に存在する電子数	
6	C	炭 素	11.3	満席 (2)	2 2		
7	N	窒 素	14.5		2 3		
8	O	酸 素	13.6		2 4		
9	F	フッ素	17.4		2 5		
10	Ne	ネオン	21.6		2 6		
11	Na	ナトリウム	5.1			1	
12	Mg	マグネシウム	7.6			2	
13	Al	アルミニウム	6.0			2 1	
14	Si	ケイ素	8.1			2 2	
15	P	リ ン	10.5	—満席—		2 3	
16	S	イオウ	10.4	(2)	(8)	2 4	
17	Cl	塩 素	13.0			2 5	
18	A	アルゴン	15.8			2 6	
19	K	カリウム	4.3				1
20	Ca	カルシウム	6.1				2
21	Sc	スカンジウム	6.5	—満席—		1	2
22	Ti	チタン	6.8	(2)	(8)	(8) 2	2
23	V	バナジウム	6.7			3	2
24	Cr	クロム	6.8			5	1
25	Mn	マンガン	7.4			5	2
26	Fe	鉄	7.9			6	2
27	Co	コバルト	7.9			7	2
28	Ni	ニッケル	7.6			8	2
29	Cu	銅	7.7			10	1
30	Zn	亜 鉛	9.4			10	2
31	Ga	ガリウム	6.0				2 1
32	Ge	ゲルマニウム	7.9				2 2
33	As	ヒ 素	9.8	—満	席—		2 3
34	Se	セレン	9.7	(2)	(8)	(18)	2 4
35	Br	臭 素	11.8				2 5
36	Kr	クリプトン	14.0				2 6

もゆるく束縛されている電子に対するものである．またそれぞれの“殻”を占領している電子数も示してある——“殻”(shell)というのは，同じ n に属する状態のことである．l の値の違っている状態は，異なるエネルギーをもつから，それぞれの l の値に対して(異なる m と電子スピンの上下に対応する) $2(2l+1)$ 個の可能な状態をもつ準殻(sub-shell)が存在する．これらの状態はみな——われわれが無視した非常に小さな効果を別にすれば——同じエネルギーをもっている．

Be

ベリリウムは，$1s$ 殻が 2 個の電子で満員となっており，また $2s$ 状態にも 2 個の電子があるほかは，リチウムとよく似ている．

B から Ne まで

ホウ素は 5 個の電子をもっている．5 番目の電子は $2p$ 状態にはいらなければならない．その $2p$ 状態には $2\times3=6$ 個の異なる状態がある．したがって，$n=2$ の状態は全体で 8 個になるまで，電子を追加し続けることができる．この調子でネオンまでゆく．これらの電子を加えてゆくにつれて，Zの値もまた増えてゆき，したがって全体として，電子の分布は核の近くに引きこまれることになる．そのため$2p$状態のエネルギーは次第に低くなり，ネオンにいたるまで，そのイオン化エネルギーは上昇しつづけ，最後には21.6ボルトにもなる．つまりネオンは簡単にあきらめて，電子を放そうとはしないのである．また，エネルギーの低い場所が満員になっているので，ネオンは余分の電子を他から横取りしようとはしない．ネオンは化学的に不活性である．一方フッ素は，低エネルギーの状態に，電子が落ちこめる余地を一つもって**いる**．したがって，フッ素は，化学反応において極めて活性なのである．

NaからAまで

ナトリウムの場合，11番目の電子は新しい殻をスタートさせなければならない．つまりそれは，$3s$状態にはいる．この状態のエネルギー準位はうんと高くて，そのためにイオン化エネルギーは急に小さくなる．それでナトリウムは化学的活性の大きい物質となっている．ナトリウムからアルゴンまでの間では，$n=3$のs状態とp状態とが，リチウムからネオンまでのときと全く同じ順序にしたがって占領されてゆく．このとき，外側のまだ満員になっていない殻のなかの電子の角分布の様子の順序は，LiからNeまでのそれと同じ順序になっている．イオン化エネルギーの変化の仕方も前とよく似ている．このことから，化学的性質が原子番号の増大とともに繰り返される理由が理解できる．マグネシウムは化学的にはベリリウムと非常によく似ており，またケイ素は炭素に，塩素はフッ素によく似ており，そしてアルゴンはネオンと同様に化学的に不活性である．

ここで，リチウムとネオンの間の一連のイオン化エネルギーの値に少しばかり特異なところがあり，またナトリウムとアルゴンの間にも，似たような特異なところがあることに気づいたかも知れない．酸素の原子に最後の電子が束縛されるとき，その値が期待されるものよりもいくらか小さくなっている．それはイオウについても同様である．どうしてそういうことになるのであろうか．それぞれの電子の間の相互作用の効果をちょっとばかり取りいれれば，その理由を理解することができる．ホウ素の原子上に最初の$2p$電子をおくとどうなるかを考えてみよう．その電子をおく場所としては6個の——3個のp状態が可能であり，そのそれぞれが2個のスピン状態をもっている——可能性がある．電子のスピンが上向きになって，$m=0$の状態にはいるものとする．このとき，この$m=0$の状態をまえに“z”状態とよんだ．なぜなら，この状態はz軸を特別な軸としているからである．さて炭素はどうなるであろうか．このときは，$2p$電子が2個存在する．その2個のうちの1個が“z”状態にはいると，2番目の電子はどこにゆくであろうか．それは最初の電子から離れているほど，そのエネルギーが低くなると考えられる．それをするには，$2p$の殻の，例えば“x”

状態にはいることによって実現される．(この状態は$m=+1$と$m=-1$の状態の線形結合であったことを思い出されたい.) 次に窒素にゆくと，3個の$2p$電子がそれぞれ“x”,“y”および“z”の状態に配置されるとき，おたがいの間の斥力のエネルギーが一番低くなると考えられる．ところが酸素の場合には，もう後がない．4番目の電子は，仕方がないので，すでに占領されている状態のうちのどれか一つに——反対向きのスピンをもって——はいらざるをえないわけである．するとこの電子は，その状態にすでにはいっている電子により強く反撥されることになる．したがってそのエネルギーは，他の電子のようには低くなりえない．つまり，その電子を取り除くのがより容易になる．このことから，窒素と酸素，イオウとケイ素の間に現われる結合エネルギーの列の乱れが説明される．

KからZnまで

アルゴンの後は，ちょっとみると，新しい電子は$3d$状態を埋めはじめるように考えられる．ところがそうはならない．前に述べたように——そして図19-8に説明してあるように——角運動量の高い状態のエネルギーは上に押しあげられる．$3d$状態までくると，その状態のエネルギーは$4s$状態のエネルギーよりもほんの少しばかりではあるが高くなってしまう．この$4s$殻がカルシウムまで(2個の電子)で満員になった後に，$3d$状態が，スカンジウム，チタン，バナジウムという順序で埋められはじめる．

しかし，この$3d$状態と$4s$状態のエネルギーは非常に接近しているので，ほんの小さな効果によって，そのバランスはどちらかにずれてしまう．$3d$状態に4個の電子をおくと，それらの間の斥力によって$4s$状態のエネルギーが上昇し，$3d$のエネルギーよりも少し上になる．そのため，2個の電子のうちの1個が$4s$状態から$3d$状態に移動する．つまり，クロムの場合には，期待されるように4,2の組み合わせにはならずに，5,1の組み合わせになる．もう一つ，新しい電子が加わるとマンガンをうるが，これはふたたび$4s$殻をみたす．それからは，$3d$殻の状態は，銅に到達するまで埋められてゆく．

マンガン，鉄，コバルト，ニッケルの一番外側の殻は同じ配位をもっているので，それらはみなよく似た化学的性質をもっている．(この効果は，希土類元素の場合にはもっと著しくなり，それらのすべての元素の外側の殻は同一の配位をもっていて，つぎつぎに埋められる内側の殻の電子は，それらの元素の化学的性質にほとんど影響をおよぼさない.)

銅の場合には，$4s$殻から電子が1個盗まれて，最終的に$3d$殻を完成する．しかし銅の10,1の組み合わせのエネルギーは，9,2の配位のエネルギーと非常に近い値をもっているので，近くにほかの原子が現われると，そのバランスがずれることがある．銅の最後の2個の電子のエネルギーはほとんど同じなのである．そのため銅の原子価は，1価または2価のどちらにもなる．(銅はあたかも9,2の組み合わせであるかのように行動することがよくある.）似たようなことがほかのところでもおきる．それによって，鉄のようなその他の金属が2種類の原子価のどちらかで化学的に結合するという事実が説明される．亜鉛を最後にして，$3d$ と $4s$ の殻がみたされる．

Ga から Kr まで

ガリウムからクリプトンまでは，もう一度正常にもどって，$4p$ 殻を埋めつづけることになる．外側の殻，そのエネルギーおよびその化学的性質は，ホウ素からネオンまでの，それからアルミニウムからアルゴンまでのパターンが繰り返されることになる．アルゴンやネオンと同様に，クリプトンもまた“貴ガス”として知られている．これらの三つの元素はみんな化学的に“不活性”である．このことは，それらが比較的低いエネルギーの殻をみたしていて，他の元素と単純な組み合わせで結合したほうが，エネルギー的に有利になる状況がほとんど存在しないことを意味している．しかし，そうなるには，ただ満席になった殻をもつというだけでは不十分である．ベリリウムやマグネシウムは，満員になった s 殻をもっている．しかし，それらの殻のエネルギーは高すぎて，安定性を与えない．同様に，仮に $3d$ 殻のエネルギーのほうが $4s$ よりもずっと低い（あるいは $4s$ のほうがずっと高い）とすれば，ニッケルのところにもう一つの“貴元素”の存在が期待されてよいはずである．一方クリプトンは完全には不活性ではない．それは塩素と弱く結合した化合物をつくる．

これまでのサンプルで，周期律表のもつほとんどの主要な性質が出てきているので，36番目の元素までで，この調査をやめておくことにする——なおまだ，70個あるいはそれ以上の元素が存在するけれど．

しかし，もう一つだけ話しておきたいことがある——それは，原子価のもつ性質をある程度理解できるだけでなく，化学結合の方向性に関しても何かがいえるということである．いま，4個の $2p$ 電子をもつ酸素のような原子を考えよう．最初の3個は“x”，“y”および“z”の状態にはいり，4番目はこれらの状態のうちの一つに2重にはいることになる．そして2個の状態は——例えば“x”と“y”の状態は——空席として残される．すると，H_2O の場合にはどういうことになるかを考えよう．2個の水素は，それぞれ1個の電子を酸素と共有しようとする．これらの電子は“x”と“y”の空席にはいろうとするであろう．したがって水の分子は，2個の水素原子が酸素を中心にして直角になるはずである．実際には，その角は105°である．ところが，なぜその角度が90°よりも大きくなるかという理由まで理解することができる．電子を共有すると，水素は正味として正の電荷をもつことになる．その電気的斥力により波動関数の形が“ゆがめ”られ，それは，その間の角度が105°になるまで押し出されるのである．同じことが H_2S の場合にもおきる．しかし，イオウの原子は酸素よりも大きく，2個の水素原子はより遠くに離れているため，その間の斥力はより小さい．したがって，その間の角度はほんの少しだけ拡がるだけで，約93°になっている．セレンはもっと大きくて，そのため H_2Se の水素原子間の角度はほとんど正確に 90° である．

上と同じ議論を用いることにより，アンモニア H_3N の幾何学的な形を理解することができる．窒素は $2p$ 電子の空席を 3 個もっている．そして，3 個の電子はそれぞれ "x", "y" および "z" の型の状態にある．3 個の水素はたがいに直角をなして窒素に結合するはずである．その間の実際の角度は——この場合も電気的斥力によって——90° よりも少し大きくなっている．しかしともかく，少なくともこれで H_3N の分子が平らになっていない理由は理解することができる．リン化水素 H_3P の水素原子間の角度は 90° に近く，H_3As の場合にはさらに 90° に近くなっている．H_3N を 2 状態系として記述したときには，その分子は平らになっていないと仮定した．そして，それが平らでないということが，アンモニア・メーザーを可能にしているわけである．しかしいまは，その形までもがわれわれの量子力学から理解しうることが分った．

シュレーディンガーの方程式は，物理学の偉大な勝利の一つである．それは，原子構造の背後にかくされたからくりの解明の鍵を与えることにより，原子のスペクトル，化学および物質の性質の説明を与えてきたのである．

第 20 章 演 算 子

20-1 操作と演算子

量子力学において，これまでにやってきたことは，みんな普通の数学を利用することにより扱うことができた．しかしときには，量子力学的な量や方程式をある特殊な方法を用いて表現したこともあった．ここでは，量子力学的な事象を記述するための，興味深くかつ有用な数学的方法についてもう少し詳しく話しておくことにする．量子力学の主題に接近する方法としては多くのやり方があり，ほとんどの書物はわれわれがこれまでとってきたやり方とは違ったやり方をしている．諸君がほかの書物を読むとき，それらの書物に書いてあることと，われわれのやってきたこととの間の関係がよく分らないかも知れない．とくに有用な結果といったものは少ししかえられないが，この章の主目的は，同じ物理の色々な表現方法について話すことである．それらのやり方を知っていれば，ほかの人たちのいっていることをよく理解できるようになるはずである．古典力学の問題を計算するとき，普通はいつでも，まずすべての方程式をその x, y, z 成分で書き表わすわけである．このときだれかがやってきて，ベクトル記法を利用すれば，式がうんと簡単になると指摘したとする．何かを実際に計算しようとするときには，そのベクトル式を逆にまたその成分に書きかえる必要があるということは事実である．しかし，一般には，ベクトルを用いると，何がどうなっているのかがずっと見やすくなるし，また計算も多くの場合により容易になる．量子力学の場合には，“状態ベクトル”という考え方を利用することにより，多くのことをより簡潔な形で表現することができた．この状態ベクトルという量 $|\psi\rangle$ は，3 次元の幾何学的な意味でのベクトルとはもちろん何の関係もない．それは，ψ という“標識”あるいは“名前”によって特定される**一つの物理的状態を表現する**抽象的な記号にすぎない．しかし，この考えは有用である．なぜなら，量子力学の法則がこれらの記号で表わされる代数的な方程式として書き表わせるからである．例えば，任意の状態が基本状態の線形結合によって構成できるという基本法則は

$$|\psi\rangle = \sum_i C_i|i\rangle \qquad (20.1)$$

のように書かれる．ここで C_i は通常の一組の(複素)数——振幅 $C_i = \langle i|\psi\rangle$——であるが，$|1\rangle, |2\rangle, |3\rangle$ などはある基底(base)あるいはある**表示**における基本状態を表わしている．

いま，ある物理的状態をとり，それに何かをすると——つまり，それを回転したり，時間 Δt の間待つというようなことをすると——別の状態がえられる．というのは，“ある状態にある操作をほどこすと，新しい別の状態が生成される”ということである．これと同じことを，次の式によって表現することができる．すなわち

$$|\phi\rangle = \hat{A}|\psi\rangle \tag{20.2}$$

である．つまり，一つの状態にある操作をほどこすと，もう一つの別の状態がつくり出される．ここで**演算子** $\hat{A}$ はある特定の操作を表わすものである．この操作を任意の状態，例えば $|\psi\rangle$ にほどこすと，それは何か別の状態 $|\phi\rangle$ をつくり出すのである．

(20.2)の式は何を意味するものであろうか．われわれは，これを次のように**定義**する．(20.2)に $\langle i|$ を掛け，(20.1)を用いて $|\psi\rangle$ を展開すると，

$$\langle i|\phi\rangle = \sum_j \langle i|\hat{A}|j\rangle\langle j|\psi\rangle \tag{20.3}$$

をうる．(ここで状態 $|j\rangle$ は，$|i\rangle$ と同じ組のなかからとるものとする．) これはまさに代数的な式である．数値 $\langle i|\phi\rangle$ は，それぞれの基本状態が $|\phi\rangle$ のなかに発見される数量を与えるものであって，またそれは，$|\psi\rangle$ のなかにそれぞれの基本状態を発見する振幅 $\langle j|\psi\rangle$ の線形の重ね合わせによって与えられる．また数値 $\langle i|\hat{A}|j\rangle$ は，どれだけの数量の $\langle j|\psi\rangle$ がそれぞれの和に割り当てられているかを示す係数である．演算子 $\hat{A}$ は，数値的には，数の集まり，または“行列”

$$A_{ij} = \langle i|\hat{A}|j\rangle \tag{20.4}$$

によって記述される．

したがって(20.2)は，(20.3)の一つの高級な表現法になっているのである．本当は(20.2)は，(20.3)よりもちょっとばかりより多くの内容をもっている．つまり，何かをもっと含んでいる．(20.2)の式は，基本状態系の取り方には何の関係もない．(20.3)は，ある基本状態系で表わした(20.2)の一つの像である．しかし御存知のように，基本状態系としてはどんなものを用いてもよい．そして(20.2)には，この考え方が含まれている．演算子で表現する方法は，基本状態系の特定の選び方をとることを避けているわけである．もちろん，話をはっきりさせたいときには，**どれかの**基本状態系を選ぶ必要がある．諸君がそれを選んだときには，(20.3)を利用すればよい．したがって，**演算子**方程式(20.2)は，**代数的な**方程式(20.3)を表現するためのより抽象的な方法なのである．それは

$$c_x = a_y b_z - a_z b_y,$$
$$c_y = a_z b_x - a_x b_z,$$
$$c_z = a_x b_y - a_y b_x$$

のかわりに，

$$\boldsymbol{c} = \boldsymbol{a} \times \boldsymbol{b}$$

と書くときのそれらの間の相違によく似ている．後者のやり方のほう

が手ぎわがよい．しかし，その数値的な**結果**が欲しいときには，結局はある一つの座標系に関する成分を与える必要があるわけである．同様に $\hat{A}$ の本当の意味を知りたいときには，**ある**基本状態系を用いて行列 A_{ij} を与えなければならない．諸君がいつでもある組 $\{|i\rangle\}$ を心のなかに思いうかべている限り，(20.2) は (20.3) と同じことを意味している．(また，ある特定の基本状態の組に対する行列が分っていれば，いつでも別の基本状態の組に移ったときの行列を計算することができる．つまり，その行列を一つの表示から他の表示へ変換することができる．)

また，(20.2) の演算子方程式を用いると，別の新しい考え方をとることもできる．ある演算子 $\hat{A}$ があるとすると，それを用いて任意の状態 $|\psi\rangle$ から新しい一つの状態 $\hat{A}|\psi\rangle$ をつくり出すことができる．こうやってえられた“状態”が，ときに非常に特異なものになっている場合が存在する——その状態は，自然界で遭遇しそうな**物理的**状況を何も表わしていないかも知れない．(例えば，それは1個の電子を表現するように規格化をすることのできない状態になっているかも知れない.) いいかえると，ときには数学的な人為的状態が出てくるかも知れない．しかしそのような人為的な“状態”でも，おそらく計算の途中にだけ現われてくる量としては，有用なこともありうるのである．

これまで，量子力学的な演算子の例をたくさんあげてきた．例えば，状態 $|\psi\rangle$ に作用することにより新しい状態をつくり出す回転の演算子 $\hat{R}_y(\theta)$ があった．ここでこの新しい状態というのは，回転した座標系からみた古い状態にほかならない．また，パリティー(または反転の)演算子 $\hat{P}$ というのも出てきた．これは，すべての座標軸を反転して，新しい状態をつくり出す演算子である．また，スピン 1/2 の粒子に対する $\hat{\sigma}_x, \hat{\sigma}_y, \hat{\sigma}_z$ という演算子もあった．

$\hat{J}_z$ という演算子は，第17章で微小な角 ϵ の回転の演算子として，次のように定義されたものである．

$$\hat{R}_z(\epsilon)=1+\frac{i}{\hbar}\epsilon\hat{J}_z. \tag{20.5}$$

これはもちろん

$$\hat{R}_z(\epsilon)\,|\,\psi\,\rangle=|\,\psi\,\rangle+\frac{i}{\hbar}\epsilon\hat{J}_z\,|\,\psi\,\rangle \tag{20.6}$$

が成立することを意味している．この例の場合，$\hat{J}_z|\psi\rangle$ という状態は，$|\psi\rangle$ を微小角 ϵ だけ回転したときにえられる状態から，元の状態を差し引いたものに $\hbar/i\epsilon$ を掛けたものである．それは，二つの状態の**差**の“状態”を表わしている．

もう一つ例をあげておこう．運動量演算子 $\hat{p}_x$ というのがある——これは (20.6) と似た形の式で定義されるものであり，運動量演算子 (x 成分) とよばれるものである．x 軸にそって距離 L だけ状態をずらす演算子を $\hat{D}_x(L)$ と書くと，$\hat{p}_x$ は

$$\hat{D}_x(\delta) = 1 + \frac{i}{\hbar}\delta\hat{p}_x \tag{20.7}$$

によって定義される．ここでδは微小変位を表わしている．このときは，状態$|\psi\rangle$をxに沿って微小な距離δだけずらすと，新しい状態$|\psi'\rangle$が与えられ，この新しい状態は，古い状態に微小な新しい部分

$$\frac{i}{\hbar}\delta\hat{p}_x\,|\,\psi\,\rangle$$

を加えたものになっている．

いま話している演算子というのは，物理的状況の抽象的な記述である$|\psi\rangle$のような状態ベクトルに作用するものである．これは，数学的な関数に作用する**代数的な**演算子とは全く別ものである．例えば，d/dxは関数$f(x)$に作用して，それを新しい関数$f'(x)=df/dx$に変える一つの"代数的な演算子"である．もう一つの代数的な演算子の例は∇^2である．これらの二つの場合に，同じ言葉が用いられる理由については，すでに諸君は知っているわけであるが，しかしそれでもなお，この2種類の演算子は別の違うものであることに留意すべきである．量子力学的な演算子$\hat{A}$というものは，数学的な関数に作用するのでは**なく**，$|\psi\rangle$のような状態ベクトルに作用するものである．すぐ後にみるように，この両方の種類の演算子が，量子力学で，そしてまた似たような種類の式でよく用いられている．しかし，はじめて量子力学を学ぶときには，いつでもこれらを心のなかで区別しておくとよい．量子力学に十分に慣れてしまった後では，この2種類の演算子を峻別することはそれほど大事なことではなくなることが分る．実際，ほとんどの書物では，一般に両方の演算子に対して同じ記号を用いている．

さて話を進めて，演算子を扱うときに役に立つことを述べることにしよう．しかし，そのまえに一つ特別な注意を与えておこう．いま，ある基本状態に対する行列が$A_{ij}\equiv\langle i|\hat{A}|j\rangle$で与えられるような演算子$\hat{A}$があるとする．このとき，状態$\hat{A}|\psi\rangle$が他の状態$|\phi\rangle$に存在する振幅は$\langle\phi|\hat{A}|\psi\rangle$で与えられる．この振幅の複素共役には，何か意味があるだろうか．諸君は

$$\langle\,\phi\,|\hat{A}|\,\psi\,\rangle^* = \langle\,\psi\,|\hat{A}^\dagger|\,\phi\,\rangle \tag{20.8}$$

の関係を示せるはずである．ここで$\hat{A}^\dagger$（"Aダガー"とよむ）は，その行列要素が

$$A^\dagger{}_{ij} = (A_{ji})^* \tag{20.9}$$

であるような演算子である．つまり$\hat{A}^\dagger$のi, j要素を求めるには，$\hat{A}$のj, i要素（添字を反対向きにする）をとって，その複素共役をとるのである．状態$\hat{A}^\dagger|\phi\rangle$が$|\psi\rangle$に存在する振幅は，$\hat{A}|\psi\rangle$が$|\phi\rangle$に存在する振幅の複素共役になっている．この演算子$\hat{A}^\dagger$を$\hat{A}$の"エルミット共役"という．量子力学において重要な役を果す演算子の多くは，エルミット共役をとると，同じ演算子にもどってしまうという特別な性質をもっている．$\hat{B}$がそのような演算子であるとすると，そのときは

$$\hat{B}^\dagger = \hat{B}$$

であって，これを“自己共役”演算子，または“エルミット”演算子という．

20-2　平均エネルギー

これまでの話は，主として諸君がすでに知っていることを思い出してもらったにすぎない．ここで新しい問題を一つ議論することにしよう．ある体系——例えば，1個の原子のもつ**平均**エネルギーを求めるにはどうすればよいであろうか．1個の原子が決ったエネルギーをもつ特定の状態にあるとき，そのエネルギーを測定すれば，その測定値は確実にそのエネルギー E で与えられる．みんな同じ状態にある原子の集合のなかの，それぞれの原子のエネルギーの測定を繰り返してやっても，その測定のすべてがエネルギー E を与え，それらの測定値の“平均”もまたもちろん E である．

しかし，定常状態では**ない**状態 $|\phi\rangle$ にある場合にその測定をしたら，その結果はどうなるであろうか．その体系は決ったエネルギーをもたないのであるから，一つの測定では一つのエネルギー値がえられ，同じ状態にある他の原子に対して同じ測定をすれば，違うエネルギーの値がえられるということになる．このとき，一連のエネルギー測定によってえられた全体の結果の平均値はどうなるであろうか．

この問題に答えるには，状態 $|\phi\rangle$ を決ったエネルギーをもつ一組の状態に射影すればよい．これが特殊な基本状態系であることを連想させるために，これらの状態を $|\eta_i\rangle$ とよぶことにする．状態 $|\eta_i\rangle$ のそれぞれは，ある決ったエネルギー E_i をもっている．この表示では

$$|\phi\rangle = \sum_i C_i|\eta_i\rangle \tag{20.10}$$

である．エネルギーの測定をしたときに，ある数値 E_i をえたら，その体系は状態 η_i にあるということが分る．しかし，それぞれの測定によってえられる値は違っているかも知れない．あるときには E_1 を，ときには E_2 を，または E_3 をうるという具合になっている．エネルギー E_1 を観測する**確率**は，その体系を状態 $|\eta_1\rangle$ に発見する確率に等しい．これはもちろん，振幅 $C_1=\langle\eta_1|\phi\rangle$ の絶対値の2乗で与えられる．つまり，それぞれのエネルギー E_i を発見する確率は

$$P_i = |C_i|^2 \tag{20.11}$$

で与えられる．

この確率は，一連のエネルギーの測定結果の平均値とどう関係しているであろうか．いま一連の測定によって，$E_1, E_7, E_{11}, E_9, E_1, E_{10}, E_7, E_2, E_3, E_9, E_6, E_4, \cdots$ といった結果をえたとする．例えば，この測定を1000回繰り返したとする．この測定が終わったら，すべてのエネルギーの測定値の和をとり，それを1000で割り算する．これが平均の意味である．しかし，この加え算をやる近道がある．それは，何回 E_1 という値がえられたかを数え，それが例えば N_1 回あったとする．それから E_2 をえた回数を数え，それが N_2 回であったとする．こんな具

合にやると，エネルギーのすべての和は，確かに

$$N_1E_1+N_2E_2+N_3E_3+\cdots=\sum_i N_iE_i$$

で表わされる．平均エネルギーは，この和を測定の全回数 N で割ったもの，つまり

$$E_{\text{av}}=\frac{\sum_i N_iE_i}{N} \tag{20.12}$$

で与えられる．ここで N は，すべての N_i の和である．

もうすぐに，結論がでてくる．何かがおきる確率とは，それがおきると期待される回数を全試行回数で割ったものを**意味している**．比 N_i/N は——N の値が大きいときには——状態 $|\eta_i\rangle$ に発見される確率 P_i に非常に近い値をもっている．しかし，統計的なゆらぎがあるため，それらは厳密には一致しない．

予測(あるいは“期待”)される平均エネルギーを $\langle E\rangle_{\text{av}}$ と書くと，それは

$$\langle E\rangle_{\text{av}}=\sum_i P_iE_i \tag{20.13}$$

で与えられるといえよう．同じ議論が任意の物理量の測定に対しても適用できる．測定される量 A の平均値は

$$\langle A\rangle_{\text{av}}=\sum_i P_iA_i$$

に等しいはずである．ここで A_i は観測される量のいろいろな測定値であり，また P_i はその値をうる確率である．

話を量子力学的状態 $|\psi\rangle$ にもどそう．その場合の平均エネルギーは

$$\langle E\rangle_{\text{av}}=\sum_i |C_i|^2E_i=\sum_i C_i{}^*C_iE_i \tag{20.14}$$

である．これからやるトリックに注目したまえ．まず，和を

$$\sum_i\langle\psi|\eta_i\rangle E_i\langle\eta_i|\psi\rangle \tag{20.15}$$

と書いておく．つぎに，左側の $\langle\psi|$ を共通“因子”とみなして，これを和の外に出して，

$$\langle\psi|\{\sum_i|\eta_i\rangle E_i\langle\eta_i|\psi\rangle\}$$

と書く．この表式は

$$\langle\psi|\phi\rangle$$

の形をもっている．ここで $|\phi\rangle$ は

$$|\phi\rangle=\sum_i|\eta_i\rangle E_i\langle\eta_i|\psi\rangle \tag{20.16}$$

で定義された“でっちあげられた”状態である．いいかえると，この状態は $E_i\langle\eta_i|\psi\rangle$ の量の基本状態 $|\eta_i\rangle$ をとったときにえられる状態である．

さて，状態 $|\eta_i\rangle$ というのはどういう状態であったかを思いおこそう．それらは定常状態であると仮定されたのである．ということは，それぞれの状態に対して，

$$\hat{H}|\eta_i\rangle=E_i|\eta_i\rangle$$

が成立しているということである．ここで E_i はただの数であるから，

右辺は $|\eta_i\rangle E_i$ と同じものである．したがって，(20.16)の和は

$$\sum_i \hat{H}\,|\,\eta_i\,\rangle\langle\,\eta_i\,|\,\phi\,\rangle$$

に等しい．ここで i は，1にまとめられるよく知られた組み合わせで現われている．したがって，

$$\sum_i \hat{H}\,|\,\eta_i\,\rangle\langle\,\eta_i\,|\,\phi\,\rangle = \hat{H}\sum_i\,|\,\eta_i\,\rangle\langle\,\eta_i\,|\,\phi\,\rangle = \hat{H}\,|\,\phi\,\rangle$$

となる．不思議なことに，(20.16)は

$$|\,\phi\,\rangle = \hat{H}\,|\,\phi\,\rangle \tag{20.17}$$

と同じものになっている．状態 $|\phi\rangle$ における平均エネルギーの値は，非常にきれいな形で

$$\langle E\rangle_{\mathrm{av}} = \langle\phi\,|\hat{H}|\,\phi\,\rangle \tag{20.18}$$

と表わされる．平均エネルギーをうるには，$|\phi\rangle$ に $\hat{H}$ を作用させて，それに $\langle\phi|$ を掛ければよいのである．その結果は極めて簡単な形をしている．

この平均エネルギーの新しい公式は，その形がきれいなだけではなく，また有用でもある．なぜなら，どんな基本状態系を用いたかについて何もいう必要がないからである．エネルギー準位に関する知識さえも全く不要である．実際に計算をしようとすれば，**何かの**基本状態系を用いてわれわれの状態を記述しておく必要が生ずる．しかしそのときでも，**その基本状態系に対する**ハミルトニアン行列 H_{ij} さえ知っていれば，エネルギー準位を知らなくても，平均エネルギーを求めることができる．(20.18)は，**任意の**基本状態系，$|i\rangle$ を用いたとき，平均エネルギーが

$$\langle E\rangle_{\mathrm{av}} = \sum_{ij}\langle\,\phi\,|\,i\,\rangle\langle\,i\,|\hat{H}|\,j\,\rangle\langle\,j\,|\,\phi\,\rangle \tag{20.19}$$

から計算できるといっている．ここで振幅 $\langle i|\hat{H}|j\rangle$ は行列 H_{ij} の行列要素である．

この結果を，次のような特別な場合にチェックしてみることにしよう．いま状態 $|i\rangle$ がエネルギーの決っている状態であるとする．すると $\hat{H}|j\rangle=E_j|j\rangle$ であり，したがって $\langle i|\hat{H}|j\rangle=E_j\delta_{ij}$ であり，これから

$$\langle E\rangle_{\mathrm{av}} = \sum_{ij}\langle\,\phi\,|\,i\,\rangle\delta_{ij}E_j\langle\,j\,|\,\phi\,\rangle = \sum_i E_i\langle\,\phi\,|\,i\,\rangle\langle\,i\,|\,\phi\,\rangle$$

で，これは確かに正しい結果を与えている．

なお(20.18)の表式は，演算子として表わされるような物理量なら，その他の量の測定の場合にも拡張することができる．例えば $\hat{L}_z$ は角運動量 $\boldsymbol{L}$ の z 成分の演算子であるとする．このとき，状態 $|\phi\rangle$ におけるその z 成分の平均値は

$$\langle L_z\rangle_{\mathrm{av}} = \langle\,\phi\,|\hat{L}_z|\,\phi\,\rangle$$

で与えられる．この公式を証明する一つの方法は，エネルギーが角運動量に比例しているような場合を考えることである．そのときには，あらゆる議論を同じようにやることができる．

うえにえられた結論をまとめると，物理的観測可能量 A が適当な量子力学的演算子 $\hat{A}$ に対応しているとき，状態 $|\phi\rangle$ における A の平均

値は

$$\langle A\rangle_{\mathrm{av}}=\langle\psi\,|\hat{A}|\,\psi\rangle \tag{20.20}$$

で与えられる．これは

$$\langle A\rangle_{\mathrm{av}}=\langle\psi\,|\,\phi\rangle \tag{20.21}$$

および

$$|\,\phi\,\rangle=\hat{A}\,|\,\psi\,\rangle \tag{20.22}$$

ということを意味している．

20-3 原子の平均エネルギー

波動関数 $\psi(\boldsymbol{r})$ で記述されている状態での原子の平均エネルギーを求めるとしよう．この場合には，どうやってそれを求めたらよいであろうか．そこでまず，その状態 $|\psi\rangle$ の振幅が $\langle x|\psi\rangle=\psi(x)$ で定義されるような1次元の場合を考えることにしよう．(20.19)の特別な場合として，それを座標表示に適用しようというのである．いつもの手続きにしたがって，状態 $|i\rangle$ と $|j\rangle$ とをそれぞれ $|x\rangle$ と $|x'\rangle$ におきかえ，また和を積分に変える．すると，

$$\langle E\rangle_{\mathrm{av}}=\int\langle\,\psi\,|\,x\,\rangle\langle\,x\,|\hat{H}|\,x'\,\rangle\langle\,x'\,|\,\psi\,\rangle dx dx' \tag{20.23}$$

をうる．そうしたければ，この積分を次のように書くこともできる．すなわち，

$$\int\langle\,\psi\,|\,x\,\rangle\langle\,x\,|\,\phi\,\rangle dx. \tag{20.24}$$

ここで

$$\langle\,x\,|\,\phi\,\rangle=\int\langle\,x\,|\hat{H}|\,x'\,\rangle\langle\,x'\,|\,\psi\,\rangle dx' \tag{20.25}$$

である．(20.25)の x' に関する積分は，第16章でえたもの——(16.50)および(16.52)をみよ——と同じものである．したがって，積分の結果は

$$-\frac{\hbar^2}{2m}\frac{d^2}{dx^2}\psi(x)+V(x)\psi(x)$$

に等しいということになる．つまり，

$$\langle\,x\,|\,\phi\,\rangle=\left\{-\frac{\hbar^2}{2m}\frac{d^2}{dx^2}+V(x)\right\}\psi(x) \tag{20.26}$$

と書くことができる．

ここで，$\langle\psi|x\rangle=\langle x|\psi\rangle^*=\psi^*(x)$ であることを思いおこして，これを用いると，(20.23)の平均エネルギーは

$$\langle E\rangle_{\mathrm{av}}=\int\psi^*(x)\left\{-\frac{\hbar^2}{2m}\frac{d^2}{dx^2}+V(x)\right\}\psi(x)\,dx \tag{20.27}$$

と書くことができる．つまり，波動関数 $\psi(x)$ が与えられれば，この積分を実行することによって平均エネルギーを求めることができるわけである．これで，状態ベクトルの考え方と波動関数の考え方の間をいったりきたりする方法が，諸君にものみこめるようになってきたこと

と思う．

(20.27)の中括弧のなかの量は**代数的な**演算子である†．そこでこれを $\mathscr{H}$ と書くことにすると，

$$\mathscr{H} = -\frac{\hbar^2}{2m}\frac{d^2}{dx^2} + V(x)$$

である．この記法を用いると，(20.23)は

$$\langle E\rangle_{\mathrm{av}} = \int \psi^*(x)\,\mathscr{H}\psi(x)\,dx \tag{20.28}$$

となる．

もちろん，ここで定義された代数的演算子 $\mathscr{H}$ は，量子力学的演算子 $\hat{H}$ と同じものではない．この新しい演算子は，位置の関数 $\psi(x)=\langle x|\psi\rangle$ に作用して，x の新しい関数 $\phi(x)=\langle x|\phi\rangle$ を与えるものである．一方 $\hat{H}$ は，状態ベクトル $|\psi\rangle$ に作用して，別の状態ベクトル $|\phi\rangle$ を与えるものであって，これは座標表示などのような特定の表示には全く無関係である．また $\mathscr{H}$ は，座標表示においてさえも，厳密には $\hat{H}$ と同じものではない．座標表示を選んだとすると，$\hat{H}$ は行列 $\langle x|\hat{H}|x'\rangle$ で与えられるものと解釈することができる．この行列要素は，ともかくも2個の"添字" x および x' に依存している．すなわち——(20.25)によって——$\langle x|\phi\rangle$ はすべての振幅 $\langle x|\psi\rangle$ に積分によって関係しているのである．ところが一方，$\mathscr{H}$ は一つの微分演算子になっている．$\langle x|\hat{H}|x'\rangle$ と代数的演算子 $\mathscr{H}$ との間の関係については，すでに**16-5**で詳しく説明した．

上に述べた結果については，条件を一つつけておかなければならない．これまでは，振幅 $\psi(x)=\langle x|\psi\rangle$ は規格化されているものと仮定してきた．ということは，その大きさが

$$\int |\psi(x)|^2 dx = 1$$

となるように選ばれているということである．したがって，電子をどこかに発見する全確率は1である．規格化されていない $\psi(x)$ を利用するときには

$$\langle E\rangle_{\mathrm{av}} = \frac{\displaystyle\int \psi^*(x)\,\mathscr{H}\psi(x)\,dx}{\displaystyle\int \psi^*(x)\,\psi(x)\,dx} \tag{20.29}$$

と書くべきである．これは，(20.28)と同じものである．

ここで(20.28)と(20.18)との間の形の類似性に注意されたい．同じ結果を表わすためのこの二つの方法は，x 表示を用いるときによく出てくるものである．1番目の形式から2番目の形式に移ることは，任意の $\hat{A}$ に対して可能である．ここで $\hat{A}$ は**局所的な**演算子であるとする．ここで局所的な演算子とは，積分

---

† ここで"演算子" $V(x)$ は，"$V(x)$ を掛ける"ことを意味している．

$$\int\langle x\,|\hat{A}|\,x'\rangle\langle x'\,|\,\psi\rangle dx'$$

が $\mathscr{A}\psi(x)$ という形で書き表わせるもののことである．ここで $\mathscr{A}$ は，代数的な微分演算子である．しかし，こうならない演算子も存在する．その場合には，(20.21)および(20.22)の基本公式を用いなければならない．

話を3次元の場合に拡張するのは簡単である．その結果は

$$\langle E\rangle_{\text{av}} = \int\psi^*(\mathbf{r})\,\mathscr{H}\psi(\mathbf{r})\,dV \qquad (20.30)$$

である[†]．ここで

$$\mathscr{H} = -\frac{\hbar^2}{2m}\nabla^2 + V(\mathbf{r}) \qquad (20.31)$$

であり，また

$$\int|\psi|^2 dV = 1 \qquad (20.32)$$

としている．電子がたくさんある体系への上式の拡張の仕方もほとんど自明であろう．しかし，ここにその結果を書くことはやめておこう．

(20.30)を利用すれば，その原子のエネルギー準位を知らなくても，ある状態における平均エネルギーを計算することができるわけである．そのときに必要なのは波動関数だけである．これは重要な法則である．ここで一つ，おもしろい応用例を考えてみよう．ある体系の――例えばヘリウム原子の――基底状態のエネルギーを求めたいのであるが，その波動関数のみたすシュレーディンガーの方程式が，変数が多すぎるために，難しすぎて解けないものとする．このとき，その波動関数に関してある推測を行ったとする――つまり，諸君の好きな任意の関数を採用してみるのである――その上で，その平均エネルギーを計算する．すなわち――3次元に一般化された――(20.29)を利用して，原子が本当にその波動関数で記述される状態にあると仮定したとき，その平均エネルギーがどんな値になるかを計算する．こうしてえられたエネルギーの値は，原子のとりうる最低のエネルギーである基底状態のエネルギーよりも確実に高い値になっている[††]．さらに上とは別の関数をとってきて，その場合の平均エネルギーを計算したとする．その結果が，はじめの選び方の結果よりも低いエネルギーの値になっていれば，その値は本当の基底状態のエネルギーにより近くなっているわけである．あらゆる種類の人工的な状態について同じことをやってみて，ますます低いエネルギー値がえられれば，その値はますます基底状態のエネルギーに接近してゆくわけである．君が頭のよい男な

---

† ここでは体積要素を dV と書いているが，これはもちろん $dxdydz$ であって，積分の領域は3個の座標のすべてに対して，$-\infty$ から $+\infty$ にわたるものである．

†† このことはまた，次のように考えてもよい．諸君の選んだ関数(すなわち状態)は，それがどんなものであっても，決ったエネルギーをもつ状態である基本状態の線形結合で書き表わすことができる．この線形結合のなかには，最低エネルギーの状態とともに，より高いエネルギーの状態も混ざっている．そのために，その平均エネルギーは基底状態のエネルギーよりも高くなるのである．

ら，調節可能なパラメーターをいくつか含んでいるある関数を用いてやってみることだろう．それを用いてエネルギーを計算すれば，そのエネルギーはそれらのパラメーターの関数として表わされることになる．そこで，そのエネルギーがもっとも低くなるように，それらのパラメーターを変化させる．そうすれば君は，そのタイプの関数全体をいっぺんにやったことになるわけである．こうして，より低いエネルギーをえようとすると，そうすればするほど，それが困難になることが分ってくるだろう．そうなると結局君は，可能な最低エネルギーにかなり接近しているという確信をいだきはじめることになる．ヘリウム原子は，このやり方で解かれた——つまりそれは，微分方程式を解くことによらず，調節可能なパラメーターをたくさん含んでいる特別な関数をつくりあげて——これらのパラメーターを平均エネルギーがもっとも低くなるように選ぶことによって解かれたのである．

20-4　位置の演算子

原子内における電子の位置の平均値はどう表わされるであろうか．原子が任意の特定の状態にあるとき，電子の座標 x の平均値はいくらか．ここでは1次元の場合についてやるが，3次元の場合や粒子が1個以上存在する体系への拡張については，各自の自習にまかせる．いま，$\phi(x)$ で記述される状態があり，その状態のもとで x を何度も繰り返し測定する．その平均値はいくらか．それは，

$$\int xP(x)\,dx$$

で与えられる．ここで $P(x)$ は，x のところにある小さな要素 dx 内に電子を発見する確率である．いま，確率密度 $P(x)$ が x とともに，図20-1に示されているような形で変化するものと仮定する．この電子をもっとも発見しやすいところは，この曲線のピークのあたりである．そして，その平均値もまたそのピークの近傍に存在する．事実それは，曲線の下の面積の重心になっている．

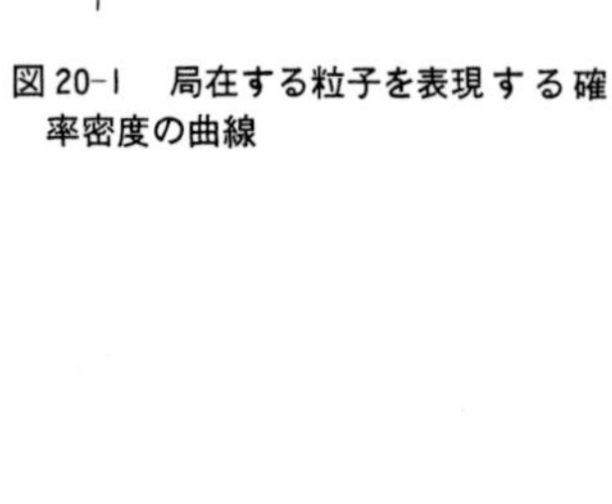

図20-1　局在する粒子を表現する確率密度の曲線

まえにみたように，$P(x)$ は $|\phi(x)|^2=\phi^*(x)\phi(x)$ である．したがって，x の平均値は

$$\langle x\rangle_{\mathrm{av}}=\int\phi^*(x)\,x\phi(x)\,dx \qquad (20.33)$$

と書けるわけである．

この $\langle x\rangle_{\mathrm{av}}$ の式は，(20.28) と同じ形をもっている．平均エネルギーの場合，エネルギー演算子 $\hat{\mathcal{H}}$ は二つの ϕ の中間に現われている．平均位置の場合にも，その場所に x が存在する．（そうしたければ，x は“x を掛ける”という代数的な演算子であると考えることもできる．）この並行性をさらに継続して，位置の平均値を(20.18)に対応するような形式で表現することもできる．いま

$$\langle x\rangle_{\mathrm{av}}=\langle\phi\,|\,\alpha\rangle \qquad (20.34)$$

と書いたとする．ここで

$$|\,\alpha\,\rangle = \hat{x}\,|\,\psi\,\rangle \tag{20.35}$$

である．すると，状態 $|\alpha\rangle$ をつくり出すような演算子 $\hat{x}$ を求めることができれば，(20.34)を(20.33)と一致させることができることになる．すなわち，

$$\langle\,\psi\,|\,\alpha\,\rangle = \langle x\rangle_{\mathrm{av}} = \int\langle\,\psi\,|\,x\,\rangle x\langle\,x\,|\,\psi\,\rangle dx \tag{20.36}$$

となるような $|\alpha\rangle$ を求めなければならないわけである．それにはまず，$\langle\psi|\alpha\rangle$ を x 表示で展開する．それは

$$\langle\,\psi\,|\,\alpha\,\rangle = \int\langle\psi\,|\,x\,\rangle\langle\,x\,|\,\alpha\,\rangle dx \tag{20.37}$$

と表わされる．ここで上の2個の積分を比較する．すると，x 表示で

$$\langle\,x\,|\,\alpha\,\rangle = x\langle\,x\,|\,\psi\,\rangle \tag{20.38}$$

であるということになる．(20.35)と(20.38)を比較すれば明らかなように，$|\psi\rangle$ に $\hat{x}$ を作用させると $|\alpha\rangle$ がえられるということは，$\psi(x)=\langle x|\psi\rangle$ に x を掛けると $\alpha(x)=\langle x|\alpha\rangle$ がえられるということと同じことである．こうして，座標表示での $\hat{x}$ の定義をうることができたわけである†．

［うえの話では，演算子 $\hat{x}$ の行列の x 表示を求めようとはしていなかった．もし諸君が野心的であるなら，

$$\langle\,x\,|\hat{x}|\,x'\rangle = x\delta(x-x') \tag{20.39}$$

を示すことができる．そうすると

$$\hat{x}\,|\,x\,\rangle = x\,|\,x\,\rangle \tag{20.40}$$

というおもしろい結果をうることができる．つまり，演算子 $\hat{x}$ は，それを基本状態 $|x\rangle$ に作用すると，その状態に x という数を掛けたのと同じものになるという興味ある性質をもっている．］

次に，x^2 の平均値を知りたいと思えば，それは

$$\langle x^2\rangle_{\mathrm{av}} = \int\psi^*(x)\,x^2\psi(x)\,dx \tag{20.41}$$

と書かれる．あるいは，そのほうがよければ，

$$\langle x^2\rangle_{\mathrm{av}} = \langle\,\psi\,|\,\alpha'\,\rangle,$$
$$|\,\alpha'\,\rangle = \hat{x}^2|\,\psi\,\rangle \tag{20.42}$$

と書くこともできる．ここで $\hat{x}^2$ というのは $\hat{x}\hat{x}$ のことであって，2個の演算子を順々に作用させることを表わしている．2番目の(20.42)の形式を用いたときには，希望する任意の表示（基本状態系）を使って計算をすることができるわけである．x^n または x の任意の多項式の平均値が欲しいときにはどうすればよいかは，諸君にはもう分っていることと思う．

---

† (20.38)は $|\alpha\rangle=x|\psi\rangle$ ということを意味しているのでは**ない**．$\langle x|$ という状態を"除いてしまう"わけにはいかないのである．なぜなら，$\langle x|\psi\rangle$ の前の x は，それぞれの状態 $\langle x|$ によって異なる数値だからである．x は状態 $|x\rangle$ にある電子の座標の数値なのである．なお，これについては(20.40)をみよ．

20-5　運動量の演算子

さてこんどは，電子の平均**運動量**を計算することにしよう——このときもまた1次元でやることにする．測定によって，その運動量の値を p と $p+dp$ の間に発見する確率を $P(p)dp$ とすると，

$$\langle p\rangle_{\mathrm{av}} = \int pP(p)\,dp \qquad (20.43)$$

である．ここで $\langle p|\psi\rangle$ を，状態 $|\psi\rangle$ がある決った運動量の状態 $|p\rangle$ に存在する振幅であるとする．これは **16-3** で $\langle p|\psi\rangle$ と書いたものと同じ振幅であって，$\langle x|\psi\rangle$ が x の関数であると同様に，これは p の関数である．そのとき，この振幅の規格化を

$$P(p) = \frac{1}{2\pi\hbar}|\langle p\,|\,\psi\rangle|^2 \qquad (20.44)$$

となるように選んだのであった．そうすると，(20.43)は

$$\langle p\rangle_{\mathrm{av}} = \int\langle\psi\,|\,p\rangle p\langle p\,|\,\psi\rangle\frac{dp}{2\pi\hbar} \qquad (20.45)$$

となる．この形は，$\langle x\rangle_{\mathrm{av}}$ の場合の平均値とよく似ている．

このとき，$\langle x\rangle_{\mathrm{av}}$ の場合にやったのと全く同じことをやることができる．まず，上の積分は

$$\int\langle\psi\,|\,p\rangle\langle p\,|\,\beta\rangle\frac{dp}{2\pi\hbar} \qquad (20.46)$$

と書くことができる．ここでこの式が，振幅 $\langle\psi|\beta\rangle$ を——決った運動量の基本状態を用いて——展開した形になっていることに注目すべきである．(20.45)から，状態 $|\beta\rangle$ というのは，**運動量表示**で

$$\langle p\,|\,\beta\rangle = p\langle p\,|\,\psi\rangle \qquad (20.47)$$

で定義されている．すなわちこのとき，

$$\langle p\rangle_{\mathrm{av}} = \langle\psi\,|\,\beta\rangle, \qquad (20.48)$$

$$|\,\beta\rangle = \hat{p}\,|\,\psi\rangle \qquad (20.49)$$

と書くことができる．ここで演算子 $\hat{p}$ は，(20.47)によって p 表示を用いて定義されている．

[このときもまた，$\hat{p}$ の行列の形は

$$\langle p\,|\hat{p}|\,p'\rangle = p\delta(p-p') \qquad (20.50)$$

であり，また

$$\hat{p}\,|\,p\rangle = p\,|\,p\rangle \qquad (20.51)$$

であることを示すことができる．これは，x の場合と同じようにしてやればよい．]

ここで，おもしろい問題が出てくる．$\langle p\rangle_{\mathrm{av}}$ は(20.45)および(20.48)の形で表現することができた．そうすることによって，**運動量表示における**演算子 $\hat{p}$ の意味を知ることができた．しかし，その $\hat{p}$ を**座標**表示ではどのように解釈すべきであろうか．それは，ある波動関数 $\psi(x)$ があるとき，その状態における平均運動量を計算したいときに知っておく必要があるのである．何をいいたいのかをはっきりさせよう．$\langle p\rangle_{\mathrm{av}}$ が(20.48)によって与えられているとして出発したとき，その式

を p 表示で展開すれば，(20.45)にもどってしまうわけである．いま，状態の p 表示——つまり，運動量 p の代数的な関数である振幅 $\langle p|\psi\rangle$ ——が与えられているとすると，(20.47)から $\langle p|\beta\rangle$ を求めることができ，したがって(20.46)の積分計算に進むことができるわけである．さて問題は，x 表示で記述された状態，すなわち波動関数 $\psi(x)=\langle x|\psi\rangle$ が与えられているときにはどうするのかということである．

それでは，まず(20.48)を x 表示を用いて展開することからはじめよう．それは

$$\langle p\rangle_{\text{av}}=\int\langle\psi\,|\,x\rangle\langle\,x\,|\,\beta\,\rangle dx \tag{20.52}$$

である．しかしここで，状態 $|\beta\rangle$ の x 表示を知っておく必要がある．それが分れば，(20.52)の積分を実行することができるわけである．したがって，問題は $\beta(x)=\langle x|\beta\rangle$ を求めることである．

それを求めるには，次のようにすればよい．まえに **16-3** で，$\langle p|\beta\rangle$ と $\langle x|\beta\rangle$ とがどう関係しているかをみた．すなわち，(16.24)によると

$$\langle\,p\,|\,\beta\,\rangle=\int e^{-ipx/\hbar}\langle\,x\,|\,\beta\,\rangle dx \tag{20.53}$$

である．したがって，$\langle p|\beta\rangle$ が分っていれば，これを解くことによって $\langle x|\beta\rangle$ を求めることができる．もちろん，欲しいのは，いま分っていると仮定している $\psi(x)=\langle x|\psi\rangle$ を用いて，その結果を書き表わすことである．(20.47)から出発し，そこで(16.24)をもう一度用いると

$$\langle\,p\,|\,\beta\,\rangle=p\langle\,p\,|\,\psi\,\rangle=p\int e^{-ipx/\hbar}\psi(x)\,dx \tag{20.54}$$

と書いておくことができる．この積分は x に関する積分であるから，p を積分のなかに入れてしまうことができ，

$$\langle\,p\,|\,\beta\,\rangle=\int e^{-ipx/\hbar}p\psi(x)\,dx \tag{20.55}$$

と書ける．これを(20.53)と比較して，諸君は $\langle x|\beta\rangle$ は $p\psi(x)$ に等しいというかも知れない．いや，いや，飛んでもない．波動関数 $\langle x|\beta\rangle=\beta(x)$ は x だけの関数なのであって——p に依存するわけにはいかない．これこそ，いまの問題の全部であるといってもよい．

ところがだれか，天才的な奴がいて，そいつが(20.55)の積分は部分積分することができることを発見したのである．$e^{-ipx/\hbar}$ の x に関する微分をとれば $(-i/\hbar)pe^{-ipx/\hbar}$ であり，したがって，(20.55)の積分は

$$-\frac{\hbar}{i}\int\frac{d}{dx}(e^{-ipx/\hbar})\,\psi(x)\,dx$$

に等しい．これを部分積分すると

$$-\frac{\hbar}{i}\Big[e^{-ipx/\hbar}\psi(x)\Big]_{-\infty}^{+\infty}+\frac{\hbar}{i}\int e^{-ipx/\hbar}\frac{d\psi}{dx}dx$$

となる．束縛状態を考えている限り，$\psi(x)$ は $x=\pm\infty$ でゼロになり，したがって，第1項の大括弧はゼロになる．こうして

$$\langle p|\beta\rangle = \frac{\hbar}{i}\int e^{-ipx/\hbar}\frac{d\psi}{dx}dx \qquad (20.56)$$

をうる．**ここで**，この結果を(20.53)と比較する．すると，

$$\langle x|\beta\rangle = \frac{\hbar}{i}\frac{d}{dx}\psi(x) \qquad (20.57)$$

であることが分る．こうして，(20.52)の積分を実行するのに必要なものは全部えられたわけである．その答えは

$$\langle p\rangle_{\mathrm{av}} = \int\psi^*(x)\frac{\hbar}{i}\frac{d}{dx}\psi(x) \qquad (20.58)$$

である．つまり，(20.48)が座標表示では，どのように表現されるかが分った．

さて，話がおもしろい具合になってきていることに注意しよう．状態 $|\psi\rangle$ における平均エネルギーを求めるときには，

$$\langle E\rangle_{\mathrm{av}} = \langle\psi|\phi\rangle, \quad |\phi\rangle = \hat{H}|\psi\rangle$$

であった．同じことが，座標表示の世界では

$$\langle E\rangle_{\mathrm{av}} = \int\psi^*(x)\phi(x)dx, \quad \phi(x) = \hat{\mathscr{H}}\psi(x)$$

と書かれるわけである．ここで $\hat{\mathscr{H}}$ は x の関数に作用する**代数的な**演算子である．つぎに，x の平均値を求めるときは，それもまた

$$\langle x\rangle_{\mathrm{av}} = \langle\psi|\alpha\rangle, \quad |\alpha\rangle = \hat{x}|\psi\rangle$$

と書けることを知っている．これに対応する座標表示の世界での式は

$$\langle x\rangle_{\mathrm{av}} = \int\psi^*(x)\alpha(x)dx, \quad \alpha(x) = x\psi(x)$$

である．p の平均値が欲しいときは，

$$\langle p\rangle_{\mathrm{av}} = \langle\psi|\beta\rangle, \quad |\beta\rangle = \hat{p}|\psi\rangle$$

と書いた．同じ式が座標表示の世界では，

$$\langle p\rangle_{\mathrm{av}} = \int\psi^*(x)\beta(x)dx, \quad \beta(x) = \frac{\hbar}{i}\frac{d}{dx}\psi(x)$$

であった．これらの三つの例のどれもが，状態 $|\psi\rangle$ から出発して，**量子力学的**演算子によって別の(仮想的な)状態をつくり出すものであった．座標表示では，それに対応する波動関数を，波動関数 $\psi(x)$ に**代数的な**演算子を作用させることによってつくり出すわけである．したがって，(1次元の問題の場合)次のような1対1の対応が存在することになる．

$$\begin{aligned}
&\hat{H} \longrightarrow \hat{\mathscr{H}} = -\frac{\hbar^2}{2m}\frac{d^2}{dx^2} + V(x),\\
&\hat{x} \longrightarrow x,\\
&\hat{p}_x \longrightarrow \hat{\mathscr{P}}_x = \frac{\hbar}{i}\frac{\partial}{\partial x}.
\end{aligned} \qquad (20.59)$$

このリストで，代数的な演算子 $(\hbar/i)\partial/\partial x$ に対して，$\hat{\mathscr{P}}_x$ という記号を導入した．すなわち，

$$\hat{\mathscr{P}}_x = \frac{\hbar}{i}\frac{\partial}{\partial x} \qquad (20.60)$$

である．そしていまは，運動量の x 成分だけを考えていることを諸君に思いおこさせるために，$\hat{\mathscr{P}}$ に添字 x をつけてある．

これらの結果を 3 次元の場合に拡張するのは簡単である．運動量の他の成分に対しては，

$$\hat{p}_y \longrightarrow \hat{\mathscr{P}}_y = \frac{\hbar}{i}\frac{\partial}{\partial y},$$

$$\hat{p}_z \longrightarrow \hat{\mathscr{P}}_z = \frac{\hbar}{i}\frac{\partial}{\partial z}$$

である．そうしたければ，**ベクトル**としての運動量の演算子を考えることもでき，

$$\hat{\boldsymbol{p}} \longrightarrow \hat{\boldsymbol{\mathscr{P}}} = \frac{\hbar}{i}\left(\boldsymbol{e}_x\frac{\partial}{\partial x}+\boldsymbol{e}_y\frac{\partial}{\partial y}+\boldsymbol{e}_z\frac{\partial}{\partial z}\right)$$

と書くこともできる．ここで $\boldsymbol{e}_x, \boldsymbol{e}_y, \boldsymbol{e}_z$ は三つの方向の単位ベクトルである．しかし，

$$\hat{\boldsymbol{p}} \longrightarrow \hat{\boldsymbol{\mathscr{P}}} = \frac{\hbar}{i}\nabla \qquad (20.61)$$

と書けば，もっとエレガントな形になる．

こうしてえられた一般的な結論としていえることは，少なくとも量子力学的な演算子の一部は，それに対応する座標表示の代数的な演算子で表わすことができるということである．これまでにえられた結果を——3 次元に拡張して——表 20-1 にまとめてある．それぞれの演算子に対して，同等な二つの形式，すなわち

$$|\phi\rangle = \hat{A}|\psi\rangle \qquad (20.62)$$

と

$$\phi(\boldsymbol{r}) = \mathscr{A}\psi(\boldsymbol{r}) \qquad (20.63)$$

とが存在する†．

表 20-1

物理量	演算子	座標表示
エネルギー	$\hat{H}$	$\mathscr{H} = -\frac{\hbar^2}{2m}\nabla^2 + V(\boldsymbol{r})$
位置	$\hat{x}$	x
	$\hat{y}$	y
	$\hat{z}$	z
運動量	$\hat{p}_x$	$\hat{\mathscr{P}}_x = \frac{\hbar}{i}\frac{\partial}{\partial x}$
	$\hat{p}_y$	$\hat{\mathscr{P}}_y = \frac{\hbar}{i}\frac{\partial}{\partial y}$
	$\hat{p}_z$	$\hat{\mathscr{P}}_z = \frac{\hbar}{i}\frac{\partial}{\partial z}$

ここでこれらの考え方の利用法について，いくつかの例を用いて説明しておこう．その最初の例は，$\hat{\mathscr{P}}$ と $\hat{\mathscr{H}}$ との間の関係である．$\hat{\mathscr{P}}_x$ を

† ほとんどの書物では $\hat{A}$ と $\mathscr{A}$ とを同じ記号で表わしている．なぜなら，それらはどちらも同じ物理を表現しているのであり，別の文字を使わないほうが便利だからである．通常の場合，話の筋から，それがどちらの演算子を表わしているかを区別することができる．

2度利用すると

$$\hat{p}_x \hat{p}_x = -\hbar^2 \frac{\partial^2}{\partial x^2}$$

をうる．このことは

$$\hat{\mathscr{H}} = \frac{1}{2m}\{\hat{p}_x \hat{p}_x + \hat{p}_y \hat{p}_y + \hat{p}_z \hat{p}_z\} + V(\boldsymbol{r})$$

という等式が書けることを意味している．あるいはまた，ベクトル記号を用いれば

$$\hat{\mathscr{H}} = \frac{1}{2m}\hat{\boldsymbol{p}}\cdot\hat{\boldsymbol{p}} + V(\boldsymbol{r}) \qquad (20.64)$$

である．(代数的な演算子で，演算子の記号(＾)をつけてない項は，みんなただそのまま掛け算をすることを意味している．) この表式は，諸君が古典物理学を忘れていなければ，憶えやすくて具合がよい式である．エネルギーが(非相対論的な場合には)運動エネルギー $p^2/2m$ とポテンシャル・エネルギーの和で与えられることは，だれでも知っていることである．そのとき，$\hat{\mathscr{H}}$ が全エネルギーの演算子になっている．

この結果は非常に印象的であるため，量子力学をやる以前に，古典力学においてすべての学生に教えておこうとするわけである．(しかし，われわれは違う別の考え方をとっている．) しかしこのような並行性は，ときには誤解を引きおこすことがある．その一つは，演算子がいくつかあるとき，それらの色々な因子の**順序**が大事になるのであるが，そのことは古典的な方程式における因子の場合には成り立たない．

第17章で，演算子 $\hat{p}_x$ を変位演算子 $\hat{D}_x$ を用いて，

$$|\psi'\rangle = \hat{D}_x(\delta)\,|\psi\rangle = \left(1+\frac{i}{\hbar}\hat{p}_x\delta\right)|\psi\rangle \qquad (20.65)$$

によって定義した．((17.27)をみよ．) ここで δ は，**微小な**ずれである．この定義が，ここでやった新しい運動量の定義と同等であることを示しておこう．これまでやってきたことによれば，この式は

$$\psi'(x) = \psi(x) + \frac{\partial\psi}{\partial x}\delta$$

と同じことを意味しているはずである．ところが，この式の右辺は $\psi(x+\delta)$ のテイラー展開にほかならない．そして，この $\psi(x+\delta)$ というものは，確かに，状態を左側に δ だけずらしたとき(あるいは右側に座標を同量だけずらしたとき)にえられるものである．したがって，この二つの $\hat{p}$ の定義は一致している．

この事実を利用して，何かほかのことを示すことにしよう．いまある複雑な体系があって，その体系内には粒子の集団があり，それぞれの粒子に 1, 2, 3, … の標識をつけておくものとする．(話を簡単にするため，この場合も1次元で考えることにする．) この体系の状態を記述する波動関数は，すべての座標 $x_1, x_2, x_3, \cdots$ の関数である．これを $\psi(x_1, x_2, x_3, \cdots)$ と書くことができる．ここで，体系を(左側へ) δ だけず

らす．すると新しくできた波動関数

$$\psi'(x_1, x_2, x_3, \cdots) = \psi(x_1+\delta, x_2+\delta, x_3+\delta, \cdots)$$

は

$$\psi'(x_1, x_2, x_3, \cdots) = \psi(x_1, x_2, x_3, \cdots) + \left\{\delta\frac{\partial\psi}{\partial x_1}+\delta\frac{\partial\psi}{\partial x_2}+\delta\frac{\partial\psi}{\partial x_3}+\cdots\right\} \tag{20.66}$$

と書くことができる．(20.65)により，状態 $|\psi\rangle$ の運動量の演算子は

$$\hat{\mathcal{P}}_{\text{total}} = \frac{\hbar}{i}\left\{\frac{\partial}{\partial x_1}+\frac{\partial}{\partial x_2}+\frac{\partial}{\partial x_3}+\cdots\right\}$$

に等しい．(これを**全**運動量とよぶことにする．) ところでこれは

$$\hat{\mathcal{P}}_{\text{total}} = \hat{\mathcal{P}}_{x_1}+\hat{\mathcal{P}}_{x_2}+\hat{\mathcal{P}}_{x_3}+\cdots \tag{20.67}$$

と同じものである．つまり運動量演算子は，全運動量がその部分のすべての運動量の和であたえられるという法則にしたがう．何もかもがうまくいっていて，これまで述べてきたことの多くのことが，おたがいに矛盾しないようになっている．

20-6 角運動量

もう一つの操作——軌道角運動量の操作——を調べてみるとおもしろい．第17章では，演算子 $\hat{J}_z$ を z 軸のまわりの角度 ϕ の回転の演算子 $\hat{R}_z(\phi)$ を用いて定義した．ここでは，座標だけの関数の1個の波動関数 $\psi(\boldsymbol{r})$ によって簡単に記述されるような体系を考える．このとき，電子のスピンが上向きあるいは下向きのどちらかをとるということを考慮しないことにする．すなわち，差し当っては**固有**角運動量を無視して，**軌道**部分についてのみ考えることにする．その区別を明確にしておくために，その軌道角運動量の演算子を $\hat{L}_z$ と書くことにする．そしてこの演算子を，無限小の角 ϵ の回転の演算子を用いて

$$R_z(\epsilon)\,|\,\psi\,\rangle = \left(1+\frac{i}{\hbar}\epsilon\hat{L}_z\right)|\,\psi\,\rangle$$

で定義する．(この定義は，内部のスピン変数をもたない，座標 $\boldsymbol{r}=x, y, z$ のみに依存する状態に対してのみ適用しうることを記憶しておいてもらいたい．) この状態を，z 軸のまわりに小さな角 ϵ だけ回転した新しい座標系からみて，それを新しい状態

$$|\,\psi'\,\rangle = \hat{R}_z(\epsilon)\,|\,\psi\,\rangle$$

とみなすわけである．

いま，状態 $|\psi\rangle$ を座標表示で——すなわち，それに対応する波動関数で——記述すれば，

$$\psi'(\boldsymbol{r}) = \left(1+\frac{i}{\hbar}\epsilon\mathscr{L}_z\right)\psi(\boldsymbol{r}) \tag{20.68}$$

と書けることが期待される．この $\mathscr{L}_z$ はどんな演算子であろうか．ええと，**新しい**座標系で x および y にある1点 P は(本当は x' と y' であるが，このダッシを落としてしまう)，図20-2から分るように，以前には $x-\epsilon y, y+\epsilon x$ であったものである．電子が P 点に存在する振幅は，

図 20-2 z 軸のまわりの微小角 ϵ の回転

座標の回転によって変わることはないから，（ϵ が小さい角であることを思い出して）

$$\psi'(x, y, z) = \psi(x+\epsilon y, y-\epsilon x, z) = \psi(x, y, z) + \epsilon y\frac{\partial\psi}{\partial x} - \epsilon x\frac{\partial\psi}{\partial y}$$

と書くことができる．この式は

$$\mathscr{L}_z = \frac{\hbar}{i}\left(x\frac{\partial}{\partial y} - y\frac{\partial}{\partial x}\right) \tag{20.69}$$

であることを意味している．これがわれわれの答えである．しかしここで注意されたい．これは

$$\mathscr{L}_z = x\hat{\mathscr{P}}_y - y\hat{\mathscr{P}}_x \tag{20.70}$$

と同等である．量子力学的演算子にもどれば

$$\hat{L}_z = \hat{x}\hat{p}_y - \hat{y}\hat{p}_x \tag{20.71}$$

と書くことができる．この公式は憶えやすい．なぜなら，これは古典力学でよく知られた公式とその形が似ているからである．すなわち，古典力学ではそれは

$$\boldsymbol{L} = \boldsymbol{r}\times\boldsymbol{p} \tag{20.72}$$

の z 成分である．

この種の演算子のやり方の一つのおもしろい点は，古典的な表式の多くのものが，そのまま量子力学的な形に移行することである．それでは，そうならないものにはどんなものがあるであろうか．そうならないものがあったほうがよいことは確かである．なぜなら，何もなかったら，古典力学と量子力学との相違はなくなってしまうからである．新しい物理が存在しなくなってしまうからである．ここに違っている式が一つ存在する．古典物理学では

$$xp_x - p_x x = 0$$

である．量子力学では，これはどうなるであろうか．

$$\hat{x}\hat{p}_x - \hat{p}_x\hat{x} = ?$$

である．これを x 表示を用いて計算してみよう．いまやろうとしていることが理解できるように，ある波動関数をつけておくことにする．すると，

$$x\hat{\mathscr{P}}_x\psi(x) - \hat{\mathscr{P}}_x x\psi(x),$$

あるいは

$$x\frac{\hbar}{i}\frac{\partial}{\partial x}\psi(x) - \frac{\hbar}{i}\frac{\partial}{\partial x}x\psi(x)$$

となる．ここで微分操作は，右側に存在するすべてのものに作用することを思いおこせば，

$$x\frac{\hbar}{i}\frac{\partial\psi}{\partial x} - \frac{\hbar}{i}\psi(\boldsymbol{r}) - \frac{\hbar}{i}x\frac{\partial\psi}{\partial x} = -\frac{\hbar}{i}\psi(\boldsymbol{r}) \tag{20.73}$$

をうる．その答えはゼロでは**ない**．この操作全体の与えるものは単に $-\hbar/i$ を掛けるということだけである．すなわち

$$\hat{x}\hat{p}_x - \hat{p}_x\hat{x} = -\frac{\hbar}{i} \tag{20.74}$$

である．ここでプランクの定数が 0 であるとすれば，古典的な結果と量子論的な結果は同じものになり，そして学ぶべき量子力学そのものがなくなってしまうわけである．

なお，任意の二つの演算子 $\hat{A}$ と $\hat{B}$ を考えて

$$\hat{A}\hat{B}-\hat{B}\hat{A}$$

という演算子をつくると，これは一般にはゼロにはなら**ない**．すなわち，“演算子は一般には交換しない”．そして，(20.74)のような関係式を“交換関係”という．$\hat{p}_x$ と $\hat{y}$ との交換関係は

$$\hat{p}_x\hat{y}-\hat{y}\hat{p}_x=0$$

であることはすぐに分るであろう．

もう一つ非常に重要な別の交換関係が存在する．それは角運動量と関係をもっているものであって，

$$\hat{L}_x\hat{L}_y-\hat{L}_y\hat{L}_x=i\hbar\hat{L}_z \qquad (20.75)$$

である．この関係を諸君が自分で証明すると，$\hat{x}$ と $\hat{p}$ の演算子についてのよい練習になる．

おもしろいことに，交換不能な演算子というものは，古典物理学でもすでに現われているのである．これは，空間内の回転について話したときに，すでにみたことである．何か書物のようなものを，まず x 軸のまわりに 90° 回転し，それからつぎに y 軸のまわりに 90° の回転をしたものは，はじめに y 軸のまわりに 90° の回転をして，それからあとで x 軸のまわりに 90° の回転をしたものとは違う結果になる．実際，空間のもつこの性質こそ，(20.75)の関係が成立する原因となっているものである．

20–7　平均値の時間的変化

ここでは，何か別のことを話すことにしよう．それは，平均値が時間とともにどのように変わるかということである．差し当り，それ自身は時間的に変化しない演算子 $\hat{A}$ があるものとする．それは $\hat{x}$ とか $\hat{p}$ のような演算子である．(例えば，$V(x,t)$ のように時間とともに変化する何か外的なポテンシャルのようなものは除外することにする．)さて，ある状態 $|\psi\rangle$ における $\langle A\rangle_{\mathrm{av}}$ を計算するとしよう．これは

$$\langle A\rangle_{\mathrm{av}}=\langle\psi\,|\hat{A}|\,\psi\rangle \qquad (20.76)$$

で与えられている．この $\langle A\rangle_{\mathrm{av}}$ はどのように時間に依存しているであろうか．また，なぜ時間とともに変化しなければならないのであろうか．その理由の一つは，演算子自身が時間になまに依存しているかも知れないことにある——例えば，その演算子が $V(x,t)$ のように時間的に変化するポテンシャルと関係しているときがそうである．しかし，たとえその演算子が，例えば演算子 $\hat{A}=\hat{x}$ のように，時間に依存していなくても，それに対応する平均値は時間に依存しているかも知れない．粒子の平均の位置が運動しうることは確かなことである．$\hat{A}$ が時間依存性をもたないのに，(20.76)からそのような運動がどのようにして出てくるのであろうか．そう，状態 $|\psi\rangle$ が時間的に変化しうるか

らである．非定常的な状態の場合には，その時間依存性を明確に示すために，これまでもしばしば状態を $|\psi(t)\rangle$ と書いてきた．そこで，$\langle A\rangle_{\mathrm{av}}$ の変化の割合が $\dot{\hat{A}}$ と書かれる新しい演算子によって与えられることを示すことにしよう．$\dot{\hat{A}}$ は演算子であることを思いおこされたい．したがって，A の上にドット $\dot{}$ をおくことは，ここでは時間微分をとることを意味しているのではなくて，

$$\frac{d}{dt}\langle A\rangle_{\mathrm{av}}=\langle\psi\,|\dot{\hat{A}}|\,\psi\rangle \tag{20.77}$$

によって定義される**新しい**演算子 $\dot{\hat{A}}$ を書き表わす一つの方法なのである．したがって，問題はこの演算子 $\dot{\hat{A}}$ を求めることである．

まずはじめに，状態の変化の割合がハミルトニアンによって与えられることはすでに知っている．つまり

$$i\hbar\frac{d}{dt}\,|\,\psi(t)\,\rangle=\hat{H}\,|\,\psi(t)\,\rangle \tag{20.78}$$

である．これは，ハミルトニアンの元々の定義

$$i\hbar\frac{dC_i}{dt}=\sum_j H_{ij}C_j \tag{20.79}$$

を抽象的な形で書いたものである．この方程式の複素共役をとった結果は

$$-i\hbar\frac{d}{dt}\langle\,\psi(t)\,|=\langle\,\psi(t)\,|\hat{H} \tag{20.80}$$

と同等である．次に，(20.76)の t に関する微分をとるとどうなるかを調べよう．それぞれの ψ が時間 t に依存しているから

$$\frac{d}{dt}\langle A\rangle_{\mathrm{av}}=\left(\frac{d}{dt}\langle\,\psi\,|\right)\hat{A}\,|\,\psi\,\rangle+\langle\psi\,|\,\hat{A}\left(\frac{d}{dt}\,|\,\psi\,\rangle\right) \tag{20.81}$$

となる．最後に，(20.78)と(20.80)の二つの方程式を用いて，微分を書きかえると

$$\frac{d}{dt}\langle A\rangle_{\mathrm{av}}=\frac{i}{\hbar}\{\langle\,\psi\,|\hat{H}\hat{A}|\,\psi\,\rangle-\langle\,\psi\,|\hat{A}\hat{H}|\,\psi\,\rangle\}$$

をうる．この方程式は

$$\frac{d}{dt}\langle A\rangle_{\mathrm{av}}=\frac{i}{\hbar}\langle\,\psi\,|\,(\hat{H}\hat{A}-\hat{A}\hat{H})\,|\,\psi\,\rangle$$

と同じものである．この方程式を(20.77)と比較すると，

$$\dot{\hat{A}}=\frac{i}{\hbar}(\hat{H}\hat{A}-\hat{A}\hat{H}) \tag{20.82}$$

であることが分る．これは，われわれにとって興味のある命題であって，この方程式は任意の演算子 $\hat{A}$ に対して成立する．

なお，演算子 $\hat{A}$ **そのもの**が時間依存性をもつ場合には

$$\dot{\hat{A}}=\frac{i}{\hbar}(\hat{H}\hat{A}-\hat{A}\hat{H})+\frac{\partial\hat{A}}{\partial t} \tag{20.83}$$

となる．

(20.82)が本当に意味をもつものかどうかを，何かの例題をやるこ

とにより調べてみることにしよう．例えば，$\dot{\hat{x}}$ に対応する演算子というものはどんなものであろうか．それは

$$\dot{\hat{x}} = \frac{i}{\hbar}(\hat{H}\hat{x} - \hat{x}\hat{H}) \tag{20.84}$$

であるといっているわけであるが，これは何であろうか．それを明らかにする一つの方法は，$\mathscr{H}$ という代数的な演算子を利用して，すべてを座標表示で計算することである．この表示では，右辺の交換関係は

$$\mathscr{H}x - x\mathscr{H} = \left\{-\frac{\hbar^2}{2m}\frac{d^2}{dx^2} + V(x)\right\}x - x\left\{-\frac{\hbar^2}{2m}\frac{d^2}{dx^2} + V(x)\right\}$$

と表わされる．これを任意の波動関数 $\psi(x)$ に作用し，やれる微分をみんな計算してしまうと，多少の計算ののち，

$$-\frac{\hbar^2}{m}\frac{d\psi}{dx}$$

という結果をうる．ところがこれは

$$-i\frac{\hbar}{m}\hat{p}_x\psi$$

に等しい．したがって，

$$\hat{H}\hat{x} - \hat{x}\hat{H} = -i\frac{\hbar}{m}\hat{p}_x \tag{20.85}$$

である．あるいは，

$$\dot{\hat{x}} = \frac{\hat{p}_x}{m} \tag{20.86}$$

となる．きれいな結果なこと．これは，x の平均値が時間的に変化しているとき，その重心の移動は平均運動量を m で割ったものに等しいということを意味している．これは正確に，古典力学の示す結果と一致している．

もう一つ，例をあげておこう．それは，ある状態における平均運動量の時間変化の割合がどうなるかということである．このときにも，同じことをやればよい．その演算子は

$$\dot{\hat{p}} = \frac{i}{\hbar}(\hat{H}\hat{p} - \hat{p}\hat{H}) \tag{20.87}$$

で与えられる．この場合もまた x 表示を用いて計算することができる．このとき $\hat{p}$ は d/dx になることを思い出す．そしてこれは（$\mathscr{H}$ のなかの第 2 項の）ポテンシャル・エネルギーの微分をとることを意味している．このとき相殺せずに残る項は，その項だけであることが分る．そして結果は

$$\mathscr{H}\hat{p} - \hat{p}\mathscr{H} = i\hbar\frac{dV}{dx},$$

あるいはまた

$$\dot{\hat{p}} = -\frac{dV}{dx} \tag{20.88}$$

となることが分る．これもまた，古典的な結果と同じ形になっている．

右辺は力である．したがって，われわれはニュートンの法則を導いたわけである．しかしここで思いおこして欲しいことは——この結果は，**平均**量を与える**演算子**に対する法則であるということである．これらの量は，原子の内部でおきていることの詳細については記述していない．

量子力学では $\hat{p}\hat{x}$ と $\hat{x}\hat{p}$ とが相等しくないという点で，それは古典力学とは本質的に異なっている．これらの二つの力学は——小さな数 $i\hbar$ だけ——ほんの少し違っているだけである．ところが，干渉，波動性，その他のあらゆるややこしい話は全部，$\hat{x}\hat{p}-\hat{p}\hat{x}$ がゼロではないというこの小さな事実から出てくる結果なのである．

このような考えがえられた歴史がまたおもしろい．1926年の数か月の間に，ハイゼンベルグとシュレーディンガーが，原子の力学を記述する正しい法則を，それぞれ独立に発見した．シュレーディンガーは，彼の波動関数 $\psi(x)$ を発明することによって，彼の方程式を発見した．一方，ハイゼンベルグは，$\hat{x}\hat{p}-\hat{p}\hat{x}$ が $i\hbar$ に等しいということを除けば，自然は古典的な方程式によって記述しうるということを発見したのであった．彼はたまたまこれを，特殊な行列を用いて定義することによってやった．いまのわれわれの言葉を用いて表現すれば，彼はエネルギー表示の行列を用いたわけである．ハイゼンベルグの行列代数とシュレーディンガーの微分方程式のどちらも，水素原子を説明することに成功した．それから数か月後に，シュレーディンガーは——われわれがこれまでみてきたように——この二つの理論が同等のものであることを示すことに成功した．しかし，量子力学の二つの異なる数学的形式は独立に発見されたのである．

第21章
古典的状況のもとでのシュレーディンガーの方程式：超伝導のゼミナール

21-1　磁場内におけるシュレーディンガーの方程式

こんどのこの講義は余興にすぎない．これからやることをみれば分るように，この講義はこれまでとは少しばかり違うスタイルでやろうと思っているのである．これは——諸君に何か新しいことを教えるための最後の努力であるとは考えていないという意味で——このコースの一部ではない．それよりもむしろ，量子力学をすでに学んだ人々，つまりもっと進んだ聞き手を対象として，ある問題に関するゼミナール，あるいは研究報告をしようと考えているのである．ゼミナールと通常の講義との間の主な相違点は，すべての段階またはすべての計算を，ゼミナールの話し手がやるのではないという点にある．話し手は詳しい内容のすべてを示さずに，"諸君がこれこれのことをやると，出てくる結果はこれである"というわけである．したがってこの講義では，その考え方の道筋を話すだけであって，諸君に計算の**結果**だけを述べるということになる．諸君は，何もかもをすぐに理解できるものとは考えずに，諸君がその議論の各段階を自分でやってみれば，ものごとが出てくると，(いずれにせよ)信用することである．

それはさておいて，ここで私が話し**たい**のは次の問題である．その問題というのは，最近のそしてモダーンなものであって，本来は研究会のようなところで話すべき問題である．私の主題というのは——超伝導の場合における——古典的な状況のもとでのシュレーディンガーの方程式の問題である．

通常は，シュレーディンガーの方程式に現われる波動関数は，1個あるいは2個の粒子にのみ適用されるものである．そして波動関数そのものは——電場やベクトル・ポテンシャルやその種のものとは違って——古典的な意味をもつものではない．1個の粒子の波動関数は——それが位置の関数であるという意味では——一つの"場"で**ある**．しかしそれは，一般には古典的な意味をもつものではない．それにもかかわらず，量子力学的波動関数が古典的な意味をもって**いる**場合がある．そして，そのような場合が，私がいまここでとりあげようと思っているものなのである．小さなスケールでの物質の量子力学的な特異性は，大きなスケールにおいては通常はそれを感じるようなことはない．ただそれがニュートンの法則——いわゆる古典力学の法則——をつくり出しているのであるという点を別にすればの話ではあるが．

ところが，その量子力学の特異性が，大きなスケールで，特異な形で現われてくる場合が存在する．

その体系のとりうる状態の数が非常に多いにもかかわらず，低温においてその体系のもつエネルギーが極端に低くなると，基底状態の近くのほんの少数の状態だけが関与してくる場合がある．このような状況のもとでは，基底状態のもつ量子力学的な特性が，巨視的なスケールにまで現われてくることがありうるのである．この講義の目的は，量子力学とそのような大きなスケールにおける効果との関係を示すことである――この話は，その平均値をとれば，量子力学からニュートン力学を再現することができるといった形の通常の議論ではなくて，量子力学が，大きなあるいは“巨視的”なスケールにおいて，それ自身の特徴的な効果を現わすような特殊な状況について議論しようというのである．

まず，諸君に，シュレーディンガーの方程式のもつある性質†を思いおこしてもらうことから話をはじめることにする．磁場のなかでの 1 粒子のふるまいを，シュレーディンガーの方程式を用いて記述しようというのである．なぜなら，超伝導現象は磁場と深く関係しているからである．外部磁場は，ベクトル・ポテンシャルによって記述される．そこで問題は，ベクトル・ポテンシャルのなかにおける量子力学の法則はどうなるかということである．ベクトル・ポテンシャルのなかでの量子力学のもつ性質を記述する原理は，極めて簡単なものである．磁場が存在するときに，粒子が一つの場所から他の場所へ，ある道筋に沿って移動する振幅は，磁場がないときに同じ道筋に沿って移動するときの振幅に，ベクトル・ポテンシャルの線積分に電荷を掛けて，プランクの定数で割ったものの指数関数を掛けたものに等しい[1]．(図 21-1 をみよ．) すなわち，

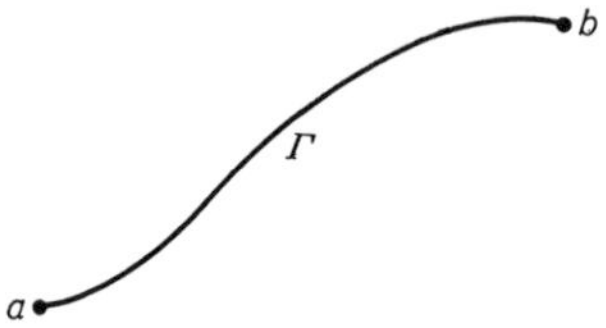

図 21-1　道筋 Γ に沿って a から b にゆく振幅は $\exp(iq/\hbar)\int_a^b \boldsymbol{A}\cdot d\boldsymbol{s}$ に比例する

$$\langle b\,|\,a\rangle_A = \langle b\,|\,a\rangle_{A=0}\cdot\exp\left\{\frac{iq}{\hbar}\int_a^b \boldsymbol{A}\cdot d\boldsymbol{s}\right\} \tag{21.1}$$

である．これは量子力学の一つの基本原理である．

さて，ベクトル・ポテンシャルがない場合には，(非相対論的で，かつスピンをもたない) 荷電粒子のシュレーディンガーの方程式は

$$-\frac{\hbar}{i}\frac{\partial\psi}{\partial t} = \mathscr{H}\psi = \frac{1}{2m}\left(\frac{\hbar}{i}\nabla\right)\cdot\left(\frac{\hbar}{i}\nabla\right)\psi + q\phi\psi \tag{21.2}$$

で与えられる．ここで ϕ は，$q\phi$ が位置のエネルギーになっているような静電的ポテンシャルである††．(21.1) は，ハミルトニアンのなかのそれぞれの勾配 ∇ が，磁場のなかでは勾配 ∇ マイナスの $q\boldsymbol{A}$ におきかえられるということと同等である．したがって，このとき，(21.2) は

---

† 本当に思いおこしてもらおうと思っているわけではない．なぜなら，これについては，これまでに諸君に話していないからである．しかし，このゼミナールの精神だけは憶えておいてほしい．

1) 第Ⅲ巻，**15-5** を参照．

†† 状態を表わすものとして，前に用いた ϕ と混同しないように．

$$-\frac{\hbar}{i}\frac{\partial\psi}{\partial t}=\hat{\mathscr{H}}\psi=\frac{1}{2m}\left(\frac{\hbar}{i}\nabla-q\boldsymbol{A}\right)\cdot\left(\frac{\hbar}{i}\nabla-q\boldsymbol{A}\right)\psi+q\phi\psi \quad (21.3)$$

でおきかえられることになる．これが，電磁場 $\boldsymbol{A},\phi$ のなかで運動する(非相対論的でスピンをもたない)電荷 q の粒子に対するシュレーディンガーの方程式である．

これが本当であることを，電子の位置が連続的に変化する場合ではなくて，間隔 b で x 軸に沿って 1 列に並んでいる原子上を動く電子の場合を例にとって説明することにしよう．いま，磁場が作用していないときに，電子が一つの原子から他の原子に跳び移る振幅を $-K$ と書くことにする†．さて，(21.1)によると，x 方向にベクトル・ポテンシァル $A_x(x,t)$ が存在するとき，電子が跳び移る振幅は，それがないときと比べると，$\exp(iqA_xb/\hbar)$ の因子だけ変化するということになる．この指数は，ベクトル・ポテンシァルを一つの原子からその隣りの原子のところまで積分したものを $iq/\hbar$ 倍したものである．ここで簡単のために $(q/\hbar)A_x\equiv f(x)$ と書くことにする．なぜなら，A_x は一般に x に依存するからである．そこで，x のところに存在する "n" 番目の原子の位置に電子を発見する振幅を $C(x)\equiv C_n$ と書くと，その振幅の変化の割合は，次式で与えられる．

$$-\frac{\hbar}{i}\frac{\partial}{\partial t}C(x)=E_0C(x)-Ke^{-ibf(x+b/2)}C(x+b)-Ke^{+ibf(x-b/2)}C(x-b). \quad (21.4)$$

右辺には三つの項がある．まず，電子が x に位置しているときのエネルギー E_0 が存在する．通常の場合と同じく，それは $E_0C(x)$ の項を与えるわけである．そのつぎに $-KC(x+b)$ があり，これは電子が $x+b$ の場所の $n+1$ 番目の原子の位置から一つもどって，n 番目の原子のところに跳び移る振幅である．しかし，ベクトル・ポテンシァルのなかで跳び移るには，振幅の位相が(21.1)の法則によってずれなければならない．A_x が 1 原子間隔の範囲内では余り大きな変化をしない場合には，ベクトル・ポテンシァルに関する積分は原子間の中点の A_x の値にその間隔 b を掛けたもので表わすことができる．したがって，$(iq/\hbar)$ にその積分を掛けたものは $ibf(x+b/2)$ で与えられる．この場合，電子は後ろ向きに跳んでいるから，その位相のずれには負号をつけてある．これが右辺の第 2 項である．同様にもう一方の側から跳びこんでくる振幅が存在する．このときには，x の反対側の距離 $b/2$ のところのベクトル・ポテンシァルに距離 b を掛けてやる必要がある．これが第 3 項を与えるわけである．これらの項の和が，ベクトル・ポテンシァルのなかでの，x における振幅に対する方程式を与えるわけである．

さて，関数 $C(x)$ が十分に滑らかであるとし(長波長の極限をとる)，また原子間の距離を小さくしてゆくと，(21.4)の方程式は自由空間内

† この K は，磁場のないとき，線状の格子の問題で A とよんでいた量と同じものである．第 13 章をみよ．

における電子の方程式に近づくことになるであろう．したがって，次のステップは，bが小さいと仮定して，(21.4)の両辺をbのベキで展開することである．例えばbが0のときには，右辺は$(E_0-2K)C(x)$となり，したがって第0近似では，そのエネルギーはE_0-2Kで与えられる．つぎには，bに比例する項がくる．しかし，二つの指数関数は反対符号をもつから，残るのはbの偶数ベキの項だけである．したがって，$C(x)$と$f(x)$と，それから指数関数をみんなテイラー展開してb^2に比例する項とを全部集めると

$$-\frac{\hbar}{i}\frac{\partial C(x)}{\partial t}=E_0C(x)-2KC(x)$$
$$-Kb^2\{C''(x)-2if(x)C'(x)-if'(x)C(x)-f^2(x)C(x)\} \tag{21.5}$$

をうる．(ここで“ダッシ”は，xに関する微分を意味する．)

さて，この嫌らしい組み合わせは，全くもって複雑な形をもっているようにみえる．ところが，これは数学的には，正確に

$$-\frac{\hbar}{i}\frac{\partial C(x)}{\partial t}=(E_0-2K)C(x)-Kb^2\left[\frac{\partial}{\partial x}-if(x)\right]\left[\frac{\partial}{\partial x}-if(x)\right]C(x) \tag{21.6}$$

と同じものである．この$C(x)$に作用する2番目の大括弧は，C'プラス$if(x)C(x)$を与える．この二つの項に作用する1番目の大括弧は，C''の項と$f(x)$の1階微分の項および$C(x)$の1階微分の項を与える．ここで，磁場のないときの解は

$$Kb^2=\frac{\hbar}{2m_{\text{eff}}}$$

で与えられる有効質量をもつ粒子を表わしていたことを思いおこそう[2]．そのとき$E_0=+2K$とおき，$f(x)=(q/\hbar)A_x$にもどすと，(21.6)が(21.3)の右辺の第1項と同じものであることが容易にチェックできる．(位置のエネルギーの項が出てくる原因はよく知られているから，ここでの議論ではそれを含めることはしなかった．)結局，ベクトル・ポテンシャルの存在は，すべての振幅を指数関数の因子だけ変化させるという(21.1)の命題は，(21.3)のシュレーディンガーの方程式をみると分るように，運動量演算子$(\hbar/i)\nabla$を

$$\frac{\hbar}{i}\nabla-q\boldsymbol{A}$$

でおきかえるという法則と同じことになる．

21-2　確率の連続の方程式

さて，2番目の問題にはいろう．1粒子のシュレーディンガー方程式における重要な点は，粒子を1点に発見する確率が波動関数の絶対値の2乗によって与えられるという考えである．また，その確率が局所的な意味で保存されるということも，量子力学の特徴である．電子

2)　**13-3**を参照．

を発見する確率がどこかで減少すれば，その電子がどこか別のところに存在する確率が(全確率が変わらないようにするために)増大するという具合になっているときには，それらの場所の中間では何かがおきているはずである．いいかえると，ある場所における確率が減少し，他の場所のそれが増大するときには，それらの2点間にはある種の流れというものが存在しなければならない．そういう意味で，電子は連続性をもっている．例えば，その途中に壁をおくと，その影響で確率の分布は変化することになろう．したがって，積分的な確率の保存だけでは，それは保存則の完全な表現になっていない．それはちょうど，エネルギーの保存則が，エネルギーの**局所的な**保存則ほどには深遠かつ重要なものではないことに相当している[3]．つまり，ある場所のエネルギーが消失してしまったときには，それに対応するエネルギーの流れが存在しなければならない．同様に，確率密度(単位体積内に発見される確率)に変化があるときには，ある流れが存在していて，はいってくる流れ，または出てゆく流れにその原因があると考えられる．ここで，そのような確率の“流れ”を求めることにしよう．この流れは，次のように解釈される一つのベクトルであると考えられる——すなわち，そのx成分というのは，y-z平面に平行な一つの面を横切って，x方向に粒子が毎秒通過する単位面積当りの正味の確率と解釈されるものであるはずである．このとき，$+x$方向に通過するとき，それを正の流れとし，反対方向に通過するときには，負の流れと考えることにする．

それでは，そのような流れが存在するであろうか．ところで，確率密度$P(\boldsymbol{r},t)$は波動関数を用いて

$$P(\boldsymbol{r},t)=\psi^*(\boldsymbol{r},t)\psi(\boldsymbol{r},t) \tag{21.7}$$

で与えられることは，すでに諸君も知っている．問題は，

$$\frac{\partial P}{\partial t}=-\nabla\cdot\boldsymbol{J} \tag{21.8}$$

となるような流れ$\boldsymbol{J}$が存在するかどうかということである．そこで，(21.7)の時間微分をとると，二つの項がえられる．すなわち，

$$\frac{\partial P}{\partial t}=\psi^*\frac{\partial\psi}{\partial t}+\psi\frac{\partial\psi^*}{\partial t} \tag{21.9}$$

である．さてここで，$\partial\psi/\partial t$に対して——(21.3)の——シュレーディンガーの方程式を用い，またこれの複素共役をとって$\partial\psi^*/\partial t$を求める——このとき，それぞれの$i$はその符号を変える．そうすると，

$$\frac{\partial P}{\partial t}=-\frac{i}{\hbar}\Bigg[\psi^*\frac{1}{2m}\left(\frac{\hbar}{i}\nabla-q\boldsymbol{A}\right)\cdot\left(\frac{\hbar}{i}\nabla-q\boldsymbol{A}\right)\psi+q\phi\psi^*\psi$$
$$-\psi\frac{1}{2m}\left(\frac{\hbar}{i}\nabla+q\boldsymbol{A}\right)\cdot\left(\frac{\hbar}{i}\nabla+q\boldsymbol{A}\right)\psi^*-q\phi\psi^*\psi\Bigg] \tag{21.10}$$

をうる．すると，ポテンシャルを含む項と，その他の多くの項が消し合って，残る項は完全に発散の形で書けることが分る．すなわち，

---

3)　第IV巻，**6-1**を参照．

(21.10)の全体は

$$\frac{\partial P}{\partial t}=-\nabla\cdot\left\{\frac{1}{2m}\psi^*\left(\frac{\hbar}{i}\nabla-q\boldsymbol{A}\right)\psi+\frac{1}{2m}\psi\left(-\frac{\hbar}{i}\nabla-q\boldsymbol{A}\right)\psi^*\right\} \tag{21.11}$$

と等しい．この式は見掛けほどには複雑なものではない．これは，ψ^*に，ψに何かを作用させたものを掛けたものと，その複素共役をとったものとの対称的な組み合わせである．それは，ある量と，その複素共役量とを加え合わせたものであって，したがって，その全体は——当然そうあるべきように——実数になっている．この操作を憶えるには，こうしたらよい．それは運動量$\hat{\boldsymbol{\mathcal{P}}}$から$q\boldsymbol{A}$を引き算したものである．結局，(21.8)の流れは，

$$\boldsymbol{J}=\frac{1}{2}\left\{\left[\frac{\hat{\boldsymbol{\mathcal{P}}}-q\boldsymbol{A}}{m}\psi\right]^*\psi+\psi^*\left[\frac{\hat{\boldsymbol{\mathcal{P}}}-q\boldsymbol{A}}{m}\right]\psi\right\} \tag{21.12}$$

と書くことができる．したがって，(21.8)の関係をみたすような流れのベクトル$\boldsymbol{J}$というものが存在する．

(21.11)は，確率が局所的に保存していることを示している．1個の粒子がある一つの領域のなかから消えてしまうとき，その粒子が何の関係もない別の領域に現われるようなことはない．いま，はじめの領域が十分に遠方にある閉じた面によって囲まれていて，その表面上で電子を発見する確率が0であると考えよう．このとき，その表面のなかのどこかに電子を発見する全確率は，Pの体積積分で与えられる．ところが，ガウスの定理によれば，$\boldsymbol{J}$の発散の体積積分は$\boldsymbol{J}$の表面積分に等しい．その表面上でψがゼロであるときには，(21.12)はそこで$\boldsymbol{J}$がゼロであるといっている．したがってこの場合，閉曲面の内部に電子を発見する全確率が変化することはない．その境界面上に確率が存在するときにのみ，その確率の一部が外に流出しうる．つまり確率は，その表面を通り抜けることによってのみ，外に出ることができるというのである——これが局所的な保存則である．

21-3　2種類の運動量

確率の流れの方程式というものはかなりおもしろいものであるが，ときにちょっと気になることがある．諸君は，流れという量は粒子の密度にその速度を掛けたようなものであると考えることと思う．粒子の密度というものは$\psi^*\psi$のようなものであって，これについては別に問題はない．一方，(21.12)のそれぞれの項は，演算子

$$\frac{\hat{\boldsymbol{\mathcal{P}}}-q\boldsymbol{A}}{m} \tag{21.13}$$

の平均値としての典型的な形をしているようにみえる．したがって，これを流れの速度とみなすべきであると考えられる．このことは，あたかも速度と運動量の間の関係について，それが2種類存在することを示唆しているようにみえる．なぜなら，運動量を質量mで割ったもの$\hat{\boldsymbol{\mathcal{P}}}/m$もまた速度であると考えられるからである．速度という量

に関するこの二つの可能性はベクトル・ポテンシャルだけ異なっている．

この二つの可能性は，古典物理学においても存在する．そのとき，運動量という量は，二つの方法で定義することができることが発見されたのである[4]．それらのうちの一つは，"運動学的運動量"(kinetic momentum)とよばれるものであるが，話をはっきりさせるため，この講義ではそれを"mv-運動量"とよぶことにする．これは，質量に速度を掛けることによりえられる運動量のことである．もう一つは，もっと数学的なもので，またもっと抽象的なものであり，これはときに"力学的運動量"(dynamical momentum)とよばれることがあり，ここではそれを"p-運動量"とよぶことにする．つまり，その二つの可能性というのは，

$$mv\text{-運動量} = m\boldsymbol{v}, \tag{21.14}$$

$$p\text{-運動量} = m\boldsymbol{v}+q\boldsymbol{A} \tag{21.15}$$

の二つのことである．磁場のあるときの量子力学では，勾配を表わす演算子 $\hat{\mathcal{P}}$ に結びついているのは p-運動量のほうであることが分っている．したがって，(21.13)は速度の演算子であるということになる．

ここでちょっと横道にそれて，このことを——つまり，量子力学ではなぜ(21.15)のようなものが出てこなければならないかということを——示しておこう．波動関数は，(21.3)のシュレーディンガーの方程式にしたがって時間とともに変化する．いま突然ベクトル・ポテンシャルを変化させたとすると，波動関数そのものはその最初の瞬間には変化せず，その変化の割合だけが変わる．ここで次のような状況のもとでどんなことがおきるかを考えてみよう．いま長いソレノイドがあるとして，そのなかに図21-2に示されているような磁束(Bの場)をつくったとする．そして，そのすぐそばに1個の荷電粒子がおいてあったとする．この磁束は，ほとんど瞬間的にゼロからある値にまで増大するものとする．つまり，ゼロのベクトル・ポテンシャルからスタートして，それからベクトル・ポテンシャルをいれるのである．このことは，円周形のベクトル・ポテンシャル $\boldsymbol{A}$ がつくられることを意味している．諸君は，一つのループのまわりの $\boldsymbol{A}$ の線積分が，そのループを貫く $\boldsymbol{B}$ の磁束に等しいことを憶えていると思う[5]．さていま，突然ベクトル・ポテンシャルをいれたらどうなるであろうか．量子力学の方程式によると，突然 $\boldsymbol{A}$ が変化しても，ψ そのものが突然変化することはない．すなわち，波動関数は元のままなのである．したがって，その空間的な勾配もまた変化しない．

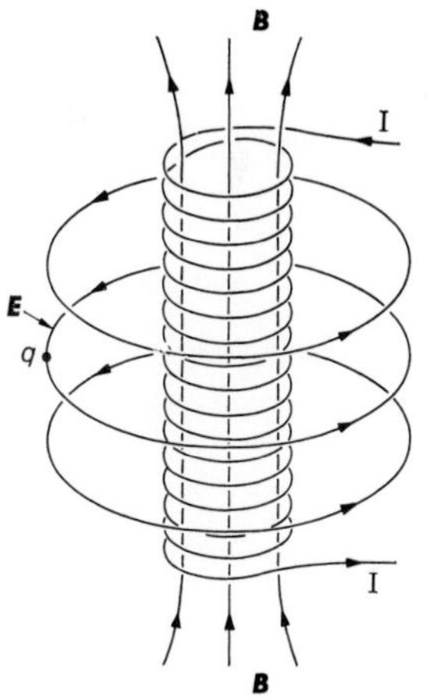

図21-2　電流の増大に伴って生じるソレノイドの外側の電場

しかし，突然磁場がはいったとき，電気的には何がおきるかを思いおこそう．磁束が増大してゆく短い時間の間に，電場が誘起される．その電場の線積分は，磁束の時間的変化の割合に等しい．すなわち

4)　例えば，J. D. Jackson, *Classical Electrodynamics*, John Wiley and Sons, Inc., New York(1962), p. 408.(邦訳あり，紀伊國屋書店刊)．

5)　第Ⅲ巻，**14-1**をみよ．

$$\boldsymbol{E} = -\frac{\partial \boldsymbol{A}}{\partial t} \tag{21.16}$$

である．磁束の変化が急速なときには，この電場は非常に大きなものになり，これは粒子に力を与える．その力は，この電場に電荷を掛けたもので与えられる．したがって，磁束が増大している間に，粒子は全体として $-q\boldsymbol{A}$ に等しい撃力(すなわち，$m\boldsymbol{v}$ の変化量)をうけることになる．いいかえると，電荷に突然ベクトル・ポテンシャルを作用させると，この“電荷”はただちに $-q\boldsymbol{A}$ に等しい“mv”運動量をうけとることになる．しかしこのとき，すぐには変化しないものが存在する．それは $m\boldsymbol{v}$ と $-q\boldsymbol{A}$ の差である．したがって，和 $\boldsymbol{p}=m\boldsymbol{v}+q\boldsymbol{A}$ は，ベクトル・ポテンシャルを突然変えても変化しない何ものかということになる．この $\boldsymbol{p}$ という量が p-運動量とよばれたものであって，これは古典物理学における解析力学において重要な役割を果すものである．しかしそれはまた，量子力学においても直接的な意味をもっている．それは波動関数の性格に依存し，演算子

$$\hat{\boldsymbol{p}} = \frac{\hbar}{i}\nabla$$

に対応するものとみなされるものである．

21-4　波動関数の意味

シュレーディンガーが最初彼の方程式を発見したとき，彼はその方程式の結果として，(21.11)の保存則が成立することを発見した．しかし彼は，P は電子の電荷密度を表わすものであり，$\boldsymbol{J}$ はその電流密度を表わすものであると誤解した．したがって彼は，電子はこれらの電荷および電流という形を通して，電磁場と相互作用をしていると考えた．水素原子の場合にその方程式を解いて ψ を求めたとき，彼は自分が確率を計算しているとは思っていなかった——その時代には，確率振幅なんてものは存在しなかったのである——したがって，その解釈はいまのそれとは全く違うものであった．原子核は定常的なものであるが，その周囲をめぐる電流が存在し，その電荷 P と電流 $\boldsymbol{J}$ は電磁場を誘起し，それが光として放射されると考えた．彼はほかにも多くの問題をやってみて，上のような考え方ではうまくゆかないことを間もなく発見した．ボルンが，量子力学の現在の考え方に本質的な寄与をしたのは，この点に関するものであった．シュレーディンガーの方程式に現われる ψ を確率振幅として，正しく(われわれの知る限りにおいて)解釈したのはボルンであった——振幅の2乗は電荷密度ではなく，電子をそこに発見する単位体積当りの確率にすぎず，電子をある場所に発見したときには，いつでも全電荷がそこにあるという極めて難しい考え方を提案したのはボルンである．この考え方全体がボルンによるものである．

そうすると，原子内の電子の波動関数 $\psi(\boldsymbol{r})$ は，滑らかに変化する電荷密度をもつ，滑らかに拡がった電子を記述するものではないとい

うことになる．電子は，ここか，そこか，あるいはどこか別のところに存在するが，それがどこにあろうとも，それは点電荷である．一方，非常に多くの粒子が全く同じ状態にある場合を考えてみよう．このとき，極めて多数の電子が正確に同一の波動関数をもっている．そうするとどういうことになるだろうか．それらのうちの1個はここにあり，そのうちの1個はそこにある．そのとき，それらのうちの任意の1個をある与えられた場所に発見する確率は $\psi^*\psi$ に比例する．ところがいま，粒子が非常にたくさん存在するので，任意の体積 $dxdydz$ の内部を観察すると，そのなかには $\psi^*\psi\,dxdydz$ に近い数の電子が発見されることになる．したがって，極めて多数の粒子のそれぞれの波動関数が，みんな同じ ψ で表わされるような状況のもとでは，$\psi^*\psi$ を粒子の密度と解釈することが**できる**．このような場合には，各粒子が同じ電荷 q をもつとき，実質的には $\psi^*\psi$ を**電荷**密度と解釈することが可能である．普通の場合には，$\psi^*\psi$ の次元は確率密度の次元であるから，ψ に q を掛けてそれが電荷密度の次元をもつようにする．いまの目的のためには，この定数を ψ のなかにもちこんでしまって，$\psi^*\psi$ 自身が電荷密度であるようにとることにする．こう考えると，$\hat{\boldsymbol{J}}$(いま計算した確率の流れ)はそのまま電流密度になるわけである．

したがって，非常に多数の粒子が厳密に同一の状態にあるときには，波動関数の新しい物理的解釈が可能になる．つまり，電荷密度や電流が波動関数から直接計算することができるようになり，そしてその波動関数は古典的な巨視的状況にまで拡大された物理的意味をもつことになる．

似たようなことが，中性の粒子の場合にもおこりうる．1個の光子の波動関数があるとき，それは1個の光子をどこかに発見する確率振幅を表わしている．これまで，その確率振幅を書きくだしたことはないが，電子の場合のシュレーディンガー方程式に似た光子の波動関数に対する方程式が存在する．その光の方程式というのは，電磁場に対するマクスウェルの方程式と全く同じものである．そして，その波動関数というものはベクトル・ポテンシャル $\boldsymbol{A}$ と同じものである．その波動関数は，ベクトル・ポテンシャルそのものにほかならないことが分る．つまりこの場合，量子物理学は古典物理学と同じものである．なぜなら，光子はたがいに相互作用をすることのないボース粒子系であって，多数の光子が同一の状態をとることができるからである――知ってのとおり，光子は同一の状態を**とりたがる**．同じ状態に(すなわち，同じ電磁波のなかに)何十億もの光子があるときには，ベクトル・ポテンシャルの波動関数を直接測定することができる．もちろん，歴史的には別の道をたどった．最初に観測したのは，多数の光子が同じ状態にあるような場合であった．そのために，波動関数のもつ性質を，巨視的なレベルで直接的にわれわれの手で観測することによって，1個の光子の正しい方程式を発見することができたわけである．

ところで，電子の場合で困るのは，電子を同じ状態に1個以上おくことができないということである．そのために，長い間シュレーディンガーの波動関数を，光子の振幅の巨視的な表現に類似したものと解釈することは絶対にできないと信じられてきた．ところが現在では，超伝導現象というものが，まさにこのような状況を与えるものであると理解されるようになったのである．

21-5　超伝導

諸君も知ってのとおり，非常に多くの金属がある温度以下になると超伝導状態になる[6)]——金属が異なればその温度も違ってくる．温度を十分に低くすると，金属は何らの抵抗を示すことなく電気を伝えるようになる．この現象は非常に多くの金属の場合に観測されているが，すべての金属が超伝導性を示すというわけではない．ところが，この現象の理論には大変な困難が待ちうけていた．超伝導体の内部で何がおきているかを理解できるようになるのには，非常に長い時間がかかったのである．しかしここでは，ここでの目的にとって必要なことだけを話すことにする．格子内の原子の振動と電子との間の相互作用が原因となって，電子間に小さな有効**引力**が作用することが分った．その結果，非常に定性的かつ大雑把にいって，電子がまとまって束縛された対をつくることになる．

ところで諸君は，1個の電子はフェルミ粒子であることを知っている．ところが，束縛された電子の1対は，ボース粒子のようにふるまう．なぜなら，電子対のなかの2個の電子を他の電子対のそれらと交換すると，波動関数の符号は2度変わり，それは結局何も変えないことを意味するからである．電子の1対はボース粒子である．

電子対をつくるエネルギー——つまり，その引力の正味の大きさ——は，極端に小さいものである．熱的な攪乱によって電子対を分離させて，正常な(normal) 2個の電子に変えるのに要する温度はほんの少しでよい．しかし，温度が十分に低くなって，一番うまい具合にその絶対的な最低のエネルギー状態になると，それらは集まって電子対をつくる．

その電子対は，質点の場合のように本当に空間的に非常に接近してくっついているとは考えないでもらいたい．実際もともと，この現象を理解することが極めて困難であった理由の一つは，そのやり方が普通のやり方ではない点にあった．対をつくっている2個の電子は，本当はかなりの距離にわたって拡がっていて，それらの電子対間の平均距離は，1個の対の大きさ自身よりも相対的に小さい．つまり，多くの対が同時に同一の空間領域を占めているのである．このように，金属内の電子が対をつくる理由の解明と，その対をつくるときに解放さ

6) 1911年にオネスによって，はじめて発見された；H. K. Onnes, Comm. Phys. Lab., Univ. Leyden, Nos. 119, 120, 122 (1911)．また，E. A. Lynton, *Superconductivity*, John Wiley and Sons, Inc., New York, 1962には，この問題に関する最新の議論がよく書かれている．

れるエネルギー量を評価することに成功したことは，最近の物理学における一つの勝利といえるものであった．この超伝導の理論の基本的なポイントの説明にはじめて成功したのは，バーディン，クーパーおよびシュリーファーであった[7]．しかしこれは，このゼミナールの主題ではない．電子が何らかの形で対をつくっているということ，これらの電子対がいずれにせよ1個の粒子のようにふるまうと考えうること，それから，電子“対”の波動関数というものが存在しうるということ，これらの考えを認めることにしよう．

さて，この電子対に対するシュレーディンガーの方程式は，いずれにしても(21.3)のような形をもっている．違っているのは，その電荷の q が電子の電荷の2倍になっているということ，その一つだけである．われわれはまた，結晶格子内における電子対のもつ慣性——あるいは有効質量——についての知識をもっていない．したがって，m に対してどんな数値を用いるのかは分らない．またさらに，非常に高い振動数(あるいは，短波長)になったときには，(21.3)は正しい形であるとは考えられない．なぜなら，非常に急速な変化に対応する運動エネルギーの値は非常に大きいものであって，それは電子対そのものを破壊してしまうかも知れないからである．有限温度では，通常のボルツマンの理論にしたがって壊れるものがいくつかはかならず存在する．その電子対が壊れる確率は，$\exp[-E_{\text{pair}}/kT]$ に比例する．対になって束縛されていない電子は，“正常な”(normal)電子とよばれ，それらは結晶中を普通の場合と同じように動き回っている．しかしいまは，基本的に絶対零度にある場合だけを考えることにしよう——あるいはどんな場合でも，対になっていない電子の存在によって生じる複雑さは，これを無視することにする．

電子対はボソンであるから，一つの与えられた状態にそれらが多数存在するときには，その同じ状態に他の電子対がはいりこむ振幅が異常に大きくなる．したがって，ほとんど全部の電子対が**正確に同じ状態**に，最低のエネルギーをもって閉じこめられることになる——それらの電子対の一つが他の別の状態に跳び出すことは容易なことではないのである．まだ占領されていない状態にはいるよりも，同一の状態にはいる振幅のほうが，有名な $\sqrt{n}$ の因子の存在によって，大きな値をもっている．ここで n は最低状態を占めている電子対の数である．したがって，すべての電子対が同一の状態に移ってしまうことが期待される．

このとき，われわれの理論はどんな具合になるであろうか．ψ を最低エネルギーの状態にある1個の電子対の波動関数であるとする．ところで，$\psi^*\psi$ は電荷密度 ρ に比例しているから，ψ を電荷密度の平方根にある位相因子を掛けたもので表わすことができる．すなわち，

$$\psi(\boldsymbol{r})=\sqrt{\rho(\boldsymbol{r})}\,e^{i\theta(\boldsymbol{r})} \tag{21.17}$$

7) J. Bardeen, L. N. Cooper and J. R. Schrieffer, *Phys. Rev.* **108**, 1175(1957).

と書くことができる．ここで ρ と θ とは $\boldsymbol{r}$ の実数の関数である．(任意の複素数関数は，もちろんこのように書くことが可能である.) 電荷密度に関しては，その物理的意味は明らかであるが，波動関数の位相 θ は何を意味するであろうか．そこで，$\psi(\boldsymbol{r})$ を(21.12)に代入したらどうなるかを調べることにしよう．そうして，電流密度をこれらの新しい変数 ρ と θ で表わすことにする．これは一つの変数変換にすぎない．ここではその計算をすべてやるということはしないが，その結果は

$$\boldsymbol{J} = \frac{\hbar}{m}\left(\nabla\theta - \frac{q}{\hbar}\boldsymbol{A}\right)\rho \qquad (21.18)$$

となることが分る．超伝導体電子ガスの場合は，電流分布も電荷分布も直接的な物理的意味をもっているから，ρ も θ も実在するものである．この位相 θ は，ρ と同様に観測可能な量である．それは，電流密度 $\boldsymbol{J}$ の一部を構成するものである．位相の**絶対値**は，観測可能ではないが，あらゆる場所における位相の勾配が分っている場合には，それは定数を除いて知ることができる．つまり，ある1点における位相の値を定義することができれば，あらゆる場所の位相が決定されるわけである．

なお，電流密度 $\boldsymbol{J}$ は**実際に**電荷密度に電子流体の運動の速度を掛けたもので与えられるものである．あるいは $\rho\boldsymbol{v}$ であることを考えると，この電流の式はもう少しうまい形で表わされる．そうすると，(21.18)は

$$m\boldsymbol{v} = \hbar\nabla\theta - q\boldsymbol{A} \qquad (21.19)$$

と同じものである．ここで mv-運動量には二つの部分が存在することに注意しよう．すなわち，その一つはベクトル・ポテンシャルからの寄与であり，もう一つは波動関数のもつ性質を反映する部分からの寄与である．いいかえると，上式で $\hbar\nabla\theta$ という量は，まえに p-運動量とよんだものにほかならない．

21-6　マイスナー効果

ようやくここで，超伝導現象の一部について述べることができるようになった．まずともかく，電気抵抗というものが存在しない．すべての電子が同一の状態に集まっているために抵抗がないのである．通常の電流の流れの場合には，正常な流れから，1個の電子あるいは他の原子がはじき出されて，そのために全体の運動量が次第に低下してゆく．ところがいまの場合には，すべてのボース粒子が同じ状態にはいろうとする傾向をもつために，1個の電子が他のものと別のことをすることが非常に困難なのである．したがって，ひとたび電流が発生すると，それは永久に動き続けることになる．

いま超伝導状態にある金属片をとって，これに余り強くない磁場をかけると(その強さがどれだけかなどの詳しいことには立ちいらないことにする)，その磁場はその金属の内部を貫通することができない

こともまた容易に理解できる．いまかけた磁場の強さを大きくするにしたがって，その金属内に磁場ができるものと仮定する．そのとき，その磁束の変化に伴って，金属内に電場が誘起される．その誘導電場は金属内にただちに電流をつくり，レンツの法則によって，その電流は外からかけた磁場と反対向きの磁束をつくることになる．そのとき誘導電場が無限に小さいものであっても，すべての電子が一斉に一緒になって動き出すため，どんな磁場を外からかけても，その磁場を完全に打ち消すに足るだけの電流がつくり出されると考えられる．したがって，金属を冷却して超伝導状態にした後に，外から磁場をかけても，その磁場は金属の内部にはいりこめない．

もっとおもしろいのは，これと関連した現象で，マイスナーによって実験的に発見された現象である[8)]．高温の金属片(したがって，これは正常(normal)な伝導体である)があり，それに磁場をかけると，その内部に磁場ができる．それからあとで，その温度を臨界温度(金属が超伝導体になる温度)以下に下げる．すると，その磁場が金属片の外に**はじき出される**．いいかえると，臨界温度以下になったとき，金属片の内部に電流が発生し，その電流の大きさがちょうど磁場を追い出す大きさになっているのである．

この現象がおきる理由を，方程式を用いて調べることが可能である．どうやってやるかを説明することにしよう．一つのかたまり状の超伝導体をとる．このとき，いかなる定常状態においても，その電流の発散はゼロでなければならない．なぜなら，電流はゆくところがないからである．この場合，$\boldsymbol{A}$ の発散がゼロになるように，それを選んでおくと便利である．(このように選んでも一般性を失わないことを説明しなければならないのだが，時間が惜しいので，ここではやらない．) そう選んでおくと，(21.18)の発散をとったとき，θ のラプラシアンがゼロに等しいということになる．ちょっと待って．ρ の変化はどうなるのか．大事なことを言い忘れている．この金属の内部には，格子をつくっている原子イオンによる正電荷の背景が存在する．電荷分布 ρ が一様になっているときには，その正味の電荷量はゼロであって，したがってまた，金属内部に電場は存在しない．しかし，ある領域内に電子が蓄積されていて，その電荷が中性化されていないとすると，電子の間にものすごい斥力がはたらいて，おたがいに相手を押しのけることになる[†]．したがって，通常の状況では超伝導体内の電子の電荷密度はほとんど一様になっている——つまり，ρ は一定であると考えられる．さて，$\nabla^2\theta$ が金属のかたまりの内部のいたるところでゼロであるための唯一の可能な方法は，θ が一定値であるということである．そしてこのことは，p-運動量からの $\boldsymbol{J}$ への寄与がないということ

8) W. Meissner and R. Ochsenfeld, *Naturwiss.* **21**, 787 (1933).

† 実際には電場が余り強くなりすぎると，電子対が壊れて，そうして創られた"正常"な電子が過剰な正電荷を中性化する方向に移動する．さらに，このような正常な電子をつくるのにエネルギーが必要となるため，密度分布 ρ がほとんど一様な場合がエネルギー的にも安定になるということが主な原因である．

を意味している．すると(21.18)は，電流が ρ に $\boldsymbol{A}$ を掛けたものに比例するということを示していることになる．したがって，超伝導体の内部のいたるところで，電流はベクトル・ポテンシャルに比例せざるをえないことになるわけである．すなわち

$$\boldsymbol{J} = -\rho\frac{q}{m}\boldsymbol{A} \qquad (21.20)$$

である．ρ と q とは同じ(負の)符号をもち，また ρ は一定であるから，$\rho q/m=+$(ある正の定数)とおくことができる．すなわち，

$$\boldsymbol{J} = -(\text{ある正の定数})\boldsymbol{A} \qquad (21.21)$$

である．この方程式は，超伝導の実験事実を説明するために——この効果の量子力学的な起原が理解されるずっと以前に——London と London[9]によってはじめて提案されたものである．

さて，(21.20)の関係を利用することにより，磁場に対する電磁気学の方程式を解くことができる．ベクトル・ポテンシャルと電流密度とは

$$\nabla^2\boldsymbol{A} = -\frac{1}{\epsilon_0c^2}\boldsymbol{J} \qquad (21.22)$$

の方程式で関係している．ここで右辺の $\boldsymbol{J}$ に対して(21.21)を用いると，

$$\nabla^2\boldsymbol{A} = \lambda^2\boldsymbol{A} \qquad (21.23)$$

をうる．ここで λ^2 は新しい定数で，

$$\lambda^2 = \rho\frac{q}{\epsilon_0mc^2} \qquad (21.24)$$

で与えられる．

この $\boldsymbol{A}$ のみたす方程式を解くことにより，その結果がどうなるかを詳しく調べることができる．例えば1次元の場合，(21.23)は $e^{-\lambda x}$ と $e^{+\lambda x}$ の形の指数関数の解をもっている．これらの解はベクトル・ポテンシャルが，物体の表面から，その内部にはいるにしたがって指数関数的に**減少**しなければならないことを意味している．(それは増大することはできない．なぜなら，そうなるといくらでも大きくなってしまうからである．) 金属片の厚さが $1/\lambda$ に比較して非常に大きいときには，磁場は表面上の薄い層——大体 $1/\lambda$ の程度の厚さの層——にしみこむことができるだけである．内部の残りの全体には，図21-3にスケッチされているように，磁場は存在しない．これがマイスナー効果の説明である．

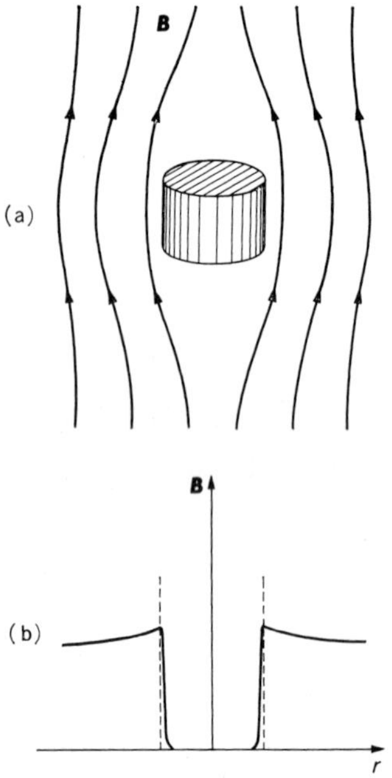

図21-3　(a) 磁場のなかの超伝導体の円筒　(b) r の関数としての磁場 $\boldsymbol{B}$

距離 $1/\lambda$ というのはどのぐらいの大きさなのであろうか．そう，電子の"電磁的半径" r_0 $(=2.8\times10^{-13}\,\text{cm})$ は

$$mc^2 = \frac{q_e^2}{4\pi\epsilon_0r_0}$$

であることを思い出し，また(21.24)の q は電子の電荷の2倍である

9)　H. London and F. London, *Proc. Roy. Soc.* (London) **A 149**, 71(1935); *Physica* **2**, 341(1935).

ことを思いおこすと

$$\frac{q}{\epsilon_0 mc^2} = \frac{8\pi r_0}{q_e}$$

となる．いま ρ を q_eN と書くことにする．ここで N は，1 立方センチメートル当りの電子数である．すると

$$\lambda^2 = 8\pi N r_0 \tag{21.25}$$

と表わすことができる．鉛のような金属の場合には，1 立方センチメートル当り約 3×10^{22} 個の原子がある．したがって，各原子が伝導電子を 1 個だけ寄与するときには，$1/\lambda$ は約 2×10^{-5} cm となる．これが $1/\lambda$ の大体の大きさの程度を与えている．

21-7　磁束の量子化

ロンドンの方程式(21.21)は，マイスナー効果を含む超伝導現象における観測事実を説明するために提案されたものである．しかしながら，最近になって，あるもっと劇的な予測がなされた．ロンドンによってなされた予測の一つは，それが余りにも特異なものであったために，最近までそれに注意をはらった人はだれもいなかった．ここでは，この問題について議論することにしよう．こんどは，単独のかたまりのかわりに，その厚さが $1/\lambda$ の程度の**環**をもってきて，その環を貫いて磁場をかけ，それからその環を超伝導状態になるまで冷却し，そのあとで，もともとの $\boldsymbol{B}$ の源を取り除く．こういう手続きをやったときどうなるかを調べてみよう．これらの事象のおきる順序をスケッチしたのが，図 21-4 である．正常(normal)な状態では，図の(a)に示してあるように，環の内部にも磁場が存在する．この環を超伝導状態にすると，(いまみたように)磁場は**物体**の外側に押し出されるわけである．そのとき，図の(b)にスケッチしてあるように，環の孔を貫通している磁束が存在する．ここで外部磁場を除いてしまうと，その孔を貫いている磁力線は，図の(c)に示されているように，“捕捉”されるのである．中心を貫く磁束 Φ は減少することはできない．なぜかというと，$\partial\Phi/\partial t$ は環をとりまく $\boldsymbol{E}$ の線積分に等しくなければならず，その値は超伝導体の内部では 0 だからである．つまり，外部磁場が除かれるとともに，超伝導電流が環のまわりを流れはじめて，環を貫く磁束の大きさを一定に保つのである．(それは，むかしから知られている渦電流であって，ただこの場合，その抵抗がゼロになっているだけのことである．) しかし，この電流はみな(深さ $1/\lambda$ までの)表面の近くだけを流れる．このことは，前節で一つのかたまりの場合にやったのと同種の解析によって示される．この電流によって環の外部の磁場が保持され，そしてまた，それによって永久に捕捉された磁場が生成されるわけである．

ところがこのとき，普通の場合とは違って，われわれの方程式から驚くべき効果が予測される．金属のかたまりのなかでは，θ の値は一定でなければならないという上に述べた議論は，次の話から分るよう

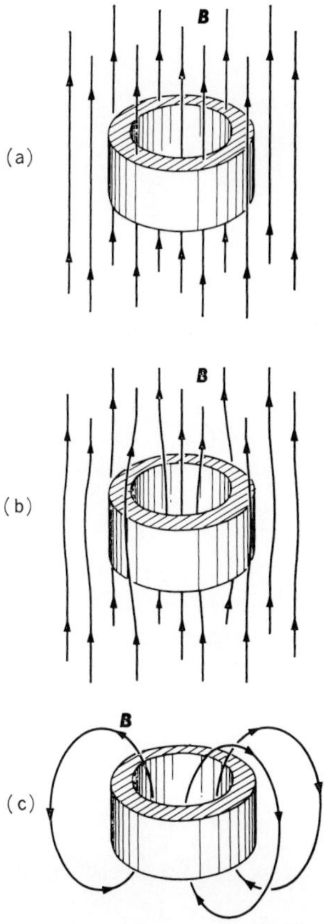

図 21-4　磁場内の環：(a) 正常な状態(normal state)；(b) 超伝導状態；(c) 外場を除いた後の状態

に，環の場合には**適用されない**．

さて，環の本体の内部では電流密度 $\boldsymbol{J}$ はゼロである．したがって，(21.18) は

$$\hbar\,\nabla\theta = q\boldsymbol{A} \tag{21.26}$$

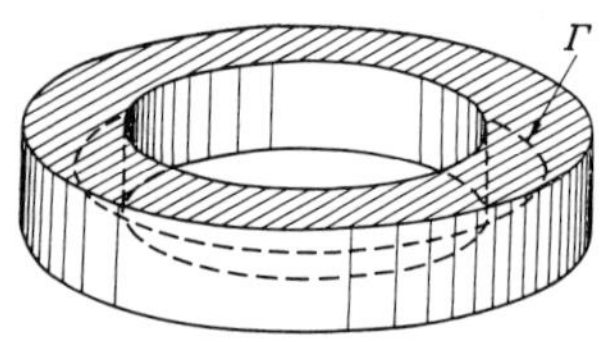

図 21-5　超伝導状態の環の内部の閉曲線 Γ

を与える．ここで図 21-5 に書かれているように，環の断面の中心の近くを通る（したがって，それは環の表面には決して近づかないような）環の一回りの曲線 Γ 上の $\boldsymbol{A}$ の線積分をとると，どういう結果がえられるかを考えてみることにしよう．(21.26) から

$$\hbar\oint\nabla\theta\cdot d\boldsymbol{s} = q\oint\boldsymbol{A}\cdot d\boldsymbol{s} \tag{21.27}$$

となる．さて，任意の閉曲線のまわりの $\boldsymbol{A}$ の線積分は，その閉曲線を貫く $\boldsymbol{B}$ の磁束に等しい．すなわち，諸君は

$$\oint\boldsymbol{A}\cdot d\boldsymbol{s} = \varPhi$$

であることを知っている．そうすると，(21.27) は

$$\oint\nabla\theta\cdot d\boldsymbol{s} = \frac{q}{\hbar}\varPhi \tag{21.28}$$

となる．ところで，1 点から他の点への（例えば，点 1 から点 2 までの）勾配の線積分は，その 2 点におけるその関数の値の差で与えられる．すなわち

$$\int_1^2\nabla\theta\cdot d\boldsymbol{s} = \theta_2 - \theta_1$$

である．この二つの終点 1 と 2 を一致させて閉曲線をつくったとすると，ちょっとみると θ_2 と θ_1 とは等しくなり，したがって (21.28) の積分の値はゼロになるように思える．このことは，単連(simply-connected)になっている超伝導体のなかにおける閉曲線の場合には確かに正しい．しかし，環の形をしたかたまりの場合には，これはかならずしも成立しない．われわれが物理的に要請することのできるのは，**各点において波動関数がただ一つの値をもつ**ということだけである．環を一回りするとき，θ がどうなろうと，出発点にもどったとき，えられた θ が波動関数

$$\psi = \sqrt{\rho}\,e^{i\theta}$$

に対しては同一の値を与えなければならない．そうなるのは，θ が $2\pi n$ だけ変化する場合である．ここで n は任意の整数である．したがって，環を完全に一回りしたとき，(21.27) の左辺は $\hbar\cdot 2\pi n$ でなければならないということになる．ここで (21.28) を用いると，

$$2\pi n\hbar = q\varPhi \tag{21.29}$$

という結果をうる．つまり，**捕捉された磁束はつねに，整数に掛けること $2\pi\hbar/q$ でなければならない**ということになる．環を理想的に完全な（すなわち，無限大の）伝導率をもつ古典的な物体であるとみなせば，環を貫いている磁束が，はじめ何であろうとも，それはそのままに保持される——つまり，全く任意の大きさの磁束が捕捉される——

と考えられるであろう．ところが，超伝導の量子力学的理論によると，その磁束のとる値は，0，または $2\pi\hbar/q$，あるいは $4\pi\hbar/q$，それとも $6\pi\hbar/q$ などではありうるが，それらの中間の値ではありえないというわけである．その値は，基本的な量子力学的な単位の倍数でなくてはならない．

ロンドンは[10]，超伝導体の環によって捕捉される磁束が量子化されていることを予測し，その磁束のとりうる可能な値は，q として電子の電荷を用いた(21.29)で与えられるとした．ロンドンによると，磁束の基本単位は $2\pi\hbar/q_e$ であり，その値は 4×10^{-7} ガウス×cm^2 である．この磁束の大きさの見当をつけるために，直径が 1 mm の 10 分の 1 の小さな円筒を考えてみる．それが上の量の磁束を含むとき，その円筒内の磁場の強さは，地球の磁場の強さの約 1% である．感度のよい磁場の測定を行えば，このような磁束の観測は十分に可能である．

1961 年に，スタンフォード大学のディーバーとフェアバンク[11]は，そのような量子化された磁束を探求し，それの発見に成功した．また，それとほとんど同時に，ドイツでは，ドールとナバウァー[12]によっても発見された．

ディーバーとフェアバンクの実験では，超伝導体となる小さな円筒は，長さ 1 cm の 56 番(直径 1.3×10^{-3} cm)の銅線の上にスズの薄い層を電気メッキをすることによりつくられた．スズは 3.8°K 以下で超伝導体となるが，銅のほうは普通の正常な金属のままである．このワイヤーを適当に調節された小さな磁場のなかにおき，スズが超伝導状態になるまで温度を下げた．そのあとで，外部からの磁場を除いた．このとき，レンツの法則によって電流が誘起され，ワイヤーの内部の磁束の大きさは変化しないことが期待される．するとこの小さな円筒は，その内側の磁束の大きさに比例する磁気モーメントをもつことになる．この磁気モーメントは，スズの円筒の両端に 1 対の小さなコイルをおいて，そのワイヤーを上下に(ちょうど，ミシンの針のように，しかし毎秒 100 サイクルの割合で)軽くゆすぶることによって測定された．そのコイルのなかに誘起される電圧の大きさが，磁気モーメントの大きさの尺度となるわけである．

この実験を遂行することによって，ディーバーとフェアバンクは磁束が量子化されていることを発見した．ところが，このとき，**その基本単位はロンドンが予測した値の半分にすぎない**ことが発見された．そして，ドールとナバウァーもまた同じ結果をえた．最初はこれは全く不思議な結論であると考えられたが†，現在では，なぜそうでなければならないかも分っている．超伝導のバーディン・クーパー・シュ

10) F. London, *Superfluids*; John Wiley and Sons, Inc., New York, 1950, Vol I, p. 152.

11) B. S. Deaver, Jr. and W. M. Fairbank, *Phys. Rev. Letters* **7**, 43(1961).

12) R. Doll and M. Nabauer, *Phys. Rev. Letters* **7**, 51(1961).

† こういうことがおこりうるということは，かつてオンサーガーによって示唆されたことがあった．しかし，どうしてなのか，だれにも分らなかったのである．(F. London 文献 10 を参照.)

リーファーの理論によると，(21.29)に現われている q は，**電子対**の電荷である．したがってそれは $2q_e$ に等しい．したがって磁束の基本単位は

$$\Phi_0 = \frac{\pi\hbar}{q_e} \approx 2\times10^{-7}\ \text{ガウス}\cdot\text{cm}^2 \qquad (21.30)$$

であり，またはこの値はロンドンにより予測された値の半分である．いまでは，何もかもがうまく合っていて，すべての測定が予期された純粋に量子力学的効果が巨視的なスケールで存在することを示している．

21-8　超伝導の力学

マイスナー効果と磁束の量子化とは，われわれの一般的な考え方が正しいことを確実にする二つの現象である．話を完全なものにするために，この一般の立場にもとづいて，超伝導流体に対する完全な方程式系がどんなものであるかを示しておくことにしよう——この問題はかなりおもしろい問題である．これまでは，ϕ に対する表式(21.17)を，電荷密度と電流に対する式に代入しただけである．それをシュレーディンガーの方程式に代入すれば，ρ および θ に対する方程式をうることができるわけである．そういうことをやるとどうなるかを調べるのは，おもしろいはずのものである．なぜなら，こうすると電荷密度 ρ とあの不思議な θ で表現される電子対の“流体”がえられることになるからである——そのような“流体”に対して，どんな種類の方程式が成立するかをみることができるわけである．そこで，(21.17)の波動関数を(21.3)のシュレーディンガーの方程式に代入し，ρ と θ とが x, y および z の実の関数であることを思いおこす．そうして，その実数部分と虚数部分とを分離すると，二つの方程式がえられる．これらの方程式をまとまった形に書くために——(21.19)にしたがって——

$$\frac{\hbar}{m}\nabla\theta - \frac{q}{m}\boldsymbol{A} = \boldsymbol{v} \qquad (21.31)$$

と書くことにする．すると，えられる方程式の一つは

$$\frac{\partial\rho}{\partial t} = -\nabla\cdot\rho\boldsymbol{v} \qquad (21.32)$$

である．まずこの $\rho\boldsymbol{v}$ は $\boldsymbol{J}$ にほかならないから，もう一度連続の方程式がえられたわけである．もう1個の方程式は，θ の変化を与えるものであって，それは

$$\hbar\frac{\partial\theta}{\partial t} = -\frac{m}{2}\boldsymbol{v}^2 - q\phi + \frac{\hbar^2}{2m}\left\{\frac{1}{\sqrt{\rho}}\nabla^2(\sqrt{\rho})\right\} \qquad (21.33)$$

と表わされる．流体力学に完全に習熟している人なら(諸君のほとんどがそうではないことは十分に承知しているが)，$\hbar\theta$ という量を“速度ポテンシャル”とみなせば，これが荷電流体の運動方程式であることを直ちに認めることができるであろう——ただこのとき，右辺の最

後の項は余りみかけない ρ 依存性をもっているが，これは流体の圧縮のエネルギーに相当するものである．いずれにしても，この方程式のいっていることは，$\hbar\theta$ という量の時間的変化の割合が，運動エネルギーの項 $(1/2)mv^2$ プラスポテンシャル・エネルギーの項 $q\phi$ に，さらに何かある項を追加したもので与えられるということである．この追加された項は $\hbar^2$ の因子に比例している項であり，これは“量子力学的エネルギー”とよばれているものである．超伝導体の内部においては，静電的な力によって，ρ はほとんど一様に保たれていることは，すでにまえにみたところである．したがって，超伝導状態になっている領域が1個だけの場合には，この項は実際問題としてはほとんど確実に無視することができる．しかし，二つの超伝導体の中間に境界面が存在するときには（あるいは ρ の値が急速に変化するような場合には），この項が重要な役を果すことになる．

流体力学の方程式にあまり慣れていないひとのために，(21.33)の方程式を，その物理がもっとはっきり分るような形に書き直しておくことができる．それは θ を $\boldsymbol{v}$ で表わすことである．(21.33)の全体の勾配をとり，(21.31)の関係を利用して，$\nabla\theta$ を $\boldsymbol{A}$ および $\boldsymbol{v}$ で表わすと

$$\frac{\partial \boldsymbol{v}}{\partial t}=\frac{q}{m}\left(-\nabla\phi-\frac{\partial \boldsymbol{A}}{\partial t}\right)-\boldsymbol{v}\times(\nabla\times\boldsymbol{v})-(\boldsymbol{v}\cdot\nabla)\boldsymbol{v}+\nabla\frac{\hbar^2}{2m^2}\left(\frac{1}{\sqrt{\rho}}\nabla^2\sqrt{\rho}\right) \tag{21.34}$$

をうる．この方程式は何を意味しているであろうか．まず，

$$-\nabla\phi-\frac{\partial \boldsymbol{A}}{\partial t}=\boldsymbol{E} \tag{21.35}$$

であることを思いおこし，次に(21.19)の回転をとると，勾配の回転はいつでもゼロになることから

$$\nabla\times\boldsymbol{v}=-\frac{q}{m}\nabla\times\boldsymbol{A} \tag{21.36}$$

がえられることに注意する．ところが，右辺の $\nabla\times\boldsymbol{A}$ は磁場 $\boldsymbol{B}$ である．したがって，(21.34)の右辺の最初の2項は，次のように書くことができる．すなわち

$$\frac{q}{m}(\boldsymbol{E}+\boldsymbol{v}\times\boldsymbol{B}).$$

最後に，$\partial\boldsymbol{v}/\partial t$ というものは空間内のある1点における流体の速度の変化の割合を表わすものであることを理解しておくべきである．空間内の特定の場所ではなく，動いている特定の粒子に注目したときには，その加速度は，$\boldsymbol{v}$ の**全体の**微分で表わされる．（あるいは，流体力学ではこれを，“動く流れからみた加速度”(comoving acceleration)とよぶこともある．）この加速度は $\partial\boldsymbol{v}/\partial t$ と

$$\left.\frac{d\boldsymbol{v}}{dt}\right|_{\text{comoving}}=\frac{\partial\boldsymbol{v}}{\partial t}+(\boldsymbol{v}\cdot\nabla)\boldsymbol{v} \tag{21.37}$$

という式で関係している[13]．この右辺の余分の項は，(21.34)の右辺

13) 第IV巻，**19-2** を参照．

にも現われている．そこでこれを移項すると，(21.34)は次のように書くことができる．

$$m\frac{d\boldsymbol{v}}{dt}\bigg|_{\text{comoving}} = q(\boldsymbol{E}+\boldsymbol{v}\times\boldsymbol{B})+\nabla\frac{\hbar^2}{2m}\left(\frac{1}{\sqrt{\rho}}\nabla^2\sqrt{\rho}\right). \quad (21.38)$$

また，(21.36)から

$$\nabla\times\boldsymbol{v} = -\frac{q}{m}\boldsymbol{B} \quad (21.39)$$

をうる．

これらの二つの方程式が，超伝導状態にある電子流体の運動方程式である．第1の方程式は，電磁場内における荷電流体のニュートンの法則である．この方程式は，電荷 q をもつ流体の各粒子の加速度が，通常のローレンツ力 $q(\boldsymbol{E}+\boldsymbol{v}\times\boldsymbol{B})$ からくるものと，追加項による力からくるものとの和で与えられることを表わしている．この後者の力は，ある種の神秘的な量子力学的なポテンシャルの勾配で表わされるものであるが，この力は二つの超伝導体の接合部分以外では余り大きくない力である．第2の方程式は，この流体が“完全”流体——$\boldsymbol{v}$ の回転の発散がゼロ（$\boldsymbol{B}$ の発散はつねにゼロである）の流体——であるといっている．このことは，速度が速度ポテンシャルで表現できることを意味している．普通は，完全流体のときには，$\nabla\times\boldsymbol{v}=0$ と書くのであるが，**磁場内での完全荷電流体**の場合には，これは(21.39)のような形に変形される．

したがって，超伝導体内における電子対のシュレーディンガーの方程式は，電気的に帯電した完全流体の運動方程式を与える．つまり，超伝導の問題というのは荷電流体の流体力学の問題と同じである．超伝導体に関する問題を解くときには，どんな場合でも，その流体に対するこれらの方程式［あるいは同じことであるが，(21.32)と(21.33)の1対の方程式］を考えて，これらの方程式を電磁場を与えるマクスウェルの方程式と連立させる．（その電磁場を求めるための電荷および電流としては，もちろん外部の源からくるものだけではなく，超伝導体からくるものをも考慮しなければならない．）

なお，(21.38)の方程式は完全に正確な方程式であるとは考えられない．それに密度を含むようなある項を追加しておくべきである．この新しい項というのは，量子力学に関係のあるものではなくて，密度の変化に伴う通常のエネルギーからくるものである．通常の流体の場合と同様に，乱されていない密度 ρ_0 からの ρ のずれの2乗に比例するポテンシャル・エネルギーが存在するはずである．（なお，ρ_0 はまた結晶格子のもつ電荷密度に等しくなっている．）このエネルギーの勾配に比例する力が存在するわけであるから，(定数)$\times\nabla(\rho-\rho_0)^2$ の形の別の項が，(21.38)に存在するはずである．この項は粒子間の相互作用からくる項であるために，上の解析からは出てこなかったのである．つまり，独立粒子近似を利用することによって，この項を無視したわけである．しかし，超伝導体内では静電力によって，ρ がほとんど一定に保たれると定性的に説明したが，その静電力はこの力によるものだったのである．

21-9 ジョセフソン接合

次に，二つの超伝導体を接合したときに何がおきるかを解析しているとき，ジョセフソン[14]によって注目された非常に興味深い現象について議論することにしよう．図21-6のように，不導体の薄い層ではさまれた二つの超伝導体があるとする．このような配置は，現在では"ジョセフソン接合"とよばれている．この不導体層が厚い場合には，電子はこの層を通り抜けることができないが，この層が十分に薄い場合には，電子がこの層を跳びこす量子力学的な振幅の大きさがかなり大きくなる．これは量子力学的なトンネル効果のもう一つの例である．ジョセフソンは，このような場合を解析して，多くの奇妙な現象がおきることを発見した．

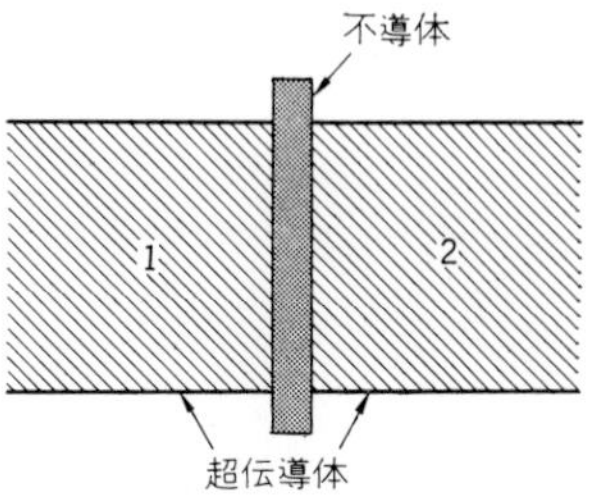

図21-6 薄い不導体で分離された2個の超伝導体

このような接合を解析するために，いま一方の側に電子を発見する振幅を ψ_1 とし，他の側に電子を発見する振幅を ψ_2 とする．超伝導状態においては，波動関数 ψ_1 は一方の側のすべての電子に共通する波動関数であり，また ψ_2 は他の側におけるそれに対応する波動関数である．色々な種類の超伝導体の場合に対してこの問題をやることができるが，ここでは，接合が対称的であり，かつ簡単になるように，両側の物質が同じものである非常に簡単な場合をとりあげることにする．また差し当り，磁場はかかっていないものとする．このとき，上の2個の振幅は次のような形でたがいに関係しているはずである．すなわち，

$$i\hbar\frac{\partial\psi_1}{\partial t} = U_1\psi_1 + K\psi_2,$$

$$i\hbar\frac{\partial\psi_2}{\partial t} = U_2\psi_2 + K\psi_1.$$

ここで定数 K は，この接合の特性を表わす量である．K がゼロであるとすると，これらの二つの方程式は，それぞれの超伝導体の最低エネルギーの状態——エネルギー U をもつ状態——を記述している．しかし，一方から他方にもれてゆく振幅 K が存在することによって，両側の超伝導体間に相互作用が生じる．（これは，2状態系における"いったり，きたり"の振幅にほかならない．）両側の物体が同じものである場合には，U_1 は U_2 に等しく，したがって，それらを引き去ってしまうことができる．しかしいま，接合点を横切って電位差 V が存在するように，二つの超伝導体の領域をそれぞれ電池の両端に接続する．このときには，$U_1-U_2=qV$ である．ここで便宜上，エネルギーの原点をその中間点にとると，上の二つの方程式は

14) B. D. Josephson, *Physics Letters* **1**, 251(1962).

$$i\hbar\frac{\partial\psi_1}{\partial t}=\frac{qV}{2}\psi_1+K\psi_2,$$
$$i\hbar\frac{\partial\psi_2}{\partial t}=-\frac{qV}{2}\psi_2+K\psi_1 \qquad (21.40)$$

と表わすことができる．

これらの方程式は，2 個の量子力学的状態が結合している場合における標準的な方程式である．しかしこんどの場合には，この方程式系を解析するに当って，別の方法をとることにする．つまり，次のようにおく．すなわち，

$$\psi_1=\sqrt{\rho_1}\,e^{i\theta_1},$$
$$\psi_2=\sqrt{\rho_2}\,e^{i\theta_2}. \qquad (21.41)$$

ここで θ_1 と θ_2 とは接合の両側の位相であり，また ρ_1 と ρ_2 とはこれらの二つの点における電子の密度である．実際の状況においては，これらの ρ_1 と ρ_2 とはほとんど正確に同じ値をもっており，その値は ρ_0 に等しい．ここで ρ_0 は，超伝導体内における電子の平均密度である．さて，(21.41) を (21.40) の ψ_1 および ψ_2 に代入し，それぞれの方程式の実数部分と虚数部分をそれぞれ等しいとおくと，次の 4 個の方程式がえられる．ここで簡単のため，$(\theta_2-\theta_1)=\delta$ とおくと，結果は

$$\dot{\rho}_1=+\frac{2}{\hbar}K\sqrt{\rho_1\rho_2}\sin\delta,$$
$$\dot{\rho}_2=-\frac{2}{\hbar}K\sqrt{\rho_1\rho_2}\sin\delta, \qquad (21.42)$$

$$\dot{\theta}_1=-\frac{K}{\hbar}\sqrt{\frac{\rho_2}{\rho_1}}\cos\delta-\frac{qV}{2\hbar},$$
$$\dot{\theta}_2=-\frac{K}{\hbar}\sqrt{\frac{\rho_1}{\rho_2}}\cos\delta+\frac{qV}{2\hbar} \qquad (21.43)$$

となる．

最初の二つの方程式から，$\dot{\rho}_1=-\dot{\rho}_2$ であるということになる．諸君はこういうかも知れない．“しかし，ρ_1 と ρ_2 とが両方とも一定かつ ρ_0 に等しいなら，$\dot{\rho}_1$ と $\dot{\rho}_2$ の両方ともゼロでなければならない”と．いや，そんなことはない．これらの二つの方程式だけで話が全部すむわけではない．これらの方程式のいっていることは，電子流体と正イオンの背景との間の平衡からのずれから生じる**余分の電気的な力がないときに**，$\dot{\rho}_1$ と $\dot{\rho}_2$ とがどうなるかということである．これらの方程式は，その密度がどんな形で変化し**はじめる**かということをいっている．つまり，流れはじめる電流の種類を記述しているのである．この 1 の側から 2 の側へ流れる電流は $\dot{\rho}_1$(あるいは $-\dot{\rho}_2$)で与えられる．あるいはそれは

$$J=\frac{2K}{\hbar}\sqrt{\rho_1\rho_2}\sin\delta \qquad (21.44)$$

である．このような電流はまもなく 2 の側を帯電させることになるように思えるが，両側の超伝導体が電線で電池につながれていることを忘れてはいけない．つまり，電流が流れても，2 の側の領域を帯電(あ

るいは領域1を放電)させることはない．なぜなら，電池からの電流によって電位が一定に保たれるからである．この電池からの電流は，われわれの方程式には含まれていない．それらを含めると，実際 ρ_1 と ρ_2 とは変化しないのである．しかしその場合でも，接合を横切る電流の強さは，そのまま(21.44)で与えられる．

ρ_1 と ρ_2 は一定値のままに保たれ，それは ρ_0 に等しいから，$2K\rho_0/\hbar=J_0$ とおいて

$$J = J_0 \sin\delta \tag{21.45}$$

と書くことにする．このとき J_0 は，K と同様に特定の接合の特性を表わす数値である．

もう1対の(21.43)の方程式は θ_1 と θ_2 に関するものである．(21.45)を利用するときに問題になるのは，$\delta=\theta_2-\theta_1$ の差である．すなわち，(21.43)から

$$\dot{\delta} = \dot{\theta}_2-\dot{\theta}_1 = qV/\hbar \tag{21.46}$$

をうる．このことは

$$\delta(t) = \delta_0+\frac{q}{\hbar}\int V(t)\,dt \tag{21.47}$$

と書けることを意味している．ここで δ_0 は δ の $t=0$ における値である．また q は，電子対のもつ電荷である．すなわち，$q=2q_e$ であることを思いおこそう．(21.45)と(21.47)とが重要な結果，すなわちジョセフソン接合の一般理論を与えている．

さてこれから，どういう結果がえられるであろうか．まずはじめ直流電圧をかけたとしよう．直流電圧 V_0 をかけると，(21.45)の sin 関数の中味は $(\delta_0+(q/\hbar)V_0t)$ となる．ここで $\hbar$ は(通常の電圧×時間に比較して)小さい数であるから，この sin 関数はかなり急速に振動し，そのために流れる正味の電流は存在しないことになる．(実際には，温度はゼロではないから，“正常”な電子(normal electrons)の伝導による小さな電流が生じる．) 一方，接合を横切る電圧がゼロの場合には，電流が生じる．電圧が**ゼロ**のときには，電流は(δ_0 の値により) $+J_0$ と $-J_0$ の間の任意の値をとりうる．ところが接合を横切る電圧が存在すると，電流がゼロになるというのである．この奇妙なふるまいは，最近になって実験的に観測された[15]．

電流をうる方法としては，もう一つ別の方法がある――それは直流電圧に加えて，非常に高周波の電圧をかけることである．いま，

$$V = V_0+v\cos\omega t$$

とする．ここで $v\ll V_0$ である．このとき $\delta(t)$ は，

$$\delta_0+\frac{q}{\hbar}V_0t+\frac{q}{\hbar}\frac{v}{\omega}\sin\omega t$$

となる．ところで Δx が小さいときには

$$\sin(x+\Delta x) \simeq \sin x+\Delta x\cos x$$

15) P. W. Anderson and J. M. Rowell, *Phys. Rev. Letters* **10**, 230 (1963).

である．$\sin\delta$ に対してこの近似を用いると

$$J=J_0\left[\sin\left(\delta_0+\frac{q}{\hbar}V_0t\right)+\frac{q}{\hbar}\frac{v}{\omega}\sin\omega t\cos\left(\delta_0+\frac{q}{\hbar}V_0t\right)\right]$$

と表わせる．この右辺の第1項は，その平均をとればゼロとなる．しかし，第2項は

$$\omega=\frac{q}{\hbar}V_0$$

ならばゼロにはならない．つまり，交流電圧がちょうどこの振動数をもつときには，電流が流れる．シャピロ[16]は，このような共鳴効果の観測に成功したと主張している．

この種の問題に関する論文を調べてみると，電流に対する公式を

$$J=J_0\sin\left(\delta_0+\frac{2q_e}{\hbar}\int\boldsymbol{A}\cdot d\boldsymbol{s}\right) \tag{21.48}$$

と書いてあるのを見かけることがある．ここで積分は，接合を横切ってとられる．この理由は，ベクトル・ポテンシャルが接合を横切って存在しているときには，例のいったりきたりの振幅の位相が，まえに説明したように変化することにある．この余分の位相を追跡してゆくと，上に与えられているような形になることが分る．

最後に，二つの接合のそれぞれからくる電流の干渉に関して，最近行われた非常に劇的で，かつ興味のある実験について述べておきたい．われわれは，量子力学において，二つの別のスリットからの振幅の干渉についてはすでによく慣れている．ここでは，二つの別の道筋を通る電流が到達するときの位相の違いによっておきる二つの接合の間の干渉を考えているのである．図21-7には，平行になっている二つの別の接合“a”と“b”とが示されている．両端のPとQとは，電流が流れたときにそれを測定する電気的な器械につなげられている．外部電流 J_{total} は2個の接合を通過する電流の和で与えられる．いま，2個の接合を通過する電流を，それぞれ J_{a} および J_{b} とする．そしてそれらの位相は δ_{a} および δ_{b} であるとする．さて，P点とQ点の間の波動関数の位相差は，一つの道をとるか，他の道をとるかに関係なく，同じでなければならない．接合“a”を通る道に沿っては，PとQとの間の位相差は，δ_{a} に上側の道に沿うベクトル・ポテンシャルの線積分を加えたもので与えられる．すなわち，

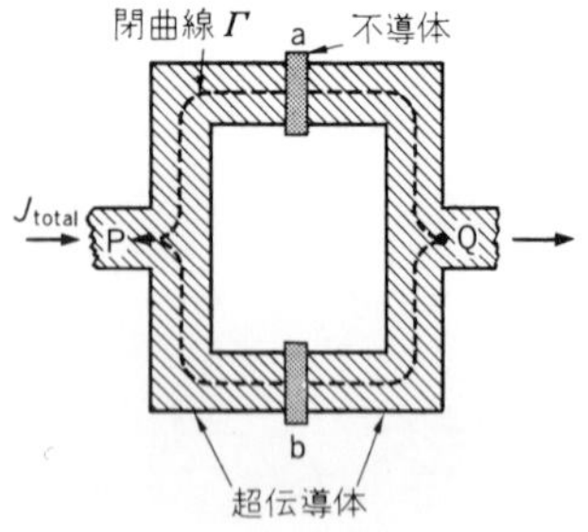

図21-7　平行な2個のジョセフソン接合

$$\Delta(\text{位相})_{\text{P}\to\text{Q}}=\delta_{\text{a}}+\frac{2q_e}{\hbar}\int_{\text{上}}\boldsymbol{A}\cdot d\boldsymbol{s} \tag{21.49}$$

である．なぜか．それは，位相 θ が $\boldsymbol{A}$ と(21.26)によって関係しているからである．(21.26)の方程式をある道筋に沿って積分すると，左辺は位相の変化を与え，このときそれはここに書いたように $\boldsymbol{A}$ の線積分に比例することになる．下側の道に沿う位相の変化もまた同様に

$$\Delta(\text{位相})_{\text{P}\to\text{Q}}=\delta_{\text{b}}+\frac{2q_e}{\hbar}\int_{\text{下}}\boldsymbol{A}\cdot d\boldsymbol{s} \tag{21.50}$$

16)　S. Shapiro, *Phys. Rev. Letters* **11**, 80 (1963).

と書くことができる．これらの二つの位相差は等しくなければならない．そこでこの二つを引き算すると，δ の差が回路を一回りする $\boldsymbol{A}$ の線積分に等しいということになる．すなわち，

$$\delta_{\mathrm{b}}-\delta_{\mathrm{a}} = \frac{2q_e}{\hbar}\oint_{\Gamma}\boldsymbol{A}\cdot d\boldsymbol{s}$$

である．ここで積分は，図 21-7 の 2 個の接合を通る閉曲線 Γ のまわりの積分である．ところでこの $\boldsymbol{A}$ の積分は閉曲線を貫く磁束 Φ である．したがって，二つの δ は，$2q_e/\hbar$ に回路の二つの枝路の間を貫通する磁束 Φ を掛けた値だけ違っているということになる．すなわち，

$$\delta_{\mathrm{b}}-\delta_{\mathrm{a}} = \frac{2q_e}{\hbar}\Phi \tag{21.51}$$

である．このことから，回路上の磁場を変えることによって，この位相差を調節することができる．したがって，この位相差を調節することにより，二つの接合を通って流れる全電流において，二つの部分の電流の干渉が示されるか否かをみることができる．ここで便宜上，

$$\delta_{\mathrm{a}} = \delta_0+\frac{q_e}{\hbar}\Phi, \quad \delta_{\mathrm{b}} = \delta_0-\frac{q_e}{\hbar}\Phi$$

と書くことにする．すると，

$$\begin{aligned} J_{\text{total}} &= J_0\left\{\sin\left(\delta_0+\frac{q_e}{\hbar}\Phi\right)+\sin\left(\delta_0-\frac{q_e}{\hbar}\Phi\right)\right\} \\ &= 2J_0\sin\delta_0\cos\frac{q_e\Phi}{\hbar} \end{aligned} \tag{21.52}$$

となる．

ここで δ_0 については，われわれは何も知らない．自然は自分の望むように，状況によってそれを適当に調整することができる．それはとくに，接合点に作用させる外部電圧に依存するものと考えられる．しかしどうやったにせよ，$\sin\delta_0$ は 1 より大きくなることは決してない．したがって，与えられた Φ に対する**最大の**電流は

$$J_{\max} = 2J_0\left|\cos\frac{q_e\Phi}{\hbar}\right|$$

で与えられる．この最大の電流は Φ とともに変化し，それは

$$\Phi = n\frac{\pi\hbar}{q_e}$$

のときにいつも最大値をもつことになる．ここで n はある整数である．すなわち連結した磁束が，(21.30) で発見された量子化された値をもつときに，流れる電流の大きさが最大になるのである．

2 個の接合をもつ系を流れるジョセフソン電流は，最近，接合間の領域内の磁場の関数として測定された[17]．その結果を示したのが，図 21-8 である．ここでは，われわれの無視した色々な効果からくる電流による一般的なバックグラウンドが存在する．しかし磁場の強さの変化による電流の大きさの急速な振動は，(21.52) の干渉項 $\cos(q_e\Phi/\hbar)$

---

17) Jaklevic, Lambe, Silver and Mercereau, *Phys. Rev. Letters* **12**, 159 (1964).

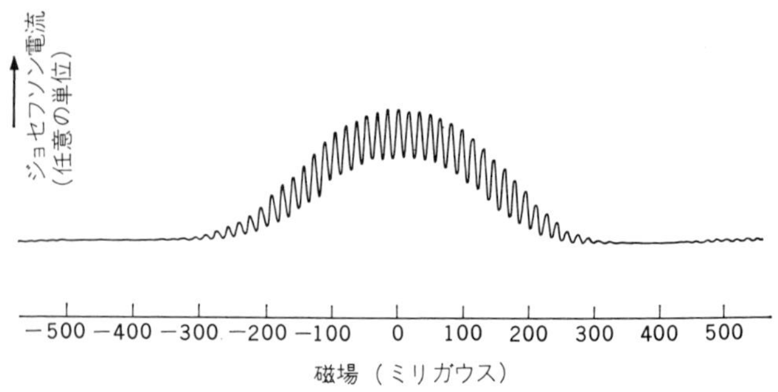

図21-8　2個の接合間の領域（図21-7をみよ）内の磁場の関数としての，1対のジョセフソン接合を通過する電流の強さ．［この記録は，フォード自動車会社の科学研究所のR. C. Jaklevic, J. Lambe, A. H. SilverおよびJ. E. Mercereauによってとられたものである］

によるものである．

量子力学に関する興味深い問題の一つに，ベクトル・ポテンシャルは磁場のない場所にも存在するかどうかという問題がある[18]．いま上に述べた実験は，二つの接合の間におかれた小さなソレノイドを用いて行われたものである．したがってこのとき，磁場$\boldsymbol{B}$はソレノイドの内部にのみ存在し，超伝導体のワイヤー自身の上にはほとんど磁場がないようにしてある．それでもなお，つまり，磁場がワイヤーに触れていないにもかかわらず，電流の大きさはソレノイド内部の磁束に振動関数の形で依存することが報告されている——これは，ベクトル・ポテンシャルが“物理的実在”であることのもう一つの証拠である[19]．

この次にどういうことが出てくるかは分らない．しかし，いまどんなことができるかを考えてみよう．まず第1に，二つの接合の間の干渉を用いて，磁力計をつくることができる．1対の接合で囲まれた面積を，例えば1 mm^2にすると，図21-8の曲線の極大値の間の2×10^{-6}ガウスの磁場を分離することが可能である．2個のピークの間の1/10を区別することは確かに可能である．したがって，そのような接合を利用すれば，2×10^{-7}ガウス程度の小さい磁場を測定することが——あるいはそのような精度で大きな磁場を測定することも——可能である．また，さらにさきに進むこともできるはずである．例えば，10個または20個の接合の組を等間隔に接近してつくっておく．すると，その10個または20個のスリットの間の干渉をうることができ，磁場の変化に伴って非常に鋭い極大極小がえられる．つまり，2個のスリットの干渉のかわりに，20個，あるいはおそらく100個ものスリットをもつ干渉計を利用することにより，磁場の強さを測定することができるわけである．おそらく磁場の測定は——量子力学的な干渉効果を利用することによって——最終的には，ほとんど光の波長の測定と同程度の精度をうることができるようになると考えられる．

18)　Jaklevic, Lambe, Silver and Mercereau, *Phys. Rev. Letters* **12**, 274 (1964).
19)　第III巻，第15章，**15-5**を参照．

これまで，最近になっておきたことの一部について説明をしてきた．トランジスター，レーザー，それからいま述べた接合，これらの究極的な実用的応用範囲はまだ知られていない．1926年に発見された量子力学は，それ以来ほとんど40年間にわたって発展しつづけてきたが，最近になってかなり唐突に，その実用的方面への応用開発がひらかれはじめた．われわれは，極めてデリケート，かつ美しいレベルで，自然を本当に支配しようとしているわけである．

諸君にはお気の毒ではあるが，そのような冒険に参加するには，できるだけ早く量子力学を学んでおくことが，絶対に肝要なことである．この課程において，物理のこの部分における神秘をできるだけ早い時期に，諸君に理解してもらう方法を発見することが，われわれの希望であったのである．

ファインマンの結びの言葉

2年間にわたって諸君に語り続けてきたが，ようやくいま，私の話は終ろうとしている．ある意味では，諸君にお詫びしたいと思うし，また別の意味では，そうしようとは思わない．諸君のうちの，20人か30人のひとは，大きな刺激をうけてついてくることができ，楽しい時間を過すことができたものと思う——そして，事実，そうであったことを私は知っている．しかし，同時にまた，“実際にはそれを必要としないような幸福な境遇にあるひとたちを除けば，教育の力などというものは何の効力もない”ということも，私は知っている．したがって，この講義を全部理解できた20人ないし30人の人たちに対しては，何もしないで，ただものごとを示しただけで終わったといえるかも知れない．そのほかの人たちに対しては，もし私のやったことが物理を嫌いにさせることになったとしたら，ここでお詫びをしておきたい．私はこれまで，初等物理を教えたことがない．それでお詫びするのである．諸君に大変な迷惑をかけ，そのために諸君がこのおもしろい仕事をやめにしてしまうことがなければよいと思っている．だれかほかの人が，諸君に消化不良をおこさせないようなやり方で教えてくれることを期待してやまない．そして，いつの日にか，物理というものが，その見掛けほどには嫌らしいものではないということを，最後には分るようになって欲しいと思う．

最後に，私の授業の主な目的は，諸君に何かの試験を課すことではなかったことを——また諸君が企業や軍隊にいったときに役に立つようにしようとも思っていなかったことを——つけ加えておきたい．私が一番希望したことは，諸君がこの驚異の世界を理解し，その世界を物理学者がどのようにみているかを諸君に示すことであった．そして，この物理の世界というものが，本当の現代文化の主要部分を構成しているのである．私はそう信じている．（おそらく，他の領域を専門としている教授方はこれに反対すると思うが，しかしその人たちは完全に間違っていると，私は信じている．）

恐らく諸君は，この文化に対するある程度の理解をうるということだけでなく，諸君が望みさえすれば，人間精神がこれまでやったことのないような最大の冒険に参加することさえ可能なのである．

演　　習 (1964 年)

ここに収められた問題集は，“ファインマン物理学”の第V巻用として作製されたものである．第III巻および第IV巻の問題集と同様に，これらの問題には 1963 年から 1964 年にかけて，カルテクで使用された宿題および試験問題が含まれている．この問題集でも，問題は各章において大体，やさしいものから難しいものへという順序にしたがって配列してある．

これまでの各巻の場合よりも，この巻の問題集はさらに不完全なものであって，とても最終的なものといえたものではない．この課程の進展に伴って増補されるはずのものである．事実この問題集は，この第V巻が最終的な形で出版されるまえに印刷されたのであって，そのために本文と記号の一致しないところがある(訳者註: 本訳書では，これらを統一した)．このことは，この問題集が仮のものであることを示していると了解していただければ幸いである．

この問題のほとんどは，M. サンズ，R. P. ファインマン，J. パインおよび私自身が書いたものである．このうちの約 4 分の 3 は，R. P. ファインマンにより示唆されたものである．1963 年の夏，C. ウィルツと私がこれを仮出版した．この問題集の最終的な校閲と訂正を行ったのは I. タンマルである．

あらゆる準備段階にわたって，この問題集のタイプを担当してくださった F. L. ワーレン夫人には，ここでもまた厚く御礼を申しあげるものである．

G. ノイゲバウアー

第 3 章

3-1 この章では，空想的な電子の干渉実験について述べた．図 3-1 には，その実験が示されている．この図に描かれている干渉模様 P_{12} から，振幅関数 ϕ_1 および ϕ_2 に伴う電子の波長を求めることができる．いま，スリットの中心間の距離を a とする．その他の必要な量の大きさについては，この a を規準として，図の長さを測ることにより求めるものとする．このとき，

a)　λ の大きさはいくらになるか．

b)　図の P_1 および P_2 の曲線を用いて，干渉図の中心の P_{12} の大きさ，中心の次の最初の極大値，最初の二つの極小値を計算せよ．その結果を図の P_{12} の曲線と比較せよ．

3-2 前題の 2 個のスリットによる電子の干渉実験を考える．そして，電子銃からスリットまでの距離およびスリットから止め板までの距離が，2 個のスリット間の距離と比較して非常に大きいものとする．また，それぞれのスリットの幅は，スリット間の距離と比較して非常に小さいものとする．このとき，できるだけ定量的に次の問に答えよ．

a)　電子銃を上方に D だけ動かすと，P_{12} の干渉縞はどうなるか．

b)　スリット間の距離を 2 倍にすると干渉縞はどうなるか．

c)　スリット 1 の幅をスリット 2 の幅の 2 倍にしたら干渉縞はどうなるか．

3-3 垂直方向に偏った単色光を偏光板に照射する．偏光板の透過光の方向の軸が垂直方向に対して角 θ だけ傾いているとき，古典的には入射光の強度と透過光の強度の比はいくらか．入射光が 1 個の光子であるときには，偏光板はどういうことをするか．

3-4 20000 eV の電子のビームが，薄い多結晶性の金箔を通り抜けて，感光板にぶつかる．その感光

板をみると，電子ビームを軸の中心とする何重にもなった環の形の暗い部分がみえる．その理由を述べよ．またこの環の直径を求めよ．ただし，金箔と感光板との間の距離は 10 cm であるとする．

3-5　図 3-1 の 2 個のスリットをもつ典型的な回折の実験を考えたとき，スリット上における電子の振幅を知っていれば，スクリーン上の全体の干渉模様を予測することができる．いま a_1 と a_2 をそれぞれスリット 1 および 2 に電子が到達する振幅を与える複素数であるとしたとき，スクリーン上の相対強度分布の式を x の関数として求めよ．ここで x は中心からの距離である．なおここで，x は小さいと近似し，その答えを 2 個のスリット間の距離 d および スリットとスクリーン間の距離 L で表わせ．

3-6

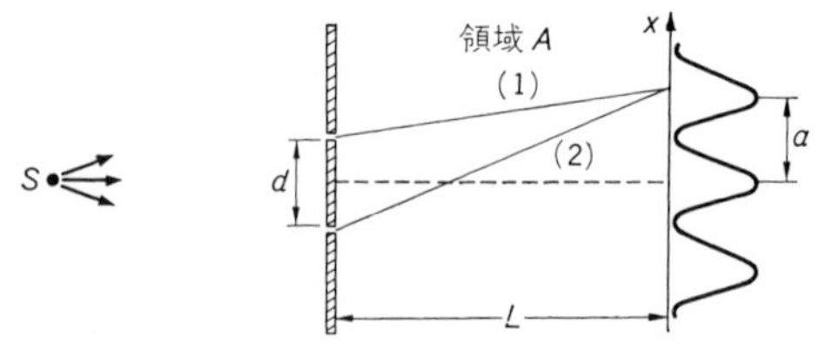

図に示した回折の実験において，線源 S から運動量 p_0，質量 M，速度 v の粒子が放射される．

a)　中心の極大の点と，その隣りの極大点との間の間隔 "a" はいくらか．$L \gg d$，$L \gg a$ とする．

b)　何かの影響で，上側の道筋(1)を通る粒子の位相が $\delta\phi_1$，下側の道筋(2)を通る粒子の位相が $\delta\phi_2$ だけ変化したとすると，その干渉模様の中心の極大点の位置が

$$S = +(\delta\phi_1 - \delta\phi_2)\frac{L}{d}\frac{\hbar}{p_0}$$

だけずれることを示せ．したがって，$\delta\phi_1 - \delta\phi_2$ がすべての道筋に対して同じ値をとるとすると，全体の干渉模様は上向きにずれて，したがって粒子が距離 S だけ上向きにそれるということができる．

c)　いま領域 A 内で，粒子が小さな位置のエネルギーをもっているとする．そしてその位置のエネルギーは垂直の位置だけの関数であるとする．このとき，中心線から x の高さにある粒子の運動量 $p(x)$ は中心線上の $p(0)$ とは少し違っていると考えられる．このとき

$$p(x) = p(0) + (V(0) - V(x))M/p(0)$$

であることを示せ．あるいはまた，$V(x)$ がゆっくり変化するときには $p(x) = p(0) + Fx/v$ であることを示せ．ここで F はポテンシャルの負の勾配 $-\partial V/\partial x$ である．

d)　c)の状況のもとでは，道筋(1)と(2)の上の運動量は異なっており，したがってまた，それらの波長も異なっている．このとき，上下の道筋の間の位相差は

$$\delta\phi_1 - \delta\phi_2 = \frac{d}{2v}\frac{F}{\hbar}L$$

で与えられることを示せ．(ここで，二つの道筋の平均垂直間隔は $d/2$ であることに注意せよ.) またこのとき，干渉縞が上方に $\frac{1}{2}T^2(F/M)$ だけずれることを示せ．ここで $T = L/v$ はスリットからスクリーンまでゆくに要する古典的な時間である．

3-7　電子(スピン 1/2)が，図に示されているような 2 個のスリットをもつスクリーンの前におかれた源から放射される．ここで 1 個の電子が一つのスリットに到達したとき，そのスピンの方向を "変えず" にそのまま通り抜ける振幅が α であり，その方向を "変えて" 通り抜ける振幅が β であるとする．またさらに，その電子がどちらのスリットを通り抜けたかを区別することができないものとする．

a)　いますべての電子のスピンが上向きになって放射されると仮定したとき，点 x におけるスクリーン上の強度分布を，α，β，$\langle 1|S\rangle$ および $\langle x|1\rangle$ などの振幅を用いて表わせ．

b)　放射された電子のスピンが全部下向きになっていて，その他の条件は上と全く同じであるときの分布はどうなるか．

c)　電子のスピンが上向きあるいは下向きに，でたらめに放射されるとき，この場合の分布は a) の分布とどれだけ違っているかを調べよ．

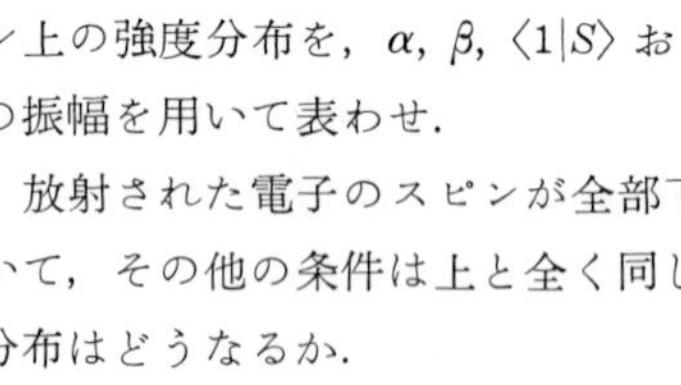

3-8　驚いたことに，干渉をおこす可能性がほとんど失われるような場合でも，やはり大きな干渉効果が生じるのである．孔が2個ある場合の回折実験で，その一方の孔をしぼって，それを通り抜ける確率を 1/100 にしたとする．このときでもなお，干渉模様の極大値のところに到着する確率は，極小のところよりも 50% も大きいことを示せ．

3-9　もっとも近い恒星でも，その直径は小さすぎて，最良の望遠鏡をもってしてもそれを“見分ける”ことはできない．(その視角が望遠鏡の分解能よりも小さい．) 恒星の直径を光学的干渉計を利用してはじめて測定したのは，マイケルソンであった．1956年，ブラウンとツゥイス(*Nature*, **178**, 1046 (1956))とは，その測定のために，“強度相関法”とよばれる新しい方法を提案した．そしてその方法をシリウス星で試した．彼らは2個の放物面鏡(古いサーチライト用の鏡)を用意し，その焦点の位置にそれぞれ光電増倍管を設置した．この光電増倍管からの信号は同軸ケーブルで回路につながれ，二つのそれぞれの電流の積の平均値が測定されるようにしてある．(これを“コリレーター”という．) さて，この積の値の二つの放物面鏡間の間隔による変化から，恒星の張る視角を決定した．

このとき，この方法はだめだといった物理学者がたくさんいた，彼らの議論は，光は光子としてやってきて，それぞれの光子はどちらか一方の鏡のところにゆくから，二つの電流間の相関関係は存在しえないというものであった．しかしこの議論が間違っていることは，次のような理想化された実験を考えてみれば分る．いま2個の光電増倍管 a および b から遠く離れたところに，2個の小さな光源——例えば2個の電球——A および B があるとする．その配置を示したのが右上の図である．検出器 a と b に計数管が付属していて，各計数管に毎秒到達する光子数 p_1 および p_2 が測定されるようにしてある．そして計数管 a および b はまた“同時計数回路”に連結していて，2個の光電子が(ある短い時間 τ 内で) **同時に**検出される割合 p_{12} が測定される．

さて，ある特定の時間間隔内に A から a に到達する1個の光子の振幅を $\langle a|A\rangle$ とする．そうすると，$\langle a|A\rangle=Ce^{i\alpha_1}$ と書ける．ここで C は複素数の定数で，α_1 は A から a までの距離 R_1 の k 倍である．同様に $\langle b|A\rangle=Ce^{i\alpha_2}$ で，$\alpha_2=kR_2$ である．ここで R_2 は A から b までの距離である．

そこで“同時計数”の割合 p_{12} が

$$2+2\cos k(R_2-R_1)$$

に比例することを示せ．

いま図の R が分っていたとしたとき，この結果からどうしたら D を決定することができるか．なお，現実の過程は，このような模型の重ね合わせで表わされる．なぜなら，光は星の全表面上からくるものであり，図のような2点からくるのではないからである．しかしこの事情については，いまの場合それを無視する．

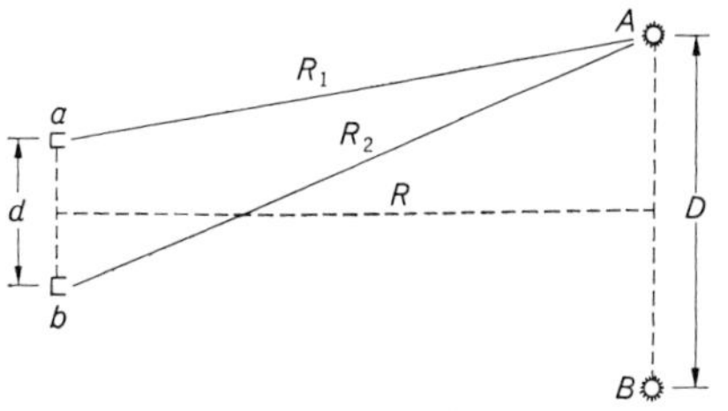

第4章

4-1　送信機が 1.0 メガヘルツの振動数の電波を 1000 キロワットで放射している．

a)　放射された各光子のエネルギーはいくらか．(電子ボルトの単位で求めよ．)

b)　電磁波の振動の1周期の間に放射される光子数を求めよ．(光子が同一状態に多数存在しうるのは，それがボース“粒子”だからである．)

4-2　黒体放射において，ω と $\omega+\Delta\omega$ の間の振動数をもつ放射の単位体積当りのエネルギー $E(\omega)$ はプランクの公式で与えられる．

a)　ω が小さいとき，$E(\omega)$ はどういう性質をもつか．また，ω が大きいときはどうか．

b)　単位振動数間隔の間のエネルギーが最大になる振動数はいくらか．

c)　単位波長間隔の間のエネルギーが最大になる波長はいくらか．

d)　最大エネルギーの放射が可視光線のスペクトルのまんなかにあると仮定して，太陽の温度の大体の値を求めよ．

4-3　ヘリウム原子内の2個の電子のスピンの方向を同じ向きにそろえるために必要な磁場の強さの大きさの見当をつけよ．(このとき，ヘリウム原子を光学的な光に対応する振動数をもつ調和振動子で近似せよ．なお，“基底状態のヘリウム”は，その最低のエネルギー準位に2個の電子が反対向きのスピンをもっている．排他律によって，その2個の電子が同じ方向のスピンをもつためには，そのうちの1個の電子が次の高い準位に移る必要がある．)

4-4　中性子の発見以前には，原子核は陽子および電子から構成されていると考えられていた．このとき N^{14} 原子(陽子の約14倍の質量の核をもつ窒素原子)はボース粒子でなければならないことを示せ．ところが，実験(N_2 分子のスペクトル)によると，この原子はフェルミ粒子である．これが，中性子の存在の最初の証拠となったのである．中性子の存在を仮定すると，この矛盾が解決されることを示せ．

4-5　ある特定の系において，エネルギー準位間に“転移”がおきうるものとする．すなわち，特定のエネルギー準位に存在する原子数は，それらが光を放出したり吸収したりすることにより変化すると仮定する．

いま，全系が $\hbar\omega=\varDelta E$ の振動数をもつ光子の集合体のなかにつかっていて，2個の励起状態と基底状態とが平衡を保っているものとする．そして，$2\varDelta E$ のエネルギーの直接の転移は禁止されていると仮定する．

$\varDelta E\{$ ——— N_2 個の原子のある第2エネルギー準位
$\varDelta E\{$ ——— N_1 個の原子のある第1エネルギー準位
　　 ——— N_0 個の原子のある基底状態

a)　N_1/N_0 および N_2/N_1 を $n(\omega)$ で表わせ．ここで $n(\omega)$ は光子の数である．

b)　光子数 $n(\omega)$ の $\varDelta E/kT$ のみを含む式を導け．

c)　次の極限における $n(\omega)$ の近似式を求めよ．

1)　$\hbar\omega\gg kT$,　2)　$\hbar\omega\ll kT$.

4-6　レーザーでは，多くの同種原子がその励起状態の一つに持ちあげられている．このとき，1種類の光が少量存在していると，すべての原子がなだれのように下の準位に落ちて光が誘導放射される．このときつくられた多数の光子はみな，全く同じ波長をもって同じ方向に放射される．あらゆる原子から放射される光の方向を同じ方向に向けるにはどうしたらよいか．また，いつの日にか，ニュートリノ(スピン1/2，質量0の粒子)を用いて似たような装置を開発することができると思うか．

4-7　相互作用をしていない2個の異種の粒子があり，そのうちの1個が a から b へ，第2の粒子が c から d へゆく確率は，P_{ab} と P_{cd} の2個の因子の積で与えられることを示せ．ここで P_{ab} は第2の粒子が存在しないとき，第1の粒子が a から b にゆく確率であり，P_{cd} は第1の粒子がないときに，第2の粒子が c から d にゆく確率である．この場合，異種粒子であるという制限は本質的に重要か．

4-8　重陽子はスピン1のボース粒子である．したがって，重陽子のビームは3個の状態 $+1, 0, -1$ のうちのどれか一つの状態をとりうる．いま，重陽子と重陽子の散乱の実験を行ったとする．質量中心系において，入射粒子と標的粒子間の散乱角の関数として，重陽子を検出する確率を求めよ．ただし，散乱によってスピンの方向が変化することはないものとし，また散乱角 θ における散乱振幅は $f(\theta)$ で与えられるものとする．

4-9　パイ中間子の陽子による散乱振幅を $f_1(\theta)$ とし，また中性子による散乱振幅を $f_2(\theta)$ とする．このとき，パイ中間子がヘリウム核によって散乱されるときの確率を，陽子および中性子からの散乱の確率 P_1 および P_2 を用いて表わしたらどうなると思うか．このとき次の二つの場合を考えよ．

a)　陽子または中性子が衝突によって受けた反作用によって，ヘリウム核が分解する場合．

b)　その反作用が小さく，衝突後も核はそのままになっている場合．

このとき，どちらのほうがより大きな散乱を与えると思うか．その答えは，a)の過程を記述するときに用いる仮定に依存する．

4-10　中性子の散乱の実験において，中性子のビームが中性子の標的に衝突するものとする．検出器は，質量中心系で角θの方向に散乱されてくる中性子を検出するように配置しておく．いま，入射粒子がスピンの方向を変えることなく散乱されて検出器に捕えられる振幅fが存在し，また入射粒子がそのスピンの方向を変えて（標的の中性子とスピンの方向をいれかえることにより），検出器内に散乱されてくる振幅も存在し，その大きさをgとする．いま，fおよびgがθに無関係であるとしたとき，検出器にカウントされる確率を次の場合に求めよ．

a)　入射中性子と標的中性子のスピンが両方とも $+z$ 方向を向いているとき．

b)　入射中性子のスピン方向が $+z$ 方向で，標的粒子のそれが $-z$ 方向のとき．

c)　入射ビームが偏っておらず，標的中性子が $+z$ 方向に偏っているとき．

d)　入射ビームも標的中性子も偏っていないとき．

e)　標的粒子が偏った陽子であり，中性子・陽子散乱の散乱振幅が中性子・中性子の散乱振幅と等しいとしたとき，a)の答えはどうなるか．検出器は，中性子と陽子の検出に対して同じ効率をもつと仮定する．

4-11　非相対論的な陽子のビームが，液体水素の薄い標的を通過し，図に示したように散乱された陽子が入射ビームの方向に関して角αの方向においてカウントされる．右図にあるように，この散乱を質量中心系で解析することができる．この系では，2個の陽子（p_1 および p_2）は等しい速度で接近し，衝突後は（p_1' および p_2' で）角θの方向に散乱される．いま"z"軸を散乱面に垂直の方向にとり，それぞれの陽子（のスピンのz成分）J_z が $\pm\hbar/2$ のどちらかをとりうるものとする．このとき，スピンは"上向き"または"下向き"にあるという．いま，両方の陽子がスピン"上向き"で，p_1 がθの方向の検出器に散乱される振幅が$f(\theta)$であるとする．しかし，**どちら**の陽子が検出されたのか区別することができないため，1個の陽子が角θの方向に現われる振幅は$f(\theta)-f(\pi-\theta)$で与えられる．ここで**負**号は陽子がフェルミオンであることからくるものである．このとき1個の陽子が検出器で観測される確率は

$$|f(\theta)-f(\pi-\theta)|^2$$

で与えられる．

さていま，p_1 のスピンが上向きで，p_2 のスピンが下向きで，p_1 がスピンの方向を変えずに検出器に散乱される振幅を$f'(\theta)$とし，スピンの方向が反転する散乱の振幅は$g(\theta)$で与えられるとする．これらが異なる理由は，散乱振幅はスピンの相対的方向性に依存すると考えられるからである．この場合，"上向き"の陽子が検出器に到達する振幅は$f'(\theta)+g(\pi-\theta)$と書ける．

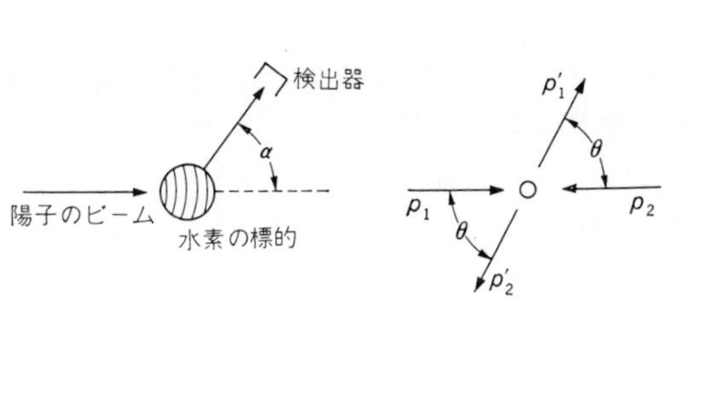

a)　θとαとの間の関係を求めよ．

b)　1個の陽子が"下向き"のスピンをもって検出器に散乱されてくるとき，スピンの方向がひっくりかえる場合の振幅はいくらか．

c)　偏りのない"自然の"ビームが，"自然の"（偏りのない）標的により散乱され，検出器はスピンの方向を区別できないとしたとき，角θの方向への散乱される確率はいくらか．

d)　$f'=f$, $g=0$ としたとき，でたらめのスピン方向をもつ陽子の散乱は，振幅が$f(\theta)-f(\pi-\theta)$の"純粋なフェルミオン"の散乱と，振幅が$f(\theta)+f(\pi-\theta)$の"純粋なボソン"の散乱との混合であり，

$$P=A|f(\theta)-f(\pi-\theta)|^2+B|f(\theta)+f(\pi-\theta)|^2$$

である．このAとBを求めよ．

4-12　いまN個の電子が体積Vの非常に大きな箱のなかでその最低のエネルギーの状態にあるものとする．電子間の相互作用を無視したとき，その箱のなかの各エネルギー準位は，2個の電子により占領される．このとき，その準位における電子の運動量を$p=\hbar k$とする．その運動量は$p_{\max}$より小さく，それは

$$N=\int_0^{p_{\max}} V\cdot 2\cdot 4\pi p^2 dp/(2\pi\hbar)^3$$

で与えられる．

全電子のもつエネルギー U はいくらか．この内部エネルギーを箱の体積を用いて表わせ．この結果を利用して，いわゆる“縮退した”電子ガスにはたらく圧力を求めよ．また，圧力-体積の関係を求め，それが $pV^{\gamma}=$ 一定 の形になることを示し，γ の値を求めよ．

4-13　白色矮星のなかの物体は極度に圧縮された状態にあるため，前問の結果を適用することができる．いま ρ を物体の質量密度とすると，$\rho/2M_{\mathrm{p}}$ が $1\,\mathrm{cm}^3$ 当りの陽子数を与える．（ここで M_{p} は陽子の質量であり，また核内の中性子数と陽子数はほぼ同数であると仮定する．）したがって，前問の方程式で $N/V=\rho/2M_{\mathrm{p}}$ とおくことができる．このような物質からなる恒星の重力が上の物質の圧力と平衡を保つための条件は，天体物理学の書物には次のような形で書かれている．

$$P = A\rho^{5/3},$$

$$\frac{dP}{dt} = -G\rho M(r)/r^2,$$

$$\frac{dM(r)}{dt} = 4\pi\rho r^2.$$

これらの方程式の物理的意味を説明し，定数 A の値を与えよ．なお，すべての圧力は縮退した電子から生じ，核は何らの効果ももたらさないと仮定する．（なぜか．）

第5章

5-1　第5章で述べた次の定理を証明せよ．いま装置 C を二つの部分 A および B に分解できるものとすると，

$$\langle \chi\,|C|\,\phi\rangle = \sum_k \langle \chi\,|B|\,k\rangle\langle k\,|A|\,\phi\rangle$$

である．

5-2　第5章で述べた“改良型”のシュテルン-ゲルラッハの装置が三つあるとする．この装置はスピンの z 成分の値によってビームを分離し，そしてまたそれらを一緒にまとめるものである．いまこの三つの装置が1列に並んでいて，それにスピン1の粒子を送りこむ．1番目と3番目の装置は同一方向を向いているが，まんなかの装置は任意の角度だけ傾いている．第5章の記法を用いると

$$\underset{S}{\begin{Bmatrix} + \\ 0 \\ - \end{Bmatrix}}\quad \underset{T}{\begin{Bmatrix} + \\ 0 \\ - \end{Bmatrix}}\quad \underset{S}{\begin{Bmatrix} + \\ 0 \\ - \end{Bmatrix}}$$

である．

a)　T の孔のうちの1個だけが“あいている”とき，最後の S 系における三つの状態に発見されるビームの比は，入射状態，すなわち $+S, 0S$，または $-S$ のビームの比に依存するか．それはなぜか．

b)　T の2個の孔が“あいて”いるときはどうか．

c)　T の3個の孔が全部“あいて”いるときはどうか．

5-3　スピン1の粒子に対する“改良型”のシュテルン-ゲルラッハの装置を三つ次のように配置する．

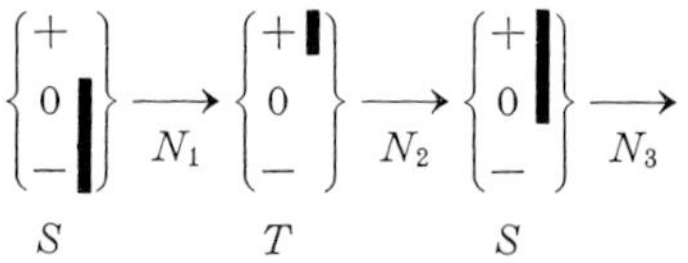

ここで3個の装置は一直線上に並んでいるが，T 装置だけは，その直線のまわりに2個の S 装置に関して $90°$ の角度だけ回転してある．そして，スピン1の粒子のビームが左側からはいってくる．最初の S 装置を通り抜けてくるビームの強度は，単位時間当り N_1 個であるとする．

a)　T 装置を通り抜けて出てくる強度 N_2 はいくらか．

b)　最後の S 装置を通り抜けて出てくる強度 N_3 はいくらか．

c)　T 装置からすべての“止め板”を除いてしまったら N_2 と N_3 はどうなるか．

5-4　一連のスピン1粒子に対するシュテルン-ゲルラッハの装置 S, T, S' を考える．（ここで T は S および S' に関して $90°$ 回転してある．）

いま，N_0 個の粒子が S 装置から出てくるとき，状態 $|+S'\rangle$ および $|0S'\rangle$ になって，S' から出てくる粒子数 $N_{+S'}$ および $N_{0S'}$ を求めようとする．

このとき，T 装置の＋のビームと－のビームには透明な検出器をおくことができるものと仮定する．この検出器は，1個の粒子がそのうちの一つを通過

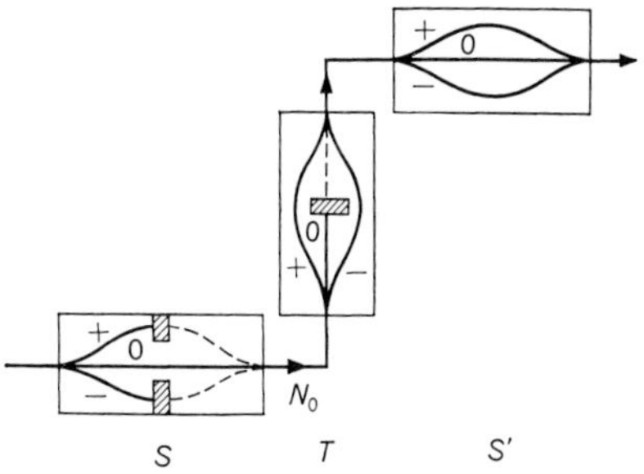

すると，その粒子のスピン状態を変化させることなく，信号を出すものとする．また，粒子の T 内の軌道も検出器がなかったかのようにそのまま変わらないという意味で，その運動量もほとんど変化しないものとする．

T 装置(0 状態は閉じたままにして)内の＋状態と－状態のところに検出器があるとき，S 装置から N_0 個の粒子が出てくる場合，N_{+T} および N_{-T} に記録されるカウント数はいくらか．また，$N_{+S'}$ および $N_{0S'}$ はいくらか．

次に，検出器からの信号が記録されず，そのために N_{+T} と N_{-T} に対するカウントがないことが実験後に発見された場合，$N_{+S'}$ の答えはどう変わるか．

また，検出器の効率が 50% にすぎないとき，(すなわち，50% の時間は粒子と検出器は相互作用をしないとき)，$N_{+S'}$ と $N_{0S'}$ の答えはどうなるか．

S の＋状態と－状態に対する止め板が除かれ，N_0 個の粒子が S に送りこまれたとき，$N_{+S'}, N_{0S'}$ はいくらになるか．(このとき T のなかに設置した検出器もとり除くものとする．) また，入射ビームは偏っていないものとする．

第6章

6-1　2 個の"改良型"のシュテルン-ゲルラッハの装置を並べて，スピン 1/2 の粒子をフィルターにかける．各装置は図 A に示されているように，1 個のビームのみが通れるようになっている．図 B のそれぞれの配置に，偏りのない原子が P から N 個はいってくるものとする．このとき Q に到達する原

横から見たところ　　上から見たところ

図A

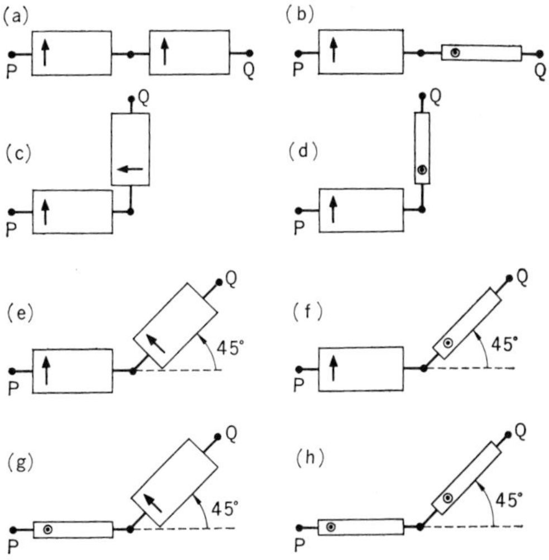

図B

子数を求めよ．

6-2　スピン 1/2 の粒子がある装置のなかにはいってゆくとする．そのとき z 軸に沿って上向きのスピンをもってはいる振幅が a で，下向きではいる振幅が b であるとする．このとき，この装置内の任意の与えられた点に粒子が到達する確率は $|aX+bY|^2$ の形をもつことを示せ．ここで X および Y は，装置の特性を示す複素数である．この X および Y を用いて，次の確率を求めよ．

a)　入射粒子が z 方向にスピン上向きになっているとき，また下向きのとき．

b)　入射粒子のスピンが x 軸にそって上向きのとき，また下向きのとき．

c)　入射粒子のスピンが角 θ, φ の軸に沿って上向きのとき．

入射粒子が"でたらめ"のスピン状態にある場合を考えよう．このとき，その"でたらめ"の状態としてはいくつかのやり方を考えることができる．

A)　ある実験では，電子は z 軸にそって，上向きまたは下向きになってはいってくる．そのどちらにするかは，銅貨をはじいて決める．

B)　A)と同じやり方で，x 軸に沿って上向きか，あるいは下向きになってはいってくる．

C)　それぞれの電子のスピンがある方向 θ, ϕ をもっているが，その方向をでたらめにえらぶ(つまり，立体角 $\sin\theta d\theta d\phi/4\pi$ 上で平均する)．

上の3種のA), B), C)の“でたらめ”の入射粒子に対する平均確率を求め，それらが全部同じ値を与えることを示せ．

一方の側でA), B), C)のどれか一つの方法を用いて調えられたスピン1/2の粒子が，一つの孔から出てくるものとする．その孔の側から観測を行うことによって，A), B), C)のうちのどの方法が用いられたかを知る方法があるか．

6-3 3個のスピン1/2の粒子の改良型のシュテルン-ゲルラッハの装置S, T, Uが，図1のように並べてある．Uから出てくるスピン1/2の粒子の数Nを，Sから出てくる粒子数N_0，および$\langle +T|+U\rangle$のような量を用いて表わせ．

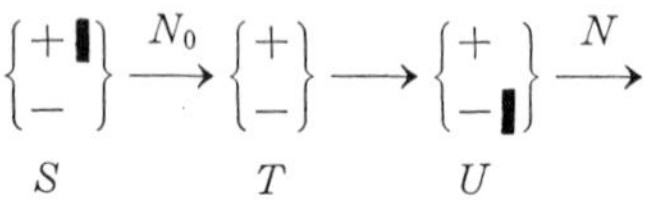

図1

次に上と同じ装置で，Bの場の方向を図2に示されている方向にとる．すなわち

i) T装置のBの場をS装置のBの場と反平行にとる．

ii) U装置のBの場をz軸から角θだけ回転する．

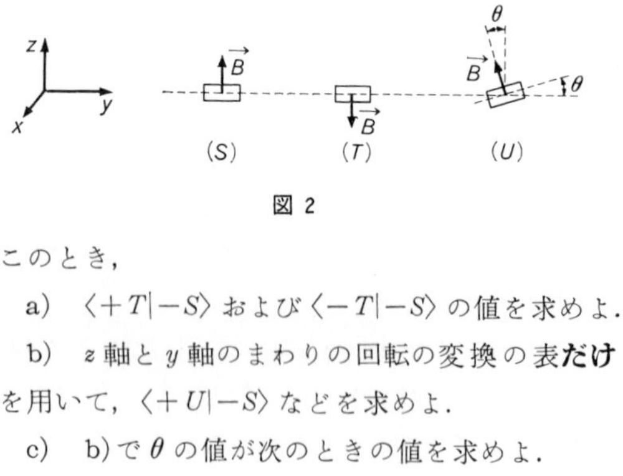

図2

このとき，

a) $\langle +T|-S\rangle$および$\langle -T|-S\rangle$の値を求めよ．

b) z軸とy軸のまわりの回転の変換の表**だけ**を用いて，$\langle +U|-S\rangle$などを求めよ．

c) b)でθの値が次のときの値を求めよ．

i) $\theta=0°$, ii) $\theta=\pi$

$\theta=\pi$のときの答えを，a)の$\langle +T|-S\rangle$の答えと比較せよ．

6-4 方解石は(z方向に進行する)光のビームを，2個のビームxとyに分解する．方解石Sにはいってゆく1個の光子は，2個のビームxとyのどちらかにはいる振幅をもっている．同じような方解石をもう一つ(後向きにひっくりかえして)用いることにより，この二つに分解したビームをもう一度まとめて一緒にすることができる．これはちょうどシュテルン-ゲルラッハの装置のようなものである．そのもう一つの方解石をTとし，その軸はx-y平面内で角θだけ傾けてあり，それは状態をx'とy'，あるいはxTとyTに分解する．このとき，偏光に関する古典論の知識にもとづき，それぞれの場合に，光子を多数含むビームの強度が古典論の結果と一致することを確認しながら，振幅$\langle xT|xS\rangle$, $\langle yT|yS\rangle$等を求めよ．このとき，伝播方向のz軸のまわりの回転のみを考慮せよ．なぜなら光を静止させることはできないからである．(他の軸のまわりの回転の効果は，偏りの方向よりもむしろその伝播方向への効果により記述される――こういう点で2状態系としての光は，同じ2状態系の電子とは非常に違った変換性をもっているのである．)

6-5 Aは光を通過させる次のような色々な装置を表わし，iおよびjはその装置により分離される光の状態xおよびyを表わすものとする．このとき，行列$\langle j|A|i\rangle$の4個の要素をみんな求めよ．

a) 方解石を組み合わせて，x, y方向に分解・合成をする装置で，ビームyを止めるもの．

b) a)の装置を角θだけ傾けて設置したもの．

c) x軸方向に通過するように設置した偏光板．

d) x-y平面内で角θの方向に通過するように設置した偏光板．

e) a)の装置のなかのxビームの途中にガラス板をおいたもの．このガラス板により，そのビームの位相は角ϕだけ遅れることになる．

f) e)の装置でガラス板を，両方のビームの途中に設置したもの．

g) e)の装置を45°傾け，またガラス板によるxビームの位相の遅れを90°にしたもの．

h) 1/4波長板．

i) その軸方向をxにとった複屈折性物質．(厚さの関数として，一般式を与えよ．)

j) 偏光面を右へ角度θだけ回す砂糖溶液．

k) ビームをx, yのビームに分解し，xビームをy方向に変え(砂糖液を通して，偏りの方向を90°回転させる)，それからその二つのビームをまた一緒にする装置.

l)　k)の装置を用いて永久運動が作れることを示せ.

6-6　ある種の原子核が,(角運動量およびパリティーの変化をうけない,つまり,いわゆる“フェルミ型の許容転移”により)崩壊をすると仮定する.このとき,β崩壊の理論によると,速度vでz軸に沿って運動する電子が,z軸に沿って上向きのスピンをもって放出される振幅は$\sqrt{1-v/c}\sin\theta/2$で与えられ,z軸に沿って下向きのスピンをもつ振幅は$\sqrt{1+v/c}\cos\theta/2$で与えられる.(ここでθは,z軸からの角度で,反ニュートリノが放射される方向である.なお,反ニュートリノのスピンはつねにその運動方向に一致している.)

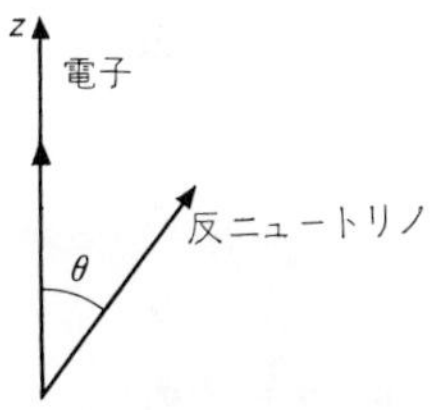

a)　スピンがz軸にそって上向きになっている確率はいくらか.また下向きの確率はいくらか.

b)　スピンが$+x$方向*を向いている確率(ニュートリノがx-z平面内にあるとき)はいくらか.

c)　$\pm y$方向*にある確率はいくらか.

d)　通常はニュートリノが観測されることはない.このときa)の答えはどうなるか.(すべての反ニュートリノの方向に関して平均する.)

* 厳密にいうと,これは電子とともに運動している座標系に関する方向である.しかしここでは,普通の公式を利用して,振幅を結合する.

6-7　上の問題で,z軸に沿って速度vのローレンツ変換をして電子を静止させても,この軸にそってスピン上下になる振幅の数値は変わらない.(そう考えられる理由を考えよ.)しかしもちろん,反ニュートリノの方向は変化する.さて,振幅がそうなっているということは,電子の静止系において,電子のスピンが反ニュートリノの進行方向と(したがって,反ニュートリノのスピンの方向と)反対向きになっていることを意味していることを示せ.(これは,核が角運動量を失うことがないためにおきることである.)

第7章

7-1　z方向を向いている磁場のなかにおかれたスピン1の粒子は,エネルギー$+\mu B, 0, -\mu B$の3個の状態$(+, 0, -)$をとることができる.一様でない磁場のなかでは,この粒子からなるビームは,3個のビームに分裂することを量子力学的方法を用いて示せ.そして,そのふれの大きさを与える法則を,(場のある領域の長さ,粒子のはじめの運動量などで)そのふれの大きさが小さいとして求めよ.次に,この粒子が“歳差運動”をすることを示せ.(このとき,**5-7**の変換係数を利用し,また**7-5**と同様の議論をする.)さらに,μを実験的に測定する独立な方法を,少なくとも2個あげよ.

第8章

8-1　磁気モーメントμをもつスピン1/2の粒子のビームが,z軸に関して$|+\rangle$の状態(スピン上向き)だけを通すシュテルン-ゲルラッハの装置に送りこまれる.そのあと,粒子はx軸に平行な一様な磁場B_0のなかで時間Tを過す.そしてその一様な磁場を通り抜けたあとで,こんどはz軸に関して$|-\rangle$の状態(スピン下向き)の粒子だけを通す2番目のシュテルン-ゲルラッハのフィルターにはいってゆく.ここで$\boldsymbol{\mu}$と$\boldsymbol{J}$とは平行であると仮定する.

a)　すべての粒子が2番目のフィルターを通り抜けるときのB_0の最小値を求めよ.

b)　粒子が上と同じ磁場のなかで過す時間が半分になったとき,その粒子が第2のフィルターを通り抜ける確率はいくらか.

8-2　磁気モーメントμをもつスピン1/2の粒子のビームが,z軸に関して$|+\rangle$の状態(スピン上向き)の粒子だけを通すシュテルン-ゲルラッハのフィルターに送りこまれる.そのあとで,そのビームはx-z平面内でz軸に関して45°の傾きをもつ磁場のなかにはいってゆく.時間Tの後に粒子が$J_x=\hbar/2$または$J_y=\hbar/2$になって発見される確率を求めよ.このときも,$\boldsymbol{\mu}$と$\boldsymbol{J}$とは平行であると仮定する.

8-3　スピン 1/2 の粒子が時刻 $t=0$ において $+z$ の方向を向いている．この粒子は，$+z$ 状態から $-z$ 状態に移る単位時間当りの振幅が，$-z$ 状態から $+z$ 状態に移る振幅と同じで，その値がどちらもある正の定数 $A/\hbar$ を i 倍したものに等しくなっている装置のなかにおかれているものとする．すなわち，この装置内では，$H_{12}=H_{21}=-A$ である．さらに，H_{11} は H_{22} に等しく，それらの値を 0 ととることができる．

a)　時刻 T に $+z$ 状態に粒子を発見する確率はいくらか．

b)　$+z$ と $-z$ の状態を組み合わせた二つの定常状態に対応する振幅を求めよ．これらの状態のエネルギーはいくらか．

c)　任意の時刻 T において，スピンがその軸に沿って上向きになっている確率が 1 であるような軸が存在する．この軸はどちらの方向を向いているか．

d)　この効果を与えるような物理的装置を考えよ．

第 9 章

9-1　第 9 章で，アンモニア分子にマイクロ波を投射したとき，状態 $|II\rangle$ から状態 $|I\rangle$ への転移確率を計算した．このとき，状態 $|II\rangle$ は状態 $|I\rangle$ よりも低いエネルギーの状態であった．したがってこれは，電磁波からエネルギーを吸収する過程に対応している．

この考えをもう一度やり直すことにより，アンモニア分子による電磁波の放出の確率を求めよ．そして吸収の確率と放出の確率とを比較せよ．そしてこの確率が，第 II 巻 **17-5** で定義したアインシュタイン係数 A および B とどう関係しているのかを調べよ．またアンモニア分子による自然放射の割合を求めよ．

9-2　水のサンプルのなかの陽子(磁気モーメント μ)を一様な磁場のなかにおく．磁場 B の大きさは一定であるが，核磁気共鳴(NMR)の実験では，その方向が時間とともに次のように変化する．

$$B_x = B\sin\theta\cos\omega t,$$
$$B_y = -B\sin\theta\sin\omega t,$$
$$B_z = B\cos\theta.$$

はじめの時刻($t=0$)では，陽子のスピンは磁場の方向にそって $+1/2$ の状態にある．いま球座標の z 軸となす角は**非常に小さい**と仮定する．共鳴をおこすためには，ω はどのような値でなければならないか．共鳴状態の ω の場合，粒子が時刻 t に z 軸に沿って**下向き**のスピンをもつ確率を求めよ．

第 10 章

10-1　スピン 1/2 の粒子が大きな磁場 B_0 のなかにおかれている．いま，B_0 よりもその大きさがずっと小さい振動磁場 $2B_n\cos\omega t$ を B_0 に垂直の方向にかける．このとき，粒子のスピンは最初 B_0 と反対の向きになっていたとすると，時間 T の後にそのスピンの方向が B_0 と平行な方向に発見される確率はいくらか．

第 11 章

11-1　パウリのスピン行列は，次の規則にしたがうベクトルの成分として扱うことができる．すなわち，

$$\boldsymbol{\sigma}\times\boldsymbol{\sigma} = 2i\boldsymbol{\sigma},$$
$$\boldsymbol{\sigma}\cdot\boldsymbol{\sigma} = 3\begin{pmatrix} 1 & 0 \\ 0 & 1 \end{pmatrix}.$$

これより，$\sigma_x, \sigma_y, \sigma_z$ を求めよ．

11-2　二酸化炭素は線状の分子(OCO)であって，これは余分の電子を 1 個とって負のイオンになりやすい．いまその電子が左右のどちらかの酸素原子にくっついているときにはエネルギー E_O をもち，炭素原子にくっついているときにはエネルギー E_C をもつものとする．しかし，定常状態におけるそのイオンのエネルギーはそのどちらでもない．それは，その電子が酸素と炭素の原子の間を跳び移るチャンスが小さいながらも存在するからである．(ここで，電子が酸素から酸素へ直接跳び移るチャンスは無視できるものと仮定する．)

a)　CO_2 イオンのエネルギー準位を求め，E_O，E_C およびもう 1 個のパラメーターを用いてそれらを表わせ．

b)　E_O と E_C とが等しい場合，定常状態のそれぞれに対して物理的な説明をせよ．

11-3　メタン分子は，1個の炭素原子を中心とする正4面体の4個の頂点に4個の水素原子が位置している分子である．メタンのイオンの場合，その4個の化学結合のうちの1個から，電子が一つ欠けていることになる．したがってこのとき，1個の“ホール”ができ，そのホールが水素原子から水素原子に“ジャンプ”することができる．対称性の議論を利用すれば，そのハミルトニアン行列の要素のうちの異なるものの数を減少させることができる．そのことから，メタンのイオンの電子構造を観測したときに期待される異なるエネルギー準位の数を予知することができる．この場合，原子の回転や振動は無視する．このパラメーター数が最小になった行列要素を用いて，この系のエネルギー準位の間隔を表わせ．

11-4　下図に示されているように，6個の原子が環状をなして等間隔におかれている．これに，電子を1個余分に追加する．そして，基本状態 $|1\rangle, |2\rangle, \cdots, |6\rangle$ と定義する．ここで，$|1\rangle$ は電子が原子1のところにあることを意味し，また $|2\rangle$ はそれが原子2のところにあることを表わしている．この余分の電子は，一つの原子から，その両隣りの原子のどちらにも跳び移れるある決った振幅をもつものと仮定する．なお，それ以外の跳びの振幅はないものとする．

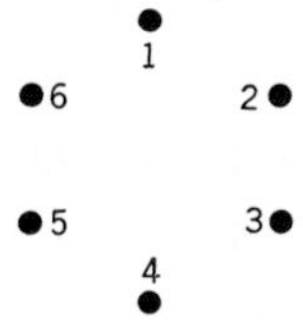

いま振幅 $C_i=\langle i|\mathrm{I}\rangle$ がみんな $(1/\sqrt{6})\exp\left(-\frac{i}{\hbar}E_{\mathrm{I}}t\right)$ に等しいとしたとき，$|\mathrm{I}\rangle$ は定常状態であることを示し，E_{I} の値を求めよ．ここで $|i\rangle$ は i 番目の基本状態である．またこのほかに何個の定常状態が存在するか．

ψ が一つの定常状態であるとき，δ の値を適当にえらべば，振幅 $C_i=\langle i|\psi\rangle$ は

$$C_2 = C_1e^{i\delta},\quad C_3 = C_2e^{i\delta},\quad C_4 = C_3e^{i\delta},$$
$$C_5 = C_4e^{i\delta},\quad C_6 = C_5e^{i\delta}$$

の関係をもつことを示すことができる．δ として許される値を求めよ．また，この系のエネルギー準位の図を求め，その準位間の間隔を与えよ．

11-5　正3角形の頂点に3個の同じ原子をもつ分子があるとする．この分子の負のイオンの場合，電子が1個追加され，この電子は3個の原子のどれからも他の原子の位置に跳び移ることができる．

a）いま，1個の原子からもう1個の原子に跳ぶハミルトニアンの行列要素を $-A$ ととり，この分子イオンのエネルギー間隔を求めよ．

b）次に，このイオンの平面内に，その頂点の一つの方向を向く電場をかけたとする．この電場が，この頂点における電子の位置のエネルギーを，他の頂点における電子のそれよりも $\epsilon A=0.01A$ ほど増加させるようなものであるとき，エネルギー間隔はどれだけ，そして，どんな具合に変化するか．

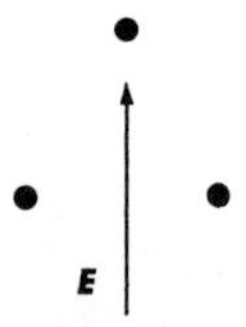

第12章

12-1　星間宇宙にある水素原子の $j=1$ の準位の分裂の間隔を計算せよ．星間宇宙には 10^{-5} ガウスの程度の磁場が存在する．なお，地球表面上の磁場の強さは約1/2ガウスであり，また実験室でこれまでにつくられた最大の磁場の強さは約100,000ガウスである．また，求めた準位間隔を振動数および波長で表わせ．

第13章

13-1　原子が等間隔 b をもって，無限に長い線上に並んでおり，1個の電子が任意の原子に E_i および E_j の二つの異なる配位をもって付着しうるものとする．このとき，基本状態系として

$|$配位 i の原子 x_n における電子$\rangle = |x_n, i\rangle$,

$|$配位 j の原子 x_n における電子$\rangle = |x_n, j\rangle$

を採用することができる．ここでその電子は，1個の原子の位置からその最隣接原子の位置に，次の振幅をもってジャンプすると仮定する．

$|x_n, i\rangle$ から $|x_{n+1}, i\rangle$ あるいは

$|x_{n-1}, i\rangle$ にゆく振幅は $-A_{ii}/i\hbar$,

$|x_n, j\rangle$ から $|x_{n+1}, j\rangle$ あるいは

$|x_{n-1}, j\rangle$ にゆく振幅は $-A_{jj}/i\hbar$,

$|x_n, i\rangle$ から $|x_{n+1}, j\rangle$ あるいは

$|x_{n-1}, j\rangle$ にゆく振幅は $-A_{ji}/i\hbar$,

$|x_n, j\rangle$ から $|x_{n+1}, i\rangle$ あるいは

$|x_{n-1}, i\rangle$ にゆく振幅は $-A_{ij}/i\hbar$.

いま $A_{ij}=A_{ji}=-A$, $A_{jj}=A_{ii}=-B$ の場合を考える．ここで第 13 章 2 節のやり方にしたがって，この系の許されるエネルギーを求めよ．そして $|E_i-E_j|\ll 2B$, および $|E_i-E_j|\gg 2B$ の場合のエネルギー準位の帯構造を調べ，またえられた結果を，第 13 章の答えと比較してチェックせよ．

13-2　"a" 型と "b" 型の 2 種の原子からなる無限に長い原子列を考える．このとき，原子は図のように配列している．

1 個の電子が n 番目の "a" 型の原子上に発見される振幅を C_n^{a} とし，n 番目の "b" 型上に発見される振幅を C_n^{b} とする．また，"a" 型の原子上での電子のエネルギーを $E_0+\Delta E$, "b" 型の原子上でのそれを $E_0-\Delta E$ とする．電子がその最近接原子にジャンプするハミルトニアンの行列要素は $-A$ に等しいものとする．原子間隔は b である．

このとき定常状態のエネルギーの大体の形を k の関数としてえがけ．(k の与えられた値に対して，定常状態のエネルギーは 2 個存在することがわかる.) それぞれの定常状態に対して一つの k が対応するようにするための，波数 k の範囲を与えよ．

13-3　不純物による散乱の問題を考える．$n=0$ の原子が他の原子と異なるものとする．第 13 章の例(13-6 節)と異なり，このとき，$H_{00}=H_{11}=H_{22}=\cdots=E_0$ であり，また $H_{01}=H_{10}=H_{0-1}=H_{-10}=-B$ とし，それ以外の H_{12} 等は全部 $-A$ であるとする．この場合，反射波の振幅 β および透過波の振幅 γ を求め，$|\beta|^2+|\gamma|^2=1$ なることを示せ．

13-4　上の問題でも，13-6 節の例でも，$\gamma=1+\beta$ であることが示される．この関係は一般にどのような場合にも成立する関係であり，したがって "粒子の保存" は，1 次元における一般の散乱の場合に

$$|\beta|^2+|1+\beta|^2=1$$

で表わされる．

a)　このとき，$\mathrm{Re}\left(\dfrac{\beta}{1+\beta}\right)=0$ であることを示せ．

b)　β は次のように表わせることを示せ．

$$\beta=ie^{i\eta}\sin\eta.$$

ここで η は実数である．η という量は "散乱の位相のずれ" とよばれ，これは散乱波の位相と大きさとを与えるものである．(この表式は 3 次元の場合にも成立する.)

13-5　図のような 1 次元的な無限に長い結晶を考え，その結晶の性質がある境界の左右で変化しているとする．第 13 章の場合と同様に，粒子は左側からくるものとする．

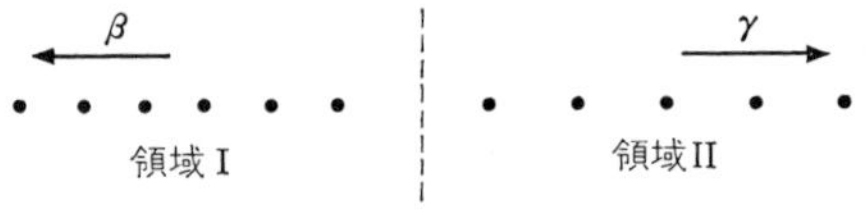

領域 I におけるパラメーターは，$E_0, -A, b$ であり，領域 II のそれは，$E_0', -A', b'$ であるとする．境界線の両側の 2 個の原子の場合だけは，A および A' に相当するものが B であるとする．(なお，A, A', B はすべて実数である.)

a)　$n=0$ と $n=+1$ の原子の間に存在する境界線のところで，$\gamma=\dfrac{B}{A'}(1+\beta)$ となることを示せ．

b)　β を A, A', B, kb, kb' を用いて表わせ．$(k'b')$ が虚数の場合には $|\beta|=1$ であることを示せ．これは物理的には何を意味しているか．また $(E-E_0')$ がどのような値をとるときに完全反射がおきるか．

c)　$|\beta|^2+|\gamma|^2\cdot(v_g'/b')/(v_g/b)=1$ の関係が成立することを示し，これから粒子の保存則を証明せよ．ここで v_g, v_g' はそれぞれの領域での群速度である．上の式の $|\gamma|^2$ のあとの係数の意味を説明せよ．

第 14 章

14-1　サイクロトロン共鳴の実験というのは，通常は次の模式図に示されているようなやり方でおこなわれる．ここで $B=B_0$ は z 方向の静磁場で，$E_{\mathrm{rf}}=E_0\cos\omega t$ は x 軸の方向の電場である．サイクロト

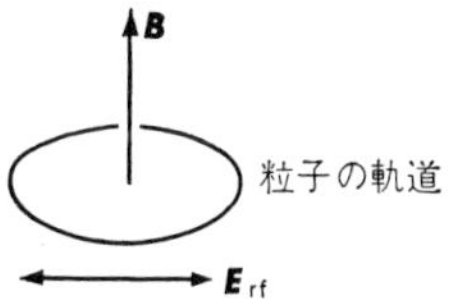

ロン共鳴の振動数 ω_c における共鳴は，E_{rf} の場から吸収される電力の変化によって検出される．一様な磁場内における粒子の軌道に関する初等的な考察から，$\omega_c=qB/m^*$ となることが分る．ここで m^* は有効質量であり，これは粒子の運動方向によらないものと仮定する．

さて，半導体内における電子(またはホール)の運動方程式として

$$m^*\left(\frac{d\boldsymbol{v}}{dt}+\frac{1}{\tau}\boldsymbol{v}\right)=q(\boldsymbol{E}+\boldsymbol{v}\times\boldsymbol{B})$$

を採用する．ここで τ は衝突間の平均時間である．(第Ⅳ巻 11-1 節，11-6 節を参照.) いま，$v_x=v_0e^{i\omega t}$，$E_x=E_0e^{i\omega t}$ とおくと，

$$\frac{v_x}{E_x}=\frac{q\tau}{m^*}\left[\frac{1+i\omega\tau}{1+({\omega_c}^2-\omega^2)\tau^2+2i\omega\tau}\right]$$

であることを示せ．吸収される電力は $\mathrm{Re}[v_x/E_x]$ に比例するが，それはなぜか．サイクロトロン共鳴のデータから τ と m^* の値をどうやって求められるか．このとき共鳴を検出するには $\omega_c\tau>1$ の条件が要求される．この条件の物理的意味を説明せよ．

14-2　典型的な“p-n”接合において，外から電圧のかかっていないときのホールのエネルギー図を示したのが，図(a)である．“熱的な攪乱”によってホール電流 I_{g} が生じ，これが n 領域から p 領域に拡散してゆく．一方，p 領域から n 領域にゆくホールの“再結合”電流 I_{r} があり，これらの二つの電流は平衡状態では等しくなっている．

いま，“反対向きのバイアス電圧”をかけると，エネルギー図は図(b)のようになり，また“前向きのバイアス電圧”をかけると，それは図(c)のように変化する．

まず平衡状態における電流を考え，それから電圧をかけた場合の電流を考えると，正味のホール電流は

$$I(\text{ホール})=I_{\mathrm{g}}(e^{qV/kT}-1)$$

となることを示せ．(V は接合にかけられている電

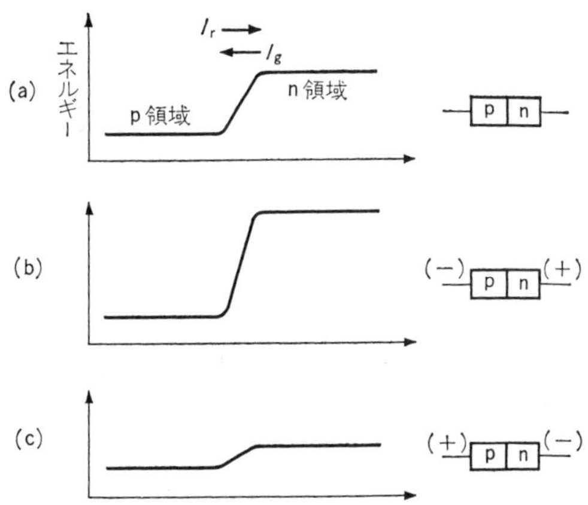

圧である.) 全電流との関係はどうなるか．

第 15 章

15-1　ブタジエン分子の構造は，次のように表わされる．

$$\begin{array}{c}\quad\ \ \mathrm{H}\quad\ \mathrm{H}\\ \quad\ \ |\quad\ \ \ |\\ \mathrm{H_2C{=}C-C{=}CH_2}\end{array}$$

ここで(理論的に)，2 重結合の 4 個の電子を除いてしまい，そのあとで除いた電子を 1 個ずつ別々に追加してゆく．すると問題を独立粒子近似で扱うことができる．

この体系はとくに，4 個の穴をもつ系と考えることができ，その穴における電子のエネルギーを E_0，それが隣りに移るハミルトニアン行列の要素を $-A$ とする．このときブタジエン分子が，第 1 励起状態からその基底状態に転移するとき放射される電磁波の波長はいくらか．$A=1\,\mathrm{eV}$ とせよ．

ブタジエンの 1 価のイオンの場合，2 重結合を形成していた電子のうちの 3 個だけしか存在しない．これらの電子は分子内でどのように分布するか．

15-2　次に示した二つの配置(a)および(b)のエネルギーの差を，分子軌道理論(独立粒子近似)を用いて求めることにより，ベンゼン環を切るに要するエネルギーの大体の値を求めよ．このとき，ベンゼンの第 1 励起状態からその基底状態への転移により，約 2000 オングストロームの波長の光が放射されることを利用して，上のエネルギーの値を電子ボルトの単位で与えよ．

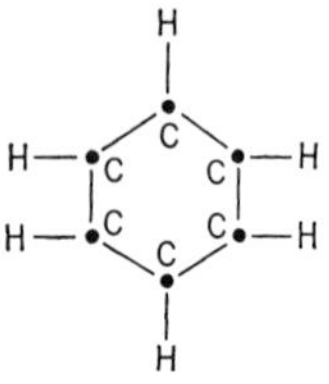

(a)

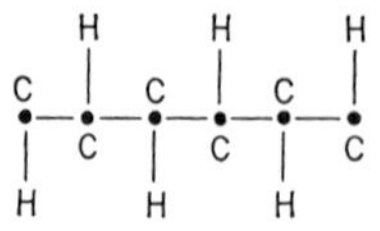

(b)

15-3　極低温における強磁性体は，第15章で議論したスピン波と似たような方法を用いて議論することができる．とくにエネルギー $E_k \approx k^2b^2A$ をもつ任意のモード k に対しては，熱力学にもとづく確率分布を与えることができ，これを利用することによって，絶対0度ですべてのスピンが上向きに並んでいる強磁性体において，0個，1個，2個，3個等のスピンが上向きになって発見される確率分布を求めることができる．このとき，下向きスピンをもつ原子の平均数は

$$1/(e^{E_k/\kappa T}-1)$$

に比例することを示せ．

この考え方を3次元の場合に拡張することもでき，このとき $E_k \approx Ab^2(k_x^2+k_y^2+k_z^2)$ であり，単位体積当りの下向きのスピンをもつ原子の総数は

$$\frac{\text{下向きスピンの数}}{\text{体積}} = \int \frac{d^3k/(2\pi)^3}{e^{E_k/\kappa T}-1}$$

で与えられることを示せ．

T が0に近づくと，磁化は飽和磁化 M_{sat} に近づく．低温では磁化と飽和磁化の比が

$$\frac{M}{M_{\mathrm{sat}}} = 1-\mathrm{const}\ T^{3/2}$$

$$= 1-\left(\frac{\kappa T}{4\pi A}\right)^{3/2}\left[\frac{4}{\sqrt{\pi}}\int_0^\infty \frac{x^2dx}{e^{x^2}-1}\right]$$

と書けることを示せ．この積分を，被積分関数を級数展開することにより計算せよ．

第16章

16-1　図のような1次元の井戸型ポテンシャルのなかに束縛されている質量 m の粒子の運動を考える．

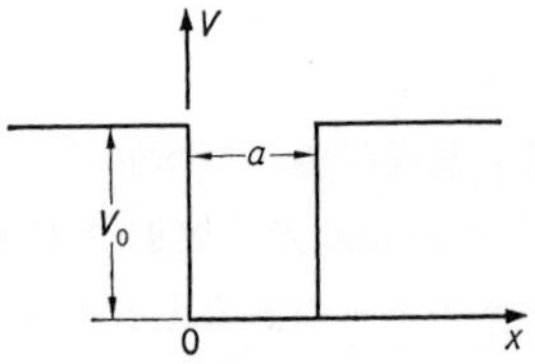

$V=V_0$，$x<0$ または $x>a$
$V=0$，$0<x<a$.

ここで簡単のために，$V_0 \to \infty$ とする．

a)　最低エネルギー E_0 の定常状態の場合には

$$\psi_0(x,t) = u_0(x)e^{-iE_0t/\hbar}$$

である．井戸のすぐ外側(すなわち，$x=-\epsilon$ または $x=a+\epsilon$)では，$u_0(x)=0$ でなければならぬ．なぜか．

b)　a)の条件のもとで井戸の内側でのシュレーディンガーの方程式を解き，$u_0(x)$ の大体の形を書き，E_0 の値を求めよ．($u_0(x)$ を規格化しなくてもよい．)

c)　基底状態と第1励起状態との間のエネルギーの差を求めよ．

d)　基底状態において，運動量 p をもって dp の範囲内に発見される確率分布の大体の形を書け．正確に積分をしなくてもよい．また規格化も考えなくてよい．しかし，運動量の座標軸のスケールは明示せよ．

16-2　図のような1次元の井戸型ポテンシャル内における質量 m の粒子の運動を考える．すなわち，

$V=\infty$，$x<0$，
$V=0$，$0<x<a$，
$V=V_0$，$x>a$.

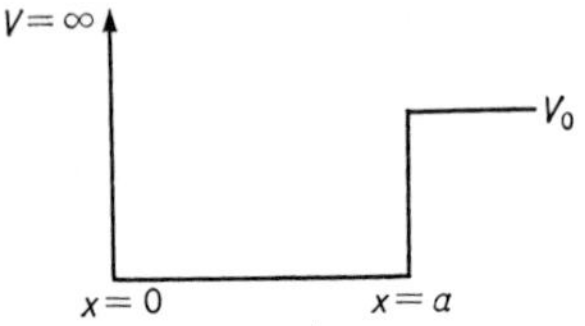

a)　この井戸の場合の基底状態のエネルギーが，$V_0 \to \infty$ の場合の基底状態のエネルギーと10%だけ違っているときの V_0 の値を求めよ．

b)　次のような井戸型ポテンシャルにおいて，V_0 をa)で求めた値に等しくとる．
詳しい計算をせずに，この井戸内の第1励起エネルギーを求めよ．

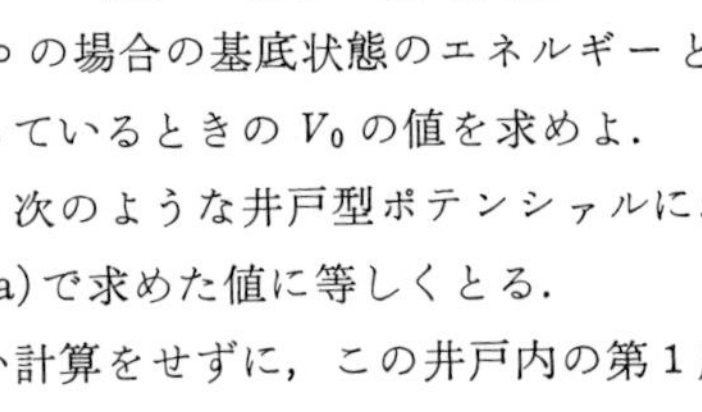

$V=V_0$，$x<-a$，
$V=0$，$-a<x<a$，
$V=V_0$，$x>a$.

16-3　次のような井戸型ポテンシャル内に束縛されている質量 m の粒子の1次元の問題を考える．

$$V = V_0,\quad |x| > a;\quad V = 0,\quad |x| < a.$$

波動関数が要求されている境界条件をみたしているとき，

$$\alpha \cot \alpha a = -\beta \quad \text{または} \quad \alpha \tan \alpha a = +\beta$$

の2個の方程式がえられることを示せ．ここで

$$\alpha = \left(\frac{2mE}{\hbar^2}\right)^{1/2},\ \beta = \left[\frac{2m(V_0 - E)}{\hbar^2}\right]^{1/2}$$

である．いまとくに $V_0a^2 = 4\hbar^2/2m$ のとき，基底状態のエネルギーと第1励起状態のエネルギーを求めよ．これらの波動関数の形をスケッチせよ．$V_0a^2 < \pi^2\hbar^2/8m$ のとき，束縛状態は何個あるか．

16-4　第16章で，ガウス型の波動関数に対する運動量分布の拡がりを求めた．しかし一般には，空間的な拡がりの幅は時間的に一定ではなく，時間とともに拡がってゆくと考えられる．すなわち

$$\psi(x) = Ke^{-[a(t)x^2 + c(t)]}$$

である．シュレーディンガーの方程式を用いて，自由粒子の場合，

$$\frac{1}{a(t)} = \frac{1}{a_0} + \frac{2i\hbar}{m}t$$

であることを示せ．$c(t)$ は何か．波動関数がはじめの時刻に1Å の範囲内に閉じこめられている電子を表わしているとき，1秒後にはどれだけ拡がっているか．

その波動関数を運動量空間に変換せよ．そして，ある決った運動量 p をもって発見される確率を求めよ．このとき運動量の確率関数は時間とともにどう変化するか．こうして求まった運動量の拡がりは，空間的な波動関数の時間依存性から直接求まる"速度の拡がり"と一致することを示せ．

第18章

18-1　ある原子の励起状態の一つがスピン1をもち，1個の光子を放出することによりそのエネルギーを失って，スピン0の状態に転移するものとする．いまある軸をとって，それを z 軸にえらんだとき，その励起状態の原子の z 方向の角運動量の成分が0であるとする．そして，その z 軸に関して角 θ の方向の微小立体角 $\Delta\Omega$ に，RHC光子が放出されるときの振幅を $A(\theta)$ とする．$A(\theta)$ の角 θ 依存性を求めよ．

18-2　いまXをスピン1/2で偶のパリティーをもつ粒子であるとし，これが

$$\mathrm{X} \longrightarrow \mathrm{Y} + \gamma$$

という形式の崩壊をする．ここでYもまた，スピン1/2で偶のパリティーの粒子であるとする．いまXが z 軸にそってスピン上向きに偏っているとき，それは次の8個のやり方で z 軸に沿って崩壊することが可能である．

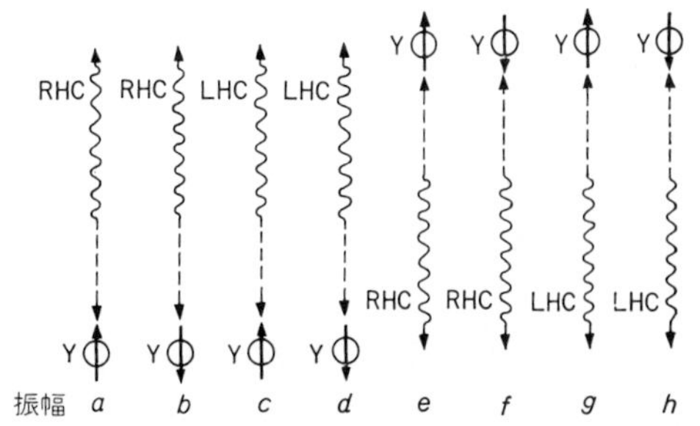

ここで⌇は光子が上向きに運動することを示し，Yのうえの矢印はそのスピンの方向を示すものである．

a)　これらの終状態に対する振幅が，それぞれ図の下に示されている．これらの振幅のうち0でなければならないものはどれか．

b)　Xが z 軸に沿って上向きに偏っているとき，Yがその運動方向と同じ方向のスピンをもって出てくるときの角分布を求めよ．

c)　Xが z 軸に沿って上向きに偏っているとき，Yの偏りの方向に関係なく，出てくるYの角分布を求めよ．

d)　詳しい実験によると，この崩壊では一様な角分布からのずれがみつからないという．その物理的理由を考えよ．

18-3　カルテクのサイクロトロンで

$$\gamma + \mathrm{p} \longrightarrow \mathrm{p}^* \longrightarrow \mathrm{p} + \pi^0$$

の反応がよく研究されている．この反応では陽子の一つの励起状態が陽子と π^0 に崩壊する．また，入射光子のエネルギーのある範囲にわたって，p^* のもつ全角運動量 j が3/2であることが発見されている．

ここで $j = 3/2$ の p^* を与えるようなエネルギーをもつRHC光子のビームを $+z$ 軸に沿って入射し，

これを偏りのない陽子に衝突させる．この反応に対する角分布は次のようにして解析することができる．

陽子が光子を吸収して $|j=3/2,\ m=+1/2\rangle$ の状態の p^* をつくる振幅が a で，$|j=3/2,\ m=+3/2\rangle$ の状態の p^* をつくる振幅が b であるとする．

この陽子の励起状態 p^* がスピン 0 のパイオンと反対方向に運動する陽子に崩壊する．いま，陽子がスピンを上向きにして $+z$ 方向にゆく振幅を f，スピンを下向きにして $+z$ 方向にゆく振幅を g とする．

このとき p^* に対して，$m=+3/2$ および $m=+1/2$ の状態だけが許される理由，また，終状態として，$m'=+1/2$ および $m'=-1/2$ のみが許される理由を説明せよ．（ここで m' は放出方向に関するものである．）π^0 の角分布を a, b および θ で表わせ．また，$f=g$ と仮定せよ．

18-4　偏りのない陽子の標的による π^+ 中間子の弾性散乱を考える．（中間子はスピン 0 で，パリティーは保存される．）この散乱において，陽子が中間子を吸収することにより $j=3/2$ の状態に励起される過程が一番よくきくものと仮定する．（$j=3/2$ の状態になるのは，陽子のスピンと中間子・陽子間の軌道角運動量が合成されることによる．）そのあとで，その陽子から中間子が再放出されて，陽子は基底状態にもどる．

このような仮定をすると，散乱された中間子の角分布は $(1+3\cos^2\theta)$ に比例することを示せ．

18-5　ある原子の基底状態のスピンが 0 で，そのパリティーが偶であるとする．また，その第 1 励起状態はスピン 1 であるが，そのパリティーは不明である．いま，その第 1 励起状態の原子がすべて，z 方向に $m=+1$ になっているものとする．このとき，これらの原子が，その基底状態に転移して放出する光子について考える．

a)　光子をその偏りに関係なく検出するとき，その角分布から，その第 1 励起状態のパリティーを決定しうるかどうかを調べよ．

b)　x' および y' 方向に偏った光子のそれぞれの角分布から，その原子のパリティーを決定しうることを示せ．（ここで z' 軸は x-z 平面内にあり，それは放出された光子の方向にとられている．）

演 習 解 答

（ここでは最終結果よりもヒントに重点をおいている．）

第3章

3-1 $r_1 \equiv |1-x|$，$r_2 \equiv |2-x|$ とすると，中心の極大点の r_1 と2番目の極大点の r_2 の差が λ．また，$P_{12}=P_1+P_2+2\sqrt{P_1P_2}\cos\dfrac{2\pi}{\lambda}(r_2-r_1)$．

3-2 $P_{12}=P_1+P_2+2\sqrt{P_1P_2}\cos\dfrac{2\pi}{\lambda}\left(\dfrac{Da}{l}+\dfrac{xa}{L}\right)$．$l$ は中心軸上の電子銃とスリット面との間の距離．

3-3 $\cos^2\theta$．

3-4 デバイ-シェーラーの方法．$\lambda=h/\sqrt{2mE}$，$2d\sin\theta=n\lambda$，$2R=10\tan 2\theta$．

3-5 $P_{12}=|a_1|^2+|a_2|^2+2|a_1|\cdot|a_2|\cos\dfrac{2\pi}{\lambda}\left(\dfrac{ax}{L}\right)$．なお，ここで $a_1=|a_1|e^{i\delta}$，$a_2=|a_2|e^{i\delta}$ としている．

3-6 c)はエネルギー保存則．

3-7 終状態で同方向のスピンをもつ振幅は干渉し，反対向きのものは非干渉．

3-8 $P_{12}=P_1+P_2+2\sqrt{P_1P_2}\cos\delta$ で，$\delta=0$ と $\delta=\pi$ を比較する．

3-9 R_2-R_1 が測定できれば，視角 $2\theta\sim 2(R_2-R_1)/d$．

第4章

4-1 $\varepsilon=h\nu$，$n=E/h\nu^2$；E はワット数．

4-2 (4. 43)式を参照．$\partial E(\omega)/\partial\omega=0$，$\partial E(\lambda)/\partial\lambda=0$ を求める．これらをみたす $\omega_{\max}$, $\lambda_{\max}$ は超越方程式をみたすので数値解を求める．$\lambda_{\max}T=$ const. より T を求める．

4-3 $\hbar\omega=\mu_B B$，μ_B はボーア磁子，$\lambda\sim 5\times 10^3$Å．

4-4 4-1節をみよ．(14p+7e)+7e，ボース；(7p+7n)+7e，フェルミ．

4-5 4-5節を参照．

4-6 空洞共振器を利用．レーザーの場合は鏡を利用する．

4-7 略．

4-8 表3-1と同様の表をつくる．終状態でスピンの方向の違うものは非干渉．

4-9 a)の意味は，パイオンが高エネルギーで波長が短く，各核子による散乱の振幅が非干渉．b)は，波長が長くて，4個の核子からの散乱が干渉する．

4-10 問題4-8と同じように，表3-1のようなものをつくる．初状態のスピンが反対向きのときに正号で干渉するのは，スピン関数のほうが反対称になっているからである．

4-11 前題と同様．$\alpha=\theta/2$；$A=3/4$，$B=1/4$．

4-12 ランダウ-リフシッツ：統計物理学(岩波書店)，§56を参照．$pV^{5/3}=$一定．

4-13 球殻の外側は重力にきかない．

第5章

5-1 (5. 36)を参照．

5-2 (5. 20)，(5. 21)に注意．

5-3 y 軸のまわりの90°の回転．(5. 38)または表17-2を参照．例えば，

$$\langle 0T|+S\rangle = -\frac{1}{\sqrt{2}}\sin 90° = -\frac{1}{\sqrt{2}}.$$

5-4 T は S に関して，x 軸のまわりの90°の回転．この回転は，図6-8より $Rx(90°)=Ry(-90°)Rz(90°)Ry(90°)$ である．表17-2を利用して行列積を計算し $\langle jT|iS\rangle$ を求める．検出器の存在は振幅の非干渉性を示す．

第6章

6-1 表6-2を利用して振幅を求める．例えばb)の場合，y 軸のまわりの90°の回転．したがって，$|\langle +T|+S\rangle|^2=|\cos(90°/2)|^2=1/2$．

6-2 表6-2および(6. 36)を用いて振幅 a および b を求め，それを $|aX+bY|^2$ に代入する．

6-3 表6-2を利用する．

6-4 x-y 平面内のベクトルの z 軸のまわりの回転の

変換係数を求める．

6-5　(5.32)を利用し，変換係数を求めよ．

6-6　表 6-2 を利用．(7.35)も参照．

第 7 章

7-1　7-4 節の議論を $V=\mu B, 0, -\mu B$ の場合に繰り返せということ．また 7-5 節も参照．

第 8 章

8-1　この章の 3 個の問題は，第 10 章 10-6 節を読んでからやったほうがよい．シュテルン-ゲルラッハの装置は，初状態と終状態とを規定．$|\psi\rangle=|+\rangle C_+ + |-\rangle C_-$ と書くと，基本方程式は，$i\hbar\partial C_+/\partial t=-\mu B_0 C_-$，$i\hbar\partial C_-/\partial t=-\mu B_0 C_+$．

8-2　(10.23)で，$B_z=B_x=B/\sqrt{2}$，$B_y=0$ とおく．$\langle +x|+z\rangle, \langle +y|+z\rangle$ 等は表 6-2 を利用．

8-3　$i\hbar\partial C_1/\partial t=-AC_2$，$i\hbar\partial C_2/\partial t=-AC_1$，表 6-2 を参照．

第 9 章

9-1　$\mathscr{I}$(吸収)/$\mathscr{I}$(放出)$=n/n+1$ のおきかえをする．しかし本章のやり方では出てこない．すなわち電磁場を量子化する必要がある．例えば，レートン：現代物理学概論(岩波書店)，第 6 章を参照．なお，4-4 節も参照．

9-2　問題の磁場を(10.23)に代入し，9-3 節，9-4 節の方法で解く．

第 10 章

10-1　振動磁場を x 方向にとり，(10.23)に代入．9-3 節の方法で解く．

第 11 章

11-1　略．

11-2　3 状態系の例．$|\psi\rangle=|+\rangle C_+ + |0\rangle C_0 + |-\rangle C_-$ とすると，$i\hbar\partial C_+/\partial t=E_0C_+ - AC_0$，$i\hbar\partial C_0/\partial t=E_C C_0 - AC_+ - AC_-$，$i\hbar\partial C_-/\partial t=E_0C_- - AC_0$．ここで，$|\pm\rangle$ は左右の酸素上の状態，$|0\rangle$ は炭素上の状態．

11-3　4 状態系．E_0 と A が全部共通．

11-4　13-2 節および 15-4 節を読んでからやるとよい．周期性の条件．

11-5　$i\hbar dC_1/\partial t=-AC_2-AC_3-\epsilon AC_1$,
$i\hbar dC_2/\partial t=-AC_3-AC_1$,
$i\hbar dC_3/\partial t=-AC_1-AC_3$,
$\epsilon\neq 0$ のとき縮退が解ける．

第 12 章

12-1　ゼーマン効果．(12.38)と図 12-5 を参照．

第 13 章

13-1
$$i\hbar\frac{dC_{n,i}}{dt}=E_iC_{n,i}-B(C_{n+1,i}+C_{n-1,i})-A(C_{n+1,j}+C_{n-1,j}),$$
$$i\hbar\frac{dC_{n,j}}{dt}=E_jC_{n,j}-B(C_{n+1,j}+C_{n-1,j})-A(C_{n+1,i}+C_{n-1,i})$$
で，$C_{n,i}=Ie^{ikx_n-iEt/\hbar}$，$C_{n,j}=Je^{ikx_n-iEt/\hbar}$ とおき，I と J の連立斉次方程式を解く．

13-2
$$i\hbar\frac{dC_n^a}{dt}=(E_0+\varDelta E)C_n^a-A(C_{n-1}^b+C_{n+1}^b),$$
$$i\hbar\frac{dC_n^b}{dt}=(E_0-\varDelta E)C_n^b-A(C_{n-1}^a+C_{n+1}^a)$$
で，$C_n^a=\alpha e^{ikx_n-iEt/\hbar}$，$C_n^b=\beta e^{ikx_n-iEt/\hbar}$ とおき，α と β の方程式を解く．

13-3　13-6 節と全く同じやり方をする．方程式系は
$$\begin{aligned}
Ea_{-2}&=E_0a_{-2}-Aa_{-1}-Aa_{-3},\\
Ea_{-1}&=E_0a_{-1}-Ba_0-Aa_{-2},\\
Ea_0&=E_0a_0-Ba_1-Ba_{-1},\\
Ea_1&=E_0a_1-Aa_2-Ba_0,\\
Ea_2&=E_0a_2-Aa_3-Aa_1
\end{aligned}$$
で，$E=E_0-2A\cos kb$．

13-4　確率の保存則，光学定理．砂川重信：散乱の量子論(岩波書店)を参照．

13-5
$$i\hbar\frac{dC_{-1}}{dt}=E_0C_{-1}-AC_0-AC_{-2},$$
$$i\hbar\frac{dC_0}{dt}=E_0C_0-BC_1-AC_{-1},$$
$$i\hbar\frac{dC_1}{dt}=E_0'C_1-A'C_2-BC_0$$
で，$C_n(n>0)=\gamma e^{ik'x_n-iEt/\hbar}$，$C_n(n<0)=e^{ikx_n}+\beta e^{-ikx_n}$ とおく．ここで，$E=E_0-2A\cos kb=E_0'-2A'\cos k'b'$ が成立していることに注意．

第14章

14-1 微分方程式を成分に分け，v_y を消去してから $v_x=v_0e^{i\omega t}$，$E_x=E_0e^{i\omega t}$ を代入する．v_x/E_x は易動度．$|qE_xv_x|$ が単位時間当りの仕事量なることに注意．$\omega_c\tau>1$ の条件は，磁場内の円運動が衝突により余りさまたげられないこと．これが共鳴の幅と関係している．

14-2 14-5 節を参照．

第15章

15-1 15-5 節を参照．図 15-11 をみよ．電子の分布は，各エネルギー固有値に対する波動関数を求め，その展開係数を調べる．

15-2 環状の場合は図 15-8．線状の場合は図 15-10 をみよ．前者の境界条件は周期性の条件，後者は固定端の条件，ここに相違の本質がある．

15-3 $\langle n\rangle=\sum_{n=0}^{\infty}ne^{-n\epsilon\beta}/\sum_{n=0}^{\infty}e^{-n\epsilon\beta}=1/(e^{\epsilon\beta}-1)$ に注意．キッテル：固体物理学入門(丸善)，第 15 章参照．

第16章

16-1 シッフ：量子力学(吉岡書店)参照．

16-2 同上．

16-3 同上．

16-4 1次元の自由粒子のシュレーディンガーの方程式の一般解は

$$\psi(x,t)=\int_{-\infty}^{\infty}dka(k)e^{ikx-iE_kt/\hbar}.$$

ここで $E_k=\hbar^2k^2/2m$，$t=0$ とおいて，これを逆に解くと

$$a(k)=\frac{1}{2\pi}\int\psi(x,0)e^{-ikx}dx$$
$$=\frac{K}{2\pi}\int_{-\infty}^{\infty}e^{-a_0x^2-ikx}dx.$$

この積分を実行して，上の一般解に代入する．

第18章

18-1 表 17-2 の $R_y(\theta)$ を用いて，$\pm z$ 方向の振幅に分解し，それぞれに 18-1 節の議論を適用する．

18-2 18-1 節をみよ．角運動量とパリティーの保存に注意．

18-3 角運動量の保存，とくに z 方向の角運動量の保存に注意．なお角分布については，次の問題 18-4 の解を参照．

18-4 はじめ陽子のスピンが $+z$ 方向を向き，π^+ が $+z$ 方向にはいってくるとする．π^+ は z 軸のまわりに角運動量をもてないから，その角運動量の大きさは 1 で，z 成分は 0 である．すなわち，このとき初状態は

$$\left|\frac{1}{2},+\frac{1}{2};\ l=1,\ m=0\right\rangle\equiv|+z,\ 0\rangle$$
$$\longrightarrow\beta(+)\,Y_{1,0}(\theta,\phi)$$

である．ここで β はスピン関数．終状態として許されるのは

$$\left|\frac{1}{2},+\frac{1}{2};\ l=1,\ m=0\right\rangle=|+z,\ 0\rangle$$

と

$$\left|\frac{1}{2},-\frac{1}{2};\ l=1,\ m=1\right\rangle=|-z,1\rangle$$

だけである．さて表 18-6 を用いると

$$\left|J=\frac{3}{2},\ M=\frac{1}{2}\right\rangle\equiv\left|\frac{3}{2},\frac{1}{2}\right\rangle=\sqrt{\frac{2}{3}}|+z,0\rangle+\sqrt{\frac{1}{3}}|-z,1\rangle,$$
$$\left|J=\frac{1}{2},\ M=\frac{1}{2}\right\rangle\equiv\left|\frac{1}{2},\frac{1}{2}\right\rangle=\sqrt{\frac{1}{3}}|+z,0\rangle-\sqrt{\frac{2}{3}}|-z,1\rangle. \qquad (1)$$

これを逆に解くと

$$|+z,0\rangle=\sqrt{\frac{2}{3}}\left|\frac{3}{2},\frac{1}{2}\right\rangle+\sqrt{\frac{1}{3}}\left|\frac{1}{2},\frac{1}{2}\right\rangle,$$
$$|-z,1\rangle=\sqrt{\frac{1}{3}}\left|\frac{3}{2},\frac{1}{2}\right\rangle-\sqrt{\frac{2}{3}}\left|\frac{1}{2},\frac{1}{2}\right\rangle.$$

いま散乱の演算子を $\hat{T}$ とすると，初状態 $|+z,0\rangle$ からつくられる散乱波は

$$\hat{T}|+z,0\rangle=\sqrt{\frac{2}{3}}\hat{T}\left|\frac{3}{2},\frac{1}{2}\right\rangle+\sqrt{\frac{1}{3}}\hat{T}\left|\frac{1}{2},\frac{1}{2}\right\rangle$$

と書ける．$J=3/2$ 状態に対する $\hat{T}$ の固有値を $t_{3/2}$，$J=1/2$ のそれを $t_{1/2}$ と書くと，

$$\hat{T}|+z,0\rangle=\sqrt{\frac{2}{3}}t_{3/2}\left|\frac{3}{2},\frac{1}{2}\right\rangle+\sqrt{\frac{1}{3}}t_{1/2}\left|\frac{1}{2},\frac{1}{2}\right\rangle.$$

ここで，(1) を用いて元の状態 $|+z,0\rangle$ および $|-z,1\rangle$ で書くと

$$\hat{T}|+z,0\rangle=\frac{1}{3}[(2t_{3/2}+t_{1/2})|+z,0\rangle+\sqrt{2}(t_{3/2}-t_{1/2})|-z,1\rangle]. \quad (2)$$

右辺の第1項は，スピンの変化のない散乱波，第2項は陽子のスピンが反転する散乱波を表わす．

$$|+z,0\rangle\longrightarrow\beta(+)\,Y_{1,0}(\theta,\phi)=\beta(+)\cos\theta,$$
$$|-z,1\rangle\longrightarrow\beta(-)\,Y_{1,1}(\theta,\phi)=\beta(-)(-1/\sqrt{2})\sin\theta\cdot e^{i\phi}$$

を用いて(2)を座標表示で書けば

$$\psi^{\mathrm{sc}}\sim(2t_{3/2}+t_{1/2})\beta(+)\cos\theta-(t_{3/2}-t_{1/2})\beta(-)\sin\theta\cdot e^{i\phi}$$

となる．この二つの散乱波は干渉しないから，確率は

$$P\sim|(2t_{3/2}+t_{1/2})\cos\theta|^2+|(t_{3/2}-t_{1/2})\sin\theta\cdot e^{i\phi}|^2.$$

いまの問題では $t_{1/2}=0$ ととれる．したがって

$$P\sim 4\cos^2\theta+\sin^2\theta=3\cos^2\theta+1.$$

陽子のスピンが下向きのときも同じようにでき，その結果は上と同じである．したがって，偏りのない陽子による π^+ の散乱の角分布は $3\cos^2\theta+1$ で与えられる．

18-5 18-1 節を参照.

索　　引

（例：14-2 は第 14 章第 2 節と読む）

ファインマン物理学 V　（全5巻）

1979年3月27日　第1刷　発　行
1986年4月7日　第8刷新装発行
2025年8月12日　第51刷　発　行

訳　者　砂川重信（すなかわしげのぶ）

発行者　坂本政謙

発行所　株式会社　岩波書店
〒101-8002 東京都千代田区一ツ橋2-5-5
電話案内 03-5210-4000
https://www.iwanami.co.jp/

印刷・精興社　製本・牧製本

ISBN 978-4-00-007715-6　　Printed in Japan